Abriß der Geologie

Band 2: Historische Geologie

I. Schüngel

zum 30. 6. 95

Brinkmanns

Abriß der Geologie

Zweiter Band

Historische Geologie

Erd- und Lebensgeschichte

Neubearbeitet von Karl Krömmelbein

14. Auflage, durchgesehen von Friedrich Strauch

70 Abbildungen, 63 z. T. erneuerte Fossiltafeln,
21 stratigraphische Übersichten

Ferdinand Enke Verlag Stuttgart 1991

Prof. Dr. Friedrich Strauch
Geologisch-Paläontologisches Institut
und Museum der Westfälischen Wilhelms-Universität Münster
Correnssstraße 24
D-4400 Münster

CIP-Titelaufnahme der Deutschen Bibliothek

Brinkmann, Roland:
[Abriß der Geologie]
Brinkmanns Abriß der Geologie. – Stuttgart : Enke.

Bd. 2. Historische Geologie : Erd- und Lebensgeschichte / neu
bearb. von Karl Krömmelbein. – 14. Aufl. / durchges. von
Friedrich Strauch. – 1991
ISBN 3-432-80604-3
NE: Krömmelbein, Karl [Bearb.]

6. Auflage 1948
7. Auflage 1956
8. Auflage 1959
9. Auflage 1966
10./11. Auflage 1977
12./13. Auflage 1986

Satz: Reprosatz, Stuttgart
Druck: Druckhaus Götz KG, 7140 Ludwigsburg

Vorwort zur zehnten/elften Auflage

Aus dem Kayserschen „Abriß der Geologie", Band 2 Historische Geologie, ist im Lauf mehrerer, durch R. Brinkmann besorgter Auflagen ein knapp gefaßtes, übersichtliches Lehrbuch mit eigenen Zügen entstanden. In der vorliegenden 10. Auflage habe ich versucht, möglichst viel von seinen Vorzügen zu bewahren.

Die Einteilung des Buches blieb gegenüber der 9. Auflage fast unverändert. Der Text wurde überarbeitet, stellenweise neu geschrieben, aber überall dort unverändert gelassen, wo die Darbietung des Stoffes nicht zu übertreffen war. Eigene Kapitel zur Paläogeographie (Kontinent/Platten-Drift, Paläopol-Lagen und Klimazonen) wurden jeweils unter „Allgemeine Züge" eingefügt. In den Kapiteln „Organischer Inhalt" mußte der in der Zwischenzeit erheblich verfeinerten Klassifikation der Organismen durch eine umfangreichere tabellarische Darstellung Rechnung getragen werden. Grundlage hierfür bot i. w. der „Treatise on Invertebrate Paleontology", jedoch wurden auch andere und neuere Quellen benutzt. Ziel war nicht eine vollständige Übersicht, sondern eine auswählende Darstellung paläontologisch wichtiger Einheiten gleich welchen taxonomischen Ranges. Dabei mußte, schon aus Platzgründen, auf manches verzichtet werden: während z. B. die Agnathen und Fische des Paläozoikum bis zu den hier besonders wichtigen Ordnungen hinunter aufgeführt sind, mußte und darf eine entsprechende Darstellung der allzu zahlreichen Ordnungen im Post-Paläozoikum entfallen.

Erheblich erweitert wurden die Hinweise auf weiterführende Schriften, um einigermaßen Schritt zu halten mit der Fülle der neuen stratigraphischen, paläontologischen, paläoökologischen und globaltektonischen Literatur.

Die stratigraphischen Übersichten wurden auf den derzeitigen Stand der Kenntnis gebracht, besonders in den Spalten „Leitfossilien" erheblich erweitert und allgemein auf Zonen-Gliederungen umgestellt. Neue, wichtig gewordene Regionen mußten aufgenommen werden, manches außer-europäische Gebiet wurde hinzugenommen, wobei eine ausgewogene regionale Darstellung angestrebt wurde. Ich bin mir der Tatsache bewußt, daß die umfangreicher ausgefallenen Tabellen damit auch problematischer geworden sind.

Die Fossil-Tafeln erfuhren eine Ergänzung durch Berücksichtigung präkambrischer Fossilien und der so wichtig gewordenen Mikro- und Nannofossilien, besonders auch der Conodonten.

Die Text-Abbildungen, insonderheit die paläogeographischen Kärtchen, blieben teils unverändert, teils wurden sie korrigiert und ergänzt. Mehrere Kärtchen aufgrund von Drift-Vorstellungen wurden hinzugefügt, ohne daß ich mich entschließen konnte - wegen der noch vielen offenen Fragen im einzelnen - die Gesamt-Darstellung der Erdgeschichte auf Kontinentdrift oder Plattentektonik zu gründen. So bleibt die Darstellung in vielem „herkömmlich". Hinweise auf die moderne Entwicklung zur „Neuen Globaltektonik" erscheinen an vielen Stellen des Buches und mögen überleiten zu einer vielleicht in der Zukunft zu schreibenden Historischen Geologie auf solcher Grundlage.

In den 10 Jahren seit dem Erscheinen der 9. Auflage (1966) haben die Erdwissenschaften eine unerwartet schnelle Entwicklung genommen. Manche Autoren sprechen - wohl zu Recht - von einer Revolution im geologischen Weltbild. Aufbauend auf der Kontinentdrift-Hypothese, führte sie in rund 15 Jahren rasch zur „Neuen Globaltektonik".

Die Historische Geologie wurde von dieser stürmischen Entwicklung in besonderem Maße berührt. Der zu behandelnde Stoff hat sich beträchtlich vermehrt und sich auf weit voneinander entfernte Teilbereiche ausgedehnt. Er kann kaum mehr von einem einzelnen Autor überblickt und verarbeitet werden; dies gilt bereits für die Stratigraphie als grundlegenden Teilbereich der Historischen Geologie.

Die Folgerung hieraus, die einzelnen Sachkapitel des Buches jeweils von einem Spezialisten bearbeiten zu lassen, wurde jedoch nicht gezogen. Es gibt genug Beispiele, die nicht zu einem solchen Vorgehen ermuntern; meist leidet die Einheitlichkeit der Darstellung, und die zeitlichen Verzögerungen sind erfahrungsgemäß groß.

Kiel, im Sommer 1976
Karl Krömmelbein

Kurzes Vorwort zur vierzehnten Auflage

K. Krömmelbein hatte den Kayser-Brinkmannschen Abriß der Geologie mit seinem erdgeschichtlichen Teil bis 1976 auf neuesten Stand gebracht. Leider nahm ihm der Tod die Möglichkeit, die Arbeit auch bei weiteren Auflagen durchzuführen.

Die von Krömmelbein mutig übernommene Aufgabe alleine weiterzuführen, ist für einen einzelnen kaum möglich und ein außerordentliches Wagnis. Das erdwissenschaftliche Weltbild erfuhr in den letzten Jahrzehnten tiefgreifende Neuprägungen, die regionalen und historischen Erkenntnisse wuchsen sprunghaft und werden sich auch in Zukunft rasant erweitern, Anforderungen und Geschmack des Lesers haben sich gewandelt.

Es war bei der seit der Krömmelbeinschen Neuauflage vorgegebenen Zeit nicht möglich, diesen revolutionierenden Neuerungen so rasch Rechnung zu tragen, wollte man nicht ein völlig neues und anders geartetes Buch schreiben. Eine Rundfrage bei Lehrenden und Lernenden ergab aber, daß mehr als 90% der Befragten das Konzept des „Kayser-Brinkmann" erhalten wissen möchten. Hier darf ich allen danken, die mir ihre Meinungen, Ratschläge und Wünsche kundtaten. Ich bitte um Verständnis, hier nicht die Namen aller auflisten zu können.

So konnten in der letzten und der vorliegenden Ausgabe unter Vermeidung einer Änderung des Umbruches alleine der Text und die stratigraphischen Übersichten korrigiert und mit der Verbesserung der mehr als 50 Jahre alten Tafeln (nach vorläufig altem Konzept) begonnen werden (29 Tafeln teilweise oder ganz erneuert). Daß damit noch keine idealen Gegebenheiten geschaffen wurden, mag der Leser mit Nachsicht beurteilen. Andererseits bitte ich um Kritik und Anregungen zur nächsten, stärker umzugestaltenden Neuauflage.

Für die Hilfen bei den Schreib- und Zeichenarbeiten habe ich Frau C. Stuck, Frau M. Portscher und Frau E. Haucke zu danken. Meine Frau und meine Kinder mögen mir den Verlust vieler gemeinsamer Stunden durch die Arbeit an diesem Buch verzeihen.

Münster, im Winter 1990
Friedrich Strauch

Inhalt

Zweiter Hauptteil: Historische Geologie

Erster Abschnitt: Einleitung

Zweiter Abschnitt: Erdgeschichte

Dritter Abschnit: Rückblick

Register

Abkürzungen und Anmerkungen

Marine Fazies bis überwiegend marine Fazies

Überwiegend brackische und kontinentale Fazies

▲ Glaziale Fazies

Schichtlücke

o o o o o Bedeutende Transgression

Kräftige orogene Phase mit Tiefengesteins-Intrusion

Schwächere orogene Phase

Ungefähre Zeitsequenz eines langdauernden Orogens (bes. Präkambrium) oft noch unsicherer absoluter Datierung oder von Abtragungsphasen im Verlauf eines Orogens

x x Vulkanische Tätigkeit

+ + Granitische Intrusionen

Schwächere oder stärkere Kohlenführung

(?) (?) Derzeit erörterte jüngere oder ältere Einstufung einer stratigraphischen Einheit

Ein- bzw. Aussetzen einer wichtigen Leit-Gattung oder Leit-Art

———	gesicherte	stratigraphische Grenze
– – – –	unsichere	
– – ? – –	sehr unsichere	

.... Wichtige Zeitgrenze innerhalb einer stratigraphischen Einheit

Sch., Scht. = Schicht, Schichten
F., Fm. = Formation
Gr. = Gruppe
St. = Stufe
Dol. = Dolomit
Grauw. = Grauwacke
Gr. = Granit
K., Kk, Ls., Lst. = Kalkstein, Limestone
Schf., Sh = Schieferton, Shale
Kgl. = Konglomerat
Q = Quarzit.
N, S, E. W (= Nord, Norden, usw.)
N', S', E', W' (= nördlich, usw.)

Stratigraphische Bezeichnungen mit
... ium = Zeiteinheiten im deutschen Sprachgebrauch
... ian = Zeiteinheiten im angelsächsischen Sprachgebrauch
... ien = Zeiteinheiten im französischen Sprachgebrauch

Die Namen der stratigraphischen Einheiten werden in *unflektierter* Form benutzt; der jeweilige Ortsname wird also in unveränderter Schreibweise mit dem Lithotaxon durch Bindestrich verbunden (z. B. „Ems-Quarzit“, „Werfen-Schichten“, „Münder-Mergel“). (Empfehlung des Arbeitskreises für Stratigraphische Richtlinien).

Zeichnungen: **Erika Haucke**
Geologisch-Paläontologisches Institut
und Museum der Westfälischen Wilhelms-Universität Münster
Correnssstraße 24
D-4400 Münster

Tafel 10	(7)	Tafel 41	(2, 6, 7, 9)
Tafel 16	(4, 6)	Tafel 42	(1–4, 7, 9)
Tafel 18	(6–11)	Tafel 44	(1–4, 6, 8, 9)
Tafel 20	(6–8, 10, 12, 13)	Tafel 45	(1, 2, 5–12)
Tafel 21	(1–14)	Tafel 46	(2–4)
Tafel 25	(3, 4)	Tafel 47	(1, 3, 6–9)
Tafel 27	(3)	Tafel 48	(1–7)
Tafel 30	(9–11)	Tafel 49	(1–3, 7, 9, 10)
Tafel 35	(2–7, 11)	Tafel 50	(2, 3, 6, 8–10)
Tafel 36	(1–7, 9, 10)	Tafel 51	(3–9)
Tafel 37	(2, 4–7)	Tafel 52	(1, 4–8)
Tafel 38	(2–4, 6, 7, 9, 10)	Tafel 53	(2, 3, 5, 7, 9)
Tafel 39	(1–4, 7, 9, 10)	Tafel 54	(1, 2, 4)
Tafel 40	(2, 6–8)	Tafel 61	(1–14)

Zweiter Hauptteil: **Historische Geologie**[1]

Aufgabe der Historischen Geologie ist die Erforschung und Darstellung der Geschichte der Erde. Urkunden und Zeugnisse des vorzeitlichen Geschehens sind die Gesteine. Ihre Beschaffenheit, Lagerung und Verbreitung ermöglichen dem Geologen Schlüsse auf die ehemaligen Ablagerungs- und Abtragungs-Räume, die Verschiebungen von Land und Meer, die Umwelt-Bedingungen, die tektonischen und magmatischen Vorgänge der Vergangenheit.

Die Historische Geologie beginnt damit, Beobachtungen zu sammeln und sie in eine zeitliche Reihenfolge zu bringen. Das ist die Aufgabe der Stratigraphie. Der nächste Schritt besteht in der Verknüpfung des chronologisch geordneten Tatsachenstoffes, um daraus das Erdbild vergangener Perioden wiedererstehen zu lassen. Diesen auf Zusammenschau gerichteten Zweig der Historischen Geologie nennt man Paläogeographie.

Eng mit der Geschichte der Erde ist die Geschichte des Lebens auf der Erde verbunden. Zwar ist die Beschreibung und taxonomische Ordnung der fossilen Organismen, die Erforschung ihrer Lebensbedingungen und stammesgeschichtlichen Zusammenhänge Gegenstand der Paläontologie. Da aber die Versteinerungen als Einschlüsse in den Schichtgesteinen auftreten, stehen Geologie und Paläontologie in enger Wechselbeziehung. Die Zeitskala der Erdgeschichte gründet sich größtenteils auf die organischen Reste; die zuständigen Teilbereiche sind die Biostratigraphie/Biochronologie.

Die geographische Verbreitung der vormals lebenden Tiere und Pflanzen erweitert das paläogeographische Erdbild zu einem paläobiogeographischen; die Rekonstruktion der ökologischen Ansprüche dieser Organismen (Paläoökologie) ergänzt das Erdbild in wichtigen Punkten und lehrt uns, die Zukunft des Lebens auf der Erde einzuschätzen.

Dem mit geologisch-paläontologischer Methodik erfaßbaren Abschnitt der Erd- und Lebens-Geschichte geht ein durch die Astronomie erforschter Zeitabschnitt in der Entwicklung der Erde voraus. Mit diesem Wissenschaftszweig hat die Historische Geologie enge Wechselbeziehungen in der Rekonstruktion frühester Erdzustände.

Bevor wir die Erd- und Lebens-Geschichte in historischer Folge abhandeln, wollen wir einen kurzen Blick werfen auf die planetarische Geschichte der Erde, und wollen dann die Grundlagen der Zeitbestimmung und der Paläogeographie kennenlernen.

Wichtige erdgeschichtliche Zusammenfassungen

Barness, C. W. (1980): Earth, Time and Life. Introduction to Physical and Historical Geology. - 600 S.; New York (Wiley).

Berggren, W. A. & Van Couvering, J. A. [Eds.] (1984): Catastrophes and earth history. - 464 S.; Princeton, New Jersey (Univ. Press)

Bubnoff, S. v. (1956): Einführung in die Erdgeschichte. - 807 S.; Berlin (Akad. Verlag).

Cloud, P. [Ed.] (1970): Adventures in earth history. - 992 S.; San Francisco (Freeman). ‹Sammlung und Kommentierung klassischer Aufsätze aus dem Gesamt-Gebiet der Erdwissenschaften›.

Dott, R. Jr. & Batten, R. L. (1976): Evolution of the Earth. - 2. Aufl., 504 S.; London (McGraw - Hill).

[1] Erster Hauptteil: Brinkmann/Zeil, Abriß der Geologie, I: Allgemeine Geologie, 13. Aufl.; Stuttgart 1984.

EICHER, D. L., MCALESTER, A. L. & ROTTMAN, M. L. (1984): The history of the earth's crust. - 197 S.; Englewood Cliffs, N. Jersey (Prentice-Hall, Inc.).

HALLAM, A. (1983): Great geological controversies. - VII: 182 S.; Oxford (Univ. Press).

HOLLAND, H. D. & TRENDALL, A. F. [Eds.] (1984): Patterns of change in earth evolution. - 432 S.; Berlin, Heidelberg (Springer).

KRUMBIEGEL, G. & WALTHER, H. (1984): Fossilien, Urkunden vergangenen Lebens. - 392 S.; Leipzig (VEB Deutscher Verlag für Grundstoffindustrie).

KUMMEL, B. (1970): History of the earth. - 2. Aufl., 707 S.; San Francisco (Freeman).

MOORE, R. C. (1958): Introduction to historical geology. - 2. Aufl.; 656 S.; New York (McGRAW - Hill).

READ, H. H. & WATSON, J. (1975; reprinted 1979): Introduction to Geology, vol. 2, Earth History. - Part I: 221 S., Part II: 371 S.; London (MacMillan Press).

SCHMIDT, K. (1978): Erdgeschichte. - 294 S.; Slg. Göschen Nr. 5001; Berlin (de Gruyter).

SCHÖNENBERG, R. (1975): Die Entstehung der Kontinente und Ozeane in heutiger Sicht. - 351 S.; Darmstadt (Wiss. Buchges.).

SEYFERT, C. K. & SIRKIN, L. A. (1973): Earth history and plate tectonics: An introduction to historical geology. - 504 S.; New York (Harper & Row).

SKINNER, B. J. [Ed.] (1980): Earth's History, Structure of Materials. - 178 S.; Los Altos, Calif. (W. Kaufmann).

STRAKHOV, N. M. (1962): Principles of historical geology, I. und II.; 257 + 432 S.; Übersetzung aus dem Russ.; London (Olbourne Press).

TRÖGER, K.-A. unter Mitwirkung von KOZUR, H., RUCHHOLZ, K., WATZNAUER, A. & KAHLKE, H.-D. (1984): Abriß der Historischen Geologie. - 718 S. und Beilagen; Berlin (Akad. Verlag).

WAGNER, G. (1950): Einführung in die Erd- und Landschaftsgeschichte. - 2. Aufl., 664 S.; Öhringen (F. Rau).

WYLLIE, P. J. (1971): The dynamic earth: Textbook in geosciences. - 416 S.; New York (J. Wiley).

Erster Abschnitt: **Einleitung**

Kurzgefaßte planetarische Geschichte von Erde und Mond

Die Astronomie lehrt, die Entstehung des Kosmos als geschichtlichen Vorgang zu sehen. Vor rund 10 Milliarden Jahren (manche Autoren nehmen bis zu 20 Milliarden Jahren an) war der gesamte Kosmos bei extrem hohen Temperaturen und Dichten auf engem Raum zusammengedrängt. Die Entwicklung begann mit einer „Ur-Explosion", bei der das Weltall expandierte, wobei zunächst im wesentlichen die leichten Elemente (H, He) entstanden. Bald darauf bildeten sich die Galaxien durch Zusammenballung kosmischer Materie. Die schwereren Elemente entstanden überwiegend in den durch besondere Verhältnisse gekennzeichneten Frühphasen der galaktischen Entwicklung, ihre Produktion im Innern von sich entwickelnden Sternen hält aber bis heute an.

Eine unter vielen Galaxien ist unser Milchstraßen-System, das $\approx 2 \cdot 10^{11}$ Sonnen-Massen enthält. In den Spiralarmen unserer Galaxie bildeten sich (und bilden sich noch heute) Zusammenballungen aus interstellarem Gas und Staub, die sich weiter in kleinere „Wolken" aufteilten, aus denen dann die Sterne entstanden.

Für das System unserer Sonne mit ihren Planeten und damit auch der Erde, wird angenommen, daß dieser Vorgang vor rd. 5 Milliarden Jahren ablief und vor 4,55 Milliarden Jahren zur Bildung einer „Proto-Erde" geführt hat.

Die unmittelbare Erforschung des Mondes hat, über die Erkenntnisse der Astronomie hinaus, Ergebnisse geliefert, welche für die planetarische Geschichte der Erde und ihren Anschluß an die mit geologischen Methoden erforschbare Erd-Geschichte nutzbar gemacht werden können.

Die Gesteine der Terrae des Mondes reichen, mit Altern bis $\approx$ 4,55 Milliarden Jahren, bis in die gemeinsame Entstehungszeit von Erde und Mond zurück. Die derzeit gemessenen höchsten irdischen Alter sind in einer metamorphen Sediment-Vulkanit-Folge W-Grönlands (Isua-Fm.) mit $\approx$ 3,8 Mrd. J. und einem Enderbit der Antarktis mit $\approx$ 3,9 Mrd. J. gegeben. Mit durchschnittlich 3,5–3,6 Mrd. J. sind die ältesten Gesteine der Erde gegenüber jenen des Mondes um rd. 1 Mrd. J. jünger. Es hat den Anschein, daß Umschmelzungsvorgänge in der Lithosphäre der Erde über längere Zeiten hinweg die Bildung einer festen Kruste verhindert haben, als dieses auf dem Mond der Fall war. Ob dieses auf höheren Wärmezufluß oder stärkere innere Konvektion der Erde zurückzuführen ist, erscheint bislang ungeklärt. Auf dem Mond ist ein „Meteoriten-Bombardement", aber auch auf anderen planetaren Körpern wie Mars und Merkur, durch zahlreiche Krater nachweisbar, es nahm zunächst rasch, dann wesentlich langsamer ab und klang nach 3,8 Mrd. J. aus (Lavafüllungen der Maria Tranquilitatis und Procellarium 3,7–3,2 Mrd. J.). Wohl in ähnlicher Stärke war dieses Bombardement auf der Erde wirksam. Die damit verbundene Stoffzufuhr könnte einerseits zum spezifischen Stoffbestand der Erdkruste beigetragen, zum anderen durch Wärmezufuhr die Bildung einer die ganze Erde umgebenden festen Kruste immer wieder verhindert haben. Während auf dem atmosphärefreien Mond die geschaffenen Strukturen bis heute erhalten geblieben sind, wurden sie auf der Erde durch Verwitterungsvorgänge in der nun gebildeten Atmosphäre und Hydrosphäre zerstört.

Mit sinkender Temperatur bildeten sich aus den Entgasungsprodukten der langsam erkaltenden Lithosphäre und Resten der interstellaren Gase (im wesentlichen CO_2, H_2, N_2, CH_4,

NH_3, CO) die ersten Anfänge einer Erdatmosphäre und damit der Hydrosphäre; sie waren O_2-frei und somit reduzierend. Eine derartige Atmosphäre war eine der Voraussetzungen für die Entstehung solcher organisch-chemischer Verbindungen, aus denen sich das Leben entwickeln konnte. Als Chemofossilien sind sie z. T. nachweisbar.

Der vor der Bildung einer festen, durch radiometrische Messungen datierbaren Erdkruste liegende Zeitraum wird nach P. CLOUD „hadäisch" genannt; er ist nicht durch historisch-geologisch deutbare Urkunden belegt. Mit der Bildung der ersten bleibenden Kruste, von der wir unmittelbare Kenntnis haben (um 3,9 Mrd. J.), ist die Grundlage für eine erdgeschichtliche Forschung gegeben.

Ergänzende Schriften

DERMOTT, S. F. [Ed.] (1978): The origin of the solar system. - Chichester, New York (Wiley).
GEHRELS, T. [Ed.] (1979): Asteroids. - 1181 S., Tucson (Univ. Arizona Press).
GLASS, B. (1982): Introduction to planetary geology. - 469 S.; Cambridge (Cambridge Univ. Press).
HUTCHISON, R. (1983): The Search for our Beginning. - 164 S.; Oxford (Univ. Press).
KAPLAN, R. W. (1978): Der Ursprung des Lebens. - 318 S.; Stuttgart (Thieme).
MERRILL, R. B. [Ed.] (1980): Proceedings of the Conference on the Lunar Highland Crust. - Geochim. cosmochim. Acta, Suppl., *12:* 505 S.; New York (Pergamon Press).
SILK, J. (1980): The big bang. The creation and evolution of the Universe. - XVI: 394 S.; San Francisco (Freeman).
TAYLOR, S. R. (1982): A Lunar Perspective. - 481 S.; Houston (Lunar planet. Inst.).
UNSÖLD, A. (1974): Der neue Kosmos. - 2. Aufl., 438 S.; Berlin (Springer).
Basaltic Volcanism Study Project. Basaltic Volcanism on the Terrestrial Planets (1981). - 1286 S.; New York (Pergamon Press).

Zeitbestimmung der Erdgeschichte (Abb. 1-4)

Die Historische Geologie oder Erd- und Lebens-Geschichte bedarf wie die Menschheits-Geschichte als historische Wissenschaft der Möglichkeiten einer Zeitbestimmung, einer Datierung der überlieferten Urkunden. In den langen Zeiträumen der Erdgeschichte, die weit vor dem Beginn aller geschriebenen Überlieferung liegen, versagen die Hilfsmittel und Maßstäbe, die uns aus der Menschheits-Geschichte vertraut sind; für die Erdgeschichte wurden eigene chronologische Methoden entwickelt.

Zeitbestimmung auf stratigraphischem Wege. Bei der Bildung der Sediment-Gesteine stapelt sich nacheinander Schicht auf Schicht, wobei die später gebildete der früher abgesetzten aufruht. Im ungestörten Schichtverband entspricht somit das räumliche Aufeinander dem zeitlichen Nacheinander. Dieses einfache Lagerungs-Gesetz wurde von dem dänischen Arzt NIKOLAUS STENO (NIELS STENSEN) im toskanischen Hügelland erkannt und erstmalig 1669 ausgesprochen. Es bildete den Beginn und die Grundlage der Stratigraphie überhaupt („Stratigraphisches Grundgesetz").

In den Ablagerungsräumen stellen sich die Formationen (Schichten), seien es einzelne Bänke oder Pakete von solchen, als faziell mehr oder weniger einheitliche Gesteinskörper dar, die bei geringer Dicke eine vergleichsweise beträchtliche flächenhafte Ausdehnung haben können, i. a. also plattige oder linsenförmige Körper sind. Ihre Abfolge zeigt ohne gravierende tektonische Ereignisse eine logische raumzeitliche Entwicklung („Gesetz der Korrelation der Fazies" nach Joh. WALTHER 1894).

Der ursprüngliche Zusammenhang von Schichten in einem Ablagerungsraum ist durch spätere Ereignisse gewöhnlich unterbrochen oder nicht mehr unmittelbar sichtbar; er muß erst wieder hergestellt werden. Dies geschieht dadurch, daß von Aufschluß zu Aufschluß an ihrer Fazies wiedererkannte und in Beziehung gesetzte Teilstücke („Profile") der Schichtkörper einander gleichgestellt oder parallelisiert[2] werden (Abb. 1).

Auf diese Weise lithostratigraphisch miteinander parallelisierte Schichten können innerhalb eines einheitlichen oder räumlich gering ausgedehnten Sedimentations-Bereichs in erster Näherung als altersgleich angesehen werden. Je weiter die herangezogenen Aufschlüsse voneinander entfernt sind, desto unsicherer wird die Parallelisierung. Die Fazies kann „wandern". Ein Basal-Konglomerat z. B., das die Sohle einer transgredierenden Schichtfolge bildet, ist als Gesteinsplatte zwar einheitlich, wird aber in Richtung der Transgression fortschreitend jünger (Abb. 2). Die gleiche Fazies kann sich mehrmals in einer Schichtfolge einstellen. Viele Schichtfolgen enthalten Lücken, deren Ausmaß nicht ohne weiteres erkannt werden kann; damit ist die Möglichkeit falscher Parallelisierung von Teilprofilen gegeben.

Um 1800 zog der englische Ingenieur WILLIAM SMITH aus seinen Erfahrungen bei Kanalbauten in Mittel-England den Schluß, daß die Fossilien nicht regellos in den Schichten verstreut, sondern in bestimmter Folge im Schichtprofil eingebettet sind.

Mit dieser Beobachtung wurde er zum Begründer der biostratigraphischen Arbeitsweise. Sie führte in der weiteren Entwicklung zur Erkenntnis, daß der „in den Fossilien belegte Gang des Lebens durch die Zeit" (SIMON 1967) Zeitmarken liefert, welche die naturgegebenen Mängel der lithostratigraphischen Arbeitsweise weitgehend auszuschalten vermögen. Auf der gleichen Grundlage fußend wie die Lithostratigraphie,

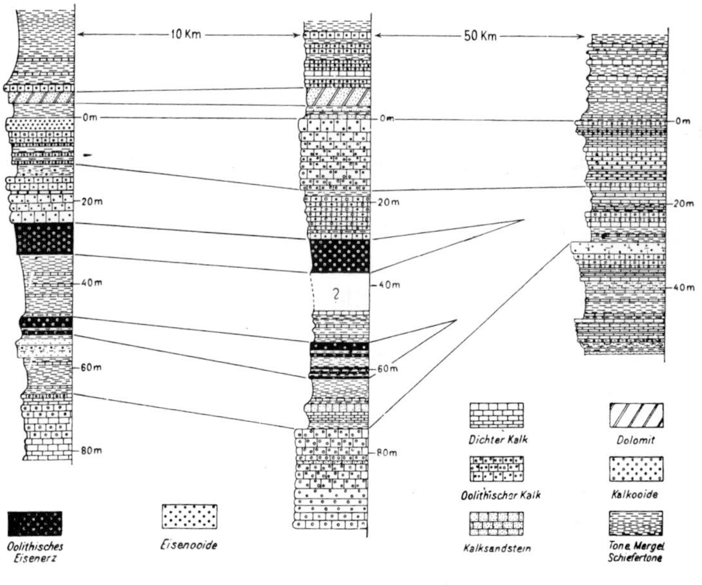

Abb. 1 Ein Beispiel für die Parallelisierung von Schichten aufgrund der Gesteinsausbildung. (Oberer Jura des Harz-Vorlandes; nach SCHOTT)

[2] In der angelsächsischen Literatur wird hierfür der Ausdruck „korrelieren" (to correlate), vom lat. correlare (in Beziehung setzen) benutzt.

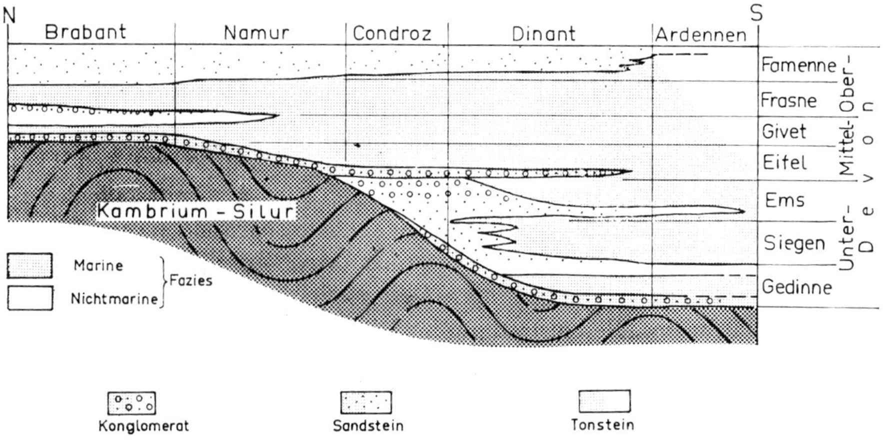

Abb. 2 Transgression des Devon der Ardennen gegen das Massiv von Brabant. Wandern der Fazies mit dem Vorschreiten der Küste. (Nach W. NABHOLZ)

nämlich der Aufeinanderfolge der fossilen Floren und Faunen, hat die biostratigraphische Methode die Möglichkeiten der Schicht-Parallelisierung erheblich verbessert und auch über größere räumliche Erstreckung verläßlicher gemacht. Die erdgeschichtliche Zeiteinteilung wurde durch sie nicht nur verfeinert, sondern erhielt eine ganz andere Qualität. Stratigraphie bedeutet daher im wesentlichen Biostratigraphie (= Biochronologie). Schichten mit den gleichen Arten von Fossilien dürfen zunächst als geologisch altersgleich gelten.

Innerhalb der Lebensdauer einer Organismen-Art kann diese im abgelagerten Gestein als Fossil vorhanden sein oder aus faziellen und sonstigen Gründen auch fehlen. Jede Art ist an einen bestimmten Lebensraum angepaßt; sie kann somit immer nur dann auftreten, wenn die für sie bezeichnenden Lebensbedingungen verwirklicht waren. Diese Lebensbedingungen, die Umwelt der fossilen Art, bilden sich mehr oder weniger deutlich in der Gesteinsfazies ab; somit hängt das Auftreten einer fossilen Art auch von der Fazies ab.

Die einzelnen Arten einer fossilen Fauna oder Flora haben meist eine sehr verschiedene Lebensdauer. Manche gehen durch mächtige, in langen Zeiten gebildete Schichtstöße hindurch, andere treten nur in einer dünnen Gesteinslage auf und sterben dann wieder aus. Derartige kurzlebige Arten hat man, vor allem wenn sie in flächenhaft weiter Ausdehnung faziesbrechend vorkommen, als Leitfossilien herausgehoben. Als solche verwendet man Angehörige von Einzellern, Tier- und Pflanzengruppen, die sich in rascher und formenreicher stammesgeschichtlicher Entwicklung befinden. Besonders geeignet sind wegen ihrer meist großen räumlichen Verbreitung marine, nektische oder planktische Organismen, beim Fehlen von solchen werden benthische Organismen mit Erfolg herangezogen. Die biostratigraphische Feingliederung des Kambrium z. B. ist auf die Trilobiten, die des Mesozoikum auf die Ammoniten gegründet. Für die Parallelisierung kontinentaler Ablagerungen werden pflanzliche Versteinerungen und Landwirbeltiere verwendet, für die jüngsten erdgeschichtlichen Zeiten auch fossile Reste des Menschen und die Folgen seiner Kulturen herangezogen.

Die erdgeschichtliche Lebensdauer des Leitfossils wurde von A. OPPEL um 1850 als „Zone" bezeichnet.

Eine biostratigraphische Zone kann auf eine einzige Art (die namengebende „Zonen-Art"), oder auf eine Arten-Gesellschaft gegründet sein[3]. In ihr sind vereinigt meist Arten sehr verschiedenen Leitwerts; sie kann enthalten (nach BETTENSTAEDT):

1. Stratigraphisch wertlose Durchläufer-Arten (Arten sehr langer Lebensdauer).
2. Häufigkeits-Arten; dies sind Durchläufer-Arten, die aus ökologisch-faziellen Gründen zeitweilig häufig sind und das betreffende Faunenbild beherrschen können.
3. Regional gebundene Leitfossilien; meist benthische kurzzeitig existente Arten, die aus ökologisch-faziellen Gründen zeitweilig häufig sind und das betreffende Taphozönose-Bild beherrschen können.
4. Leit- und Zonenfossilien unbekannter phylogenetischer Reihen und damit isoliert stehend.
5. Leit- und Zonenfossilien aus erfaßbaren und vielfach überprüfbaren phylogenetischen Reihen.

Erstrebt wird die Verwendung der unter 4. und 5., besonders unter 5. genannten Fossilien; ihre Abfolge in der geologischen Zeit durch allerdings wechselnd lückenhafte Abfolgen bildet das biochronologische Zeitgerüst („Zonen-Abfolgen"). Unter 2. und 3. sind diejenigen Arten zusammengefaßt, die in den Gesteinsschichten meist am häufigsten angetroffen werden; sie können mit Einschränkung ebenfalls zur Erkennung der Zone verwendet werden.

Wie die Formation die lithostratigraphische Grundeinheit darstellt, so ist die Art die taxonomische und die Zone die erdgeschichtliche (biostratigraphische = biochronologische) Grundeinheit. Die Schwierigkeiten ihrer Definition und Abgrenzung sind somit zugleich Schwierigkeiten der Art-Abgrenzung. In der Biologie ist die Art genetisch als Fortpflanzungs-Gemeinschaft definiert, der paläontologische Artbegriff ist morphologisch begründet. Durch variations-statistische Untersuchungen lassen sich manche Mängel dieser Artfassung vermindern; messende Verfolgung geeigneter Merkmale in der Zeit bietet die Möglichkeit, noch kürzere Zeitspannen als die der Art-Zone zu erfassen (Abb. 3).

In neuerer Zeit hat man neben den Megafossilien die mit bloßem Auge nicht mehr erkennbaren Mikro- und Nannofossilien zunehmend mehr zur Altersbestimmung herangezogen, vor allem die Conodonten, Foraminiferen, Ostracoden, Coccolithen, Sporen und Pollen, daneben auch andere tierische und pflanzliche Einzeller und Reste von Mehrzellern (z. B. Chitinozoen, Acritarchen, Fisch-Otolithen, Schwamm-Nadeln). Sie lassen sich schon aus kleinen Gesteinsproben, wie sie etwa aus Tiefbohrungen, vom Ozeanboden, oder aus Hohlraumfüllungen von Megafossilien zur Verfügung stehen, gewinnen und bieten durch ihr häufig massenhaftes Vorkommen gute Möglichkeiten zur Anwendung statistischer Methoden (Abb. 3).

Die stratigraphische Verläßlichkeit der Fossilien hängt von drei Voraussetzungen ab. Einmal müssen sie sich in ihrem ursprünglichen Lager befinden und dürfen nicht durch Aufarbeitung in jüngere Schichten umgebettet sein. Letzteres ist nicht so selten, aber meist an der Abrollung oder sonstiger Veränderungen der Reste zu erkennen. Zweitens muß die Ausbreitung der Art von ihrem Ursprungs-Gebiet, in geologischem Zeitmaß gesehen, rasch erfolgen. Diese Forderung dürfte, nach der Geschwindigkeit heutiger

[3] Über den Zonen-Begriff gibt es eine umfangreiche Literatur. Besonders im amerikanischen Schrifttum werden zahlreiche Fassungen von Zonen unterschieden. Üblicherweise wird die Zone definiert als das Vorkommen der Zonenart: Mit ihrem Einsetzen beginnt die Zone (Untergrenze der Zone), mit dem Einsetzen der folgenden Zonenart wird sie nach oben begrenzt (Obergrenze der Zone). Andere Zonen-Fassungen z. B. entsprechen der gesamten Lebensdauer eines fossilen Organismus. In diesem Buch wird grundsätzlich die erstgenannte Fassung verwendet, Lebensdauern oder andere Arten von Vorkommen sind anderweitig kenntlich gemacht.

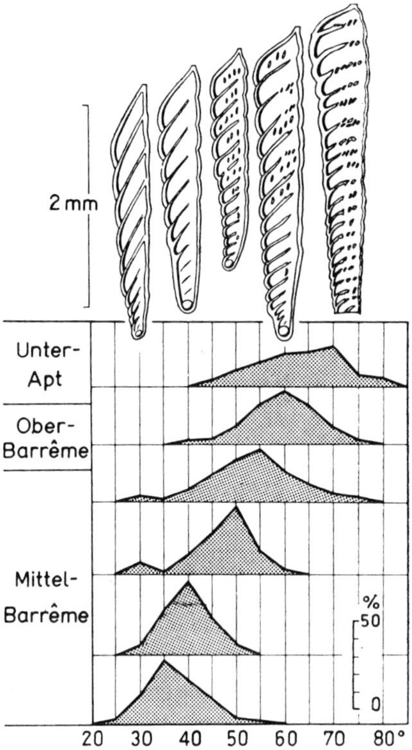

Abb. 3 Phylogenetischer Formwandel der Foraminiferen-Art *Vaginulina procera* während der Unter-Kreide. Abszisse: Winkel zwischen Nahtleiste und Rückenrand. (Nach F. BETTENSTAEDT und J. ALBERS)

Floren- und Faunen-Wanderungen zu urteilen, im allgemeinen erfüllt sein. Schließlich rechnet der Stratigraph damit, daß sich die Lebewesen einsinnig entwickelt haben, derart, daß im Laufe der Erdgeschichte niemals gleiche Formen wiederkehren. In der Tat sind ununterscheidbare Wiederholungen noch nicht bekanntgeworden.

Zeitmessung durch chronographische Methoden. Nachdem man erkannt hatte, daß die Ereignisse der Erdgeschichte gewissermaßen in den Schichtblättern der Sedimentgesteine aufgezeichnet sind, hat es nicht an Versuchen gefehlt, die „Blätter" mit Jahreszahlen zu beziffern und damit die stratigraphisch gewonnenen Altersangaben in solche nach physikalischen oder astronomischen Maßeinheiten umzuwandeln. Ganz allgemein darf man jedoch feste Beziehungen zwischen Zeit und erdgeschichtlichen Prozessen nicht erwarten, denn diese verlaufen weder kontinuierlich noch mit gleichbleibender Geschwindigkeit. Aus diesem Grunde sind alle Versuche fehlgeschlagen, z. B. aus der Sedimentations-Geschwindigkeit heutzeitlicher Ablagerungen die genauere Ablagerungsdauer fossiler Schichtpakete oder gar die Dauer der Erdgeschichte zu ermitteln; sie ließ sich bestenfalls größenordnungsmäßig auf 10^9 Jahre schätzen.

Erheblich weitergeführt hat der Gedanke, die Feinschichtung von manchen limnischen oder marinen, tonigen Ablagerungen auf den jährlichen Klimarhythmus zu beziehen und an den Jahresschichten, Warwen, unmittelbar die Bildungsdauer abzuzählen. Auf diese Weise konnte G. DE GEER (1905, 1911, 1912) die Dauer der Nacheiszeit an den Bändertonen messen, die sich im Ostsee-Becken aus den jahreszeitlich wechselnden (Warw, schwed. = periodische Wiederkehr) Schmelzwasser-Zuflüssen des schwindenden pleistozänen Inlandeises abgesetzt hatten (S. 302).

Auch vermutet jahresgeschichtete Ablagerungen aus älteren Erdperioden sind gelegentlich in gleicher Weise chronologisch ausgewertet worden (KORN 1935, für oberdevonisch-unterkarbonische Sedimente; RICHTER-BERNBURG 1960, mit dem Versuch eines salinaren Warwen-Kalenders aus den Zechsteinsalz-Ablagerungen des N-deutschen Raumes). Bei solchen älteren Sediment-Abfolgen läßt sich der Bezug zur Gegenwart meist nicht in der gesicherten Weise herstellen wie beim DE GEERschen Warwen-Kalender. Auch muß man damit rechnen, daß andere als jahreszeitliche Rhythmen abgebildet werden; dies führt zu einer Unsicherheit in der Ausdeutung. Leider sind warwenschichtige Sedimente allzu selten, um eine Abzählung längerer Erdperioden zu gestatten.

Säkulare Schwankungen der Sonnen-Einstrahlung auf die Erde, hervorgerufen durch die Überlagerung säkularer Schwankungen der Erdbahn-Elemente (Exzentrizität, Schiefe der Ekliptik, Umlauf des Frühlingspunktes, Perihel-Länge) wurden für die letzten 650000 Jahre errechnet und in einer Kurve dargestellt (Einstrahlungskurven von MILANKOVITCH 1920–1938; VAN WOERKOM 1953) und auf die geologisch gewonnene Einteilung der pleistozänen Eiszeit bezogen (KÖPPEN; WEGENER; SOERGEL u. a.). Damit ließen sich die Dauer, Beginn und Ende einzelner Abschnitte des Eiszeitalters in Jahren angeben. Neuberechnungen der MILANKOVITSCH-Kurve zeigen nach einer frühen Phase schwerwiegender Kritik (SCHWARZBACH 1974) deutliche Kongruenzen zu stratigraphischen Ergebnissen aus pleistozänen Tiefseekernabschnitten (BERGER et al. 1984).

Zuwachszonen an Organismen, z. B. die Jahresringe an Bäumen (Dendrochronologie; DOUGLASS 1909; HUBER 1960), und die Wachstumsringe am Skelett fossiler und rezenter Korallen (WHITFIELD 1898; MA 1934; SCRUTTON 1965), sind ebenfalls chronologisch ausgewertet worden. Dendrochronologische Kalender führen bereits mehrere tausend Jahre zurück und sind insbesondere für die Archäologie bedeutsam geworden (FRENZEL 1977).

Interessant ist der Versuch von WELLS (1963), aus der Anzahl der Jahres- und Tages-Zuwachsringe bei fossilen Korallen auf die verschieden große Anzahl der Tage pro Jahr der verschiedenen Erdzeitalter zu schließen. Die Werte stimmen überein mit der geophysikalischen Vorstellung, wonach durch Gezeiten-Reibung die Länge des Tages zunimmt und damit die Anzahl der Tage pro Jahr im Lauf der Erdgeschichte abnimmt. Devonische Korallen haben um 396, silurische um 402 Tagesringe; diese Werte fügen sich gut ein zwischen 365 Tagen (heute) und 424 Tagen für das Kambrium. Danach wären grobe Datierungen auch durch Abzählen der Jahresringe möglich.

Die genannten Methoden gründen auf der Vorstellung, daß periodische Abläufe (insbesondere das astronomische Jahr) sich in der Schichtung von Sediment-Gesteinen oder in den Zuwachszonen von Organismen abbilden. Die Zeiteinheiten lassen sich abzählen und führen im günstigen Falle zur Angabe in Jahren. Die verschiedenartige Abbildung des Vorgangs (z. B. gute Wachstums-Sommer in der größeren Breite der Wachstumsringe bei Bäumen, verstärkte Sedimentzufuhr in der besonderen Dicke der Sommer-Warwe) erlaubt eine Korrelierung sich überlappender Teilabschnitte von Profilen und führt zu einem Kalender längerer Zeitdauer. Weil sich die Zeit selber abbildet, werden die Methoden als chronographische zusammengefaßt (SIMON & LIPPOLT 1967).

Zeitmessung auf physikalischer Grundlage. Die physikalischen Verfahren der Zeitmessung bieten den grundsätzlichen Vorteil, daß sie auf „Uhren“ mit gleichmäßigem, von den geologischen Ereignissen unabhängigen Gang begründet sind. So berechnete Lord KELVIN 1862 erstmals die Abkühlungsdauer der Erde aus einem ehemals glutflüssigen Zustand auf 20–40 Millionen Jahre.

Die Entdeckung der Radioaktivität als zusätzliche innere Wärmequelle der Erde hat dieser Schätzung zwar den Boden entzogen, zugleich aber die Umwandlung der radioaktiven Elemente als die wichtigste und genaueste Uhr zur Messung der Zeitdauer der Erdgeschichte erwiesen (RUTHERFORD 1904; BOLTWOOD 1905; HOLMES 1911). Die Einführung des Massenspektrometers (MATTAUCH und NIER 1937) zur Isotopen-Bestimmung der chemischen Elemente ermöglichte die heute übliche Form der physikalischen Datierung geologischer Objekte.

Die Atome einer Anzahl von Elementen (55 von 327 natürlich vorkommenden Isotopen) sind in ständigem, von außen unbeeinflußbarem Zerfall begriffen. In jeder Zerfallsreihe wandelt sich das Mutterisotop, öfter über kurzlebige Zwischenstadien, in ein beständiges, nicht-radioaktives Endglied um. Der Vorgang geht statistisch vor sich und gehorcht dem Gesetz, daß in gleichen Zeiten stets der gleiche, für jedes Element bzw. Isotop bezeichnende Bruchteil der vorhandenen Atome zerfällt. Man gibt die Geschwindigkeit des Zerfalls durch die Halbwertszeit T an, nach deren Ablauf die Hälfte der Ausgangsmenge umgewandelt ist. Von den 55 radioaktiven Isotopen haben rund 10 solche Halbwertszeiten, die in der Größenordnung der Dauer der Erdgeschichte entsprechen (z. B. U, Rb, ^{40}K); sie sind als langlebige Isotope noch im natürlichen Vorrat der Erde vorhanden und können für Datierungen nutzbar gemacht werden (Chronometrie im Sinne von SIMON & LIPPOLT 1967; GEYH 1980). Andere, kurzlebige Isotope sind nur deswegen natürlich vorhanden, weil sie dauernd neu gebildet werden (z. B. ^{14}C) (Tabelle 1).

Tabelle 1 Die für geologische Datierungen wichtigsten Zerfallsreihen

Radioaktives Ausgangsglied	*Art des Zerfalls, Halbwertszeit T*	*Inaktives Endglied*	*Anwendungsbereich*
^{14}C	$\beta, T = 5{,}7 \cdot 10^3 a$	^{14}N	
^{237}Pa	$\alpha, T = 3{,}2 \cdot 10^4 a$	^{227}Ac	Holozän-
^{230}Th	$\alpha, T = 8{,}0 \cdot 10^4 a$	^{226}Ra	Pleistozän
^{234}U	$\alpha, T = 2{,}5 \cdot 10^5 a$	^{230}Th	
^{235}U (Zerfallsreihe)	$T = 0{,}71 \cdot 10^9 a$	^{207}Pb	Känozoikum
^{238}U (Zerfallsreihe)	$T = 4{,}51 \cdot 10^9 a$	^{206}Pb	und
^{40}K	$\beta, T = 1{,}30 \cdot 10^9 a$	^{40}Ar	Mesozoikum
^{232}Th (Zerfallsreihe)	$T = 1{,}39 \cdot 10^{10} a$	$^{208}Pb, ^4He$	bis
^{87}Rb	$\beta, T = 4{,}7 \cdot 10^{10} a$	^{87}Sr	Präkambrium

Radioaktive Elemente sind in einer Reihe von Mineralien enthalten, z. B. U in der Uranpechblende, Rb und K in Glimmern. Aus dem Mengenverhältnis Mutter-/Tochter-Isotop und der Zerfallsgeschwindigkeit läßt sich das radiometrische Alter solcher Minerale errechnen. Es stellt die Zeit dar, die seit der Bildung des Minerals (z. B. durch Auskristallisation aus einer Gesteinsschmelze oder Neubildung in einem Sedimentgestein) verflossen ist. Einige Voraussetzungen für verläßliche Datierungen müssen jedoch erfüllt sein: Bei der Bildung des Minerals muß es zu einer ausreichenden Trennung von Mutter- und Tochter-Isotop gekommen sein, die Kristallisation muß hinreichend schnell erfolgt sein, und nach dieser darf es zu keinen wesentlichen stofflichen Veränderungen, Verlust der Zufuhr von Ausgangs-, End- oder Zerfalls-Produkten, etwa im Gefolge einer magmatischen Aufheizung oder tektonischen Durchbewegung gekommen sein. Die gemessenen Alterswerte dürfen somit nicht kritiklos als absolut richtig angenommen werden, sondern bedürfen einer geologischen Interpretation. Nur so läßt sich aus dem gemessenen Alter das wirkliche abschätzen. Die Messungen sind im weiteren Bereich der Halbwertszeit am genauesten; deswegen haben die angegebenen Methoden verschieden weite Anwendungsbereiche (Tabelle 1). Lassen sich auch sehr geringe Mengen von Zwischenprodukten oder Tochter-Isotopen genau messen, dann kann sich der Anwendungsbereich wesentlich erweitern; dies gilt z. B. für die K/Ar-Methode, bei der sehr kleine Mengen von gasförmigem Argon genau ermittelt werden können.

In neuerer Zeit haben auch andere physikalische Methoden eine Bedeutung erlangt (vgl. z. B. SIMON & LIPPOLT 1967), u. a. die magnetische Methode. Sie gründet auf der Beobachtung, wonach sich das magnetische Erdfeld in seiner Richtung von Zeit zu Zeit unvermittelt umpolt, d. h. die N- und S-Richtung vertauscht. Längere Epochen „normaler" (= N) Orientierung wie die derzeitige Brunhes-Epoche (seit 690000 Jahren) oder die ihr vorangegangene Matuyama-Epoche „reverser" (= S) Orientierung werden weiter unterteilt durch kurzdauernde Umpolungen („events", „Ereignisse", vgl. Tab. 20, 21). Die Alters-Bestimmungen erfolgten freilich radiometrisch, meist durch K/Ar-Messungen an Basalten. Wird ein längerer Bohrkern gewonnen, etwa aus ozeanischen Basalten, in dem sich mehrere Umpolungen abgebildet haben, dann kann die Methode zu genauen Ergebnissen führen. Die Einzeitung kürzerer und isolierter Teilprofile wird jedoch erschwert dadurch, daß immer mehr kurzfristige Umpolungen innerhalb einer magnetischen Epoche bekannt geworden sind. Die paläomagnetische Zeitskala konnte bisher bis ins Jung-Paläozoikum ausgedehnt werden, eine größere Bedeutung hat sie derzeit nur für das jüngere Tertiär und das Quartär erlangt.

Geschichtliche Entwicklung der stratigraphischen Begriffe. Die Entdeckung des stratigraphischen Grundgesetzes durch STENO (S. 4) gab der erdgeschichtlichen Forschung die sichere Grundlage. 1759 stellte G. ARDUINO eine aus N-Italien gewonnene umfassende Einteilung auf. Ihm folgte, fußend auf den bedeutsamen Arbeiten von J. G. LEHMANN und G. CHR. FÜCHSEL in Mittel-Deutschland, im Jahr 1786 A. G. WERNER, der den von FÜCHSEL 1773 geprägten Begriff der „Formation" (bei der Unterscheidung von Rotliegend, Zechstein, Buntsandstein und Muschelkalk eingeführt) zur Einteilung seiner „Gebirgssysteme" verwandte.

ARDUINO	*WERNER*	*Heutige Bezeichnung*	
Montes tertiarii	Aufgeschwemmtes Gebirge	Känozoikum	
Montes secundarii	Flözgebirge	Mesozoikum	Phanerozoikum
	Übergangsgebirge	Paläozoikum	
Montes primitivi	Urgebirge	Präkambrium	

Mit diesen ersten Einteilungsversuchen suchte man die bekannten Gesteine in eine Lagerungsfolge zu ordnen, wobei der Grad der Verfestigung und die Art der Lagerung im Vordergrund standen. Von einer erdgeschichtlichen Auswertung war man noch weit entfernt.

Mit der Einführung der Fossilien als Hilfsmittel zur Einteilung der Schichten durch W. SMITH vollzog sich hierin zu Beginn des 19. Jahrhunderts ein entscheidender Wandel. L. v. BUCH und H. G. BRONN in Deutschland, P. DESHAYES, G. CUVIER und A. BRONGNIART in Frankreich, J. PHILLIPS, R. I. MURCHISON und A. SEDGWICK in England veröffentlichten ihre grundlegenden stratigraphisch-faunistischen Untersuchungen. Eine überwältigende Fülle vorzeitlichen Lebens wurde bekannt; sie erlaubte eine ständig verfeinerte Aufteilung der Schichtgesteinsfolge und ließ die lange Dauer der Erdzeitalter ahnen. Mit dem Durchbruch aktualistischer Vorstellungen von der langsamen Umbildung der

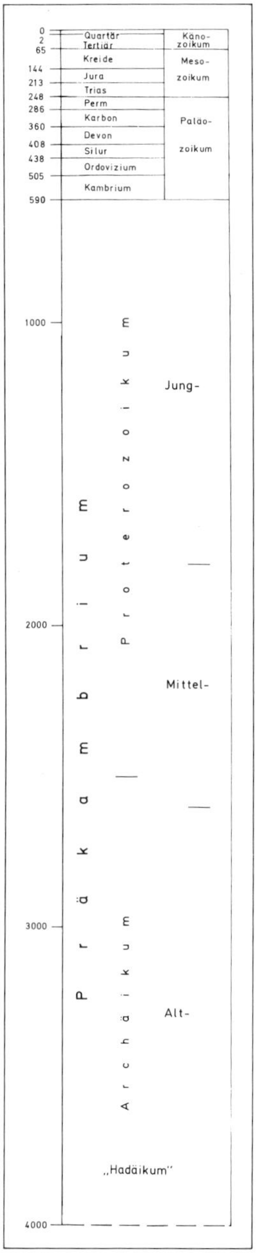

Abb. 4
Die radiometrische Dauer der Erdzeitalter in Mill. J. (Die in der Literatur außerordentlich variierenden absoluten Zeitangaben differieren sehr stark und sind hier im folgenden zumeist aus HARLAND et al. 1982 entnommen.)

anorganischen und organischen Welt wurde schließlich der Weg frei für eine wirklich historische Betrachtung der erdgeschichtlichen Vergangenheit (Abb. 4).

Die Namen der erdgeschichtlichen Zeittafel legen von dem Wandel in der wissenschaftlichen Zielsetzung Zeugnis ab. Das Tertiär ist aus der Einteilung ARDUINOS übernommen; im französischen Schrifttum leben auch die restlichen Bezeichnungen weiter („Terrain secondaire, primaire"). Karbon und Kreide entstammen dem WERNERschen Gedankenkreis. Nicht wenige Benennungen sind schließlich von örtlichen Bezeichnungen der Bergleute und Steinbrucharbeiter, aus Landschafts- oder Volksnamen abgeleitet. So entstammen Rotliegend und Zechstein dem mittel-deutschen Kupferschiefer-Bergbau, Buntsandstein und Muschelkalk aus S-Deutschland, Kambrium bezieht sich auf Wales (= cambria), Devon auf Devonshire, Perm auf einen Bezirk im Ural-Gebiet. In der Einführung des Känozoikums durch J. PHILLIPS kommt die steigende Bewertung der fossilen Organismen für die Stratigraphie zum Ausdruck.

Erdgeschichtliche Zeittafel (Tabelle der Systeme)

	Zeitalter	*System/Periode*
Phanerozoikum	Känozoikum	Quartär
		Tertiär
	Mesozoikum	Kreide
		Jura
		Trias
	Paläozoikum	Perm
		Karbon
		Devon
		Silurium
		Ordovizium
		Kambrium
Präkambrium		

Das stratigraphische System. Die historischen Einteilungs-Versuche gehen letzten Endes auf die stratigraphische Arbeitsweise (S. 4) zurück. Als Grundeinheit der Lithostratigraphie (S. 7) gilt die Formation. Der Begriff wurde ursprünglich geschaffen zur Bezeichnung von Gesteinseinheiten vom Rang des Buntsandstein, Muschelkalk usw. (S. 11). Im deutschen Schrifttum wurde er späterhin zur Bezeichnung auch höherer Kategorien verwendet; E. KAYSER sprach von „Devonischen Formationen". Bis heute wird er im deutschen Schrifttum benutzt zur Bezeichnung von Einheiten im Range des Systems (Periode); erst ganz neuerdings beginnt der Begriff Formation („Schichten") sich auch hier durchzusetzen als Bezeichnung für die Grundeinheit der Lithostratigraphie. Für die weitere Einteilung ist vorgeschlagen, in absteigender Reihenfolge, die fakultativen Begriffe Folge („member"), Paket, Packen, Band, Horizont; Bank („bed") zu verwenden. Zusammenfassungen von Formationen zu höheren Einheiten werden Gruppen und Abteilungen genannt. Die lithostratigraphischen Einheiten bilden die Grundlage für die abstrahierten Zeit-Einheiten; die in der Zeittafel (S. 12) genannten Namen haben alle ihren ursprünglichen Sinn als nur örtliche, konkrete Gesteins-Ausbildungen verloren und sind als Glieder der stratigraphischen Tabelle zu Zeitabschnitten geworden, die sich lückenlos von der Gegenwart bis in die älteste geologische Vergangenheit zusammenfügen.

Stratigraphisch arbeiten heißt, den Schichtgesteins-Stapel, den wir im Gelände antreffen, in Einheiten einzuteilen, diese zu definieren, zu beschreiben, gegen andere Einheiten abzugrenzen mit dem Ziel, sie den Abschnitten der empirisch gewonnenen Zeittafel zuzuordnen. Dabei benutzt man herkömmlicherweise im geologischen Schrifttum die Namen für die stratigraphischen Einheiten nicht nur zur Kennzeichnung des Zeitraumes, sondern auch für das während dieser Zeitspanne abgesetzte Sediment. Falls erforderlich, kann man der Deutlichkeit wegen vom Kreide-System oder der Kreide-Periode in mehr chronologischer Hinsicht oder von Kreide-Formationen (Kreide-Schichten), Siegen-Schichten usw. in stofflich-räumlichem Sinne sprechen. Stärker unterscheidende Begriffs-Systeme, wie sie verschiedentlich vorgeschlagen worden sind, erscheinen weitgehend entbehrlich. Man sollte sich jedoch stets des begrifflichen Unterschiedes bewußt bleiben, der zwischen der konkreten Raum/Stoff-Einheit und der von dieser abstrahierten Zeit-Einheit besteht.

Terminologische Übersicht:

Lithostratigraphische Skala	*Biostratigraphische Skala*	*Chronologische Skala*	*Chronometrische Skala*
	Äonothem	Äon	Einteilung
	Ärathem	Ära	nach
Abteilung	System	Periode	Jahren
Gruppe	Serie	Epoche	
Formation	Stufe	Alter	
Folge (Glied)	Zone	Chron	
Bank, Lage, Schicht	Subzone		

Ergänzende Schriften (Zeitmessung und Stratigraphie)

Ager, D. V. (1981): The nature of the stratigraphical record. – 114 S., 2. Aufl.; London (Macmillan).

Burek, P. J. (1970): Magnetic reversals: Their application to stratigraphic problems. – Bull. Amer. Assoc. Petrol. Geol., *54*, 1120–1139.

Carter, R. M. (1974): A New Zealand case-study of the need for local time-scales. – Lethaia, *7*, 181–202; Oslo.

Cubitt, J. M. & Reyment, R. A. (1982): Quantitative stratigraphic correlation. – XI, 301 S.; Chichester; New York (Wiley).

Franke, H. W. (1969): Methoden der Geochronologie. – „Verständl. Wiss.", *98*, 123 S.; Berlin – Heidelberg (Springer).

Geyer, O. F. (1973, 1977): Grundzüge der Stratigraphie und Fazieskunde, I; 279 S. (1973); II; 341 S. (1977); Stuttgart (Schweizerbart).

Geyh, M. A. (1980): Einführung in die Methoden der physikalischen und chemischen Altersbestimmungen. – 276 S.; Darmstadt (Wiss. Buchgesellschaft).

Hamilton, H. W. (1969): Applied geochronology. – 267 S.; London & New York (Acad. Press).

Harland, W. C., Cox, A. V., Llewellyn, P. G., Pickton, C. A. G., Smith, A. G. & Walters, R. (1982): A geologic time scale. – 131 S.; Cambridge Earth Sci. Ser. (Cambridge Univ. Press).

HARPER, C. T. (1973): Geochronology. Radiometric dating of rocks and minerals. - 469 S.; Stroudsburg (Dowden, Hutchinson & Ross).
KORN, H. (1935): Schichtung und absolute Zeit. - Geol. Rundschau, *26*, 136-139; Stuttgart.
MIDDLETON, G. V. (1973): Johann Walters law of the correlation of facies. - Bull. Amer. geol. Soc., *84*, 979-988; Boulder.
ODIN, G. S. (1982): Numerical Dating in stratigraphy. - uv, 1040 S.; Chichester (Wiley).
SCHINDEWOLF, O. H. (1950): Grundlagen und Methoden der paläontologischen Chronologie. - 3. Aufl., 152 S.; Berlin (Borntraeger).
SCHINDEWOLF, O. H. (1970): Stratigraphie und Stratotypus. - Abh. Akad. Wiss. Lit. Mainz, math.-naturw. Kl. (1970), 2, 134 S.; Mainz.
SHAW, A. B. (1964): Time in stratigraphy. - 356 S.; New York (McGraw - Hill).
SIMON, W. (1948): Zeitmarken der Erde. - 232 S.; „Die Wissenschaft", *98*; Braunschweig (Vieweg).
SIMON, W. & LIPPOLT, H. J. (1967): Geochronologie als Zeitgerüst der Phylogenie. In: HEBERER, G. [Hrsg.]: Die Evolution der Organismen, I, 161-237; Stuttgart (Fischer).
SWEET, W. C. & BERGSTRÖM, S. M. (1970-71): Symposium on Conodont biostratigraphy. - Mem. geol. Soc. Amer., *127*, 499 S.; Boulder.
THÉOBALD, N. & GAMA, A. (1969): Stratigraphie. Eléments de géologie historique. - 422 S.; Paris (Doin).
WENDT, J. (1972): Radiometrische Methoden in der Geochronologie. - Clausthaler Tekton. H. *13*, 126 S.; Clausthal.
ZEUNER, F. E. (1958): Dating the Past. - 4. Aufl., 516 S.; London (Methuen).

LEITFOSSILIEN der Mikropaläontologie (1962), 2 Bde., 432 S.; Taf. und Tab.; Berlin (Bornträger). Darin insbes.: SIMON, Einleitung, S. 1-34.
LETHAIA, An International Journal of Palaeontology and Stratigraphy (1968 ff.). - Oslo (Universitetsforlaget).
LEXIQUE stratigraphique international (1965 ff.). - Congr. géol. intern. Paris.
NEWSLETTERS on stratigraphy. Hrsg.: G. LÜTTIG (1970 ff.). - Leiden (Brill).
Relative und absolute Altersbestimmung (1960). - Geol. Rdsch., *49*; Stuttgart.
The Phanerozoic time scale. A symposium dedicated to Professor Arthur Holmes. - Quart. J. geol. Soc., *120* (5): 458 S.; London.

Wichtige regional-geologische Werke

ADIE, R. J. [Ed.] (1972): Antarctic geology and geophysics. - 876 S.; Oslo (Universitetsforlaget).
BROWN, D. A., CAMPBELL, K. S. & CROOK, K. A. W. (1968): The geological evolution of Australia and New Zealand. - 409 S.; Sydney (Pergamon Press).
CAHEN, L. & SNELLING, N. J. (1983): The Geochronology and Evolution Africa. - 550 S.; Oxford (Univ. Press).
DEBELMAS, J. (1974): Géologie de la France. - *1* und *2*, 540 S.; Paris (Doin).
DIXON, J. E. & ROBERTSON, A. H. F. [Eds.] (1984): The geological Evolution of the Eastern Mediterranean. - Spec. Publ. geol. Soc., *17*: 824 S.; London.
FAIRBRIDGE, Rh. W. [Ed.] (1975): The encyclopedia of world regional geology. Part I: Western Hemisphere (including Antarctica and Australia). - In: Encycl. Earth Sci. Ser., *8*: 704 S.; Stroudsburg (Dowden, Hutchinson & Ross).
FURON, R. (1960): Géologie de l'Afrique. - 400 S.; Paris (Pagot).
GWINNER, M. P. (1971): Geologie der Alpen. - 477 S.; Stuttgart (Schweizerbart).
HAUGHTON, S. H. (1969): Geological history of Southern Africa. - Geol. Soc. S. Afr., 535 S.; Capetown.
HENNINGSEN, D. (1981): Einführung in die Geologie der Bundesrepublik Deutschland. - 123 S.; Stuttgart (Enke).
HOLTEDAHL, O. [Ed.] (1960): Geology of Norway. - 540 S.; Oslo.
HOPPE, W. & SEIDEL, G. [Hrsg.] (1974): Geologie von Thüringen. - 1000 S.; Gotha - Leipzig (VEB H. Haack).
KNETSCH, G. (1963): Geologie von Deutschland. - 386 S.; Stuttgart (Enke).
KSIAZKIEWICZ, M., SAMSONOWICZ, J. & RÜHLE, E. (1968): An outline of geology of Poland. - 414 S.; Warschau (Übersetzung aus dem Polnischen; Sci. Publ. foreign Corp. Center).
LEMOINE, M. [Ed.] (1978): Geological atlas of alpine Europe and adjoining alpine areas. - 588 S.; Amsterdam (Elsevier).
LOTZE, F. (1971): Geologie Mitteleuropas. - 4. Aufl., 491 S.; Stuttgart (Schweizerbart).
MAGNUSSON, N. H., LUNDQVIST, G. & REGNELL, G. (1963): Sveriges geologi. - 698 S.; Stockholm.

NAIRN, A. E. M. & STEHLI, F. G. [Eds.] (ab 1973): The Ocean basins and margins. - Serie ab 1973; New York (Plenum).
NALIVKIN, D. V. (1973): Geology of the U.S.S.R. - Übersetzt von N. RAST (Hrsg. N. RAST & T. S. WESTOLL). - 855 S.; Edinburgh (Oliver & Boyd).
OWEN, T. R. (1976): The geological evolution of the British Isles. - 191 S.; Oxford (Pergamon Press).
PITCHER, M. G. [Ed.] (1973): Arctic geology. - Mem. amer. Assoc. Petroleum Geol., *19*: 747 S.; Tulsa, Oklahoma.
RASMUSSEN, H. W. (1966): Danmarks geologi. - 174 S.; Gjellerup.
RUTTEN, M. G. (1968): The geology of Western Europe. - 520 S.; Amsterdam (Elsevier).
SCHÖNENBERG, R. & NEUGEBAUER, J. (1981): Einführung in die Geologie Europas. - 4. Aufl., 340 S.; Freiburg (Rombach)
SCRUTTON, R. A. & TALWANI, M. [Eds.] (1982): The Ocean Floor. - 318 S.; New York (Wiley).
SUESS, E. (1883-88): Das Antlitz der Erde. (Registerbd. 1909). - 778 und 793 S.; Prag - Leipzig.
WUNDERLICH, H.-G. (1973, 1975): Bau der Erde. Geologie der Kontinente und Meere. *1* und *2*. - 316 S.; Mannheim (Bibl. Inst.)
ZIEGLER, P. A. (1982): Geological Atlas of Western and Central Europe.

Beiträge zur Regionalen Geologie der Erde. - *1-3* (Hrsg.: A. BENTZ, 1961 ff.), *4-11* (Hrsg.: H. J. MARTINI, 1966 ff.); Berlin-Stuttgart (Borntraeger).
Geology of the North-West European continental shelf. - I. (Hrsg.: D. NAYLOR & S. N. MOUNTENEY, 1975), 162 S.; II. The North Sea. - (Hrsg.: R. M. PEGRUM et al., 1975), 225 S.; London (Graham Trotman Dudley).
Grundriß der Geologie der Deutschen Demokratischen Republik. (Hrsg.: Zentr. geol. Inst. Berlin, *1*: 1968). 454 S.; Anlagenmappe; Berlin (Akad. Verl.).
Regional geology of Czechoslovakia. - I. (Hrsg.: J. SVOBODA et al.,1966), 668 S.; II. (Hrsg.: M. MAHEL & T. BUDAY, 1968), 723 S., Geol. Sirv. Czech.; Praha.

Wichtige paläontologische Werke

BRASIER, M. D. (1980): Microfossils. - 193 S.; London (Allen & Unwin).
COLBERT, E. H. (1965): Die Evolution der Wirbeltiere. - (Übersetzung durch G. HEBERER), 426 S.; Stuttgart (G. Fischer).
DOBZHANSKY, Th., HECHT, M. K. & STEERE, W. C. [Eds.] (1974): Evolutionary Biology, *7*; New York (Plenum Press).
ERBEN, H. K. (1975): Die Entwicklung der Lebewesen. - 518 S.; München - Zürich (Piper).
FINNIES, R. N. T. W. (1976): Ecology and Earth History. - 120 S.; London (Croom Helm)
FREY, R. W. [Ed.] (1975): The study of trace fossils. - 562 S.; Berlin - Heidelberg - New York.
GOTHAN, W. & WEYLAND, H. (1972): Lehrbuch der Paläobotanik. - 3. Aufl., 677 S.; München (BLV).
HALSTEAD, L. B. (1969): The pattern of vertebrate evolution. - 222 S.; Edinburgh (Oliver & Boyd).
HENNIG, W. (1969): Die Stammesgeschichte der Insekten. - 436 S.; Frankfurt/M. (W. Kramer).
HÖLDER, H. (1960): Geologie und Paläontologie in Texten und ihrer Geschichte. - 565 S.; Freiburg - München (Alber).
KAPLAN, R. W. (1978): Der Ursprung des Lebens. - 318 S.; Stuttgart (Thieme).
KRÖMMELBEIN, K. [Hrsg.] (1975 ff.): Leitfossilien (Begründet von G. GÜRICH). - Stuttgart (Schweizerbart).
KRUMBIEGEL, G. & KRUMBIEGEL, B. (1981): Fossilien der Erdgeschichte. - 408 S.; Stuttgart (Enke).
KUHN-SCHNYDER, E. (1953): Geschichte der Wirbeltiere. - 156 S.; Basel (Schwabe).
KUHN-SCHNYDER, E. & RIEBER, H. (1984): Paläozoologie. - 390 S.; Stuttgart (Thieme).
LEHMANN, U. (1976): Ammoniten. Ihr Leben und ihre Umwelt. - 172 S.; Stuttgart (Enke).
LEHMANN, U. & HILLMER, G. (1980): Wirbellose Tiere der Vorzeit. - 340 S.; Stuttgart (Enke).
MAYR, E. (1975): Grundlagen der zoologischen Systematik. - (Übersetzt und bearbeitet von O. KRAUS), 370 S.; Hamburg - Berlin (P. Parey).
MÄGDEFRAU, K. (1968): Paläobiologie der Pflanzen. - 4. Aufl., 549 S.; Stuttgart (Fischer).
MCALESTER, A. L. (1981): Die Geschichte des Lebens. - 189 S.; Stuttgart (Enke).
MOORE, R. C. [Ed.] (1953 ff.): Treatise on Invertebrate Paleontology. - Lawrence, Kansas (Geol. Soc. Amer.).
MOORE, R. C., LALICKER, C. G. & FISCHER, A. G. (1952): Invertebrate Fossils. — 766 S.; New York.

Moy-Thomas, J. A. & Miles, R. S. (1971): Palaeozoic fishes. - 2. Aufl., 259 S.; London (Chapman & Hall).
Müller, A. H. (1957 ff.): Lehrbuch der Paläozoologie. - Jena.
Orlov, Y. A. [Ed.] (1962 ff.): Fundamentals of Paleotology. (Osnovy paleontologii). - Acad. Sci. USSR (Übersetzung aus dem Russischen durch Isr. progr. sci. transl. Jerusalem).
Pflug, H. D. (1984): Die Spur des Lebens. - 167 S.; Berlin (Springer).
Piveteau, J. [Ed.] (1952 ff.): Traité de Paléontologie. - Paris.
Ramsay, A. T. S. [Ed.] (1972): Oceanic Micropaleontology. - *1* + *2*: 1453 S.; London (Acad. Press).
Raup, D. M. & Stanley, S. M. (1971): Principles of Paleontology. - 388 S.; San Francisco (Freeman).
Remy, W. & Remy, R. (1977): Die Floren des Erdaltertums. - 468 S.; Essen (Glückauf).
Romer, A. S. (1966; 3. Druck 1971): Vertebrate paleontology. - 468 S.; Chicago - London (Univ. Chicago Press).
Romer, A. S. (1968): Notes and Comments on vertebrate paleontology. - 304 S.; Chicago - London (Univ. Chicago Press).
Simonson, R. (1975): Third symposium on Recent and fossil marine diatoms. Kiel 1974. - Beih. Nova Hedwigia, *53*, 365 S.; Weinheim.
Simpson, G. G. (1983): Fossils and the History of Life. - 239 S.; New York (Sci. Amer. Books, Freeman).
Schaarschmidt, F. (1968): Paläobotanik I und II. 107 u. 80 S.; Hochschultaschenbücher 357/357a; Mannheim - Zürich (Bibliogr. Inst.).
Schäffer, W. (1962): Aktuo-Paläontologie nach Studien in der Nordsee. - 666 S.; Frankfurt/M. (W. Kramer).
Tappan, H. (1980): The Paleobiology of plant protists. - 1028 S.; San Francisco (Freeman).
Thenius, E. (1969): Stammesgeschichte der Säugetiere (einschließlich der Hominiden). - Handb. Zool., *8*, 47./48. Lfg., 722 S.; Berlin (de Gruyter).
Thenius, E. (1972): Grundzüge der Verbreitungsgeschichte der Säugetiere. - 345 S.; Stuttgart (G. Fischer).
Vogellehner, D. (1972): Paläontologie. - 2. Aufl., 110 S.; Freiburg (Herder, studio visuell).
Ziegler, B. (1972, 1983): Einführung in die Paläobiologie. *1*. Allgemeine Paläontologie. - 245 S.; *2*. Spezielle Paläontologie, Protisten, Spongien und Coelenteraten, Mollusken. - 409 S.; Stuttgart (Schweizerbart).
Zimmermann, W. (1969): Geschichte der Pflanzen. - 2. Aufl., 177 S.; Stuttgart (Thieme).

Paläogeographie (Abb. 5-9)

Aufgabe der Paläogeographie ist es, das Erdbild vergangener Zeitalter anschaulich wiedererstehen zu lassen. Der Geologe ist darauf angewiesen, dieses Bild aus zahlreichen Einzelbeobachtungen zusammenzufügen. Die Hauptquellen paläogeographischer Erkenntnisse sind die Gesteine. Ihre Eigenschaften, wie Mineralbestand, Gefüge, Magnetismus, Chemismus und Färbung, Fossilinhalt, Mächtigkeit und Verband, Lagerung und Verbreitung, bieten eine Fülle von Anhaltspunkten über die früheren Umweltbedingungen. Aber nicht nur positive Merkmale sind paläogeographisch verwertbar. Auch das Fehlen von Gesteinen kann von Bedeutung sein, insofern es auf unterbliebenen Absatz (Nicht-Sedimentation) oder auf Abtragung hinweist. Voraussetzung ist in allen Fällen, daß die stratigraphische Einordnung des Beobachtungsstoffes feststeht, denn einwandfreie paläogeographische Wiederherstellungsversuche lassen sich nur auf Zeugnisse gründen, deren zeitliche Stellung gesichert ist.

Die Paläogeographie gliedert sich in mehrere Teilgebiete. Die Paläogeographie i. e. S. befaßt sich mit der Geographie der Vorzeit, mit der Verteilung von Land und Meer, mit der Gestalt der ozeanischen Becken und der Gliederung der Festlandsflächen. Die Paläobiogeographie behandelt die Verbreitung und die Wanderungen der fossilen Organismen. Die Paläoklimatologie widmet sich der Erforschung und Deutung der vorzeitlichen Klimaverhältnisse.

Von erstrangiger Bedeutung erwies sich neuerdings die Paläomagnetik für die Rekonstruktion ehemaliger Erdbilder. Aus dem bis heute in geeigneten Mineralen von magmatischen wie auch von sedimentären Gesteinen noch vorhandenem Rest-Magnetismus der Bildungszeit lassen sich die jeweiligen Paläopol-Lagen, die (tatsächlichen oder scheinbaren) Pol-Wanderkurven und die ehemalige geographische Breite von Krustenteilen („Platten" oder Kontinenten) ermitteln. Die Methode ist zur Grundlage von Rekonstruktionen ehemaliger Erdbilder im Sinn der Plattentektonik oder Drift-Vorstellungen geworden.

Die Möglichkeit paläogeographischer Untersuchungen und die Zuverlässigkeit ihrer Ergebnisse werden durch die Lückenhaftigkeit der erdgeschichtlichen Überlieferung stark eingeschränkt. In der Regel kann der Paläogeograph seine Schlüsse nur auf einen Bruchteil der in früheren Erdperioden gebildeten Gesteine stützen. Die Hauptmasse ist entweder nicht erhalten, weil sie im ständigen Kreislauf der Stoffe längst zerstört und zum Aufbau jüngerer Sedimente verwandt worden ist. Oder sie ist unerreichbar am Grunde des Ozeanbodens bzw. unter derart mächtigen Deckschichten begraben, daß weder natürliche noch künstliche Aufschlüsse tief genug hinabreichen. In Narbenzonen der Gebirge, im Bereich von Lithosphären-Platten, die in Subduktions-Zonen unter Inselbögen oder Kontinente abtauchen, werden Sedimente in den oberen Mantel hinuntergezogen und dort aufgeschmolzen. Ältere als jurassische Sedimente sind daher auf den heutigen Ozeanböden bisher nicht nachgewiesen worden. Schließlich kann auch eine spätere Metamorphose die Gesteine umgewandelt und ihrer ursprünglichen Merkmale beraubt haben. Paläogeographische Darstellungen können daher nie die Genauigkeit heutiger Landkarten erreichen.

Vorzeitliche Meeresräume. Es ist zweckmäßig, paläogeographische Synthesen mit der Festlegung ehemaliger Meeresbecken zu beginnen, denn diese lassen sich als frühere Sedimentations-Bereiche durch ihre Ablagerungen unmittelbar nachweisen.

Allgemein gültige Kennzeichen mariner Sedimente gibt es nicht. Die verläßlichsten Merkmale meerischer Entstehung bieten die Versteinerungen, in erster Linie die Reste solcher Gruppen, die ganz oder vorwiegend marin leben. Aber selbst Fossilien können täuschen, wenn sie etwa, wie Blätter und Kadaver, vom Festland her eingeweht oder eingeschwemmt sind, oder wenn die Organismen im Lauf der geologischen Perioden ihren Lebensraum gewechselt haben. So sind z. B. manche Fische im Paläozoikum aus dem Süß- und Brackwasser ins Meer gewandert. Bei den klastischen Sedimenten lassen Stoffbestand und Gefüge selten eindeutige Schlüsse auf marine oder kontinentale Entstehung zu. Chemische Abscheidungen geben schon bessere Anhaltspunkte. Karbonat-Gesteine setzen sich vorwiegend aus dem Meerwasser ab. Ausschließlich scheint dies für gewisse Eisensilikat-Minerale, wie den Glaukonit und Chamosit, zu gelten. Neue aussichtsvolle Wege eröffnet die Geochemie. So führen marine Absätze infolge des Bor-Gehaltes des Meerwassers in der Regel mehr Bor als limnische; jedoch gibt es bemerkenswerte Ausnahmen.

Gestaltung und Umwelt-Bedingungen früherer Meere sind in der Fazies der marinen Ablagerungen aufgezeichnet. Einige Beispiele mögen verdeutlichen, wieweit diese Urkunden entziffert und in unsere Sprache übersetzt werden können. Vorzeitliche

Meerestiefen lassen sich bis heute nur ungefähr abschätzen. Wenn etwa in den Aptychen-Schichten des alpinen Ober-Jura die ursprünglich aragonitischen Ammoniten-Gehäuse aufgelöst und nur die kalzitischen Kiefer übriggeblieben sind, so wird man in Analogie zur Gegenwart an eine Sedimentation in beträchtlicher Wassertiefe denken. Das gleiche gilt für den alt-tertiären Flysch der Karpaten, dessen Fische z. T. Leuchtorgane wie die heutigen Tiefseefische besaßen. Genauere Angaben lassen sich bei Gesteinen machen, die Reste mariner Kalkalgen einschließen. Der Wetterstein-Kalk der E-alpinen Trias ist unter höchstens 80–100 m Wasserbedeckung entstanden, denn tiefer vermag das Tageslicht in einer für die Assimilation ausreichenden Stärke nicht einzudringen. Die Gefällsverhältnisse des Meeresbodens lassen sich aus der Richtung und Stärke submariner Gleitungen ermitteln.

Der Salzgehalt kommt in der Fossilgesellschaft zu augenfälligem Ausdruck. Ein Gestein, das eine reiche, viele Gruppen der marinen Lebewelt umfassende Fauna führt, muß in normal-salzigem Meerwasser entstanden sein. Bei Verbrackung wie bei Übersalzungen nehmen Artenzahl und meist auch Korngröße ab (vgl. auch gleichartiges Verhalten bei Abkühlung). Das in der offenen See herrschende Gleichgewicht an gelösten Gasen verschiebt sich bei gehemmtem Austausch. Im Sediment bildet sich dieses dadurch ab, daß mit dem Schwinden des Sauerstoffs die benthische Besiedlung verarmt und schließlich erlischt und der Gehalt an nicht oxidierten organischen Stoffen zunimmt. Die Wasserbewegung läßt sich der Stärke nach in der Körnung der Ablagerungen, der Richtung nach an Rippeln, Schrägschichtungen, eingeregelten Geröllen und Fossilien ablesen.

Meeresströmungen prägen sich im Verbreitungsbild der marinen Lebewesen aus. Wenn die alt-tertiären Nummuliten an der W' Küste Afrikas nicht so weit nach S vordrangen wie an der E', so ist zu vermuten, daß an der atlantischen Seite des Kontinents schon damals wie heute kühles Auftriebwasser emporstieg (Abb. 52). Die Entfernung von der Küste läßt sich daran abschätzen, daß die Sedimente mit zunehmender Turbulenz grobkörniger und in Landnähe geringmächtiger werden; jedoch gibt es hiervon viele Ausnahmen. Einschwemmungen vom Festland, seien es bunte Verwitterungserden oder Reste von Landorganismen, stellen sich häufiger ein. So besteht die rund 600 Arten umfassende Fauna der Solnhofener Plattenkalke fast zur Hälfte aus Bewohnern des Landes und der Luft, dürfte also in unmittelbarer Nähe des ober-jurassischen Meeresufers eingebettet worden sein (S. 213).

Vorzeitliche Festlands-Gebiete. Im Gegensatz zu den Sedimentations-Räumen des Meeres stellen die Festländer meist Abtragungsflächen dar. Paläogeographisch sind sie daher im allgemeinen durch das negative Merkmal des Fehlens von Ablagerungen gekennzeichnet. Nur in den Fällen, wo sich kontinentale Sedimente abgesetzt und erhalten haben, ist das Vorhandensein früheren Landes unmittelbar und mit Sicherheit zu erweisen.

Kontinentale Ablagerungen sind am besten an ihrem Fossilinhalt von Land- und Süßwasser-Tieren oder höheren Pflanzen kenntlich. Beachtenswert ist ferner, daß auf dem Festlande chemische und organogene Absätze gegenüber den klastischen zurücktreten, wobei die letzteren entsprechend der geringeren Ausdehnung der Sedimentations-Becken faziell oft unbeständiger und weniger gesondert sind. Schließlich kommen gewisse Bildungen, wie Moränen, Torf-Ablagerungen, Böden, Wind- und Gletscherschliffe nur auf dem Festlande vor. Präkambrischer Verwitterungsgrus und Tillite stellen das Vorhandensein festen Landes schon für die fernste geologische Vergangenheit sicher. Die karbonischen Kohlenflöze mit ihrer durchwurzelten Liegendschicht (Wurzelboden) wuchsen als bodenständige Sumpfmoore. Die Schlotten der schwäbischen Jurakalk-Tafel, in die vom Eozän bis ins Pliozän Roterden mit Säugerresten eingeschwemmt wurden, bezeugen das Vorhandensein einer Landoberfläche, die im Laufe des Tertiär fortschreitend verkarstete.

Die Einzelzüge der Oberflächen-Gestaltung zeichnen sich naturgemäß am genauesten in den kontinentalen Ablagerungen ab. Fehlen diese, so muß man marine Sedimente im Umkreise des Festlandes zur Auswertung heranziehen. In den jüngeren geologischen Perioden schließlich liefern auch morphologische Methoden, die Verfolgung von Verebnungen und Flußterrassen, wertvolle Ergebnisse. Die orographische Gliederung der Festlands-Oberfläche bildet sich am augenfälligsten in der Korngröße der klastischen Absätze ab. Diese sind um so gröber, je steiler das Gefälle und je größer die Höhenunterschiede sind. Durch rasche Eindeckung kann das gesamte Relief unter kontinentalen Sedimenten begraben und bei späterer Denudation wieder freigelegt werden. Man sieht dann etwa, wie die terrestrischen Schichten des Rotliegend und Buntsandstein in Mittel-Europa einen eingeebneten Felssockel mit einzelnen steilen Restbergen, also eine Inselberg-Landschaft, verhüllt haben. Eine Untersuchung der Gerölle, oder bei feineren Sedimenten des Schwerminerals-Bestandes, unterrichtet über den stofflichen Aufbau des Festland-Sockels. So verraten die Konglomerate der Molasse, die sich in mehreren großen Schotter-Deltas vor den aufsteigenden Alpen anhäuften, wo Flüsse in die alpine Randsenke mündeten und wie tief der Gebirgskörper durch die gleichzeitig mit der Auffaltung einsetzende Denudation bloßgelegt war. Ein weiteres Hilfsmittel zur Festlegung vorzeitlicher Wasserläufe bietet das Schichtgefüge der fluvialen Ablagerungen. Aus der Schrägschichtung und aus der dachziegelartigen Packung ellipsoidischer Gerölle läßt sich die Fließrichtung und damit die allgemeine Abdachung der Landoberfläche erschließen (Abb. 5). Sedimente von Süßwasser-Seen sind besonders gute Belege für das Dasein ehemaliger größerer Festlands-Gebiete und spiegeln zugleich die Natur der umgebenden Landschaft, z. B. in ihrem „Pollen-Bild", deutlich wider (S. 308).

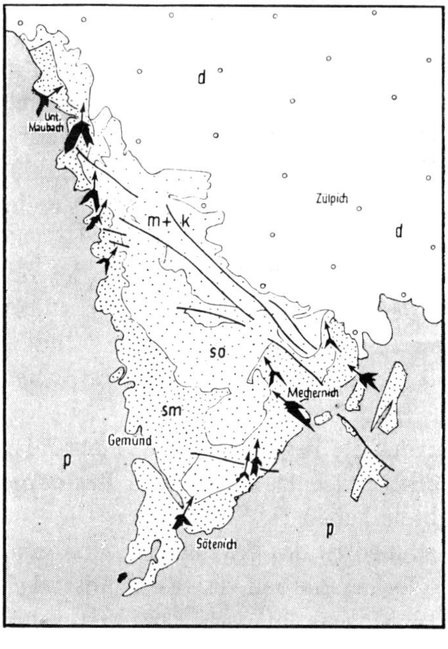

Abb. 5 Karte der Nordeifel-Senke.
Die heutige Senke war, wie die Strömungsrichtung der Buntsandstein-Flüsse zeigt, bereits damals angelegt.
p = Paläozoikum; sm, so = Mittl. und Oberer Buntsandstein; m, k = Muschelkalk und Keuper; d = Quartär. (Nach K. PICARD)

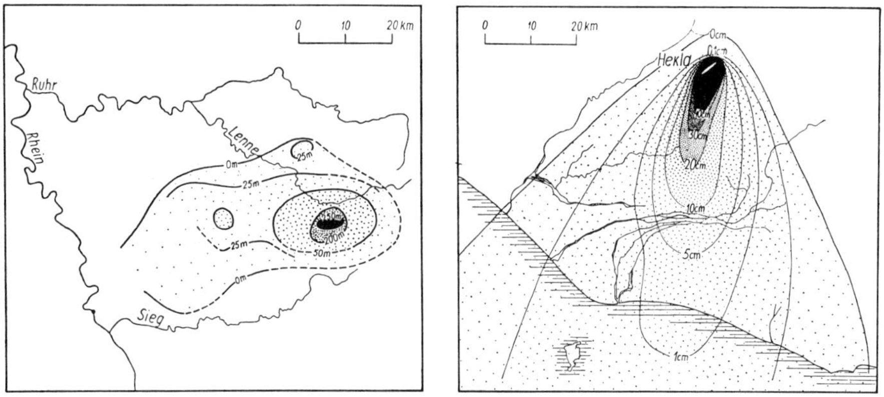

Abb. 6 Zwei Verbreitungs-Kärtchen vulkanischer Ergüsse und Tuffe. Links: Ausdehnung und Mächtigkeit des Haupt-Keratophyrs im Ober-Ems des Rechtsrheinischen Schiefergebirges. (Nach RIPPEL). – Rechts: Reichweite und Dicke des Aschenfalls vom 29. 3. 1947 aus der Kraterspalte des Hekla an der S-Küste von Island. (Nach S. THORARINSSON)

Vulkanismus und Gebirgsbildung der Vorzeit. Bei der Untersuchung von Ergußgesteinen und Tuffen, denen der sichtbare Zusammenhang mit einem Vulkanschlot fehlt, gilt die erste Frage ihrer Herkunft, d. h. der Lage des Förderkanals. Einen ungefähren Anhalt bieten Umgrenzung und Mächtigkeit der vulkanischen Gebilde (Abb. 6). Genauere Hinweise liefert das Fließgefüge der Laven, aus dem sich die ehemalige Bewegungsrichtung erschließen läßt, und die Körnung der Aschen, die sich infolge der Windsichtung mit der Entfernung vom Schlot verfeinert. Auf dem Lande ausfließende Lavaströme können ein Bodenprofil überdecken oder verkohlte Baumstämme einschließen. Die dazugehörigen Tuffe enthalten Reste von Landwirbeltieren und Pflanzen. Unter Wasser fließende Laven erstarren in Kissenform. In Seen oder im Meere sedimentierte Tuffe führen limnische bzw. marine Fossilien, wie die tertiären Basalt-Aschen Mittel-Deutschlands oder die devonischen Schalsteine des Lahn-Dill-Gebietes. Postvulkanische Vorgänge haben vor allem in Trockengebieten Aussicht auf Überlieferung. Hier können sich die Exhalations-Produkte in abflußlosen Seen sammeln und bei der Eindampfung als Borat-Absätze und dergleichen hinterbleiben.

Gebirgsbildungen lassen ihre Spuren in Form gestörter Schichten in der Kruste zurück. Diskordanzen ermöglichen es, das erdgeschichtliche Alter der Bewegungen festzulegen und zugleich Vorstellungen über die Gestalt der früheren Gebirge zu gewinnen. Aus den Lagerungs-Verhältnissen unterhalb der Unstetigkeitsfläche ist der Bautypus, aus der Verbreitung der Diskordanz die Erstreckung des ehemaligen Gebirges erschließbar. Gelegentlich finden wir den Vorgang der Gebirgsbildung unmittelbar im gleichzeitig gebildeten Sediment aufgezeichnet. In den Oberjura-Schichten N-Schottlands sind riesige Schollen von Devon-Sandstein eingebettet. Es waren wohl Massen, die von einer in Bewegung befindlichen Verwerfungs-Steilstufe ins Meer abglitten. In der Tiroler Unter-Kreide findet man, gegen das Hangende zunehmend häufig, eckige Trias- und Jurablöcke eingestreut, deren ursprüngliche Heimat weiter südlich lag. Es dürfte sich um Gesteinsbrocken handeln, die sich von einer vorwandernden alpinen Deckenstirn gelöst hatten.

Paläobiogeographie. Die Ausbreitung der Lebewesen über die Erde hängt in erster Linie von geographischen und klimatischen Gegebenheiten ab. Allerdings sind für das jeweilige Besiedlungsbild nicht allein die derzeitigen Umwelt-Bedingungen, sondern auch Nachwirkunge … z. B. die Tierwelt der tropischen Flachsee n … inheit dar, obwohl das äquatoriale „Gürtelme … wesentlichen entwickelt hatte, bereits im L … hen zerfallen war.

Unter dies … und Wanderwege der vorzeitlichen Faunen … ken, Kontinent- und Meeres-Zusammenhän … heren Perioden zu liefern. Finden sich etw … ken, so liegt es in Analogie mit den gegenw … räumlicher Absonderung zu suchen. Im M … r Zwergelefanten-Arten, die nur auf je eine … igen Vorfahren hervorgegangen, als ein … elt wurde. Die boreale Fauna des russische … ssenen Meere heraus, das anscheinend übe … Riffen zeigt, durch niedere Temperature … cke *Planorbis multiformis* entfaltete ihren … See von Steinheim auf der Schwäbischen … ossilien oder Fossil-Gesellschaften deutet u … hangende Lebensräume. Die Formenwelt und stratigr … bonischen Süßwasser-Muscheln, die sich von den Britischen In … ropa hinein fast gleich bleibt, ist ein Hinweis auf einen europäischen Ko … damaliger Zeit. Aus dem Grade der Verwandtschafts-Beziehungen zwischen der eurasiatischen und N-amerikanischen Säugetierfauna läßt sich ableiten, wann eine Landbrücke („Beringia“) zwischen den beiden Festländern bestand und für einen Austausch wegsam war (Abb. 7). Wenn N-pazifische Mollusken-Arten in der Fauna der jung-tertiären Nordsee auftauchten, so setzt das eine über das Nordpolargebiet führende alte Meeresverbindung voraus, die noch nicht, wie heute, von Eis und Kaltwasser erfüllt war. Die im S-amerikanischen Unter-Jura verbreitete Muschelgattung *Trigonia* tritt in Europa erst im Mittel-Jura auf, nur in Portugal erscheint sie bereits früher. Ihre Ausbreitung fordert einen SW-Europa mit Mittel-Amerika verbindenden Flachmeersaum, längs dessen sie wandern konnte. Meeresströmungen sind meist zu langsam, um die überwiegend kurzlebigen planktischen Larven über den Ozean zu tragen. Tiefseeräume stellen deshalb schwer überwindliche Hindernisse für die Ausbreitung der Flachmeer-Lebewesen dar. Innerhalb des Reiches der tropischen Litoralfauna (s. o.) treffen wir zu beiden Seiten des Stillen Ozean die größten Unterschiede an.

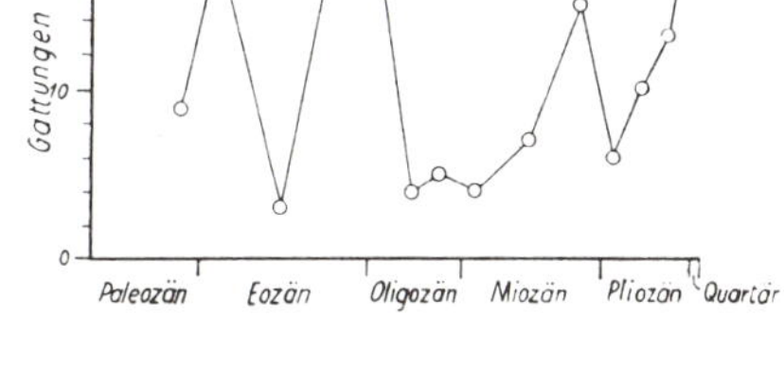

Abb. 7 Anzahl der Säuger-Gattungen, die Eurasien und Nordamerika in den einzelnen Stufen des Tertiär und Quartär gemeinsam sind. (Nach G. G. SIMPSON)

Der **Entwurf paläogeographischer Karten** beginnt damit, daß man in dem gewählten Untersuchungsgebiet alle Beobachtungen über eine bestimmte Erdepoche sammelt und in eine Karte einträgt. Geordnet und verarbeitet ergibt dieser Stoff F a z i e s- und

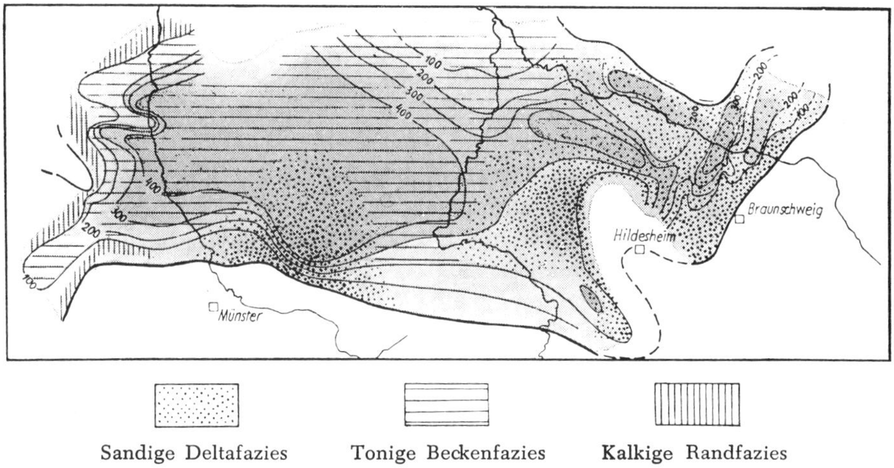

Abb. 8 Umgrenzung, Fazies und Mächtigkeit des Wealden (Unter-Kreide) im Niedersächsischen Becken Nordwestdeutschlands. Mächtigkeiten durch zunehmend dunklere Tönung veranschaulicht. (Nach O. SEITZ)

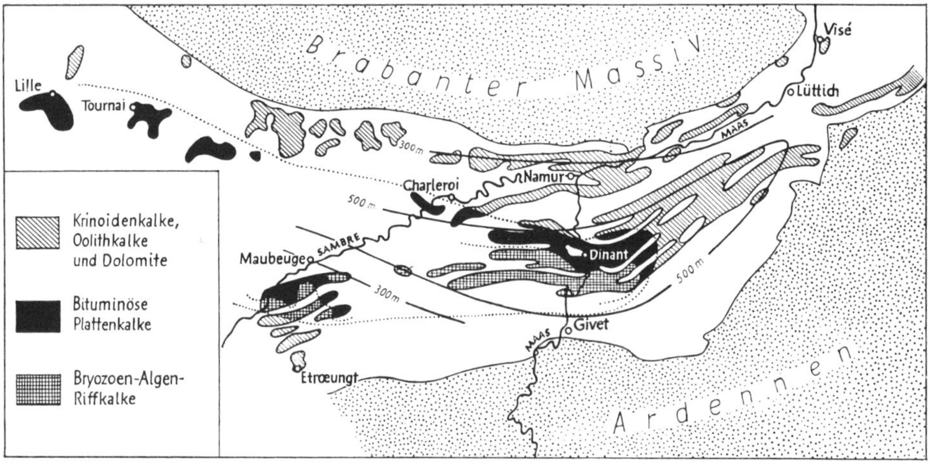

Abb. 9 Fazies und Mächtigkeit des Kohlenkalk (Unter-Karbon) im belgisch-nordfranzösischen Steinkohlengebiet. Das Kartenbild spricht für eine zwischen dem Brabanter Massiv und den Ardennen einsinkende Geosynkline. Punktiert: Vor-Devon und Unter-Devon. Weiß: Jüngeres Devon und Ober-Karbon. (Nach G. DELEPINE)

Mächtigkeits-Karten, aus denen die lithologische Beschaffenheit bzw. die Dicke der Ablagerungen in ihrer regionalen Verteilung ersichtlich ist (Abb. 8, 9).

Die nächste Aufgabe ist das Zeichnen der eigentlichen paläogeographischen Karte. Einen ersten ungefähren Anhalt geben uns für die ehemaligen Meeresflächen die marinen Absätze, für die Festländer gleichaltrige kontinentale Bildungen. Zu genaueren Umrissen gelangt man, wenn man neben der Verbreitung auch die Ausbildung der Ablagerungen beachtet. Das wichtigste Verfahren besteht in der Extrapolation von den inneren Faziesgrenzen des Sedimentations-Bereiches auf die äußerste, d. h. den Beckenrand, wie es

Abb. 8 erläutert. Noch näher kommt man der Wirklichkeit, wenn unmittelbare Anhaltspunkte für die Lage des Meeresufers vorliegen. Der alte Strandsaum ist zwar kaum jemals erhalten; das noch heute sichtbare Kliff des oberschwäbischen Miozän-Meeres ist eine Ausnahme. Aber gewisse Hinweise, wie Deltakegel oder brackische Fossilien, finden sich häufiger.

Liegen die Umrißlinien fest, dann kann man daran gehen, die Karte durch Eintragung der Oberflächengestalt, der Besiedlung usw. zu beleben. Oft ist es zweckmäßig, diese Erscheinungen gesondert zu veranschaulichen. Man erhält dann Darstellungen einer ehemaligen Gletscher-Ausdehnung (Abb. 55), der Verbreitung mariner Tiergruppen oder festländischer Pflanzen-Gemeinschaften.

Schließlich gilt es, die paläogeographische Karte in das Gesamtbild der Meeres- und Festlands-Verteilung der untersuchten Epoche einzufügen. Hier versprechen vor allem paläobiogeographische Betrachtungen Erfolg, denn faunistische und floristische Beziehungen sind in besonderem Maße geeignet, großräumige paläogeographische Verbindungen aufzudecken und aufschlußlose Strecken zu überbrücken.

Die meisten paläogeographischen Karten werden auf der Grundlage der heutigen Verteilung von Land und Meer als Abweichung von diesem Ist-Zustand entworfen. Die unterlegte gegenwärtige Situation stellt das orientierende Bezugssystem dar. Die inzwischen bewiesenen Wegenerschen Drift-Vorstellungen, so die Ausweitung des Ozeanbodens („Sea-floor-spreading“) durch Wanderung von Krustenschollen (Plattentektonik), machen deutlich, wie die Kontinentplatten in der Erdgeschichte z. T. gänzlich andere Lagen zueinander hatten, während unter den umgrenzenden Ozeanen dauernd neue Bodenanteile gebildet, ältere subduziert und abgebaut wurden. Die jeweilige Kontinentlage eines paläogeographischen Zustandes läßt sich mit Hilfe der Paläomagnetik rekonstruieren (S. 16). Mehreren Karten (z. B. Abb. 17, 22, 26, 38, 47) liegen solche Rekonstruktionen zugrunde.

Ausdeutung paläogeographischer Karten. Das Antlitz der Erde wird im wesentlichen durch tektonische Kräfte geformt. Die exogenen Vorgänge der Abtragung und Ablagerung vermögen an diesem Bild wohl einzelne Züge zu verändern, sind aber nicht imstande, es gänzlich umzugestalten. Im besonderen sind es die Bewegungen von „Großplatten“ sowie die ebenso langdauernd wirkenden, weitspannigen Wölbungen und vertikalen Verstellungen durch die Epirogenese, welche die Verteilung von Land und Meer, Gebirgshöhen und ozeanischen Tiefen bestimmen. Das wird offenbar, wenn man eine Reihe paläogeographischer Karten in erdgeschichtlicher Folge überblickt. Augenfällig treten dann gewisse, sich durch lange Zeitabschnitte fortsetzende Bewegungsneigungen einzelner Krustenfelder hervor. Manche Flächen sind fast ständig landfest oder nur vorübergehend vom Meer überspült, andere liegen durch lange Zeiten unter dem Meeresspiegel. Man stellt die aufsteigenden Dauerländer samt ihren epikontinental überfluteten Randsäumen als Kratone den säkular sinkenden Dauermeeren der Geosynklinen gegenüber und hat damit zwei paläogeographisch wesentliche Bauelemente der Erdrinde erfaßt. Es liegt nahe, sie auch kartenmäßig zu veranschaulichen. So gelangt man zu tektonisch gegliederten paläogeographischen Kartendarstellungen, auf denen an Stelle der Fazies und Oberflächen-Gestaltung die Grenzen der Krustenschollen hervorgehoben sind. Sinn und Geschwindigkeit epirogener Bewegungen lassen sich am schärfsten im Grenzgebiet von Land und Meer erfassen, wo der Küstensaum eine empfindliche Skala für das Ablesen von Strandverschiebungen darstellt. Die postglaziale Aufwölbung Fennoskandiens (Abb. 57) ist auf solche Weise ermittelt worden. Allerdings zeigt gerade dieses Beispiel, daß man nicht jede Bewegung des Meeres gegen die Erdfeste tektonisch deuten darf. Veränderungen des ozeanischen Wasservorrats, etwa durch Abschmelzen der polaren Eiskappen, können in Gestalt eustatischer Spiegelschwankungen die Bezugsebene verschieben. In den älteren Zeitabschnitten bietet die Mächtigkeit der Sedimente das beste Maß für den epirogenen Senkungsbetrag. Zwar gibt es auch atektonische Senkungsvorgänge; die Braunkohlenflöze bei Halle füllen z. B. Becken, die über dem Salzspiegel durch Ablaugung entstanden. Aber im ganzen ist die Beziehung verläßlich und versagt nur, wenn etwa die Hohlformen infolg allzu geringer Stoffzufuhr unausgefüllt blieben. Die alpinen Jura-Radiolarite und andere geosynkline Tiefsee-Absätze mögen unter einem solchen Mißverhältnis von Abwärtsbewegung und Sedimentation gebildet worden sein.

Paläoklimatologie. Das Klima beeinflußt vielfältig Verwitterung, Fracht und Sedimentation, nimmt aber auch durch eustatische Steuerung Einfluß auf die Paläogeographie. Alle sedimentären Lagerstätten sind Funktionen aus paläogeographischen und paläoklimatischen Parametern. Klimazeugen aus diesen Bereichen sind zahlreich, ihre grobrastrigen Aussagen beziehen sich meistens auf die Gesamtheit des Klimas. In der Regel lassen alleine biotische Zeugen Rückschlüsse auf einzelne Faktoren zu.

Für den nivalen Bereich sind Moränen-Gesteine (Moränen, Aquamoränen, Tillite) besonders kennzeichnend, wenn sie auch nicht immer von anderen Diamiktiten, z. B. den klimatisch völlig anders geprägten Fanglomeraten, leicht zu unterscheiden sind. In solchen Zweifelsfällen vermögen z. B. Gletscherschliffe, Eiskeile und vor allem paläontologische Belege die Frage zu entscheiden.

Das humide Reich ist die eigentliche Domäne der Vegetation. Pflanzenführende festländische Ablagerungen, Torfe und Kohlen sind hier verbreitet. Ob aber diese Bildungen unter gemäßigt-feuchtem oder tropisch-feuchtem Klima entstanden, läßt sich aus dem Fossilinhalt selbst nur für die jüngsten Zeiten zuverlässig beantworten. Im Tertiär darf man der Flora, z. B. dem Vorkommen von Palmen, Pandanaceen u. a., wie den Landwirbeltieren als Zeugen eines warmfeuchten Braunkohlenklimas absolut vertrauen. Die aquatischen Biota belegen für die benachbarten marinen Räume das jeweilige Klima temperaturmäßig sicher. Die karbonische Flora steht der heutigen bereits so fern, daß Abschätzungen nach taxonomischen Kriterien nicht ohne weiteres möglich sind. Hier helfen allgemeine Kriterien der Biota (z. B. Minimaltemperaturen für große Lurche). Weitere Kriterien stehen im abiotischen Bereich zur Verfügung, so die Stärke der Einkieselung bei der chemischen Verwitterung, die zu den wärmeren Zonen steigt.

Die wichtigsten Hinweise auf aride Verhältnisse stellen Eindampfungs-Sedimente dar. Andere Wüstenerscheinungen, wie Krustenbildungen, Fanglomerate und Windwirkungen, mögen ergänzend hinzutreten.

Meerestemperaturen lassen sich qualitativ am Kalkgehalt der Sedimente abschätzen, denn die Kalkfällung wie in der Regel auch die direkte organische Kalkproduktion nimmt mit steigender Umwelttemperatur zu. Manche Abscheidungformen des Kalkes, wie Oolithkalke und Riffkalke, sind fast ganz auf die tropische Flachsee beschränkt. Wichtigere qualitative und gelegentlich auch quantitative Temperaturhinweise liefern marine Floren und vor allem Faunen, wobei auf zahlreiche Fehlerquellen zu achten ist (Ausbreitungsschranken wie festländische oder Tiefwasser-Barrieren). Paläotemperaturen lassen sich aus dem $^{16}O/^{18}O$-Verhältnis der organischen Karbonate errechnen; da deren Verhältnis aber von vielen Faktoren gesteuert wird (z. B. Eisakkumulation an den Polkalotten, Verbrackung), sind in der Regel Korrekturen notwendig.

Der jährliche Klima-Rhythmus kann sich in der Feinschichtung von Sedimenten (fluvioglazialen Warwentonen, limnischen und marinen Gyttja-Absätzen oder Salzlagen), aber auch in den Zuwachszonen organischer Gewebe, etwa Hölzern und Fischschuppen, abbilden. Zuweilen ist es sogar möglich, in den jahreszeitlichen Witterungsgang Einblick zu gewinnen. So prägt sich in manchen Bändertonen nicht nur der jährliche, sondern auch der tägliche Wechsel im Schmelzwasserzufluß aus. Man kann also u. U. abzählen, an wieviel Tagen des Jahres Tauwetter herrschte. Langfristige Klimaschwankungen von vieljähriger Dauer spiegeln sich andererseits in den unter sehr gleichförmigen Bedingungen entstehenden Sedimenten der Tiefsee besonders deutlich wider.

Im Lauf der Erdgeschichte hat das Klima zwar wiederholt beträchtlich gewechselt, blieb jedoch insgesamt innerhalb bemerkenswert enger Grenzen der Einzelfaktoren, z. B. der Temperatur. Die wesentlichen Änderungen betreffen:

1. Änderungen der solaren Klimafaktoren, d. h. des Gesamtbetrages der auf die Erde gelangenden Strahlungsmenge, verursacht durch
   a) Schwankungen der Sonnenstrahlung infolge von Temperatur- oder Zustands-Änderungen der Sonne,
   b) Schwankungen in der Strahlendurchlässigkeit des Weltraums, etwa beim Dazwischentreten kosmischer Staubwolken.
2. Änderungen der terrestrischen Klimafaktoren, d. h. der Verteilung der Strahlung über die Erde infolge von
   a) Schwankungen in den Bahnelementen der Erde,
   b) Durchlässigkeits-Schwankungen der Lufthülle,
   c) Polwanderungen, d. h. Verschiebungen der Erdrinde gegenüber dem Erdkern,
   d) Kontinent-Verschiebungen, d. h. Drift einzelner Festlandsschollen oder „Großplatten“,
   e) Verzerrung der Klimagürtel durch die Einflüsse der geographischen Gestaltung der Erdoberfläche.

Ergänzende Schriften

BERGGREN, W. A. & HOLLISTER, C. D. (1974): Paleogeography, Paleobiogeography and the History of Circulation in the Atlantic Ocean. In: HAY [Ed.]: Studies in Paleo-Oceanography. - Soc. Econ. Paleont. Min., spec. Publ., *20*, 126-186; Tulsa.

BRIDEN, J. C. (1973): Applicability of Plate Tectonics to Pre-Mesozoic Time. - Nature, *244*, 400-405; London.

BRIDEN, J. C., DREWRY, G. E. & SMITH, A. G. (1974): Phanerozoic equalarea world maps. - J. Geol., *82*, 555-574; Chicago.

BUDYKO, M. I. (1982): The Earth's Climate: Past and Future. - 304 S.; New York (Akad. Press).

BULLARD, E. C. (1964): Continental drift. - Quart. J. geol. Soc. London, *120*, 1-33; London.

COX, C. B. (1974): Vertebrate palaeodistributional patterns and continental drift. - J. Biogeogr., *1*, 75-94;

DACQUÉ, E. (1915): Grundlagen und Methoden der Paläogeographie. - 499 S.; Jena.

DEWEY, J. F. (1972): Plate tectonics. - Sci. American, *255*, 56-68; New York.

DEWEY, J. F. & BIRD, J. M. (1970): Mountain Belts and the New Global Tectonics. - J. geophys. Res., *75*, 2625-2647; Washington.

DICKINSON, W. R. (1971): Plate tectonic models of Geosynclines. - Earth and planet. Sci. Lett., *10*, 165-174; Amsterdam.

DICKINSON, W. R. (1971): Plate tectonics in Geologic history. - Science, *174* (4005), 107-113; Washington.

DIETZ, R. S. & HOLDEN, J. C. (1970): Reconstruction of Pangaea: Breakup and Dispersion of Continents, Permian to Recent. - J. geophys. Res., *75*, 4939-4956; Washington.

FRAKES, L. A. (1979): Climate throughout the time. - 310 S.; Amsterdam (Elsevier).
GALL, J.-C. (1983): Sedimentationsräume und Lebensbereiche der Erdgeschichte. - 242 S.; Berlin (Springer).
GRAY, J. & BOUCOT, A. J. [Eds.] (1976): Historical Biogeography, Plate Tectonics, and the changing Environment. - 500 S.; Corvallis (Oregon State Univ. Press).
HABICHT, J. K. A. (1979): Paleoclimate, Paleomagnetism, and Continental Drift. - Stud. Amer. Assoc. Petroleum Geol., *9*, 32 S., 11 Falttaf.; Tulsa.
HALLAM, A. [Ed.] (1973): Atlas of Palaeobiogeography. - 331 S.; Amsterdam - London - New York.
HUGHES, N. F. [Ed.] (1973): Organisms and continents through time. - Spec. Pap. Paleont., *12*, 334 S.; London.
IMBRIE, J. & PALMER IMBRIE, K. (1979): Ice ages solving the mystery. - 224 S.; Hillside, N. Jersey (Enslow).
KRUMBEIN, W. C. & SLOSS, L. L. (1963): Stratigraphy and Sedimentation. - 2. Aufl., 660 S.; San Francisco - London.
LATTIN, G. DE (1967): Grundriß der Zoogeographie. - 602 S.; Stuttgart (Fischer).
LE PICHON, X. (1968): Sea-floor spreading and Continental Drift. - J. geophys. Res., *73*, 3661-3657; Washington.
MCELHINNEY, M. M. & VALENCIO, D. A. (1981): Paleoreconstruction of the Continents. - 104 S.; Geol. Soc. Amer., Boulder.
MÜLLER, P. (1974): Aspects of Zoogeography. - 208 S.; Den Haag (W. Junk).
NAIRN, A. E. M. [Ed.] (1961): Descriptive Paleoclimatology. - 380 S.; London (Interscience Publ.).
OWEN, H. G. (1984): Atlas of Continental Displacement, 200 Million Years before Present. - Cambridge Earth Sci. Ser., 200 S.; Cambridge.
PEARSON, R. (1978): Climate and Evolution. - 274 S.; London (Acad. Press).
POPOFF, M. & TIERCELIN, J.-J. [Eds.] (1983): Rifts et fossés anciens. - Bull. Cent. Rech. Explor. Proc. Elf-Aquitaine, 7(1): 125-448; Pau.
POTTER, P. E. & PETTIJOHN, F. J. (1963): Palaeocurrents and basin analysis. - 296 S.; Heidelberg (Springer).
REINECK, H. E. & SINGH, J. B. (1973): Depositional sedimentary environments. - 439 S.; Berlin - Heidelberg - New York.
RIGBY, J. K. & HAMBLIN W. K. [Eds.] (1972): Recognition of ancient environments. - Spec. Publ. Soc. econ. Paleont. Mineral., *16*, 340 S.; Tulsa.
SCHWARZBACH, M. (1974): Das Klima der Vorzeit. - 3. Aufl., 380 S.; Stuttgart (Enke).
SEYFERT, C. K. & SIRKIN, L. A. (1973): Earth History and Plate Tectonics. - 504 S.; New York (Harper & Row).
SIMS, R. W., PRICE, J. H. & WHALLEY, P. E. S. [Eds.] (1983): Evolution, Time and Space. - System. Assoc. Ser., *23*, 520 S.; London.
SMITH, A. G. & BRIDEN, J. C. (1977): Mesozoic and Cenozoic paleocontinental maps. - 63 S.; Cambridge (Univ. Press).
STRAUCH, F. (1972): Zur Klimabindung mariner Organismen und ihre geologisch-paläontologische Bedeutung. - N. Jb. Geol. Paläont. Abh., *140*: 82-127; Stuttgart.
TARLING, D. H. & RUNCORN, S. K. (1973): Implications of Continental drift to the Earth sciences. - *2*, 1184 S.; London - New York (Academie Press).
UDVARDY, M. D. F. (1969): Dynamic Zoogeography. - 445 S.; New York (v. Nostrand Reinhold).
VALENTINE, D. H. [Ed.] (1972): Taxonomy, Phytogeography and Evolution. - 431 S.; London - New York (Academic Press).
VOGEL, K. (1984): Lebensweise und Umwelt fossiler Tiere. - 171 S.; Heidelberg (Quelle & Meyer).
WALTHER, J. (1893/94): Einleitung in die Geologie als historische Wissenschaft. Beobachtungen über die Bildung der Gesteine und ihre organischen Einschlüsse. - *1* - 3, 1055 S.; Jena.
WEST, R. M. (1977): Palaeontology and Plate Tectonics. - Spec. Publ. Biol. Geol. Milwaukee Mus., *2*, 109 S.; Milwaukee.
Journal of Biogeography (Ed.: D. WATTS, 1974 ff.), *1*; Oxford (Blackwell Sci. Publ.).
Palaeogeography, Palaeoclimatology, Palaeoecology (1965 ff.), *1*; Amsterdam (Elsevier).

Zweiter Abschnitt: **Erdgeschichte**

I. Präkambrium

Vorbemerkungen

Die historisch-geologische Forschung begann in den ruhig gelagerten und wenig veränderten Sediment-Gesteinen der jüngeren erdgeschichtlichen Vergangenheit mit ihrem reichen Inhalt an wohlerhaltenen Fossilien. Daran schloß sich schrittweise die Aufhellung der weiter zurückliegenden Erd-Perioden an, in denen die Lagerungs-Störungen, die stärkere Umwandlung der Gesteine, die Seltenheit und schwierigere Deutbarkeit der organischen Reste die Erkenntnis zunehmend erschweren. Die Erforschung der präkambrischen Formations-Gruppen hat erst in neuerer Zeit größere Fortschritte gemacht und ist auch heute noch stark im Fluß.

Umgrenzung und **Gliederung.** Als W. LOGAN, der Pionier präkambrischer Geologie, um die Mitte des vorigen Jahrhunderts das kristalline Grundgebirge Kanadas untersuchte, erkannte er das Vorhandensein mehrerer „Systeme". Das älteste besteht aus enggefalteten kristallinen Schiefern. Soweit sich die ursprünglichen Gesteins-Kennzeichen noch entziffern lassen, sprechen sie überwiegend für ehemalige Laven, Tuffe und Plutonite. Sediment-Gesteine sind selten, Fossilien fehlen völlig. Über diesem Sockel lagert, durch Diskordanzen voneinander geschieden, eine Folge zunehmend jüngerer Systeme. An den Diskordanz-Fugen nimmt der Grad der Metamorphose und tektonischen Verformung jeweils sprunghaft ab. Die Intrusiva der Liegend-Serien setzen nicht ins Hangende hinein. Die Basal-Konglomerate der jüngeren Schichten bauen sich aus den Trümmern der älteren auf. Allmählich gelangen Sediment-Gesteine zur Vorherrschaft und führen schließlich die ersten deutbaren Spuren organischen Lebens.

Diese Arbeitsweise, die auf eine Gliederung des Präkambrium in große tektogenetisch-magmatische Zyklen hinausläuft, wird bei der Erforschung alter Massive noch heute angewandt und hat für diese zu örtlich und regional brauchbaren Gliederungen geführt. Für Parallelisierungen über weite Strecken hat sie sich allerdings als unzureichend erwiesen.

Dafür ist in den letzten Jahrzehnten die radiometrische Zeitmessung (S. 10) zu einem wichtigen stratigraphischen Werkzeug im Präkambrium geworden. Man erschließt die Bildungszeit eines Gesteins aus dem Alter der darin enthaltenen U-, Th-, K- oder Rb-führenden Minerale. Dabei hat sich gezeigt, daß auch Unterschiede in den Altersziffern der einzelnen Minerale erdgeschichtlich ausdeutbar sind. In einer metamorphen Grauwacke aus Finnland mit den Werten Zirkon 2650, Feldspat 2410, Biotit 1760 Mill. Jahre, entsprechen die beiden ersten Zahlen der Entstehung des Gesteins, die letzte einer Periode metamorpher Überprägung.

Für die Einteilung der langen präkambrischen Zeiträume sind im Lauf der Erforschung zahlreiche Vorschläge gemacht worden; sie beruhen z. T. auf ganz verschiedenen Grundlagen. Die Bedeutung der ursprünglich gegebenen Namen wie etwa „Azoikum" oder „Proterozoikum" und viele andere (vgl. RANKAMA 1970) hat vielfache Wandlungen erfahren.

Man stellt vereinbarungsgemäß die Gesamtheit der jüngeren erdgeschichtlichen Periode, ab dem Kambrium durch häufige makroskopische Körperfossilien von Metazoen ausgezeichnet, als Phanerozoikum („Zeit des erschienenen Lebens") dem Präkambrium gegenüber. Bislang sind noch nicht für alle Einheiten und Benennungen internationale Übereinkünfte erzielt worden. Man kann wie folgt gliedern:

Phanerozoikum			570–590 Mill.J.
Präkambrium	Proterozoikum	Ober –	900 Mill.J.
		Mittel –	1600 Mill.J.
		Unter –	2500 Mill.J.
	Archäikum (Archean)	Ober –	2900 Mill.J.
		Mittel –	3500 Mill.J.
		Unter –	4000 Mill.J.
Priskoikum („Priscoan")	Hadäikum (Hadean)		› 4000 Mill.J.

Über andere Benennungen informiert die stratigraphische Übersicht des Präkambrium (Übersicht 1).

Verbreitung. Das Präkambrium ist erdweit verbreitet. Fast überall bildet es auf den Kontinenten, soweit beobachtbar, den Sockel, das Grundgebirge („basement"), dem die jüngeren Ablagerungen aufruhen. Die früher vertretene Ansicht, hier stünde man vor der ursprünglichen Erstarrungs-Kruste der Erde, wird danach verständlich. Die Gesteine des Präkambrium lieferten im Verlauf der Erdgeschichte einen großen Teil des Schuttes, aus dem sich die jüngeren Sediment-Gesteine aufbauten. Wo immer das Grundgebirge zutage tritt, ist es daher meist tief abgetragen und gibt den Blick in Krusten-Stockwerke frei, die sonst unzugänglich sind. Die Ansichten über den Bau der Wurzelregionen der Gebirge, über die tiefmagmatischen Vorgänge und die Gesteins-Metamorphose gründen überwiegend auf Untersuchungen präkambrischer Gesteinsfolgen.

Präkambrium steht auf größeren Flächen sowohl in den Zentralzonen der Faltengebirge („Massive") als auch den Ur-Kratonen, den in präkambrischer Zeit versteiften (konsolidierten) Festlands-Kernen an („Alten Massen", „Alten Kernen", „Alten Schilden", „Plattformen", „Tafeln"). In den Zentralzonen der jüngeren Gebirge sind die präkambrischen Gesteine meist derart durch nachfolgende Tektogenesen und Intrusionen überprägt, daß es schwerfällt, das ursprüngliche Gefüge und genauere Alter zu entziffern. Mit mehr Nutzen läßt sich deswegen das Präkambrium in den Alten Massen untersuchen und untergliedern, die wenig oder gar nicht von jüngeren Veränderungen betroffen worden sind. Es sind dies vor allem der Kanadische und Baltische Schild sowie die alten Kerne Asiens, Afrikas und Australiens.

Hauptgebiete (Übersicht 1, Abb. 10–14)

Skandinavien, Finnland und **Halbinsel Kola** (Abb. 10). Das präkambrische Kristallin tritt am Nordrand Europas im Baltischen Schild in Form einer flachen, etwa NE-SW gerichteten Aufwölbung verbreitet zutage. Auf der Halbinsel Kola stehen im Murman-Block „Katarchäische" Gneise und Migmatite an, die radiometrische Alter $>$ 2500 Millionen Jahre bis zu 3600 Millionen Jahre geliefert haben; sie bilden den ältesten

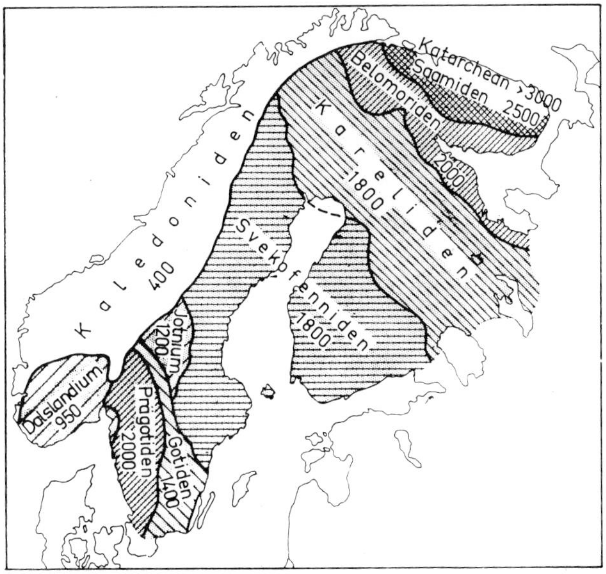

Abb. 10 Die Baueinheiten des skandinavisch-finnischen Grundgebirges (nach N. H. MAGNUSSON, A. SIMONEN, A. A. POLKANOV & E. K. GERLING). Die Zahlen entsprechen dem radiometrischen Faltungsalter in Millionen Jahren, nur beim Jotnium dem Sedimentations-Alter

Kern des Baltischen Schildes. Ihnen eingefaltet sind die „archäischen" Grünstein-Serien (Saamiden) und die Weißmeer-Kola-Gneise (Marealbiden), über deren genauere Entstehungs- und Metamorphose-Alter noch erhebliche Meinungsverschiedenheiten bestehen. Gegen SW gelangt man in einen breiten Gürtel jüngerer Gesteine mit radiometrischen Werten von 1800–2500 Millionen Jahren, die in N- und Mittel-Schweden z. T. als „suprakrustaler Komplex" oder nach den auffälligsten Gesteinen als Leptit-Hälleflinta-Serien (Abb. 11), im W' Finnland als Svekofennium und im E' und N' Finnland sowie der W' Sowjetunion als Karelium bezeichnet werden. Der zusammenfassende Begriff Svekokarelium wird zunehmend mehr benutzt für diese beherrschende Baueinheit des Baltischen Schildes. Neben den vorwiegend aus Tuffiten und sauren Ergußgesteinen hervorgegangenen Leptiten und Hälleflinten bilden metamorphe Grauwacken und Schiefer, feinschichtige Eisenbändererze und auch Marmore größere Anteile an der Abfolge. Graphitische Schiefer lassen in ihrem Isotopenverhältnis $^{12}C/^{13}C$ organisch gebildeten Kohlenstoff erkennen.

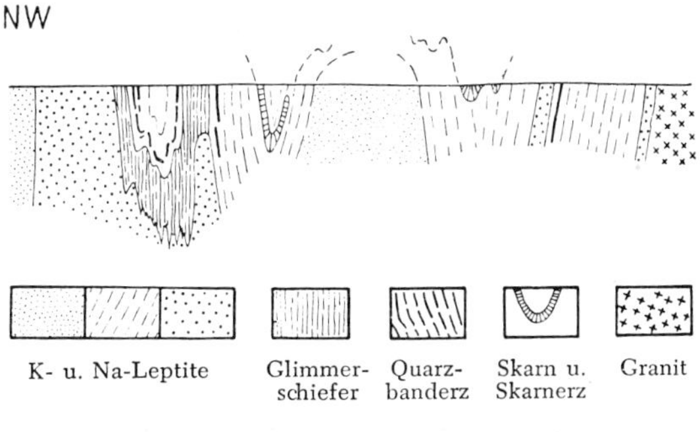

Abb. 11 Profil durch die Leptit-Formation des Norberg-Eisenerzgebietes (Mittelschweden). Maßstab 1:35000 (nach P. GEIJER)

In E-Finnland (Karelien, Abb. 12) beginnt das Karelium mit groben Konglomeraten und Arkosen, die aus der Abtragung i. w. des saamidisch-marealbidischen Kristallins hergeleitet werden. Die darüber folgenden, z. T. schräg-geschichteten Quarzite und Arkosen werden als Schelf-Sedimente, die ältesten in Europa, gedeutet. Eingelagerte

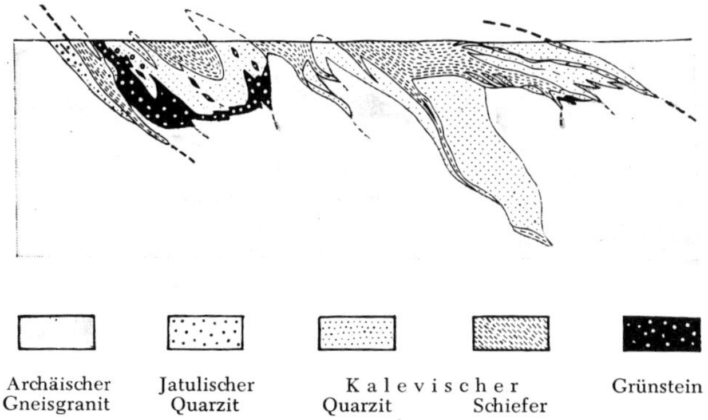

Abb. 12 Profil durch die Kareliden Ost-Finnlands. Maßstab 1 : 500 000 (nach C. E. WEGMANN)

Karbonate (meist Dolomite) zeigen häufig stromatolithische Strukturen. Den Hauptanteil in der Abfolge stellen jedoch gebänderte, Flysch-ähnliche Phyllite, die mit basischen Deckenergüssen wechsellagern.

Zwischen dem N' Finnland und dem S' Schweden läßt sich somit eine breite Geosynkline erkennen, deren SW-Teil als tiefer Trog absank (Svekofennium i. e. S.) und der nach NE zu auf eine alte Plattform übergriff (Karelium i. e. S.). Vor etwa 1900 Millionen Jahren erfaßte eine große Gebirgsbildung, von SW nach NE vorschreitend, den Inhalt des Ablagerungsraumes. Es entstanden die mit NW-SE-Streichen von Schweden nach Finnland hinüberziehenden Ketten der Svekokareliden. Mit der Faltung drangen schmelzflüssige Massen auf; ihnen verdankt das Grundgebirge seine tiefgreifende Umwandlung. Die erste, synkinematische Generation der sogenannten „Ur-Granite" leitet sich aus echten granodioritischen Magmen her und erfüllte konkordante Räume. Die zweite, spätkinematische und mehr diskordant durchgreifende Generation besteht aus Mikroklin-Graniten, die durch migmatitische Aufschmelzung und Kali-Metasomatose älterer Gesteine entstanden sind. Die aus den Plutonen abgespaltenen Schmelzen, Gase und Lösungen erzeugten wirtschaftlich bedeutungsvolle Lagerstätten: liquidmagmatische Apatit-Magnetit-Erzkörper (Kiruna, Gellivare), oxydische Eisenerze, die Kalke verdrängten (Mittel-Schweden), sowie Sulfiderz-Linsen, die sich metasomatisch in Kalksteinen und auf Störungszonen einnisteten (Boliden).

Die Gesteine des „prä-svekofennokarelischen" Grundgebirges sind meist schwierig zu beurteilen, da sie vielfach jüngere „Regenerations-Alter" und „Misch-Alter" aufweisen. In N-Finnland gehören die lappländischen Granulite und die Tuntsa/Savukoski-Gneise hierher, die mit der Marealbiden-Zone in Verbindung gebracht werden. In E-Finnland (Karelien) werden die Kuhmo/Ilomantsi-Schiefer, die von etwa 2600–2800 Millionen Jahren alten Orthogneisen durchsetzt sind, hierher gestellt. Ihr Metamorphose-Alter entspricht somit der saamidischen Orogenese. In Schweden ist bisher nur der N-schwedische Råstojaure-Granit (etwa 2750 Millionen Jahre) als prä-svekofennokarelisch gesichert datiert. Für die SW-schwedischen Roten und Grauen Gneise des „Prä-Gotium", die sich durch ihre NS-gerichteten Strukturen zwar von den Svekofenniden abgrenzen lassen, wird sowohl ein prä-svekofennisches wie svekofennisches Ursprungs-Alter erörtert; die tatsächlichen radiometrischen Alterswerte zwischen 950 bis 1050 Millionen Jahren werden als „svekonorwegisch" regeneriert und damit beträchtlich verjüngt angenommen.

Im Gotium SE-Schwedens treten Granite (Karlshamn-Spinkamåla-Halen-, Växjö- und Småland-Värmland-Granite) und Porphyre (Småland-Porphyr) hervor, die in Sandsteine, Konglomerate und Schiefertone eingedrungen sind und sie mehr oder weniger stark verändert haben. Die Gotiden, mit Metamorphose-Altern zwischen 1600 und 1400 Millionen Jahren sind deutlich jünger als die Svekokareliden, die Beziehungen zu diesen erscheinen dennoch keinesfalls genügend geklärt. Es wird angenommen, daß sie mit der Owrutch-Provinz der Russischen Tafel verknüpft werden können.

Innerhalb eines kleinen gotidischen Komplexes W' des Vättern-Sees liegen, diskordant getrennt, meist stark veränderte und migmatisierte Sandsteine, Quarzite und Schiefer mit basischen Vulkaniten, die als Dalslandium zusammengefaßt werden. Die radiometrischen Alter der dalslandischen Gesteine liegen im Bereich von 950–1100 Millionen Jahren. Der Bohus-Granit (etwa 950 Millionen Jahre) durchsetzt das jüngere Dalslandium, er ist der jüngste präkambrische Granit Schwedens.

Als ähnlich alt wie das Gotium und Dalslandium gelten die teils stärker metamorphen, teils auffällig geringgradig umgewandelten Klastika mit Laven und Tuffen der S-norwegischen Telemark-Serie. Die radiometrischen Werte zeigen eine Häufung bei 1100 bis 900–950 Millionen Jahren. Sie geben das Alter der letzten Durchbewegung an; die Gesteine werden für wesentlich älter gehalten.

Die jüngsten präkambrischen Serien („Eokambrium") liegen am Westrand des Baltischen Schildes am Kontakt zu den Kaledoniden, in deren Bau sie z. T. mit einbezogen sind. Die über 1000 m dicke Sparagmit-Serie enthält i. w. Arkosen-Sandsteine mit dolomitischen Einlagerungen. Diskordant folgt das Varegium (Varangium), an dessen Basis Tillite liegen, denen flachmeerische Schiefertone und Quarzite folgen. Als altersgleich gelten in Schweden die Visingsö-Schichten. In den beiden letztgenannten Abfolgen läßt sich der Beginn der Absenkung des Kaledonischen Troges erkennen.

Nach Abschluß der Orogenesen und Regenerationen von svekokarelidischem bis dalslandidischem Alter waren weite Teile der Baltischen Plattform konsolidiert und sind von keiner jüngeren Mobilisation mehr betroffen worden. Ein längerer, „post-orogener" Zeitabschnitt folgte, während dem das Grundgebirge herausgehoben, abgetragen und bruchtektonisch verformt wurde; danach bildeten sich Deckgebirgs-Sedimente. Tektonisch unbeanspruchte Massive von grobkörnigem Rapakivi-Granit (Alter etwa 1640 Millionen Jahre) durchsetzten das alte Grundgebirge in einer Zone vom Onega-See über S-Finnland nach Mittel-Schweden. Diabase drangen in Spalten auf, die Gesteine des Jotnium wurden abgelagert und blieben am Rande des Schildes in tektonischen Gräben erhalten. Trockenrisse, Windkanter und Rippelmarken sind in den roten jotnischen Sandsteinen verbreitet und sprechen für eine Entstehung unter einem festländischen Trockenklima.

Mit dem jotnischen Magmatismus fand die präkambrische magmatische Aktivität im wesentlichen ihr Ende; einen letzten bis ins Paläozoikum reichenden Ausklang stellen einige Plutone und Gangschwärme von Alkali-Gesteinen dar, die sich auf mehrere Altersgruppen (um etwa 565, 475, 360 und 280–300 Millionen Jahre) verteilen.

E-Europa. Der Baltische Schild ist nur ein Teil des NE-europäischen Urkratons Fennosarmatia; auch der Sockel der russischen Plattform besteht aus Präkambrium. Allerdings ist es zumeist von jüngeren Deckschichten verhüllt und tritt nur im Ukrainischen Schild und dem Woronesch-Massiv zutage. Im Wolga-Kama-Massiv liegt das präkambrische Fundament noch 800—1700 m tief unter der Oberfläche. Durch Bohrungen sind die Tiefenlagen sowie Gesteins- und Alterzusammensetzung in großen Zügen bekannt geworden. Baueinheiten des Baltischen Schildes lassen sich z. T. bis zum Schwarzen Meer verfolgen. Der Gang der Erdgeschichte war offenbar ganz ähnlich wie in Finnland. Als höchste radiometrische Werte sind > 3000 Millionen Jahre gemessen worden. Ein Alter von rd. 2200 Millionen Jahren besitzt die Schichtenfolge, welche die wirtschaftlich wichtigen Eisen-Erze von Kursk und Krivoi Rog einschließt. Vor etwa 1900 Millionen Jahren spielten sich, wie im Baltischen Schild, weitreichende Faltungen und Intrusionen ab. Durch diese svekokarelische Orogenese wurden vermutlich der baltische und der ukrainische alte Kern miteinander verschweißt. Dieser regional verbreiteten Tektogenese folgte wie in N-Europa eine ausgedehnte Konsolidation.

Im oberen Proterozoikum zerspalten sich Baltischer und Ukrainischer Schild bzw. die Russische Tafel. Flachere Becken, Gräben und schmale tiefe Furchen (Aulakogene) nehmen häufig nicht-metamorphe kontinentale bis flachmeerische Sedimente (Sand- und Tonsteine, Stromatolithen-Kalke) des Riphäikum (Riphaeus = Ural) auf. Die mächtigsten Ablagerungen trifft man mit > 10 000 m Dicke in der Ural-Geosynkline, mit 1 000 m Dicke am W-Rand des Ukrainischen Schildes und der Dnjepr-Donez-Senke an, wo sie mit Vulkaniten verknüpft sind. Geringer mächtig (≈ 500 m) sind die riphäischen Tafelsedimente in der SW-NE gerichteten Moskauer und der NW-SE gerichteten Patschelma-Senke. Überlagert wird diese Abteilung (bzw. System) durch das Wendium mit drei Serien: Die älteste Vilchany-Serie führt wie der tiefere Teil der jüngsten, zum Kambrium überleitenden Waldai-Serie Tillite, die mittlere Wolhynische Serie ist durch Basalte, Sandsteine und Tone gekennzeichnet.

Norwegisches Hochgebirge und **Britische Inseln.** Während die Baltische Plattform im Laufe der präkambrischen Tektogenesen konsolidiert wurde, bewahrte die Kruste in ihrem NW' Umkreis eine größere Beweglichkeit. Hier entstand am Ausgang des Präkambrium die Kaledonische Geosynkline (Caledonia = N-Schottland), die sich von den Britischen Inseln über W-Skandinavien bis in die Arktis erstreckte. Im präkambrischen Anteil ihrer Füllung überwiegen gröberklastische, gering-metamorphe Sedimente (Sparagmit in Norwegen); in Schottland ist das entsprechende Moinian stärker metamorph. Unmittelbar vor Beginn des Kambrium traten verbreitet Tillite auf (Varegium in Norwegen, Spitzbergen; Port Askaig-Schichten des Dalradian in Schottland). Vielfach setzte sich diese Serie unmittelbar in das Kambrium, z. T. bis ins ältere Ordovizium fort. In NW-Schottland betreten wir das dem Baltischen Schild entsprechende NW' Gegenufer des Kaledonischen Troges. Bunte, festländische Trümmer-Gesteine (Torridonian) liegen fast ungestört einem hochkristallinen, sehr alten Sockel auf (Lewisian, Scourian des Hebriden-Massivs).

Arktis. Von Norwegen aus setzt sich die Kaledonische Geosynkline ins Nordpolar-Gebiet fort. Auch hier besteht ihre älteste Füllung aus mächtigen, jung-präkambrischen Schichtserien, die am Dach Tillite führen (Hekla Hoek: Spitzbergen; Grönlandium: Grönland). Sie lagern, wohl nach langer Zeitlücke, einem kristallinen Sockel von mittel- bis altpräkambrischen Gesteinen auf, die in den Amitsoq-Granitgneisen und der Isua-Formation (Metasedimente und Metavulkanite) mit die ältesten Gesteine der Erde (etwa 3,8 Mrd. J.) geliefert haben. Die Ausgangsgesteine müssen im Alter einer angenommenen ältesten Kruste der Erde bereits nahekommen.

Mittel-Europa. Der Baltische Schild und das Basis-Kristallin der Russischen Tafel brechen an einer Linie ab, die in NW/SE-Richtung von Schonen durch die W' Ostsee, die nordostdeutsch-polnische Tiefebene in Richtung auf das Schwarze Meer zieht. Tiefbohrungen in Dänemark und Polen geben neuerdings Hinweise auf die Tiefe der Versenkung. Erst im Bereich der europäischen Mittelgebirgs-Zone wird das alte Grundgebirge wieder sichtbar. Die wechselnd stark metamorphosierten Gesteinsabfolgen sind vielfach gegen das Hangende mit dem Alt-Paläozoikum verknüpft. Man neigt daher dazu, diese Schichtfolgen vorwiegend dem Jung-Präkambrium zuzuordnen. Unsicher wie ihr Alter ist auch die Zeit ihrer Metamorphose. Teilweise erfolgte sie schon im Präkambrium, wobei assyntische Bewegungen (S. 49) eine große Rolle gespielt haben dürften. Aber Mittel-Europa blieb bis ins Karbon hinein Geosynklinalraum und wurde während dieser Zeit wiederholt von Gebirgsbildungen, insbesondere von der variszischen, erfaßt. So mögen auch paläozoische Gesteine verbreitet am Aufbau des kristallinen Grundgebirges mitbeteiligt sein. Auch radiometrische Messungen lösten die Frage bisher nicht. Sie liefern nur das Alter der letzten Durchbewegungen, oft auch „Mischalter", nicht aber das der ursprünglichen Bildung der Gesteine (vgl. S. 10).

Böhmen bietet einen guten Ausgangspunkt für eine Untersuchung des mittel-europäischen Präkambrium. Im Umkreis von Prag (Tepla-Barrandium-Zone) lagert diskordant unter dem Kambrium eine rd. 5000 m mächtige, wenig metamorphe, jung-präkambrische Abfolge, die dreigegliedert ist. Unten liegt die feinklastische „vor-spilitische" Gruppe. Darüber folgt eine wenig mächtige Gruppe, die durch Spilite (= basische Deckenergüsse und Tuffe) ihr Gepräge erhält. Die auflagernde „nach-spilitische" Gruppe enthält feinklastische Sedimente neben Grauwacken und Konglomeraten. Diese Gruppen des „Prager Algonkiums" sind von der assyntischen Orogenese betroffen worden. Der Hauptteil der Böhmischen Masse besteht jedoch aus stärker metamorphen Para- und Ortho-Gneisen, Glimmerschiefern, Marmoren, Amphiboliten und Graphitschiefern des Moldanubikum. Sie mögen ein stärker metamorphes Äquivalent der jung-präkambrischen Abfolgen sein oder stellen ältere Serien von etwa mittel-präkambrischem Alter dar. An ihrer Metamorphose sind sowohl präkambrische wie paläozoische (besonders variszische) Bewegungen und Umkristallisierungen beteiligt. In den Gebirgszonen im Umkreis der Böhmischen Masse und in den deutschen Mittelgebirgen treffen wir ähnliche Gesteine wie in Böhmen an.

In der Moravo-Silesischen Zone am Südost-Rand der Böhmischen Masse sind Glimmerschiefer und Phyllite verbreitet, die als jung-präkambrisch angesehen werden. Eingedrungene Granite werden mit assyntischer Bodenunruhe in Verbindung gebracht (Schwarzawa- und Thaya-Kuppel, Brünner Masse). Bunte Schichten, die sich ohne Unterbrechung ins Kambrium fortzusetzen scheinen, sind besonders in der Silesischen Zone verbreitet.

Im Polnischen Mittelgebirge verbreitete Sandsteine und Quarzite stellen möglicherweise die Verbindung zum riphäischen Sedimentationsraum der Russischen Tafel her.

Die Sudeten sind vielgestaltig aufgebaut. Über die katazonalen Gneise des Glatzer Schneegebirges und des Eulengebirges besteht noch wenig Übereinstimmung, sie könnten sowohl altes (alt-präkambrisches?) Kristallin des Moldanubikum darstellen als auch stark metamorphes, assyntisch geprägtes Jung-Präkambrium. Schwach metamorphes Jung-Präkambrium, an den bezeichneten Graphit-Quarziten und Marmoren kenntlich, tritt in der Lausitz (Lausitz-Grauwacke, Weesenstein-Grauwacke), bei Görlitz und im Bober-Katzbach-Gebirge zutage.

Die Para- und Ortho-Gesteine des Sächsischen Granulit-Gebirges unterlagen zunächst einer Migmatisierung und anschließend einer tiefen Versenkung, so daß granulitische Gesteins-Gesellschaften entstehen konnten. Stoff und Metamorphose könnten teilweise dem älteren Paläozoikum angehören.

Erzgebirge und Fichtelgebirge bestehen vorwiegend aus Para- und Ortho-Gneisen (Rotgneise, Graugneise), die nach oben in Glimmerschiefer und Phyllite übergehen. Die Graphitschiefer und Marmore (Arzberg-Serie des Fichtelgebirges) werden heute als Kambrium aufgefaßt. Konglomeratische Serien des Erzgebirges, die einen ähnlichen Geröllbestand wie bei Prag und in der Lausitz aufweisen, gelten als Jung-Präkambrium.

In der Münchberger Masse des Frankenwaldes treten wie im Sächsischen Granulit-Gebirge katazonale Gesteine auf. Das Alter der Gesteine (meist als jung-präkambrisch gedeutet) wie auch der Metamorphosen (assyntische bis variszische Alter werden erwogen) sind umstritten. Ebenso ungeklärt ist die Frage, ob die Scholle autochthon oder allochthon ist.

Die im Schwarzburger Sattel des Thüringer Waldes auftauchenden Grauwacken mit Geröllagen, Kieselschiefer, Quarzite und Phyllite (Katzhütte-Schichten) sind verhältnismäßig schwach metamorph; sie dürften jung-präkambrischen Alters sein.

Das Grundgebirge von Schwarzwald und Vogesen ist ähnlich dem des Erzgebirges aus einer mächtigen, einförmigen, klastischen Sedimentfolge hervorgegangen. Durch das Aufdringen granitischer Schmelzen und eine zweimalige Metatexis entstanden Ortho- und Para-Gneise (Schapbach- und Rench-Gneise), die in ausgedehnten Mischgneis-Zonen verfließen. Die variszischen Migmatisierungen und Umkristallisierungen machen die Deutung der vor-variszischen Geschichte schwierig. Am Aufbau der Vogesen haben im Gegensatz zum Schwarzwald Para-Gneise einen größeren Anteil als Ortho-Gneise.

Die Amphibolite, Para-Gneise und Glimmerschiefer des Spessarts gelten wie die Gesteine des Böllsteiner Odenwaldes teils als präkambrisch, teils als altpaläozoisch, i. w. als variszisch deformiert. Die überwiegend schiefrigen Gesteine mit eingelagerten Quarziten und Marmoren des Bergsträßer Odenwaldes sind mehrfach, nach NICKEL (1956) prä-variszisch und variszisch, metamorphosiert worden, es könnten jedoch auch bereits jung-präkambrisch deformierte Abfolgen im Gesteinsbestand vorhanden gewesen sein.

Weiter im W ist sicheres Präkambrium in der Montagne Noire nachgewiesen. Im Armorikanischen Massiv wird ein i. w. alt- bis mittel-präkambrischer Anteil (Pentévrien), vermutlich mehrfach deformiert, vom jung-präkambrischen Briovérien überlagert. Dieses wurde cadomisch (um etwa 650 Millionen Jahre) gefaltet. Die früher angegebenen Tillite werden jetzt angezweifelt; es dürfte sich um Fanglomerate handeln.

Das Präkambrium des Französischen Zentral-Massivs ist schwieriger deutbar als dasjenige des Armorikanischen Massivs; vermutlich ist es jedoch ähnlich aufgebaut.

Mittelmeer-Gebiet. Die Spanisch-portugiesische Meseta enthält offenbar kleinere Gebiete präkambrischer Gesteine als früher vermutet. Saure Vulkanite, Sandsteine und besonders Schiefer herrschen vor. Im jüngsten Anteil der Abfolge finden sich Gesteine, welche nach LOTZE (1956) Hinweise auf ein kaltes Klima geben.

In den **Alpen** und **Karpaten** ist die Erkennung präkambrischen Kristallins durch die späteren Veränderungen in der variszischen und alpidischen Orogenese besonders erschwert; mehrere Alpen-Massive enthalten Kristallinkörper, die möglicherweise präkambrisches Alter haben.

Für die Ausdeutung der präkambrischen Erdgeschichte treten alle genannten Gebiete hinter dem Baltischen Schild zurück. Immerhin läßt sich erkennen, daß sich auch in W- und Mittel-Europa eine breite Geosynklinalzone in jung-präkambrischer Zeit herausgebildet hatte. Ob aus ihr ein ausgedehntes assyntisches Orogen (STILLE) hervorgegangen oder ob das Gebiet nur regional begrenzt assyntisch gefaltet worden ist (v. GÄRTNER; K. SCHMIDT), läßt sich derzeit nicht entscheiden. Es mehren sich hingegen die Hinweise auf alt-paläozoischen Tiefenmagmatismus und Metamorphose („Kaledonisches Ereignis“).

N-Amerika (Abb. 13). Die Gliederung und das schrittweise Werden des N-amerikanischen Kontinents im großen lassen sich recht gut überblicken. Im wesentlichen zwei alt-präkambrische („archäische") Kerne, der Superior- und der Slave-Kern mit Metamorphose-Altern älter und bis 2550 Millionen Jahre, wurden um rd. 1800 Millionen Jahre durch die Faltenketten der Churchill-Provinz zu einem Kraton vereint. Die zwischen 950 bis 1100 Millionen Jahre angelegte Grenville-Provinz schneidet die älteren Strukturen im SE und NW schräg an und leitet damit die Richtungen ein, welche die paläozoischen und mesozoischen Zuwachszonen, im E die Appalachiden und im W die Nevadiden, aufweisen. Flachliegende Tafel-Sedimente jung-präkambrischen Alters sind weit verbreitet. Die zahlreichen Altersbestimmungen lassen erkennen, daß das Gesamtbild des alten N-amerikanischen Kratons wesentlich komplizierter ist als früher angenommen wurde.

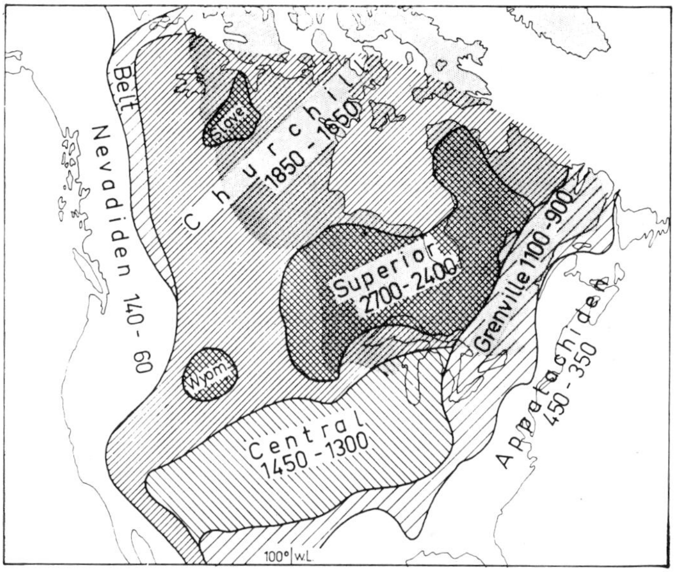

Abb. 13 Die Baueinheiten des Kanadischen Schildes (nach C. H. Stockwell). Die Zahlen entsprechen dem radiometrischen Faltungsalter in Millionen Jahren

Auch die sedimentäre Geschichte ist komplizierter als es das im Lake-Superior-Gebiet erarbeitete klassische stratigraphische Schema darstellt. Als derzeit älteste Gesteine gelten die Morton- und Montevideo-Gneise in Minnesota (rd. 3300 Millionen Jahre); ihre Stellung erscheint isoliert. Es folgen die Serien des Coutchiching-Keewatin, die Grauwacken, Bänderschiefer und vor allem Grünsteine, aus basischen Ergüssen und Tuffen entstanden, enthalten. Die Ergüsse lassen öfter noch Kissenbau erkennen; stellenweise sind mit ihnen gebänderte Eisenerz-Sedimente des Algoma-Typs verknüpft. Mit den Ely-Grünsteinen ist der Saganaga-Granit eng verbunden. Um 2500 Millionen Jahre wurde diese Abfolge durch die Kenoran-Tektogenese erfaßt, es drangen die Algoman-Granite ein. Mit dieser Tektogenese läßt man in N-Amerika das Archäikum enden. Nach dem tiefgreifenden Einschnitt folgten mit scharfer Diskordanz die weit verbreiteten huronischen Ablagerungen. Konglomerate, Quarzite, eisenerzführende Hornsteine des Superior-Typs, die in der Gunflint-Eisenformation des Animikie organische Reste führen, untergeordnet Karbonate und Schiefer (eingelagerte Linsen anthrazitischer Kohle werden auf Algen-Vegetation zurückgeführt), sind die vorherrschenden Gesteine. Sie wurden z. T. unter festländischen Bedingungen, überwiegend jedoch in einer Geosynkline unter Meeresbedeckung abgelagert. Es werden Mächtigkeiten von über 7000 m erreicht. Die sedimentären Bändereisenerze können als chemisches Sediment angesehen werden, dessen Fe-Gehalt durch metamorphe Vorgänge erhöht wurde. Die Vorräte sind gewaltig, man schätzt sie am Lake Superior und in Labrador auf mindestens je 10–20 Milliarden t. Gerölltone, Bändertone und der Gowganda-Tillit an der Basis des Cobalt gelten als Zeugen einer ältesten Vereisung.

Um 1700–1800 Millionen Jahre drang in der Hudsonian-Revolution der Penokean-Granit ein; der Grad der Faltung und Metamorphose ist regional recht unterschiedlich. Nach längerer Abtragungszeit geriet die alte Plattform ab etwa 1500 Millionen Jahren wieder ins Sinken und es wurden die gegen 15000 m dicken, post-orogenen und nur wenig veränderten Serien des Keweenawan unter festländischen Bedingungen abgelagert. Im unteren Abschnitt herrschen rote klastische Gesteine vor, im mittleren dagegen Laven und Tuffe, die als die Erzbringer der Kupferlagerstätten Michigans angesehen werden. Den Extrusiva entsprechen basische Intrusiva, an die große Titanomagnetit-Lagerstätten geknüpft sind; auch die Sudbury-Erze (Nickelmagnetkies) werden dieser Erzprovinz zugeordnet. Der obere Abschnitt ist wiederum grobklastisch ausgebildet, seine Abgrenzung gegen das Kambrium erweist sich örtlich als schwierig.

Die etwa gleichaltrige, jung-präkambrische Purcell-Belt-Gruppe der N' Rocky Mountains wurde in einer Geosynkline abgelagert. Die bis 13000 m dicke Serie ist nur schwach metamorph und enthält bemerkenswert viele Karbonat-Horizonte (Stromatolithen-Kalke). Im Windermere wird der kontinuierliche Übergang zum Kambrium vermittelt.

Ein besonderes Problem stellt die Grenville-Provinz dar, in der hochmetamorphe Para- und Ortho-Gesteine vorherrschen. Nach radiometrischer Datierung erfolgte die Tektogenese (Grenville-Revolution) vor etwa 950 Millionen Jahren; sie erfaßte jedoch Gesteins-Serien von sehr verschiedenem Alter.

S-Amerika. Präkambrisches Kristallin ist vor allem in der Osthälfte des Kontinents entwickelt, wo es in drei großen Schilden, getrennt durch jüngere Senkungszonen, zutage tritt. Seine Erforschung ist noch in vollem Fluß. Der Guiana-Schild wurde um 1900 Millionen Jahre in der Transamazonas-Tektogenese konsolidiert. Ihm liegt diskordant als Deckgebirge die ziemlich unveränderte Roraima-Serie auf, die jedoch von basischen Intrusiven durchsetzt ist.

Der Zentral-Brasil-Schild ist noch weitgehend unbekannt; der brasilianische Küsten-Schild dagegen, besonders wegen seines Erz- und Mineralreichtums, schon in manchen Einzelheiten gut erforscht. Als älteste Gesteine gelten die Rio das Velhas-Gneise, die um 2700 Millionen Jahre metamorphosiert wurden. Diskordant lagern die in ihrer Alters-Einstufung unsichere Minas-Supergruppe und Äquivalente auf (etwa 2400 bis 1800 Millionen Jahre alt). Sie enthalten im „Quadrilatero Ferrífero" die berühmten Itabirite, deren mächtige Lager die vielleicht bedeutendsten Fe-Konzentrationen der Erde darstellen. Den jüngsten Anteil bildet die an der Basis Tillite (um 1600 Millionen Jahre alt?), am Dach verbreitet karbonatische Gesteine führende São Francisco-Supergruppe. Regionale Aufheizungen, im Guiana-Schild um 1200 Mill. J., in E-Brasilien um 600 (750–450) Mill. J., führte vielfach zu scheinbaren Verjüngungen der älteren Gesteine, so daß noch manche Unsicherheit hinsichtlich ihres ursprünglichen Alters bleibt.

In **Asien** kommen der Sibirischen Tafel und dem Ural eine erstrangige Bedeutung für die Kenntnis des präkambrischen Zeitabschnittes zu. In größeren Flächen tritt das älteste Kristallin in den Aldan-Anabar-Schilden zutage. Gesteinsserien mit Altern um

3000 Millionen Jahre ließen sich hier nachweisen. In ihrer Umrandung sind jungpräkambrische Serien verbreitet, die in ihren jüngsten Anteilen, reich an Karbonat-Gesteinen (Uj, Yudoma), kontinuierlich und z. T. fossilführend ins unterste Kambrium (Tommot) überleiten. Ähnlich wie im Baltischen Schild bildete sich eine jung-präkambrische Geosynklinal-Zone aus, hier am Südrand der Tafel, die mächtige terrigene und vulkanische Serien aufnahm. Sie wurde in der Baikalischen Orogenese um die Wende Präkambrium/Phanerozoikum der Sibirischen Tafel im S angegliedert.

Weitaus der größte Teil des Untergrundes von **China** besteht aus alt-präkambrischem Kristallin. Auf den alten Blöcken, die mehrfach Tektogenesen erfuhren, oder in sie eingesenkt, liegt die wenig metamorphe, jung-präkambrische Serie des Sinium. Die Fazies wechselt von marinen Schiefern und Stromatolithen-Kalken bis zu bunten festländischen Trümmergesteinen, die sich z. T. als postorogene Sedimente verstehen lassen. Bemerkenswert ist die weite Verbreitung eines Tillit-Horizontes im oberen Abschnitt der Abfolge in S-China (Jangtse-Tal).

In **Vorder-Indien** (SARKAR 1972) lassen sich mehrere Faltengürtel verschiedenen Streichens und Alters unterscheiden (CHATTERJEE 1966). Die ältesten Anteile („Basement-Komplexe“) wurden vermutlich in einer um 3200 Millionen Jahre wirksamen Tektogenese gefaltet und metamorphisiert. In S-Vorderindien ist die etwa 2800–3000 Millionen Jahre alte Dharwar-Gruppe verbreitet, in der Grünsteine enthalten sind. Die Iron Ore-Gruppe (W-Kalkutta) ist ungefähr gleich alt; sie enthält neben basischen Laven und Metaschiefern wirtschaftlich wichtige Bändereisenerze. Eine Besonderheit Indiens stellen die Gondite dar, silikatische Mangan-Erze, vermutlich ähnlicher Entstehung wie die auch sonst weit verbreiteten Eisen-Erze. Zwischen 2500 und 1500 Millionen Jahren wurden mit den Aravalli-Delhi-Singhbhum-Gruppen vorzugsweise Klastika abgelagert, denen größere Anteile an Karbonat-Gesteinen eingelagert sind. Die etwa 4000 m mächtige Vindhyan-Gruppe in Zentral-Indien, deren genaueres Alter noch sehr umstritten ist (vgl. SCHNITZER 1971), enthält an der Basis Tillit-ähnliche Gesteine, im höheren Teil häufen sich gesicherte und vermutete Fossilreste.

Afrika. Der Hauptteil Afrikas stellt eine präkambrisch bis altpaläozoisch konsolidierte Masse dar (CLIFFORD 1970), über die Hälfte des Kontinents zeigt sie oberflächlich, in einem Drittel ist sie durch jüngere Sedimente verkleidet. Neuerdings wird im plattentektonischen Sinn erörtert (KRÖNER 1977), daß eine altpräkambrische afrikanische Masse im Laufe des Präkambrium durch Bildung grabenähnlicher „mobiler Gürtel“ in kleine Kerne aufgeteilt wurde.

Im Gegensatz zu den Nordkontinenten treten mehrere alt-präkambrische Kerne, Granit-Grünstein-Komplexe enthaltend, mit Altern um 3,4 Mrd. – 2,8 Mrd. J. in Erscheinung. In den Gruppen Onverwacht-Fig Tree-Moodies (zus. über 20 000 m mächtig) ist eine Entwicklung von vulkanitischen zu gemischt vulkanitisch-sedimentären Abfolgen beobachtet worden. Sie bilden „Grünstein-Gürtel“, die mit domartig eingedrungenen, gering metamorphen Graniten in engem Kontakt stehen. Die Verschweißung zu größeren Urkratonen erfolgte in einer um 2,8 Mrd. J. wirksamen Tektogenese.

Eine jüngere, aber immer noch alt- bis mittel-präkambrische Schichtserie zeigt in S-Afrika eine bemerkenswert geringe Metamorphose: Die Witwatersrand-Gruppe besteht aus 5000–8000 m Konglomeraten und Sandsteinen, die von einem nahen

Abtragungsort in ein Becken transportiert wurden. Manche der ehemaligen, heute zu geröllführenden Quarziten verfestigten Schotterdecken führen Gold und Uran. Es sind fossile Flußseifen, die am „Rand" von Johannesburg jährlich für 2½ Milliarden DM Gold liefern. Das Transvaal-„System" enthält mächtige Kalke und Bändereisenerze. Durch die Limpopo-Orogenese (und die zeitlich etwa äquivalente Elfenbein-Orogenese im W' Afrika; etwa um 1900 Millionen Jahre) wurden größere Kratone gebildet, denen verbreitet kontinentale „Plateau-Serien" (z. B. Matsap-Waterberg) auflagern.

Dem Ausgang des Präkambrium gehören die Nosib-Gariep- und Nama-Damara-Gruppen SW-Afrikas und die Katanga-Kundelungu-Gruppen an. Sie enthalten mehrere Tillit-Horizonte, im Intervall zwischen etwa 900–700 Millionen Jahre.

Mit der Katanga- und Pan-Afrikanischen Tektogenese, die bis in das Alt-Paläozoikum hinein fortdauerte, fand die präkambrische Geschichte großer Teile Afrikas ihren Abschluß.

Ungefähr gleichzeitig mit den jung-präkambrischen Abfolgen des mittleren und S' Afrika wurde längs des Nordsaums von Afrika die Tethys-Geosynkline angelegt, deren Hauptentwicklung freilich in jüngeren Perioden liegt. Ihre jung-präkambrische Füllung beginnt in Marokko mit bunten Trümmergesteinen, sauren Laven und Tuffen und endet mit 3000 m mächtigen Kalken, die Stromatolithen als einzige Fossilien enthalten. Im Hangenden erscheint nach einer unbedeutenden Lücke unvermittelt die reiche kambrische Fauna.

Ähnlich wie in Afrika tritt in **Australien** das alte präkambrische Kristallin in mehreren Kernen auf (Alter bis über 3200 Millionen Jahre), die i. w. Granite und Grünsteine enthalten. Sie wurden durch jüngere, „mobile Gürtel" im Lauf des Präkambrium zum W-australischen Kraton vereinigt (vgl. auch die Entwicklung in Afrika). Bemerkenswert ist der relativ geringe Metamorphose-Grad auch z. T. recht alter präkambrischer Serien.

Bedeutende Gold-Vererzungen sind an die alten Kerne gebunden. Bändereisenerze kennzeichnen, wie auch sonst in den präkambrischen Schilden die mittel-präkambrischen Abfolgen. Im S-australischen Adelaidean sind zwei Tillit-Horizonte weit verbreitet. Die im Durchschnitt 300 m dicken Tillit-Pakete können örtlich bis rd. 1000 und sogar bis gegen 3000 m (!) Mächtigkeit anschwellen. Dicht unter der Kambrium-Grenze, über dem jüngsten Tillit, liegen die Pound-Quarzite, welche die berühmte Ediacara-Fauna enthalten (Tafel 3).

Das **Antarktika** bedeckende Eis läßt nur die Ränder und kleinere Areale im Innern zur geologischen Untersuchung frei. Es gibt bislang nur wenige Altersangaben älter als 1700 Mill. J. Im wesentlichen bauen somit jung-präkambrische Formations-Gruppen mit unsicherem Übergang zum Kambrium den Rand der antarktischen Masse auf. Sie wurden jung-präkambrisch bis alt-paläozoisch gefaltet und metamorphosiert; die „Ross-Tektogenese" erscheint als ein Gegenstück zur „Pan-Afrikanischen Tektogenese", die letztlich die einzelnen afrikanischen Ur-Kratone zu einer Gesamtmasse zusammenfügte.

Organischer Inhalt (Tafeln 1-3)

Die präbiotischen Phasen des Lebens wird man nicht durch Fossilien belegen können. Bei frühdiagenetischer Konservierung war aber die Überlieferung einfachster zelliger Gebilde zu erwarten (vor allem Einkieselungen, aber auch in Karbonaten). Die gezielte Suche nach präkambrischen Fossilien in geringgradig metamorphen Sedimentgesteinen auch hohen Alters führte zur Entdeckung einer verblüffenden Anzahl, Formenvielfalt und Verbreitung von Organismen.

Die frühesten überlieferten Organismen sind zu den prokaryoten (anukleobionten = „kernlosen") Monera zu zählen. Die von PFLUG 1984 aus den 3,8 Mrd. J. alten Isua-Metaquarziten SW' Grönlands beschriebene *Isuasphaera* wird allgemein als organischer Überrest nicht akzeptiert, zumal direkt im Bereich des ausklingenden kosmischen Bombardements lebende Zellen schwer vorstellbar sind. Allerdings stellt sich auch die Frage, ob die zur Verfügung stehende Zeit bis zu den doch bald nachweisbaren ersten, zwar kernlosen, aber doch schon kompliziert organisierten Zellen für die chemische Evolution ausreicht. Es wird von einigen Autoren diskutiert, daß sich erste Lebensphasen außerhalb der Erde entwickelt haben, so sind „Mikrofossilien" („Astroplankton") aus Meteoriten bereits seit einiger Zeit bekannt (z. B. *Clausisphaera* aus dem Orgueil-Meteoriten, STAPLIN 1962).

Zahlreiche organische Mikrofossilien sind aus den 3,6 – 3,5 Mrd. J. alten Warawoona-Sedimenten Australiens und der 3,7 – 3,35 Mrd. J. messenden Onverwacht-Gruppe (SE-Transvaal, S-Afrika; ≈ 16 000 m mächtig) sowie der überlagernden Fig Tree-Gruppe (3,2 – 3,1 Mrd. J.) bekannt. Vor allem die älteren Funde erinnern an unbelebte organische Mikrostrukturen (Protenoid-Mikropartikel, auch experimentell erzeugbar), jedoch dürfte deren $^{12}C/^{13}C$-Verhältnis eindeutig für ehedem lebenden Zellen sprechen, in denen (bereits bei den Isua-Organismen) photosynthetisch das leichtere ^{12}C angereichert wurde.

In den grönländischen Isua-Metaquarziten bildet C_{org} bis 3% der Grundmasse des Gesteins. Ebenfalls für eine bereits stark belebte Umwelt sprechen die kohligen, die Gerölle von Uran-Pecherz der S-afrikanischen Witwatersrand-Serie (≈ 2,6 Mrd. J.) einhüllenden Substanzen („Thucholith" = Th-U-C-H-O-Gestein). Graphit-führende Gneise und Tonschiefer des Svekofennium Finnlands – wobei ein Teil des „Graphits" noch aus hochmolekularen, chiralen C-Verbindungen besteht – enthalten säckchenförmige Fossilien (*Corycium*). Stellenweise kam es im Präkambrium zur Bildung kohliger Flöze, so im Bayerischen Wald, im N-amerikanischen Animikie und vor allem im Jatul Kareliens, wo der sogenannte Schungit sogar bergbaulich gewonnen wurde.

Die Natur der ersten, von CLOUD (1965) u. a. in der kanadischen Gunflint-Formation (≈ 1,9 Mrd. J.) als eukaryote (nukleobionte = „kernbesitzende") Organismen angesprochenen Fossilien sind als solche in ihrer Natur anfechtbar. Sichere eukaryote Zellen (durch Größe, Zellanordnung, Mitose u. a. nachweisbar) in Form einzelliger Protoctista[4] entstanden aus verschiedenen aeroben Prokaryonten, die wahrscheinlich symbiontisch zu einem höher entwickelten und leistungsfähigeren Zellorganismus verschmolzen, um 1,45 Mrd. J. bei erstem geringen O_2-Gehalt der Atmosphäre. Hiermit begann auch eine rasche Zunahme der Vielgestaltigkeit der Organismen, so daß reichhaltigere Mikrofloren z. B. bereits aus den Beck Spring-Schichten (1,3 Mrd. J.) bekannt sind. Solche aus den Bitter Springs-Hornsteinen (≈ 900 Mill. J.) Australiens weisen sogar Reste auf, die morphologisch rezenten Algen-Familien zugeordnet werden können. Makroskopische Algen treten mit den ersten

---

[4] Protoctista (HOGG 1861): Ein- bis vielzellige eukaryote Organismen, die weder aus einem Embryo (Plantae) noch aus einer Blastula (Animalia) hervorgehen oder Pilze sind (denen Undulipodia fehlen und die sich aus Sporen entwickeln).

Lebensspuren von wirbellosen Tieren vor etwa 700 Mill. J. auf. „Laminariten“, bandförmige Meeresalgen (Phaeophyta?), sind im Wendium der Russischen Plattform verbreitet; sie kennzeichnen aber ebenso den unterkambrischen Laminariten-Sandstein des randlichen Baltischen Schildes.

Eine außerordentlich große Bedeutung haben die Stromatolithen (LOGAN et al. 1974) erlangt. Die lagig, knollig oder säulig gebauten karbonatischen, biogen-sedimentären Strukturen, i. w. von verschiedenen Cyanobacteria und anderen aeroben Monera erzeugt, treten bei 3 Mrd. J. auf. Mit zunehmender Vielgestaltigkeit gewinnen sie im Proterozoikum, nach typischen Formengattungen unterscheidbar, biostratigraphische Bedeutung. Nicht nur eine grobe Zonierung des Riphäikum konnte erreicht werden, sondern auch erste transkontinentale Parallelisierungen waren möglich (Taf. 3).

Aus dem Jungpräkambrium sind sporenartige Reste bekannt, die auch stratigraphische Bedeutung gewonnen haben (z. B. zur Gliederung des Riphäikum). Es dürfte sich z. T. um Acritarcha, Protoctista präkambrischer (und alt-paläozoischer) Meere, möglicherweise aber auch um teilweise subaerisch lebende Gruppen mit kutinisierten Sporen wie Pilze, Flechten u. a. handeln.

Belege von Metazoa sind zuerst durch Lebensspuren (ca. 700 Mill. J.), folgend erst durch Abdrücke skelettloser Formen (bes. ab 650 Mill. J.) belegt. Die relativ typenreiche Fauna ist mit z. T. identen Gattungen in Australien (Ediacara), SW-Afrika (Kuibis), Europa und N-Asien belegt. Sie ist meist an Quarzite gebunden und kann zwischen Tillit-Horizonten im Liegenden und der ältesten kambrischen Fauna im Hangenden stratigraphisch eingefügt werden. Das von dieser „Ediacara“-Fauna erzeugte Spurenspektrum zeigt noch gegenüber dem Kambrium eine geringe Vielfalt und Häufigkeit. Ihre teilweise Zuordnung zu phanerozoischen Tierstämmen (bes. Coelenteraten, Anneliden, Arthropoden) wird neuerdings verstärkt angezweifelt (PFLUG, SEILACHER), eigene präkambrische Entwicklungen oder Vorläufergruppen (z. b. Petalonamae) werden postuliert.

Auch angesichts vieler neuer Funde präkambrischer Fossilien erscheint das Präkambrium ausgesprochen fossilarm. Ziemlich unvermittelt setzt im Kambrium ein Reichtum an

Tafel 1 Präkambrium (Gesteine)

1. Kissen-Basalt in den Ely-Grünsteinen. Keewatin. Ely, Minnesota, USA. (Fot. GOLDICH, aus F. LOTZE & K. SCHMIDT [Hrsg.]: Präkambrium, I, 1966)
2. Bändereisenerz. Negaunee Iron formation. Marquette-Distrikt, Michigan, USA. (Aus: Economic Geology 1973)
3. Gebänderte graue Leptite und Glimmerschiefer. Leptit-Hälleflinta-Serie. Schweden. (Fot. T. LUNDQVIST, aus F. LOTZE & K. SCHMIDT [Hrsg.]: Präkambrium, I, 1966)
4. Konglomerat des Gotium mit ausgewalzten Geröllen. Malmbäck, Småland, Schweden. (Nach A. G. HÖGBOM)
5. Bändergneise (Para-Amphibolite im fortgeschrittenen Stadium der Metatexis). Lonchi-Serie, Weißmeer-Gruppe, Mittl. Präkambrium. Halbinsel Kola. (Fot. J. HOFMANN, aus F. LOTZE & K. SCHMIDT [Hrsg.]: Präkambrium, I, 1966)
6. Witwatersrand-Konglomerat (Dünnschliff). Witwatersrand-Gruppe, Mittl. Präkambrium. Süd-Afrika. (Aus DU TOIT, Geol. South Africa, 1954.) Etwa nat. Größe
7. Schräg-geschichtete Sandsteine. Mittl. Keweenawan. Lake Superior bei Grand Marais, Minnesota, USA. (Fot. GOLDICH, aus F. LOTZE & K. SCHMIDT [Hrsg.]: Präkambrium, I, 1966)
8. Sandsteine mit Rippelmarken und Trockenrissen. Jotnium. Gärle, Schweden
9. Bigganjarga-Tillit auf geschrammtem Sandstein. Jung-Präkambrium. Varanger-Fjord, N-Norwegen. (Fot. v. GAERTNER, aus F. LOTZE & K. SCHMIDT [Hrsg.]: Präkambrium, I, 1966)
10. Gekritztes Geschiebe (Hornstein), Griquatown-Tillit. Transvaal-Gruppe, Mittl. Präkambrium. Süd-Afrika. (Aus DU TOIT, Geol. South Africa, 1954)

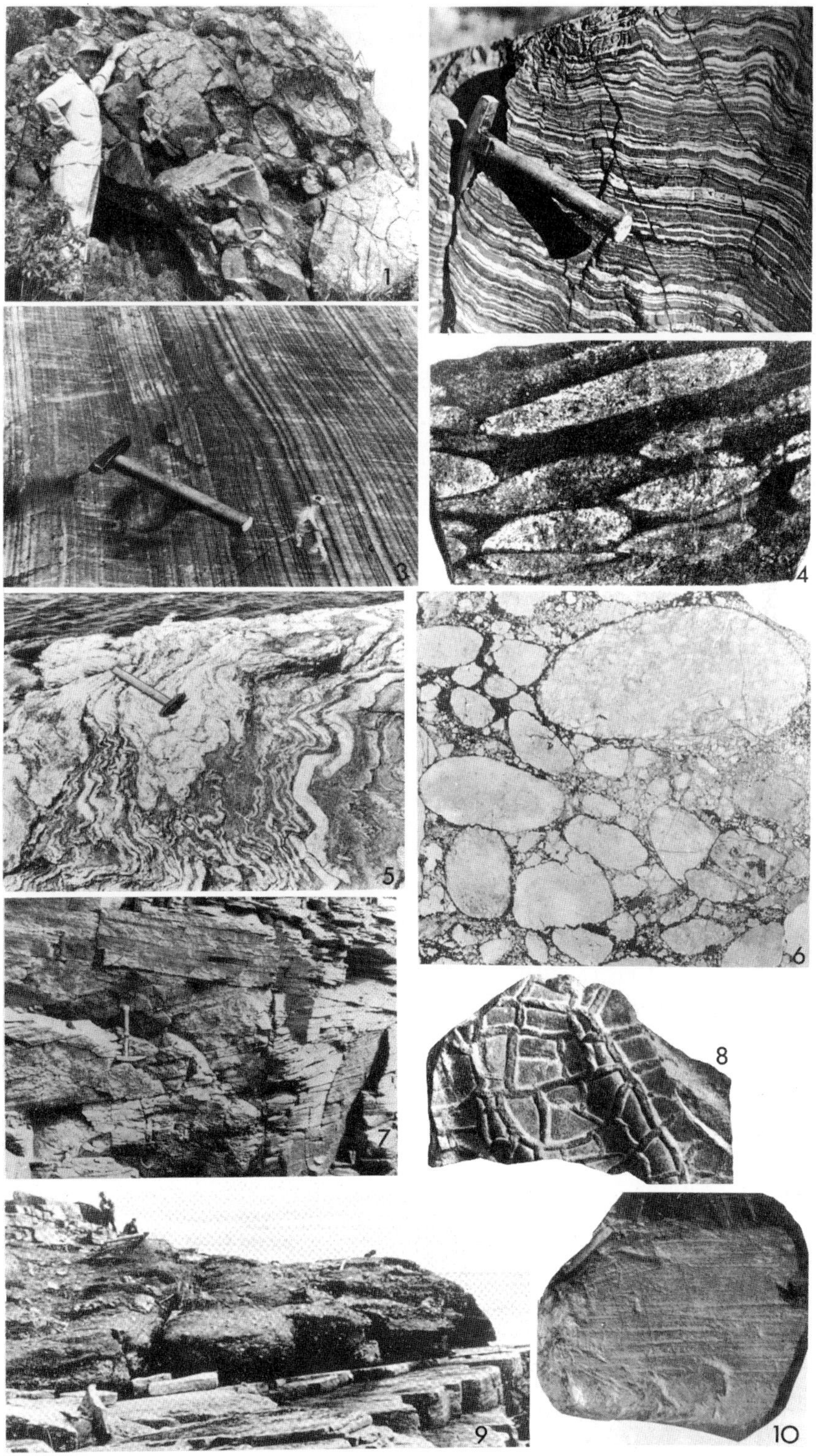
1
2
3
4
5
6
7
8
9
10

Fossilien fast aller Invertebraten-Stämme ein. Die Ursachen der Faunenwende Präkambrium/Kambrium sind noch nicht abschließend voll geklärt. Zu einem gewissen Teil ist das plötzliche Erscheinen der kambrischen Fauna nur vorgetäuscht, da das Kambrium vielerorts von seinem Liegenden durch eine lange Zeitlücke getrennt sein kann. Durchgehende präkambrisch-kambrische Abfolgen werden aber zunehmend besser bekannt (so von N-Amerika, Sibirien). Im oberen Vendium (≈ 600 Mill. J.) werden die Funde häufiger und mannigfaltiger und mindern dadurch den Eindruck eines allzu scharfen Faunenschnittes. Es kommt hinzu, daß sich die Entwicklung der Tierwelt im Kambrium, besonders im Unter-Kambrium, stufenweise vollzog.

Der Faunenschatz des „Ediacarium“ und des Kambrium wird nur aus der Entwicklung der Atmosphäre, der Ausgestaltung der Biotope, der funktionellen und physiologischen Evolution der Baupläne und der selbstregulativen Adaption der Biozönosen verständlich. Im allgemeinen war die durchschnittliche Biomasse pro Raum- bzw. Flächeneinheit noch gering, so daß sedimentäre Lagerstätten, die dem organischen Stoffkreislauf entstammen, wie Kohlen, Bitumina, Karbonate und Phosphate im Präkambrium noch selten sind.

Eine so vorzüglich erhaltene Mikroflora wie die von Bitter Springs (≈ 900 Mill. J.) zeigt noch keinen Hinweis auf Metazoa. Sie entwickeln sich offensichtlich erst nach einem

Tafel 2 Präkambrium (Fossilien)

1. *Archaeosphaeroides barbertonensis* BARGHOORN & SCHOPF 1967. – Fig Tree-Serie (Alt-Präkambrium, etwa 3,1 Milliarden Jahre), Barberton Mts., S-Afrika. (Aus Science *156*, 1967)

2.–3. „Kugelalgen-ähnliche“ Gebilde. – Onverwacht-Serie. (Alt-Präkambrium, über 3,2 Milliarden Jahre), S-Afrika. (Nach A. E. J. ENGEL et al., aus Science, *161*, 1968)

4. *Eobacterium isolatum* BARGHOORN & SCHOPF 1966. – Fig Tree-Serie (Alt-Präkambrium, etwa 3,1 Milliarden Jahre), S-Afrika. – Länge etwas über ½ μ (Aus Science *152*, 1966, S. 761)

5. „Pyritisierte Mikrostruktur“, vermutlich organogen. – Soudan Iron Formation, etwa 2,7 Milliarden Jahre, Minnesota, N-Amerika. (Nach CLOUD, GRUNER & HAGEN 1965, aus Science *148*, 1965, S. 1714)

6. „Thucholith“, kohlige (organogene) Substanz um Gerölle von Uran-Pecherz. – Durchmesser der Gerölle bis etwa 0,2 mm. – Witwatersrand-Gruppe, etwa 2,1 Milliarden Jahre, Mittl. Präkambrium, S-Afrika. (Organ. Natur. jedoch fraglich n. SCHIDLOWSKI 1985)

7. *Corycium enigmaticum* SEDERHOLM. – Svekokarelium, Finnland. (Nach K. RANKAMA, aus E. SEIBOLD, „Aus der Heimat“, *59*, 1951, S. 45)

8. „Graphitische Säckchen“, ähnlich *Corycium*. – Michigamme Shale, Huronium, Kanada. Etwa 2.5 ×. (Nach STINCHCOMB, LEVIN & ECHOLS 1965, aus Science *148*, 1965, S. 75)

9.–11. Gunflint-Mikroflora; Gunflint Formation (etwa 1,9 Milliarden Jahre), Ontario. – (Nach CLOUD, aus Science, *148*, 1965, und BARGHOORN & SCHOPF, Science, *156*, 1967). – 9. Vielzellige Faden-Alge. – 10. *Huroniospora macroreticulata* BARGHOORN. – 11. *Metallogenium personatum* PERFIYEV 1961, koloniales Bacterium

12.–13. Beck Spring-Mikroflora; Beck Spring-Dolomit, etwa 1,3 Milliarden Jahre, Kalifornien. – 12. Faden-Alge, mit Beziehungen zu Mycophyceen. – 13. Aggregat einzelliger Algen. – (Nach CLOUD, LICARI, WRIGHT & TROXEL, aus Proceed. Nat. Acad. Sci., *62*, 1969)

14.–17. Bitter Springs-Mikroflora; Bitter Springs-Formation, etwa 1,0 Milliarden Jahre, Jung-Präkambrium, Australien. – 14. *Palaeolyngbya barghoorniana* SCHOPF 1968, Oscillatoriaceae. 15. *Cephalophytarion minutum* SCHOPF 1968, Oscillatoriaceae. 16. *Halythrix nodosa* SCHOPF 1968, Oscillatoriaceae. 17. *Caryosphaeroides pristina* SCHOPF 1968, Chlorellaceae. – Durchmesser etwa 12 μ. – (Nach SCHOPF, aus J. Paleont., *42*, 1968)

18.–20. Mikrofossilien aus dem Beltian (Missoula-Serie), Jung-Präkambrium, N-Amerika. – Etwa 1200 ×. – 18. *Montanella beltensis* PFLUG 1965, Hystrichosphaeride? 19. *Polycellaria bonnerensis* PFLUG 1965, Konidien von Fungi imperfecti? 20. Isolierte Einzelzellen von *Fibularix funicula* PFLUG 1965, Cyanophyta? (Hormogonales?). – (Nach PFLUG, Paläont. Z., *39*, 1965)

21. *Chuaria circularis* WALCOTT 1899. – Acritarcha. – Jüngst-Präkambrium, Iran. – Etwa 5 ×. – Nach FORD & BREED, aus Palaeontology, *16*, 1973)

22. *Synsphaeridium sp.*, Aggregat sphaeromorpher Acritarcha. – Etwa 400 ×. – Jung-Präkambrium, Torridonian, Schottland. – (Nach DOWNIE, aus Palaeontology, *16*, 1973)

folgenden ersten Aufblühen einzelliger planktischer Algen. Dabei waren die Vorfahren der ediacarisch-kambrischen Fauna nicht nur sehr klein, sie waren auch nur auf bestimmte Lebensräume beschränkt und hatten noch keine Hartteile entwickelt.

In diesem Zusammenhang ist es bemerkenswert, daß im höchsten Vendium und noch in weiten Teilen des Kambrium die Schalen hornig-chitinig bis phosphatisch ausgebildet waren

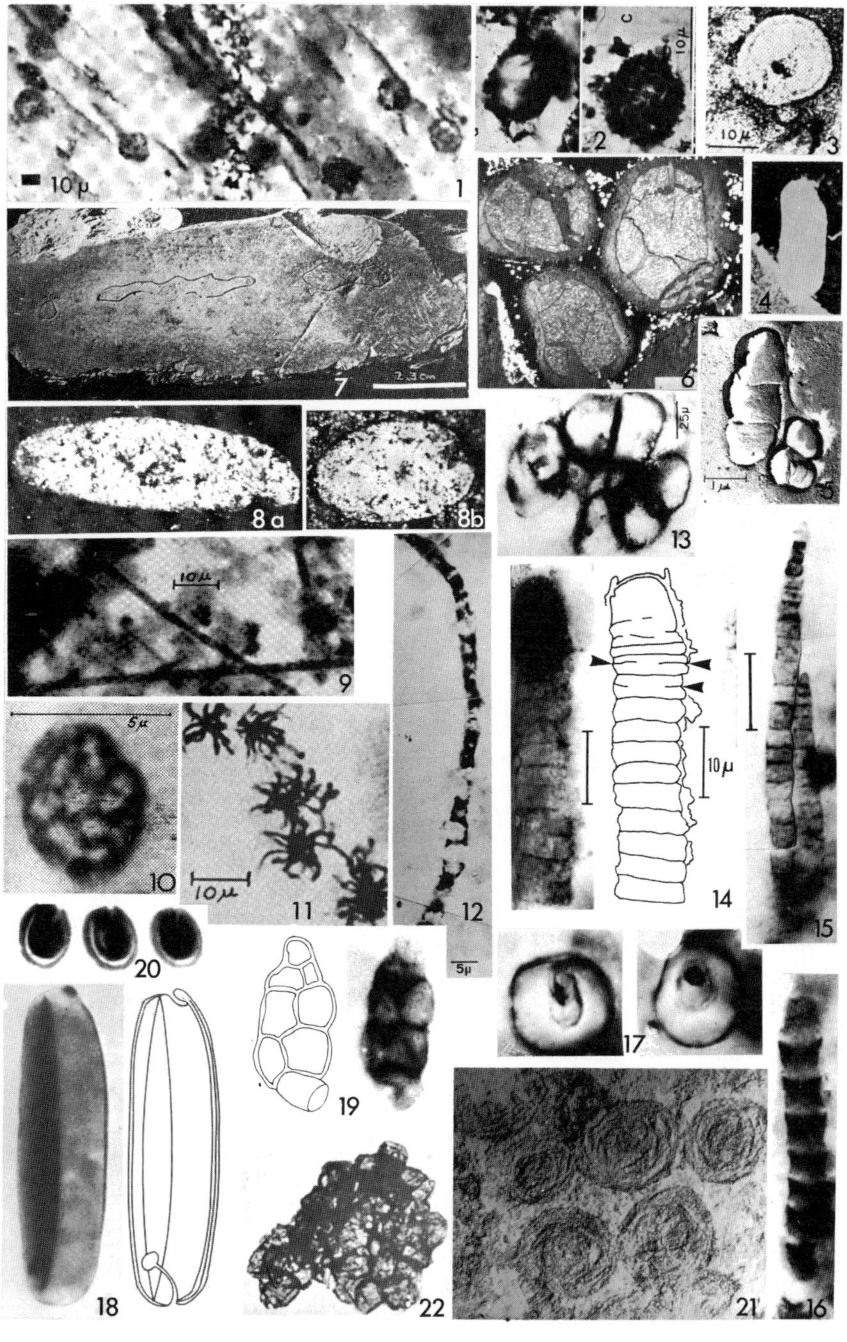

und erst in der Folgezeit ein Umstellung auf die physiologisch aufwendigeren Karbonat-Skelette erfolgte. Manche Forscher vertreten die Ansicht, daß die Faunenwende, gleich ob sie an der Wende zum Kambrium oder bereits zum „Ediacarium" hin (ca. 650 Mill. J.) angenommen wird, mit der klimatischen Entwicklung (die anscheinend weltweit auftretende jüngst-präkambrische Vereisung geht der Ediacara-Fauna in wesentlichen voraus) oder mit der atmosphärischen Entwicklung (Zunahme von freiem O_2 durch biogene Photosynthese auf etwa 1% P. A. L. = present atmospheric level; vgl. SCHIDLOWSKI) im Zusammenhang stehen könnte.

Insgesamt gesehen waren die im Präkambrium bei weitem vorherrschenden Organismen die Monera bzw. unter ihnen die Cyanobakterien (Blaualgen), die sich in entsprechenden Fundgesteinen (Taf. 1–3) z. T. in überraschend großer Formenfülle und vorzüglicher Erhaltung haben nachweisen lassen. Nach W. SCHOPF (1974) kann daher das Präkambrium auch als „Cyanophyten-Zeitalter" (besser Cyanobakterien-Zeitalter), nach KREMP (1982) als Kryptophytikum und z. T. Proterophytikum bezeichnet werden. Von niederen Organismen treten die in Tabelle 2 aufgeführten Formen auf.

Tabelle 2 Im Präkambrium auftretende niedere Organismen.

Reich	Abteilung	Klasse
Monera	Cyanobacteria	Coccogoneae Hormogoneae
	andere, nicht näher klassifizierbare Bakteriengruppen	
Protoctista[4]	„Acritarcha" (= Algae inc. sedis; Hystrichospaera; eventuell auch Sporomorpha)	
	einzellige Algae inc. sedis	
	Chlorophyta	
	Phaeophyta?	
Fungi	Mycophycophyta (Flechten)? Weitere Pilze?	

Tafel 3 Präkambrium (Fossilien)

1.–8. Ediacara-Metazoenfauna. Jüngst-Präkambrium, Pound-Quarzit (Australien) und Kuibis-Quarzit (SW-Afrika). – 1. *Mawsonites spriggi* GL. & W. 1966. Medusoide. Etwa ⅓. – 2. *Dickinsonia minima* SPRIGG. Dipleurozoa?, Annelida?. Etwa nat. Gr. – 3. *Parvancorina minchami* GLAESSNER. Inc. sed. Etwa 4 ×. – 4. *Tribrachidium heraldicum* GLAESSNER. Inc. sed. Etwa nat. Gr. – 5. *Spriggina floundersi* GLAESSNER. Annelide. Etwa ½ ×. – 6. *Arborea arborea* (GLAESSNER). Pennatulacee?, Petalonamae PFLUG?. – Etwa 0,15 ×. – 7. *Rangea longa* GLAESSNER & WADE. Pennatulacee?; Petalonamae PFLUG? Etwa ¼. – 8. *Pteridinium simplex* GÜRICH 1930. Pennatulacee?; Petalonamae PFLUG? Etwa ½. – (Fig. 1-7: Nach GLAESSNER & WADE, aus Palaeontology *9*, 1966; nach GLAESSNER, Geol. Rundschau *47*, 1958; nach R. RICHTER, Senck. leth., *36*, 1955)

9. *Wyattia reedensis* TAYLOR 1966. Mollusca?, Globorilidae? (Maßstab: 1,0 mm). Jüngst-Präkambrium oder Ältest-Kambrium, Kalifornien

10.–13. Stromatolithen-Karbonate. – 10. *Conophyton*-Riff. Pharusien. Hoggar, N-Afrika. (Nach GRAVELLE & LELUBRE, aus Bull. Soc. géol. France, *7*, 1957). – 11. Stromatolithen-Kalk (*Collenia*-Typ). – 12. Stromatolithen-Riff. – 13. Stromatolithen-Kalk (feingeschichteter Typ). Beltian. Glacier Nat. Park, N-Amerika. – (Nach FENTON & FENTON, aus Bull. Geol. Soc. America, *48*, 1937)

14.–21. Stromatolithen-Formgattungen. Rekonstruktionen nach Serienschnitten. (Nach RAABEN, aus Amer. J. Sci., *267*, 1969). – 14. *Minjaria uralica* KRYLOV (Ob. Riphäikum). – 15. *Boxonia* sp. (Ob. Riphäikum). – 16. *Linella* sp. (Ob. Riphäikum). – 17. *Gymnosolen ramsayi* STEINM. (Ob. Riphäikum). – 18. *Inseria djejimi* RAAB (Ob. Riphäikum). – 19. *Anabaria radialis* STEINM. (Mittl. Riphäikum). – 20. *Baicalia minuta* KOMAR. (Mittl. Riphäikum). – 21. *Kussiella kussiensis* (MASL.) (Unt. Riphäikum)

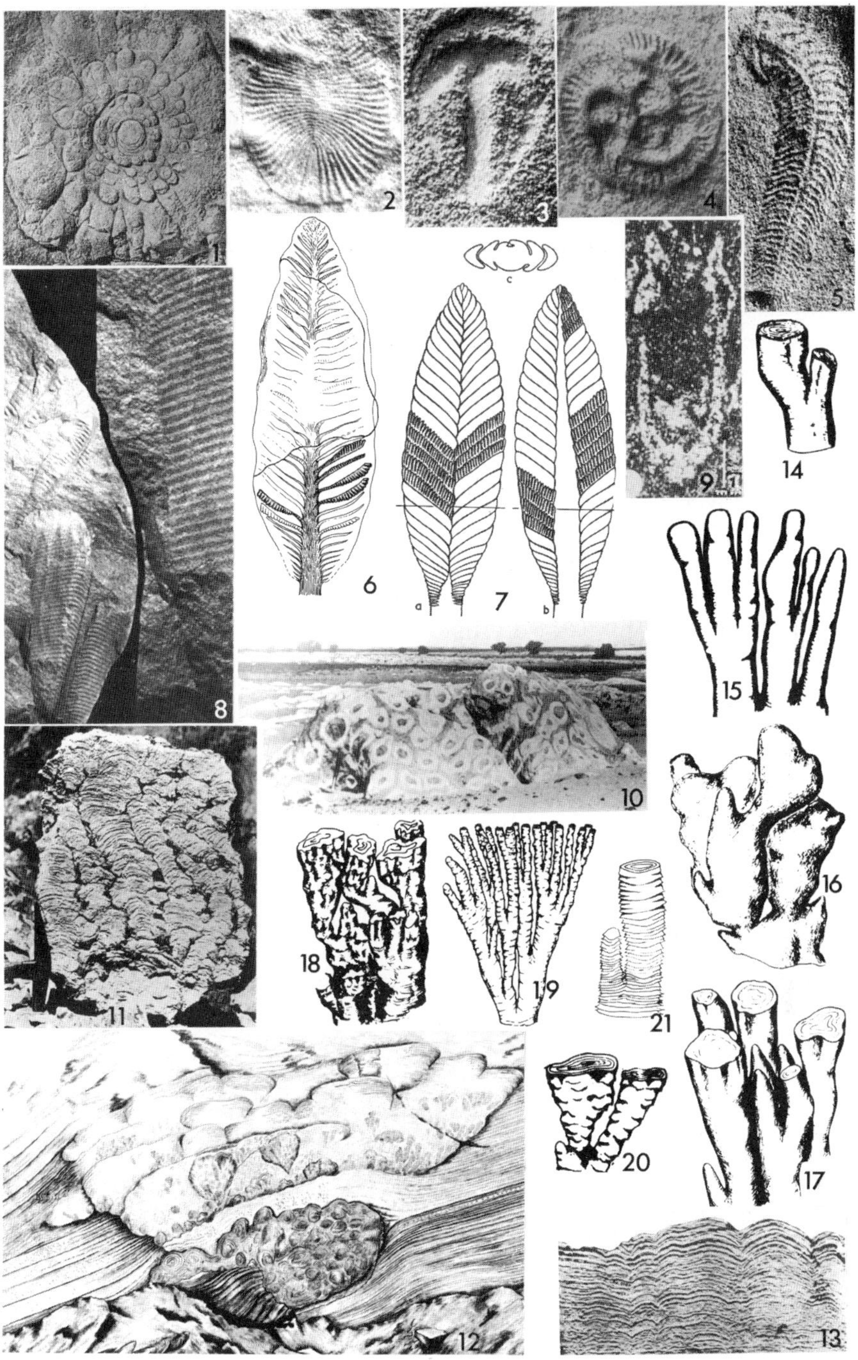

Allgemeine Züge

Paläogeographie (Kontinent/Platten-Drift), Paläopol-Lagen und **Klimazonen.** Über die paläogeographische Lage der präkambrischen Kontinentkerne ist wenig Sicheres bekannt; vermutlich war ihre gegenseitige Lage völlig von der heutigen verschieden. Viele Anzeichen sprechen dafür, daß sich fünf Großkratone bis zum Ende des Präkambrium herausgebildet hatten:

1. Ein nordamerikanisch-grönländischer Großkraton „Laurentia", zu dem auch Teile Europas gehört haben dürften (Spitzbergen, W-Norwegen, N-Schottland, NW-Irland).
2. Ein europäischer Großkraton mit dem Kernstück „Fennosarmatia", im W Teile der amerikanischen Neuengland-Region und SE-Neufundlands umfassend, im S begrenzt durch die Region des Nordrandes der späteren alpidischen Region.
3. Ein sibirischer Großkraton „Sibiria" bzw. „Angaria" zwischen der Ural-Geosynkline im W und Kamtschatka im E.
4. Ein ostasiatischer Großkraton „Cathaysia" mit den chinesisch-koreanischen und vietnamesischen Massiven als Kern, jedoch die gesamte E-asiatische Inselwelt umfassend.
5. Ein Süd-Kraton „Gondwana", die einzelnen Kerne von S- und Mittelamerika, Afrika – Arabien – Madagaskar, Indien – Ceylon, Antarktika und Australien mit Neuseeland, Neukaledonien und Neuguinea sowie Teilen der zentralamerikanischen Golfregion mit Florida und einigen Teilstücken S-Europas umfassend.

Zur gegenseitigen Lage der Kratone mag das paläogeographische Bild des Kambrium (Abb. 17) einen ungefähren Anhalt bieten.

Sucht man **Klima** und **Umwelt** des Präkambrium aus der Fazies der damals gebildeten Sedimente (Tafel 1) zu erschließen, so ist auffällig, wie sehr im Alt-Präkambrium unvollkommen aufbereitete, grauwackenartige Ablagerungen überwiegen. Besser gesonderte Klastika wie Quarzite und Schiefertone beginnen erst mit dem mittleren Präkambrium reichlicher zu erscheinen. Die chemische Verwitterung war also in den älteren Zeiten anscheinend weniger wirksam. Dementsprechend traten auch Ausfällungs-Sedimente anfangs mengenmäßig stark zurück. Der Anteil der Karbonat-Gesteine war im Alt-Präkambrium weit geringer als in den jüngeren Perioden. Evaporite fehlen dem Präkambrium so gut wie ganz; Gips und Steinsalz-Pseudomorphosen sind gelegentlich in jung-präkambrischen Ablagerungen beobachtet worden.

Die einzigen weitverbreiteten chemischen Ausscheidungen sind Hornsteine (schon im Alt-Präkambrium) und die Bändereisenerze (Tafel 1), die im Algoma-Typ (an Vulkanite geknüpft) das ausgehende Alt-Präkambrium und im Superior-Typ (als regional weitverbreitete Plattform-Sedimente) besonders das Mittel-Präkambrium kennzeichnen. Es sind Quarzbänder-Eisenerze (Itabirite, Taconite), die durch rhythmischen Niederschlag von Fe-Verbindungen (Karbonate, Silikate, Oxide) und Kieselgel entstanden sind. Eine nahezu O_2-freie Atmosphäre und Hydrosphäre hielten Eisen als Fe^{++} in Lösung und erlaubten einen weiten Transport. Die Fällung der Bändereisenerze begann mit der O_2-Produktion photosynthetisch aktiver Organismen; der anfallende Sauerstoff wurde in der Frühphase dieser Entwicklung sofort wieder verbraucht. In der Atmosphäre reicherte er sich erst nach Ausfällung des Fe^{+++} stärker an. Für fehlenden freien Sauerstoff sprechen auch die Pyrit- und Uraninit-Gerölle in den Konglomeraten des S-afrikanischen Witwatersrand und des kanadischen Huronian.

Älteste festländische Rotgesteine treten erstmalig um rd. 1800–1900 Millionen Jahren auf; sie deuten auf nunmehr größeren Anteil von freiem Sauerstoff in der

Atmosphäre und kennzeichnen, zusammen mit den nun weitverbreiteten Stromatolithen-Gesteinen, das Jung-Präkambrium.

Tillite, Warwite, gekritzte Geschiebe (Tafel 1) und geschrammter Untergrund bezeugen präkambrische Vereisungen. Die ältesten Vorkommen gehören dem kanadischen Cobalt (Gowganda-Tillit) und dem ähnlich alten Transvaal S-Afrikas an. Im Jung-Präkambrium trifft man glaziale Ablagerungen fast erdweit verbreitet an (Abb. 14), in besonders großer Mächtigkeit in E-Grönland (bis 700 m) und in Australien (bis 6000 m!). Meist handelt es sich hier wohl um Drift-Absätze schmelzender Eisberge. Alles spricht jedoch dafür, daß diese Bildungen letztlich von ausgedehnten Inlandeis-Feldern herrühren. Man sieht sie daher wohl mit Recht als Zeugen einer jung-präkambrischen Eiszeit an („Varanger-Vereisung"), die vor rd. 650–800 Millionen Jahren auf fast allen Erdteilen nachweisbar ist. Zusammen mit der Ediacara-Metazoenfauna, die sich anscheinend erst nach dieser Vereisungs-Zeit ausbreitete, geben die Glazial-Ablagerungen dem jüngeren Abschnitt des Präkambrium das Gepräge.

Zusammenfassend kann man zu dem Schluß gelangen, daß die Umwelt-Bedingungen im Präkambrium nicht grundsätzlich von denen der jüngeren Zeiten abwichen. Lithosphäre, Hydrosphäre und Atmosphäre waren voneinander geschieden, Kontinente und Ozeane bestanden, wenn auch wohl in von der heutigen gänzlich verschiedenen Ausdehnung und gegenseitigen Lage. Der Wechsel der Klimate hielt sich innerhalb des auch gegenwärtig gültigen, über so lange Zeiten hinweg jedoch bemerkenswert engen Spielraums. Einzelne Tatsachen weisen aber auch auf Unterschiede hin in der Zusammensetzung der Atmosphäre (fehlender oder geringer Gehalt an freiem Sauerstoff bis gegen 2000 Millionen Jahren), im Klima (vermutlich kühl-feucht über längere Zeiten hinweg, ausweislich dem Überwiegen des mechanischen Gesteinszerfalls gegenüber der chemischen Gesteinszersetzung im Alt-Präkambrium) und in dem Fehlen einer Vegetationsdecke der damals pflanzenleeren „Urwüsten", mit den entsprechenden Rückwirkungen auf Gesteinszersetzung und Gesteinsabtrag.

Krustenbewegungen (Epirogenese/Tektogenese) und **Magmatismus.** Die Begriffe Archäikum, Proterozoikum und auch Präkambrium entstammen dem vorigen Jahrhundert, als man in dem Zeitabschnitt ein nur verhältnismäßig kurzes Vorspiel zur eigentlichen, mit dem Kambrium beginnenden Erdgeschichte sah. Aus der Beobachtung, daß sich die Beteiligung von Schmelzmassen, die Regionalmetamorphose und die tektonische Beanspruchung in den vor-kambrischen Gesteinsfolgen vom Liegenden zum Hangenden vermindert, schloß man, daß sich im Lauf des Präkambrium nur einige wenige, an Stärke stufenweise abnehmende Gebirgsbildungen abgespielt hätten. Die letzte erdweite Faltungsphase sollte kurz vor Beginn des Kambrium die Urkratone, die bis auf den heutigen Tag beständigen starren Massen der Baltischen, Kanadischen, Sibirischen Plattform, Afrikas, Vorderindiens usw. geschaffen haben.

Mit dieser Vorstellung war eine stratigraphische Aussage verbunden; man wies die hochkristallinen Gesteine dem „Archäikum", die weniger veränderten dem „Proterozoikum" zu. Neuere geologische Forschungen und radiometrische Alters-Bestimmungen haben uns inzwischen belehrt, daß es von dieser Annahme zahlreiche Ausnahmen gibt; „archäisch" aussehende Gesteine können „proterozoisches" Alter haben und umgekehrt.

Die neuere Forschung hat darüber hinaus gelehrt, daß wir die Dauer der präkambrischen Zeiträume perspektivisch verkürzt gesehen und stark unterschätzt hatten. Schon das Jung-Präkambrium ist etwa doppelt so lang wie die vom Kambrium bis heute verflossene

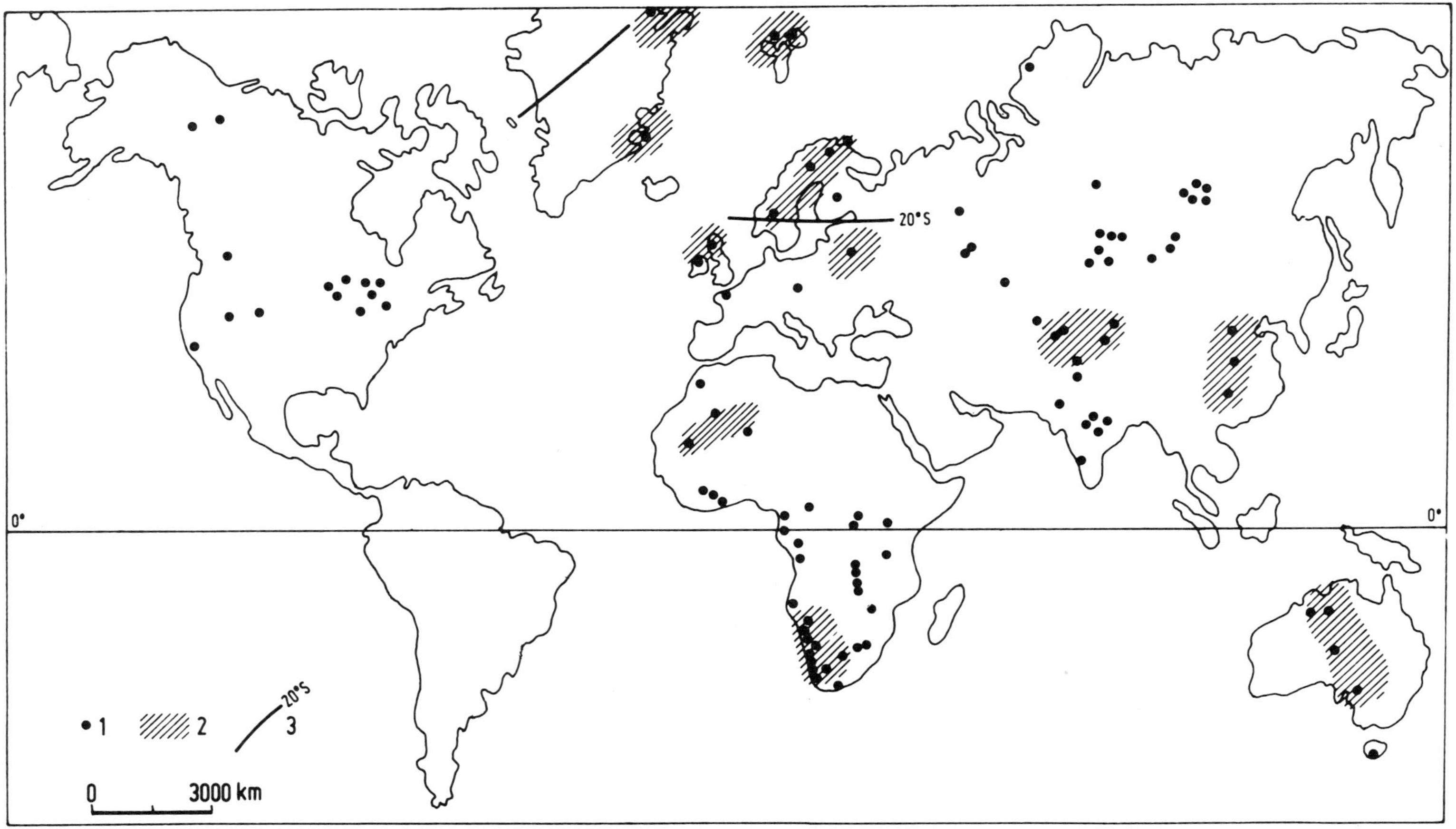

Abb. 14 Verbreitung der jüngst-präkambrischen Vereisungsspuren. - 1 = Diamiktite (nur z. T. Tillite; nach CHUMAKOV 1964). 2 = relativ sichere Tillite. 3 = paläomagnetische Breite für den jeweiligen Kontinent (nach IRVING 1964). (Insgesamt nach SCHWARZBACH 1974, wenig geändert)

Zeit. Die höchsten bis jetzt ermittelten Alterszifferngehen an die 4 Mrd. Jahresgrenze heran; sie dürften einer angenommenen ältesten Kruste recht nahe kommen und damit auch dem Beginn der mit geologischen Methoden erforschbaren Erdgeschichte.

Die Aufgabe, diesen etwa 85% der Erdgeschichte umfassenden Zeitabschnitt stratigraphisch zu gliedern, ist bei weitem noch nicht bewältigt. Die Biostratigraphie entfällt weitgehend bei dem Mangel an Fossilien; Versuche einer „Stromatolithen-Biostratigraphie“ im Jung-Präkambrium (Tafel 3) verdienen Beachtung, werden die Schwierigkeiten jedoch kaum grundsätzlich beheben können. Auch die lithostratigraphischen Verfahren liefern angesichts der Einförmigkeit vieler präkambrischen Gesteinsfolgen und der oft weitgehenden Verwischung ihrer ursprünglichen Kennzeichen durch die Metamorphose meist nur ungefähre Anhaltspunkte. Der Grad der Umwandlung, Faltung und magmatische Durchtränkung stellt kein verläßliches Alterskriterium dar. Bessere Möglichkeiten liefert demgegenüber die radiometrische Zeitmessung; sie gibt die eigentliche Grundlage zur Einteilung des Präkambrischen Zeitabschnittes und erlaubt weltweite Vergleiche. Da man aber im wesentlichen auf Minerale der Magmatite und Metamorphite angewiesen ist, kann man wohl Intrusionen und Metamorphosen datieren, das Bildungsalter der Sedimente läßt sich dagegen meist nur mittelbar schätzen. Zudem liefert das Verfahren nur Mindestwerte. Es legt meist das Alter der letzten tiefgreifenden Aufheizung und Durchbewegung des Gesteins fest, alle früheren Zeitmarken sind weitgehend („Reliktalter“) oder völlig ausgelöscht („Rejuvenationsalter“), oder sie verfließen mit den erstgenannten Alterswerten zu „Mischaltern“.

Man hat die Frage aufgeworfen, ob das Präkambrium nicht durch eine Reihe großer Gebirgsbildungen auf natürliche Weise gegliedert ist. Stellt man die in sämtlichen Erdteilen ermittelten Alterszahlen zeitlich geordnet zusammen, so heben sich gewisse Häufungsstellen heraus (Abb. 67), die zu neuen Vorschlägen für eine globale Präkambrium-Gliederung nach „Aktivitäten“ geführt haben (LOTZE 1968). Danach hat es den Anschein, daß ungefähr alle 200–300 Millionen Jahre mehr oder weniger erdweit wirkende „orogenetische Aktivitäten“ stattfanden. Jede von ihnen schweißte einen neuen Faltungsgürtel an die bereits bestehenden älteren Kerne an. Die im Lauf des Präkambrium entstandenen Urkratone sind also nicht aus einem Guß gebildet worden, sondern haben eine lange, wechselvolle Geschichte hinter sich. Zwischen den alten Kernen, sei es auf kontinentaler oder ozeanischer Kruste, blieben beweglichere Rindenfelder ausgespart, aus denen die Geosynklinen der jüngeren Erdgeschichte hervorgingen.

Unter den Gebirgsbildungen (Tektogenesen) des Präkambrium heben sich drei durch ihre weite regionale Verbreitung und einschneidende Wirkung besonders heraus. Es sind dies

≈ 620 Millionen Jahre:
Assynt/Baikal/Katanga/Brasil-Tektogenesen
≈ 1900 Millionen Jahre:
Svekokareliden/Elfenbein/Limpopo/Hudsonian-Tektogenesen
≈ 2600 Millionen Jahre:
Kenoran/Dharwar-Tektogenesen.

Die durch sie begrenzten Zeitabschnitte lassen sich auch durch vorherrschende Gesteine (Tafel 1) und, wie es scheint, auch durch die aus Merkmalen dieser Gesteine ableitbare Entwicklung der Atmosphäre und die mit ihr eng verknüpfte Evolution der Organismen kennzeichnen. Dies führt zu einer Groß-Gliederung des Präkambrium in (vgl. S. 28):

		Phanerozoikum		
Präkambrium	570–590 Millionen Jahre			
Jung-		Jüngst-Präkambrium	Ediacara-Metazoen-Fauna Ichnofossilien	
		650 Mill. J.		Atmosphäre mit freiem Sauerstoff
		Stromatolithen-Karbonate und Gesteine aus oxidativer Verwitterung (kontinent. Rotgesteine)	Eukaryonta	
Mittel-	1900 Millionen Jahre			
		Bändereisenerze häufig	Prokaryonta	Atmosphäre ohne freien Sauerstoff
		Granit-Grünstein-(niedrig-metam.) und Granit-Gneis-Areale (hoch metamorph)		
Alt-	3800 Millionen Jahre			
		Ältest-Präkambrium erste überlieferte Krustengesteine	Hadäikum	
	4000 Millionen Jahre	älteste Kruste?		

Rückblick

Das Präkambrium umfaßt mit über 3400 Millionen Jahren Dauer einen Zeitabschnitt der Erdgeschichte, der um ein Mehrfaches länger ist als die folgenden Perioden zusammen. Er ist von diesen zwar nicht grundsätzlich verschieden, zeigt aber im einzelnen eigene Züge.

In seinem älteren Abschnitt überwiegen magmatische Bildungen, Laven und Tuffe sowie plutonische Gesteine bei weitem. Die Sediment-Gesteine beschränken sich auf wenige Trümmergesteins-Arten und von chemischen Sedimenten im wesentlichen auf Hornsteine. Im Lauf des mittleren und jüngeren Abschnitts nahm die Vielfalt der Sediment-Gesteine zu, Präzipitate und Evaporate sind jedoch geringer als später vertreten.

Auch im tektonischen Verhalten der Kruste läßt sich eine Entwicklung erkennen. Die Granit-Grünstein-Areale des Alt-Präkambrium zeigen eine „Gravitations-Tektonik“, wohl auf noch dünner Kruste. Im Laufe des Mittel-Präkambrium hatten sich aus solchen ältesten Kernen größere und dickere Krustenplatten zusammengefügt, die in ihren „mobilen Gürteln“ interne Deformationen und Bewegungen ermöglichten. Es scheint, daß erst vom Jüngst-Präkambrium an mit den bis heute andauernden Bewegungen dicker und starrer Lithosphären-Platten (Plattentektonik) eine dritte Phase im tektonischen Verhalten der Kruste erreicht wurde.

Manche Anzeichen deuten darauf hin, daß das Alt- bis Mittel-Präkambrium eine Atmosphäre ohne freien Sauerstoff aufwies. Erst mit dem Beginn des Jung-Präkambrium, wohl zugleich mit der Entwicklung eukaryoter Algen, dürften sich nennenswerte Mengen freien Sauerstoffs angesammelt haben. Er findet seinen Ausdruck in den ältesten Rot-Sedimenten der Erdgeschichte. Es wird vermutet, daß erst gegen Ende des

Riphäikum der Pasteur-Punkt (= 1% des heutigen O_2-Gehaltes) der Atmosphäre durchschritten und damit eine entscheidende Voraussetzung für die Evolution der Organismen gegeben war. Erst im Karbon wurde der heutige Sauerstoffpartialdruck erreicht oder durchschritten.

Das Leben erscheint fast so alt oder so alt wie die ältesten Sedimentgesteine. Seine Entwicklung verlief langsam und erhielt seinen ersten Schub mit der Entstehung der eukaryoten Zellen und Zellverbände in Form von Algen. Niedere Wirbellose erschienen erst – noch ohne Hartteile – kurz vor dem Kambrium. Das Festland war unbewohnt. Aber auch das Meer kann angesichts der Fossilarmut nur spärlich besiedelt gewesen sein, vielleicht abgesehen von den das Phytoplankton bildenden Acritarchen im jüngsten Abschnitt des Präkambrium.

Ergänzende Schriften

Anhaeusser, C. R., Mason, R. & Viljoen, M. J. & R. P. (1965): A reappraisal of some aspects of Precambrian shield geology. – Bull. geol. Soc. Amer., *80*: 2375–2200; Boulder.

Cahen, L. & Snelling, N. J. (1966): The geochronology of equatorial Africa. - 195 S.; Amsterdam.

Clifford, T. N. (1970): The structural framework of Africa. In: Clifford & Gass: African magmatism and tectonics. - S. 1-26; Edinburgh (Oliver & Boyd).

Cloud, P. E. (1971): Precambrian of North America. - Geotimes, *16*: 13-18; Washington.

Cloud, P. E. (1972): A working model for the primitive earth. - Amer. J. Sci., *272*–548; New Haven.

Cloud, P. E. (1982): The pre-biotic earth, the beginning of life and the evolution of biological complexity. - Search, *13*; Warren, Michigan.

Cloud, P. E. & Semikhatov, M. A. (1969): Proterozoic stromatolite zonation. - Amer. J. Sci., *267*: 1017–1061; New Haven.

Dose, K. & Rauchfuss, H. (1975): Chemische Evolution und der Ursprung lebender Systeme. - 217 S.; Stuttgart (Wiss. Verl. Ges.).

Gaal, G., Mikkola, A. & Jöderholm, R. (1978): Evolution of the Archean crust in Finnland. - Precambrian Res., *6*: 119–175; Amsterdam (Elsevier).

Glaessner, M. F. (1984): The dawn of animal life. - 244 S.; (Cambridge Univ. Press).

Hofmann, H. J. (1973): Stromatolites: Characteristics and utility. - Earth-Sci. Rev., *9*: 339–373; Amsterdam.

Holland, H. & Schidlowski, M. [Eds.] (1982): Mineral deposits and the evolution of the biosphere. - 332 S.; Berlin (Springer).

Hunter, D. R. [Ed.] (1981): Precambrian of the southern Hemisphere. - 882 S.; Amsterdam (Elsevier).

Kaplan, R. W. (1972): Der Ursprung des Lebens. - 278 S.; Stuttgart (Thieme).

Koark, H. J. (1970): Geologie von Schweden. - Eine Kurzfassung. - Geol. Rdsch., *59*: 763–791; Stuttgart.

Kremp, G. O. W. (1982): The oldest traces of life and the advancing organization of the earth. - Paleodatabanks, *18*: 53–128; Tuscon, Arizona.

Kröner, A. (1977): The Precambrian geotectonic evolution of Africa: plate accretion versus plate destruction. - Precambrian Res., *4*: 163–213; Amsterdam (Elsevier).

Kröner, A. & Rankama, K. (1973): Late Precambrian glaciogenic sedimentary rocks in southern Africa. A compilation with definitions and correlations. - Bull. geol. Sci. Finnland, *45*: 79–102; Helsinki.

Kull, U. (1977): Die Fossilien des Präkambriums. - Naturwiss. Rdsch., *30*: 209–261; Stuttgart.

Lotze, F. & Schmidt, K. [Hrsg.] (1966): Handbuch der Stratigraphischen Geologie, *13*: Präkambrium I, Nördliche Halbkugel. - Lotze, F. [Hrsg.] (1968): Präkambrium II, Südliche Halbkugel. - insg. 792 S.; Stuttgart (Enke).

Lundegard, P. H. (1971): Neue Gesichtspunkte zum schwedischen Präkambrium. - Geol. Rdsch., *60*: 1392–1405; Stuttgart.

McGall, G. J. H. [Ed.] (1977): The Archean search for the beginning. - 505 S., Stroudsburg, Pennsylv. (Dowden, Hutchinson & Ross).

Miller, St. L. & Orgel, L. E. (1977): The origin of life on the earth. - 112 S.; Englewood Ciffs, N. Jersey (Prentice-Hall).

Pflug, H. D. (1982): Lebenspuren älter als die Erde? - Bild der Wissenschaft, *1*: 56–62; Stuttgart.

Pflug, H. D. (1982): Early diversification of Life in the Archaean. - Zbl. Bakt. Hyg., I. Abt. Orig. C*3*: 40–52; Stuttgart.

Ponnamperuma, C. [Ed.] (1981): Comets and the origin of life. - 282 S.; Dordrecht (Reichel).

Raaben, M. E. (1969): Columnar stromatolites and Late Precambrian stratigraphy. - Amer. J. Sci., *267*: 1–18; New Haven.

RANKAMA, K. [Ed.] (1963-1970): The Precambrian. The geologic systems. *1* (1963), *2* (1965), *3* (1967), *4* (1970). - Intersci. Publ.; New York - London - Sydney (J. Wiley).
RANKAMA, K. [Ed.] (1970): Global Precambrian stratigraphy: Background and principles. - Scientia, (7) *105*: 382-421; Mailand.
RANKAMA, K. [Ed.] (1970): Proterozoic, Archean and other weeds in the Precambrian rock garden. - Bull. geol. Soc. Finnland, *42*: 211-222; Helsinki.
READ, H. H. & WATSON, J. (1975): Introduction to Geology. Vol. 2: Earth History, Part I. Early Stages of Earth History. - 221 S.; London (Macmillan).
SALOPP, L. J. (1983): Geological evolution of the earth during the Precambrian. - 459 S.; Berlin (Springer).
SCHIDLOWSKI, M. (1981): Geschichte der Erdatmosphäre. - Spektrum der Wissenschaft, *4*: 17-27; Weinheim.
SCHOPF, J. W. (1974): Paleobiology of the Precambrian: The age of Blue-green Algae. - Evol. Biol., *7*: 1-43; New York - London (Plenum Press).
SCHOPF, J. W. [Ed.] (1983): Earth's earliest biospere, its origin and evolution. - 543 S.; Princeton, N. Jersey (Univ. Press).
STOCKWELL, C. H. (1964): Forth report on structural provinces, orogenic and time-classification of the Canadian Precambrian shield. - Geol. Surv. Canada, Pap., *64*, 17 (II): 21 S.; Ottawa.
STOCKWELL, C. H. (1968): Geochronology of stratified rocks of the Canadian shield. - Canad. J. Earth Sci., *5*: 693-698; Ottawa.
SUTTON, J. & WATSON, J. V. (1974): Tectonic evolution of continents in early Proterozoic times. - Nature, *247*: 433-435; London.

Economic Geology, *68* (7) (Precambrian Iron-Formations of the world); 1973, New Haven, Conn.
Precambrian Research, *1* (1974 ff.); Amsterdam (Elsevier).
Proceed. Internat. Geol. Congr., 23th Session, Czechoslovakia 1968; Section 4: Geology of the Precambrian. - 298 S.; Prag.
Proceed. Internat. Geol. Congr., 24th Session, Canada 1972, Section 1: Precambrian Geology. - 380 S.; Montreal.

II. Kambrium

Vorbemerkungen

Umgrenzung und **Gliederung.** Nachdem die Folge der jüngeren stratigraphischen Systeme zu Anfang des 19. Jahrhunderts im wesentlichen klargestellt war, wandte sich das Augenmerk dem Übergangs- oder Grauwacken-Gebirge zu. A. SEDGWICK gliederte 1835 in Wales, vom Liegenden ausgehend, das Kambrium (Cambria = römischer Name für das N'Wales) aus. R. I MURCHISON benannte im gleichen Jahr, vom Hangenden ausgehend, eine Abfolge als Silurium (Silurer, ein Volksstamm in Wales), das sich teilweise mit dem Kambrium überschnitt. Die Frage der Benennung blieb umstritten, bis J. B. SALTER 1876, gestützt auf Fossilien, das Kambrium in annähernd seinem heutigen Umfang umgrenzte. An der weiteren Entwicklung waren vor allem CH. LAPWORTH in England, TH. KJERULF und W. C. BRÖGGER in Norwegen, N. ANGELIN, I. G. O. LINNARSSON und G. HOLM in Schweden, FR. SCHMIDT im Ostbaltikum, J. BARRANDE in Böhmen und CH. D. WALCOTT in den Vereinigten Staaten beteiligt.

Das Liegende des Kambrium bildet das weithin fossilfreie Präkambrium; seine Unterkante ist vielfach durch eine Schichtlücke, öfter auch durch eine Diskordanz betont. Weitgehend fossilleere Schichten an der Basis des Kambrium machen eine genauere Grenzziehung schwierig und lassen einer Übereinkunft einen weiten Spielraum („Grenzproblem Präkambrium/Kambrium“). Die Hangendgrenze ist dagegen deutlicher; sie wird mit dem Erscheinen bezeichnender ordovizischer Fauna, besonders von Graptolithen, Conodonten, Trilobiten, Brachiopoden u. a. gezogen. Drei Serien werden nach

Ober-Kambrium (Oleniden-Serie)	500 Millionen Jahre
Mittel-Kambrium (Paradoxiden-Serie)	
Unter-Kambrium (Olenelliden-Serie)	570 Millionen Jahre

dem Auftreten wichtiger Trilobiten-Gruppen unterschieden. Für die Einteilung in Zonen dienen gleichfalls Trilobiten als Leitfossilien, im Unter-Kambrium karbonatischer Fazies wesentlich auch Archaeocyathen.

Verbreitung. Im Lauf des Präkambrium hatte sich die Kruste nach einem bis in die Gegenwart fortwirkenden Vorgang in Kratone (= Plattformen oder Tafeln) und Geosynklinen aufgeteilt, die sich nunmehr dank der besseren und vollständigeren Erhaltung der Schichten klarer als in den älteren Zeiten umgrenzen lassen. Die Kratone tragen eine geringmächtige, noch heute flachliegende Decke von kambrischen Sedimenten. Auf der Nordhalbkugel sind es der fennosarmatische (N+E-Europa), der sibirische und cathaysische (Asien) sowie der laurentische (N-Amerika, Grönland) Großkraton. In den Geosynklinen, wie in Wales, dem norwegischen Hochgebirge, Mitteleuropa, dem Mediterran-Gebiet, E-Grönland, den Appalachen und den Rocky Mountains sowie den Anden, zwischen den isolierten alten Kernen Asiens, aber auch in Australien, sammeln sich vom Kambrium an z. T. mächtige, später meist gefaltete Schichtfolgen.

Hauptgebiete (Übersichten 2 + 3; Abb. 15 + 16)

Im **Norwegischen Hochgebirge** und auf den **Britischen Inseln** war im Jung-Präkambrium die Kaledonische Geosynkline (S. 32) entstanden, die sich einerseits in die Arktis (E-Grönland, Spitzbergen, Franklin-Trog), andererseits nach W-Europa, nach plattentektonischen Vorstellungen aber auch in den Appalachen-Trog hinein fortsetzte (S. 90). Das Nordwest-Ufer stellte das vermutlich zu Laurentia, N-Amerika, (S. 46) gehörende alte Gneisgebiet der Hebriden-Masse dar; es trägt ein nur gering-mächtiges, großenteils kalkig ausgebildetes Kambrium, das sich durch Gesteinsfazies und Faunenführung deutlich vom übrigen Europa unterscheidet und ehemals dem Ostrand des amerikanischen Groß-Kratons angehört haben dürfte.

Die auf über 5000 m anschwellende Füllung der Trogmitte ist im klassischen Gebiet von Wales (Anglo-Walisisches Becken), bemerkenswerterweise arm an vulkanischen Bildungen, erschlossen (Abb. 15). Gegen SE, gegen Mittel-England zu, nimmt die Mächtigkeit wieder ab; hier nähern wir uns dem anderen Beckenrand, der auf der Skandinavischen Halbinsel vom Baltischen Schild gebildet wurde. Im einzelnen schritt die Senkung ungleichmäßig vorwärts. Das meist sandig-quarzitische Unter-Kambrium weist große Mächtigkeits-Unterschiede auf und ist durch Trilobiten-Faunen vielfach erst in seinen jüngeren Abschnitten biostratigraphisch nachweisbar. Das Mittel-Kambrium ist dagegen vollständiger entwickelt und kann örtlich über einer Diskordanz transgredieren; erst jetzt wurde die größte Überflutung und Vertiefung des Beckens erreicht. Plattige und glimmerige Sandsteine des Ober-Kambrium, reich an Spuren von Körperfossilien, häufiger tritt sonst nur *Lingulella* („*Lingula* flags") auf, entstanden erneut in seichterem Wasser.

Ostsee-Länder. Zur selben Zeit, in der das Meer die Kaledonische Geosynkline in Besitz nahm, griff es auch auf den angrenzenden Schild über. Rasch breitete sich die Wasserfläche aus und es entstand ein seichtes Meer, seinem Umriß nach ein kambrischer Vorläufer der heutigen Ostsee. In den Baltischen Ländern setzte sich mit der Baltischen Formations-Gruppe eine Wechselfolge grünlicher Siltsteine und Sandsteine ab; sie enthält die erste marine Fauna und wird örtlich durch halbsalinare, bunte Schichten vertreten. Ihr bekanntestes Schichtglied ist der „Blaue Ton". Längs der schwedischen Küste lagerten

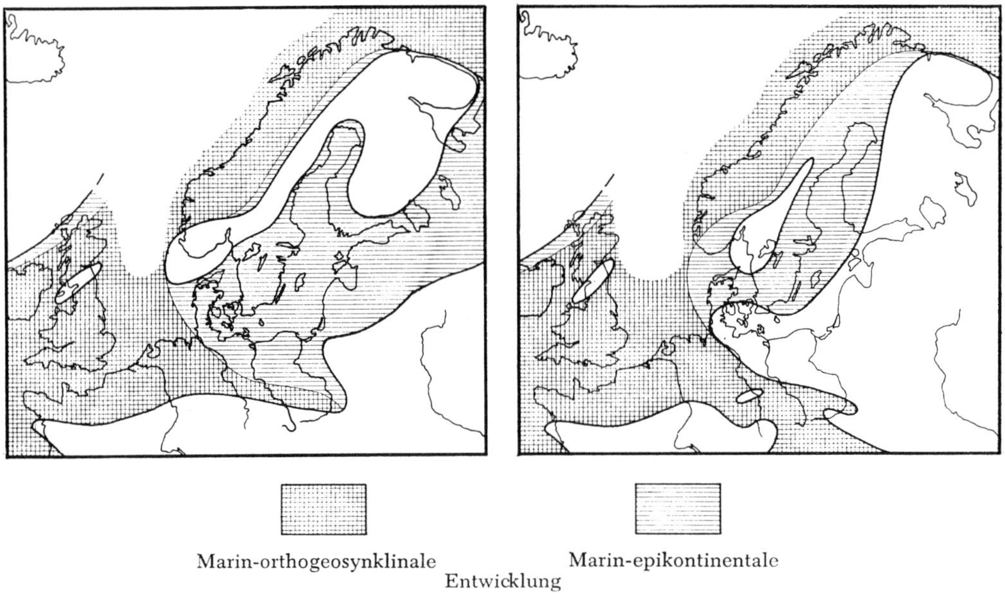

Abb. 15 Paläogeographie des Kambrium in Nord- und Nordwest-Europa. Links Unter-Kambrium (*Holmia*-Stufe), rechts Beginn des Mittel-Kambrium

sich gleichzeitig Sande ab, die neben mannigfaltigen Spuren kriechender oder grabender Bodenbewohner einzelne hornschalige Brachiopoden enthalten. Stellenweise füllen die Sande als „Sandsteingänge“ die durch die Verwitterung erweiterten Klüfte der Grundgebirgs-Oberfläche, wodurch sie nach Abtragung noch nachweisbar bleiben.

Am Ende des Unter-Kambrium erfolgte ein kurzdauernder Rückzug und bald darauf ein erneuter Vorstoß, der die durch *Paradoxides* gekennzeichnete Fauna mitbrachte. Die mittel-kambrische Transgression griff nicht so weit gegen E vor wie die unter-kambrische, überflutete dafür aber teilweise die Schwelle, die das baltische Epikontinental-Meer bislang von der Hochgebirgs-Geosynkline getrennt hatte. Das mittel- und ober-kambrische Meer war ebenso wie die heutige Ostsee nur mangelhaft durchlüftet (I: 81). Es entstanden Bitumen- und Schwefelkies-reiche Schlicke und Kalkschlicke, die zu „Alaunschiefer“ und Stinkkalk geworden sind. Fossilien, vor allem olenide und agnostide Trilobiten, sind häufig und erlauben eine enge Zonen-Einteilung, die sich selbst für weit entfernte Gebiete, z. B. Australien, anwenden läßt. Klassische Gebiete besonders für das Mittel- und Ober-Kambrium sind das Oslo-Gebiet, das zwischen der Kaledonischen Geosynkline und dem eigentlichen Baltischen Schild vermittelt, das S’ Zentral-Schweden sowie Schonen.

E-Europa. Ähnliche Abfolgen wie in Estland sind im Leningrader Gebiet bekannt (Baltische Gruppe), wo sie von tonig-sandigen Schichten der Waldai-Gruppe (Wendium) unterlagert werden. An Fossilien kommen besonders Wühlspuren und Problematika vor. Gegen Ende des Unter-Kambrium tauchte die gesamte Plattform auf, marines Mittel- und Ober-Kambrium ist nirgendwo nachgewiesen. Erst weiter im E biegt die Russische Plattform ab zur Ural-Geosynkline. Diese ist gekennzeichnet durch große Sediment-Mächtigkeiten (bis 5000 m), im Unter-Kambrium mit Archaeocyathen-Kalken, sowie eingeschalteten Vulkaniten.

W-Europa. Mit dem Beginn des Kambrium, örtlich wohl schon früher, baute sich der norwegisch-britische Kaledonische Trog, der den Nordwest-Rand des Baltischen Schildes bereits seit dem Jung-Präkambrium säumte, in die Mitte Europas hinein fort. Hier entstand ein weiter Senkungsraum, der im N und E an Fennosarmatia grenzte und bis über das Mediterran-Gebiet nach S reichte, wo der Afrikanische Kraton den S' Rahmen bildete.

Im Kambrium des Brabanter Massivs und den Sattelkernen der Ardennen-Massive einschließlich dem Massiv von Stavelot-Venn dürfte die unmittelbare Fortsetzung des englisch-walisischen Kambrium zu suchen sein. Hier ist die Einteilung durch die Seltenheit von Fossilien erschwert. Tiefstes Ordovizium (Salmien mit *Dictyonema flabelliforme*)[5] wird von den wohl kambrischen Revin-Schichten unterlagert; die noch älteren Deville-Schichten sind kambrischen (wofür die Ähnlichkeit mit dem älteren walisischen Kambrium spricht) oder wohl z. T. präkambrischen Alters. In der Bretagne und Normandie, dem sogenannten Armorikanischen Massiv, sind fossilarme, mächtige kambrische Serien entwickelt, deren Einteilung schwierig ist. Das Unter-Kambrium wird durch Karbonat-Gesteine gekennzeichnet, die jedoch nur bei Carteret beweisende Archaeocyathen und Trilobiten, sonst vielfach Stromatolithen führen. Darüber folgt eine klastische Serie, in der nur von einer Stelle mittel-kambrische Trilobiten bekannt sind. Das Ober-Kambrium fehlt vermutlich ganz. Sowohl an der Basis als auch am Dach des Kambrium werden Diskordanzen angegeben.

Erst in **Mittel-Europa,** vor allem in der klassischen Böhmischen Mulde, sodann im Frankenwald, in der Lausitz (Görlitz) und aus Bohrungen bei Doberlug (Niederlausitz) sowie im Polnischen Mittelgebirge, trifft man eine reicher gegliederte, durch Fossilien belegte Überlieferung an. Polen weist einen stark baltoskandischen Fauneneinschlag auf; die Verbindungen zu diesem Faziesraum liegen, von jüngeren Schichten bedeckt, entlang dem Südwest-Rand von Fennosarmatia. Im Frankenwald wie in der Lausitz wechselten Einflüsse aus N und S miteinander ab; besonders in Böhmen machten sich mediterrane[6] Einflüsse zumindest zeitweise deutlicher bemerkbar. Die Trogachse der kambrischen Geosynkline verlief etwa über das Bober-Katzbach-Gebirge nach Mittel-Polen. Nur aus dieser Zone ist fossilführendes Unter-Kambrium in Mittel-Europa bekannt geworden. N' und S' dieser Zone griff erst das Mittel-Kambrium über und bezeichnete zugleich den Höhepunkt der Meeresausbreitung. Das Ober-Kambrium war regressiv; es enthält Ergußgesteins-Decken besonders im Trogtiefsten in der Lausitz, sonst auch Konglomerate. In metamorphem Zustand, als Phyllit, Marmor und Grünschiefer dürfte Kambrium in den deutsch-böhmisch-polnischen Mittelgebirgen noch weiter verbreitet sein, so im Thüringer Schiefergebirge, Vorspessart, Fichtelgebirge, Erzgebirge und den Sudeten.

In der Lausitz (Görlitz) bilden Archaeocyathen-Karbonate das älteste Unter-Kambrium. Mergel mit *Dolerolichia*, nur in einer Bohrung bei Doberlug nachgewiesen, dürften älter als die Görlitzer Karbonat-Abfolgen sein. Bei Doberlug (wie auch im Frankenwald) haben die ältesten mittel-kambrischen Faunen deutliche Beziehungen zu Skandinavien, die des mittleren Mittel-Kambrium hingegen mediterrane Einschläge. Die Gesteinsfazies

---

[5] Tendenzen, den Namen *Dictyonema* hier durch *Rhabdinopora* zu ersetzen, weil die Typus-Art von *Dictyonema* vermutlich im Gegensatz zu *flabelliforme* eine sessile Art ist, wird nicht gefolgt, um nicht verwirrend den eingebürgerten Namen zu gefährden.

[6] Die eingebürgerte Bezeichnung „mediterran“ wird vielfach auf das heutige (und jung-tertiäre) Mittelmeer-Gebiet bezogen; hier ist der Begriff im Sinn von „tethyal“ gebraucht.

- dunkle Schiefer, Sandsteine und Quarzite - dürfte auf die Nähe des Nordrandes der Geosynkline hinweisen. Die in der E' Fortsetzung der Lausitz liegenden Abfolgen im Bober-Katzbach-Gebirge sind faziell ähnlich; im höheren Kambrium folgt jedoch eine mächtige, aus Diabas-Ergüssen aufgebaute Grünschiefer-Serie.

Im Frankenwald tritt Kambrium in der Schuppenzone NW' der Münchberger Gneismasse zwar nur in schmalen, tektonisch isolierten Schollen von Schiefern und Grauwacken zutage, dennoch ist das Mittel-Kambrium ziemlich vollständig nachweisbar durch Trilobiten, die in der „Lippertsgrüner Fauna" enge mediterrane, in den übrigen Faunen skandinavische Beziehungen erkennen lassen.

In Böhmen transgredierte das Meer, vermutlich von E her, erst im Mittel-Kambrium; das ältere Kambrium besteht aus festländischen, oft konglomeratischen Schüttungen, das jüngere Kambrium ist ähnlich aufgebaut, enthält aber mächtige vulkanische Einschaltungen. Das weitgehende Fehlen von Fossilien läßt eine gesicherte Einstufung dieser Molasse-ähnlichen Abfolgen nicht zu, deren Sedimentation im engen Zusammenhang mit den voraufgegangenen assyntischen Bewegungen zu sehen ist.

Die paläozoische Schichtenfolge der Mittelböhmischen Mulde, das Barrandium (so genannt nach seinem ersten Erforscher, J. BARRANDE, 1799–1883), lagerte sich in einer Innensenke der Böhmischen Masse ab, die im Gebiet des Erzgebirges einerseits, S-Böhmens andererseits von Schwellen begrenzt war. Im übrigen stand der böhmische Meeresraum mit dem mittel-deutschen wohl in breiter Verbindung. Die Trilobiten-Fauna der Schiefer von Jince und Skryie (die berühmte „Primordial-Fauna" BARRANDES), im wesentlichen acadobaltisch, weist neben eigenständigen Zügen auch deutliche mediterrane Einschläge auf.

Die **Alpen** und das **Mittelmeer-Gebiet** gehörten gleichfalls der großen kambrischen Geosynkline an. In den Alpen ist Kambrium noch nicht durch Fossilien nachgewiesen, mag aber im zentral-alpinen Kristallin und in dessen halb-metamorphen Hüllgesteinen stecken. Das Kambrium des marokkanischen Atlas-Gebietes ist in seinem SE' Teil (Anti-Atlas) bereits auf dem Nordrand des afrikanischen Kratons abgelagert worden. Die Abfolgen in Spanien und Marokko haben durch neuere Untersuchungen eine große Bedeutung für die Biostratigraphie besonders des Unter-Kambrium erlangt und lassen die schon früher untersuchten Regionen in S-Frankreich (Montagne Noire) und Sardinien in einem neuen Licht erscheinen.

Das mediterrane Unter-Kambrium setzt in Spanien, S-Frankreich, Sardinien und in der Türkei mit klastischen Abfolgen ein. Ihnen ruhen Karbonatgesteins-Serien auf, im Unter-Kambrium Archaeocyathen-führend; sie reichen meist bis ins Mittel-Kambrium. Im marokkanischen Atlas-Gebiet hingegen liegen im Grenzbereich Präkambrium/ Kambrium neben Klastika auch Stromatolithen-Kalke, die über Archaeocyathen-Kalke in eine mächtige Serie von Schiefertonen übergehen; sie führen tief im Unter-Kambrium mit *Fallotaspis* eine der ältesten Trilobiten-Gattungen.

Im Mittel-Kambrium sind im gesamten Mediterran-Gebiet zunächst Trilobiten-reiche Tonschiefer verbreitet, die nach oben sandiger und fossilärmer werden und schließlich in einer Flysch-ähnlichen Serie enden. Diese reicht meist bis ins Ordovizium, jedoch sind Ober-Kambrium und Tremadoc biostratigraphisch nur selten nachweisbar.

Die unter-kambrischen Trilobiten-Faunen weisen eine deutliche regionale Differenzierung auf, gemeinsam ist ihnen jedoch das Vorkommen australisch-asiatischer Gattungen wie *Redlichia*. Dies gilt auch für das Unter-Kambrium vom Toten Meer.

Das Mittel-Kambrium hingegen ist im gesamten Bereich biofaziell recht einheitlich. Neben acadobaltischen Gattungen wie *Paradoxides* ist es durch das Hervortreten „mediterraner“ Gattungen (z. B. *Badulesia, Solenopleuropsis*) gekennzeichnet, die im britischen und skandinavischen Mittel-Kambrium so gut wie ganz fehlen. Die bisher bekannt gewordenen ober-kambrischen Faunen weisen hingegen überraschenderweise eindeutige Beziehungen zur pazifischen Faunen-Provinz auf.

Im übrigen **Afrika** (N-Afrika, W-Afrika) mögen fossil-freie, klastische Serien zwischen gesichertem Präkambrium und höherem Alt-Paläozoikum wenigstens z. T. dem Kambrium angehören. In SW-Afrika könnten Teile des Nama-Systems über dem Kuibis-Quarzit (dieser mit Elementen der Ediacara-Fauna, S. 40) bereits kambrisch sein; beweisende Fossilien fehlen jedoch. Vermutet wird ebenso, daß die Kap-Supergruppe in S-Afrika bereits im Kambrium beginnt (s. stratigr. Übersicht 4: Ordovizium).

In **Asien** bestanden im Kambrium, vielfach schon seit dem ausgehenden Präkambrium, vom Altai, Salair und Tienshan bis nach Kaschmir, Yünnan und Thailand weite Geosynklinalräume zwischen den alten präkambrischen Kernen, in denen sich oft mehrere 1000 m mächtige klastische und vulkanische Serien, also bezeichnend geosynklinale Ablagerungen absetzten, die Archaeocyathen-Stromatolithen-Riffkalklinsen enthalten können. Der Ablagerung des Kambrium vorausgegangene assyntische (= baikalisch) und inner-kambrische Faltungs-Bewegungen (salairisch) hatten ein erhebliches Ausmaß. Demgegenüber stehen weniger mächtige Schelf-Ablagerungen in SE-Asien (China) und besonders im Bereich der Sibirischen Plattform, wo jedoch ebenfalls einige 1000 m erreicht werden können. Die Sibirische Plattform selber trägt eine Decke von vorherrschend Karbonat-Gesteinen, die sich im Unter-Kambrium randlich mit bunten, kontinentalen Serien, Gips und Steinsalz enthaltend, verzahnen. Mittel- und Ober-Kambrium sind vielfach lückenhaft, können jedoch für eine Plattform-Region bedeutende Mächtigkeiten erreichen. Der in den letzten Jahren im Anschluß an E. V. LERMONTOVA und A. G. VOLOGDIN untersuchte reiche Fossil-Inhalt (besonders Trilobiten und Archaeocyathen) läßt erkennen, daß im Unter-Kambrium neben zahlreichen endemischen Gattungen auch solche mit Beziehungen zum W' Mittelmeer-Gebiet vorhanden sind, wogegen im Mittel- und Ober-Kambrium weltweit verbreitete oder acadobaltische (S. 70) Gattungen, daneben aber auch im Ober-Kambrium Gattungen des N-amerikanischen („pazifischen“) Bereichs vorkommen. Dem Trilobiten-führenden Unter-Kambrium geht eine Stufe ohne Trilobiten voraus (Tommot-Stufe), die vorzugsweise Archaeocyathen enthält, aber auch Gastropoden, Hyolithen, Hyolithelminthen u. a. führt. Anscheinend konkordant folgt darunter die präkambrische Yudoma-Stufe. Dem Kambrium der Sibirischen Plattform kommt somit eine hervorragende Bedeutung zu. Das SW' Asien weist im Unter-Kambrium eine mächtige und auffällige salinare Entwicklung auf (Salt Range, Iran).

In **Australien** lassen sich geosynklinale Ablagerungen nur im Südteil der Tasman-Geosynkline mit Sicherheit dem Kambrium zuordnen; sie sind jedoch sicher weiter verbreitet, denn die Schelf-Ablagerungen in NW-Queensland dürften auf eine Überflutung aus der Tasman-Geosynkline zurückgehen.

In N' Australien treten in den Schelf-Ablagerungen Archaeocyathen-Kalke und bis 1000 m mächtige Plateau-Basalte vermutet unter-kambrischen Alters auf. In der Adelaide-Geosynkline S-Australiens geht ein etwa 5000 m mächtiges Kambrium lückenlos aus dem

Jung-Präkambrium hervor, dessen Pound-Sandstein die Ediacara-Fauna enthält (S. 38). Archaeocyathen-Kalke und Trilobiten-führende Kalke und Schiefertone vorwiegend des Unter-Kambrium sind bezeichnende Ablagerungen, denen im Mittel-Kambrium bunte, kontinentale Schichten folgen. Die faunistischen Beziehungen sind eng zu SE-Asien, jedoch bestehen im Mittel- und Ober-Kambrium auch überraschend deutliche Beziehungen bei Trilobiten-Gattungen und -Arten einerseits zu N-Amerika, andererseits zur acadobaltischen Provinz, so daß regional die jeweiligen Gliederungen angewendet werden können.

Hinweise auf Kambrium der **Antarktis** sind seit langem durch Dretsch-Proben von Archaeocyathen-Kalken aus dem Weddell-Meer bekannt; anstehend fand man später solche Kalke in großer Mächtigkeit an der W-Küste des Ross-Meeres, wo sie von fossil-leeren Grauwacken (Präkambrium?) unterlagert werden.

N-Amerika bildet im Paläozoikum das paläogeographische Gegenstück zu N-Europa. Wie die Kaledonische und die Mitteleuropäische Geosynkline, die die NE-E-Europäische Plattform umschlangen, so war die Nordamerikanische Plattform im W von der Felsengebirgischen, im E von der Appalachischen Geosynkline und im N von der Franklin-Geosynkline eingefaßt. Mit Beginn des Kambrium drang das Meer erneut in diese schon im Jung-Präkambrium geschaffenen und überfluteten Senkungszonen ein. Das weite kratonische Zwischenglied wurde dagegen erst später, hauptsächlich zu Beginn des Ober-Kambrium überflutet.

Die Transgression hielt bis über das Ende des Kambrium hinaus an und erreichte ihren Höhepunkt im tieferen Ordovizium. Zum Schluß blieben außer einigen Inseln nur der N' Kanadische Schild und W-Grönland über dem Meeresspiegel. Die Mächtigkeits-Unterschiede zwischen der geosynklinalen und der epikontinentalen Entwicklung des Kambrium sind augenfällig: 2000–5000 m Ablagerungen in Britisch-Kolumbien und Georgia stehen 200 m auf dem S' Saum des Kanadischen Schildes gegenüber. Durchweg ist der Fuß der kambrischen Schichtfolge sandig entwickelt, höher folgen verbreitet Karbonat-Gesteine, in den Geosynklinen auch Archaeocyathen-Riffkalke sowie vereinzelt Laven und Tuffe. In Britisch-Kolumbien sind den mittel-kambrischen Kalken die Burgess-Schiefer eingeschaltet, eine dünne Folge feinkörnigen Schiefertons, in dem sich eine reiche Fauna von Schwämmen, Medusen, Anneliden, altertümlichen Arthropoden usw. bis in Einzelheiten der Weichteile erhalten hat (Tafel 5).

Die kambrischen Schichten sowohl der Bedeckung des Kratons (Schelf-Fazies) als auch der Geosynklinal-Räume (Felsengebirge und Appalachen) führen eine Trilobiten-Fauna, die stark von derjenigen der klassischen acadobaltischen Region Europas abweicht; sie wird als „pazifisch“ oder „appalachisch“ bezeichnet (S. 70). Eine Ausnahme macht lediglich der N' Abschnitt des Appalachen-Troges vom E' Neufundland über Neubraunschweig bis Massachusetts, wo sowohl die Gesteins-Fazies (es überwiegen dunkle Schiefertone und Sandsteine) als auch die Trilobiten-Fauna ein ganz acadobaltisches Gepräge haben.

In **S-Amerika** haben kambrische Schichten eine verhältnismäßig geringe Verbreitung; durch Fossilien belegte z. T. mächtige Vorkommen am Ostfuß der Anden in Argentinien, Bolivien und Kolumbien zeigen in ihren Trilobiten-Faunen deutliche Beziehungen meist zu N-Amerika, örtlich auch zur acadobaltischen Provinz, z. B. in Geröllen von Kolumbien, wo *Paradoxides*, eine kennzeichnende acadobaltische Gattung, bekannt geworden ist. In manchen klastischen oder auch kalkigen Serien wird Kambrium vermutet.

Abb. 16 Paläogeographie des Kambrium

Organischer Inhalt (Tafel 4 + 5 und 26)

Fauna. Als dem ältesten der phanerozoischen Systeme kommt dem Kambrium hinsichtlich seiner Fauna eine besondere Bedeutung zu. Folgende Tier-Gruppen sind bisher bekannt geworden (*erstes Auftreten, † im Lauf des Kambrium ausgestorben) (Tabelle 3).

Tabelle 3 Organismen des Kambrium

Stamm	Klasse	Ordnung	
„Protozoa“	: Rhizopoda	: * Foraminiferida	: * Allogromiina
			: * Textulariina
		: * Radiolaria	: * Spumellina
			: * Nassellina
* † Archaeocyatha	: * Calcispongiae (i. w. S.)		
Porifera	: * Heteractinida	: * Chancelloriida	
(Spongiae)		: * Octactinellida	
	: * Stromatoporoidea		
	: * Hexactinellida	: * Lyssakida	
	: * Demospongiae	: * Tetraxonida	
		: * Lithistida	
		: * Monaxonida	
Coelenterata	: * Hydrozoa	: * Hydroida	
(Cnidaria)	: Scyphozoa	: * Conulariida	
* Sipunculoida			
* Brachiopoda	: * Inarticulata	: * Lingulida	
		: * Acrotretida	
		: * † Obolellida	
		: * Paterinida	
	: (Inc. sed.)	: * † Kutorginida	
	: * Articulata	: * Orthida	
		: * Pentamerida	
Articulata			
: Annelida	: * Polychaeta	: * Sedentaria	
		: * Miskoida	
: * Onychophora			
: * Arthropoda			
: * Trilobitomorpha	: * Trilobitoidea		
	: * Trilobita	: * Agnostida	
		: * † Redlichiida	
		: * † Corynexochida	
		: * Ptychopariida	
		: * Odontopleurida	
: * Chelicerata	: * Merostomata		
	: * Xiphosura	: * Aglaspida	
: * Branchiata	: * Crustacea		
(Diantennata)	: * Ostracoda	: * Archaeocopida	
		: * Phyllocarida	
Mollusca			
: * Amphineura	: * Polyplacophora	: * Palaeoloricata	
: * Conchifera	: * Monoplacophora	: * Tryblidioidea	

Tabelle 3 (Fortsetzung)

Stamm	Klasse	Ordnung
Mollusca		
: * Conchifera	: * Monoplacophora	: * Archinacelloidea
		: * Bellerophontina
	(Inc. sed.)	: * † Cambridioidea
	(Inc. sed.)	: * † Stenothecoidea
	: * Gastropoda	
	: * Prosobranchia	: * Archaeogastropoda : * Macluritina
		: * Pleurotomariina
	: * Rostroconchia	: * Conocardioida
		: * † Ribeiroida
	: * Bivalvia	
	: * Palaeoheterodonta	: * Modiomorphoida
	: (Inc. cl.)	
	: * Cephalopoda	
	: * Nautiloidea	: * Ellesmerocerida
(Inc. sed.)	: * Hyolitha (*PЄ?)	: * Hyolithidae
		: * Orthothecidae
(Inc. sed.)	: * Calyptoptomatida	: * Sulcavitidae
		: * † Mattheviidae
		: * † Globorilidae
		: * † Camerothecidae
		: * † Diplothecidae
(Inc. sed.)	: * Hyolithelminthes	: * † Tommotiidae (?)
		: * † Lapworthellidae (?)
(Inc. sed.)		: * Coleolidae
(Inc. sed.)	: * Conodontophoridea	
* Chaetognatha		
Echinodermata		
: * Homalozoa	: * † Mitrosagophora (?)	
(= Carpoidea)	(= Tommotiidae;	
	s. u. Hyolithel-	
	minthes)	
	: * Stylophora	
	(s. u. Calcichordata)	
	: * † Homostelea	
	: * Homoiostelea	
	: * † Ctenocystoidea	
: * Crinozoa	: * Eocrinoidea	
	: * † Lepidocystoidea	
: * Echinozoa	: * † Helicoplacoidea	
	: * Edrioasteroidea	
	: * † Camptostromatoidea	
† Hemichordata	: * Graptolithina	u. a. : * Dendroidea
		: * Dithecoidea
* * Chordata		
: * Calcichordata		
(= Stylophora;		
s. u. Echinodermata)		

Alle Tierstämme umfangreicherer fossiler Überlieferung, mit Ausnahme der Vertebraten, waren im Kambrium bereits vertreten, jedoch hinsichtlich der Klassen und Ordnungen in sehr verschiedenem Umfang. Insgesamt sind weit über 3000 Arten beschrieben; die Trilobiten mit rd. 60%, die Brachiopoden mit rd. 30% und die Archaeocyathen mit rd. 5% stellen den Hauptanteil, die restlichen 5% enthalten alle übrigen Gruppen. Sämtliche Tiere waren marin; Bewohner des Brack- und Süßwassers wie des Festlandes sind unbekannt, obwohl entsprechende Schichten abgelagert wurden.

Während die präkambrischen Gesteine im allgemeinen nur spärliche, oft schwierig deutbare Organismen-Reste enthalten (eine wesentliche Ausnahme bilden die Ediacara-Fauna sowie zunehmend häufiger bekannt werdende, durch Säure-Ätzung gewinnbare Kleinreste phosphatschaliger Organismen-Gruppen, deren Schwerpunkt allerdings im unteren Unter-Kambrium liegt), führen die kambrischen Ablagerungen eine verhältnismäßig individuenreiche und taxonomisch mannigfache Fauna von Körper- und

Tafel 4 Fossilien des älteren Unter-Kambrium

1. *Pelagiella lorenzi* Kobayashi. - Gastropoda: Pelagiellidae. Etwa 15×
2. *Aldanella* sp. - Gastropoda: Pelagiellidae. Etwa 17×
3. *Latouchella* sp. - Gastropoda: Coreospiridae. Etwa 17 ×. (Fig. 1-3: Tommot-Stufe, Sibirien: Nach Matthews & Missarzhevsky, aus J. geol. Soc. London, *131*, 1975)
4. *Helcionella subrugosa* (d'Orbigny). – Monoplacophora: Helcionellida. Unter-Kambrium, N-Amerika (aus Treatise on Inv. Paleont., I 172)
5. *Tommotia koslowskii* Missarzhevsky. - Tommotiidae, Mollusca? inc. sed.; oder Mitrosagophora Bengtson 1970, Echinodermata? inc. sed. Etwa 12×. Tommot-Stufe, Sibirien
6. *Lenatheca* sp. - Hyolitha: Orthothecidae. *Strenuella*-Kalk, Comley, England. Etwa 6×
7. *Sachites sacciformis*. - Inc. sed. Tommot-Stufe, Sibirien. - (Fig. 5-7: Nach Matthews & Missarzhevsky, aus J. geol. Soc. London, *131*, 1975)
8. *Salterella conulata* Clark. - Hyolitha. Tiefes Unter-Kambrium, N-Amerika. Etwa 5×. (Nach Yochelson, aus Prof. Pap. Geol. Surv., America, 683-B, 1970)
9. *Volborthella* sp. - Hyolitha? Unter-Kambrium, Estland. Etwa 4×. (Aus Treatise Inv. Paleont. K 3, 1964)
10. *Xenusion auerswaldae* Pompeckj 1927. - Articulata inc. sed. Tiefstes Unter-Kambrium (Geschiebe). Fast nat. Gr. (Nach Jaeger & Martinsson, aus Publ. Palaeont. Inst. Uppsala, Nr. *69*, 1967)
11. *Sabellidites cambriensis* Janischewsky 1926. - Annelida?, Pogonophora?. Etwa nat. Gr. Tiefes Unter-Kambrium, Baltikum. (Aus Treatise Inv. Paleont., W *164*, 1962.)
12. *Diplocraterion parallelum*. - Spuren-Fossil. *Mickwitzia*-Sandstein, Schweden. Etwa 0,6×. (Aus Treatise Inv. Paleont., W 195, 1962)
13. *Skolithos* sp. - Spuren-Fossil. Unter-Kambrium, Schweden. Etwa ½. (Aus Treatise Inv. Paleont., W 214, 1962)
14. *Oldhamia antiqua*. - Spuren-Fossil. Kambrium, Irland. Etwa nat. Gr. (Aus Treatise Inv. Paleont., W 205, 1962)
15. *Mobergella holsti* (Moberg 1892). - Gehäuse-Deckel von Hyolithelminthes? Tiefes Unter-Kambrium, Schweden. Etwa 5×. (Nach Bengtson, aus Lethaia, *3*, 1968)
16. *Hyolithellus micans* (Billings). - Hyolithelminthes. Rekonstruktion. Etwa 3×. Unter-Kambrium. (Aus Treatise Inv. Paleont., W 131, 1962)
17. *Torellella laevigata* (Linnarsson). - Hyolithelminthes. Etwa 3×. Unter-Kambrium, Schweden. (Aus Treatise Inv. Paleont., W 131, 1962)
18. *Coleoloides typicalis* Walcott. - Mollusca?, Coleolidae. Etwa nat. Gr. Unter-Kambrium, N-Amerika. (Aus Treatise Inv. Paleont., W 133, 1962)
19. *Lapworthella dentata* Missarzhevsky. - Inc. phyl. et cl., Lapworthellidae. Etwa 20×. Unter-Kambrium, Comley, England. (Nach Matthews, aus Palaeontology, *16*, 1973)
20. *Sabellidites* sp. - Annelida?, Pogonophora?. Etwa 2 ×. Tiefes Unter-Kambrium oder höchstes Wendium. Luga/Leningrad. (Nach Sokolov, aus Mem. AAPG, *19*, 1973). Glyzerin-Präparat von herausgeätzten Teilstücken
21. *Platysolenites antiquissimus* Eichwald. - Annelida. Etwa 10×. Tiefes Unter-Kambrium, Leningrad. (Aus Treatise Inv. Paleont., W 164, 1962)

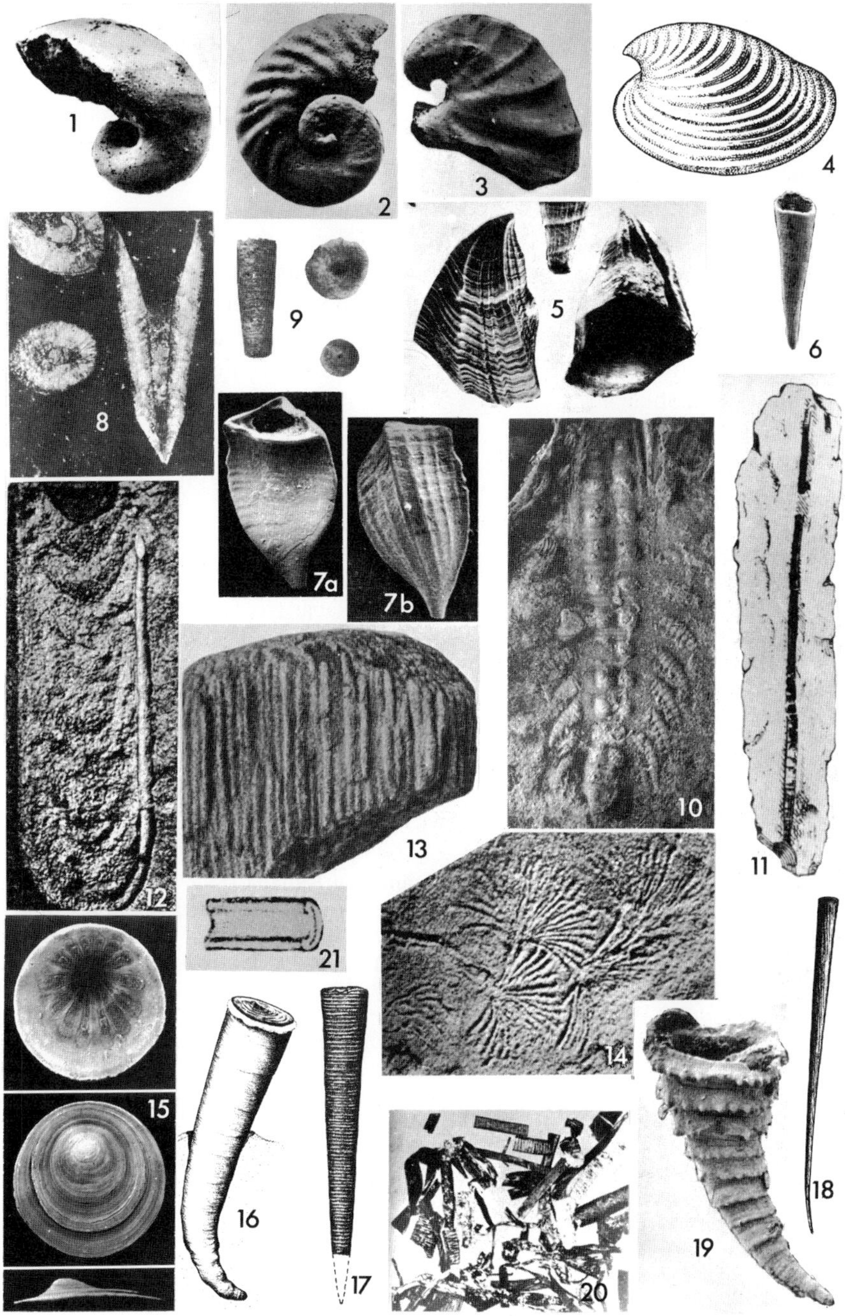
1
2
3
4
5
6
7a
7b
8
9
10
11
12
13
14
15
16
17
18
19
20
21

Spurenfossilien, die den Eindruck eines unvermittelten Erscheinens erweckt. Eine nähere Betrachtung zeigt jedoch, daß während des mit etwa 25 Millionen Jahre anzunehmenden Zeitraumes des Unter-Kambrium die einzelnen Gruppen stufenweise nacheinander erscheinen, und daß manche von ihnen Vorläufer im Präkambrium hatten. Die vielerörterte Faunenwende Präkambrium/Kambrium verliert damit etwas an Schärfe. Dennoch ist das reichhaltige Auftreten hochentwickelter schalentragender Organismen zu Beginn des Kambrium eine auffällige Erscheinung.

„Protozoen" sind nur spärlich überliefert. Häufiger genannte Funde von Radiolarien hielten einer näheren Überprüfung meist nicht stand. Zu den Foraminiferen werden kugelige, sternförmige oder röhrenförmige, pseudochitinige und agglutinierte Gehäuse gerechnet. Ihre unzureichende Überlieferung steht in auffallendem Gegensatz zur niederen Organisationshöhe.

Tafel 5 Fossilien des Kambrium (Unter- bis Ober-Kambrium)

Unter-Kambrium

Fig. 1–2. **Archaeocyathen**

1. Archaeocyathen-Kalk. – Angewitterte Schichtfläche. Marokko. – Etwa $\frac{1}{2}$
2. *Afiacyathus pruvosti* Debrenne 1964. – Längs- und Querschnitte. Marokko. – Etwa 2 ×. – (Fig. 1 und 2 nach F. Debrenne, aus Notes & Mém. Serv. géol. Rabat, No. 179, 1964)

Fig. 3. **Hyolithen**

Hyolithes terranovicus Walcott. – Hyolithidae. – Unter-Kambrium, Neufundland. – Etwa $\frac{1}{2}$. – (Aus Treatise Inv. Paleont., W 118, 1962)

Fig. 4–7. **Trilobiten** (sämtlich aus Treatise Inv. Paleont., Bd. 0):

4. *Fallotaspis typica* Hupé 1953. – Marokko. – Etwa $\frac{1}{2}$
5. *Redlichia chinensis* Walcott. – China. – Fast nat. Gr.
6. *Olenellus thompsoni* (Hall). – N-Amerika. Etwa $\frac{1}{3}$
7. *Protolenus paradoxoides* (Matthew). – Europa. Etwa nat. Gr.

Mittel-Kambrium

Fig. 8–12. **Fossilien des Burgess-Shale,** Brit. Columbien, Kanada. (8–9, 11, aus Treatise Inv. Paleont., Bd. 0; 10: Bd. W; 12 nach Whittington, aus Proceed. N. Amer. Paleontol. Conv. 1969)

8. *Waptia fieldensis* Walcott. – Trilobitoidea. – Etwa 0,6 ×
9. *Burgessia bella* Walcott. – Trilobitoidea. – (Ansicht von oben; Carapax entfernt, um die Intestinal-Divertikel zu zeigen.) – Etwa 2 ×
10. *Amiskwia sagittiformis* Walcott. – Chaetognatha?. – Etwa 2 ×
11. *Aysheaia pedunculata* Walcott. – Onychophora. – Etwa nat. Gr.
12. *Marrella splendens* Walcott. – Trilobitoidea. – Etwa 2 ×

Fig. 13–18. **Trilobiten.** (Sämtlich aus Treatise Inv. Paleont., Bd. 0)

13. *Paradoxides paradoxissimus* (Wahlenberg). – Schweden. – Etwa $\frac{1}{4}$
14. *Conocoryphe sulzeri* (Schlotheim). – Böhmen. – Etwa 0,5 ×
15. *Olenoides curticei* Walcott. – N-Amerika. – Etwa 0,4 ×
16. *Bathyuriscus rotundatus* (Rominger). – Kanada. – Etwa nat. Gr.
17. *Lejopyge laevigata* (Dalman). – Schweden. – Etwa 4 ×
18. *Goniagnostus nathorsti* Brøgger). – Schweden. – Etwa 3,5 ×

Ober-Kambrium

Fig. 19–23: **Trilobiten.** (Sämtlich aus Treatise Inv. Paleont., Bd. 0)

19. *Agnostus pisiformis* (Wahlenberg). – Schweden. – Etwa 2 ×
20. *Homagnostus obesus* (Belt). – Australien. – Etwa 5 ×
21. *Olenus truncatus* (Brünnich). – Schweden. – Etwa 2 ×
22. *Peltura scarabaeoides* (Wahlenberg). – Schweden. – Etwa 0,5 ×
23. *Cedaria prolifica* Walcott. – N-Amerika. – Etwa nat. Gr.

Fig. 24–25: **Brachiopoden**

24. *Orusia lenticularis* (Wahlenberg). – Schweden. – Fast nat. Gr.
25. *Lingulella davisii* (McCoy). – Wales. – Etwa 1,3 ×

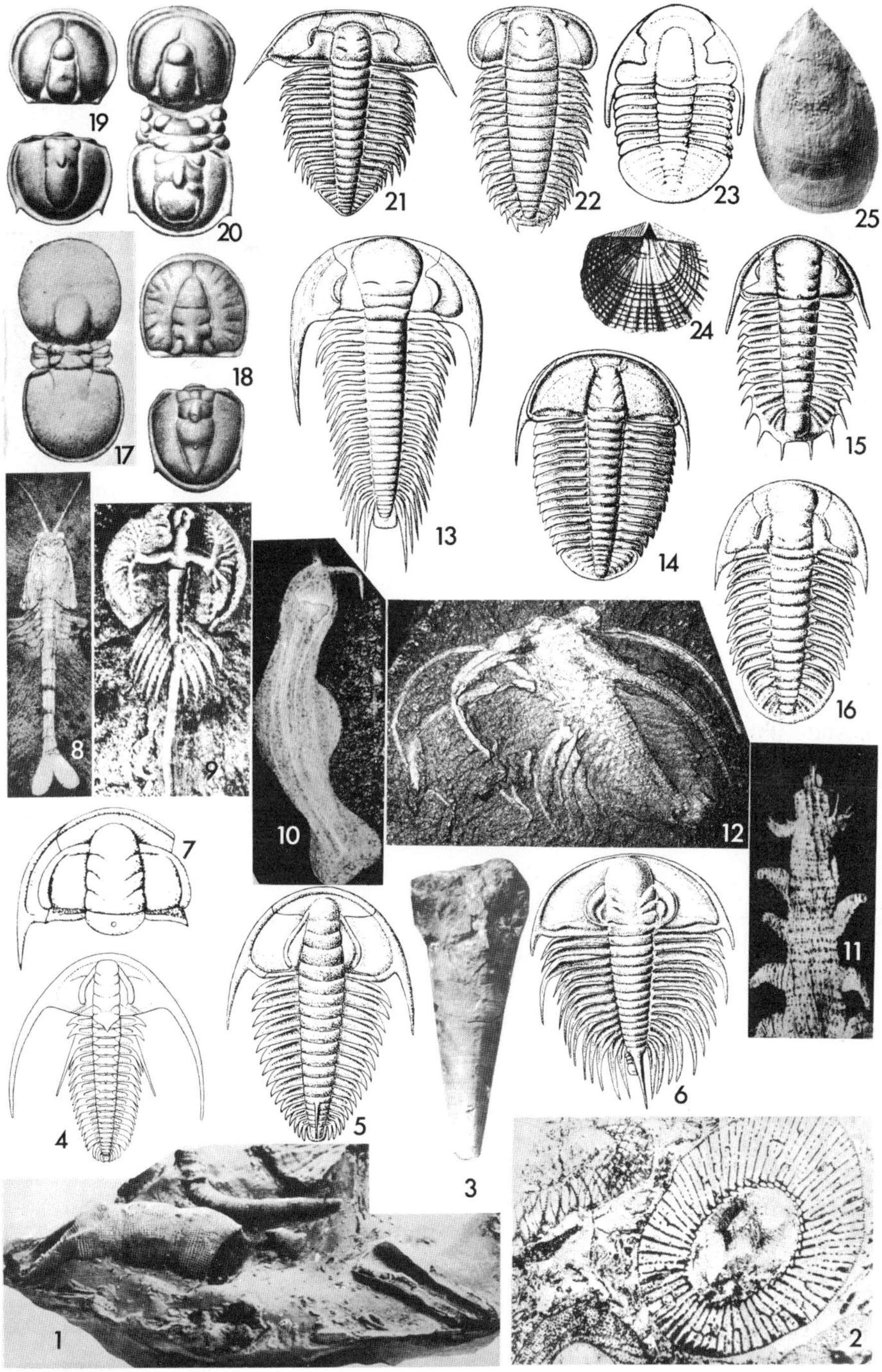
19
20
21
22
23
25
24
17
18
13
15
14
16
8
9
10
12
11
7
4
5
3
6
1
2

Die **Archaeocyathen** stellten eine bereits im Kambrium ausgestorbene, im wesentlichen sogar auf das Unter-Kambrium beschränkte Gruppe dar, die als eigener Stamm betrachtet wird. Die mit der Gehäuse-Spitze im Meeresboden verankerten Tiere konnten in unterkambrischen Karbonat-Gesteinen riffbildend werden; sie liefern für diese Fazies gute Leitfossilien.

Bei den **Poriferen** (Schwämme) erschienen die meisten höheren Taxa (Klassen bis Ordnungen) sowohl der kalk-nadeligen als auch der kiesel-nadeligen Schwämme; häufigere Gattungen sind *Chancelloria* und *Protospongia.* Der Archaeocyathen-Riffgemeinschaft gehörten, vorerst noch vereinzelt, auch die ältesten Stromatoporen an, für deren Zugehörigkeit zu den Poriferen nunmehr bessere Gründe vorliegen als zur bisherigen Zuordnung zu den Coelenteraten (Hydrozoa).

Coelenteraten. Von Vertretern der Anthozoa fehlen die Septen-Korallen (Rugosa) noch gänzlich, in den Auloporidae werden die ältesten Tabulata vermutet; beide Gruppen gewannen erst ab dem Ordovizium an Bedeutung. Die Quallen (Protomedusae und Scyphomedusae) entwickelten aus ihren bis ins jüngste Präkambrium hinabreichenden Anfängen bereits einen recht großen Formenreichtum, der in Gestalt von Abdrücken und von Ausgüssen des Körperhohlraumes überliefert ist. Die zu den Scyphozoen gestellten Conularien sind in manchen Gesteinsausbildungen häufig. Die genaue systematische Stellung der meisten Quallen-artigen Fossilien wie der Conularien bleibt allerdings problematisch.

Die **Anneliden** (und andere wurm-artige Organismen) haben ihre Lebensspuren: Kriechfährten und Wohnbauten, in Gestalt einfacher oder U-förmig gebogener Röhren (z. B. *Scolithos, Diplocraterion*) vor allem in den sandigen Gesteinen des Unter-Kambrium recht häufig hinterlassen („Spuren-Quarzite"). Als Körperfossilien sind sie dagegen nur aus dem Burgess-Schiefer bekanntgeworden (z. B. *Amiskwia*, „Wurm" unbekannter systematischer Stellung).

Tentaculaten. Bei den **Brachiopoden** überwogen die schloßlosen, chitino-phosphatischen Inarticulata; sie hatten im Kambrium den Höhepunkt ihrer Entfaltung. Am häufigsten waren Angehörige der Lingulida *(Obolus, Lingulella)*, Acrotretida *(Acrothele, Botsfordia)*, Paterinida *(Micromitra, Mickwitzia)* und Kutorginida *(Kutorgina).* Die schloßtragenden Kalkschaler standen noch in den Anfängen ihrer Entwicklung und beschränkten sich auf die bezüglich der Armgerüste sehr einfach gebauten Orthida *(Billingsella, Nisusia, Orusia)*, aber schon im Mittel-Kambrium spalteten von diesen die ältesten Pentamerida (Porambonitacea: *Cambrotrophia*) ab. Gesicherte kambrische **Bryozoen** sind bisher nicht bekanntgeworden.

Die **Arthropoden** waren bereits im frühen Kambrium differenziert in die Stammlinien der Trilobitomorpha (Trilobitoidea und Trilobita), Chelicerata und Mandibulata (= Branchiata und Tracheata). Die Trilobiten bildeten jedoch den wichtigsten Bestandteil der kambrischen Fauna.

Bereits im mittleren Unter-Kambrium setzten sie mit den voneinander völlig abweichenden Stammlinien der Agnostida und Redlichiida ein, zu denen bald die Corynexochida und Ptychopariida hinzutraten. Die kleinwüchsigen Agnostida haben zwei oder drei Rumpf-Segmente, etwa gleichgroße Kopf- und Schwanzschilde und sind meist blind. Im Unter-Kambrium waren sie vorwiegend durch die Eodiscina vertreten *(Serrodiscus)*; sie lebten bis in das Mittel-Kambrium fort *(Eodiscus)*, wo sie mit den auch im Ober-Kambrium häufigen Agnostina zusammen vorkamen. Sie stellen ausgezeichnete Leitfossilien von weiter regionaler Bedeutung, bilden aber möglicherweise keine einheitliche Gruppe.

Die Redlichiida enthalten meist großwüchsige Arten mit großen Augen, zahlreichen Rumpf-Segmenten und entsprechend kleinen Pygidien. *Olenellus* kennzeichnet das N-amerikanische Unter-Kambrium; im S-asiatischen und australischen Unter-Kambrium fehlt diese Gattung wie die gesamte Unter-Ordnung der Olenellina. Statt dessen ist dort mit *Redlichia* die bezeichnende Gattung der Redlichiina verbreitet. Vertreter dieser Unter-Ordnung setzten bereits im frühen Unter-Kambrium ein; zu ihr gehören die das höchste Unter- und tieferes Mittel-Kambrium kennzeichnenden Ellipsocephalidae und Protolenidae sowie mit *Paradoxides* die Leitgattung des acado-baltischen Mittel-Kambrium.

Die gleichfalls im Unter-Kambrium einsetzenden Ptychopariida waren vom Mittel-Kambrium an wichtig. Mittel-kambrische Leitgattungen aus dieser Gruppe sind *Jincella, Solenopleura* und *Solenopleuropsis*; aus ihnen entwickelten sich blinde Trilobiten wie *Conocoryphe.* Zu den Ptychopariida gehören auch wichtige ober-kambrische Leitgattungen, z. B. die Oleniden des acadobaltischen Bereichs *(Olenus, Parabolina)*, während die übrigen Faunen-Provinzen durch andere Gruppen gekennzeichnet sind (*Saukia, Dikelocephalus* z. B. der pazifischen Provinz).

Neben den Trilobita spielten die eigenartigen und vielgestaltigen Trilobitoidea eine gewisse Rolle. Besonders im mittel-kambrischen Burgess-Schiefer sind sie überliefert, vielfach mit Erhaltung der Extremitäten und innerer Organe *(Marrella, Sidneya, Waptia).* Sie ähneln in ihrem Bau teils den Trilobiten, teils aber auch den Cheliceraten und Crustaceen. Mit den Trilobiten verbindet sie der Besitz der zwei-ästigen Extremität, die am Kopf nicht zu eigentlichen Mundgliedmaßen umgestaltet ist.

Ob für die Herausbildung der großen Formenvielfalt der Trilobitomorphen ab dem älteren Kambrium ein längerer, präkambrischer Entwicklungs-Abschnitt angenommen werden muß oder ob die Entwicklung sich verhältnismäßig rasch um die Wende Präkambrium/Kambrium vollzog, ist eine vielerörterte, jedoch noch ganz offene Frage.

Große phylogenetische Bedeutung kommt dem Auftreten der morphologisch zwischen den Anneliden und Arthropoden vermittelnden **Onychophoren** zu, mit der einzigen Gattung *Aysheaia* (ebenfalls Mittel-Kambrium, Burgess-Schiefer), die dem rezenten *Peripatus* überraschend ähnlich ist.

Neben all diesen Arten lebten bereits die ersten echten Cheliceraten *(Aglaspis)* und bei den Crustaceen die den Ostracoden zugeordneten Archaeocopida *(Bradoria, Hesslandona, Falites)*, deren Schalen überwiegend phosphato-chitinig und noch wenig verkalkt waren. Die ersten Malacostraca sind durch die Phyllocariden *(Hymenocaris)*, wiederum aus dem Burgess-Schiefer, vertreten.

Die **Mollusken**[7] spielten im Gesamtbild der kambrischen Faunen eine bereits recht bedeutende Rolle. Die ältesten Amphineura (Palaeoloricata: *Preacanthochiton*) kennt man aus dem Ober-Kambrium. Die mützenförmigen Gehäuse der Monoplacophora traten mit allen ihren Ordnungen schon reich differenziert auf; zwei von ihnen erloschen noch im Kambrium (Cambridioidea: *Cambridium*; Stenothecoidea: *Stenothecoides*). Vertreter der Archinacelloidea reichten bis in das Silurium *(Hypseloconus)*, die Tryblidioidea

[7] Die Systematik der älteren Mollusca ist derzeit wieder ganz in Fluß geraten; dies betrifft besonders die Monoplacophora, die „bellerophontiden Mollusken“ und Taxa der „Muscheln“ im weiteren Sinne (vgl. unter „Organ. Inhalt“, sowie besonders Runnegar & Pojeta 1974). So sind wahrscheinlich die Helcionellidae und die Pelagiellidae wie alle Bellerophontiden Monoplacophora.

(Scenella) enthalten mit der rezenten *Neopilina* ein berühmtes „lebendes Fossil". Die Gastropoda (Archaeogastropoda) setzten mit den napfförmigen Gehäusen der Helcionellidae *(Helcionella)* und Coreospiridae sowie den Pelagiellidae (Gastropoda inc. sed.) bereits im Unter-Kambrium ein, ihnen folgten im Ober-Kambrium die planispiral eingerollten Bellerophontina[7] *(Cloudia)*, die Macluritina *(Matherella)* und die conispiral gebauten Pleurotomariina *(Sinuopea, Taeniospira)*. Bivalvia sind dagegen noch äußerst selten und nur aus dem Unter-Kambrium bekannt. Vereinzelt wird die Zugehörigkeit dieser nur wenige mm großen Formen zu den Muscheln bestritten. Die Gattung *Fordilla* (ursprünglich als konchostraker Arthropode beschrieben) ist von allen Nordkontinenten bekannt, *Pojetaia runnegari* (1,2 mm) aus dem Unter-Kambrium Australiens gilt als älteste Muschel (Palaeotaxodonta). Die mittel-kambrische *Lamellodonta*, früher als Muschel gedeutet, ist ein inartikulater Brachiopode. Die im U.- bis M.-Kabrium auftretende *Volborthella* galt lange Zeit als Stammform der Cephalopoda; nach neueren Untersuchungen gehört sie mit *Salterella* (Taf. 4, Fig. 8) zu einer Gruppe unbekannter Stellung oder zu den Hyolithen. Sichere zu den Nautiloideen gehörende Cephalopoden treten in den etwas großwüchsigeren, meist schwach cyrtokonen, gekammerten und mit randlichem Sipho versehenen Gehäusen der Ellesmerocerida *(Plectronoceras)* im Ober-Kambrium auf, sie entfalteten sich rasch und wurden ab Ordovizium zu einem bezeichnenden und stratigraphisch wichtigen Bestandteil der Faunen.

Die kalkschaligen **Hyolithen** waren vom ältesten Kambrium *(Hyolithes)*, vielleicht sogar schon von Präkambrium *(Anabarites)* an vertreten. Sie waren als Calyptoptomatida den Mollusken angeschlossen worden, sind aber wahrscheinlich als eigener kleiner, eventuell den Anneliden ähnlicher Stamm aufzufassen. Neben den eigentlichen Hyolithen kamen ähnlich gestaltete Organismen vor (z. B. die Familien der Camerothecidae, Globorilidae und Cornulitidae, aber auch die Hyolithelminthes (*Hyolithellus, Torellella, Mobergella*), die möglicherweise enger mit ihnen verwandt sind, sie blieben fast ganz auf das Kambrium beschränkt (S. 61).

Die kambrischen **Echinodermen** lebten überwiegend sessil („Pelmatozoa"), entweder zeitweilig oder gänzlich mit einem kurzen Stiel auf dem Meeresboden verankert wie die Eocrinoidea, fest aufgewachsen wie die Edrioasteroidea oder wohl freilebend wie die meisten Homalozoa (= Carpoidea). Die später streng eingehaltene fünfstrahlige Symmetrie war erst unvollkommen entwickelt, die Homalozoa sind sogar unregelmäßig bilateral-symmetrisch. Das Vorkommen der freibeweglichen Holothuroidea im Burgess-Schiefer von Kanada ist unsicher.

Eine besondere Bedeutung kommt der stylophoren Echinodermen-Gattung *Ceratocystis* aus dem Mittel-Kambrium Böhmens zu. Sie ist die älteste Gattung der im Ordovizium aufblühenden, bis ins Devon reichenden Klasse der Stylophora. Nach GISLÉN (1930) haben die Stylophoren enge Beziehungen u. a. zu den Enteropneusten; JEFFERIES (1967) stellt sie zu den Chordaten, und zwar als Unterstamm **Calcichordata,** der zu den Echinodermen und Enteropneusten vermittelt (s. Schriften, JEFFERIES 1968).

Graptolithen finden sich als Seltenheit ab dem mittleren Kambrium. Sie gehören der zu Beginn des Ordovizium aufblühenden Stammgruppe der Dendroidea sowie den Dithecoidea an.

Die **Conodonten** sind aus Apatit bestehende, zahn-, platten-, oder sägeblatt-förmige Mikrofossilien. Sie bildeten vermutlich das Stützgerüst im Filter-Apparat eines noch unbekannten Organismus, dessen systematische Stellung noch unbekannt ist. Es ist vor allem an Anneliden-artige Tiere oder Chordaten, aber auch Lophophoren-tragende Gruppen (Tentaculata) gedacht worden. Auch ein jüngst gemachter Fund eines Abdruckes eines knapp 40 mm langen wurmförmigen Weichkörpers mit einem Conodonten-Apparat nahe einem Körperende ergab keine eindeutige Klärung. Am wahrscheinlichsten ist eine Stellung als eigener, den Chordaten nahestehender Stamm Conodontophorida. Mannigfaltigkeit und Häufigkeit machten die Einzelelemente von Ordovizium bis in die Trias als Leitfossilien höchst wertvoll. Die ältesten Funde[8] stammen aus dem Unter-Kambrium, doch werden sie erst ab dem Ober-Kambrium häufiger *(Oneotus, Furnishina, Westergaardodina).*

Flora. Die Pflanzenwelt hat sich im Gegensatz zur Tierwelt seit dem Jung-Präkambrium ersichtlich nicht wesentlich weiterentwickelt. Der nicht skelettgebundene Thallus stellt im aquatischen Bereich bereits eine optimale Lebensform dar. Das Kambrium gehörte wie das Präkambrium noch ganz dem Algen-Zeitalter an. Kalkabscheidende Algen verschiedener Gruppen spielten als Gesteinsbildner örtlich bereits eine wichtige Rolle. Die mit den Cyanobacteria und anderen Monera in Zusammenhang gebrachten Stromatolithen waren gegenüber dem Präkambrium schon im Rückgang. Schon aus dem Präkambrium bekannte kutinisierte „Sporen" (im wesentlichen wohl auf die in ihrer Stellung umstrittenen und heterogenen Acritarchen bzw. Hystrichosphaeriden zurückzuführen?) wurden seit dem Kambrium häufiger; sie bildeten anscheinend die Hauptmenge des überlieferbaren Planktons kambrischer und allgemein alt-paläozoischer Meere.

Allgemeine Züge

Paläogeographie (Kontinent/Platten-Drift), Paläopol-Lagen und **Klimazonen** (Abb. 17). Paläomagnetische Messungen an kambrischen Gesteinen lassen vermuten, daß die Kontinente (abgesehen von ihrem Umriß in Einzelheiten) völlig andere Lagen zueinander hatten als heute. Einer „Süderde" (= Gondwana) stand, durch weite Ozeanräume getrennt, eine „Norderde" (= Laurasia) gegenüber; beide Gruppierungen bestanden aus teils zusammenhängenden, teils weiter voneinander getrennten Kontinent-Kernen. Der kambrische Südpol wird am Nordwestrand Afrikas vermutet, der Nordpol im Pazifik, nahe dem Nordostrand von E-Asien. Der kambrische Äquator querte Antarktika, die von Europa und E-Asien noch getrennte Sibirische Plattform, die N-amerikanische arktische Inselwelt und zog entlang dem Westrand von N-Amerika zum (heutigen) E-Pazifik (Abb. 17).

Die hieraus zu folgernde Lage der Klimagürtel wird gestützt durch das Vorkommen von Archaeocyathen-Riffen und Evaporiten, die erstmals mit dem Kambrium in der Erdgeschichte verbreitet erschienen und in (heutigen) z. T. hohen Breiten vorkommen. Ausgedehnte rote Sandsteine, Gips- und Steinsalzlager sind am Südrand der Sibirischen Plattform und aus NW-Kanada, aber auch aus N-Indien, der Salt Range, dem Iran, sowie aus Australien und Antarktika bekannt.

Paläobiogeographie. Die räumliche Sonderung der Organismenwelt ist wohl so alt wie das Leben auf der Erde selbst. Bereits die erste dichtere Besiedlung im Unter-Kambrium offenbart regionale Unterschiede, die vor allem in der Verbreitung der Trilobiten deutlich werden.

Man kann, besonders markant im Unter-Kambrium, zwei große Faunen-Bereiche unterscheiden: Eine Olenelliden-Provinz (N-Amerika, S-Amerika, NW-Europa)

---

[8] Einschließlich der Paraconodonten.

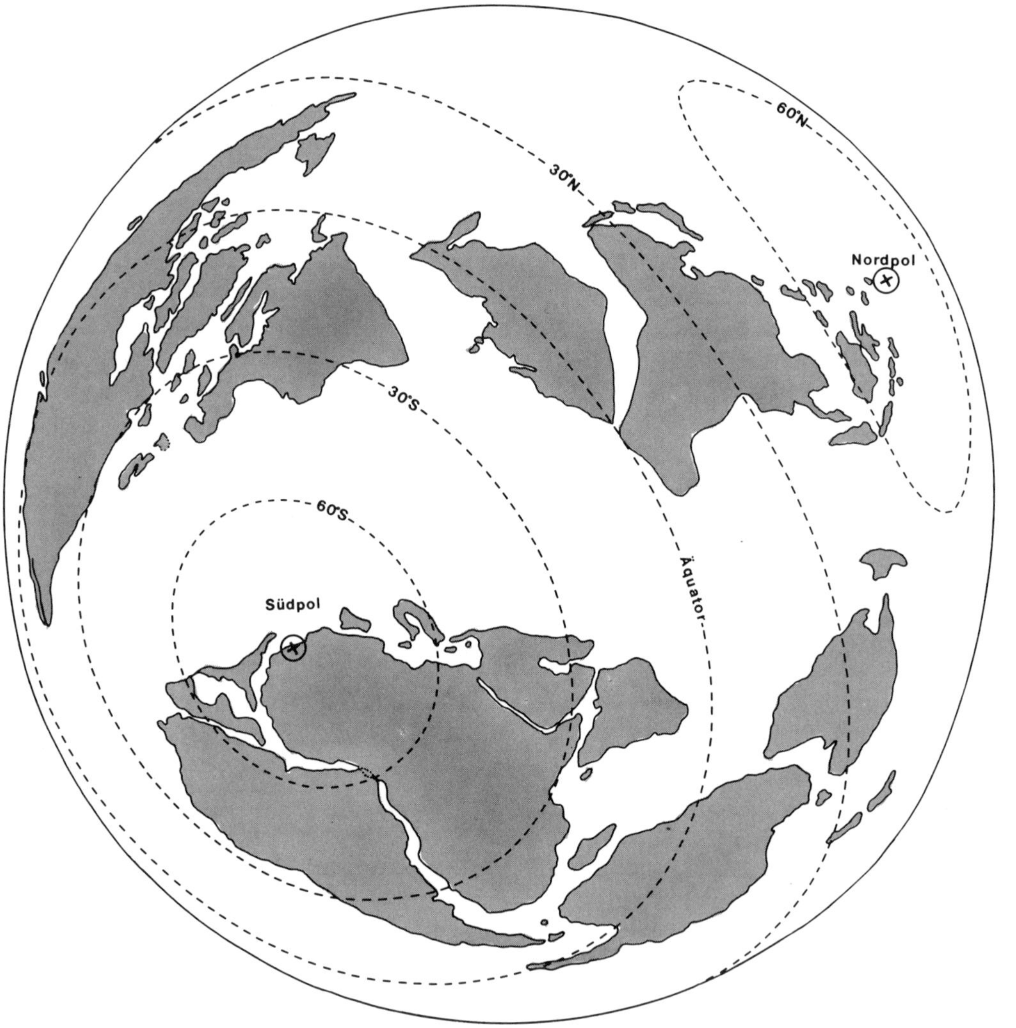

Abb. 17 Vermutete Lage der Kontinente und Pole im Kambrium. – Rekonstruktion aufgrund paläomagnetischer Daten. Pol-Lagen für die Kontinente insgesamt ermittelt nach den durchschnittlichen Pol-Lagen für die Einzel-Kontinente. (Nach SEYFERT & SIRKIN 1973, mit frdl. Genehmigung durch Harper & Row, Publ., Inc., New York, USA.)

und eine Redlichiiden-Provinz (China, SE-Asien, Australien und Antarktika). Im W' Mediterran-Gebiet (Spanien, Marokko) und in Zentral-Asien (Sibirische Tafel) durchdringen sich beide Faunen-Bereiche. Eine andere Einteilung, stärker auf Gattungen abgestellt, gelangt zu vier Provinzen: Die atlantische (= acadobaltische, Europa [außer N-Schottland], N-Afrika und das östlichste, „acadische" N-Amerika umfassend, durch *Holmia, Callavia, Paradoxides* und *Olenus* gekennzeichnet), die pazifische (= „N-amerikanische", den größten Teil N-Amerikas, die Arktis und N-Schottland umfassend, durch *Olenellus, Bonnia, Dikelocephalus, Crepicephalus, Saukia* u. a. gekennzeichnet), die sibirische (die Sibirische Plattform und angrenzende Geosynklinal-

Regionen umfassend) und die orientalische Faunen-Provinz (= südasiatisch-australische Provinz, durch *Redlichia* gekennzeichnet).

Im acadobaltischen Mittel-Kambrium bestehen große Unterschiede zwischen N-Europa („nordische" Sub-Provinz, mit vielen Solenopleuriden und Agnostiden) und dem Mittelmeer-Gebiet („mediterrane" Sub-Provinz, mit vorherrschenden Solenopleuropsiden), so daß selbst innerhalb von Provinzen Schwierigkeiten der Parallelisierung vorhanden sein können.

Die Unterschiede zwischen den Provinzen sind teilweise so schroff, daß interkontinentale Parallelisierungen nur in groben Zügen möglich sind, so zwischen der pazifischen und der acadobaltischen Provinz. Andererseits waren die Grenzen der Provinzen nicht immer scharf; es gab Einwanderer von der einen in die andere Provinz. So erwies *Redlichia* als Einwanderer aus der orientalischen in die mediterrane Sub-Provinz die Tethys als Wanderweg bereits im Kambrium.

Die Ursachen für diese räumliche Sonderung sind umstritten. Ursprüngliche Unterschiede in der Besiedlung der Lebensräume und deren Trennung durch Schwellen (z. B. einer vermuteten „Neubraunschweig-Schwelle" innerhalb der Appalachen-Geosynkline als trennendem Element zwischen der pazifischen und der atlantischen Provinz) sind angenommen worden. Die Bindung an Fazies-Gürtel erscheint möglich; so bleibt die „pazifische" Trilobiten-Fauna dem inneren Gürtel flacheren Wassers und karbonatischer Sedimentation des N-amerikanischen Kratons verbunden, wogegen die „atlantische" Fauna an den äußeren Gürtel tieferen Wassers mit sandig-toniger Sedimentation geknüpft erscheint. Paläogeographische Rekonstruktionen aufgrund der Plattentektonik bieten neuerdings Erklärungsmöglichkeiten besonders für N-Amerika/NW-Europa, wo das Vorkommen von „pazifischem" Kambrium in N-Schottland, einem fremdartigen Element (vgl. S. 86 für das Ordovizium) im sonst „atlantischen" (acadobaltischen) Europa, stets rätselhaft erschienen war. Auch Klima-Unterschiede dürften eine Rolle gespielt haben, sind jedoch wegen der seit dem Kambrium erfolgten Lage-Veränderungen der Ablagerungs-Räume erst ganz unzureichend rekonstruierbar.

Krustenbewegungen (Epirogenese/Tektogenese) und **Magmatismus** (Abb. 16): Zwischen dem Präkambrium und dem Kambrium besteht eine verbreitete, oft durch Diskordanzen betonte Schichtlücke. Das Kambrium lagert daher vielerorts transgressiv auf wesentlich älteren Schichten. In anscheinend lückenlosem, konkordantem Verband, dazu in verhältnismäßig fossilreicher Ausbildung, folgt das tiefste Kambrium dem jüngsten Präkambrium dagegen in weiten Teilen der Sibirischen Plattform, im W' Mittelmeergebiet, in N-Amerika und in Teilen Australiens. In Europa kennt man die ältesten marinen Faunen aus dem W' Mediterran-Gebiet, besonders aus Marokko und Spanien. Weite Teile Mittel- und N-Europas wurden erst im höheren Unter-Kambrium überflutet. Ähnlich war es auf den anderen Erdteilen; von den Geosynklinen aus nahm das Meer immer weitere Flächen in Besitz.

Faltungsbewegungen waren wirksam unmittelbar vor dem Beginn und am Ende des Kambrium; die vielgenannten „sardischen" Bewegungen sind zeitlich nicht genauer als „Ober-Kambrium bis Unter-Ordovizium" einzustufen. Auch innerhalb des Kambrium kam es zu Faltungsbewegungen, die besonders in den zentral-asiatischen Geosynklinal-Gebieten zu Diskordanzen und selbst zu dauerhafter Konsolidierung (Baikaliden) führten, in N-Europa und dem „acadischen" N-Amerika sich dagegen nur in Sedimentations-Unterbrechungen äußerten.

Zur Förderung bedeutender Mengen von vulkanischen Gesteinen kam es in den zentral-asiatischen Geosynklinen und der australischen Tasman-Geosynkline; verbreitet sind

Plateau-Basalte vermutlich unter-kambrischen Alters in Australien. Die mitteleuropäisch-mediterrane (tethysische) Geosynkline enthält im Oberen Kambrium verbreitet vulkanische Gesteine.

Tremadocium		
		Sandomirische Phase
Ober-Kambrium	Transgression (Kanadischer Schild, Arktis, Australien)	
		„Sardische Phase“ (bis Unt. Ord. einschl.?)
	Regression (Mittel-Europa, S-Europa, Zentral-Asien, Australien)	
		Jung-salairische Phase
Mittel-Kambrium	Höhepunkt der kambrischen Meeresausbreitung	
	Transgression (N-Europa, Böhmische Masse)	
		Alt-salairische Phase
Unter-Kambrium	Regression (N-Europa, Grönland)	
	Transgression (Marokko, N- und NW-Europa, Grönland, Appalachen, Felsengebirge, Sibirien, E-Asien, Australien)	
		Assyntische (baikalische) Phase
Präkambrium	Transgression („Eokambrium“) (N-amerikanischer Großkraton)	

Rückblick. Im Lauf des Kambrium erfuhr zwar die Paläogeographie durch die seit Beginn des Zeitabschnitts vorschreitenden Transgressionen beträchtliche Veränderungen, die Lage der großen Geosynklinen blieb dagegen dieselbe. Mit den Transgressionen breitete sich eine Fauna aus, die sich seit dem Präkambrium zu beträchtlicher Formenfülle und Häufigkeit entwickelt hatte. Im Kambrium waren alle Hauptstämme des Tierreiches mit Ausnahme der Wirbeltiere vertreten. Bei den Pflanzen waren im Gegensatz zu den Tieren kaum Fortschritte gegenüber dem Präkambrium erkennbar. Die sich in das Ordovizium fortsetzende Sonderung der Faunen in Provinzen ist ein bemerkenswerter Zug des Kambrium. Sie macht eine erdweite Parallelisierung der Formationen zu einer schwierigen Aufgabe, insbesondere bestehen noch große Unklarheiten hinsichtlich der Parallelisierung der „pazifischen“ mit „acadobaltischen“ Faunenfolgen.

In weiten Regionen beginnt das Kambrium mit klastischen Sedimenten und erinnert dann an die gröberen Trümmermassen des Präkambrium. Andernorts setzt sich jedoch karbonatisches Präkambrium in ebenso ausgebildetes älteres Kambrium fort. In dieser räumlichen Verteilung dürfte sich die Lage der Klima-Gürtel widerspiegeln; mindestens das tiefere Unter-Kambrium in N-Afrika und Teilen von Europa mit seinen karbonatischen Abfolgen paßt jedoch nicht in das Bild der paläomagnetisch abgeleiteten Lage des Südpols (Abb. 17). Die Faltungsbewegungen führten anscheinend nur in Zentral-Asien zu einer Konsolidierung der betroffenen Räume, meist setzten sich die im Kambrium eingeleiteten Verhältnisse ganz allgemein im Ordovizium und Silurium fort; erst an dessen Ende kommt es zu tiefgreifenden Umgestaltungen. In tektonischer sowie in sedimentologischer und faunistisch-floristischer Hinsicht erscheint eine Zusammenfassung des Kambrium mit den beiden folgenden Systemen, teils ohne, teils mit Einbeziehung des Devon, zu einem Alt-Paläozoikum gerechtfertigt.

Ergänzende Schriften

BERGSTRÖM, J. (1980): Middle and Upper Cambrian biostratigraphy and sedimentation in south central Jämtland, Sweden. - Geol. Fören. Stockholm Förh., *102* (4): 373-376; Stockholm.

BERGSTRÖM, J. & AHLBERG, P. (1981): Uppermost Lower Cambrian biostratigraphy in Scania, Sweden. - Geol. Fören. Stockholm Förh., *103* (2): 193-214; Stockholm.

CLOUD, P. (1973): Possible stratotype sequences for the basal Paleozoic in North America. - Amer. J. Sci., *273*: 193-206; New Haven.

COWIE, J. W. (1971): Lower Cambrian faunal provinces. In: MIDDLEMISS, F. A., RAWSON, P. F. & NEWALL, G. [Ed.]: Faunal provinces in space and time. - Geol. J., spec. Issue, *4*: 31-46; Liverpool.

COWIE, J. W. & CRIBB, S. J. (1978): The Cambrian System. In: COHEE et al.: Contribution to the Geological Time Scale Symposium. - Amer. Assoc. Petroleum Geol., Studies in Geology, *6*: 388 S.; Tulsa, Oklahoma (S. 355-362).

COWIE, J. W., RUSHTON, A. W. A. & STUBBLEFIELD, C. J. (1972): Cambrian. A correlation of Cambrian rocks in the British Isles. - Geol. Soc. London, spec. Rep., *2*; London.

HOLLAND, C. H. [Ed.] (1971) (1974): Cambrian of the New World (1971: 456 S.): Cambrian of the British Isles, Norden and Spitzbergen (1974: 300 S.). In: Lower Paleozoic Rocks of the World. - *1* und *2*; London, New York (J. Wiley & Sons).

HUPE, P. (1953): Contribution à l'étude du Cambrien inférieur et du Précambrien III de L'Anti-Atlas marocain. - Notes Mém. Serv. géol. Maroc, *103*: 402 S.; Bagnolet/Seine.

JEFFERIES, R. P. S. (1968): The subphylum Calcichordata (J. 1967). Primitive fossil chordates with echinoderm affinities. - Bull. brit. Mus. Geol., *16*: 245-339; London.

KUKAL, Z. (1971): Sedimentology of Cambrian deposits of the Barrandian area (Central Bohemia). - Sb. geol. Vêd., *20*; Prag.

LINDSTRÖM, M. & ZIEGLER, W. (1975): Fortschrittsbericht Conodonten. - Paläont. Z., *49*: 565-598; Stuttgart.

LOTZE, F. & SDZUY, K. (1961): Das Kambrium Spaniens. Teil I. Stratigraphie (LOTZE, F.). - Abh. Akad. Wiss. Lit. Mainz, math.-naturw. Kl., Jg. 1961, *6*: 216 S.; Wiesbaden.

MATTHEWS, S. C. & MISSARZHEVSKY, V. V. (1975): Small shelly fossils of late Precambrian and early Cambrian age: a review of recent work. - J. geol. Soc. London, *131*: 289-304; London.

PALMER, A. R. (1973): Cambrian Trilobites. In: A. HALLAM [Ed.]: Atlas of Palaeobiography. - 3-11; Amsterdam (Elsevier).

POJETA, J., RUNNEGAR, B. & KŘIŽ, J. (1973): *Fordilla troyensis* BARRANDE: The oldest known Pelecypod. - Science, *180*: 866-868; Washington.

RODGERS, J. [Ed.] (1956): El Sistema Cámbrico, su paleogeografía y el problema de su base. - 20. Int. geol. Congr., México, 2 Bde., 435 u. 762 S.; Mexico.

ROZANOV, A. Y. (1967): The Cambrian lower boundary problem. - Geol. Mag., *104*; London.

RUNNEGAR, B. & POJETA, J. (1974): Molluscan phylogeny: The paleontological viewpoint. - Science, *186*: 311-317; Washington.

SCHINDEWOLF, O. H. & SEILACHER, A. (1955): Beiträge zur Kenntnis des Kambriums in der Salt Range (Pakistan). - Abh. Akad. Wiss. Lit. Mainz, Jg. 1955, *10*: 190 S.; Mainz.

SDZUY, K. (1969): Unter- und mittelkambrische Porifera (Chancelloriida und Hexactinellida). - Paläont. Z., *43*: 115-147; Stuttgart.

SDZUY, K. (1972): Das Kambrium der acadobaltischen Faunenprovinz. Gegenwärtiger Kenntnisstand und Probleme. - Zbl. Geol. Paläont. [Teil II], Jg. *1972* (1/2): 1-91; Stuttgart.

THEOKRITOFF, G. (1979): Early Cambrian provincialism and biogeographic boundaries in the North Atlantic region. - Lethaia, *12*: 281-295; Oslo.

WHITTINGTON, H. B. (1971): The Burgess Shale: History of research and preservation of fossils. - Proc. N. Amer. Paleont. Conv., 1961, *I*: 1170-1201;

WOLFART, R. & KÜRSTEN, M. (1974): Stratigraphie und Paläogeographie des Kambriums im mittleren Süd-Asien (Iran bis Nord-Indien). - Geol. Jb., B *8*: 185-234; Hannover.

ZHURALEVA, J. T. (1970): Marine faunas and Lower Cambrian stratigraphy. - Amer. J. Sci., *269*: 417-445; New Haven.

III. Ordovizium

Vorbemerkungen

Umgrenzung und **Gliederung.** Die Auseinandersetzungen zwischen SEDGWICK und MURCHISON über die Abgrenzung des Kambrium gegen das Silurium (S. 52) wurden 1879 durch CH. LAPWORTH beendet, indem er das bisherige Unter-Silurium zum Range eines neuen Systems, des Ordovizium, erhob. Es wird eingeteilt in:

	438 Millionen Jahre
Ashgillium (Ashgill)	
Caradocium (Caradoc)	
Llandeilium (Llandeilo)	
Llanvirnium (Llanvirn)	
Arenigium (Arenig)	
Tremadocium (Tremadoc)	
	505 Millionen Jahre

Seine Liegendgrenze ist vielerorts durch eine kurzdauernde Regression gekennzeichnet, nach der sich die Entfaltung vieler, teilweise schon im Kambrium vorhandener Tier-Gruppen, wie der Kieselschwämme, Stromatoporen, rugosen und tabulaten Korallen, Muscheln, kalkschaligen Brachiopoden, Nautiloiden, Graptolithen, Crinoiden, Ostracoden und Conodonten, um so deutlicher abhebt. Eine ähnliche Schichtlücke trennt vielfach auch das Ordovizium vom Silurium. Die Grenze wird von einer Reihe bezeichnender Gruppen, wie den Endoceraten unter den Nautiloideen, den Asaphiden unter den Trilobiten, den mehrästigen und mehrzeiligen Graptoloideen, nicht oder nicht wesentlich überschritten. Die Zonierung des Ordovizium beruht auf den Graptolithen, stützt sich aber daneben wesentlich auf Trilobiten, Conodonten und Brachiopoden.

Verbreitung. Kambrium und Ordovizium stehen, wie schon die Geschichte ihrer Begründung zeigt, in engem Zusammenhang. Fast überall folgen sie konkordant aufeinander; die räumliche Lage der großen Geosynklinen blieb i. w. unverändert. Daher haben die beiden Systeme im ganzen die gleiche Verbreitung.

Die klassischen Regionen sind die Britischen Inseln (Wales, Schottland; neue Zusammenfassung: A. WILLIAMS et al.: Ordovician, 1972) und die Ostsee-Länder (Oslo, S-Schweden, Estland), Böhmen (seit J. BARRANDE), sowie die Umrandung des N-amerikanischen Kratons. Für die Erkennung einer jung-ordovizischen Vereisung sind N-Afrika (Anti-Atlas/Hoggar) und S-Afrika (Kap-Gebiet) neuerdings bedeutsam geworden.

Hauptgebiete (Übersicht 4; Abb. 18–19)

Norwegisches Hochgebirge und **Britische Inseln.** Während das Kambrium im Hochgebirgs-Trog und auf der Baltischen Tafel, von der verschiedenen Mächtigkeit abgesehen, die gleiche schiefertonige Ausbildung aufwies, stellten sich im Ordovizium bezeichnende Unterschiede ein. Die Geosynklinal-Sedimente waren den epikontinentalen gegenüber einförmiger, reicher an klastischen Bestandteilen und ärmer an Kalk. Dazu traten in wachsendem Maße eruptive Einschaltungen. Im älteren Ordovizium schalteten sich „grüne Gesteine“, submarine andesitische bis basaltische Laven und Tuffe, in die

Sedimente ein. Später wurde die basische Förderung durch saure Ergüsse und Tiefengesteins-Intrusionen abgelöst. Dieser Wechsel im Magmatismus hing mit dem Beginn der kaledonischen Gebirgsbildung zusammen, deren erste Phase ins ältere Ordovizium fiel. In der unruhigen und stark gegliederten Geosynkline setzten sich fortan, unterbrochen durch weitere Vorläufer-Faltungen, vorwiegend sandige bis konglomeratische, flyschartige Gesteine ab.

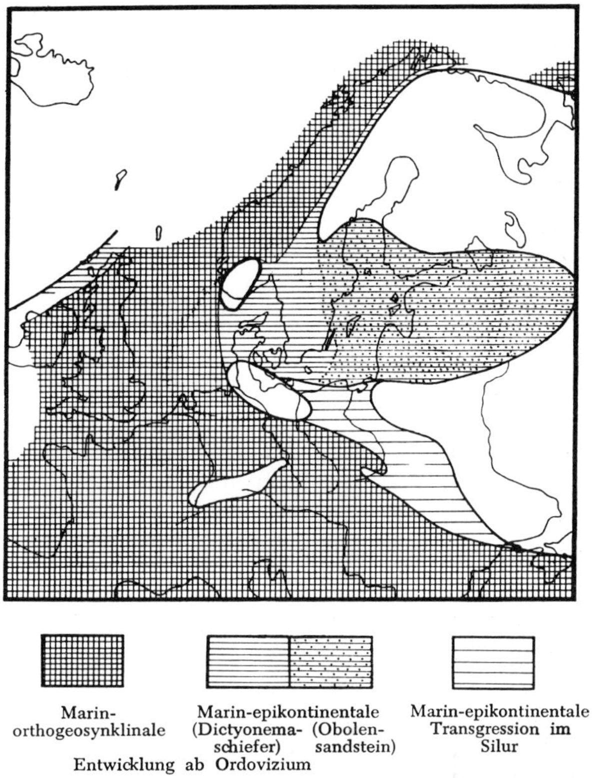

Abb. 18 Stark schematisierte und zeitlich geraffte Paläogeographie des Ordovizium und Silurium in Nord- und Mittel-Europa.

Auf den **Britischen Inseln** liegt der Inhalt der Kaledonischen Geosynkline, von der in Skandinavien nur die E-Hälfte sichtbar ist, beinahe in seiner ganzen Breite offen. Nicht allzu weit von ihrem Nordwest-Ufer lagerte sich die mächtige, kalkig-gröberklastische Folge von Girvan (S-Schottland) ab, die manche Ähnlichkeit mit der des Trondheim-Gebietes aufweist. In der Mitte des Beckens (Southern Uplands, Lake District, NW-Wales) dünnen die Schichten in geringmächtige Graptolithen-Schiefer aus, um gegen das andere Ufer im E' Wales erneut anzuschwellen und gröberkörnig zu werden. Wie in Norwegen erreichte die vulkanische Tätigkeit ihren Höhepunkt im Arenig bis Llandeilo. Untermeerische basische Ergüsse mit dem bezeichnenden Kissengefüge (Pillow-Laven) sind verbreitet. Erste orogene Bewegungen machten sich vorzugsweise nahe dem NW' Geosynklinalrand geltend. Das Profil von Girvan enthält mehrere Diskordanzen. Vor rund 470 Millionen Jahren, also im tieferen Ordovizium, erfolgte die Metamorphose und letzte Faltung des Dalradian in N-Schottland. Es scheint, daß auch das Moinian davon erfaßt wurde (S. 32).

Ostsee-Länder. Die mit dem Ordovizium in der Kaledonischen Geosynkline einsetzende tektonische und magmatische Unruhe teilte sich auch dem Vorlande mit. Die Grundgebirgs-Platte des Baltischen Schildes geriet in lebhaftere epirogene Wellungen, die sich in einem reicheren Fazieswechsel als zu kambrischer Zeit widerspiegeln. Einzelne der Geosynkline entstammende Aschenwürfe wurden bis über das Ostsee-Gebiet verweht und als Lagen von Bentonit eingebettet. Das Ordovizium begann mit einer Transgression. Im E wurden die Baltischen Länder von neuem überflutet, hier ruht das ältere Tremadoc in der Fazies des Obolen-Sandsteins dem Unter-Kambrium auf. Im W, in Dalarne und Jämtland, versank der Grundgebirgs-Rücken, der die Kaledonische Geosynkline bislang von dem baltischen Flachmeer getrennt hatte; doch blieb das Profil lückenhaft.

Die Gesteins-Ausbildung schwankt im Ordovizium hauptsächlich zwischen Brachiopoden-Trilobiten-Kalken („Schalen-Fazies") und Graptolithen-Schiefern. Die Wassertiefe, die Gesamtmächtigkeit und der Anteil der Schiefertone nahmen im ganzen von E nach W zu. Die etwa 150 m Ordovizium Estlands sind beinahe rein kalkig, das 350 m messende Profil von Oslo ist etwa zur Hälfte schiefertonig. Das E-Baltikum war fast ständig von seichtem Wasser bedeckt. Schichtlücken, submarine Anlösungs- und Aufarbeitungs-Horizonte sind häufig. In der Kukkers-Stufe kam es vorübergehend zur Bildung eines abgeschlossenen Beckens, in dem sich der Kukkersit, ein fossilreicher Bitumenmergel, absetzte. In S-Schweden und S-Norwegen ist die Schichtfolge vollständiger. Västergötland mit seiner vorwiegend kalkigen Entwicklung lag auf einer untermeerischen Schwelle. In Schonen und bei Oslo herrschen dunkle Graptolithen-Schiefer vor.

Mittel-Europa. Wie schon zu kambrischer Zeit schloß sich an den norwegisch-britischen kaledonischen Trog nach S ein durch Schwellen gegliederter, weiter Geosynklinalraum an, der das W' Europa und das Mittelmeer-Gebiet umfaßte. Die größten Tiefen des mittel-europäischen Teilbeckens lagen wohl N' des Ardennisch-Rheinischen Schiefergebirges. Von hier aus, wo die Sedimentation vermutlich vom Kambrium ohne Unterbrechung ins Ordovizium weiterging, griff das Meer zu Beginn des Ordovizium nach E vor und nahm in E-Deutschland und Böhmen die Flächen mit festländischem Ober-Kambrium erneut in Besitz. Das mittel-europäische Becken reichte im S bis an die Alemannische Insel (S. 106), nach N bis an den epikontinental überspülten S' Randsaum des Baltischen Schildes, dessen Fortsetzung im Untergrund N-Deutschlands zu vermuten ist.

In den Ardennen und im Brabanter Massiv gehört der älteste bekannte Fossilhorizont dem Tremadoc an. Das über 1000 m messende Ordovizium besteht durchweg aus einförmigen Tonschiefern. Nur das flach diskordant lagernde Caradoc ist stärker sandig.

Im Rechtsrheinischen Schiefergebirge treten ordovizische Gesteine in zwei Gebieten zutage. Im Sauerland erschließen die Kerne des Remscheid- und des Ebbe-Sattels ein lückenhaftes, vorwiegend als milde Schiefertone ausgebildetes Profil. Am Ostrand des Schiefergebirges sind Llanvirn und Caradoc, bemerkenswerterweise in stärker sandiger Fazies als im Sauerland, bekanntgeworden. Ungewiß ist, ob man die von Silurium überlagerten Serizitgneise und Grünschiefer des Taunus als metamorphe Ergußgesteine und Tuffe kambrisch-ordovizischen Alters ansehen darf.

Im Harz ist Ordovizium durch Fossilien nur in den ältesten Anteilen der Grünschiefer und Quarzite der „Metamorphen Zone" des S-Harzes belegt.

Das Kerngebiet für die Kenntnis des mittel-europäischen Ordovizium ist Böhmen mit seinem vollständigen, fossilreichen und gut erforschten Schichtprofil. Nach der oberkambrischen Festlandsperiode griff das Meer erneut vor. Vielleicht kam die Transgression von N, denn die Fauna des älteren Ordovizium weist nahe Beziehungen zum Baltikum auf. Längs der Achse des Barrandium sank der Meeresboden am raschesten. Hier sind die Ablagerungen am mächtigsten. Hier war der geosynklinale basische Vulkanismus, der ähnlich wie in England und Norwegen im tieferen Ordovizium gipfelte, von längster Dauer. Gegen die Ränder des Troges traten die Ergüsse und Tuffe zurück; die Schiefertone wurden durch Quarzite ersetzt; vom Llanvirn an stellten sich chamosit-ooidische Eisenerz-Flöze ein. Außerhalb des Barrandium ist das Ordovizium als eine mit dem Arenig-Llanvirn beginnende Folge einförmiger Schiefertone entwickelt. Man kennt es in dieser Fazies aus Mittel-Böhmen, dem Eisengebirge, den W-Sudeten und Mähren. Nahezu ganz Böhmen muß damals überflutet gewesen sein.

Das Fränkisch-Thüringische Schiefergebirge läßt sich vom Ober-Ordovizium bis zum Unter-Karbon in zwei Faziesräume gliedern. Die in Thüringen und im Vogtlande herrschende nahezu lückenlose Thüringische (Becken-) Fazies schließt sich im älteren Anteil lithologisch und faunistisch eng an Böhmen an, ist aber gesteinsmäßig einförmiger ausgebildet und ermangelt der vulkanischen Einschaltungen. Auf fraglicher kambrischer Unterlage ruht ein mächtiges Tremadoc: grobkörnige Quarzite mit Nachläufern eines kambrischen Vulkanismus, sowie sandige Schiefer und Sandsteine, die ihren Namen nach *Phycodes circinatum*, dem Wohnbau eines wurmartigen Tieres tragen. Vom Griffelschiefer an, einem stengelig zerschieferten Tonstein, besteht besonders enge Übereinstimmung mit der Innerböhmischen Mulde. Die gleichen Erzhorizonte treten auf; bei Schmiedefeld stehen bis 20 m Chamosit-Oolite mit etwa 42% Fe an. Die an den Umkreis des saxothuringisch-lugischen Zwischengebirgszuges gebundene Bayerische Fazies dürfte mit ihren Sandsteinen (z. B. Döbra-Sandstein), Schiefertonen, Diabasen und Diabastuffen zwar entlang des eine Schwellenzone markierenden Zwischengebirgszuges, jedoch z. T. in tieferem Wasser zum Absatz gekommen sein. Fossilien sind spärlich, nur das Tremadoc hat eine reichere, stark an England anklingende Fauna geliefert.

Ähnlich mächtige Quarzite und Schiefer, wie sie das Tremadoc des Thüringischen Schiefergebirges kennzeichnen, stehen fossilleer und leicht metamorph im Fichtelgebirge, im kristallinen Vorspessart sowie in dessen streichender Fortsetzung bei Ruhla im NW' Thüringer Wald an.

Sachsen und Polen. Die Fazieszonen des Fränkisch-Thüringischen Schiefergebirges setzen sich gegen E fort. Die bayerische Gesteinsgesellschaft steht bei Wildenfels und Frankenstein nahe Zwickau und Chemnitz in der Elbtalzone, anscheinend auch in den W-Sudeten an. Die recht einförmige Thüringische Fazies läßt sich mit abnehmenden Mächtigkeiten durch die phyllitischen Hüllschichten des Erzgebirges und Granulit-Gebirges bis in die Lausitz und das Bober/Katzbach-Gebirge verfolgen. Vor allem das Tremadoc schrumpft hier auf 100–200 m konglomeratische Sandsteine (Dubrau-Quarzit) zusammen. Insgesamt gewinnt man den Eindruck, daß sich die Geosynkline ähnlich wie im Kambrium gegen E verflachte. Kaledonische Bewegungen begannen hier schon früh, hatten aber i. w. nur Fazieswechsel im Gefolge und äußerten sich sonst in lückenhaften Abfolgen im Tremadoc.

E-Alpen. Im Gegensatz zu den W-Alpen, wo die stärkere Metamorphose die Stratigraphie der vor-karbonischen Schichten verschleiert, bieten die E-Alpen ein gut gliederbares, stellenweise fossilreiches Alt-Paläozoikum dar. Zur Hauptsache sind es zwei Züge: die Grauwackenzone N' der kristallinen Zentral-Alpen, die Karnischen Alpen, Karawanken und die Gurktaler Alpen; dazu tritt im E das Bergland von Graz. Epizonal umgewandelt ist Paläozoikum wahrscheinlich auch in der Schieferhülle der Hohen Tauern und im Innsbrucker Quarzphyllit enthalten. Als ältester Horizont ist sandig-schiefrig entwickeltes Caradoc in den Karnischen Alpen und in der Steirischen Grauwackenzone biostratigraphisch nachgewiesen.

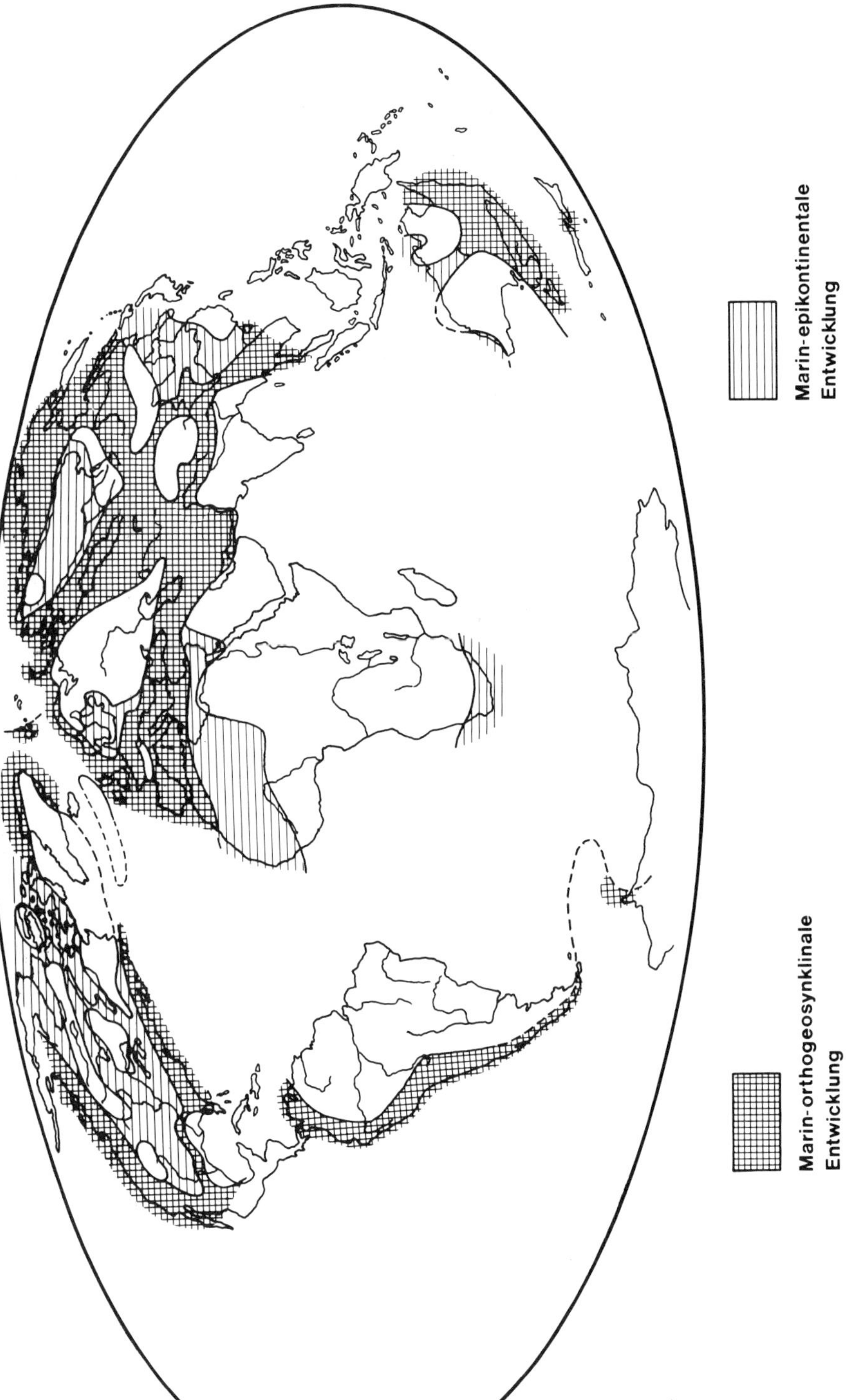

Abb. 19 Paläogeographie des Ordovizium

W- und **S-Europa, N-Afrika.** Ordovizium ist aus der Bretagne und Normandie, der Montagne Noire, den Zentral-Pyrenäen, der Iberischen Halbinsel, Sardinien, Marokko und der Sahara bekannt. Vielfach transgrediert der Armorikanische Quarzit (Arenig) über eine schwach gefaltete Unterlage. Graptolithen/Trilobiten-Schiefer wechseln mit Sandstein-Horizonten im mittleren Ordovizium, das obere kann karbonatischer entwickelt sein oder Anzeichen glazialen Klimas enthalten (Normandie, Marokko). Von der N-afrikanischen Geosynkline ging im Ordovizium eine seichte Überflutung der Wüstentafel aus, die im Silurium ihren Höhepunkt erreichte.

N-Amerika und die **Arktis.** Die Grundzüge der Gestaltung dieses Gebietes waren die gleichen wie zu kambrischer Zeit. Wieder bildete die Kanadisch-Grönländische Plattform das Kerngebiet, das von den randlichen Geosynklinen aus in wechselndem Maße überflutet wurde. Die ordovizische Transgression begann nach einer verbreiteten, Teile des Tremadoc umfassenden Lücke und gelangte gegen Ende des Mohawkian auf einen Höhepunkt, der in jüngeren Perioden nie wieder erreicht worden ist. Dann folgte ein Meeresrückzug, der mit der Stammfaltung der Appalachen um die Wende Ordovizium/Silurium im Zusammenhang stand.

Australien und **Neuseeland** weisen bemerkenswert vollständige Ordovizium-Profile auf, die sich z. T. lückenlos aus dem Ober-Kambrium entwickeln und sich ebenso in das Silurium fortsetzen. Von der E-australischen Geosynkline ging schon im älteren Ordovizium eine Transgression quer über den Kontinent zur NW-Küste (Canning-Becken).

Organischer Inhalt (Tafeln 6–7 und 26)

Fauna. Während des Ordovizium entwickelten sich die Tierstämme zu größerer Vielfalt als im Kambrium. Erst jetzt sind alle großen Stämme vorhanden, nunmehr durch die Mehrzahl ihrer Klassen und Ordnungen vertreten. Es kamen neu hinzu (*) bzw. starben aus (†) (Tab. 4):

Tabelle 4 Organismen des Ordovizium

Stamm	Klasse	Ordnung	
„Protozoa“	: Rhizopoda	: Foraminiferida	: * Fusulinina
Porifera			
	: Hexactinellida	: * Dictyida	
Coelenterata	: † Protomedusae		
(Cnidaria)	: Hydrozoa	: * Siphonophorida	
	: Anthozoa		
	: Zoantharia	: * Rugosa	
		: * Tabulata	
Tentaculata			
: * Bryozoa	: * Gymnolaemata	: * Ctenostomata	
		: * Cyclostomata	
		: * Trepostomata	
		: * Cryptostomata	
: Brachiopoda	: Inarticulata	: † Paterinida	
	: Articulata	: * Strophomenida	
		: * Rhynchonellida	
		: * Spiriferida	

Tabelle 4 (Fortsetzung)

Stamm	Klasse	Ordnung	
Articulata			
: Annelida	: Polychaeta	: * Errantia	
		: * † Miskoida	
	: * Myzostomia		
Arthropoda			
: Trilobitomorpha	: Trilobita	: † Agnostida	
		: * Phacopida	
		: * Lichida	
: Chelicerata	: Merostomata		
	: Xiphosura	: † Aglaspida	
	: * Eurypterida		
: Branchiata	: Crustacea		
(Diantennata)	: Ostracoda	: † Archaeocopida	
		: * Leperditicopida	
		: * Palaeocopida	
		: * Podocopida	
		: * Myodocopida	
Mollusca			
: Conchifera	: Gastropoda		
	: Prosobranchia	: Archaeogastropoda	: * Trochina
			: * Murchisoniina
		: * Caenogastropoda	: * Loxonematacea
			: * Subulitacea
	: * Scaphopoda		: * Dentaliidae
	: Bivalvia		
	: Palaeotaxodonta	: * Nuculoida	
	: * Cryptodonta	: * Praecardioida	
	: Pteriomorphia	: * Arcoida	
		: * Pterioida	
	: * Heterodonta	: * Veneroida	
	: * Anomalodesmata	: * Pholadomyoida	
	: Cephalopoda		
	: Nautiloidea	: † Ellesmerocerida	
		: * Orthocerida	
		: * Ascocerida	
		: * Oncocerida	
		: * Discosorida	
		: * Tarphycerida	
		: * Barrandeocerida	
	: * Endoceratoidea	: * Endocerida	
		: * Intejocerida	
	: * Actinoceratoidea	: * Actinocerida	
	: * Bactritoidea	: * Bactritida	
Mollusca (?)	: * Cricoconarida	: * Tentaculitida	
Mollusca (?)	: † Hyolithelminthes		
Mollusca (?)	: (Inc. cl.)		: † Cornulitidae
Echinodermata			
: Homalozoa			
(= Carpoidea)	: * Machaeridia		
: Crinozoa	: † Eocrinoidea		
	: * Cystoidea		

Tabelle 4 (Fortsetzung)

Stamm	Klasse	Ordnung	
Echinodermata			
: Crinozoa	: * Crinoidea		
		: * Camerata	
		: * Inadunata	
		: * Flexibilia	
	: * Paracrinoidea		
	: * † Edrioblastoidea		
: * Asterozoa	: * Somasteroidea		
	: * Asteroidea		
	: * Ophiuroidea		
: Echinozoa	: * Ophiocistioidea		
	: * Cyclocystoidea		
	: * Echinoidea		
	: * Perischoechinoidea	: * † Bothriocidaroida	
		: * Echinocystitoida	
Hemichordata			
	: Graptolithina	: * Tuboidea	
		: * † Camaroidea	
		: * † Crustoidea	
		: * † Stolonoidea	
		: * Graptoloidea	: * Didymograptina
			: * Glossograptina
			: * Diplograptina
Chordata			
: * Vertebrata	: * Agnatha		
	: * Pteraspidomorpha	: * Heterostraci	
		: * † Astraspida	
		: * Eriptychiida	
	: * (?) Thelodonti	: * Arandaspidida	

Einzeller (Protozoa). Bei den Radiolarien trifft man hauptsächlich die einfach gebauten Gitterkugeln der Spumellina an; die helmförmigen Nassellina werden erst vom Devon an häufiger. Bei den Foraminiferen erschienen erstmals primitive Fusulinina *(Saccaminopsis)*, die ebenfalls erst viel später Bedeutung erlangen.

Poriferen. Nach dem Erlöschen der Archaeocyathen entfalteten sich zu Anfang des Ordovizium die Kieselschwämme, vor allem die Lithistida. Durch feste Verlötung der Nadeln entstanden fossil gut erhaltungsfähige Skelette, die in mergeligen und kalkigen Flachmeer-Ablagerungen häufig sein können *(Aulocopium, Astylospongia).*

Coelenteraten. Im älteren Ordovizium erschienen die ersten sicheren Tabulata *(Lichenaria, Cryptolichenaria)* im Bereich der N-amerikanischen und Sibirischen Plattform, im mittleren Ordovizium (Blackriverian) kamen in N-Amerika die ersten Rugosa hinzu *(Lambeophyllum, Favistella).* Schon am Ende des mittleren Ordovizium waren beide Gruppen bis in die Umrandung des Baltischen Schildes gewandert, von wo die weitere Ausbreitung ausging.

Tentaculaten. Bei den **Brachiopoden** gewannen die Kalkschaler nunmehr das Übergewicht über die Hornschaler, die nur noch im Tremadoc Bedeutung hatten *(Obolus).* Die Craniidina

(Petrocrania, Philhedra, Pseudocrania) unter den Inarticulata, die Orthida *(Orthis, Platystrophia)*, Strophomenida *(Plectambonites, Strophomena, Rafinesquina)*, Pentamerida *(Porambonites, Syntrophia)* unter den Articulata hatten an diesem Aufschwung besonderen Anteil.

Die **Bryozoen** begannen mit fast allen Ordnungen ihre Entwicklung und waren besonders im N-amerikanischen Ordovizium von Bedeutung.

Arthropoden. Die Trilobiten erreichten im älteren Ordovizium den Gipfel der Formenvielfalt und Körpergröße. Die Zahl der Rumpfglieder nahm ab, statt dessen gewann das Schwanzschild durch Einbeziehung weiterer Segmente einen dem Kopfschild ähnlichen Umriß. Im Zusammenhang damit waren fast alle ordovizischen Trilobiten der Einrollung fähig. Die Skulptur-Entwicklung war uneinheitlich; glatte Panzer kommen neben beknoteten und bestachelten vor. Im Ordovizium scheinen die meisten Trilobiten, nach der Körpergestalt und der Stellung der Augen zu schließen, vagile Bodentiere oder Schwimmer gewesen zu sein. Blinde Arten sind selten. Bezeichnend für den Zeitabschnitt sind Asaphina *(Asaphus, Isotelus, Megistaspis, Ogygiocaris, Nileus)*, Illaenina *(Stygina, Illaenus)*, Trinucleina *(Trinucleus, Tretaspis, Cryptolithus)*, Cheirurina *(Ceraurus, Placoparia)*, Calymenina *(Flexicalymene, Synhomalonotus)* sowie Phacopina *(Dalmanitina)*.
Aus der Stammgruppe der Cheliceraten, den kambrischen Aglaspiden, entwickelten sich durch Verminderung und Spezialisation der Gliedmaßen sowie durch Verschmelzung von Segmenten die Eurypteriden und Xiphosuren, doch traten sie erst im Silurium stärker hervor.

Die Ostracoden stellten im Ordovizium mit den Beyrichiida und den Leperditiida[9] wesentliche Faunenelemente.

Mollusken. Die Schnecken waren nach Arten- und Individuen-Anzahl ungleich reicher als im Kambrium vertreten. Sie gehörten teils den schon im Kambrium vertretenen Gruppen an (Bellerophontina[7]: *Cyrtolites, Sinuites, Bucania;* Macluritina: *Maclurites;* Pleurotomariina: *Rhaphistoma, Eotomaria, Lophospira*), teils den neu erschienenen Trochina *(Straparollina, Cyclonema)*, Murchisoniina *(Murchisonia)* oder den ältesten Caenogastropoda *(Loxonema, Subulites)*. Die im Kambrium noch sehr seltenen Muscheln wurden vom Ordovizium ab häufiger. Sie beschränkten sich allerdings wesentlich auf Palaeotaxodonta, Cryptodonta und Pteriomorphia *(Ctenodonta, Praenucula; Eopteria; Vanuxemia, Ambonychia)*. Die Cephalopoden entfalteten sich mit dem Beginn des Ordovizium unvermittelt zu großer Formenfülle. Die Mehrzahl der Ordnungen der Nautiloidea sowie sämtliche der Endoceratoidea und Actinoceratoidea waren erschienen; fast alle Gruppen hatten den Höhepunkt der Entwicklung noch im Ordovizium und nahmen schon im Silurium deutlich an Formenvielfalt ab. Die Gehäuseform wurde durch Verzierung und Einkrümmung mannigfaltiger; in der Ebene eingerollte Gehäuse traten erstmals im tieferen Ordovizium auf *(Lituites)*. Die Orthocerida waren beständiger in ihrer Gestalt und bewahrten im Gegensatz zu den Endoceraten und Actinoceraten einen engen, zentralen Sipho; von ihnen haben sich vermutlich schon im Ordovizium die phylogenetisch bedeutsamen Bactritoidea abgespalten *(Eobactrites)*.

---

[9] Die „Leperditien" werden meist als Ostracoden i. e. S. betrachtet. Durch ihre besondere Gehäuse-Größe und in manchen ihrer inneren Schalen-Merkmalen weichen sie jedoch wesentlich ab; es werden deswegen zuweilen auch andere systematische Zugehörigkeiten erörtert.

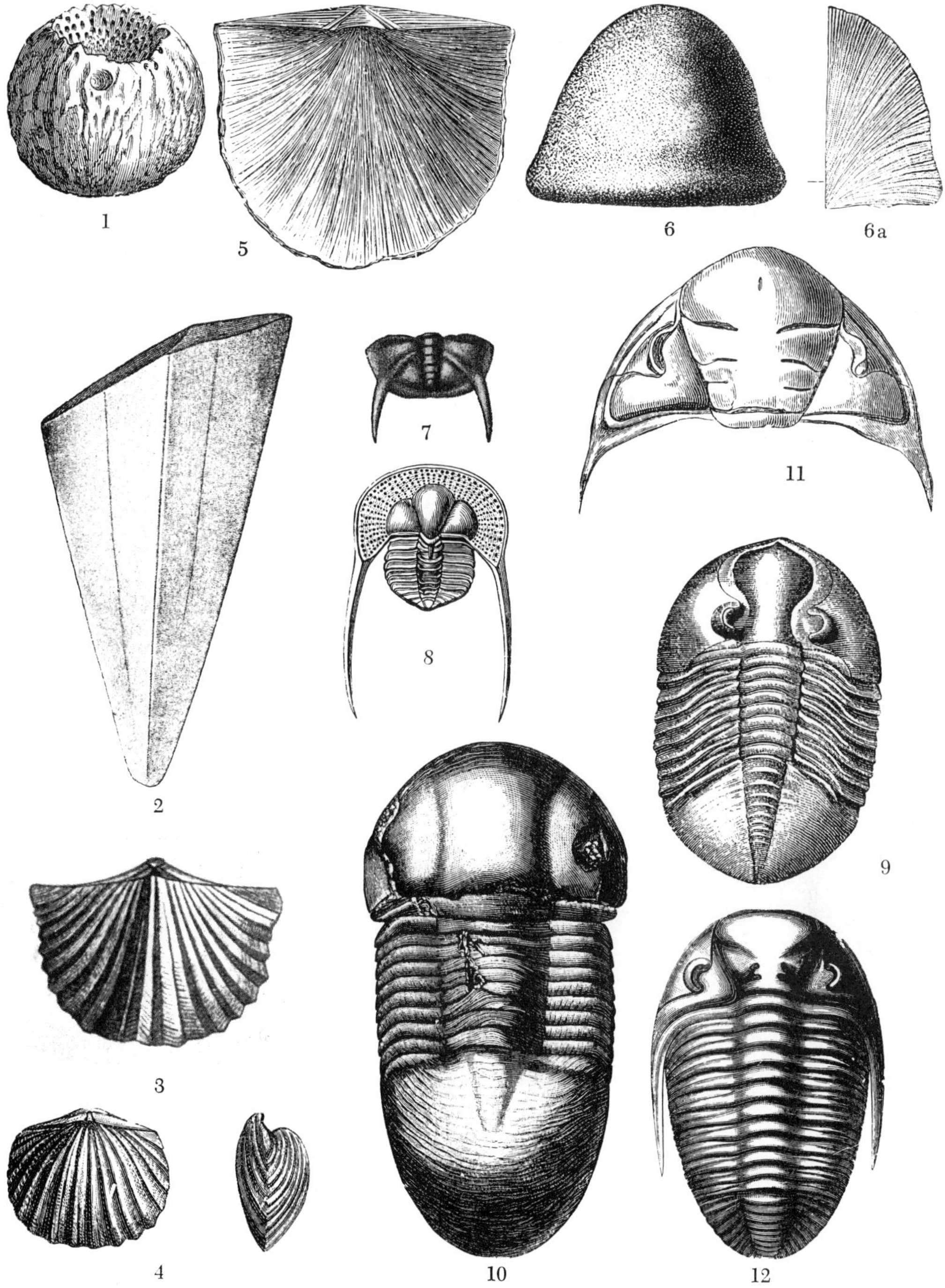

Porifere: 1. *Astylospongia praemorsa* GOLDF. – **Scyphozoe:** 2. *Exoconularia exquisita* (BARR.). – **Brachiopoden.** 3. *Platystrophia lynx* (EICHW.). – 4. *Orthis calligramma* DALM. – 5. *Rafinesquina alternata* (CONR.). – **Bryozoe:** 6. *Monticulipora petropolitana* PAND. (mit Längsschnitt.). – **Trilobiten:** 7. *Ceratopyge forficula* (SARS), Schwanzschild. – 8. *Cryptolithus goldfussi* (BARR.). – 9. *Asaphus expansus* (WAHL.). – 10. *Illaenus oblongatus* ANG. – 11. *Dalmanitina socialis* (BARR.)., Kopfschild. – 12. *Chasmops odini* (EICHW.)

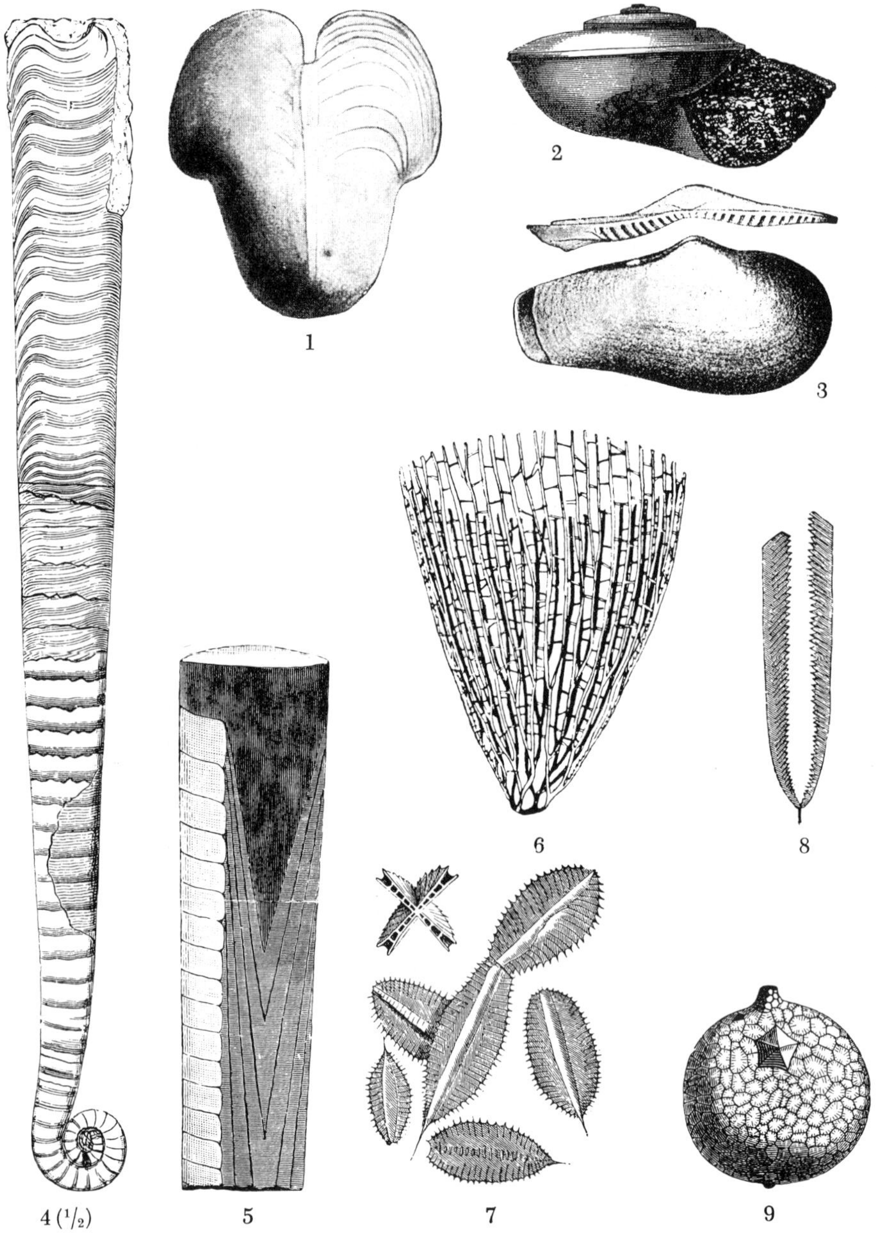

Monoplacophora: 1. *Bellerophon crassus* ULR. – **Gastropoden:** 2. *Pararaphistoma qualteriata* (SCHLOTH.). – **Bivalvier:** 3. *Ctenodonta nasuta* (HALL). – **Cephalopoden:** 4. *Lituites lituus* (MODEER). – 5. *Endoceras longissimus* HALL, Längsschnitt des Sipho. – **Graptolithen:** 6. *Dictyonema flabelliforme* (EICHW.). – 7. *Phyllograptus typus* HALL. – 8. *Didymograptus murchisoni* (BECK). – **Rombifera:** 9. *Echinospaerites aurantium* (GYLL.)

Bei den **Echinodermen** erschienen mit dem Beginn des Ordovizium zahlreiche neue Taxa. Unter den festgehefteten „Pelmatozoa“ erreichten die Cystoidea *(Echinoencrinites, Echinosphaerites, Pleurocystites, Caryocrinites, Glyptosphaerites)* ihre Blüte im Umkreis des Baltischen Schildes. Die wesentlichen Gruppen der Crinoidea begannen mit den Camerata, Inadunata und Flexibilia; die Paracrinoidea, Edrioblastoidea und Parablastoidea blieben z. T. auf das Ordovizium beschränkt. Ebenso begannen unter den „Eleutherozoa“ die Somasteroidea *(Villebrunaster)*, von denen mit *Platasterias* ein rezenter Nachweis als „lebendem Fossil“ gelungen ist, sowie alle Ordnungen der Asteroidea *(Platanaster)* und die Ophiuroidea *(Pradesura)*. Bei den Echinozoa lassen sich die freibeweglichen Echinoidea mit den altertümlichen Gruppen der Perischoechinoidea *(Bothriocidaris, Aulechinus)* möglicherweise auf festsitzende Formen zurückführen. Von solchen spielten im Ordovizium neben den schon im Kambrium beginnenden Edrioasteroidea *(Edrioaster)*, die Ophiocistitoidea und die Cyclocystioidea mit ihren scheibenförmigen Gehäusen eine gewisse Rolle.

Die zarten chitinösen Rhabdosome der **Graptolithen** bildeten das Gerüst einer Kolonie, deren winzige Einzeltiere miteinander in Verbindung stehende Theken bewohnten. Der Bau des Skeletts, vor allem die Art der Knospung, rückt sie in die Verwandtschaft der schon im Ordovizium nachgewiesenen, i. w. rezenten Pterobranchia. Zusammen mit den Graptolithina werden sie als Klassen den Hemichordata zugerechnet. Die schon im Mittel-Kambrium erschienene und bis ins Karbon reichende Konservativ-Gruppe der Dendroidea, deren Vertreter festsitzend-büschelig wuchsen, ging mit einer Artengruppe der Gattung *Dictyonema* im Tremadoc zur pseudoplanktischen Lebensweise über und erreichte rasch eine erdweite Verbreitung. Sie wurde damit zur Ahnengruppe der Graptoloidea, die nach schneller und üppiger Entfaltung gegen Ende des Unter-Devon erloschen. Für den Zeitabschnitt Ordovizium-Silurium-Unterdevon bilden sie mit ihren oft leicht kenntlichen Gattungen und Arten das stratigraphische Gerüst. Die Entwicklung verlief im Ordovizium von den einzeilig-vielästigen Anisograptiden *(Clonograptus, Bryograptus, Anisograptus)* über einzeilige, zwei- bis mehrästige Dichograptiden *(Dichograptus, Tetragraptus, Phyllograptus, Didymograptus)* zu den im mittleren und höheren Ordovizium herrschenden zweizeilig-einästigen Diplograptiden *(Diplograptus, Climacograptus, Orthograptus)*; die letztgenannten reichten allerdings bis ins ältere Silurium hinein. Teils an Tangen angeheftet, teils mit eigenen Schwebehilfen versehen, gelangten die Graptolithen in alle Meere der damaligen Zeit.

Als älteste **Vertebraten** erschienen die Agnathen im Ordovizium (Arenig-Llanvirn) von N-Amerika, N-Europa und N-Australien. Es waren marine Vertreter der Heterostraci *(Anatolepis, Arandaspis, Astraspis, Eriptychius)*.

Flora. Auch das Ordovizium gehört noch zur „Algen“-Zeit, jedoch waren die „Kalkalgen“ wesentlich reichhaltiger vertreten als in den älteren Perioden. Die Cyanobakterien (Blaualgen) bildeten knollige Krusten *(Girvanella, Cryptozoon, Collenia)*, die zu den eukaryoten Algen zählenden Chlorophyta (Grünalgen) lieferten mit den Codiaceen und Dasycladales *(Cyclocrina)* häufigere Reste von schlauchförmiger, schachtelhalmartiger oder kugeliger Gestalt. Die erstmalig im Ordovizium auftretenden Receptaculitales *(Receptaculites, Ischadites)* gehören wahrscheinlich als den Dasycladales nahestehende Formen zu den Grünalgen.

Im baltischen und britischen Ordivizium traten die Chlorophyta zuweilen gesteinsbildend auf. Der Bitumen-Gehalt des Kukkersit wird auf die skelettlose kugelige, in Dünnschliffen erkennbare Grünalge *Gloeocapsamorpha* zurückgeführt. Neu erschienen die Rhodophyta (Rotalgen).

Für planktische, marine eukaryote, vermutlich teilweise autotrophe Einzeller unbekannter systematischer Stellung werden die mikroskopisch kleinen Chitinhüllen der Chitinozoa und die als Acritarcha zusammengefaßten Organismengruppen (i. w. Hystrichosphaerideen) gehalten. Die letzteren kamen schon im Präkambrium vor, waren aber im Ordovizium-Silurium besonders weit verbreitet.

Allgemeine Züge

Paläogeographie (Kontinent/Platten-Drift), Paläopol-Lagen und **Klimazonen** (Abb. 22). Paläomagnetische Daten lassen vermuten, daß einem ziemlich geschlossenen Superkontinent Gondwana (Südpol-Lage im W' N-Afrika) eine Norderde (= Laurasia), ebenfalls in sich recht geschlossen, gegenüberlag. Der Nordpol wird danach im Pazifik vermutet, weit vor dem E-asiatischen Kontinent. Ein breiter Tiefozean trennte die beiden Landmassen. Der Paläoäquator durchschnitt den Rand Antarktikas, zog quer über die Sibirische Plattform und die N-amerikanische Arktis zum Nordwestrand N-Amerikas (S. Abb. 22). Die derart abgeleitete Lage der Klimagürtel stimmt mit derjenigen recht gut überein, die sich aus paläoklimatisch ausdeutbaren Sedimenten und Faunen erschließen läßt. Die Südpol-Region i. w. S. wird gekennzeichnet durch glazigene Sedimente und ausgedehnte geschrammte Flächen in der Sahara (Marokko, Hoggar). Dieses Gebiet trug wohl eine Eiskappe. Meist für silurisch-devonisch gehaltene Vereisungsspuren im E' Brasilien („Japó-Tillit"), könnten ordovizisches Alter haben und würden sich gut in dieses Bild einfügen. Etwas entfernter liegen die Tillite des Kap-Systems; sie mögen auf eine Gebirgs-Vergletscherung zurückzuführen sein. Die Regionen beiderseits des angenommenen Äquators hingegen fallen durch ihren Reichtum an Karbonaten auf. Rotgesteine und Evaporite treten hinzu. Die N-amerikanische und Sibirische Plattform lagen dicht beieinander; von ihnen gemeinsam ging die Entwicklung der Korallen aus, die noch im Ordovizium die Umrandung der Baltischen Plattform erreichten und dort bereits Riffe bildeten. Die klimatische Zonierung war während des Ordovizium deutlicher ausgeprägt als im Kambrium oder im Silurium.

Paläobiogeographie. Zahlreiche Organismen-Gruppen zeigten in der biogeographischen Verbreitung ihrer Taxa provinzielle Bindungen. Bei den Trilobiten lassen sich im älteren Ordovizium eine Bathyuriden-Provinz (Nordamerikanisch-Sibirische Plattform) und eine Asaphiden-Provinz (Umrandung Baltischer Schild) auf der Norderde erkennen, die einer *Solenopeltis*-Provinz (Teile der Britischen Inseln, Florida, Spanien, Tethys bis Himalaya) und einer Hungaiiden-Calymeniden-Provinz (S-Amerika, Australien, S-China und Himalaya) i. w. der Süderde gegenüberstehen (Whittington 1973). Eine teils klimatisch gesteuerte, teils durch Ausbreitungs-Schranken kontrollierte Faunen-Verteilung mag hierin zum Ausdruck kommen.

Deutlich zeigt sich auch eine räumliche Gliederung im Vorkommen der Graptolithen im älteren Ordovizium. Hier kann eine pazifische Provinz (in der Umrandung der N-amerikanischen Plattform ähnlich der Trilobiten-Verbreitung im Kambrium, aber auch in E-Asien und Australien) von einer atlantischen (europäischen) Provinz (Europa-Nordafrika) unterschieden werden. Beide Provinzen überlappten sich im andinen

Bereich und in Zentral/N-Asien. Im jüngeren Ordovizium verwischten sich die provinziellen Unterschiede (SKEVINGTON 1973).

Krustenbewegungen (Epirogenese/Tektogenese) und Magmatismus. Nach der tektonisch verhältnismäßig ruhigen Zeit des Kambrium setzte mit dem Ordovizium eine Zeit lebhafter Krustenbewegungen ein. Eine Reihe orogener Phasen, die sich an der Wende Ordovizium/Silurium zu einem ersten Gipfel steigerten, bestimmte und gliederte den Gang der Geschehnisse:

Llandoverium		
		Takonische Phase (Appalachen)
Ashgillium	Verbreitete Regression	
Caradocium	Höhepunkt der ordovizischen Meeresausbreitung	
Llandeilium Llanvirnium	Transgression (Britische Inseln, Norwegen, SW-Europa, N-Amerika, Arktis, Russische Plattform)	
Arenigium	Transgression (SW-Europa, N-Amerika, Russische Plattform)	
Tremadocium	Transgression (Böhmen, Mittel-Deutschland, E-Baltikum, Arktis)	„Sardische Phase"(?)
Ober-Kambrium	Transgression (N-Amerika, Russische Plattform), sonst verbreitet Regressionen	„Sardische Phase"(?)

Die sich schubweise steigernde Transgression griff am Ende des Mittel-Ordovizium besonders weit vor. Die N-amerikanische und die Russische Plattform, die ganz allgemein einen Gleichlauf der epirogenen Ereignisse erkennen lassen, erlebten damals ihre größten und längstdauernden Meeres-Überflutungen. Die mittel- und N-europäischen Senkungsräume durchliefen im Ordovizium das Stadium des geosynklinalen Vulkanismus; vor allem im Arenig-Llandeilo kam die Lava-Förderung zu einem Höhepunkt.

Rückblick. Die Klima-Differenzierung war im Ordovizium ausgeprägter als im vorhergehenden Kambrium und folgenden Silurium. Die Südpolar-Region war zumindest örtlich vereist. Unter der Gunst des warmen Klimas entlang dem äquatorialen Gürtel entfalteten sich zahlreiche neue Gruppen von Wirbellosen, vor allem Kalkschaler, wobei die N-amerikanische und Sibirische Plattform bevorzugte Entwicklungs- und Ausbreitungs-Zentren waren. Tektonisch-magmatisch stand das Ordovizium im Zeichen der herannahenden Höhepunkte der Kaledonischen Gebirgsbildung. Die Ausdehnung der Meere, die Mannigfaltigkeit der Fazies und die vulkanische Tätigkeit steigerten sich gegenüber der kambrischen Zeit.

Ergänzende Schriften

BASSETT, M. G. [Ed.] (1976): The Ordovician System. - 696 S.; Nat. Mus. Wales, Cardiff (Univ. of Wales Press).

BERGSTRÖM, J. (1982): Scania. - Paleont. Contr. Univ. Oslo, *279*: 184-197; Oslo.

BULMAN, O. M. B. (1970): Graptolithina, with sections on Enteropneusta und Pterobranchia. - Treatise on Invertebr. Paleont., *V* (2nd Ed.) 163 S.; Lawrence, Kansas.

ERDTMANN, B.-D. (1984): Outline ecostratigraphic analysis of the Ordovician graptolite Zones in Scandinavia of the Iapetus. - Geologica et Palaeontologica, *18*: 9-16: Marburg.

HAMMANN, W. (1974): Phacopina und Cheirurina (Trilobita) aus dem Ordovizium von Spanien. - Senckenb. Lethaea, *55*: 1-151; Frankfurt.
HARLAND, W. B. (1972): The Ordovician Ice Age. - Geol. Mag., *109*(5): 451-456; London.
SDZUY, K. (1955): Die Fauna der Leimitz-Schiefer (Tremadoc). - Abh. senckenb. naturf. Ges., *492*: 75 S.; Frankfurt.
SHENG, Shen-Fu (1980): The Ordovician System in China. - Int. Union geol. Sci., Publ. *1*: 7 S.; Ottawa.
[SKEVINGTON (1973) und WHITTINGTON (1973), siehe unter HALLAM (1973), „Ergänzende Schriften" zum Kap. „Paläogeographie".]
SPJELDNAES, N. (1961): Ordovician climatic zones. - Norsk geol. Tidsskr., *41*: 45-75; Oslo.
WEBBY, B. D. et al. (1981): The Ordovician System in Australia, New Zealand and Antarctica. - Int. Union geol. Sci., Publ. *3*: 64 S.; Ottawa.
WHITTINGTON, H. B. & WILLIAMS, A. (1964): The Ordovician Period. In: HARLAND, W. B., SMITH, A. G. & WILCOCK, B. [Ed.]: The Phanerozoic time-scale. - Quart. J. geol. Soc. London, 458 S.; London.
WILLIAMS, A., STRACHAN, J., BASSETT, D. A., DEAN, W. T., INGHAM, J. K., WRIGHT, A. D. & WHITTINGTON, H. B. (1972): Ordovician. A Correlation of Ordovician rocks in the British Isles. - Geol. Soc. London., spec. Rep., *3*: 74 S.; London.
COLLOQUE Ordovician-Silurian. - Brest 1971. - Mém. B. R. G. M., *73*: 462 S.; Paris 1971.

IV. Silurium

Vorbemerkungen

Umgrenzung und **Gliederung.** Bei seinen gleichzeitig mit A. SEDGWICK begonnenen Forschungen in Mittel-England und Wales (S. 52) hatte R. I. MURCHISON (1835) die jüngere Abteilung des Übergangs-Gebirges (S. 11) „Silurian" genannt (Silurer = keltischer Volksstamm). Der Name ist geblieben, der Umfang des Systems ist jedoch bis heute erheblichen Schwankungen unterworfen.

Der Vorschlag von E. MUNIER-CHALMAS & A. DE LAPPARENT (1893), den Zeitabschnitt zur Vermeidung von Doppeldeutigkeiten Gotlandium zu nennen, hat sich, wie auch LOTZEs Anregung einer Zusammenfassung mit dem Ordovizium zu einem Ordogot, nicht durchgesetzt. Nachdem die langjährigen Erörterungen über die Silur/Devon-Grenze zu einem Abschluß gelangt sind, wird die bisherige Dreigliederung durch eine Gliederung in vier Epochen (bzw. Serien) ersetzt:

			408 Millionen Jahre
	Ober-	Pridolium (Přidolí)	
		Ludlowium (Ludlow)	
Silurium	Mittel-	Wenlockium (Wenlock)	
	Unter-	Llandoverium (Llandovery)	
			438 Millionen Jahre

An der Basis des Silurium liegt häufig eine Sedimentations-Lücke, die örtlich durch eine Diskordanz betont sein kann. Graptolithen-Schiefer, Brachiopoden-Mergel und Korallen/Stromatoporen-Kalke sind die häufigsten Gesteine. Am Ende des Systems bildet die Kaledonische Orogenese, die erste große paläozoische Gebirgsbildung, einen tiefen natürlichen Einschnitt. Kontinental beeinflußte Rotgesteine (Red Beds) kennzeichnen in ihrem Wirkungsbereich den jüngsten Abschnitt.

Die silurische Fauna erhält ihr Gepräge durch einen weitgehenden Wechsel in den Gattungen der Graptolithen, Trilobiten, Brachiopoden, Conodonten und Ostracoden, vor allem aber durch die rasche und reiche Entfaltung der Korallen. Zur Zonen-Gliederung dienen, wie im Ordovizium, die Graptolithen (nunmehr Monograptina), daneben Conodonten, Brachiopoden und Ostracoden.

Verbreitung. Die silurischen Ablagerungen gehen meist konkordant, zuweilen mit kurzer Lücke, aus den ordovizischen hervor, vielfach greifen sie transgressiv über diese hinaus. Die beiden Systeme sind daher ähnlich verbreitet, doch nimmt das jüngere auch selbständige Flächen ein.

Grundlegend für die Kenntnis des Silurium sind das Ostsee-Gebiet, die Britischen Inseln, Thüringen und Böhmen. Bedeutende Beiträge lieferten die N-amerikanischen Vorkommen, in neuerer Zeit auch die russischen (Podolien) und die recht vollständigen australischen Abfolgen.

Hauptgebiete (Übersicht 5; Abb. 20, 21)

Ostsee-Länder. Auf der Baltischen Plattform ist die Basis des Silurium örtlich durch eine Lücke betont (Gotland, Estland), die zeitlich einer der kaledonischen Vorphasen im Hochgebirgs-Trog entspricht. Die Fazies-Verbreitung ist ähnlich wie im Ordovizium, war aber durch das Auftreten von Gesteinen der Riff-Komplexe, von brackisch-salinaren und kontinental beeinflußten Absätzen noch mannigfaltiger als zuvor.

Auf Gotland entstanden etwa 500 m fossilreiche Mergel, in die sich dreimal - räumlich und zeitlich getrennt - Riffkalk-Komplexe einschalteten. Landwärts der Riffzone Gotland-Ösel-Dagö lagerten sich lagunäre Dolomite mit Eurypteriden und Fischen ab, örtlich tritt Steinsalz in dünnen Bänkchen auf. Meerwärts des Riffgürtels gelangt man in den Bereich der Graptolithenschiefer-Fazies, erst bei Oslo stellen sich wieder fossilreiche Knollenkalke und Riffkalke ein. Gegen Ende des Silurium (Přidolí) zog sich das Meer aus dem baltischen Bereich zurück. Entweder brechen die Profile ganz ab, oder bunte Sandsteine und Schiefertone der Old Red-Fazies (S. 111) mit einer verarmten, z. T. brackischen Fauna von Eurypteriden und Fischen treten an die Stelle der vollmarinen Schichten. Bemerkenswert ist die beträchtliche Mächtigkeits-Zunahme des jüngeren Silurium (Ludlow-Přidolí) gegen die Linie S-Schonen - Untere Weichsel. Der Südrand Fennoskandiens (S. 112), betont durch den Dänisch-Polnischen Randtrog, machte sich damit erstmals geltend.

Norwegisches Hochgebirge und **Britische Inseln.** Der norwegische Hochgebirgs-Trog, seit dem Jung-Präkambrium in Senkung und Auffüllung begriffen, scheint bald nach dem Beginn des Silurium trockengefallen zu sein. Jüngere Schichten als Llandovery sind nicht bekanntgeworden. Mit dieser Regression kündigte sich das Nahen der Hauptfaltung an.

Auf den Britischen Inseln blieb auch während des Silurium das fazielle Gesamtbild (Schiefertone im Beckeninnern, kalkig-klastische Ablagerungen längs der Beckenränder) gewahrt. Die Unterschiede zwischen Graptolithenschiefer- und Zweischaler/Trilobiten-Fazies waren jedoch ab dem Ludlow nicht mehr so deutlich wie zuvor. Das Meer wurde seichter, plattige Kalke („flags“) und Schiefertone der Brachiopoden-Fazies wurden häufiger. Mit der Verflachung ging eine Transgression über den Südostrand des Beckens hinaus, die in Mittel-England fossilreiche Riff-Ablagerungen, vor allem im Wenlock, entstehen ließ. Mit dem Přidolí, eingeleitet durch das „Ludlow Bone Bed“, einem fossilreichen Aufarbeitungs-Horizont, schlug die Sedimentation um in kontinentale, rote Sandsteine und Schiefertone („Red Beds“). Diese Fazies des Downtonian begann, nach der neuen Grenzziehung Silur/Devon (S. 110), somit bereits im höchsten Silurium und setzte sich in das Devon fort. Der geosynklinale Vulkanismus war während des Silurium fast erloschen.

Das Werden des Kaledonischen Gebirges erstreckte sich über einen langen Zeitraum. Den Faltungs-Bewegungen ging eine geosynklinale Phase voraus, die regional bereits im Jung-Präkambrium begann. Die Kaledonische Geosynkline war reich gegliedert in Einzelbecken, deren Auffüllung und Deformation zu verschiedenen Zeiten erfolgte:

1. Vorläufer-Bewegungen reichten bis ins tiefere Ordovizium zurück. In Schottland (Caledonia = N-Schottland) ergriffen sie vor rd. 460 Millionen Jahren insbesondere das Dalradian. In Norwegen machten sie sich durch Diskordanzen, Einschaltungen von Konglomeraten und die Ausbreitung einer Flysch-Fazies bemerkbar.

2. Ein ältester Deckenschub fiel nahe an die Wende Ordovizium/Silurium.

3. Die erneut mit Deckenbewegungen verknüpfte Hauptfaltung vollzog sich ausgangs des Silurium.

Die letzte Durchbewegung des schottischen Moinian erfolgte um 420 Millionen Jahre, die Metamorphose des norwegischen Westküsten-Kristallins zwischen 420–400 Millionen Jahre, die postkaledonischen Granite Norwegens und N-Englands (Alter bis 380 Millionen Jahre) intrudierten z. T. erst im Unter-Devon.

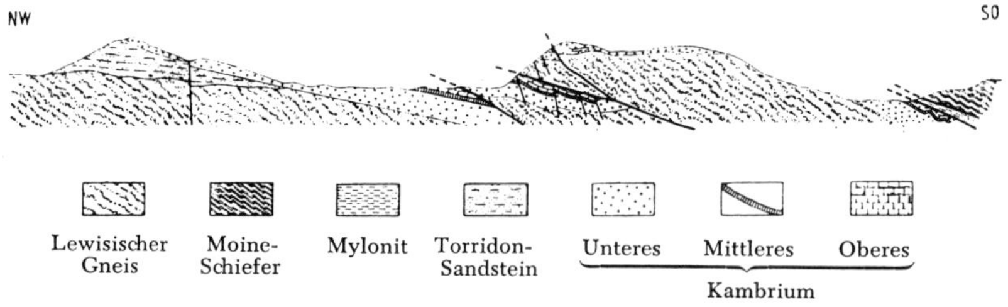

Abb. 20 Randüberschiebung des Kaledonischen Gebirges auf sein nordwestliches Vorland. Assynt. Schott. Hochland, Maßstab 1:175000, 1½fach überhöht (nach J. PHEMISTER)

Der Scheitel des Kaledonischen Orogens folgt in Skandinavien etwa der atlantischen Küste; er entspricht ungefähr der Tiefenlinie der Geosynkline. Nach neuerer Ansicht liegt hier die Grenze zwischen dem europäischen und nordamerikanisch-grönländischen Großkraton. Die entlang der Tiefenlinie der Geosynkline von W-Norwegen bis Schottland vorkommenden Serpentinite und Ophiolite kennzeichnen möglicherweise einen Streifen ozeanischer Kruste. Durch den späteren Zusammenschub (kaledonische Bewegungen im Sinne der Plattentektonik, wurden die „östliche (= europäische) kaledonische“ und die „westliche (= nordamerikanische) kaledonische“ Geosynkline zum Kaledonischen Gebirge vereinigt, das sich von E-Grönland über Schottland–Irland bis ins NE’ N-Amerika erstreckt. Eine tiefgreifende, bis zur Migmatisierung gesteigerte Metamorphose erfaßte Altkristallin und ophiolitische Gesteine, Sparagmit und Kambrosilur; sie war vom Einschub dioritisch-granitischer Plutone begleitet. Von der Kernzone aus wanderten die bereits metamorphen Gesteinsmassen gegen das SE’ Ufer der Geosynkline und überfuhren in Gestalt flacher Decken den Rand des Baltischen Schildes. Das Spiegelbild zur skandinavischen Hochgebirgs-Überschiebung ist die „Moine thrust“ N-Schottlands, an welcher der Deckenschub gegen NW, gegen die Hebriden-Masse, gerichtet ist (Abb. 20). In N-England und Wales wurden die bis 12000 m messenden Sedimente in ziemlich regelmäßige Falten gelegt, die ohne scharfe Grenze gegen den SE' Rahmen ausklingen. Mit der Orogenese begann die Heraushebung und Abtragung. Aber sehr bald gliederten sich in dem aufsteigenden Gebirgskörper Senkungsfelder heraus, einzelne Becken in Norwegen, größere Flächen auf den Britischen Inseln. Sie füllten sich mit roten, kontinentalen Schuttmassen, welche die devonische Folge des Old Red (S. 111) einleiteten.

Mittel-Europa gehörte im älteren Paläozoikum einer auf kontinentaler Kruste absinkenden Geosynkline an, in der Teiltröge bereits im Jung-Präkambrium bestanden. Durch Transgressionen im Kambrium (besonders Mittel-Kambrium) und im Tremadoc wurde sie erweitert. Ihre Nordküste gegen den Baltischen Schild folgte im Untergrund des N-deutschen Flachlandes etwa der Elbe-Linie. Das Gegenufer bildete die Alemannische Insel (S. 106). Das Meer des Silurium hielt sich innerhalb dieser Grenzen, war aber durchschnittlich tiefer als im Ordovizium und seine Sedimente waren eintöniger in der Fazies; es überwiegen gering-mächtige Graptolithen-Schiefer. Die Kaledonische Orogenese spielte in diesem Raum eine geringe Rolle; örtlich sind Diskordanzen nachweisbar, oder anscheinend lückenhafte, durch die neuere Forschung jedoch zunehmend als kontinuierlich erkannte Profile, deuten auf höchstens schwache Bewegungen.

Das Ardennen-Gebiet wurde von der Kaledonischen Gebirgsbildung mit nach S abnehmender Stärke ergriffen. Der Nordteil, das Brabanter Massiv, wurde weitgehend konsolidiert und herausgehoben, wogegen die Ardennen nachfolgend in den geosynklinen Zustand zurückkehrten. Die Fortsetzung nach NW liegt unter jüngerer Bedeckung verhüllt; ein unmittelbarer Zusammenhang mit den walisischen Kaledoniden ist ungewiß. Noch tiefer ist die Fortsetzung vermuteter kaledonischer Falten nach E, im niederländisch-norddeutschen Untergrund, begraben. Sie läßt sich bislang nur mittelbar durch Funde von Geröllen silurischer Kieselschiefer im Ober-Karbon des Ruhr-Gebiets und von Osnabrück sowie in den mittel-devonischen Konglomeraten des Bergischen Landes nachweisen.

Im Rechtsrheinischen Schiefergebirge nimmt der Nordteil durch sein unvollständiges Profil eine Sonderstellung ein. Im Sauerland (Ebbe-Gebiet) transgredierte erst das jüngste Silurium über schwach gefaltetem Ordovizium; fast ohne Lücke folgt das marine Gedinne. Am Ostrand des Schiefergebirges ist das Silurium zwar vollständiger, jedoch äußerst geringmächtig entwickelt. Bei Gießen sind es vorzugsweise Kalke mit böhmischer Fauna. Im Kellerwald setzen sich geringmächtige und lückenhafte Graptolithen-Schiefer konkordant ins Devon fort.

Die Schichtenfolge des Harzes, und zwar des Unter-Harzes, aus dem allein Vor-Devon bekannt ist, reicht etwa vom tiefen Llandovery bis zum Devon-Karbon. Im älteren Anteil überwiegen geringmächtige Graptolithen-Schiefer, zur Devon-Grenze hin nimmt der Karbonat-Gehalt zu. Mergel mit dem weitverbreiteten *Scyphocrinites* und Conodonten-Kalke treten auf. Kontinuierlich und faziell ähnlich folgt das untere Devon. In der Metamorphen Zone des Süd-Harzes scheint eine vollständige, allerdings metamorphe Abfolge des Silurium vorzuliegen.

Im Thüringischen Schiefergebirge bezeugt eine aus dem Ordovizium sich entwickelnde und sich kontinuierlich ins Devon fortsetzende Abfolge von Graptolithen-Schiefern (mit eingelagerten Alaun- und Kieselschiefern) eine größere Meerestiefe als im Ordovizium. Durch den „Ockerkalk“ u. a. wird die Abfolge des silurischen Anteils der Thüringischen

Fazies dreigeteilt; ihr oberster Abschnitt („Ob. Graptolithen-Schiefer") enthält einen jüngst-silurischen und ältest-devonischen Anteil. Die Bayerische Fazies (S. 77) deutet durch ihren Reichtum an Kieselschiefern, den Ersatz der sonst ausgebildeten Karbonatgesteine durch geringmächtige Schiefertone und Vulkanite (Ophiolithe?, ozeanischer Boden?) auf eine Ablagerung in einer Tiefenrinne, welche die geosynklinale Schwelle des Zwischengebirgszuges (S. 77) beiderseits begleitet (vgl. die klassisch gewordene Abfolge bei JAEGER 1977).

Die paläozoische Schichtenfolge der Mittelböhmischen Mulde, das Barrandium (S. 110) bildet eine Einheit vom Kambrium bis ins Devon. Das Silurium wird im unteren Abschnitt vorwiegend von Graptolithen-Schiefern, im oberen Abschnitt von dunklen Flachwasser-Kalken mit erheblichem Anteil an basischen Vulkaniten aufgebaut. Im Ludlow erreichte der Vulkanismus einen Höhepunkt, im Zusammenhang mit ihm kann die Schichtenfolge lückenhaft werden. Die Gesamt-Abfolge läßt sich in etwa 40 Graptolithen-Zonen gliedern, in der kalkigen Fazies treten Trilobiten, Brachiopoden, Bivalvier, Crinoiden und Cephalopoden hinzu. Der Übergang zum Devon ist kontinuierlich, für die genauere Grenzziehung (S. 110) sind kürzlich (vgl. CHLUPÁČ et al. 1972) geeignete Profile aus diesem Gebiet vorgeschlagen worden.

Auch in Sachsen und im Frankenwald lagern Ordovizium, Silurium und Devon konkordant übereinander. Das Vogtländische Schiefergebirge schließt sich stratigraphisch ganz eng an Thüringen an. In der Umrandung des Erzgebirges, im Sächsischen Zwischengebirge und im Görlitzer Schiefergebirge sind geringmächtige, Graptolithen-führende Kiesel- und Alaun-Schiefer verbreitet, die zur Devon-Grenze hin kalkreicher und örtlich lückenhaft werden können. Früher angenommene kaledonische Bewegungen wurden durch die neuere Erforschung nicht bestätigt.

Für die Gebiete der Lausitz, des Bober-Katzbach-Gebirges und der W-Sudeten gilt allgemein, daß die silurischen Abfolgen ganz den übrigen saxo-thuringischen Gebieten entsprechen. Vermutete stratigraphische Lücken, besonders zwischen dem ausgehenden Silurium und dem Ober-Devon, haben sich einengen oder gar schließen lassen, so daß für kaledonische Bewegungen auch hier kein Raum bleibt.

Gleiches gilt für das Polnische Mittelgebirge mit seiner vom Unter-Kambrium bis ins Unter-Karbon bemerkenswert vollständigen Schichtenfolge und seinem recht einfachen Faltenbau. Die Kaledonische Orogenese machte sich lediglich im schwellenartigen Südgebiet (Region von Kielce) schwach, i. w. in Form von Fazies-Wechseln bemerkbar.

Das Silurium des Polnischen Mittelgebirges vermittelt in mancher Hinsicht bereits zur Osteuropäischen Plattform. An ihrem Südwestrand griff erst das höhere Llandovery-Wenlock auf die Plattform über. Karbonatische Gesteine überwiegen, im höheren Wenlock treten *Eurypterus*-führende Dolomite auf. Der Übergang zum Devon ist kontinuierlich.

Eine ganz ähnliche Ausbildung kennzeichnet den Bereich der Sibirischen Plattform, wo im älteren Silurium Schlammsteine abgelagert wurden, die ab dem mittleren Llandovery in typische Plattform-Karbonatgesteine übergehen.

Für die geosynklinale Entwicklung des Silurium in **Asien** gilt die Abfolge der Ural-Tienshan-Faltenzone in Kasachstan als grundlegend. Das Llandovery führt Graptolithen und Brachiopoden, im Wenlock herrschen Brachiopoden-Trilobiten-Korallenkalke vor. Das Ludlow-Přidolí ist durch eine karbonatische Fazies, die sowohl Brachiopoden wie Graptolithen führt, gekennzeichnet. Ein Gürtel mit vulkanischen Gesteinen läßt sich im E' und S' Ural-Gebiet erkennen.

In den **Ost-Alpen** stehen im Silurium jeweils geringmächtige Kalk- und Graptolithenschiefer-Fazies einander gegenüber. In den Karnischen Alpen sind dunkle, gebankte

Kalke verbreitet; sie enthalten eine der böhmischen nahestehende Fauna und setzen sich ohne Unterbrechung in das gleichfalls kalkige Devon hinein fort. In der Nördlichen Grauwackenzone folgen über einem mächtigen Lager von Porphyroiden (Blasseneck-Porph.) im höheren Ordovizium Graptolithen-Schiefer und grobe Klastika im älteren Silurium, die im jüngeren Abschnitt durch Orthoceren-Kalke, Dolomite und Lydite abgelöst werden. Auch hier herrscht Konkordanz bis ins Devon. Im Zentral-Alpenkristallin werden durch absolute Alter kaledonische (tektonische?) Ereignisse erwähnt.

W- und SW-Europa, N-Afrika. Wie in der Kaledonischen und Mittel-europäischen Geosynkline, so sind auch im W- und S-europäischen Silurium dunkle Graptolithen-Schiefer weit verbreitet. Trilobiten-führende Schiefer und Sandsteine spielen jedoch eine größere Rolle als dort, in S-Spanien kommen verbreitet Vulkanite hinzu. Kaledonische Krustenbewegungen fehlen, im Gegensatz zu N-Afrika, fast völlig. Vom Nordrand des afrikanischen Kontinents greifen Sandsteine, über Graptolithen-Schiefer des älteren Silurium liegend, weit in das Becken hinein. Auch im jüngeren Silurium haben Klastika in Form von Sandstein/Schiefer-Wechsellagerungen größeren Anteil an den Abfolgen als in den übrigen Geosynklinal-Gebieten. Kaledonische Bewegungen führten zu Diskordanzen an der Basis und im älteren Silurium, auch das Unter-Devon kann diskordant aufliegen.

Europäische Arktis. Auf Spitzbergen reicht die im wesentlichen jung-präkambrische Hekla Hoek-Gruppe bis ins untere Ordovizium hinein und wird diskordant von hochsilurisch-unterdevonischem Old Red-Sandstein überlagert. E-Grönland zeigt das gleiche Bild: Das jung-präkambrische Grönlandium, gefolgt von einer kambro-ordovizischen Abfolge, wird diskordant von mittel-devonischem Old Red-Sandstein überlagert. Die Hauptfaltung war mit einer ausgedehnten Metamorphosierung verknüpft, für die ein radiometrisches Alter zwischen 400–420 Millionen Jahren ermittelt wurde. Das britisch-norwegische Kaledonische Gebirge läßt sich somit über Spitzbergen nach E-Grönland und von dort im Appalachen-Orogen entlang der N-amerikanischen Ostküste in der Umrandung des Nord-Atlantiks verfolgen (S. 90).

Für **N-Amerika** war das Silurium gleich dem Ordovizium eine Zeit ausgedehnter Meeres-Überdeckung. Nach einer Regression, welche die Stammfaltung der Appalachen an der Wende Ordovizium/Silurium begleitet hatte, gingen mehrfach Transgressionen von den randlichen Geosynklinen aus und griffen weit auf die N-amerikanische Plattform über. Fossilreiche Flachwasser-Karbonate sind hier im gesamten Silurium verbreitet, im mittleren Silurium kommen Riffe hinzu, deren Anordnung die Bereiche evaporitischer Sedimentation im jüngeren Silurium vorzeichnete. Hier entstanden die bedeutendsten Anhydrit/Gips/Salz-Lagerstätten N-Amerikas.

Die **S-amerikanischen** Vorkommen sind wohl die am wenigsten bekannten von allen Kontinenten. Die größten Flächen nimmt das Silurium ein im Amazonas-Becken, im Maranhão-Becken und in den nordargentinisch-bolivianischen Anden. Durch viele endemische Brachiopoden-Gattungen, die einer silurischen „Malvino-kaffrischen Provinz“ (S. 126) angehören könnten, und durch vermutete glazigene Ablagerungen[11] im ältesten (?) Abschnitt nimmt das S-amerikanische Silurium eine Sonderstellung ein.

[11] Über die vor-karbonischen Glazial-Ablagerungen in Brasilien, Bolivien und Argentinien gibt es noch erhebliche Unklarheiten, sowohl über ihre Entstehung (Diamiktite oder wirkliche Tillite?) als auch über ihr stratigraphisches Alter: Jüngstes Ordovizium bis etwa mittleres Silurium wird für die „Zapla-Gruppe“ angegeben (s. strat. Übersicht 5).

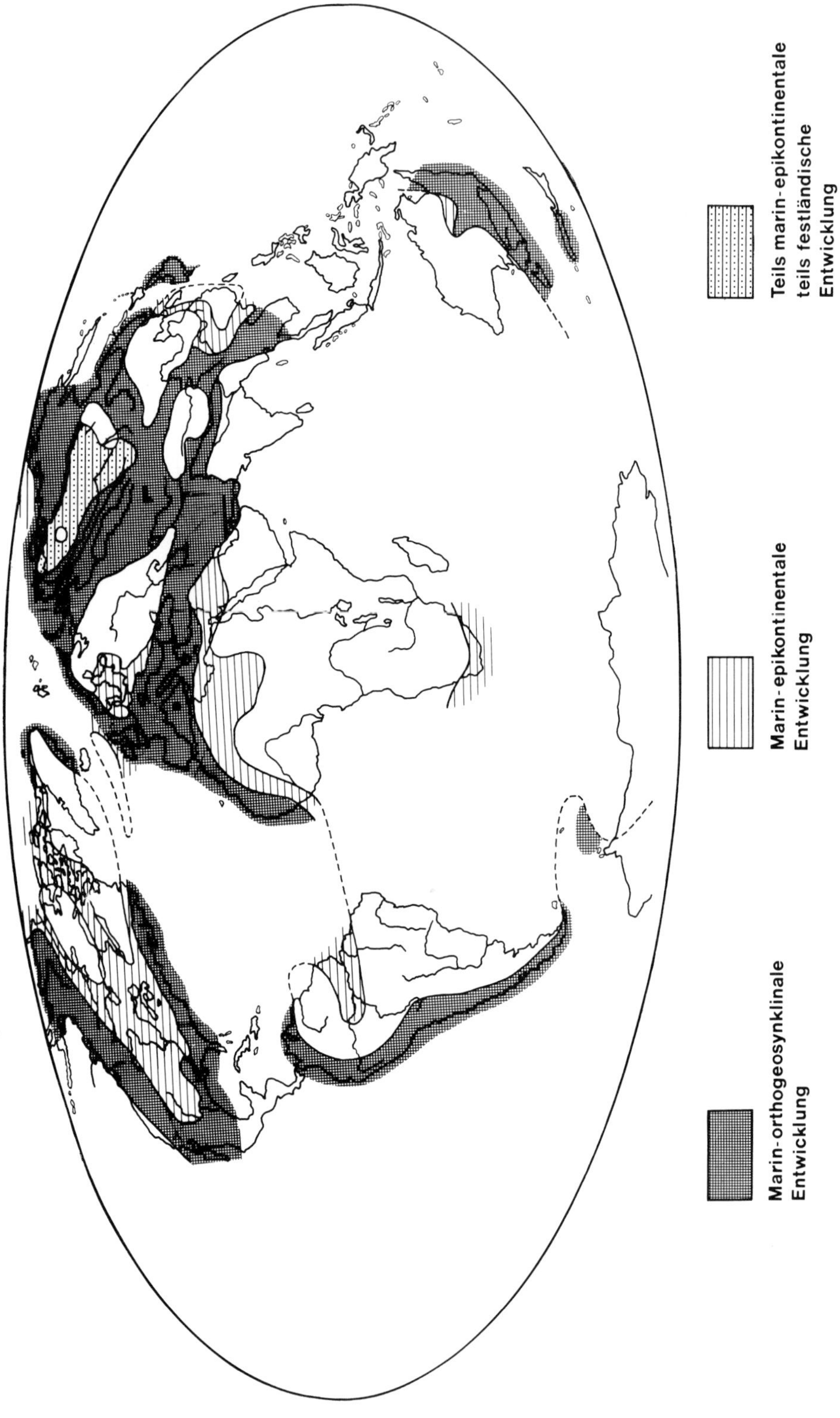

Abb. 21 Paläogeographie des Silurium

Organischer Inhalt (Tafeln 8–10 und 26)

Fauna. Die wesentlichen Veränderungen der Tierwelt des Silurium betrafen die Arthropoden, Mollusken, Echinodermen, Graptolithen und die Agnathen (Tabelle 5):

Tabelle 5 Tierische Organismen des Silurium

Stamm	Klasse	Ordnung	
Articulata			
: Arthropoda			
: Chelicerata	: Merostomata		
	: Xiphosura	: * Xiphosurida	
	: Arachnida	: * Scorpionida	
	: Crustacea		
	: * Cirripedia		
	: * Myriapoda		
	: * Archipolypoda		
Mollusca			
: Conchifera	: Monoplacophora	: † Archinacelloida	
	: Bivalvia	: * Hippuritoida	
	: Cephalopoda		
	: Nautiloidea	: † Ascocerida	
		: † Tarphycerida	
	: † Endoceratoidea	: † Endocerida	
Mollusca (?)	: Calyptoptomatida		: * Ceratothecidae
			: † Sulcavitidae
Mollusca (?)	: Cricoconarida	: * Dacryoconarida	
Echinodermata	: * Blastoidea		
	: Echinoidea	: * Palaechinoida	
		: * Cidaroida	
Hemichordata	: Graptolithina	: † Tuboidea	
		: Graptoloidea	: † Diplograptina
			: * Monograptina
Chordata			
: Vertebrata	: Agnatha		
	: * Cephalaspidomorphi	: * Osteostraci	
		: * Tremataspidida	
		: * Cephalaspidida	
		: * Ateleaspidida	
		: * Anaspida	
		: * Jamoytiida	
		: * Lasaniida	
		: * Birkeniida	
	: Pteraspidomorphi	: Heterostraci	
		: * Cyathaspidida	
		: * Pteraspidida	
		: * Thelodonti	
		: * Thelodontida	
		: * Phlebolepidida	
	: * Gnathostomata (Pisces)		
	: * (?) Teleostomi	: * Acanthodii	
		: * Climatiida	
		: * (?) Osteichthyes	
		: * (?) Actinopterygii	
	: * (?) Elasmobranchiomorphi	: * (?) Placodermi	

Einzeller („Protozoa"). Foraminiferen blieben noch selten, ausschließlich sind es Sandschaler; die Anzahl der Gattungen hat jedoch zugenommen.

Die **Schwämme** (Porifera) sind im wesentlichen auf ihrem im Ordovizium erreichten Stand geblieben. Die Stromatoporen (über ihre systematische Stellung vgl. S. 60, 66) haben sich zu größerer Formenfülle entwickelt *(Actinostroma, Clathrodictyon, Labechia)* und nahmen zusammen mit den Korallen (und einigen anderen Organismen-Gruppen) am Aufbau der Riffe teil.

Coelenteraten. Die Korallen gewannen um die Wende Ordovizium/Silurium rasch an Formenreichtum, Häufigkeit und Verbreitung. Bei den Rugosa bildeten sich im Lauf des Silurium zahlreiche Familien aus den seit dem Ordovizium bestehenden Ordnungen heraus. *Omphyma, Acervularia, Cystiphyllum* sowie die vierseitige Deckelkoralle *Goniophyllum* sind kennzeichnend. Auch die Tabulata blühten auf mit *Favosites, Alveolites, Halysites* und *Heliolites.*

Bryozoen. Die meisten Taxa des Ordovizium setzten ihre Entwicklung fort. In den räumlich ausgedehnten Plattform-Karbonaten, besonders im N-amerikanischen Silurium, waren sie häufig. Überall gehörten sie zu den Organismen der Riff-Komplexe. *Ptilodictya* ist eine häufige Gattung des gotländischen Silurium.

Brachiopoden. Nach der Zeit des ersten Aufschwungs der articulaten Brachiopoden im Ordovizium, stellte das Silurium die Zeit einer Übergangs-Entwicklung dar. Manche ordovizische Gruppe war erloschen, es kamen neu hinzu die Pentameraceen *(Pentamerus, Kirkidium, Stricklandia, Gypidula)*, fast alle Familien der Spiriferida *(Eospirifer, Howelella, Trematospira, Cyrtia)*, einige Familien der Terebratulida *(Podolella)*, und unter den Rhynchonellida die Camarotoechiidae *(Camarotoechia).* Die im Silurium aufblühenden Chonetacea *(Chonetes)* begannen bereits im jüngsten Ordovizium.

Arthropoden. Bei den Trilobiten bahnte sich im Silurium die für das jüngere Paläozoikum bezeichnende Einengung auf wenige Stammlinien an. Phacopida *(Cheirurus, Encrinurus, Calymene, Homalonotus, Phacops, Dalmanites, Acaste)*, Lichida *(Lichas)* und Odontopleurida *(Odontopleura, Leonaspis)* traten in den Vordergrund. Die Ostracoden erreichten einen beträchtlichen Reichtum an Formen und Gehäuse-Größe *(Leperditia, Beyrichia)*; sie konnten neuerdings zur Zonierung und sogar interkontinentalen Parallelisierung herangezogen werden. Die zu den Cheliceraten gehörenden Eurypteriden *(Eurypterus, Pterygotus)* nahmen an Häufigkeit und Größe zu. Im Ordovizium noch voll-marin, bevorzugten sie nunmehr verbrackte und lagunäre Habitate. Die zu den Arachniden gehörenden Skorpione traten am Ende des Silurium zu ihnen hinzu. Die gleichfalls neu erschienenen Myriapoden lebten wohl bereits gänzlich auf dem trockenen Land. Die Besiedelung der festländischen Lebensräume bahnte sich damit an und steht wohl im Zusammenhang mit der Ausbreitung der Gefäß-Pflanzen (S. 101).

Mollusken. Bei den Schnecken blieben die gleichen Formenkreise, die bereits das Ordovizium gekennzeichnet hatten, nunmehr bis an das Ende des Paläozoikum mit wenig Änderungen herrschend. Die bellerophontide Gattung *Plectonotus* kennzeichnete zusammen mit bestimmten Trilobiten (Homalonotidae) eine küstennahe sandige Fazies am Nordrand Afrikas. In Riff-Bildungen können Schnecken häufig sein. Auch bei den Muscheln war keine einschneidende Änderung gegenüber dem Ordovizium zu verzeichnen. Die „Pachyodonta" (= Hippuritoida) mit den Megalodontacea *(Megalomoidea),*

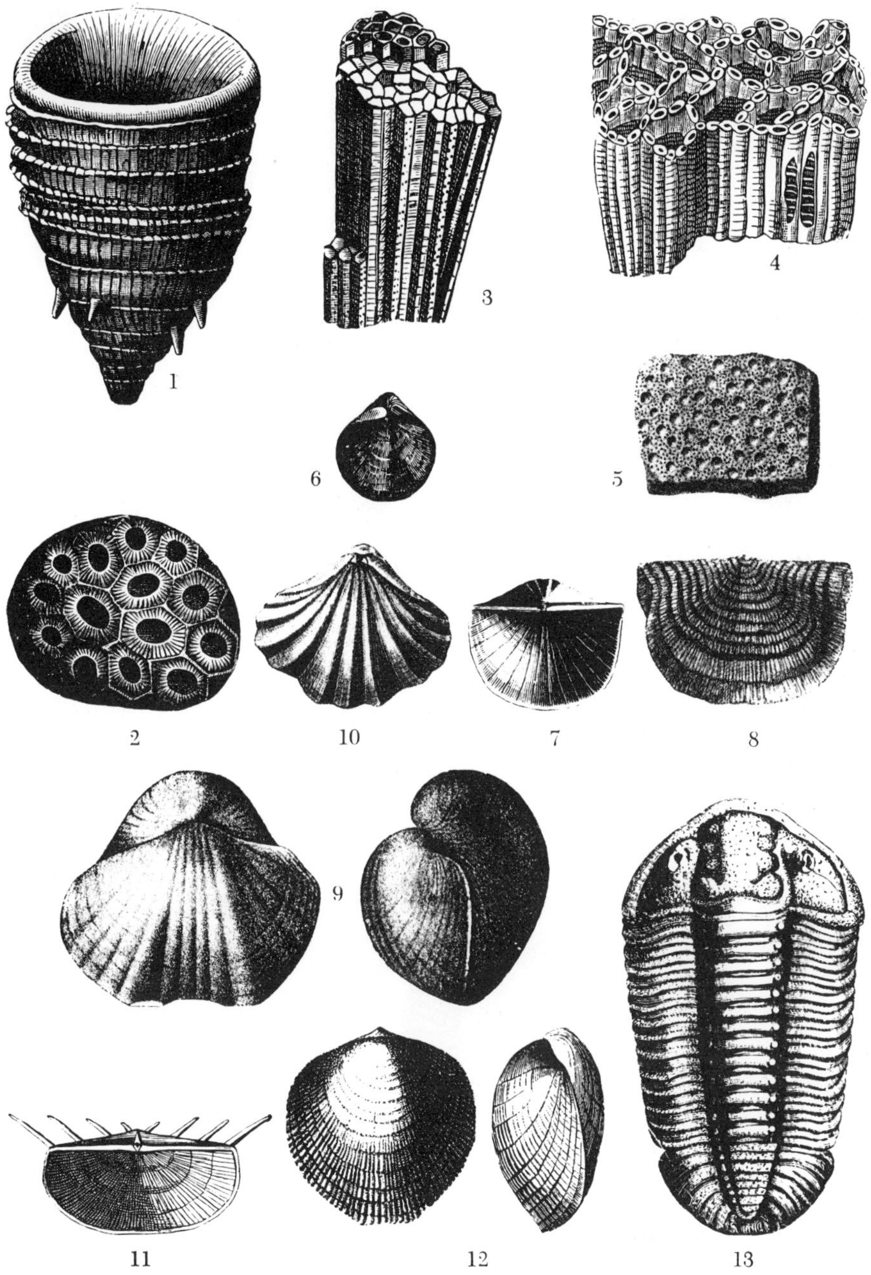

Anthozoen: 1. *Omphyma subturbinata* (D'ORB.). – 2. *Acervularia ananas* (L.). – 4. *Favosites gothlandicus* (LAM.). – 4. *Halysites catenularia* (L.). – 5. *Heliolites interstinctus* (L.). – **Brachiopoden:** 6. *Resserella elegantula* (DALM.). – 7. *Sowerbyella transversalis* (DALM). – 8. *Leptaena rhomboidalis* (WILCK.). – 9. *Gypidula galeata* DALM. – 10. *Ferganella borealis* (SCHLOTH.). – 11. *Protochonetes striatellus* (DALM.). – 12. *Atrypa reticularis* (L.). – **Trilobit:** 13. *Calymene blumenbachii* BRONGN.

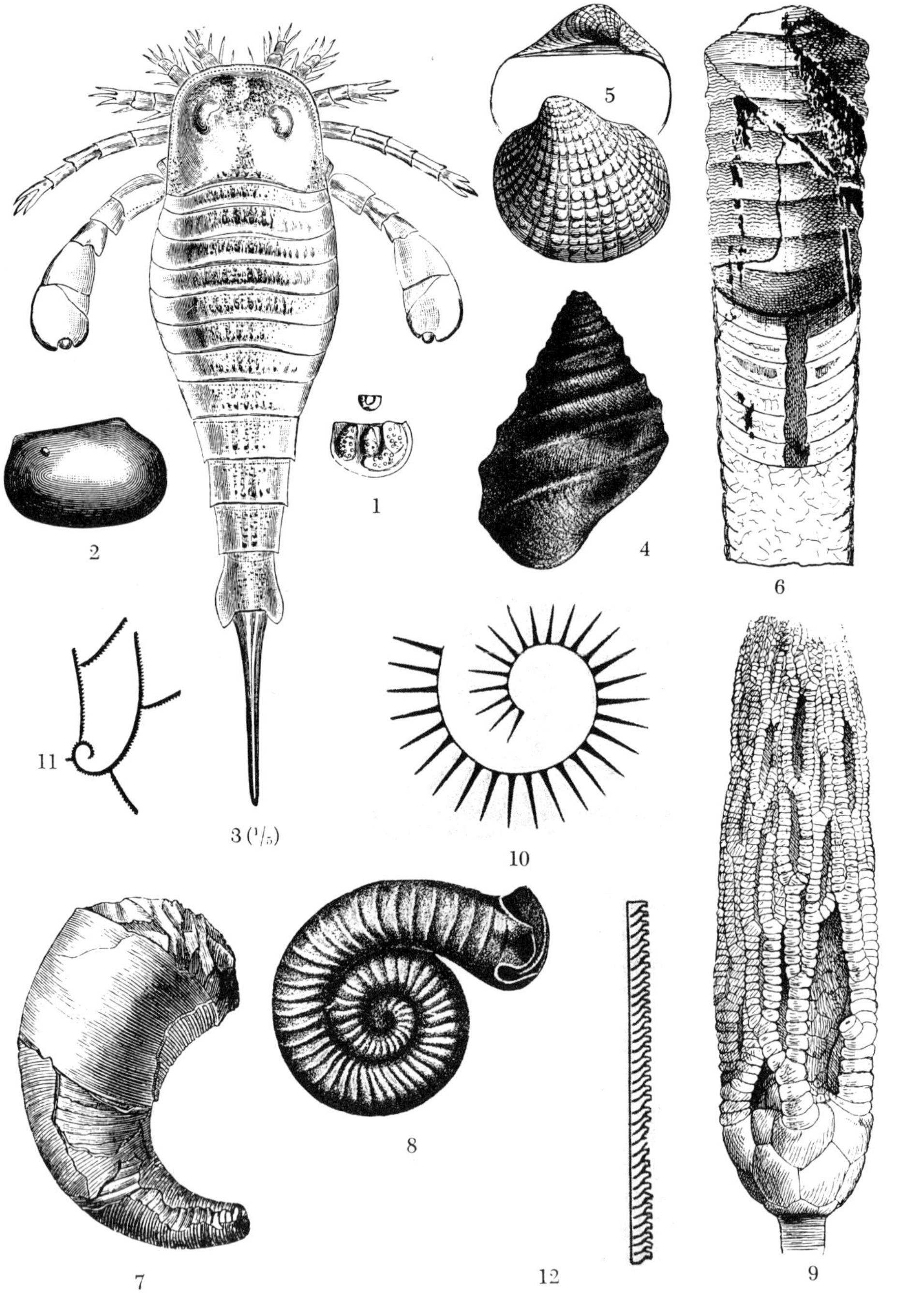

Ostracoden: 1. *Neobeyrichia tuberculata* (KLÖDEN). – 2. *Leperditia hisingeri* FR. SCHMIDT. – **Eurypteride:** 3. *Eurypterus fischeri* EICHW. – **Gastropode:** 4. *Loxoplocus (Lophospira) bicinctus* (HALL.). – **Bivalvier:** 5. *Cardiola interrupta* (SOW.). – **Cephalopoden:** 6. *Dawsonoceras annulatum* (SOW.). – 7. *Protophragmoceras murchisoni* (BARR.). – 8. *Ophioceras simplex* (BARR.). – **Crinoide:** 9. *Cyathocrinites longimanus* (ANG.). – **Graptolithen:** 10. *Rastrites linnaei* BARR. – 11. *Cyrtograptus murchisoni* CARR. – 12. *Monograptus priodon* (BRONN)

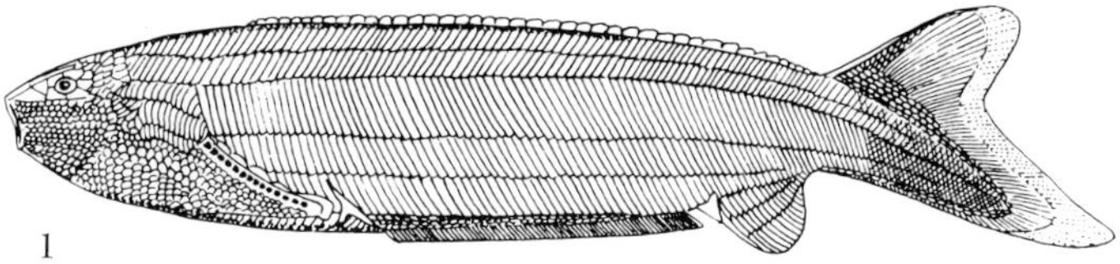

1

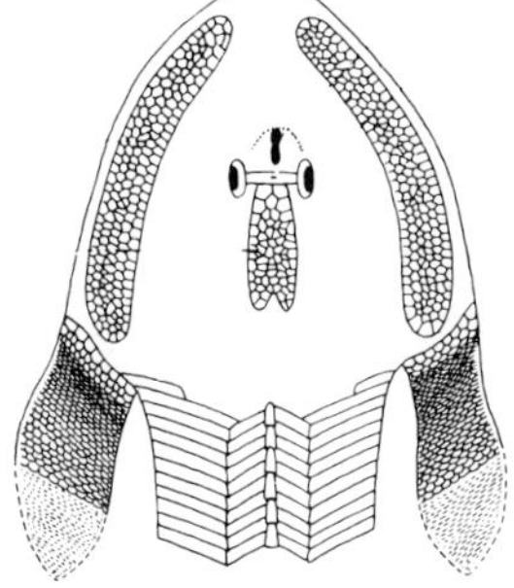

5

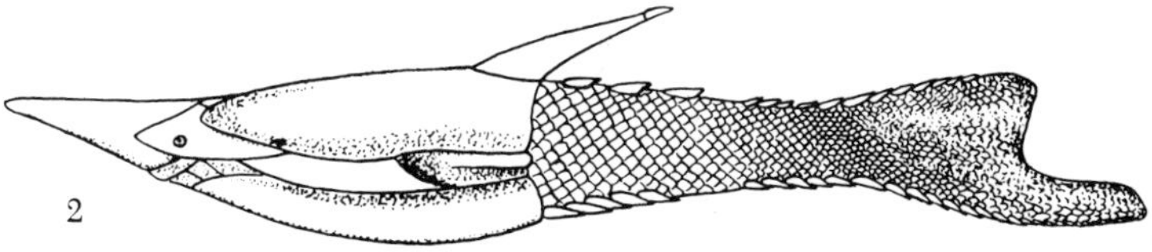

2

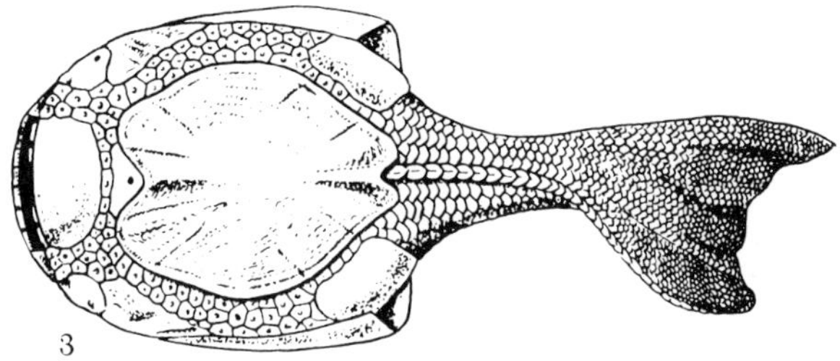

3

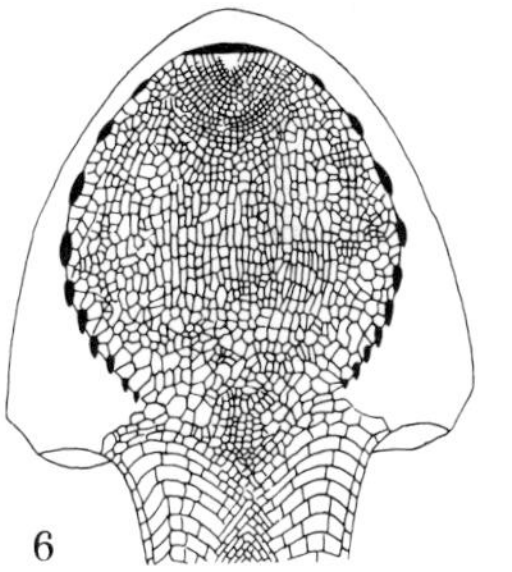

6

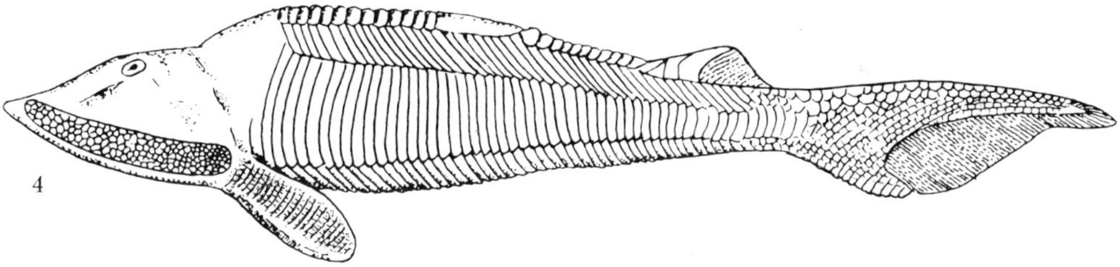

4

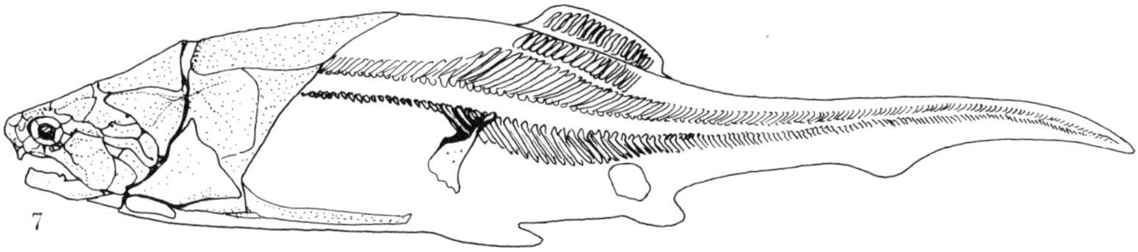

7

Agnathen: 1. *Pharyngolepis* sp., ca. 22 cm (O.-Silurium). – 2. *Rhinopteraspis* sp., ca. 24 cm (U.-Devon). – 3. *Drepanaspis* sp., ca. 30 cm (U.-Devon). – 4.–6. *Hemicyclaspis* sp., 20 cm, 5. Kopfpanzer mit Sinnesfelder und -öffnungen von oben; 6. von unten mit Mund und 10 Kiemenöffnungen (Oberstes Silur). – **Fische (Placoderme):** 7. *Coccosteus* sp., ca. 22 cm (M.-Devon). – (Fig. 1–6 aus Kuhn-Schnyder & Rieber 1984).

die Lucinacea *(Prolucina)* und die Pectinacea *(Palaeopecten)* begannen ihre Entwicklung. Kennzeichnend waren jedoch die dünnschaligen, isomyaren Cryptodonta (= Palaeoconchae) mit *Praecardium, Cardiola, Hercynella, Vevoda*, die besonders in Böhmen häufig sind, z. T. jedoch weltweit in dunklen Schlammkalken vorkommen. Ob sie auch benthische Bewohner dieser Schlammgründe waren, ist jedoch ungewiß.

Alle im Ordovizium herrschenden Gruppen der Nautiloidea setzten sich ins Silurium fort, jedoch mit meist stark verringerter Formenfülle; dies gilt insbesondere für die Endocerida. Die Fauna besteht jetzt hauptsächlich aus den Orthocerida *(Michelinoceras, Geisonoceras)* und den in der Gehäuse-Form stärker abweichenden und durch verengte Wohnkammer-Mündungen auffallenden Ascocerida *(Ascoceras)*, Discosorida *(Phragmoceras)* und Oncocerida *(Trimeroceras, Amphicystoceras).* Aus den Orthocerida dürften sich schon im Ordovizium die stabförmigen Bactritoidea abgespalten haben, deren Vertreter jedoch erst vom jüngeren Silurium an etwas häufiger wurden.

Unter den **Echinodermen** machten vor allem die Crinoidea deutliche Fortschritte. Durch den Aufbau von schweren Kelchen aus festverbundenen Platten und von kräftigen Armen paßten sie sich an das Riff-Habitat an. Im Wenlock traten erstmals Crinoidea gesteinsbildend auf (Trochiten-Kalke). Im höchsten Silurium, bis in das tiefste Devon hineinreichend, kam die durch kugelige Schwimmkörper (Lobolithen) auffällige Gattung *Scyphocrinites* zu weiter Verbreitung. Die gänzlich auf das Paläozoikum beschränkten Blastoidea begannen ihre Entwicklung im Silurium.

Graptolithen. Die Graptoloidea setzten im Silurium ihre Entwicklung im wesentlichen zu immer einfacheren Rhabdosom-Formen fort. Herrschend sind jetzt die einzeiligen Monograptinen mit einfachen *(Monograptus, Rastrites)* oder zusammengesetzten Rhabdosomen *(Cyrtograptus, Abiesgraptus).* Das Llandovery zeigte durch die aus dem Ordovizium persistierenden zweizeiligen Diplograptiden *(Diplograptus, Climacograptus, Orthograptus)* und die zartmaschigen Retiolitiden *(Retiolites)* eine besonders große Vielfalt. Die Gattung *Monograptus* überschritt die Silur/Devon-Grenze und reichte bis hoch in das Unter-Devon hinein.

Die **Conodonten** wiesen im Silurium nicht die Vielfalt auf und hatten nicht ganz die Bedeutung wie vorher im Ordovizium oder später im Devon. Die Gattungen *Pterospathodus, Kockelella* und *Spathognathodus* ermöglichen mit ihren Arten jedoch eine in Einzelheiten noch nicht ganz abgeklärte Zonen-Einteilung.

Die ältesten Wirbeltiere, die **Agnathen,** erschienen im Ordovizium, wurden aber erst im Silurium, besonders gegen die Devon-Grenze häufiger. Unter der ältesten Gruppe, den Heterostraci (= Pteraspida), traten mit *Cyathaspis* und *Traquairaspis* wichtige ober-silurische Gattungen auf.

Die Osteostraci *(Tremataspis)* und Anaspida *(Jamoytius, Lasania, Birkenia)* stellten im jüngeren, die Thelodonti *(Thelodus, Phlebolepis)* im älteren Silurium wesentliche Elemente der Fisch-Fauna. Neben ihnen waren bereits die ältesten **gnathostomaten Fische** vorhanden: die Acanthodii *(Nostolepis)* und die bisher nur durch Schuppen nachgewiesenen Actinopterygii, von denen voll-körperliche Reste erst aus dem Devon bekannt sind. Wenige und noch zweifelhafte Reste deuten auf das erste

Auftreten auch der Placodermi im jüngsten Silurium; ihr Schwerpunkt liegt allerdings ganz im Devon.

Der Ursprung der Agnathen und der eigentlichen Fische liegt in marinen Biotopen. Erst ab Wenlock erobern sie brackisch-lagunäre und wahrscheinlich limnische Räume, deren Fazies sie zusammen mit Eurypteriden vor allem ab Wende Silur/Devon prägen. Manche der sich hier entwickelten Stammeslinien kehren im jüngeren Devon zur marinen Lebensweise zurück.

Flora: Die bisher herrschenden Algen (Thallophyten, autotrophe Protoctista) nahmen an Vielfalt der Formen zu (erste sichere Dinoflagellaten: *Arpylorus;* Characeen: *Sycidium*). Der bedeutendste Entwicklungsschritt, den die Pflanzen gegen Ende des Silurium machten, liegt jedoch in der revolutionierenden Umgestaltung des Thallus zum Kormus, es erscheinen die ältesten Gefäßpflanzen (Plantae) in Form der „nackten" unbeblätterten Psilophyta (*Cooksonia, Eohostimella*). Mit ihnen kündigt sich der Beginn einer neuen Epoche der Pflanzenentwicklung, die „Pteridophyten-Zeit", und damit die für die Verwitterung, Abtragung und Sedimentation gleichermaßen wichtige Besiedlung des Landes an (Tabelle 6).

Tabelle 6 Pflanzliche Organismen des Silurium

Abteilung	Klassen	Ordnung
* Dinoflagellata	* Pyrrhophyta	* Peridinales
Chlorophyta	* Characea	* Sycidiales
* Nematophyta		
* Fungi (wahrsch. früher)		
* Psilophyta		

Allgemeine Züge

Paläogeographie (Kontinent/Platten-Drift), Paläopol-Lagen und **Klimazonen** (Abb. 22). Die Paläogeographie im großen ist gekennzeichnet, wie schon im Ordovizium, durch die getrennte Lage der Norderde- und Süderde-Blöcke, die jeweils in sich geschlossen geblieben waren. Der Südpol hatte sich, nach paläomagnetischen Messungen zu urteilen, vom NW' zum SW' Afrika verlagert, der Nordpol blieb in seiner pazifischen Position weit außerhalb des asiatischen Kontinents. Der Äquator querte den breiten Tethys-Gürtel vom Nordrand Australiens zum Südostrand des europäischen Kratons und verlief von dort quer durch Grönland und das mittlere N-Amerika (Abb. 22).

Paläobiogeographie. Das Silurium war eine jener Zeiten weiträumig einheitlicher Besiedlung, wie sie im Gefolge großer Transgressionen wiederholt im Lauf der Erdgeschichte aufgetreten sind. Im Bereich der Plattformen der gesamten N' Hemisphäre (N-amerikanische, Baltisch-Russische und Sibirische Plattform) erschienen in ähnlich gegliederten, überwiegend karbonatischen Abfolgen übereinstimmende Faunen-Gesellschaften. Ein landnaher, terrigen beeinflußter Gürtel enthielt die ± nicht-marine Gemeinschaft von Vertebraten, Eurypteriden und Pflanzenresten. Meerwärts schlossen sich die Flachwasser-Gürtel an, die, in dieser Reihenfolge, durch die Brachiopoden *Lingula* → *Eocoelia (Cryptothyrella, Salopina)* → *Pentamerus* → *Stricklandia* → *Clorinda* gekennzeichnet sind. Weiter meerwärts folgte die pelagische Graptolithen-Gemeinschaft. Im übrigen hatte sich in weiten Teilen der Alten Welt, besonders in Mittel- und

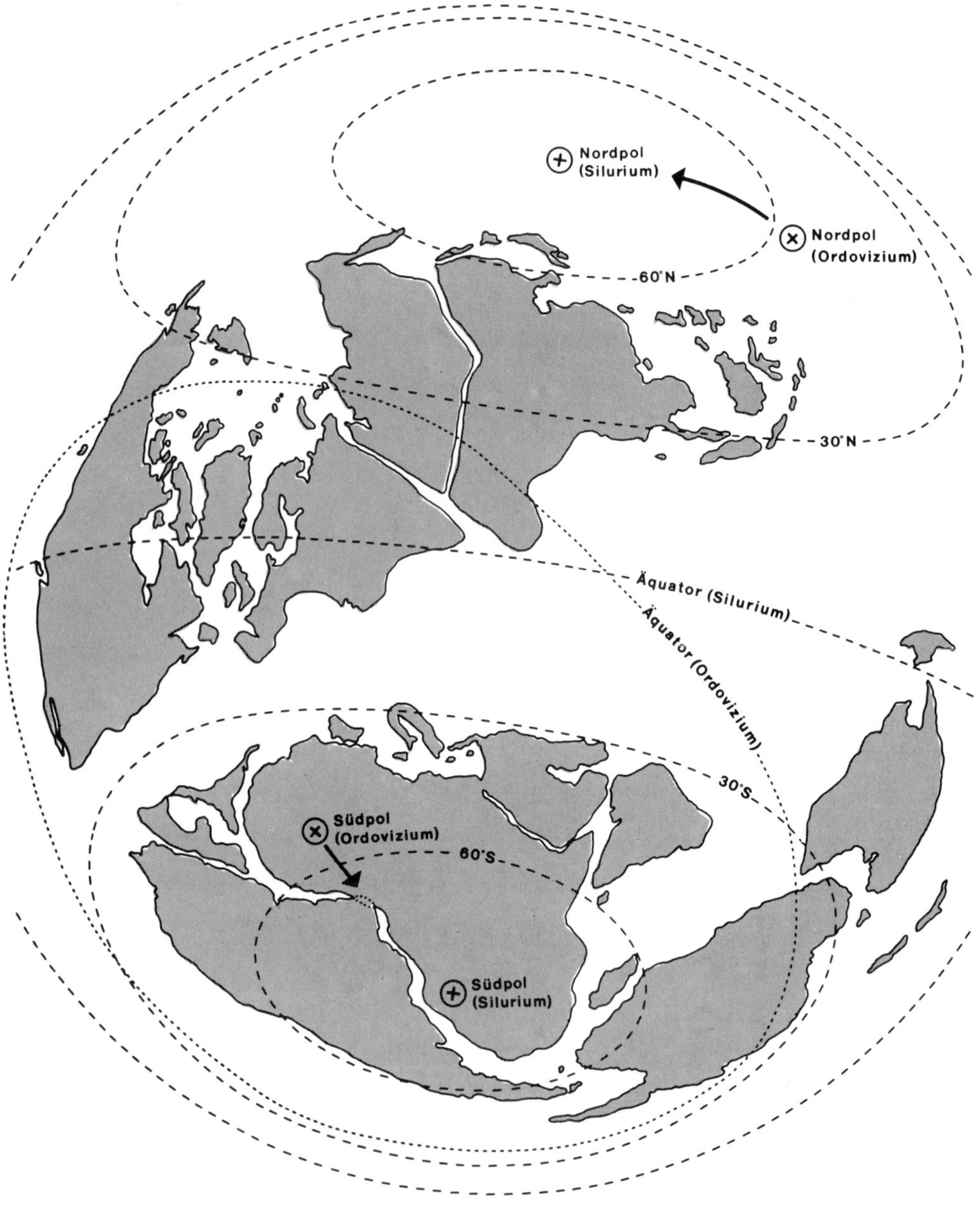

Abb. 22 Vermutete Lage der Kontinente im Silurium. - Pol-Lagen im Ordovizium (×), dgl. im Silurium (+), → Polwanderweg vom Ordovizium zum Silurium. Äquator-Lagen im Ordovizium ...., im Silurium -------. (Nach SEYFERT & SIRKIN 1973, mit frdl. Genehmigung durch Harper & Row, Publ., Inc., New York, USA)

W-Europa sowie in N-Afrika die Fazies dunkler Schlamm-Kalke ausgebreitet, in der Graptolithen mit Muscheln *(Cardiola)* und Nautiloideen gemeinsam vorkommen. In S-Amerika läßt sich eine kühl-klimatische, „malvino-kaffrische" Sonder-Entwicklung erkennen, die im Gegensatz zur N-hemisphärischen Entwicklung steht.

Klima und **Umwelt.** Die Temperatur-Kurve setzte ihren im Ordovizium begonnenen Anstieg fort. Der Anteil karbonatischer Sedimente anorganischer wie organogener Herkunft nahm zu, vor allem waren Korallenriffe zum ersten Male in der Erdgeschichte verbreitet. Andere Ablagerungen verloren demgegenüber an Fläche. Graptolithen-Schiefer waren weniger häufig als im Ordovizium; Eisen-Oolithe traten zurück. Gegen Ende des Silurium wandelte sich das Klima auf der Nordhalbkugel zu größerer Trockenheit. Hier treten, z. T. verknüpft mit Rotsandsteinen, Steinsalz-Lager auf. In den argentinischen und bolivianischen Anden enthält das Silurium grobklastische Abfolgen, in denen Tillite vermutet werden - in räumlicher und zeitlicher Nähe zu vermuteten devonischen Vereisungs-Spuren (S. 126).

Krustenbewegungen (Epirogenese/Tektogenese) und **Magmatismus.** Die im Ordovizium einsetzenden Faltungs-Bewegungen erreichten ausgangs des Silurium ihren Höhepunkt und im Devon den letzten Abschluß:

Devon ∼∼∼∼∼	Cheruskisch-acadische Phasen
∼∼∼∼∼	Erische Phase
Downtonium (Pridolium)	Regression
∼∼∼∼∼	Ardennische Phase
	Regression
Jüngeres Silurium ∼∼∼	Kaledonische Phase (i. e. S.)
Mittleres Silurium	Höhepunkt silurischer Meeres-Ausbreitung
Älteres Silurium	Transgression
∼∼∼∼∼	Takonische Phase
Jüngeres Ordovizium	

Der von den Britischen Inseln über Norwegen, Spitzbergen nach E-Grönland reichende Kaledonische Trog wurde zu den Kaledoniden aufgefaltet. Sie verschweißten die Baltisch-Russische mit der Kanadisch-Grönländischen Plattform und der Hebriden-Masse. Es entstand ein Nordatlantischer Kontinent, dessen weitere Geschichte dem Devon angehört. Der protoatlantische Iapitus-Ozean hatte sich geschlossen. Wie im Kambrium und Ordovizium stand den Festländern der Nordhalbkugel ein Südkontinent gegenüber, dessen Geschlossenheit durch Transgressionen im Amazonas- und Sahara-Gebiet nur wenig gemindert wurde.

Rückblick. Das Silurium bietet das Bild eines bemerkenswerten Gleichlaufs von Erdgeschichte und Lebens-Entwicklung. Zu Beginn erweiterte sich der vom Meer bedeckte Raum beträchtlich und bot einer arten- und individuenreichen Fauna Platz. Gegen Ende des Silurium nahm mit dem Herannahen der kaledonischen Hauptfaltung die Fläche des festen Landes zu, gerade zur selben Zeit, wo Skorpione, Tausendfüßler, vor allem aber die Gefäß-Pflanzen darangingen, es zu besiedeln. Auch die sich nunmehr entfaltenden Panzerfische bevorzugten landnahe Gewässer. Gegenüber dem Ordovizium trat keine grundlegende Änderung im Bild der Verteilung von Kontinenten und Ozeanen ein.

Ergänzende Schriften

BERRY, W. B. N. (1973): Silurian - Early Devonian Graptolites. In. HALLAM, A. [Ed.]: Atlas of Palaeobiogeography. - Amsterdam (Elsevier).

BOUCOT, A. J. & JOHNSON, J. G. (1973): Silurian Brachiopods. In: HALLAM, A. [Ed.]: Atlas of Palaeobiogeography. - Amsterdam (Elsevier).

CHLUPAC, J., JAEGER, H. & ZIKMUNDOVA, J. (1972): The Silurian-Devonian boundary in the Barrandian. - Bull. canad. Petroleum Geol., *20*: 104-174; Alberta.

COCKS, L. R. M., HOLLAND, C. H., RICKARDS, R. B. & STRACHAN, J. (1971): Silurian. A correlation of Silurian rocks in the British Isles. - J. geol. Soc. London, *127* (spec. Rep. 1): 103-136; N. Ireland.

FRANKE, D. (1978): Entwicklung und Bau der Paläozoiden im nördlichen Mitteleuropa. - Z. geol. Wiss., *6*: 5-32; Berlin (DDR).

HALLER, J. (1971): Geology of the East Greenland Caledonides. - 412 S.; Intersci. Publ. 1971 (Hrsg.: de Sitter).

HOLLAND, C. H. (1980): Silurian series and stages: decisions concerning chronostratigraphy. - Lethaia, *13*: S. 238; Oslo.

JAEGER, H. (1964): Der gegenwärtige Stand der stratigraphischen Erforschung des Thüringer Silurs. - Abh. dt. Akad. Wiss., *1964*(2): 27-51; Berlin (Akad. Verl. DDR).

JAEGER, H. (1978): Entwicklungszüge (Trends) in der Evolution der Graptolithen. - Schriftenr. geol. Wiss., *10*: 5-58: Berlin (Akad. Verl. DDR).

JAEGER, H., KŘIŽ, J. & SCHÖNLAUB, H. P. [Eds.] (1981): The Pridoli Series as the Southern Series of the Silurian System. A Submission to the Subcommission on Silurian System. -

JOHNSON, M. R. & STEWART, F. H. (1963): The British Caledonides. - 280 S.; Edinburgh, London (Oliver & Boyd).

MARTINSSON, A. (1977): Final Report Committee Silurian-Devonian Boundary within IUGS. - Int. Union geol. Sci. (A), *5*: 349 S.; Stuttgart (Schweizerbart).

MCKERROW, W. S. & ZIEGLER, A. M. (1972): Silurian paleogeographic development of the proto-Atlantic Ocean. - 14th Int. geol. Congr. Montreal, Sect., *6*: 4-10; Montreal.

STRAND, T. & CULLING, O. (1972): Scandinavian Caledonides. - 302 S.; London, New York (Wiley, Intersci.).

WALLISER, O. H. (1964): Conodonten des Silurs. - Abh. hess. Landesamt Bodenforsch., *41*: 196 S.; Wiesbaden.

WALTHER, R. (1972): Paläogeographie des Siluriums in Nord-, Mittel- und Westeuropa. - Geotekt. Forsch., *41*: 1-180; Stuttgart (Enke).

ZIEGLER, A. M. et al. (1977): Silurian continental distributions, Palaegeography, Climatology and Biogeography. - Tectonophysics, *40*(1-2): 13-52; Amsterdam.

COLLOQUE Ordovicien - Siluren: Brest 1971: Mém. B. R. G. M., *73*: 462 S.; Paris 1971.

V. Devon

Vorbemerkungen

Umgrenzung und **Gliederung.** In den Jahren 1830–1839 nahm H. DE LA BECHE das „Übergangs-Gebirge" (vgl. S. 11) in SW-England, in Devonshire und Cornwall, auf. Gestützt auf seine Ergebnisse und auf die paläontologischen Untersuchungen W. LONSDALES erkannten R. I. MURCHISON und A. SEDGWICK 1839, daß der Großteil der Gesteine jünger als Silurium, aber älter als Karbon ist. Sie nannten die neu erkannte Abfolge „Devonian System" (nach Devonshire) und rechneten ihr sogleich den faziell ganz andersartigen Old Red-Sandstein zu. Bald danach wiesen sie auch in den deutschen Mittelgebirgen und in Rußland altersgleiche Schichten nach. Aus diesen Anregungen erwuchsen um die Mitte des 19. Jahrhunderts die grundlegenden Untersuchungen über Gliederung und Fossil-Inhalt des Devon von E. BEYRICH und F. ROEMER im Rheinischen Schiefergebirge, von F. A. ROEMER im Harz, und von A. DUMONT in den Ardennen. Diese Regionen erwiesen sich durch ihre einfachere Lagerung und ihren Reichtum an Fossilien bald als wichtiger als die klassische Region; aus ihnen wurden daher die meisten der heute gebräuchlichen Bezeichnungen für die stratigraphischen Einheiten entnommen.

Das Devon hat eigene Züge, vor allem in seiner Cephalopoden- und Fischfauna, sowie in seiner Flora. Dennoch stellte sich seine Abgrenzung zum Hangenden wie zum Liegenden als schwierig heraus; sie kann erst jetzt als befriedigend gelöst betrachtet werden. Der Schnitt zwischen Silurium und Devon wird nunmehr durch internationale Übereinkunft (Int. Geol.-Kongr. Montreal 1972) in die ausgehende Graptolithen-Entwicklung gelegt, und zwar zwischen die Zonen des *Monograptus transgrediens* und *M. uniformis*. Trilobiten und Conodonten lassen diese Grenze auch in abweichender Fazies erkennen. Im Hangenden schafft die reiche Entfaltung der karbonischen Pflanzenwelt eine verhältnismäßig gut erkennbare Scheidelinie. Mit der Festlegung der Karbon-Untergrenze (Heerlen 1928, 1937) war zugleich die Devon-Obergrenze durch internationalen Beschluß fixiert worden.

Das Devon wird eingeteilt in:

				360 Millionen Jahre
Ober-Devon	Famennium	Wocklum		
		Dasberg		
		Hemberg		
		Nehden		
	Frasnium	Adorf		
Mittel-Devon	Givetium			
	Eifelium		Dalejeum	
Unter-Devon	Emsium		Zlichovium	
	Siegenium		Pragium	
	Gedinnium		Lochkovium	
				408 Millionen Jahre

Als Leitfossilien dienen im älteren Abschnitt Graptolithen (Monograptidae), Brachiopoden, vor allem Spiriferen, sowie Tentaculiten; nach oben werden sie von den Cephalopoden (Goniatiten und Clymenien) abgelöst. Conodonten, Trilobiten und Korallen sind durch das gesamte Devon hindurch von Bedeutung, im Ober-Devon kommen Ostracoden (Entomozoidae) hinzu. Die Old Red-Fazies und küstennahe Ablagerungen werden durch die „Fische" s. l. (Agnathen und Gnathostomen) und Pflanzen biochronologisch gliederbar.

Verbreitung. Durch die Kaledonische Gebirgsbildung und die mit ihr verbundene regionale Hebung wurde Europa, vor allem im N, gründlich umgestaltet. Fennoskandia, das Kaledonische Gebirge, die Hebriden-Masse und Grönland verschmolzen zu einem ausgedehnten Nordatlantischen Kontinent, dessen S-Küste von S-Irland über Cornwall und Belgien nach Mittel-Polen verlief. Kontinentale Ablagerungen sind auf diesem „Old Red-Festland" verbreitet. Das klassische Untersuchungs-Gebiet ist Groß-Britannien; dazu kommen N-Europa und die Arktis (vgl. J. R. L. Allen, D. K. Dineley & P. F. Friend; in Oswald 1967), sowie das Baltikum (Gross 1940, 1950). Südlich davon folgt in W-, Mittel- und S-Europa marines Devon, dem die Ablagerungen in SW-England, des Rheinisch-Ardennischen Gebirges, des Harzes, Thüringens und des Polnischen Mittelgebirges, Böhmen-Mährens, der E-Alpen und der Mittelmeer-Länder angehören. Weitere wichtige Devon-Gebiete sind die zentrale Russische Tafel, der Ural und SW-Sibirien, N-Amerika, Teile von Australien sowie die faziell abweichenden Süd-Kontinente, vor allem S-Amerika und S-Afrika.

Hauptgebiete (Übersichten 6, 7 + 8; Abb. 23–25)

In **Mittel-Europa** erlangte die Kaledonische Faltung nur ein geringes Ausmaß. Bedeutsamer und weiterreichend war die gleichzeitig vor sich gehende Umstellung des epirogenen Gefüges, die sich in einer veränderten Paläogeographie und im Wechsel der Sedimentation kundtat. Aus dem breiten mittel-europäischen Meeresgürtel des Silurium gliederte sich kurz vor der Wende zum Devon ein besonderer Meeresraum ab, die Variszische Geosynkline, die im N durch das Old Red-Festland, im S durch die Franko-Alemannisch-Böhmische Insel (Abb. 24) begrenzt war; am Ende des Paläozoikum stieg aus ihr das Variszische Gebirge empor. Zu Beginn des Devon waren nur die inneren Teile des Troges überflutet; hier herrschte eine nicht-unterbrochene Sedimentation vom Silurium in das Devon. In der Folgezeit gewann die Meeresfläche unter Einbeziehung ihrer N' und S' Ufer ständig an Breite. Durch die Aufwölbung der Mitteldeutschen Schwelle (= Spessart-Achse), einer vom Saar-Gebiet bis mindestens in die Lausitz reichenden Geantikline, wurde der Gesamttrog in zwei Teiltröge mit jeweils verschiedener Entwicklung unterteilt.

Der kontinentalen Old Red-Fazies auf dem Nordatlantischen Kontinent standen in der Variszischen Geosynkline i. w. zwei Fazies des marinen Devon gegenüber. Die landnahe Rheinische Fazies ist gekennzeichnet durch große Mächtigkeiten von Sandsteinen und sandigen Schiefertonen, abgelagert im bewegten, flachen Wasser; ihre Fauna enthält vor allem Muscheln und kräftig berippte Brachiopoden sowie bestimmte Gattungen von Trilobiten. Die landfernere Böhmische oder Herzynische Fazies wird aufgebaut aus Kalksteinen und feinkörnigen Schiefertonen; in ihrer benthischen Fauna treten glattschalige und gerundete Brachiopoden hervor, die ebenso kennzeichnende pelagische Fauna wird von Tentaculiten (i. w. S.) (bes. *Nowakia*-Arten), Styliolinen, pelagischen Ostracoden, Goniatiten und Clymenien beherrscht. Im Unter-Devon war der Fazies-Unterschied am deutlichsten ausgeprägt, er verwischte sich zunehmend im Lauf des Mittel- und Ober-Devon.

Der ganze, bis 5000 m messende devonische Gesteins-Stapel setzte sich i. w. in konkordantem Verbande ab. Intra-devonische Faltungs-Bewegungen sind nur schwach ausgeprägt, oft überhaupt umstritten; nur um die Wende Mittel/Ober-Devon erlangten sie eine etwas größere Bedeutung. Aber trotzdem erfolgte die Sedimentation weder gleichförmig noch lückenlos. Ständig wellte sich der sinkende Boden der Geosynkline, so daß sich die Zonen größter Mächtigkeit von Stufe zu Stufe verlagerten. Manche der variszischen Falten legten sich vermutlich schon während des Devon embryonal an. Die magmatische Tätigkeit war zeitweise ebenfalls recht lebendig. Im Unter-Devon, besonders in der Ems-Stufe, schalteten sich Quarzkeratophyre und ihre Tuffe ein. Zu Beginn des Mittel-Devon klangen diese Ergüsse ab und wurden von einer stärker basischen, aber gleichfalls atlantischen Förderung abgelöst. Sie erreichte in der Givet-Stufe ihren Höhepunkt und endete in der Adorf-Stufe. Das jüngere Ober-Devon ist fast frei von vulkanischen Bildungen.

Das Ardennisch-Rheinische Gebirge erschließt die Füllung der Variszischen Geosynkline in fast der ganzen Breite und bietet damit den besten Einblick in ihre teils mit dem Ordovizium-Silurium beginnende und durch das Devon bis ins Karbon reichende Geschichte (Abb. 23).

Das Unter-Devon im Rheinischen Schiefergebirge wird i. w. aus Grauwackensandsteinen, Quarziten und wechselnd sandigen, teils bunten Schiefertonen bei fehlendem oder geringem Karbonatgehalt aufgebaut. Dieser Anteil steigt im Mittel-Devon bei Verfeinerung des Kornes stark an, so daß Schiefertone, mergelige Flinzschiefer, Mergel und Kalke vorherrschen. Im höheren Mittel-Devon zeigen Stromatoporen-Korallen-Kalke („Massenkalk“), Laven, Tuffe und marine sedimentäre Eisenerze eine von Vulkanen durchsetzte Riffsee an. Mit anhaltendem Trend zu abnehmenden Mächtigkeiten prägen das Ober-Devon Schiefertone („Cypridinen-Schiefer“) und plattige Cephalopoden-Kalke, in die turbiditische Feinsandsteine eingeschaltet sein können.

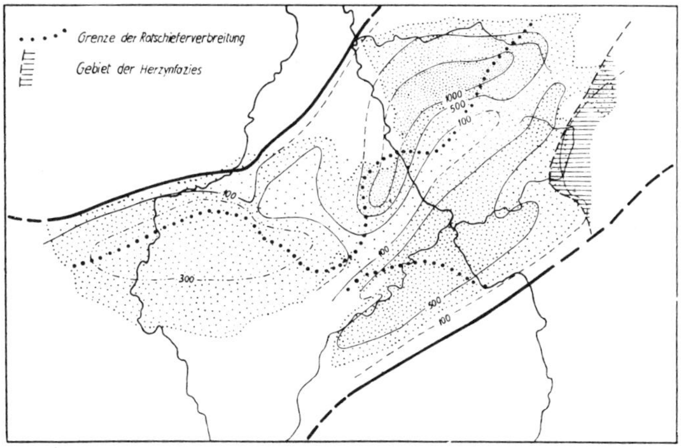

Abb. 23 Die rheinisch-ardennische Geosynkline im Ober-Ems. Dargestellt die Sedimentmächtigkeiten, das Vordringen der Rotschieferfazies ins Becken von dem nördlichen und südlichen Ufer aus, sowie die Verbreitung der Herzyn-Entwicklung (nach W. KEGEL und W. SCHMIDT)

Auf die älteste Überflutung im Unter-Devon (Gedinnium) folgte ein Meeres-Rückzug, der verbreitet fossilarme bunte Schiefertone hinterließ. Mit der Siegen-Stufe kehrte das Meer wieder zurück und drängte die Buntschiefer-Fazies i. w. auf den N' Randsaum der Geosynkline zurück. Die Trogtiefe lag in dieser Zeit im S' Teil des Schiefergebirges. Hier lagerte sich die mächtige Folge des in das Emsium hineinreichenden, durch seinen Reichtum an wohlerhaltenen Fossilien berühmten Hunsrück-Schiefer ab, der nach N mit den sandigen Siegen-Schichten, nach S mit dem hellen Taunus-Quarzit verzahnt ist. Der E-Rand des Schiefergebirges (Gießen, Kellerwald) wurde in die Absenkung nur zögernd einbezogen; das Unter-Devon kam hier in Herzyn-Fazies als dünne, lückenhafte, tonig-kalkige Abfolge zum Absatz.

Im Mittel-Devon kamen wie schon im Unter-Devon die gröberen Abtragungs-Massen des Old Red-Kontinents im NW, die feineren im mittleren Teil des heutigen Gebirges zur Ruhe. Gegen den Ostrand werden die Schichten wiederum geringmächtig und führen Kalklinsen mit herzynischer Fauna. Im höheren Mittel-Devon verflachte sich das Meer. Stromatoporen und Riff-Korallen, die in der Eifel schon während des unteren Mittel-Devon heimisch geworden waren, breiteten sich als Riff-Rasen und -Platten auf Schwellen über große Flächen des Troges aus („Massenkalke“). Die Riff-Kalke verzahnten sich beckenwärts mit einer Wechselfolge dunkler Schiefertone und Kalklagen, dem „Flinz“. Gelegentlich auftretende riff-detrische Bänke gehen auf Suspensions-Ströme zurück, durch welche Material von den Riff-Flanken ins Becken transportiert wurde. In Gebieten vulkanischer Tätigkeit, wie im Lahn-Dill-Becken und im Sauerland, verknüpfte sich der Flinz mit submarinen Diabas-Ergüssen und den Begleit-Tuffen, dem „Schalstein“. Aus Exhalationen schlugen sich die Roteisensteine nieder. Vor allem das „Grenzlager“ war im Lahn-Dill-Bezirk von wirtschaftlicher Bedeutung.

Im Ober-Devon verschärften sich mit der zunehmenden epirogenen Wellung des Trogbodens die Fazies-Gegensätze. Örtlich wuchsen die Massenkalk-Riffe auch während der Adorf-Zeit weiter; an ihre Flanken lehnten sich Plattenkalke, in den Becken setzten sich kieselige Schiefertone mit den letzten Tuff-Lagen ab. Im höheren Ober-Devon traten in entsprechender Weise dünne, plattige und knollige Cephalopoden-Kalke und mächtigere „Cypridinen“-Schiefer einander als Schwellen- und Beckenfazies gegenüber. Mit der stärkeren Krusten-Unruhe kündigte sich das Herannahen der oberdevonisch-karbonischen Faltungs-Bewegungen an. Bereits im jüngeren Ober-Devon stieg SE' der Linie Hunsrück-Taunus-Unterharz der Festlandsrücken der Mitteldeutschen Schwelle (S. 106) auf. Klastische Abtragungsmassen schalteten sich als plattige Sandsteine, bei Marburg und im Kellerwald auch als Grauwacken zwischen pelagische, kieselige und „Cypridinen“-Schiefer. Am Ende des Devon begann die Faltung im S' und mittleren Schiefergebirge, während in seinem N-Teil nur örtliche Diskordanzen und Fazieswechsel von den Ereignissen im Innengürtel des werdenden variszischen Orogens zeugen.

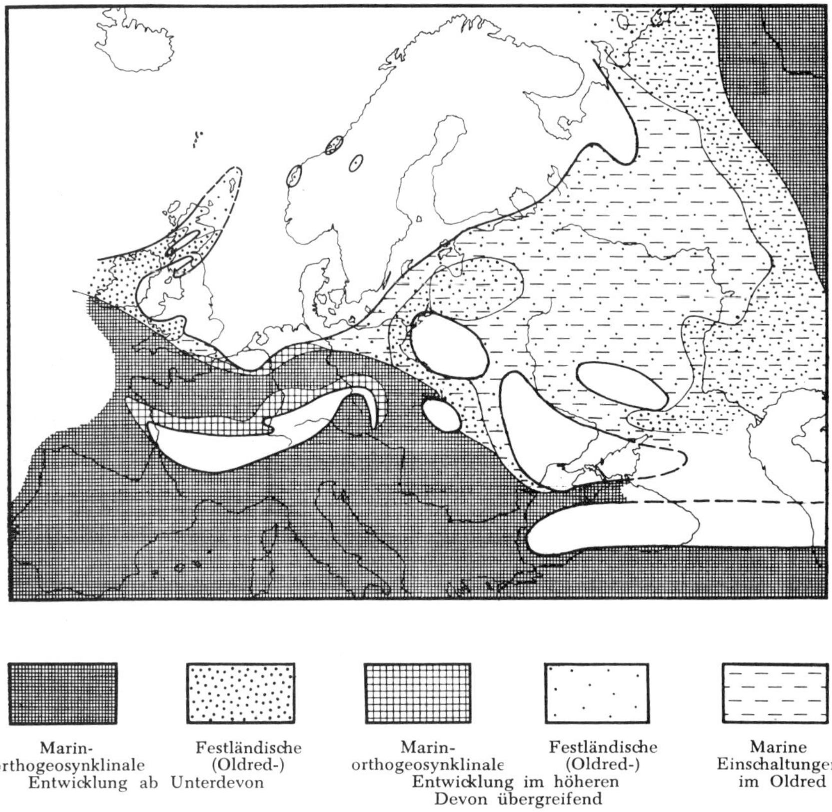

Abb. 24 Paläogeographie des Devon in Europa

Harz. Die Fazies-Zonen des Rheinischen Gebirges setzen sich im Streichen der ehemaligen Geosynkline nach E fort und sind, von kleineren Grundgebirgs-Aufragungen auf der Zwischenstrecke abgesehen, erst wieder im Harz und nochmals im Flechtinger Höhenzug bei Magdeburg erschlossen. Der Harz läßt eine Gliederung in drei geographische Einheiten erkennen mit jeweils recht verschiedenem Schichtbestand. Der NW (Ober-Harz) wird durch den Acker-Bruchberg-Zug, der sich vom Ostrand des Schiefergebirges (Hörre) über den Kellerwald bis zum Flechtinger Höhenzug bei Magdeburg verfolgen läßt, vom im SE anschließenden Mittel-Harz getrennt. Der etwa W-E verlaufende Grauwackenzug von Tanne trennt den Mittel-Harz vom weiter nach SE folgenden Unter-Harz ab.

Im Ober-Harz beginnt die Abfolge mit Oberems-Schichten rheinischer Fazies; das Liegende ist unbekannt. Über die Fazies der Wissenbach-Schiefer im Mittel-Devon führt die Abfolge letztlich zu mächtigeren „Cypridinen“-Schiefern in den Becken und zu geringmächtigen Cephalopoden-Kalken auf den Schwellen. Im Oberharzer Diabas-Zug liegen auf Wissenbach-Schiefer Schalsteine mit Diabasen und Roteisensteinen, sowie Stringocephalen-Kalk. Isoliert erscheint der mächtige Riffkalk vom Iberg-Winterberg; das Riff-Wachstum begann möglicherweise bereits in der Eifel-Stufe und reichte bis ins tiefere Ober-Devon (Frasne-Stufe). Im Acker-Bruchberg-Zug ist eine ober-devonische Abfolge von kieseligen Schiefern mit Grauwacken eng verschuppt.

Im Mittel-Harz ist in der Sieber-Mulde und in der Blankenburg-Elbingeröder Zone eine Vielfalt von Gesteinen erschlossen. Das Mittel-Devon zeigt eine mehr klastische, das Ober-Devon eine mehr kieselig-schiefrige Ausbildung. Im „Elbingeröder Komplex“ folgt auf fraglichen „Haupt-Quarzit“ und „Wissenbach-Schiefer“ eine Schalstein-Serie, darauf mächtiger Massenkalk mit Roteisenstein an der Basis; das Ober-Devon ist in Cephalopoden-Kalk- oder Schiefer-Fazies entwickelt. Dem Tanner Grauwacken-Zug geben mächtige Unterkarbon-Grauwacken das Gepräge; sie überlagern eine i. w. ober-devonische, kalkig-kieselig schiefrige Abfolge, die im höheren Ober-Devon Grauwakken mit *Cyclostigma* führt.

Über die Schichtenfolge und den Bau des Unter-Harzes gehen – wie auch für Teile des Mittel-Harzes – die Ansichten noch weit auseinander. Sein Südostrand gehört der phyllitischen Schieferhülle der Mitteldeutschen Kristallin-Schwelle an (Metamorphe Zone von Wippra). Als Ältestes ist hier neuerdings Ordovizum durch Phytoplankton nachgewiesen worden, nachdem derart alte Schichten schon früher nach lithofaziellen Vergleichen vermutet wurden. Die auflagernden phyllitischen Tonschiefer enthalten Herzynkalk-Linsen, in denen durch Conodonten insbesondere Unter- und Ober-Devon belegt sind. Für die Südharz- und Selke-Mulde sind im Mittel-Devon Quarzite, in der Givet-Stufe und im älteren Ober-Devon schiefrig-tuffitische Abfolgen mit Diabasen (Stiege-Schichten) kennzeichnend. Im jüngeren Ober-Devon und ältesten Unter-Karbon folgen flyschartige kieselige und bunte Schiefer sowie Grauwacken (Südharz- und Tanne-Grauwacken), die sich von der erneut aufsteigenden Mitteldeutschen Schwelle herleiten lassen. In der Harzgeröder Faltenzone ist Silurium verbreitet; die folgenden Devon-Schichten weisen nur geringe Dicken auf und sind meist in herzynischer Fazies entwickelt, die nach dem Unter-Harz ihren Namen erhielt. Vielfach liegen die silurisch-devonischen Gesteine hier, wie auch in Teilen des Mittel-Harzes, in Form von „Linsen“ oder „Schuppen“ in schiefrigen Hüllgesteinen vor. Die oft chaotische Lagerung wurde durch die Annahme mächtiger Schlammstrom- (Olisthostrom-) Bildungen erklärt, die von der Mitteldeutschen Schwelle stammen sollen (zuletzt SCHWAN 1974). Andere Autoren hingegen deuten die Resedimente als lokale, intrageosynklinale Erscheinungen gegen Ende des Devon und führen die komplizierte Lagerung der Gesteine in der Harzgeröder und Blankenburger Zone auf eine strukturbestimmende, intensive Schertektonik im Liegenden der Flyschserien zurück (vgl. u. a. LÜTKE 1978, 1984; LÜTKE & KOCH 1983). Die Südharz- und Selke-Einheiten werden von den meisten Autoren heute wieder als tektonische Decken gedeutet.

In Mittel- und E-Deutschland, Polen und Teilen der Tschechoslowakei wurde im Bereich „Saxobohemias“ die Sedimentation und Tektonik durch ältere, präkambrisch konsolidierte Blöcke im Untergrund stark beeinflußt. Zwischen solchen Blöcken senkten sich in altpaläozoisch-variszischer Zeit schmale Tröge ein mit eigener, „saxotyper“ Entwicklung (BRAUSE 1970).

Im Frankenwald, Thüringisch-Vogtländischen Schiefergebirge und in Teilen von Sachsen dauerte die Sedimentation von geringmächtigem Graptolithen-Schiefer aus dem Silurium bis ins Unter-Devon an. Zwei Fazies stehen sich hier gegenüber (vgl. S. 77, 92): Die Thüringische Fazies (Frankenwald bis Vogtland) ist durch ein geringmächtiges lückenloses Unter- und Mittel-Devon gekennzeichnet; epirogene und schwache Faltungs-Bewegungen kurz vor dem Ober-Devon („reussische Phase") führten zu deutlichem Fazieswechsel: Diabase, Tuffe, Konglomerate, Rifflinsen und Roteisenflöze im Mittel-Devon, Tonschiefer und Grauwacken im Ober-Devon, das auf Silurium oder Älteres übergreifen kann. Die Bayerische Fazies (Münchberger Masse, Frankenberger Zwischengebirge, Lausitz) zeigt ein ähnlich aufgebautes, jedoch oft Kieselschiefer führendes Ober-Devon, das ebenfalls auf Älteres übergreift; das Unter- und Mittel-Devon fehlt meist oder ist ganz lückenhaft ausgebildet.

In E-Deutschland und Polen schwenkte die Variszische Geosynkline in weitem Bogen um die Böhmische Masse i. w. S. („Saxobohemia" sensu BRAUSE 1970) nach S um. Anfangs war diese Meeresstraße schmal, während des Devon verbreiterte sie sich beträchtlich. In den E-Sudeten und im N-Abschnitt des Heiligkreuz-Gebirges (Lysa Gora) herrschte eine durchgehende Sedimentation vom Silurium ins Unter-Devon. In von kaledonischen Bewegungen (vgl. S. 90) beeinflußten Gebieten begann die Ablagerung devonischer Schichten erst nach einer mehr oder weniger langen Lücke: Im S-Abschnitt des Heiligkreuz-Gebirges (Kielce) erst in der Siegen-Stufe (nicht-marin) und der Oberems-Stufe (marin); in weiten Teilen der W-Sudeten erst im Ober-Devon, wo im klassischen Profil von Ebersdorf oberdevonisch-unterkarbone Cephalopoden-Kalke transgredieren. Mähren sank ab der Givet-Stufe unter Wasser; die rheinische Karbonat-Fazies (z. T. typische Massenkalke) setzte sich bis ins Unter-Karbon fort.

Im Oberrhein-Gebiet ist die Erweiterung des variszischen Geosynklinal-Raumes im Lauf des Devon gleichfalls augenfällig. Während die S-Küste des Schiefergebirgs-Trogs im Unter-Devon wenig S' von Hunsrück und Taunus gelegen haben muß, erreichte das Meer im Mittel-Devon die N-Vogesen, im Mittel?-Ober-Devon den S-Schwarzwald, das Gebiet um Belfort und das N' Zentral-Massiv (Morvan). Das Mittel-Devon ist ausgesprochen landnah als Grauwacken und Konglomerate mit Riff-Kalken und Tuff-Einlagerungen ausgebildet. Im Ober-Devon herrschen feinkörnig-schiefrige Ablagerungen vor.

Böhmen. Die Meeres-Bewegungen vollzogen sich im Innern der Böhmischen Masse abweichend von ihrem Außenrand. Im seit den Untersuchungen J. BARRANDES (1799–1883) klassischen „Barrandium" (Mulde von Prag) setzen sich die silurischen Ablagerungen ohne Unterbrechung ins Devon fort; für die neugefaßte Silurium/Devon-Grenze liefert das Gebiet wichtige Grundlagen (vgl. CHLUPAC 1972), ebenso für die Kennzeichnung der unter-devonischen Stufen in der böhmischen Ausbildung. Deren Gleichstellung mit den Stufen der rheinischen Fazies ist allerdings noch ganz unbefriedigend und derzeit in vollem Fluß (vgl. CARLS, GANDL, GROOS-UFFENORDE, JAHNKE & WALLISER 1972). Dunkle Schlammkalke des älteren Unter-Devon der böhmischen (herzynen) Fazies, Trilobiten-Brachiopoden-Graptolithen führend, sowie helle Riff-Kalke (Konjeprusy), wurden später von Knollenkalken und Mergelschiefer abgelöst. In der Givet-Stufe zog sich das Meer mit Schiefertonen und pflanzenführenden Sandsteinen aus dem Gebiet völlig zurück.

S-Europa. Die böhmische Bucht öffnete sich in das S-europäische Devon-Meer, dessen Gegenküste in N-Afrika lag. Das Devon der E-Alpen steht dem böhmischen in Fazies und Fauna nahe. In den Karnischen Alpen und bei Graz sind die Berggipfel aufgebaut aus bis zu 1000 m anschwellenden, dem Silurium konkordant auflagernden Riff-Kalken. Gleichaltrige Kalke der Grauwacken-Zone sind durch Metasomatose in Siderit zu wertvollen Eisenerz-Lagerstätten umgewandelt worden (z. B. Erzberg in der Steiermark). Auch in der Montagne Noire und auf der Iberischen Halbinsel ist das Devon vielfach kalkig ausgebildet. In Spanien (z. B. Kantabrisches und Keltiberisches Gebirge) kam es zu vielfältiger Verzahnung rheinischer und herzynischer Fazies; die zunehmend genauere Kenntnis spanischer Profile hat zu wesentlich neuen Anschauungen geführt über bisher unbestrittene Alters-Einstufungen unter-mitteldevonischer Schichten z. B. Böhmens (Übersicht 6). Die Vorkommen in Marokko und auf der N-afrikanischen Wüstentafel nehmen ein um so stärker rheinisches Gepräge an, je näher sie der ehemaligen Küste lagen.

Britische Inseln. W' der Ardennen tritt der Nordrand der Variszischen Geosynkline wieder zutage und läßt sich von da bis nach S-Irland verfolgen. In Cornwall und Devonshire sind das älteste Unter-Devon und seine Unterlage unbekannt. Kontinentale, dann marine Schichten rheinischer Fazies kennzeichnen das Unter- und Mittel-Devon, Schiefer mit vulkanischen Einlagerungen das Ober-Devon. Weiter im NE überwiegt die kontinentale Fazies zunehmend mehr; die äußersten Vorstöße marinen Devons reichten bis S-Wales.

N' des Küstensaumes lag das Old Red-Festland. Zu Beginn des Devon waren die Beweglichkeit der Kruste und die magmatische Tätigkeit im Bereich des früheren Kaledonischen Trogs noch keineswegs erloschen. Die Sedimentation des Old Red kann daher als „spät-orogen“ im Ablauf der Kaledonischen Orogenese aufgefaßt werden. Besonders die älteren Abschnitte der Old Red-Periode waren noch unruhig. Dem Streichen des Gebirges folgende Sammelmulden nahmen bis 7000 m mächtige, meist grobkörnige, aus der unmittelbaren Umgebung geschüttete Sedimente auf. Mehrere Diskordanzen, besonders zu Beginn des Old Red, etwa in der Givet-Stufe und im Ober-Devon, gliedern die Ablagerungen. Im Gefolge der jüngstsilurisch-ältestdevonischen Bewegungen stiegen in Schottland und N-England die „Newer Granites“, stellenweise auch Alkali-Syenite auf, mit denen ein ausgedehnter, vorwiegend andesitischer Vulkanismus verknüpft war. In Groß-Britannien hörten die Eruptionen im Mittleren und Oberen Old Red auf, während sie andernorts (z. B. auf Grönland) weit ins Obere Old Red hineinreichten.

Die Sedimente des Old Red bestehen aus Konglomeraten, roten Arkosen, Sandsteinen und Siltsteinen; Schrägschichtung, Rippeln, Trockenrisse und spärliche Fossilführung deuten auf fluviatil-limnische Entstehung unter halbtrockenem Klima im älteren Old Red, während Windkanter, Kalk- und Kieselkrusten im jüngeren Old Red eine verschärfte Aridität anzeigen. Die „externe Fazies“ des Old Red wurde auf Küstenebenen abgelagert; sie läßt sich zwischen den Abtragungs-Gebieten und der marinen Fazies des Devon als breitem Gürtel vom S' Groß-Britannien über die N' Ardennen und Rheinlande bis ins E' Baltikum verfolgen. Die „interne Fazies“ ist auf die meerfernen, inneren Becken des Gebirgsgürtels beschränkt; sie läßt keine Verzahnung mit marinen Ablagerungen erkennen. Die nahezu einzigen Fossilien des Old Red sind Pflanzen, Eurypteriden und Panzerfische. Letztere finden sich hauptsächlich in plattigen Kalksandsteinen und bituminösen Mergeln, die in Lagunen, Seen oder auch in Überschwemmungs-Ebenen entstanden sein dürften.

N- und E-Europa. Im Gegensatz zu den Britischen Inseln blieb das Kaledonische Gebirge auf skandinavischem Boden im Aufsteigen und nahm auch das schwedisch-finnische Vorland mit empor. Es entstand der zusammenhängende Block Fennoskandien. Die Schuttmassen, die von diesem bis in die Gegenwart aufsteigenden Hochgebiet geliefert wurden, sammelten sich örtlich in einzelnen Old Red-Becken W-Norwegens. Die Hauptmasse aber überschüttete die E-europäische Plattform mit den teils festländischen, teils flach-meerischen Ablagerungen des ostbaltisch-russischen Old Red. Der E' und S' Rand der kristallinen Plattform gegen die Ural-, Kaukasus- und variszische Geosynkline wurde schon ab dem tieferen Devon teils durch rein marine, teils durch stärker kontinental beeinflußte Sedimente überdeckt. Im Kerngebiet dürfte das Unter-Devon weitgehend fehlen, weite Bereiche waren landfest.

Arktis. Nach N dehnte sich das Old Red-Land bis in die Arktis aus. In W-Spitzbergen ist Unteres bis Mittleres Old Red, in E-Grönland und der kanadischen Arktis Mittleres und Oberes Old Red in mehreren 1000 m bunter Sandsteine mit der gleichen Fauna und Flora wie auf den Britischen Inseln bekannt. Als wichtige Funde lieferten sie Reste der ältesten Amphibien.

In **Asien** hatte die Kaledonische Orogenese gleichfalls zu einer ausgedehnten Landwerdung geführt. Im Unter-Devon blieben zwischen den Landgebieten nur verhältnismäßig schmale Senkungsräume bestehen (z. B. Ural, Kaukasus, NE-Sibirien). Im Lauf des Mittel-Devon, besonders im Givet, sowie im Ober-Devon griffen die Meere aus den Senkungszonen weit auf die ehemaligen Landflächen über. Die reiche Gliederung dieses Raumes findet ihren Ausdruck in mehreren unterscheidbaren marinen Faunen-Provinzen.

N-Amerika wurde durch die Kaledonische Gebirgsbildung nicht derart tiefgreifend umgestaltet wie N-Europa. In der Umrandung des Kanadisch-Grönländischen Schildes bestanden die alt-paläozoischen Senkungsräume auch während des Devon. In der Appalachen-Geosynkline wurde im Devon ein mächtiger Gesteinsstapel abgelagert. Im Unter-Devon und tieferen Mittel-Devon herrschen Kalke vor, im höheren Devon treten dunkle Schiefer stärker in Erscheinung. Durch die Takonische Faltung (S. 87) war ein atlantisches „borderland“ geschaffen worden, das später durch die mittel-devonische Acadische Faltung verbreitert und erneut kräftig gehoben wurde. Mächtige buntgefärbte Delta-Ablagerungen in Old Red-Fazies („Catskill“) wurden in den verschmälerten Trog geschüttet. Meerwärts (nach W) verzahnten sie sich mit den nunmehr miogeosynklinalen Ablagerungen des verflachten Troges. Die Appalachen sind das klassische Gebiet des N-amerikanischen Devon, die Abfolge im „New York State“ gilt als Standard, auf den die erst später genauer bekannt gewordenen Gebiete bezogen werden. Unter diesen spielen das W' und arktische N-Amerika eine besondere Rolle, jedenfalls im Unter-Devon. Durchlaufende Profile vom Silurium in das Unter-Devon in Brachiopoden-Graptolithen-Fazies ergänzen die europäischen Standard-Profile und ermöglichen gesicherte Vergleiche, die aus der Appalachen-Abfolge bis heute noch nicht befriedigend genau möglich sind. Auf der Kanadischen Plattform gehorchten die Meeresbewegungen einem ähnlichen Rhythmus wie in Europa, besonders der Russischen Plattform. Einer starken Einengung um die Wende Silur/Devon – örtlich haben die verursachenden Bewegungen bis zu Diskordanzen geführt (‚salinic disturbance‘) – folgte eine Überflutung mit dem Höhepunkt in der Givet-Zeit mit weitverbreiteten Stringocephalen-Kalken; darauf ein erneuter Rückzug.

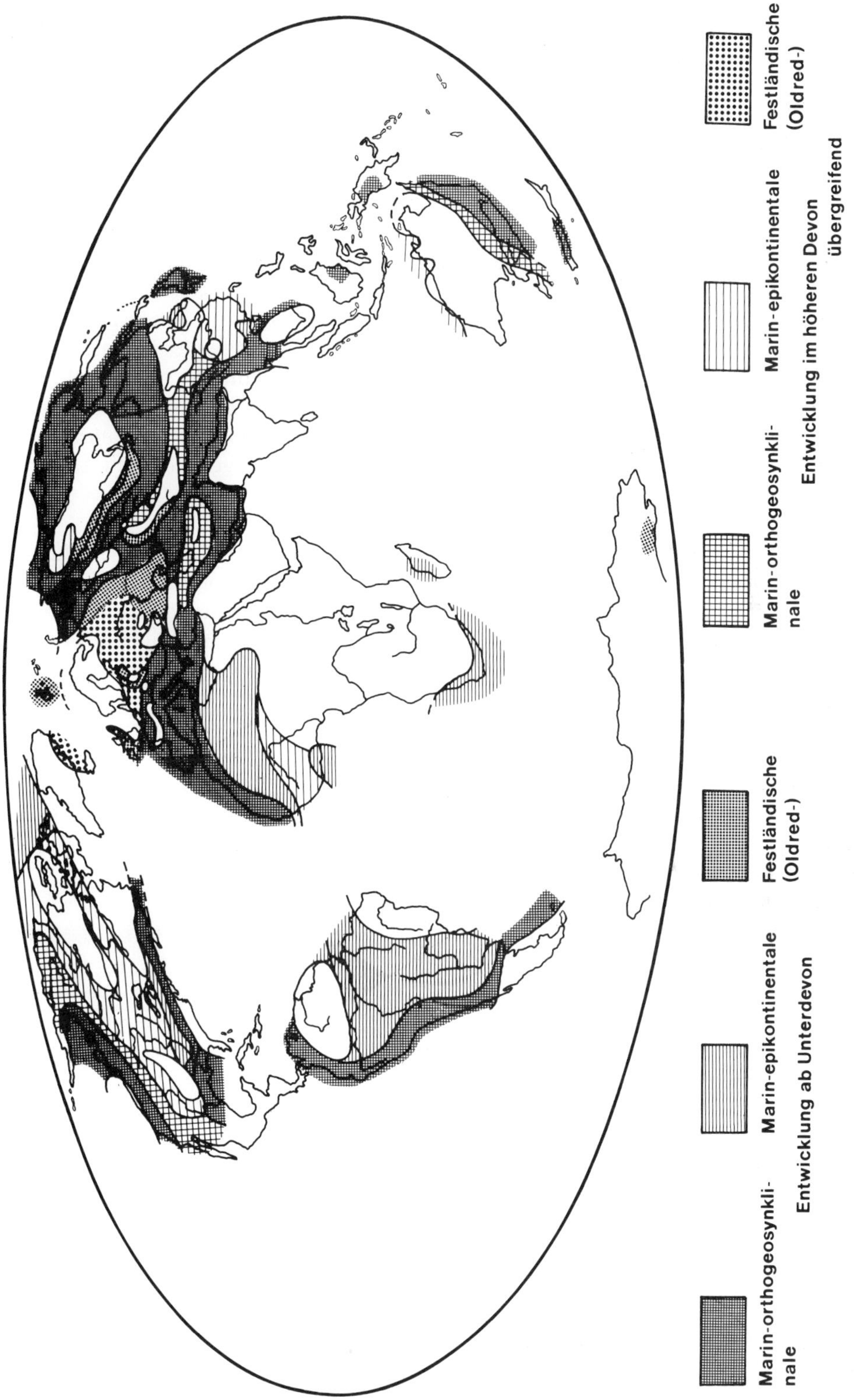

Abb. 25 Paläogeographie des Devon

Südhalbkugel. Die brasilisch-afrikanische Festlands-Masse setzte ihre gemeinsame erdgeschichtliche Entwicklung im Devon fort. Sowohl im andinen als auch außer-andinen S-Amerika folgt das Devon dem Silurium meist konkordant. Dunkle, oft bituminöse Schiefertone, Sandsteine an der Basis, kennzeichnen das Unter- und Mittel-Devon; das Ober-Devon fehlt häufig oder ist zumindest nicht durch Fossilien nachgewiesen. In S-Afrika wird die Kap-Supergruppe besonders aus quarzitischen Sandsteinen aufgebaut, die vom Ordovizium (Kambrium?) bis ins Unter-Karbon reichen; ihr devonischer Anteil enthält in der Bokkeveld-Gruppe faunenreiche, schiefrige Horizonte, die zum Unter-Karbon überleitende Witteberg-Gruppe dagegen wieder mehr Sandsteine und Quarzite. Von Antarktika werden zunehmend mehr devonische, flachgelagerte oder auch gefaltete Ablagerungen bekannt. Unter-devonische Sandsteine und Quarzite haben anscheinend eine größere Verbreitung als das schiefertonige Lagen enthaltende jüngere Devon. Bemerkenswert sind ober-devonische Schichten mit einer Fischfauna, welche die nordamerikanisch-europäischen Gattungen *Bothriolepis* und *Holoptychius* enthält. Das Unter-Devon läßt sich durch die Brachiopoden-Gattungen *Australospirifer* und *Pleurothyrella* der „Malvino-kaffrischen“ Faunen-Provinz (S. 126) der Südhalbkugel zuordnen, zu der das mittlere bis südliche S-Amerika und S-Afrika gehört.

Weite Verbreitung hat das Devon in **Australien.** Entweder liegen lückenlose Silurium/Devon-Profile vor, oder die devonische Abfolge setzte infolge orogener Bewegungen im Unter- oder Mittel-Devon erst verspätet ein. Auf Neuseeland tritt die unterdevonische Malvino-kaffrische Provinz mit derjenigen der Alten Welt in Verbindung, zu der das australische Devon einschließlich Tasmanien gerechnet werden kann.

Organischer Inhalt (Tafel 10–16 und 26)

Fauna. Im Devon ist das Neu-Erscheinen bzw. Aussterben der folgenden Taxa (Tab. 7) zu verzeichnen („Fische“ = Agnathen und Gnathostomen, in etwas vereinfachter Gliederung):

Tabelle 7 Tierische Organismen des Devon

Stamm	Klasse	Ordnung
Tentaculata : * (?) Phoronoidea : Brachiopoda	: Articulata	: † Pentamerida : * Terebratulida
Articulata : Arthropoda : Trilobitomorpha	: † Trilobitoidea : Trilobita	: † Phacopida : † Lichida : † Odontopleurida
: Chelicerata	: Arachnida	: * Acarida : * Trigonotarbida : * Araneida
: * Pycnogonida : Branchiata (= Diantennata)	: Crustacea : * Branchiopoda	: * Acercostraca : * Conchostraca

Tabelle 7 (Fortsetzung)

Stamm	Klasse	Ordnung	
Articulata			
: Arthropoda			
: Branchiata	: Crustacea		
(= Diantennata)	: * Branchiopoda	: * Anostraca	
		: * † Lipostraca	
	: Ostracoda	: † Leperditicopida	
	: Malacostraca	: * Eocarida	
: Tracheata	: * Insecta	: * Collembola	
(= Antennata)	: * Pterygota		
Mollusca			
: Conchifera	: Gastropoda		
	: Prosobranchia	: Archaeogastropoda	: * Neritopsina
		: Caenogastropoda	: * Cerithiacea
	: Bivalvia		
	: Cryptodonta	: * Solemyoida	
	: Pteriomorphia	: * Mytiloida	
	: Palaeoheterodonta	: * Unionoida	
		: * Trigonioida	
	: Cephalopoda		
	: Nautiloidea	: † Discosorida	
		: † Barrandeocerida	
		: * Nautilida	
	: * Ammonoidea	: * † Anarcestida	
		: * † Clymeniida	
		: * Goniatitida	
		: * Prolecanitida	
Mollusca (?)	: † Calyptoptomatida		
Mollusca (?)	: † Cricoconarida		
	: † Tentaculitida		
	: † Dacryoconarida		
: Hyolitha			
Echinodermata			
: † Homalozoa (= Carpoidea)	: † Machaeridia		
	: † Stylophora (= Calcichordata)		
	: † Homoiostelea		
: Crinozoa	: † Cystoidea		
: Echinozoa	: † Ophiocistioidea		
	: † Cyclocystoidea		
	: * Holothuroidea		
	Hemichordata		
	: Graptolithina	: Graptoloidea	: † Monograptina
Chordata			
: Vertebrata	: Agnatha		
	: Cephalaspidomorpha	: † Osteostraci	
		: † Anaspida	
		: † Heterostraci	
	: † Pteraspidomorpha		
	: † Thelodonti		

Tabelle 7 (Fortsetzung)

Stamm	Klasse	Ordnung
Chordata		
: Vertebrata	: Gnathostomata (Pisces)	
	: Teleostomi	
	: Osteichthyes	: *Actinopterygii (s. a. Silurium)
		: *Dipnoi
		: *Crossopterygii
	: Elasmobranchiomorphi	
	: *Placodermi (s. a. Silurium)	: (*sämtliche Ordnungen)
	: Chondrichthyes	
	: *Elasmobranchii : *Holocephali	: (*zahlreiche Ordnungen)
	: Amphibia	
	: *Labyrinthodontia	: *Ichthyostegalia

Die Wirbellosen-Fauna stand der des Silurium recht nahe; Korallen, Brachiopoden, Trilobiten, Ostracoden, Mollusken und Conodonten, sowie die Graptolithen (nur Unter-Devon) sind die verbreitetsten Fossilien. Neben ihnen gewannen die Fische an Bedeutung.

Einzeller (Protozoa). Die Foraminiferen blieben immer noch unbedeutend, doch ist von der Givet-Stufe an ein deutlicher Anstieg zu beobachten. Bereits im Ober-Devon bereitete sich ihr erster Entwicklungs-Höhepunkt im Karbon vor.

Schwämme (Porifera). Kieselschwämme kamen seltener vor als etwa im Ordovizium, jedoch ist die Sonderentfaltung der Lyssakida *(Hydnoceras, Dictyospongia)* im N-amerikanischen Devon erwähnenswert. Stromatoporen *(Stromatopora, Actinostroma, Stachyodes, Amphipora)* lebten mit den **Coelenteraten:** Rugosa und Tabulata *(Favosites, Heliolites, Thamnopora, Alveolites, Aulopora)* wie im Silurium in Riff-Gemeinschaft. Die älteren Gattungen dauerten im wesentlichen fort; neu und für das sandige Unter-Devon bezeichnend ist die Tabulate *Pleurodictyum.* Die Rugosa bildeten stärker als zuvor Korallen-Stöcke *(Cyathophyllum, Columnaria, Phillipsastrea)*, doch sind kegelförmige *(Heliophyllum, Acanthophyllum, Stringophyllum, Digonophyllum)* oder knopfförmige *(Hadrophyllum, Microcyclus)* sowie mit Deckel versehene Einzel-Korallen verbreitet *(Calceola).*

Brachiopoden. Die Hornschaler wurden völlig von den schloßtragenden Kalkschalern überflügelt, unter denen diejenigen mit spiralig-kalkigem Armgerüst in den Vordergrund traten: Spiriferida *(„Spirifer"* im weiten Sinne, *Atrypa, Anoplotheca, Athyris).* Neben ihnen seien hervorgehoben: Orthida *(Aulacella, Schizophoria, Tropidoleptus)*, Strophomenida *(Stropheodonta, Douvillina, Davidsonia, Schellwienella, Chonetes, Productella)*, Pentamerida *(Gypidula, Clorinda)*, Rhynchonellida *(Uncinulus, Hypothyridina, Camarotoechia)* und die Terebratulida *(Stringocephalus, Uncites, Rensselandia, Rhenorensselaeria, Mutationella, Etymothyris, Nanothyris, Amphigenia).*

Bryozoen sind in manchen Fazies häufig.

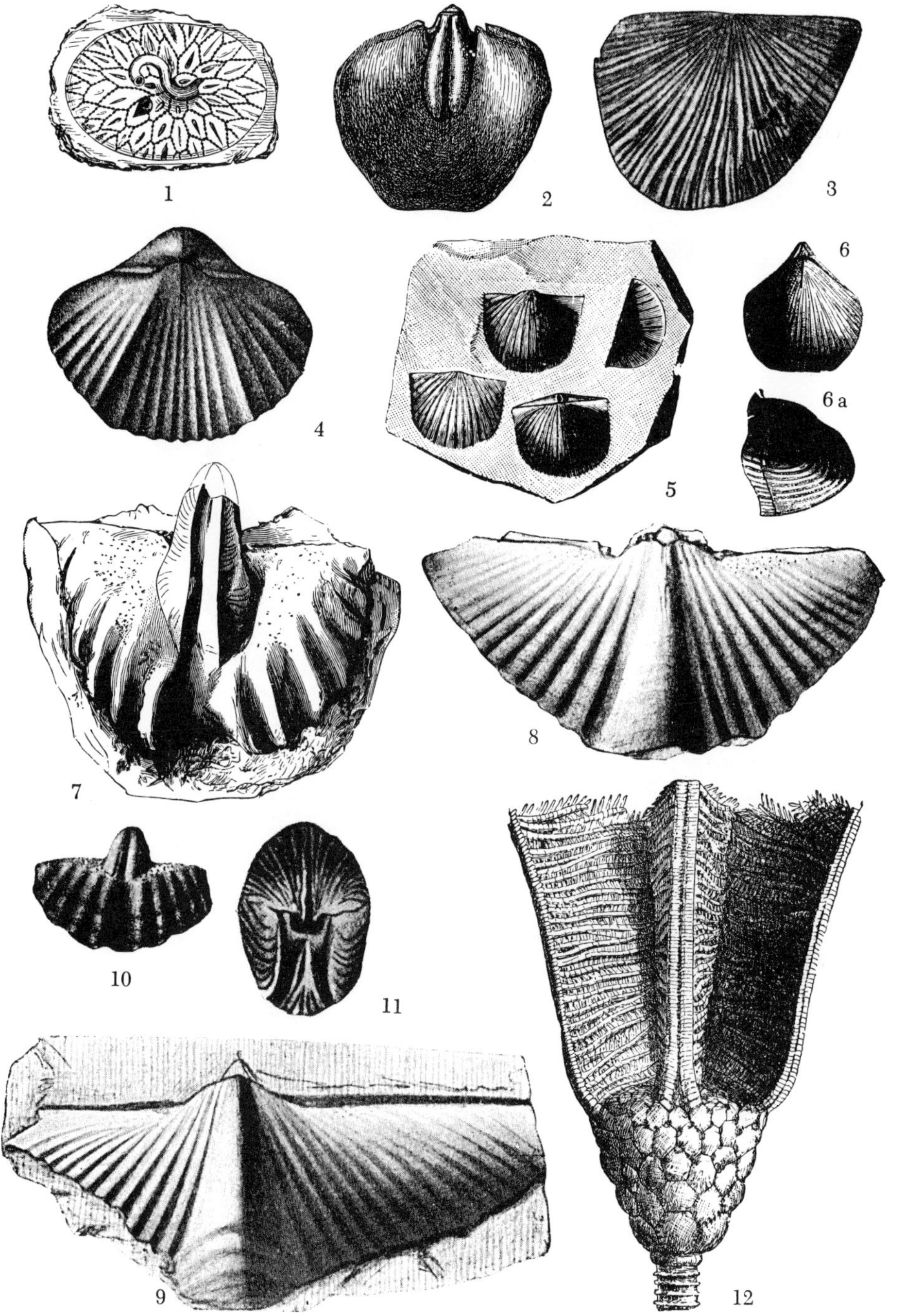

Anthozoe: 1. *Pleurodictyum problematicum* GOLDF. – **Brachiopoden:** 2. *Proschizophoria vulvaria* (SCHLOTH.). – 3. *Stropheodonta sedgwicki* (D'ARCH. & DE VERN.). – 4. *Sieberella sieberi* (V. BUCH). – 5. *Plebejochonetes plebejus* SCHNUR. – 6. *Glossinulus henrici* (BARR.). – 7. *Acrospirifer primaevus* (STEIN.), Stielklappe. – 8. *Euryspirifer paradoxus* (SCHLOTH.), Armklappe. – 9. *Euryspirifer pellico* (D'ARCH & DE VERN.), Armklappe. – 10. *Arduspirifer arduennensis* (SCHNUR), Stielklappe. – 11. *Rhenorensselaeria crassicosta* (KOCH). – **Crinoide:** *Ctenocrinus typus* BRONN.

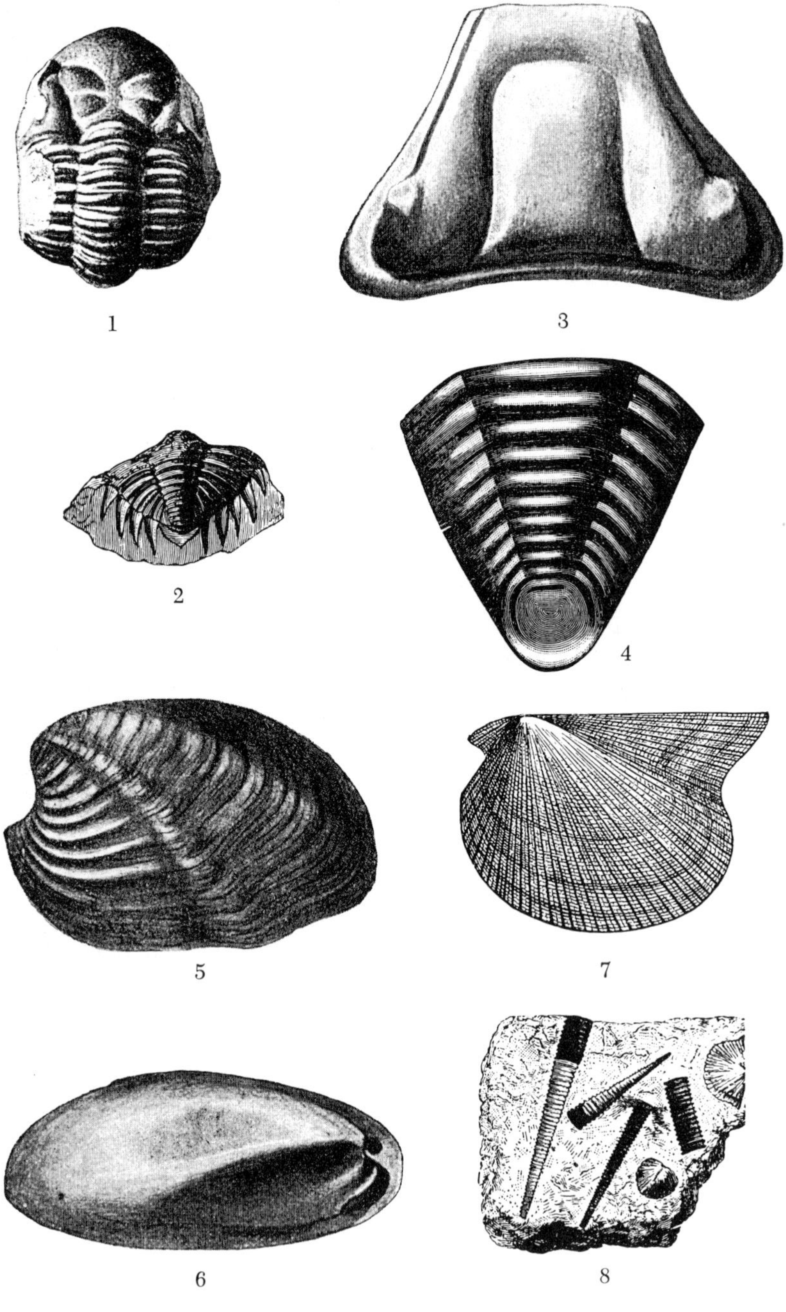

Trilobiten: 1. *Kayserops kochi* (KAYSER). – 2. *Treveropyge rotundifrons* (EMMR.). – 3. *Burmeisteria rhenana* (KOCH), Kopfschild. – 4. *Burmeisteria crassicauda* (SANDB.), Schwanzschild. – **Bivalvier:** 5. *Grammysia hamiltonensis* DE VERN. – 6. *Modiomorpha carinata* MAURER. – 7. *Pterinea lineata* GOLDF. – **Mollusca (?), Cricoconaride:** 8. *Tentaculites schlotheimi* KOK.

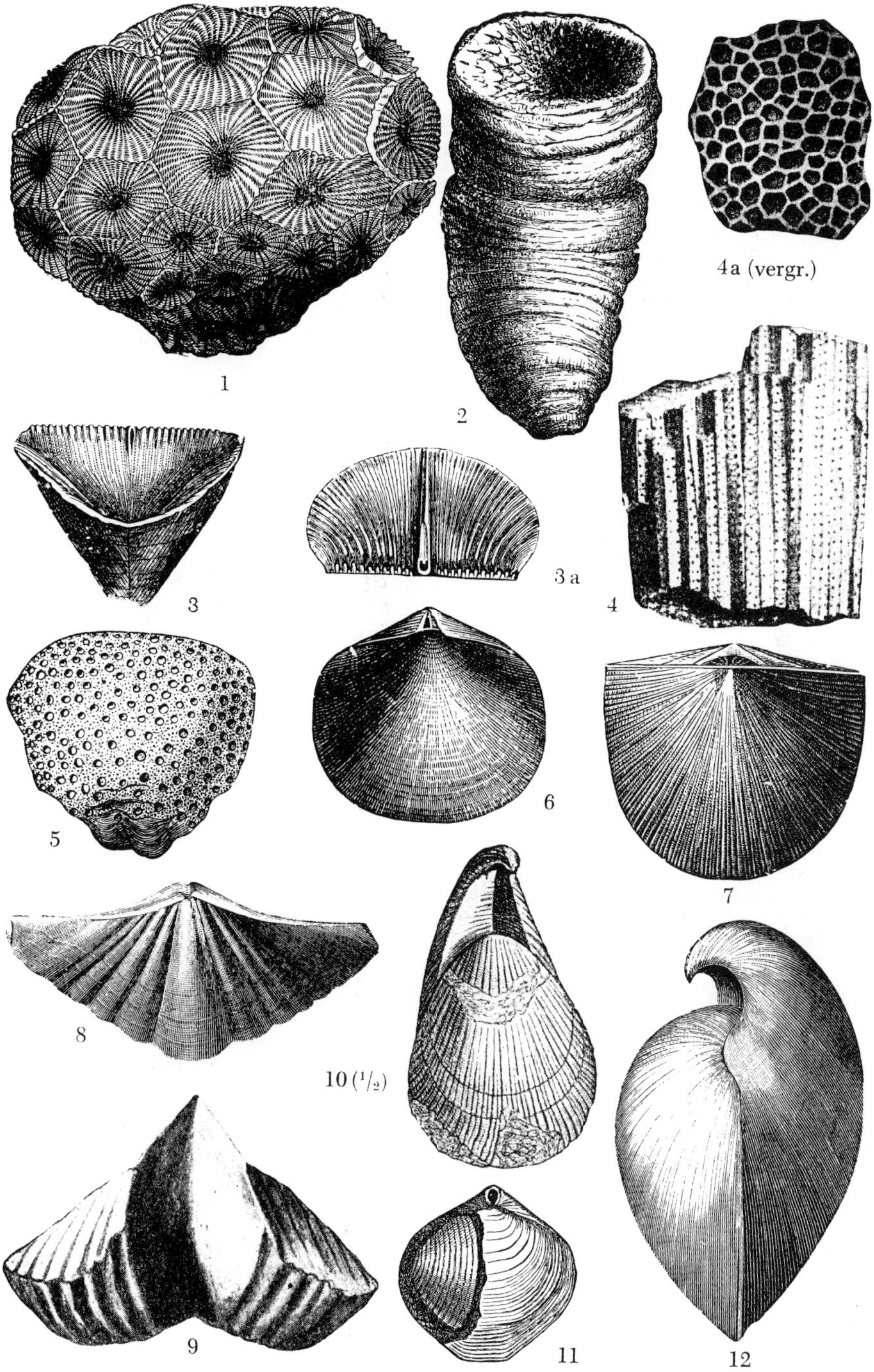

Anthozoen: 1. *Hexagonaria hexagona* (GOLDF.). – 2. *Cystiphylloides vesiculosum* (GOLDF.). – 3. *Calceola sandalina* (L.) (3a = Deckel). – 4. *Favosites goldfussi* D'ORB. (4a = Oberfläche, vergr.). – 5. *Heliolites porosus* (GOLDF.). – **Brachiopoden:** 6. *Schizophoria striatula* (SCHLOTH.). – 7. *Xystostrophia umbraculum* (SCHLOTH.). – 8. *Arduspirifer intermedius* (SCHLOTH.). – 9. *Paraspirifer cultrijugatus* (F. ROEMER). – 10. *Uncites gryphus* (SCHLOTH.). – 11. *Athyris concentrica* (v. BUCH). (Dorsalschale z. T. entfernt, spiraliges Brachidium sichtbar). – 12. *Stringocephalus burtini* DEFR.).

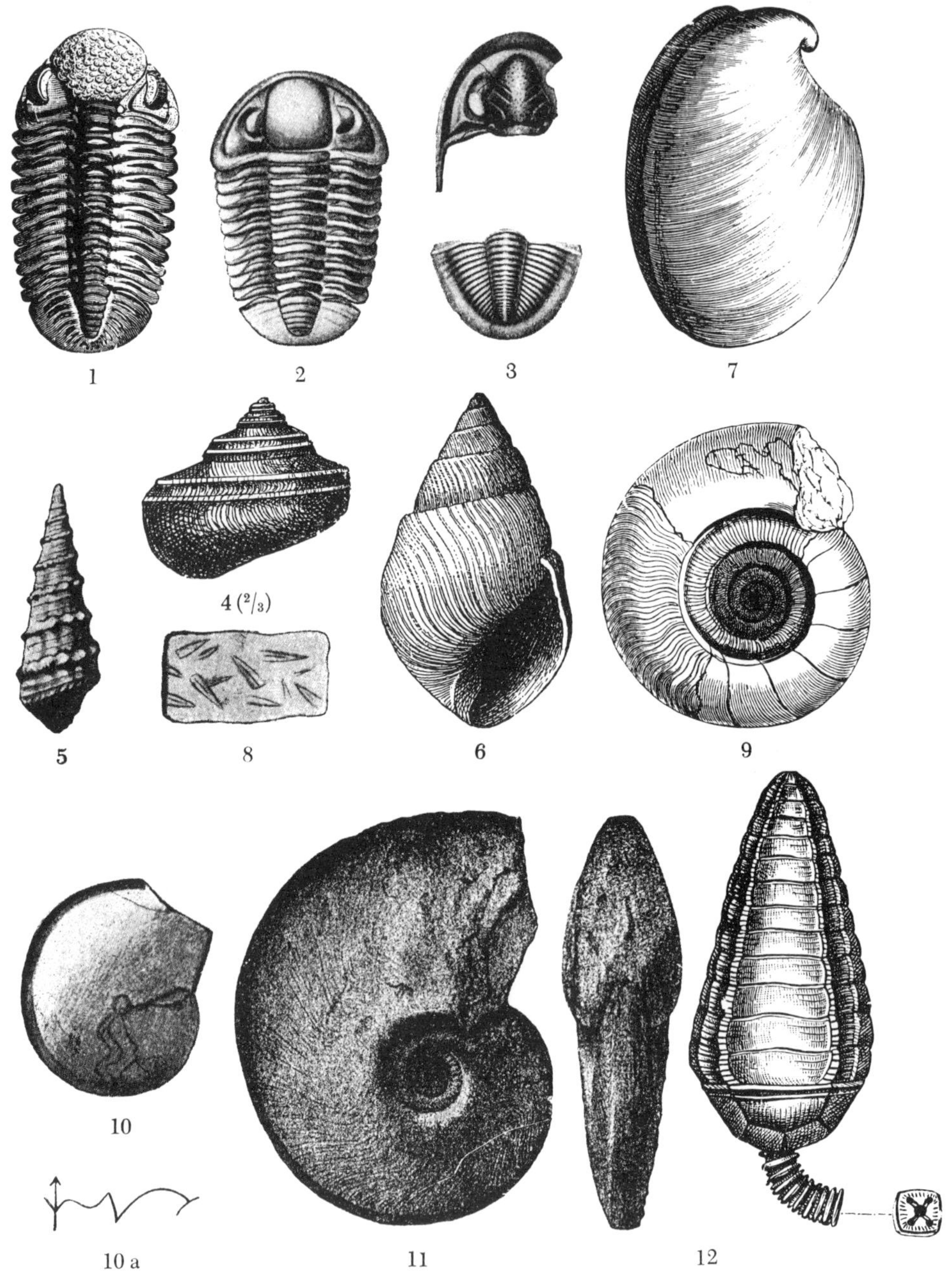

Trilobiten: 1. *Phacops schlotheimi* (Bronn). – 2. *Proetus cuvieri* Stein. – 3. *Dechenella burmeisteri* Rud. Richt. Kopf- und Schwanzschild. – **Gastropoden:** 4. *Euryzone delphinulinoides* (Schloth.). – 5. *Murchisonia binodosa* D'Arch. & De Vern. – 6. *Soleniscus subcostatus* Schloth. – **Bivalvier:** 7. *Megalodon (Eumegalodon) cucullatus* J. Sow. – **Dacryoconaride:** 8. *Styliolina laevis* Richt. – **Cephalopoden:** 9. *Anarcestes lateseptatus* Beyr. – 10. *Maenioceras terebratum* Sandb. (10a = Lobenlinie). – 11. *Agoniatites inconstans* Phill. – **Crinozoe:** 12. *Cupressocrinites crassus* Goldf.

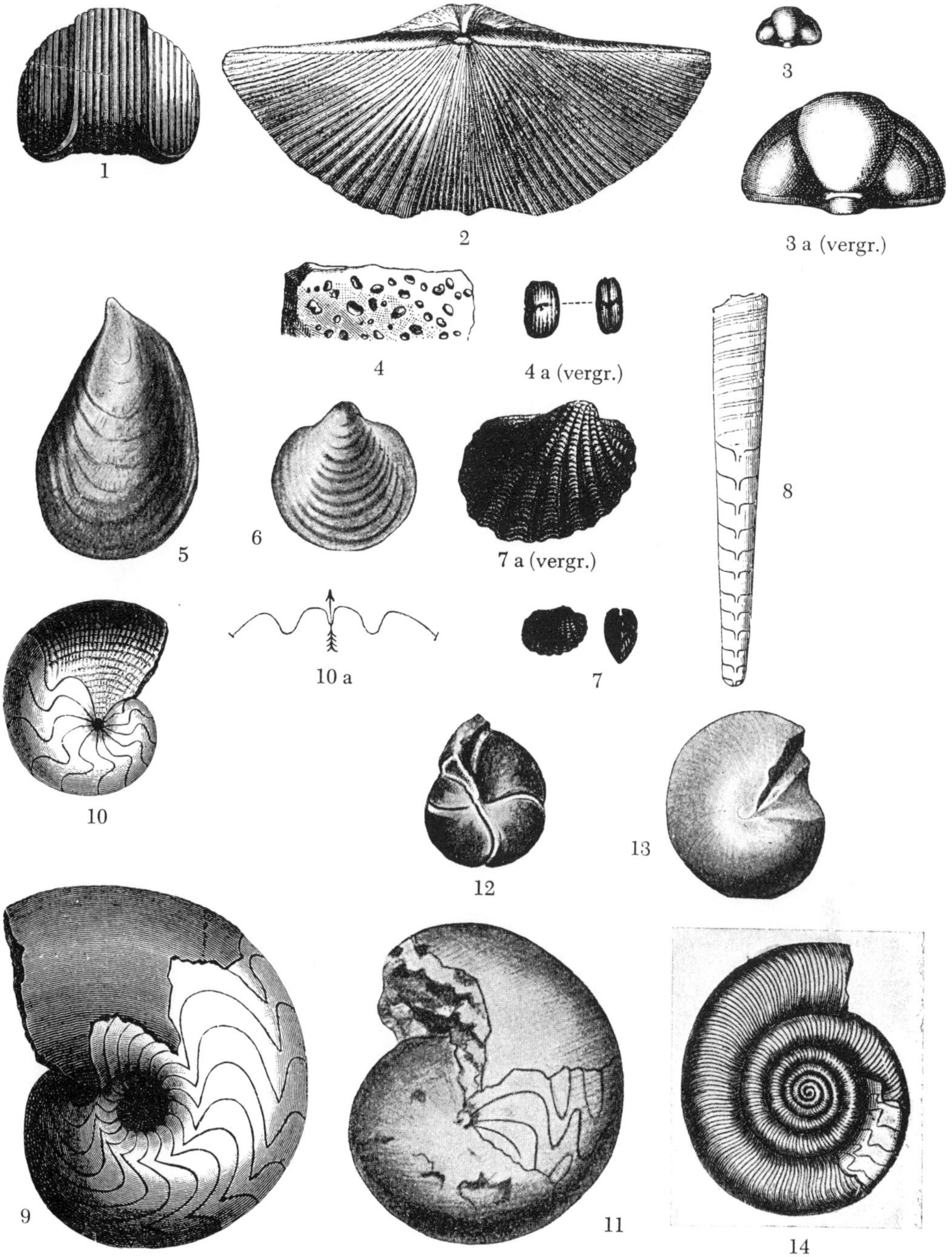

Brachiopoden: 1. *Hypothyridina cuboides* (SOW.). – 2. *Cyrtospirifer vereuili* (MURCH.). – **Trilobit:** 3. *Trimerocephalus anophthalmus* (FRECH). (3a = vergr.). – **Ostracode:** 4. *Richterina serratostriata* (SANDB.). (4a = vergr.). – **Bivalvier:** 5. *Myalina ornata* F. A. ROEMER. – 6. *Opisthocoelus concentricus* BEUSH. – 7. *Buchiola retrostriata* (V. BUCH). (7a = vergr.). – **Cephalopoden:** 8. *Bactrites schlotheimi* SANDB. – 9. *Manticoceras intumescens* BEYR. – 10. *Tornoceras simplex* (V. BUCH). (10a = Lobenlinie). – 11. *Sporadoceras muensteri* (V. BUCH). – 12. *Cheiloceras subpartitum* (V. MÜNST.). – 13. *Prolobites delphinus* (SANDB.). – 14. *Kosmoclymenia undulata* (V. MÜNST.)

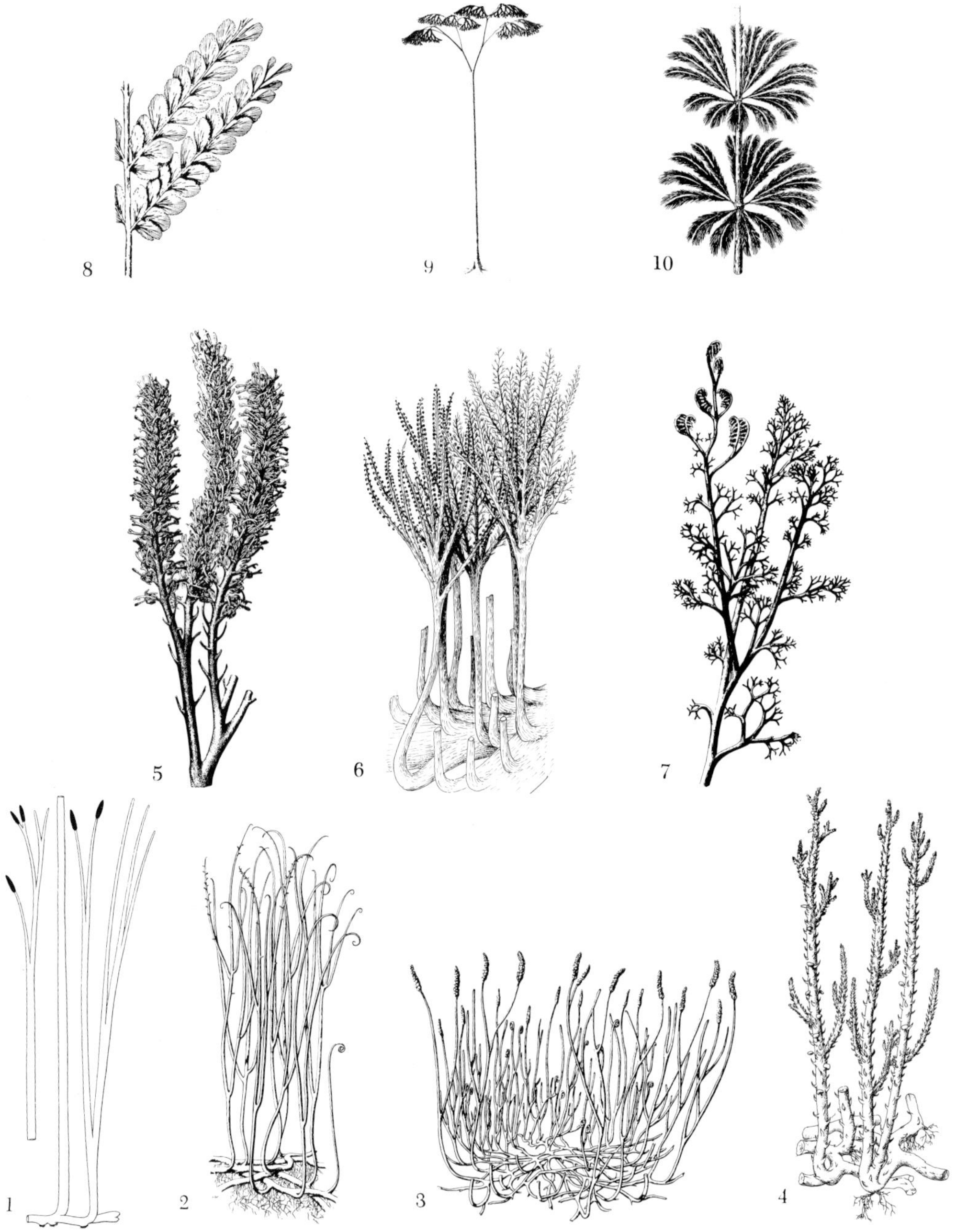

U.-Devon: 1. *Rhynia maior* KIDSTON & LANG. – 2. *Taeniocrada langi* STOCKMANS. – 3. *Zosterophyllum rhenanum* KR. & WEYL. – 4. *Drepanophycus spinaeformis* GOEPPERT. – **M.-Devon:** 5. *Calamophyton primaevum* KR. & WEYL. – 6. *Hyenia elegans* KR. & WEYL. – 7. *Protopteridium thomsoni* (DAWS.). – **O.-Devon:** 8. *Archaeopteris* sp. – 9. *Cyclostigma kiltorkense* HOUGHTON. – 10. *Pseudobornia ursina* NATHORST. (Vgl. Tabelle 8, S. 125)

(Fig. 1 aus KIDSTON & LANG 1982; Fig 2 u. 4 aus SCHWEITZER 1980; Fig. 3 aus SCHWEITZER 1972; Fig. 5 aus SCHWEITZER 1973; Fig. 6 aus SCHWEITZER 1972; Fig. 7 aus SCHWEITZER & MATTEN 1982; Fig. 8 nach ANDREW 1961; Fig. 9 aus SCHWEITZER1969; Fig. 10 aus SCHWEITZER 1967.)

Arthropoden. Die Trilobiten waren seit Beginn des Silurium im Rückgang und erlitten während des Devon weitere Einbußen. Nur einige Phacopidae, Lichidae, Odontopleuridae, Proetidae, Otarionidae, Harpididae und Brachymetopidae stiegen bis an die Karbon-Grenze auf, andere im Ordovizium-Silurium herrschende Gruppen erloschen schon vor dem Ober-Devon (z. B. Cheiruridae, Calymenidae, Homalonotidae). Die devonischen Gattungen erweisen sich i. a. als langlebig, einige von diesen sind artenreich und biochronologisch wichtig *(Acastella, Treveropyge, Asteropyge, Homalonotus, Phacops, Dechenella).* Ebenso liefern die im Ober-Devon häufigen Ostracoden (Entomozoidae = „Cypridinen") wichtige Zonen-Arten. Eine Reihe eigenartig gestalteter Phyllopoden, Phyllocariden und Pantopoden ist durch die Gunst der Erhaltungs-Bedingungen, meist pyritisiert, im Hunsrück-Schiefer überliefert worden. Bemerkenswert, jedoch nicht unbestritten, sind die Funde ältester flügelloser Insekten im schottischen Old Red; das gleiche gilt auch für die ältesten geflügelten Insekten aus dem Ober-Devon (Komi-Republik, UdSSR).

Die **Mollusken** nahmen gegenüber dem Silurium an Häufigkeit zu; im übrigen waren die Veränderungen meist gering. Bei den Schnecken beherrschten die gleichen Gruppen das Feld (Bellerophontacea: *Bellerophon*; Euomphalacea: *Euomphalus*; Murchisoniacea: *Murchisonia*; Platyceratacea: *Platyceras*; Loxonematacea: *Loxonema*; Subulitacea: *Soleniscus*). Die Neritacea und Cerithiacea begannen ihren Aufstieg. Die Muschel-Faunen erhielten ihr Gepräge durch die Palaeotaxodonta *(Nucula, Ctenodonta)*, die meist dünnschaligen Cryptodonta *(Buchiola, Hercynella)*, die Pteriomorphia *(Actinodesma, Pterinopecten)*, die Palaeoheterodonta *(Modiomorpha, Carydium)*, die Heterodonta *(Montanaria, Paracyclas, Prosocoelus, Cypricardella, Cypricardinia, Mecynodon, Megalodon)*, die Anomalodesmata (*Orthonota, Palaeosolen, Grammysia*), sowie das zu den Rostroconchiden zählende *Conocardium.* In den Ablagerungen des Old Red erschienen die ersten Land(?)schnecken und Süßwasser-Muscheln. Die heute den Mollusken zugeordneten, überwiegend pelagischen Cricoconarida (Tentaculiten, Nowakien und Styliolinen), die ihre Entwicklung schon im Ordovizium-Silurium begannen, bedecken in unter- bis mitteldevonischen Ablagerungen ganze Schichtflächen und stellen in Abschnitten vorzügliche Leitfossilien. Bei den Cephalopoden traten die Nautiloideen mit erheblich verminderter Formenfülle ins Devon über; häufiger sind nur die orthokonen *Michelinoceras* und *Spyroceras*, die durch dreieckigen Querschnitt kenntliche *Jovellania* sowie cyrtokone Gehäuse *(„Cyrtoceras")*, unter denen sich mehrere verschiedene Gattungen verbergen.

Im Devon begannen die Nautilida ihre vorzugsweise zu eingerollten Gehäusen führende Entwicklung; erst in der jüngeren Erdgeschichte treten sie stärker in Erscheinung. Um so reicher entfaltete sich der Zweig der Ammonoideen. Vermutlich im Ordovizium, deutlich im Silurium, spalteten sich die Bactritoidea von den Nautiloidea ab, indem sie einen randständigen Sipho, einen Siphonal-Lobus und eine Wellung des Septenrandes entwickelten. Im Unter-Devon geriet der neue Zweig in rasche, zu den Ammonoidea führende Entwicklung. Das anfänglich gestreckte Gehäuse begann sich zu krümmen und rollte sich zunächst zu einer lockeren *(Anetoceras, Erbenoceras)*, dann über eine enger eingerollte Spirale mit Nabellücke *(Mimagoniatites, Gyroceratites, Anarcestes, Agoniatites)* zu Spiralen ohne Nabellücke ein *(Werneroceras, Pinacites).* Man bezeichnet diese bis zum Ausgang des Paläozoikum reichende Gruppe der Ammonoideen als Palaeo-Ammonoidea bzw. nach der einfach gewellten oder gewinkelten Sutur (Lobenlinie) als „Goniatiten". Ein abweichender Seitenzweig sind die ausschließlich ober-devonischen Clymenien, die sich u. a. durch eine interne Lage des Sipho unterscheiden. Goniatiten und Clymenien liefern ausgezeichnete Leitfossilien. Im jüngeren Unter-Devon und im

Mittel-Devon sind Mimoceratidae, Agoniatitidae und Anarcestidae kennzeichnend, für das ältere Ober-Devon Manticoceratidae *(Manticoceras)* und Pharciceratidae *(Pharciceras)*, und für das jüngere Ober-Devon Prolobitidae *(Cheiloceras, Sporadoceras, Prolobites)* sowie die schon genannten Clymenien.

Echinodermen. Die im älteren Paläozoikum hervortretenden Homalozoa (= Carpoidea) starben mit den Machaeridia, Stylophora *(Rhenocystis)* und Homoiostelea im Lauf des Devon aus. Gleiches gilt für die eigenartigen Ophiocistioidea und Cyclocystoidea *(Cyclocystoides)* bei den Echinozoa; die bis ins Karbon hineinreichenden Edrioasteroidea stellen im Devon nur selten Fossilien. Bei den Seeigeln (Echinoidea) besaß die Mehrzahl der Gattungen immer noch ein aus dachziegel-förmigen Platten locker gefügtes Gehäuse *(Lepidocentrus)*. Neben diesen gewannen jedoch die Palaechinoida und Cidaroidea mit starrem Gehäuse gegen Ende des Devon an Raum. Der Zug zur Verringerung der Anzahl der interambulacralen Plättchen-Reihen ist deutlich erkennbar. Die Seewalzen (Holothuroidea) begannen im Devon ihre Entwicklung; zu den seltenen vollständigen Funden gehört *Palaeocucumaria* aus dem Hunsrück-Schiefer. Auch bei den Crinozoa ging die Formenfülle insgesamt zurück. Im Devon starben die im Ordovizium-Silurium so bedeutsamen Cystoidea aus *(Strobilocystites)*. Vertreter der Blastoidea treten nur örtlich stärker in Erscheinung. Kräftig entfalteten sich dagegen die Crinoidea. Die Fauna ist der silurischen ähnlich, häufigere Gattungen sind *Cupressocrinites, Rhipidocrinus, Ctenocrinus* und der sechsstrahlige *Hexacrinites*. Unter den Asterozoa endete die fossile Überlieferung der altertümlichen Somasteroidea zwar im Devon *(Lepidasterina)*, sie stellen aber mit dem heute lebenden *Platasterias* ein wichtiges „lebendes Fossil". Seesterne wie Schlangensterne (Asteroidea und Ophiuroidea) sind nur in bestimmten Fazies häufiger; auch hier spielt wiederum der Hunsrück-Schiefer eine bedeutende Rolle.

Die zu den **Hemichordaten** gestellten Graptolithen reichen mit den Monograptina *(Monograptus)* bis weit in das Unter-Devon hinein, wo sie in der Graptolithenschiefer-Fazies mehrere Zonen erkennen lassen; sie starben in der Ems-Stufe aus.

Die **Fische** (Agnathen und Gnathostomen) traten im älteren Paläozoikum (Ordovizium-Silurium) mit einer Fülle von Bauplänen auf. Im älteren Devon herrschte die größte Mannigfaltigkeit *(Traquairaspis, Pteraspis, Cephalaspis, Drepanaspis)*. Von der Ems-Stufe an verminderte sich die Anzahl der Taxa der Agnathen beträchtlich. An ihrer Stelle entfalteten sich die mit Kiefern versehenen (gnathostomen) Fische. Als erste erschienen im mittleren Silurium die Acanthodier *(Nostolepis, Climatius)*, mit dem Beginn des Devon[12] die eigenartigen Placodermen *(Radotina, Kosoraspis)*, die sich im Lauf des Devon mächtig entwickelten *(Coccosteus, Asterolepis, Bothriolepis)*. Die ihnen vermutlich nahestehenden Selachier waren in ihren devonischen Vertretern *(Cladodus)* den heutigen Haien schon recht ähnlich. Die ersten Actinopterygier traten im Mittel-Devon auf mit den wichtigsten Gattungen *Cheirolepis* und *Stegotrachelus*. Auch die Crossopterygier *(Porolepis, Osteolepis, Holoptychius)* und die Dipnoer *(Dipterus)* begannen ihre Entwicklung bereits im Devon; beide Gruppen leben bis heute mit ganz wenigen Vertretern fort *(Latimeria; Neoceratodus, Protopterus, Lepidosiren)*.

Die Crossopterygier besaßen neben einem Nasen-Rachengang weitere Voraussetzungen (Präadaptionen) für das Leben auf dem Lande, z. B. paarige Flossen, in deren Stützskelett

---

[12] Nach isolierten Resten zu urteilen, vermutlich schon im jüngeren Silurium.

die Tetrapoden-Extremität bereits vorgebildet war. Aus der Gruppe um *Osteolepis-Eusthenopteron* sind noch im Ober-Devon (Old Red von Grönland) mit *Ichthyostega* die ältesten labyrinthodonten Amphibien hervorgegangen. Ihr Fußskelett war fünfzehig, der Schwanz noch mit einem Flossensaum versehen; im Bau des Schädeldaches und der Zähne stimmen sie ganz mit ihren Fisch-Vorfahren überein.

Flora. Die hochentwickelte, aber auf das Meer beschränkte Algen- bzw. Tangflora des Kambrium bis Silurium wurde jetzt in raschem Fortschritt durch die in den ersten Schritten sehr urtümlich wirkende Gefäßpflanzen-Flora ab höchstem Silurium (S. 101) ergänzt. Sie besiedelte zunächst den nassen Strand und faßte bald darauf auf dem festen Land Fuß. Neu sind mehrere Abteilungen der Gefäßpflanzen mit Ausnahme der bereits im Silur beginnenden Rhyniales.

Tabelle 8 Pflanzliche Organismen des Devon

Abteilung	Klasse	Ordnung	Wichtige Gattungen
* Bryophyta	* Hepaticae		
Psilophyta	Psilopsida	† Rhyniales	*Rhynia*+, *Taeniocrada*+
		* † Trimerophytales	*Psilophyton*
		* † Zosterophyllales	*Zosterophyllum*+
* Lycophyta	* Lycopsida	* † Drepanophycales	*Drepanophycus*+
		* Protolepidodendrales	*Protolepidodendron*
		* Lepidodendrales	*Cyclostigma*+
* Sphenophyta	* Sphenopsida	* † Pseudoborniales	*Pseudobornia*+
(Equisetophyta)		* Sphenophyllales	*Sphenophyllum*
* Filicophyta	* Coenopteridopsida	* Coenopteridales	*Rhacophyton*
	* Cladoxylopsida	* Cladoxylales	*Calamophyton*+, *Hyenia*+
* Prospermatophyta	* Progymnospermopsida	* † Protopteridales	*Protopteridium*+
		* Archaeopteridales	*Archaeopteris*+
* Spermatophyta	* Cycadopsida	* Pteridospermales	*Archaeosperma*

+ = abgebildet (Taf. 16)

Unter den **Algen** treten die Karbonatproduzenten, die im Ordovizium und Silurium eine große Rolle gespielt haben, stark zurück. Es sind unter den Rotalgen die Solenoporaceen, unter den Grünalgen die Codiaceen und Dasycladaceen sowie die eigenartigen Receptaculiten zu nennen, die Charophyten treten erstmalig differenziert entwickelt auf. Die möglicherweise in die Verwandtschaft der Braunalgen gehörenden Nematophyten bilden mit *Prototaxites* Riesentange.

Spuren erster Besiedlung des trockenen Landes durch höher organisierte Pflanzen, nämlich **Gefäßpflanzen** (Kormophyten), werden im ausgehenden Silurium beobachtet (S. 101). Offensichtlich gelang dieser Schritt der Eroberung der terrestrischen Biotope an der Grenze Silurium/Devon weltweit gleichzeitig. In relativ kurzer Zeit erfolgte die ökologische Anpassung selbst an trockene Lebensräume und damit die weitestgehende Begrünung der Kontinente, aber damit auch die Evolution von chlorophyceenartigen Vorfahren zur Samenpflanze.

Die Ursache der erst späten Entwicklung der Landpflanzen aus den seit langer Zeit zur Verfügung stehenden Grünalgen-Vorfahren wird z. T. in der bis dahin wahrscheinlich stärkeren UV-Strahlung gesehen, die erst nach Aufbau eines schützenden Ozon-Schirmes der höheren Atmosphäre reduziert wurde und erst damit reiches subaerisches Leben möglich machte. Weiter dürfte die Erfindung der Synthese des Lignins als Baustoff ein wesentlicher

Impuls für die Anpassung an das Landleben gewesen sein; die Kombination von Lignin und Zellulosefasern gewährleistet die mechanische Festigkeit von Stützsystemen, die zum aufrechten Wuchs ohne aquatischen Auftrieb notwendig ist.

Die Adaption an terrestrische Lebensräume machte weitere wichtige Entwicklungen notwendig, die sich durchweg im Laufe des Unterdevon nachweisen lassen. Der nicht mehr vom Wasser umgebene Pflanzenkörper machte die Entwicklung wasseraufnehmender, -transportierender und wasserhaushaltregulierender Systeme notwendig. Die Entwicklung des Leitungssystems, der stelären Strukturen (ab O-Silur) bis hin zum sekundären Holz (ab M-Devon) ist am auffälligsten. Die Wurzeln als wasseraufnehmendes System wurden im Laufe des Devon vervollkommnet. Die den Gasaustausch regulierenden Spaltöffnungen (Stomata) sind bei unterdevonischen Pflanzen bekannt und mit Nebenzellen bereits im M-Devon ausdifferenziert. Als Verdunstungsschutz wurden bereits bei den ersten Landpflanzen Kutikulen und Rinden (eingelagert Kutin, Suberin) nachgewiesen. Aber auch die Sporen wurden zum Schutz vor Austrocknung und vor zu hohen Strahlungsdosen kutinisiert.

Die unterdevonische Flora bestand aus kleinwüchsigen (wenige cm bis maximal 2 m) Elementen vorwiegend nasser bis feuchter Standorte. Die einfach gebauten, meist gabelteiligen (dichotomen) Sprosse mit endständigen Sporangien waren entweder glatt (Psilophyta = „Nacktpflanzen", z. B. *Taeniocrada, Zosterophyllum*) oder mit blättchenähnlichen Mikrophyllen besetzt (z. B. *Drepanophycus,* Taf. 16). Der für Gefäßpflanzen charakteristische Generationswechsel ist belegt, Gametophyten sind jüngst beschrieben worden (vgl. *Sciadophyton,* W. & R. REMY 1980; SCHWEITZER 1981). Heterosporie, Voraussetzungen zur Entwicklung der Samenpflanzen, ist bereits seit dem mittleren U-Devon nachgewiesen. Im M-Devon schreitet die Besiedlung mit der Eroberung trockener Biotope durch leistungsfähige Wurzelsysteme voran. Erste makrophylle Blätter könnten auf eine geringere Strahlenbelastung hinweisen. Sekundärholz und Sekundärrinde tragen zu einem höherwüchsigen Habitus der Flora bei (4–6 m hohe Sträucher und Bäume). Ab O-Devon schließlich ist der vor allem für das Karbon so charakteristische flächige große Blattwedel bekannt. Hohe Stämme bis 1,5 m Basisdurchmesser prägte der Rindenbaumtyp (Lycophyta), aber auch der Koniferenholztyp ist im oberdevonischen Wald bekannt. Die ersten Samenpflanzen leiten bereits zu moderneren Florenelementen über (vgl. Tabelle 8).

Allgemeine Züge

Paläogeographie (Kontinent/Platten-Drift), Paläopol-Lagen und **Klimazonen** (Abb. 26). In den Grundzügen blieb die Verteilung der Kontinente und Ozeane sowie die Lage der Pole gegenüber dem Silurium bestehen. Die wesentlichen Unterschiede lagen in der Bildung des Nordatlantischen Kontinents und im Abstand von Nord- und Süderde, der sich im Devon deutlich verringert hatte (Abb. 26). Der devonische Äquator querte daher den europäisch-nordamerikanischen Kontinent im ganzen etwas nördlicher als im Silurium und damit auch Teile des (heutigen) SW-Sibirien.

Mit der paläomagnetisch ermittelten Lage des Südpols im S' Afrika und der auch im Devon bestehenden gemeinsamen Lage der Süd-Kontinente sind Anzeichen für Vereisungen (wenn sie sich auch als weit weniger umfangreich erwiesen haben als vordem angenommen) oder doch für kühlere Meeres-Temperaturen im Bereich der Süd-Kontinente erklärbar (siehe weiter unten).

Paläobiogeographie. Trotz der Hinweise auf kühles Klima im Südpolar-Bereich erscheint das Bild der Tier- und Pflanzen-Verbreitung auf den Kontinenten gleich dem des

Silurium ziemlich ausgeglichen. So kommt z. B. der Panzerfisch *Bothriolepis* im Old Red von NE-Kanada, NW-Europa, Australien und E-Antarktika vor. Die morphologisch wenig gegliederten unter- und mitteldevonischen Florenelemente scheinen weltweit gleichmäßig verteilt zu sein; erst die *Archaeopteris*-Assoziationen zeigen Beschränkungen auf die Nordhalbkugel.

Recht scharf war dagegen, insbesondere im Unter-Devon, die Marin-Fauna aufgegliedert. Auf der Südhalbkugel hebt sich eine Bolivien, S-Brasilien, Argentinien, die Falkland-

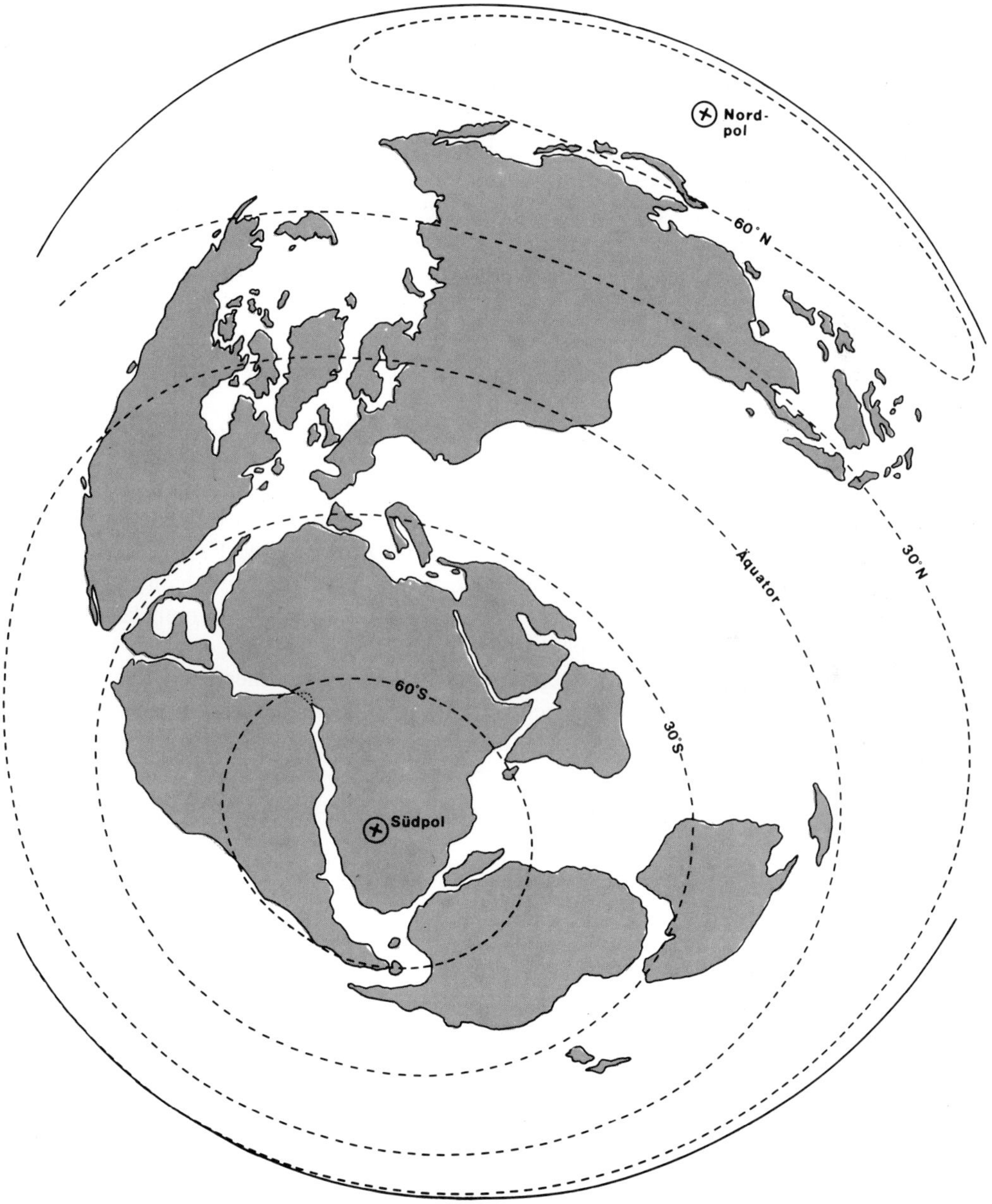

Abb. 26 Vermutete Lage der Kontinente und Pole im Devon. – (Nach SEYFERT & SIRKIN 1973, mit frdl. Genehmigung durch Harper & Row, Publ., Inc., New York, NY 100 22, USA)

Inseln, S- und W-Afrika (Accra) umfassende Malvino-kaffrische („australe") Provinz ab. Sie unterscheidet sich vor allem in den Brachiopoden und Trilobiten sowie dem weitgehenden Fehlen von Karbonat-Gesteinen vom „borealen" Devon der Nordhalbkugel, das sich weiter gliedern läßt in eine appalachische, rheinisch-böhmische, cordillerische, uralische, und die der Südhalbkugel angehörende tasmanisch-neuseeländische Provinz (BOUCOT & JOHNSON & TALENT 1969).

Klima und **Umwelt.** Das Devon bietet wenig an verläßlichen Klima-Anzeigern. Die früher angenommenen Tillit-Vorkommen in S-Amerika und S-Afrika haben sich meist als älter erwiesen (vgl. S. 86); von einer umfangreicheren früh-devonischen Vereisung kann nicht mehr gesprochen werden. Das weitgehende Fehlen von Karbonat-Gesteinen und das gelegentliche Auftreten von als eis-transportiert angesehenen Geröllen in Tongesteinen von Brasilien läßt die malvino-kaffrische Provinz jedoch als eine Kaltwasser-Region erscheinen. Die paläomagnetisch ermittelten Pol-Lagen stützen diese Ansicht. Demgegenüber reihen sich die Zeugen eines warmen devonischen Klimas auf der Nordhalbkugel: Karbonate, Riffkalke, Evaporite, Old Red-Sedimente, zwanglos längs des angenommenen devonischen Äquators auf (Abb. 26). Im Lauf des Devon unterlag das Klima hier anscheinend zunehmender Erwärmung. Vom Unter- zum Mittel-Devon wird die klastische Rheinische Fazies (S. 106) weithin durch karbonatische Sedimente abgelöst. Evaporite beschränken sich schließlich fast ganz auf das höhere Ober-Devon.

Krustenbewegungen (Epirogenese/Tektogenese) und **Magmatismus.** Die Kaledonische Gebirgsbildung legte, vor allem in N-Europa, einen verhältnismäßig scharfen Schnitt zwischen Silurium und Devon. Im N wuchsen durch die Ausfaltung der Kaledonischen Geosynkline die Hebriden-Masse, das zu Laurentia gehörende Grönland, Spitzbergen und die Baltisch-Russische Plattform (Fennosarmatia) zum Old Red-Festland zusammen. Unter der Annahme enger nordatlantischer Kontinent-Zusammenhänge kann das Appalachen-Orogen am Ostrand N-Amerikas als Teil eines gemeinsamen kaledonisch-appalachischen Faltengürtels angesehen werden; die Old Red-Ablagerungen Laurentias gehörten damit ebenfalls dem großen nordatlantischen Kontinent an. Dieser Block wurde zum Nordrahmen der Variszischen Geosynkline, die sich nunmehr als besonderer, im Devon und Unter-Karbon stark absinkender Trog herausgliederte.

Wenn auch die devonischen Transgressionen im ganzen betrachtet einem Höhepunkt im jüngeren Abschnitt des Systems zustrebten, so fügten sich die Meeres-Bewegungen doch keiner allgemeinen Regel:

Unter-Karbon	Bretonische Phase (S' Rheinisches Schiefergebirge)
Ober-Devon	Transgression (Variszische Geosynkline, Russische Tafel, N-Amerika)
	Reussische Phase (Frankenwald, Sachsen, W-Sudeten) Regression (Böhmen)
Mittel-Devon	Transgression (Ruhrgebiet, Ardennen, Oberrhein-Gebiet) Regression (Ardennen, Südfestländer) und Transgression (Appalachen)
Unter-Devon	Transgression (Variszische Geosynkline, N-Amerika, Südfestländer)
	Jung-kaledonische Phasen (Kaledonisches Gebirge,
Silurium (Ludlow-Přidolí)	Massiv von Brabant)

Die vulkanische Tätigkeit förderte vorwiegend diabasisch-keratophyrische Schmelzen und war in der Variszischen Geosynkline besonders lebhaft. Keratophyr-Lagen und -Tuffe sowie die aus solchen hervorgegangenen Bentonit-Lagen dienen dort als vorzügliche Leit-Horizonte. In der Appalachen-Geosynkline ist besonders das Unter-Devon reich an vulkanischen Bildungen. In Australien war sowohl das Unter-Devon als auch das Ober-Devon eine Zeit reger vulkanischer Tätigkeit, in der mehrere 1000 m dicke vulkanitische Serien entstanden. Auf dem Old Red-Kontinent kam es im Gefolge der spät-kaledonischen Bewegungen zu zeitlich und örtlich rasch wechselnder, insgesamt bedeutender Intrusiv- und Extrusiv-Tätigkeit.

Rückblick. Die Verteilung von Kontinenten und Ozeanen war derjenigen des Silurium in vielem ähnlich. Die Lage des Südpols im Bereich des S' Gondwana-Blocks zeigte sich mehr in den malvino-kaffrischen Kaltwasser-Meeresregionen als in glazialen Sedimenten, deren früher angenommenes devonisches Alter zumeist nicht mehr haltbar ist. Von einer umfangreicheren devonischen Südpolar-Vereisung kann nicht mehr gesprochen werden. Deutlich zeichnet sich die Tropenzone in den Sedimenten und Faunen ab. Mit dem Devon begann die geosynklinale Vorbereitungszeit des Variszischen Gebirges in Europa. Zunehmend verbreiterte und vertiefte sich der neugestaltete Trog, womit die Förderung basischer Laven Hand in Hand ging. Die ausgedehnte Landwerdung, die der Kaledonischen Faltung in N-Europa und der Arktis folgte, hatte ihre Parallele in der organischen Entwicklung. Aus devonischen Fischen entwickelten sich die ersten Vierfüßler. Primitive Gefäßpflanzen entstiegen dem Meer und begannen gleichzeitig mit den Tieren das neugebildete Land zu besiedeln. Mit der Inbesitznahme der neuen ökologischen Nischen war eine rasche Evolution ihrer Bewohner verknüpft.

Ergänzende Schriften

Alberti, G. K. B. (1983): Zur Biostratigraphie und Paläontologie des kalkig entwickelten Unterdevons im Frankenwald. – Geol. Bl. NO-Bayern, *33*: 91–133; Erlangen.

Burchette, T. P. (1981): European Devonian Reefs: A review of current concepts and models. In: D. F. Toomey [Ed.]: European fossil reef models. – Spec. Publ. Soc. econ. Paleont. Mineral., *16*: 58–142; Tulsa.

Carls, P., Gandl, J., Groos-Uffenorde, H., Jahnke, H. & Walliser, O. H. (1972): Neue Daten zur Grenze Unter-/Mittel-Devon. – Newsl. Stratigr., *2* (3): 115–147; Leiden.

Dineley, D. L. (1984): Aspects of a Stratigraphic System: The Devonian. – 256 S.; Houndmills, Basingstoke (MacMillan Publ.).

Gensel, P. G. & Andrews, H. N. (1984): Plant Life in the Devonian. – 380 S.; New York (Praeger).

Heckel, P. H. & Witzke, B. J. (1979): Devonian world paleogeography determined from distribution of Carbonates and related lithic paleoclimatic indicators. – Spec. Papers Paleont., *23*: 99–123; London

House, M. R., Scrutton, C. T. & Bassett, N. G. [Eds.] (1979): The Devonian System. – Spec. Pap. Paleontology, *23*: 1–353; London 1979.

Krebs, W. (1971): Die devonischen Riffe in Mitteleuropa. – Mitt. TU Braunschweig, *6* (II/III): 12; Braunschweig.

Krebs, W. & Wachendorf, H. (1973): Proterozoic-Paleozoic geosynclinal and orogenic evolution of Central Europe. – Bull. geol. Soc. Amer., *84*: 2611–2630; Boulder, Colorado.

Lefort, J. P. (1979): Iberian-American arc and Hercynian orogeny in Western Europe. – Geology, 7: 384–388; Boulder, Colorado.

Martinsson, A. [Ed.] (1977): The Silurian-Devonian Boundary. – Int. Union geol. Sci., A, *5*: 1–349; Stuttgart (Schweizerbart).

McGhee, G. R. & Sutton, R. G. (1981): Late Devonian marine ecology and zoogeography of the central Appalachians and New York. – Lethaia, *14*: 27–43; Oslo.

Oswald, D. H. [Ed.] (1967): International Symposium on the Devonian System, Calgary 1967. – *I*: 1055 S., *II*: 1377 S.; Calgary (Alberta Soc. Petroleum Geol.).

ROLFE, W. I. D. (1980): Early invertebrate terrestrial faunas. In: PANCHEN, A. L. [Ed.]: The trerrestrial environment and the origin of land vertebrates. - S. 11-58; London (Acad. Press).

STRUVE, W. (1963): Das Korallen-Meer der Eifel vor 300 Millionen Jahren - Funde, Deutungen, Probleme. - Natur u. Museum, *93*: 237-276; Frankfurt.

YANG, S. P'an K. & HOU, H. (1981): The Devonian System in China. - Geol. Mag., *118*: 113-224: London, Cambridge.

ZIEGLER, W. & WERNER, R. [Ed.] (1982): On Devonian stratigraphy and Paleontology of the Ardenno-Rhenish Mountains and related Devonian matters. - Cour. Forsch.-Inst. Senckenb., *55*: 1-498; Frankfurt.

VI. Karbon

Vorbemerkungen

Umgrenzung und **Gliederung.** Das Karbon, die „Steinkohlen-Formation", ist an ihren Gesteinen und Fossilien leicht kenntlich und daher frühzeitig zu einem festen stratigraphischen Begriff geworden. 1808 führten J. B. OMALIUS D'HALLOY das „terrain houiller", 1822 W. D. CONYBEARE und J. PHILLIPS das „Carboniferous" ein. Auch die weitere Gliederung knüpfte, wie die Stufennamen zeigen, z. T. an die Verhältnisse dieser Länder an. L. DE KONINCK beschrieb aus Belgien um 1850, etwa gleichzeitig mit MCCOY und J. PHILLIPS in Irland und England, die reiche Fauna des Kohlenkalkes. Die Erforschung des Ober-Karbon setzte die Kenntnis der fossilen Flora voraus, für die E. F. V. SCHLOTHEIM, K. V. STERNBERG, A. BRONGNIART und H. GOEPPERT die Grundlagen schufen. Die heute gültige Gliederung lautet:

		286 Millionen Jahre
Ober-Karbon (Silesium, Pennsylvanian)	Stefanium Westfalium Namurium	
		333 Millionen Jahre
Unter-Karbon (Dinantium, Mississippian)	Viséum Tournaisium	
		360 Millionen Jahre

Die Liegendgrenze des Karbon ist durch die ziemlich unvermittelt einsetzende lebhafte Entfaltung der Pflanzenwelt gekennzeichnet. Pflanzliche Reste, die im Devon noch spärlich waren, sind nun verbreitet und wurden zum ersten Male im Laufe der Erdgeschichte in großem Maßstabe als Kohlenflöze gespeichert. An der Oberkante des Systems fehlt ein deutlicher natürlicher Einschnitt. Karbon und Perm werden daher wohl als Jung-Paläozoikum dem Alt-Paläozoikum (Kambrium bis Devon) gegenübergestellt. Als Leitfossilien des Karbon dienen in den marinen Schichten Goniatiten und Conodonten, daneben Foraminiferen, Korallen, Trilobiten und Brachiopoden, in den limnischen Schichten Pflanzen (besonders auch Sporen) und Süßwasser-Muscheln.

Die **Verbreitung** des Karbon ist dank der großen wirtschaftlichen Bedeutung seiner flözführenden Stufen recht gut bekannt. Das Unter-Karbon schließt sich im wesentlichen dem Devon an. Dann aber drängten gebirgsbildende Bewegungen das Meer vielerorts zurück. In Mittel-Europa wurde die Variszische Geosynkline auf eine schmale, verlandende Rinne eingeengt, die mit ihrem Verlauf die Kohlenreviere von N-Frankreich, Belgien, dem Ruhrgebiet und Oberschlesien vorzeichnete. Auf den herausgehobenen Teilen des Gebirges entstanden festländische Kohlenbecken (Saar, Niederschlesien usw.). Ähnliches vollzog sich in anderen variszischen Faltungszonen, in S-Europa, in den Appalachen, in Inner-Asien usw. Auch auf manchen der älteren Massive, so auf dem kaledonisch konsolidierten Anteil der Britischen Inseln, auf der Russischen Tafel, in China, kam es zur Kohlenbildung.

Hauptgebiete (Übersicht 9, sowie 13; Abb. 27–31)

Das Unter-Karbon (Abb. 27) umfaßt in **Mittel-** und **W-Europa** den Zeitraum zwischen zwei Hauptphasen der Variszischen Gebirgsbildung. Zu Beginn des Karbon faltete die bretonische Orogenese die S' Randgebiete der Variszischen Geosynkline auf. Dafür erweiterte sich die Geosynkline gegen NW und verlagerte ihr Nordufer auf das ehemalige Vorland. Währenddem nahm der Trog die Abtragsmassen der Mitteldeutschen Schwelle (S. 106) auf. Im Ober-Devon waren es die Grauwacken des Unterharzes, im mittleren Unter-Karbon die hellen Kammquarzite der Hörre-Ackerzone, die von Gießen über den Kellerwald und Mittelharz bis Magdeburg zu verfolgen sind. Meerwärts des Küstenraumes setzten sich zur selben Zeit Sedimente feineren Korns ab, vor allem Radiolarien-führende Kieselschiefer. Die Variszische Geosynkline durchschritt also damals eine Phase größerer Wassertiefe, vergleichbar derjenigen, in der sich heute Teile des Indonesischen Archipels befinden. Im jüngsten Unter-Karbon kündete sich das Herannahen der sudetischen Phase mit dem erneuten Aufsteigen der Mitteldeutschen Kristallin-Schwelle an. Mächtige Grauwacken mit Konglomeraten schoben sich auf ihren beiden Flanken in die verflachenden Becken vor. Die Orogenese setzte in den inneren S' Zonen der Geosynkline bereits im Unter-Karbon III ein und wanderte von da schrittweise nach N. Ältere „bretonische" Strukturen wurden dabei vielerorts überprägt. Um die Wende zum Ober-Karbon war die Variszische Geosynkline in fast ihrer gesamten Breite herausgehoben und ihr Inhalt großenteils zum Variszischen Gebirge aufgefaltet. Nur ihr äußerer N' Saum blieb zunächst von den Krustenbewegungen unberührt und trat als Subvariszische Saumtiefe ins Ober-Karbon ein.

Das Variszische Gebirge durchzog als ein mehr als 500 km breiter Faltengürtel mit NE' Streichen von der Bretagne und dem Zentral-Massiv her unter allmählicher Verschmälerung W- und Mittel-Deutschland. An der Elbelinie schwenkten am Rand der Ost-Europäischen Plattform die stark verkümmerten Ketten gegen SE um und lassen sich in Ausläufern nach Mähren, Schlesien und ins Heiligkreuz-Gebirge verfolgen. Von innen gegen außen, d. h. von S nach N sind folgende Zonen zu unterscheiden (Abb. 28):

1. Die Moldanubische Zone (Alemannisch-Moldanubischer Scheitel) besteht aus Kristallin, wie es im Zentral-Massiv, den Oberrheinischen Massiven und der Böhmischen Masse flächenhaft zutage tritt. Nicht-metamorphe Sedimente bilden nur eine dünne Hülle. Blockverschiebungen und ausgedehnte Intrusionen hatten der eigentlichen Faltung gegenüber den Vorrang.

2. In der Saxo-Thuringischen Zone (einschließlich der Mitteldeutschen Schwelle) kommt der kristalline Sockel nur noch in einzelnen Kuppeln (z. B. Odenwald, Erzgebirge, Eule) zum Vorschein. Die stärkste Absenkung fand im Kambro-Ordovizium statt, jüngere Schichten sind geringmächtig und lückenhaft. Vor-oberdevonische, „reußische" Krustenbewegungen waren verbreitet. Die variszische Hauptphase lag wie in der Moldanubischen Zone bereits innerhalb des jüngsten Unter-Karbon.

3. Die Rheno-Herzynische Zone folgt der Tiefenlinie der Variszischen Geosynkline und ist durch eine mächtige devonisch-unterkarbonische Schichtfolge ausgezeichnet, die fast ohne Störung durch ältere Massive in nordwärts vergente freie Falten gelegt wurde. Intrusionen sind weit seltener als in den inneren Zonen.

4. Die Zone der Subvariszischen Saumtiefe ging aus dem N' Ufersaum der Variszischen Geosynkline durch Einbeziehung randlicher Teile des Vorlandes hervor. Sie wurde im höheren Ober-Karbon an die Außenfront des Gebirges angefaltet.

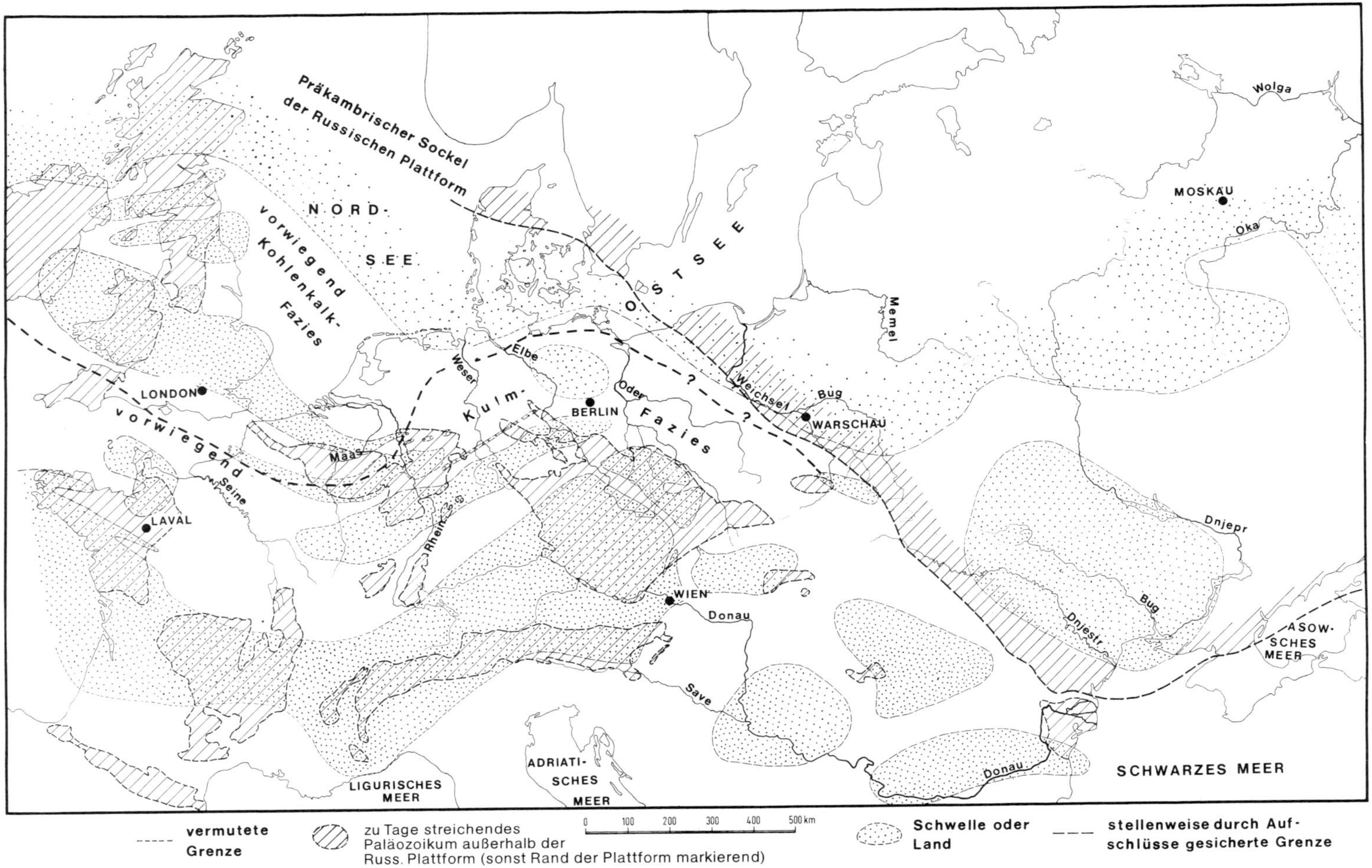

Abb. 27 Paläogeographische Skizze des Unter-Karbon (Viseum V_{1a}) in N-, Mittel- und E-Europa. Verteilung der Becken und Schwellen. Kulm- und Kohlenkalk-Fazies für Mittel-Europa eingezeichnet. – (Nach EVA PAPROTH, aus C. R. 6e Congr. Int. Strat. géol. Carbonif., Sheffield 1967, 1969)

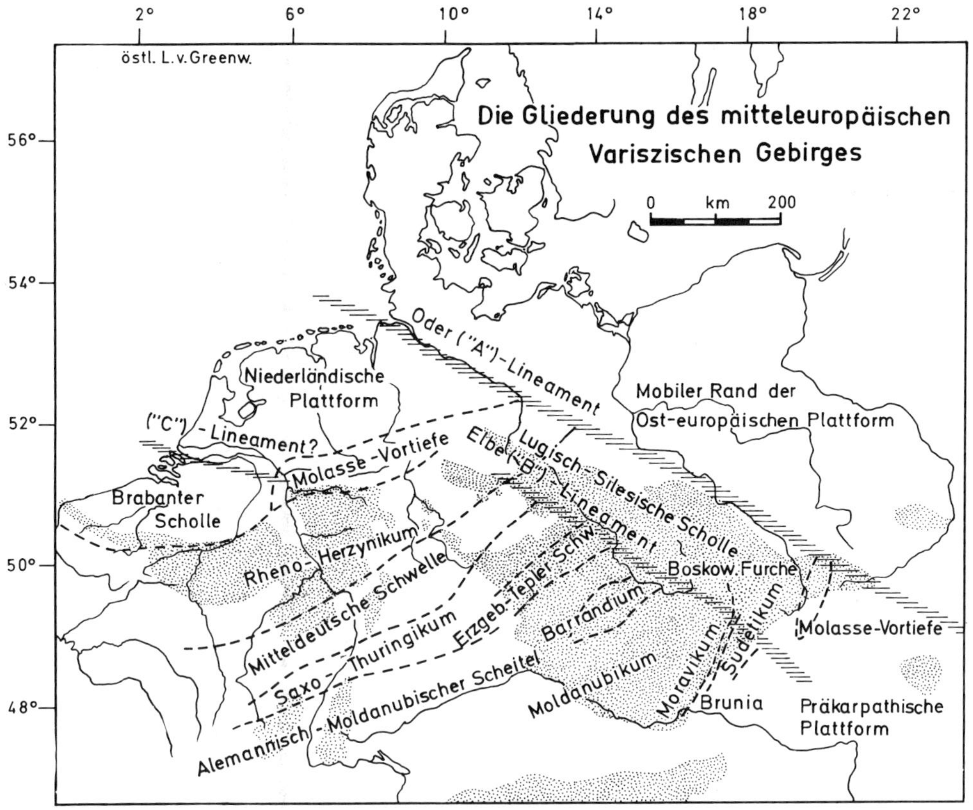

Abb. 28 Gliederung des Variszischen Gebirges in Mittel-Europa. (Nach J. DVOŘAK & EVA PAPROTH, aus N. Jb. Geol. Paläont. Mh., 1969)

Der geosynklinale Vulkanismus erreichte nach dem ersten Anschwellen während des Mittel-Devon (S. 107) seinen zweiten und letzten Höhepunkt im mittleren Unter-Karbon. Es waren wiederum basische Laven, die sich von den devonischen nur durch geringeren Gasgehalt und dem mehr pazifischen Chemismus unterschieden. Die Haupteruptionen erfolgten zu Beginn der Tiefwasserphase und waren im wesentlichen an das Übergangsgebiet von der Mitteldeutschen Schwelle zu dem tief absinkenden Becken N' davon gebunden. Im Visé vollzog sich ein Umschlag zu saurer Magmenförderung. In der Zone vom Zentral-Massiv zum Oberrhein ergossen sich im Zusammenhang mit jung-unterkarbonischen Granit-Intrusionen porphyrische Laven. Sie reichten in schwachen Ausbrüchen bis nach Mittel-Deutschland und lassen sich hier als Vorläufer der granitischen Schmelzen auffassen, die während der sudetischen Phase ausgedehnte Plutone erfüllten.

Radiometrische Messungen vermitteln genauere Vorstellungen über Zeitpunkt und Dauer der magmatischen Vorgänge. Im Zentral-Massiv, den Vogesen und im Schwarzwald läßt sich eine ältere Granit-Generation (etwa 320 Millionen Jahre) von einer jüngeren (300 Millionen Jahre) unterscheiden. Die Granite der Böhmischen Masse und Sachsens ergeben meist Ziffern von 310–340 Millionen Jahre. Ähnliche Werte liefern – trotz ihres wahrscheinlich z. T. präkambrischen Alters – die Gneise des Schwarzwaldes (290–360 Millionen Jahre), des Erzgebirges (310–380 Millionen Jahre), des Aar-Massivs (290–315 Millionen Jahre) und der zentralen Ostalpen (um 300 Millionen Jahre). Als jüngste Magmatite stiegen die Harzer Granite auf; Alter um 290 Millionen Jahre deuten wohl auf eine Verknüpfung mit der asturischen Phase. Der Aufstieg der Granite erstreckte sich also über einen längeren Zeitraum und war von einer Durchwärmung des kristallinen Grundgebirges begleitet, welche die ursprünglichen Altersdaten auslöschte oder doch stark veränderte.

Ardennen und Rheinisches Schiefergebirge. In Belgien und bei Aachen ist das Unter-Karbon wie in NW-Europa überwiegend als Kohlenkalk entwickelt. Die Anordnung der Fazies (Abb. 9) läßt erkennen, daß die bis 700 m anschwellenden, durchweg sehr fossilreichen Ablagerungen in einem breiten, das Brabanter Massiv und die Niederländische Scholle umgebenden Meeresarm entstanden, der langsam gegen N wanderte. Randlich überwiegen Crinoiden- und Oolith-Kalke. Gegen das Beckeninnere werden sie durch Bryozoen-Riffe und schwarze bituminöse Plattenkalke ersetzt. Rechts des Rheines, bei Düsseldorf–Wuppertal–Velbert, verzahnt sich der Kohlenkalk mit dem aus Grauwacken, Schiefern, Kieselschiefern und Plattenkalken zusammengesetzten Kulm, der die Kohlenkalk-Fazies NW-Europas im S begleitet und der im übrigen deutschen Unter-Karbon herrschend ist. Nur die *Gattendorfia*-Stufe weist lithofaziell noch devonisches Gepräge auf.

Der Kellerwald lag der Mitteldeutschen Schwelle besonders nahe. Das mittlere Unter-Karbon ist hier als „Kamm-Quarzit" entwickelt. Im jüngeren Kulm treten konglomeratische Grauwacken auf. Je weiter nach N, desto später und mit desto feinerem Korn setzte die klastische Schüttung ein. Am Nordrand des Schiefergebirges ist der Kulm frei von Grauwacken. Die Lahn- und Dill-Mulde gehörten der vulkanischen Zone längs der Nordflanke der Mitteldeutschen Schwelle an. Die Ausbrüche gipfelten in den mächtigen Ergüssen des Deck-Diabas.

Im Harz kommen wir beim Devon (S. 108) die Fazieszonen des Lahn/Dill-Gebietes und des Schiefergebirgs-Ostrandes, erstere im Oberharz, letztere im Unterharz, wieder zutage. Auch hier läßt sich das Vorwandern der Saumtiefe gegen NW verfolgen. Auf die ober-devonische Trogfüllung der Südharz/Selke-Grauwacke und die unter-karbonische der Sieber-Tanne-Grauwacken im Unter- und Mittelharz folgten im mittleren Unter-Karbon der Bruchberg-Acker-Quarzit auf der Scheide von Mittel- und Oberharz, schließlich die Kulmgrauwacke des Oberharzes, die im jüngsten Unter-Karbon einsetzte und bis ins tiefste Ober-Karbon reicht. Aufgrund der relativ hohen Inkohlung der organischen Substanz im unterlagernden Devon ist zu vermuten, daß auch der Tanner Flysch ehemals den Unter- und südlichen Mittelharz in größerer Mächtigkeit überlagerte und postvariszisch weiträumig abgetragen ist (vgl. Lütke & Koch 1983).

Die Furche S' der Mitteldeutschen Schwelle, der das Unter-Karbon Sachsens und des Thüringisch-Fränkischen Schiefergebirges angehört, sank nicht so tief ab wie das Nordbecken. Kieselschiefer und basische Erguß-Gesteine fehlen daher nahezu ganz. Als Erdbach-Kalk setzen gelegentlich Linsen von dunklem Kohlenkalk mit reicherer Fauna auf, sonst sind die Gesteine ziemlich fossilarm. Die Hauptfaltung vollzog sich bereits während des Unter-Karbon III, denn kohlenführendes Jung-Visé liegt sowohl zwischen dem Granulit- und Erzgebirge (Borna-Hainichen) wie in der Niederlausitz (Doberlug) diskordant auf älterem Paläozoikum.

Schwarzwald, Vogesen und Zentral-Massiv lagen am NW-Rand der Alemannisch-Böhmischen Insel, welche die mittel-europäische Geosynkline seit dem Alt-Paläozoikum vom S-europäischen Becken schied. Ähnlich wie in Sachsen eilten auch diese Massive der Gesamtentwicklung des Variszikum insofern voraus, als die Haupt-Faltung und

-Intrusion bereits im Unter-Karbon („frühsudetisch"; Visé) vor sich ging. Unter der Diskordanz stehen im S-Schwarzwald metamorphe, fossilführende marine Schichten des jüngeren Devon und des älteren Dinant an. Darüber lagern festländische Konglomerate mit einer Flora des Jung-Visé, in denen bereits die ersten Granit-Gerölle erscheinen. In diese Abfolge ist ein mariner Horizont eingeschaltet, der Fossilien des jüngeren Visé führt. Als abschließende Faltung gilt die asturische Phase. In den Vogesen und im Zentral-Massiv war die Entwicklung ähnlich.

Sudeten. Wie im Devon standen auch im Unter-Karbon die E-Sudeten als kräftig sinkender Raum den „reußisch" gefalteten W-Sudeten mit ihrer geringermächtigen Sedimentdecke gegenüber. Die schlesisch-mährische Dachschiefer-Grauwacken-Formation umfaßt mehrere 1000 m mariner Schichten, die konkordant in das Ober-Karbon des Oberschlesischen Beckens hinüberleiten. Die W-Sudeten erlebten demgegenüber nur eine kurzdauernde, vom E-sudetischen Meer ausgehende Transgression. Im übrigen entstanden festländische Grauwacken mit Kohlenschmitzen.

Ober-Karbon in Mittel- und W-Europa (Abb. 28). Lebhafte epirogene Krustenverbiegungen, sowohl des Gebirgskörpers wie der Vortiefe, gaben der Oberkarbon-Zeit ihr besonderes Gesicht. Im Gebirge entstanden im Streichen gestreckte und von Schwellen umrahmte festländische Becken, die sich im Laufe der Zeit an Zahl vermehrten, fortbauten und erweiterten (Abb. 31). Orogene Bewegungen im höheren Ober-Karbon und Mittel-Rotliegend vermochten diese bis zum Ende des Unter-Perm fortgehende Entwicklung nur unwesentlich zu beeinflussen. Das bevorzugte Gebiet der Beckenbildung war die Saxo-Thuringische Zone. Hier setzte die Senkung am frühesten, schon Ende Visé, ein, hier erreichte sie während des Stephan und Rotliegend ihre größte Ausdehnung. Vom Westfal ab begannen sich auch in der Moldanubischen Zone kontinentale Eindeckungen auszubreiten, doch erreichten sie nicht die Mächtigkeit der Ablagerungen etwa des Saar- oder Saale-Troges. Der Rheno-Herzynische Faltenstrang blieb bis zum Ende des Karbon fast geschlossenes Hochgebiet.

Die Subvariszische Saumtiefe ist, an ihrer Erstreckung und der 6000 m Dicke übersteigenden Auffüllung gemessen, der bedeutendste der karbonischen Tröge. Freilich liegt dieser Gesteinsstapel nicht in einem Profil übereinander. Die Hauptsenkungsachse und damit die Zone größter Mächtigkeit verlagerte sich von innen nach außen. Sie setzte damit die Wanderung gegen N fort, die schon durch das höhere Devon und das Unter-Karbon (S. 131) verfolgt werden konnte. Die asturische Phase schloß die Entwicklung der Vortiefe am Ausgang des Westfal ab und gliederte sie dem Variszischen Gebirge an; der weiterbestehende Stefan-Trog des Ems-Gebietes griff mit seiner Füllung z. T. bereits auf älteres Ober-Karbon über und zeigte auch in seiner NS-Richtung an, daß er von neuen tektonischen Richtungen geprägt wurde (S. 160). Gegen den N' Rahmen klang die Faltung allmählich aus. Das dem Vorland aufruhende Ober-Karbon liegt noch heute flach.

Innensenken und Randsenke unterscheiden sich durch ihre Lage zum Meer. Der paralischen Fazies der Vortiefe mit ihren häufigen marinen Ingressionen steht die limnische oder intermontane Ausbildung in den festländischen Becken gegenüber. Die Füllung beider Arten von Senkungsfeldern ist petrographisch wenig unterschieden. Konglomerate, Arkose-Sandsteine und Siltsteine stellen den Hauptanteil. In der Regel sind die Innensenken durch gröbere Schuttmassen und unbeständigere Flözführung, die paralischen Becken durch feineres Korn und gleichmäßigere Ausbildung gekennzeichnet. Die Kohle, die meist in Flözen von einigen dm bis einigen m Stärke auftritt, macht selten mehr als 2–3% der Gesamtmächtigkeit aus. Die Flöze entstanden in den versumpfenden Niederungen des Schwemmlandes. Hier gediehen von offenen Wasserflächen durchsetzte Waldmoore, bis Überflutung oder Überschüttung ihr Wachstum beendete. Das spielte sich, wie der zyklische Aufbau der Schichtfolgen zeigt, infolge der periodischen Verlagerung der Flußarme und Deltafächer in vielfältiger Wiederholung ab. Im allgemeinen ist der Kohlenreichtum im unteren Westfal am größten, im oberen Westfal nimmt er ab, das Stefan ist meist flözleer oder doch deutlich flözärmer. Da die grauen Farben der Begleitgesteine gleichzeitig zum Hangenden in rote übergehen, liegt der Schluß auf zunehmende Trockenheit nahe.

Die Magmen-Bewegungen des Ober-Karbon brachten im Gegensatz zu den basischen Gesteinen der Geosynklinal-Periode zur Hauptsache sauer-pazifische Schmelzen empor. Granite und Quarzporphyre sind am häufigsten. Der Plutonismus hatte in der sudetischen Phase einen ersten, in der asturischen einen zweiten, minder bedeutsamen Höhepunkt. Dann erkalteten und entgasten die Massive. Die Mehrzahl der Erzgänge der deutschen Mittelgebirge, des Harzes, Erzgebirges, Ruhrgebietes usw. entstammt dem jüngeren Ober-Karbon und älteren Perm. Die vulkanische Tätigkeit hielt durch das ganze Ober-Karbon an; Hauptschauplatz war die Saxo-Thuringische Zone.

N-Frankreich und Belgien. Die Vortiefe, deren Verlauf durch die Orte Boulogne, Lens, Douai, Namur und Lüttich bezeichnet ist, gewann gegen E an Tiefe. Die Mächtigkeit des Ober-Karbon beträgt im N-französischen Revier 2000 m, im belgischen 3000 m.

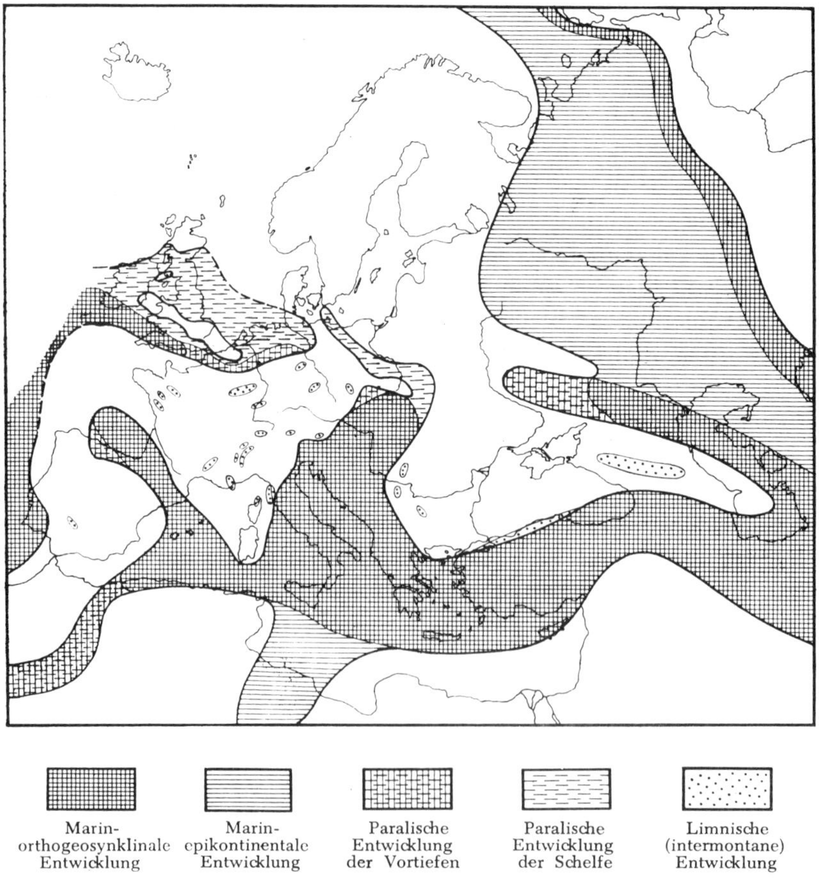

Abb. 29 Paläogeographie des Westfal in Europa

Aachen, Niederrhein und Westfalen. Das Ruhrgebiet ist das wichtigste mittel-europäische Kohlenrevier. Seine Vorräte betragen etwa 40 Milliarden t bis 1500 m Tiefe. Den Bildungsraum der Schichten darf man sich als eine nach N wandernde Senkungszone vorstellen, die allmählich verflachte und verlandete. Das tiefere Namur, das Flözleere, ist in der gesamten Vortiefe marin. Im Lauf des Ober-Karbon schob sich von S her die Fazies des Produktiven in diesen Raum vor und drängte das offene Meer zurück. Der Beginn der Kohlenbildung steigt demgemäß nach N in jüngere Schichten auf. Gleichzeitig wurden Ingressionen des Meeres immer seltener. Dafür erschienen im Westfal D rote Sedimentfarben. Das klastische Material entstammte im älteren Ober-Karbon hauptsächlich dem Rheinischen Schiefergebirge und der Mitteldeutschen Schwelle, im jüngeren vorwiegend dem kaledonisch gefalteten Nordfestland (S. 103). Die mit ihren Vorläufern bereits im Westfal beginnende asturische Phase legte einen etwa 60 km breiten, an das Schiefergebirge angrenzenden Streifen in regelmäßige, nach N verklingende Falten.

Holland und N-Deutschland. Nach E ist die Fortsetzung des Ruhrkarbon durch Bohrungen bis an den Fuß des Oberharzes nachgewiesen. Doch nehmen Mächtigkeit und Flözführung in dieser Richtung ab, rote Farben stellen sich ein. Es ist daher unwahrscheinlich, daß Ruhrgebiet und Oberschlesien durch einen kontinuierlich im Untergrund des N-deutschen Flachlandes verborgenen Kohlengürtel verbunden sind.

Nach N zu geht das gefaltete Saumtiefen-Karbon in das flachlagernde Vorland-Karbon über, das in NW-Deutschland, Holland und der SW' Nordsee den ehemaligen Nordrahmen der Variszischen Geosynkline überdeckt. Es handelt sich um eine ähnlich paralische Schichtfolge wie im Ruhrgebiet; nur vervollständigt sie sich nach oben durch die roten Schichten des Westfal D und des Stefan, in denen die Flözführung erlischt. Mit der Anlage des Stefan-Troges wurden NS-gerichtete tektonische Linien deutlich, die sich im Lauf des Perm durchsetzten (S. 160).

In Oberschlesien ist das Vorwandern und allmähliche Verflachen der Vortiefe gegen E gut zu verfolgen. Am Fuß der E-Sudeten sind die Schichten am mächtigsten und werden ostwärts dünner und unvollständiger. Die ersten Flöze treten sehr tief, in den paralischen Ostrau (Ostrava)-Schichten auf. Von der Sattelflöz-Gruppe ab, die durch ein bis 30 m messendes Flöz ausgezeichnet ist, fehlen marine Einschaltungen. Die Kohlenvorräte des auf weite Strecken noch unerschlossenen Beckens schätzt man auf über 65 Milliarden t bis 1000 m Tiefe.

Die Innensenken enthalten im Gegensatz zur Vortiefe, wo die Sedimentation mit der asturischen Phase im wesentlichen abbrach, ein reich entwickeltes Stefan und Unter-Perm, entbehren jedoch der marinen Einschaltungen. Das Saar-Becken entstand auf der Grenze zwischen der Saxo-Thuringischen und der Rheno-Herzynischen Zone. Übertage ist nur ein kleiner Teil des Beckens sichtbar. Unter den jüngeren Deckschichten dürfte es etwa von Toul bis nahe an den Rhein reichen. Nur in Bohrungen nachgewiesen sind Schichten des älteren Westfal, des Namur und des jüngeren Unter-Karbon. Die Hauptkohlenführung liegt in dem grau gefärbten jüngeren Westfal, doch enthält auch das leicht diskordant lagernde, vorwiegend rote Stefan bauwürdige Flöze.

In Mittel-Deutschland legte sich der Saale-Trog auf der gleichen Gefügegrenze an wie das Saar-Becken, jedoch zeitlich ein wenig später. Der Becken-Querschnitt war unsymmetrisch gestaltet. Die Tiefenlinie, der die aus dem Thüringer Wald und dem Oberharz stammenden Schuttmassen zustrebten, lag hart am Harz-Ostrand. Kohlenflöze treten nur im jüngsten Teil der meist rot gefärbten Schichten auf. Die wenig ausgedehnten

Oberkarbon-Vorkommen Sachsens liegen fast alle in der tektonischen Senke zwischen Erzgebirge und Granulit-Gebirge.

Sudeten. Das Innersudetische (Niederschlesische) Becken enthält ein recht vollständiges Karbonprofil. Die Absenkung begann im Kulm und setzte sich unter steter Erweiterung des Ablagerungsraumes bis ins Rotliegend fort. Nur das tiefste und mittlere Ober-Karbon ist reicher an Kohlen. Im übrigen herrschen flözleere Fanglomerate und Arkosen, die in Trockenzeiten entstanden. Die asturische Bodenunruhe brachte die eruptive Tätigkeit zu neuem Erwachen. In diese Zeitspanne gehören die sudetischen Granit-Massive mit ihrem Lamprophyr-Ganggefolge, ferner einige Porphyr-Ergüsse.

Böhmen und S-Deutschland. In der Moldanubischen Zone begann, wie erwähnt, die Bildung kontinentaler Becken spät und zögernd. Große Flächen des Kristallins blieben bis ins Rotliegend Abtragungsgebiet. Die durch einige mächtige Flöze ausgezeichneten Basisschichten des Pilsen-Kladnoer Reviers W' Prag gehören dem höheren Westfal an. Das Ober-Karbon des Schwarzwaldes und der Vogesen ist im ganzen noch jünger. In zwei Senken, dem Baden-Laacher Trog im N und dem Burgundischen Trog im S, sammelten sich bunte Arkosen und Siltsteine fast ohne bauwürdige Flöze. Einer noch weiter S' gelegenen Trogzone gehören die Vorkommen von höherem Ober-Karbon an, die bei Basel, am Bodensee und N' Salzburg unter jüngeren Schichten erbohrt sind.

Über das Zentral-Massiv sind zahlreiche kleinere Kohlenbecken verstreut. Ihre Erforschung im Lauf des vorigen Jahrhunderts hat unser Wissen über die Bildung der Kohlenflöze, die Flora und Stratigraphie von Ober-Karbon und Perm erheblich gefördert. Die bedeutendsten sind die Becken von Autun, Blanzy-Creusot, Commentry, der Loire (mit St. Etienne) und von Gard. Fast alle sind stefanischen Alters, nur örtlich ist schon Westfal D entwickelt.

Auf den Britischen Inseln verläuft der Außenrand des Variszikum vom Boulonnais über die Südwestzipfel von England, Wales und Irland. S' dieser Linie, in der Saumsenke, ist das Unter-Karbon als Kulm, das Ober-Karbon bis ins Westfal in der Fazies des Flözleeren, also mit stärker marinem Einschlag als in Mittel-Europa ausgebildet. N' der Linie ist das kaledonisch konsolidierte Vorland ähnlich wie in Holland und NW-Deutschland, nur in weit größerer Ausdehnung, von kohlenführenden Ablagerungen überdeckt. Das Karbon-Profil läßt sich ähnlich dem der mittel-europäischen Subvariszischen Saumtiefe in drei Stufen gliedern. Im Unter-Karbon wurde das Old Red-Land von dem offenen, reich belebten Flachmeer des Carboniferous Limestone überflutet. Mit der Wende zum Ober-Karbon entwickelten sich im Gefolge einer Hebung die ausgedehnten Delta-Bildungen des Millstone Grit, Sandsteine und Schiefertone, die sich in ein seichtes Meer vorschoben. Schließlich entstanden bei nachlassender Epirogenese in Sümpfen und Ästuaren flözführende Ablagerungen. Die Sedimentation brach wie in der Subvariszischen Saumtiefe am Ende des Westfal mit stärker kontinentalen, flözarmen bis flözleeren Schichten ab. Stefan ist nicht sicher bekannt. Im Unter- wie im Ober-Karbon wandelte sich die Fazies von S nach N durch das allmähliche Zurücktreten des Meeres-Einflusses. In S-England überwiegen marine und paralische, in Schottland brackische und limnische Schichten. So besteht der Kohlenkalk in dem klassischen Gebiet von Bristol (Avonian) aus fossilreichen Crinoiden- und Oolithkalken, zwischen die sich Brachiopoden-Schillbänke, Bryozoen- und Algenriffe oder feinkörnige Lagunen-Sedimente einschalteten. In Schottland setzten sich zur selben Zeit fossilarme Dolomite, Mergel und Ölschiefer ab. Das Ober-Karbon enthält in S- und Mittel-England zahlreiche, in vielen Fällen mit dem Ruhrgebiet altersgleiche marine Einschaltungen. Nach Schottland gelangte nur eine große

Überflutung, die des Ägir-Horizontes; im übrigen ist die Schichtfolge limnisch. Die Kohlenvorräte der Britischen Inseln, die sich auf eine größere Anzahl von Becken von Kent bis nach Schottland und Irland verteilen, werden auf fast 100 Milliarden t geschätzt.

Alpen und **S-Europa.** S' der aus kristallinen Gesteinen aufgebauten Kernzone des Variszischen Gebirges gelangt man wieder in ein Gebiet mit gefaltetem Paläozoikum. Die Variszische Gebirgsbildung führte im Umkreis des Mittelmeeres jedoch keine endgültige Erstarrung herbei. Der Boden blieb beweglich und wurde unmittelbar nach der Gebirgsbildung wiederum überflutet, nunmehr aber auf Bahnen, welche die Meeres-Verbreitung des Mesozoikum einleiteten. Auf diese Weise wurde in S-Europa die Restgeosynkline der Variszischen Ära während des Ober-Karbon in die Stammgeosynkline der Alpidischen Ära umgeformt. Die Tethys, die bereits im Kambrium sichtbar geworden war (S. 71), gewann damit endgültig Gestalt.

Unter-Karbon ist aus den Alpen und S-Europa in ähnlicher Ausdehnung wie das Devon bekannt. Im Ober-Ostalpin wurden sandig-schiefrige, daneben kalkige Sedimente abgelagert. In den Karnischen Alpen und den Karawanken hingegen herrschten Cephalopoden-Kalke und Lydite vor, die zur Kulm-Fazies i. w. S. gerechnet werden können, die in Teilen des Balkan, auf Korsika, in S-Frankreich und weiten Bereichen der Iberischen Halbinsel verbreitet ist. Weiter nach S, in N-Afrika, gelangt man in ein epirogen ruhigeres Gebiet mit Kohlenkalk-Entwicklung, das gewissermaßen spiegelbildlich zu dem NW-europäischen gelegen ist.

Ober-Karbon steht vielerorts auf der Balkan-Halbinsel und im Griechischen Archipel an. Das Balkano-Dinarische Lineament trennt zwei Faziesräume. In W-Serbien, W-Mazedonien und in der N' Ägäis gehen marine, epikontinentale Abfolgen bis ins Perm; dagegen herrschen in E-Serbien, W-Bulgarien und im Bereich des Serbo-Mazedonischen Massivs limnisch-fluviatile, mächtige und meist kontinuierliche Abfolgen, örtlich mit Kohlenbildungen. In ähnlicher Weise trennt die Periadriatische Linie (S. 281) der Alpen einen marinen Faziesraum im S (S-Alpen) von einem kontinentalen Raum mit Molasse-Fazies im N (E-Alpen). Im jüngeren Ober-Karbon transgredierten hier die Auernig-Schichten in den Karnischen Alpen, Karawanken und Ungarn im Gefolge der asturischen Phase. Vermutlich in die gleiche Zeit fiel die Transgression von Fusulinen-Kalken in W-Serbien. In E-Serbien, W-Bulgarien und Griechenland waren die wesentlichen orogenen Bewegungen älter als Namur, wohl „sudetisch". Ihnen folgten transgressiv einerseits marines Ober-Karbon, andererseits kontinentale Molassen. Die Transgressions-Wege deuteten - hier früher als in den S-Alpen - den Beginn der alpidisch-dinarischen Geosynklinal-Bildung an. Auch in der Fauna offenbarten sich großräumige Beziehungen. Die erdweit bekannte Foraminiferen-Gruppe der Fusulinen (i. w. S.) breitete sich vom Tethys-Bereich weit aus und trat vielfach gesteinsbildend auf.

N- und **E-Europa.** Bereits im Devon hatte sich der N-europäische Block, der durch die Kaledonische Faltung zusammengeschweißt war, in das aufsteigende Fennoskandien (S. 112) einerseits, die Sedimentations-Bereiche der Britischen Inseln und der Russischen Plattform andererseits zerlegt. Grundsätzlich das gleiche gilt für die Karbon-Zeit. Auf dem Baltischen Schild fehlen Karbon-Ablagerungen; sie stellen sich gegen W in England und Schottland, gegen E auf der Russischen Tafel ein.

Die Russische Tafel bot ein ähnliches Bild wie im Devon, doch lag ihr E' Teil nunmehr ständig unter dem Meeresspiegel. Verhältnismäßig geringmächtige, fossilreiche Flachmeerkalke überwiegen; während einer negativen Schwankung der Strandlinie kam es vorübergehend zur Bildung von Kohlen. Im jüngsten Unter-Karbon kam es zur Bildung von Becken. Eine lückenlose Folge zeigt das Donez-Becken mit mehr als 10000 m paralischem Karbon. Die Flöze reichen vom O-Visé bis ins Stefan, häufen sich jedoch wie in Mittel-Europa im Westfal. Ihre geotektonische Stellung ist umstritten (Aulakogen, variszische Vortiefe).

Arktis. Das Unter-Karbon besteht gleich dem Devon aus festländischen Sandsteinen, nur werden die roten Farben durch graue abgelöst. Im Ober-Karbon drang das Meer ein und zerteilte das alte Old Red-Festland in eine grönländische und eine fennoskandische Landmasse.

In den weiten Geosynklinen **Asiens** ist das Unter-Karbon wie in Europa teils als Kohlenkalk, teils als Kulm ausgebildet. An manchen Küstensäumen siedelten sich bereits Waldmoore an. Mit der Wende zum Ober-Karbon schränkte die Variszische Gebirgsbildung die Meeresfläche erheblich ein. Nur die Bereiche des W-Ural, Kaukasus, Pamir, Kwenlun und Himalaya blieben offenes Meer. Auf dem eingeebneten variszischen Faltenrumpf, aber auch auf Teilen der alten Plattformen entstanden Senkungsfelder, in denen sich mächtige kohlenführende Schichtfolgen sammelten (Kusnezk, Minussinsk, Tunguska, N-China). Meist begann die Sedimentation erst im höheren Ober-Karbon und dauerte bis ins Perm an.

N-Amerika. Die Entwicklung der Appalachen eilte derjenigen der Varisziden insofern voraus, als orogene Bewegungen bereits im ausgehenden Devon den Appalachen-Trog bis auf die Vortiefe einengten, besonders stark im N' Teil. Demgemäß besteht die Füllung in Kanada aus limnischen, in Pennsylvania und Alabama aus paralischen Kohlenschichten, in Oklahoma aus flözfreiem marinem Karbon. Gegen W verzahnten sich die klastischen Schichten der Saumsenke mit den Crinoiden- und Fusulinen-Kalken, stellenweise auch Evaporiten des Midcontinent-Schelfs. Der Kordilleren-Trog verblieb während des ganzen Paläozoikum insgesamt im geosynklinen Zustand; Faltungsbewegungen traten im frühen Mississippian („Antler orogeny“) und vom späten Pennsylvanian an (bis in Perm-Trias reichend) auf, sie betrafen jedoch nur Teilregionen.

Auf den **Süd-Kontinenten** ist das Karbon im allgemeinen regressiv und wenig verbreitet. Im N' **Afrika** hielt sich der Kohlenkalk etwa in den Grenzen der Devon-Verbreitung. Dann verlandete im Gefolge der Faltung der marokkanischen Meseta das ganze Gebiet bis auf eine Vortiefe, in der es Ende Westfal zu schwacher paralischer Kohlenbildung kam. Auf der übrigen N-afrikanischen Wüstentafel ist der festländische Nubische Sandstein verbreitet, in dem außer Karbon zumindest auch Kreide enthalten ist.

In der Kap-Geosynkline setzte sich die klastisch-marine Sedimentation des Devon ins Unter-Karbon fort. Nach Sedimentations-Unterbrechung und örtlich auch Faltungs-Bewegungen begann, vermutlich noch im Ober-Karbon, mit den Dwyka-Tilliten die glazial-kontinentale Abfolge der Karru-Supergruppe (Übers. 13). Auch in W- und SW-Afrika, dem Kongo-Becken und dem W-madegassischen Becken dürfte die zunächst glaziär geprägte Karru-Sedimentation bereits im Ober-Karbon eingesetzt haben.

S-Amerika, Australien und **Antarktika** waren im älteren Karbon weitgehend landfest. Im Paganzo-Becken Argentiniens setzten die Tillite, hier mit mehreren marinen Einschaltungen, ebenso wie im Subandin Boliviens schon frühzeitig im Ober-Karbon (wahrscheinlich schon im Unter-Karbon), auf den Falkland-Inseln und im Paraná-Becken

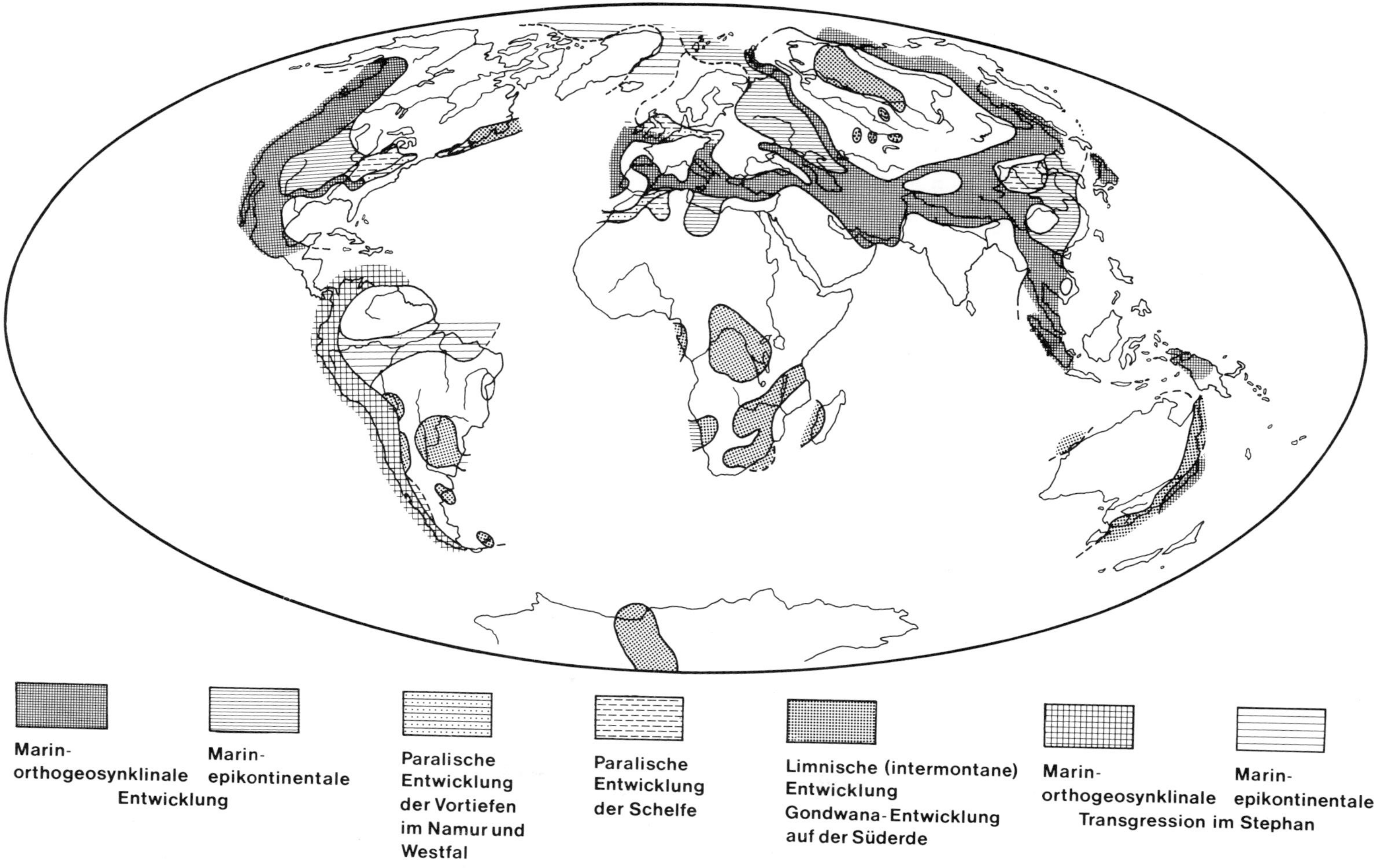

Abb. 30 Paläogeographie des Ober-Karbon

(Brasilien-Uruguay) wohl etwas später im Ober-Karbon ein. Bemerkenswert sind Gleichlauf der Sedimentation und Übereinstimmungen in der Faunenführung zwischen dem Paraná-Becken in Brasilien und dem Kaokoveld-Gebiet in SW-Afrika, wo über Tilliten an der Basis marine Schichten mit Goniatiten und *Eurydesma* folgen. In Australien liegen über unter- bis ober-karbonischen, marinen Schichten die wohl noch ganz oberkarbonischen Tillite der Kuttung-Gruppe. Etwa ebenso alt sind vermutlich die Metschel- und Buckeye-Tillite Antarktikas, die jedoch meist diskordant devonischen oder älteren Schichten aufruhen. Zur paläogeographischen Übersicht über die Gondwana-Region kann, nach dem oben Gesagten, die paläogeographische Karte des Perm (Abb. 33) herangezogen werden.

Organischer Inhalt (Tafeln 17–21 und 26)

Fauna. Im Karbon bahnten sich Wandlungen an, welche die mesozoische Tierwelt aus der paläozoischen hervorgehen ließen. Manche alten Gruppen, besonders unter den tabulaten Korallen, den Trilobiten, Muscheln und Fischen gingen zurück oder starben ganz aus. Statt ihrer traten die Ammonoideen und Foraminiferen, die landbewohnenden Arthropoden und die Amphibien stärker in den Vordergrund. Die Veränderungen gegenüber dem Devon sind bei den höheren Taxa die folgenden (Tab. 9):

Tabelle 9 Tierische Organismen des Karbon

Stamm	Klasse	Ordnung
„Protozoa"	Rhizopoda	Foraminiferida : * Miliolina
Porifera	Calcispongiae	
	Heteractinida	: † Octactinellida
		: * Heteractinellida
	* Calcarea (i. e. S.)	: * Dialytida
		: * Thalamida
Coelenterata	Anthozoa	
	: Zoantharia	: † Heterocorallia
Articulata		
: Annelida	: * Oligochaeta	
: Arthropoda		
: Chelicerata	: Arachnida	: * Phalangida
		: * † Architarbida
		: * † Haptopodida
		: * † Anthracomartida
		: † Trigonotarbida
		: * Telyphonida
		: † Kustarachnida
		: * Phrynichida
		: * Ricinuleida
: Branchiata	: Crustacea	
(Diantennata)	: Branchiopoda	: * Notostraca
	: Eumalacostraca	: * Syncarida
		: * † Palaeostomatopoda
: Tracheata	: Insecta	: * Ephemoptera
(Antennata)		: * Odonata
		: * Palaeodictyoptera (s. l.)
		: * Blattodea

Tabelle 9 (Fortsetzung)

Stamm	Klasse	Ordnung	
Mollusca			
: Amphineura	: Polyplacophora	: * Neoloricata	
: Conchifera	: Gastropoda		
	: Prosobranchia	: Caenogastropoda	: * Cyclophoracea
	: * Opisthobranchia	: * Pleurocoela	
	: * (?) Pulmonata		
	: Bivalvia		
	: Cryptodonta	: † Praecardioida	
	: Heterodonta	: * Myoida	
	: Cephalopoda		
	: Nautiloidea	: † Oncocerida	
	: † Actinoceratoidea	: † Actinocerida	
	: * Coleoidea	: * (?) Belemnitida	
		: * Aulacocerida	
Mollusca (?)	(Inc. sed.)		: † Coleolidae
			: † Cornulitidae
Echinodermata			
: Echinozoa	: † Edrioasteroidea	: † Ophiocistoidea	
Hemichordata	: † Graptolithina	: † Dendroidea	
Chordata			
: Vertebrata	: Agnatha		
	: Cephalaspidomorpha		
		: * Petromyzonida	
	: Pisces (Gnathostomata)		
	: Elasmobranchiomorpha		
		: † Placodermi	
	: Amphibia		
	: Labyrinthodontia	: † Ichthyostegalia	
		: * Anthracosauria	
		: * † Plesiopoda	
	: Lepospondyli	: * Aistopoda	
		: * Nectridia	
		: * Microsauria	
		: * Lysorophia	
	: * Reptilia		
	: * Anapsida	: * Cotylosauria	
	: (Inc. subcl.)	: * Araeoscelidia	
	: * Synapsida	: * Pelycosauria	

Unter den gerüsttragenden **Einzellern** haben Radiolarien wesentlichen Anteil an der Bildung der Lydite, die aus den Skeletten vorwiegend kugeliger Spumellarien entstanden sind. Bei den Foraminiferen ist ein erster Höhepunkt ihrer stammesgeschichtlichen Entwicklung zu beobachten: Kleinforaminiferen der Familien Tournayellidae, Endothyridae, Tetrataxidae, Archaediscidae, Ozawainellidae, Palaeotextulariidae und andere begannen z. T. schon im Devon, z. T. zu Beginn des Karbon ihren Aufstieg. Gattungen wie *Endothyra, Quasiendothyra, Tournayella, Archaediscus,* sind im Kohlenkalk häufig und erlauben eine regional verläßliche Zonierung. Aus den Endothyracea des hohen Unter-Karbon entwickelte sich mit den Fusulinacea die erste Gruppe von Großforaminiferen in der Erdgeschichte. Unter Zunahme der

Gehäusegröße und Komplexität des Wandbaus verlief die Entwicklung im Oberkarbon-Perm von scheibenförmigen zu kugeligen und spindelförmigen Gehäusen *(Millerella, Fusulinella, Fusulina, Triticites, Schwagerina, Verbeekina, Sumatrina).*

Unter den **Poriferen** traten die Stromatoporoidea weitgehend zurück, die Chaetetida hingegen stellten eine wichtige Gruppe dar.

Bei den **Coelenteraten** befanden sich die Tabulata in sichtlichem Rückgang; sie waren vom älteren Karbon an den rugosen Septenkorallen in ihrer Bedeutung gänzlich untergeordnet. Von den Tabulata waren nur noch die Auloporidae *(Cladochonus, Syringopora)* und Favositidae (*Michelinia*) von Bedeutung. Die Rugosa entwickelten um die Wende Devon/Karbon in allen drei Unterordnungen axiale Strukturen. Vor allem waren in reicher Entfaltung einige Gruppen der Cyathaxoniicae *(Cyasthaxonia, Zaphrentites, Zaphrentoides)*, die Zaphrenticae (Lithostrotionidae: *Lithostrotion;* Aulophyllidae: *Aulophyllum, Dibunophyllum, Caninia)* sowie die Lonsdaleiidae *(Lonsdaleia)* bei den Columnariina. Eigentliche Korallenriffe sind im Karbon selten, doch vermögen sowohl Einzelkorallen als auch Stockkorallen in der Kohlenkalk-Fazies bedeutende Anteile an der Gesamtfauna einzunehmen.

Tentaculaten. Die **Bryozoen,** und zwar hauptsächlich die Fenestellidae *(Fenestella, Polypora, Archimedes)* traten im Kohlenkalk öfter gesteins- und sogar riffbildend auf. Die **Brachiopoden**-Fauna zeichnete sich durch das entschiedene Vorwalten und die beträchtliche Größen-Entwicklung der Productacea *(Productus, Avonia, Dictyoclostus, Linoproductus, Gigantoproductus)* aus. Daneben setzten die Orthida *(Enteletes)*, Strophomenida *(Leptagonia, Orthotetes, Derbya, Meekella, Rugosochonetes)* und Spiriferacea *(Spirifer, Neospirifer, Choristites)* die bisherige Überlieferung fort, während die Spiriferinacea *(Punctospirifer)* ihre bis in den Jura reichende Entwicklung begannen.

Arthropoden. Die Trilobiten waren bis auf wenige Linien der Ptychopariida ausgestorben: die wichtigsten Gattungen gehören den Cyrtosymbolinae *(Archegonus, Liobole)* und den neu erschienenen Phillipsiinae *(Phillipsia, Paladin)* an. Conchostrake Branchiopoden *(Cyzicus, Leaia)*, höhere Krebse *(Anthracopalaemon)*, die seltenen Eurypteriden und Xiphosuren *(Euproops, Belinurus)* sind in kohlenführenden Schichten häufiger als sonst, Ostracoden dazu im Kohlenkalk. Bei den Xiphosuren hatte die fortschreitende Verschmelzung der Segmente nunmehr alle Rumpfglieder wie beim heutigen *Limulus* erfaßt. Weit kräftiger als die Wasserbewohner entfalteten sich die auf dem Lande lebenden Arthropoden. Die Spinnentiere (Arachnida) erschienen mit zahlreichen weiteren Ordnungen, die z. T. auf das Karbon beschränkt blieben; meist zeigen sie altertümliche Merkmale, z. B. in der starken Segmentierung des Hinterleibs, der breit mit der Kopfbrust verbunden war. Auch die Myriapoden erlebten eine Blütezeit, unter ihnen traten die ersten Diplopoden auf. Die im Ober-Devon erstmals nachgewiesenen geflügelten Insekten erlebten bereits zu Beginn des Ober-Karbon ihre erste Blüte. Die Palaeodictyoptera (s. l.) erreichten mit ihren seitlich starr abstehenden, nicht faltbaren Flügeln Spannweiten von 75 cm. Im Westfal und Stephan erschienen daneben die kleinerwüchsigen echten Libellen (Odonata) und Eintagsfliegen (Ephemeroptera), dazu kamen die Schaben (Blattodea), die ihre Flügel zurückfalten oder hochklappen konnten. Die karbonischen Insekten machten eine nur unvollkommene Metamorphose durch. Sie nährten sich von Fleisch oder Aas; Pflanzenfresser, stechende und saugende Arten sind nicht bekannt.

Mollusken. Monoplacophoren und Gastropoden waren besonders an Kalkfazies gebunden, vor allem an den Kohlenkalk, diese Fauna war der devonischen noch ähnlich. Noch immer beherrschten die Bellerophontacea *(Euphemites, Bellerophon)*, Euomphalacea *(Euomphalus, Raphischisma, Mourlonia)* und Murchisoniacea *(Murchisonia)*, daneben *Loxonema, Palaeostylus* das Feld. Im kontinentalen Ober-Karbon stellten sich neben Landschnecken die ersten Süßwasser-Schnecken ein (Cyclophoracea: *Dendropupa*). Auch bei den Muscheln setzte sich die Entwicklung aus dem Devon im wesentlichen fort. Die Pectinacea *(Aviculopecten, Posidonia)* und die anomalodesmate *Edmondia* sowie die neu erschienenen Familien der Pinnidae und Limidae gaben der marinen Fazies das Gepräge. Von besonderer Bedeutung war die erste Blütezeit nicht-mariner Muscheln im Ober-Karbon, wo bei den – heute zu den Palaeoheterodonta gestellten – Anthracosiacea *(Anthracosia, Carbonicola)* und Myalinidae *(Anthraconaia, Anthraconauta, Naiadites)* Gattungen von besonderem stratigraphischen Wert auftraten. Von den Gruppen der Cephalopoden waren Nautiloideen (i. w. S.) und Ammonoidea verbreitet. Die Nautiloideen (i. w. S. mit Einschluß der Endoceratoidea und Actinoceratoidea) brachten wenig Neues hervor, zwei ihrer Gruppen (Tab. 9) starben sogar aus. Für die Ammonoidea hingegen bedeutete der Wechsel vom Devon zum Karbon einen scharfen Schnitt. Die Clymeniida verschwanden am Ende des Ober-Devon. Die Prolecanitida und Goniatitida entwickelten sich aus wenigen Stammlinien nach Überschreiten der Grenze zu einer großen Formenfülle. Die Lobenlinie nahm an Komplikation zu, erreichte jedoch erst im Perm das Stadium höchster Differenzierung. Die Schalen-Verzierung war im Durchschnitt kräftiger als im Devon; die *Gattendorfia*-Stufe führt meist glatte, die *Pericyclus*-Stufe gerippte und die *Goniatites*-Stufe spiralstreifige Arten. Im Ober-Karbon waren geblähte, oft mit Knoten besetzte Gehäuse verbreitet. Die Coleoidea erschienen erstmals mit den phylogenetisch wichtigen Gattungen *Eobelemnites* und *Hematites.*

Echinodermen. Die altertümlichen Homalozoa (= Carpoidea) waren bereits im Devon ausgestorben, ebenso die Cystoidea bei den Crinozoa. Unter diesen erlebten die Blastoidea im Karbon-Perm eine Nachblüte; im Mississippian N-Amerikas hatten sie ihr Maximum erreicht *(Pentremites)*. Die Crinoidea erleichterten und vereinfachten ihre massiven Kelche *(Platycrinus, Poteriocrinus)*; im Zusammenhang mit dieser Tendenz begannen sie von den Riffen ins tiefere Wasser abzuwandern. Bei den Echinozoa blieben mehrere Gruppen auf das ältere Paläozoikum beschränkt, die Edrioasteroidea reichten mit wenigen Vertretern bis ins Karbon. Bei den Echinoidea herrschten die mit starren Gehäusen ausgestatteten Palaechinoida *(Palaechinus, Melonechinus)* und die durch flexible Gehäuse gekennzeichneten Echinocystoidea *(Perischocidaris, Lepidesthes)* vor. Im Karbon wurden die mit dicken Stachelwarzen versehenen Gehäuse der Cidaroida *(Archaeocidaris)* häufiger, einer konservativen, bis heute durchgehenden Gruppe, in der beide Gehäuse-Typen entwickelt sind.

Reste von Holothurien erschienen im Karbon reichlicher als bisher; meist handelt es sich um „Lochscheibchen" oder ankerartige Sklerite, die aus dem Sediment ausgeschlämmt werden müssen.

Mit der Entdeckung von ± vollkörperlich erhaltenen Fossilien im Ober-Karbon von Montana, die mit dem Conodonten-tragenden Organismus in Verbindung gebracht werden und die als **Conodontochordata** (MELTON & SCOTT 1973, vgl. SCOTT unter „Schriften") bezeichnet wurden, hat die Suche nach dem Conodonten-Tier neuen Auftrieb erhalten (vgl. auch unter „Kambrium").

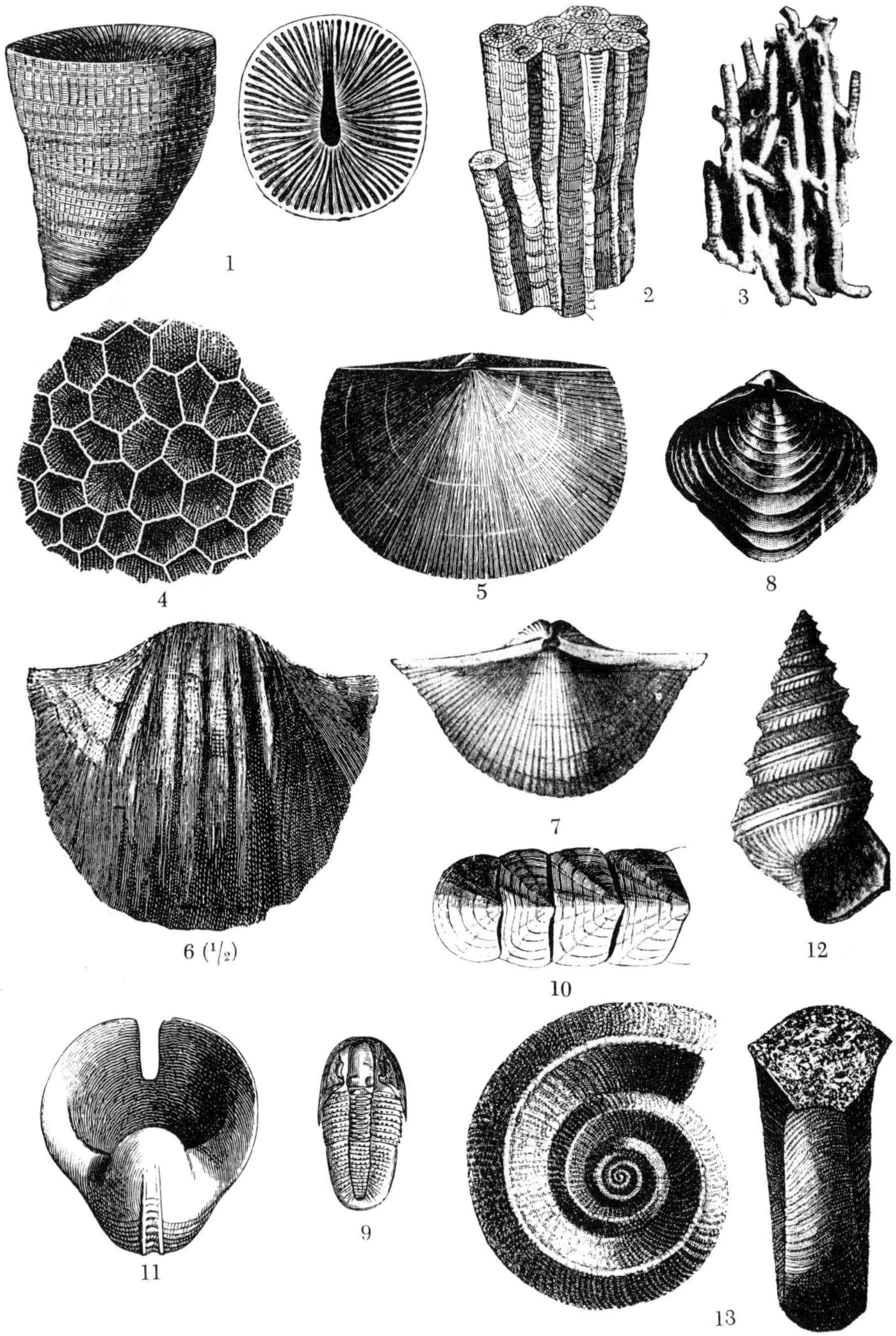

Anthozoen: 1. *Zaphrentoides cornicula* Lesueur (Seiten- und Kelch-Ansicht). – 2. *Lithostrotion basaltiforme* Phill. – 3. *Syringopora distans* (Fisch.). – 4. *Michelinia favosa* (Goldf.). – **Brachiopoden:** 5. *Schellwienella crenistria* (Phill.). – 6. *Gigantoproductus giganteus* (Sow.). – 7. *Spirifer tornacensis* de Kon. – 8. *Athyris lamellosa* (Léveillé). – **Trilobit:** 9. *Phillipsia gemmulifera* (Phill.). – **Polyplacophore:** 10. *Helminthochiton priscus* (Münst.). – **Monoplacophore:** 11. *Bellerophon bicarenus* Lév. – **Gastropoden:** 12. *Murchisonia verneuiliana* de Kon. – 13. *Straparollus (Euomphalus) pentangulatus* Sow.

Bivalvier: 1. *Posidonia becheri* Bronn. – **Cephalopoden:** 2. *Goniatites crenistria* Phill (2 a = Lobenlinie) – 3. *Vestinautilus konincki* (d'Orb.). – **Crinoide:** 4. *Platycrinus trigintidactylus* Austin. – **Blastoide:** 5. *Pentremites godoni* Defr. – **Articulate:** 6. *Calamites radiatus* (Brongniart), Steinkern. – 7. *Sphenophyllum tenerrimum* Ettingsh. – **Lycophyte:** 8. *Lepidodendron veltheimi* Sternberg, Rinde. – **Pteridophylle** (Farne u. Farnsamer): 9. *Sphenopteridium dissectum* (Goepp.) Schimper. – 10. *Fryopsis polymorpha* (Goepp.) Wolfe. – 11. *Adiantites antiquus* (Ettingsh.) Stur.

(Fig. 6 nach Gothan & Remy 1957; Fig. 7 nach Gothan & Remy 1964 und Remy 1977; Taf. 8 nach Gothan & Remy 1967 nach Gothan & Weyland 1964; Fig. 9 nach Gothan & Weyland 1964 und Remy 1977; Fig. 10 nach Remy 1977; Fig. 11 nach Gothan & Remy 1957)

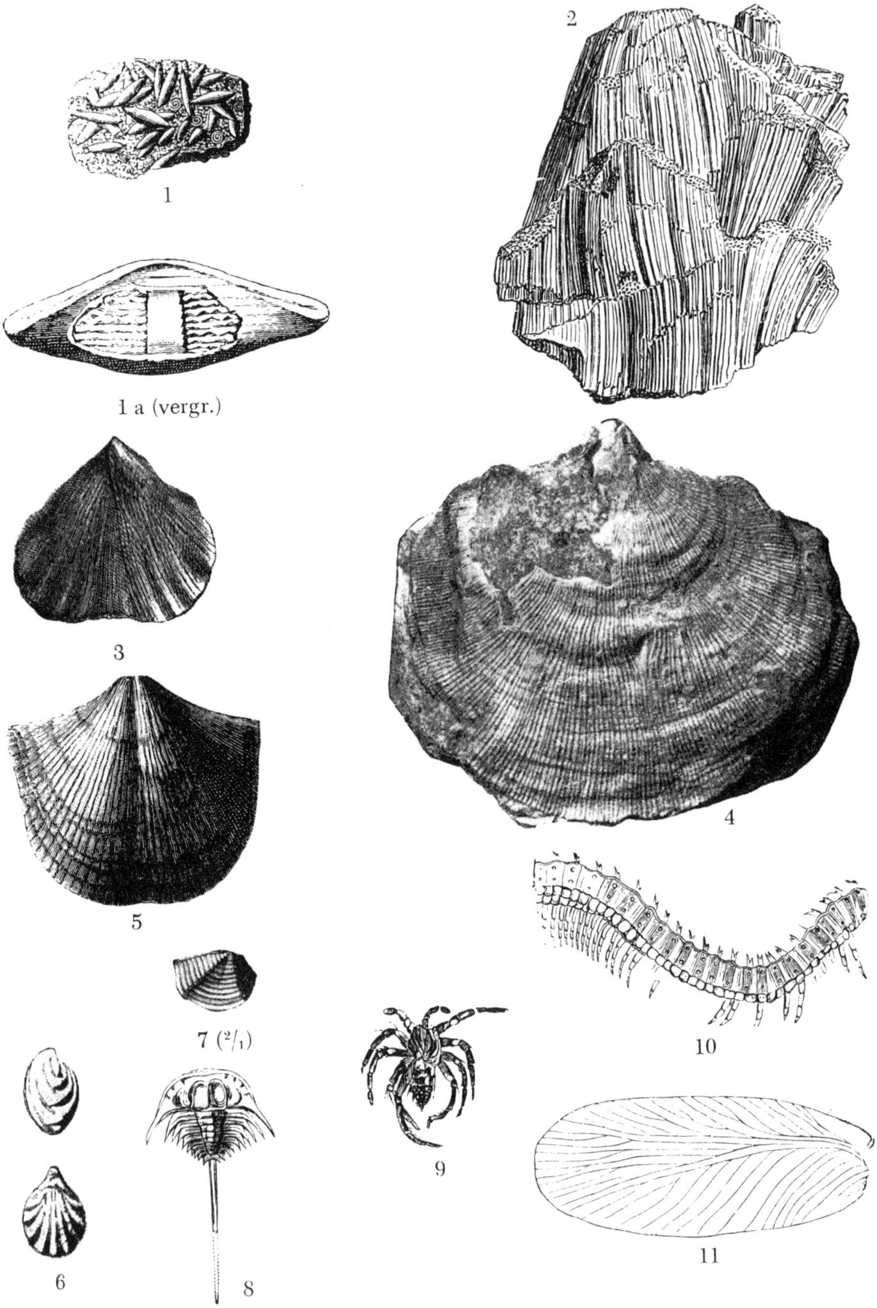

Foraminifere: 1. *Fusulina cylindrica* Fischer (1 a = vergr.). – **Porifere:** 2. *Chaetetes radians* Fischer (im Längsbruch). – **Brachiopoden:** 3. *Meekella eximia* (Eichw.). – 4. *Derbyia grandis* Waag. – 5. *Choristites mosquensis* (Fischer v. Waldh.) – 6. *Retzia remota* (Eichw.). – **Branchiopode (Conchostrake):** 7. *Leaia baentschiana* Beyr. – **Xiphosure:** 8. *Belinurus regina* Baily. – **Arachnide:** 9. *Protolycosa anthracophila* F. Roem. – **Myriapode:** 10. *Euphoberia armigera* Meek & Worthen. – **Insekt:** 11. *Eoblattina manebachensis* Goldenb.

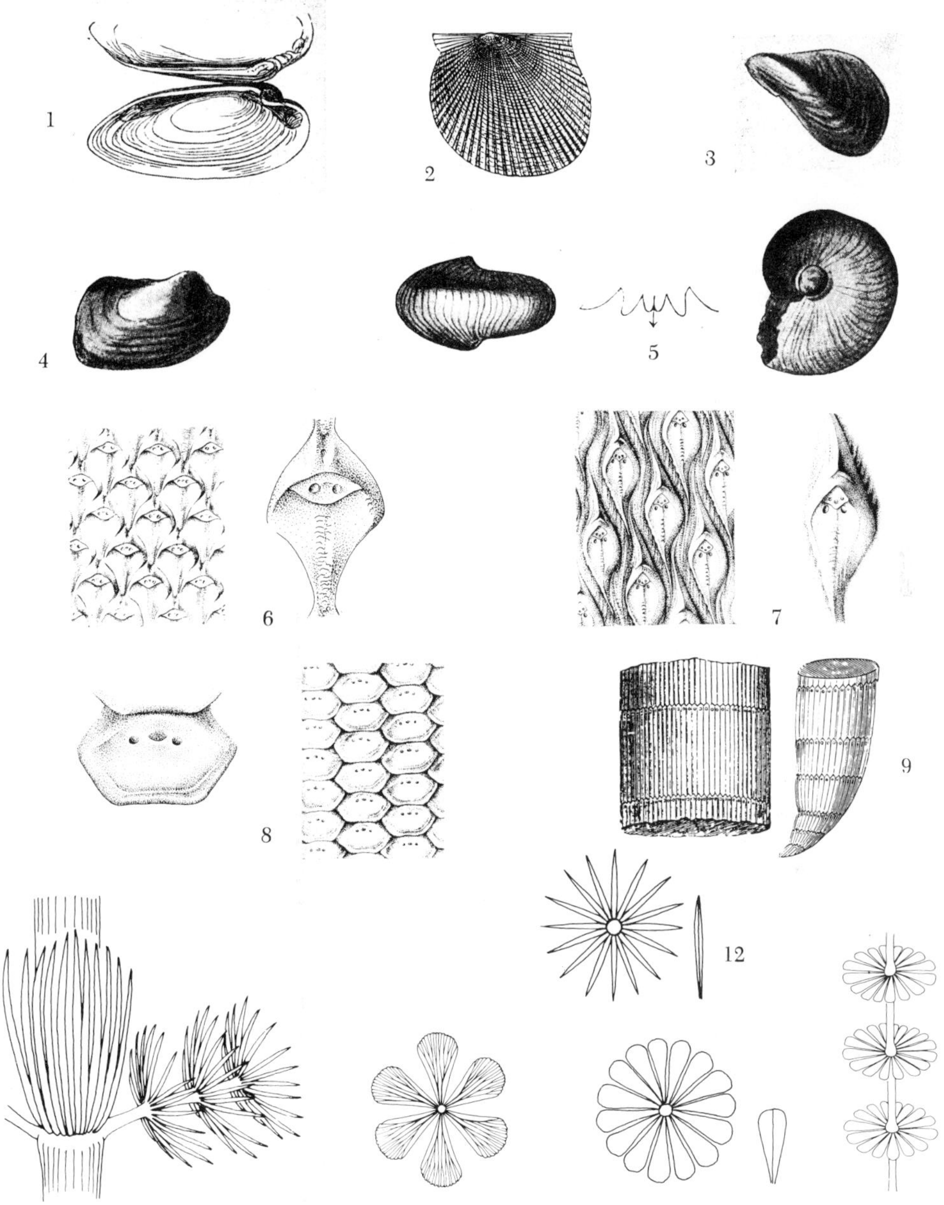

Bivalvier: 1. *Anthracosia lottneri* LUDWIG. – 2. *Dunbarella papyracea* (SOW.) – 3. *Naiadites modiolaris* SOW. – 4. *Anthracomya modiolaris* SOW. – **Cephalopode:** 5. *Homoceras diadema* (GOLDF.) – **Lycophyte:** 6. *Lepidodendron volkmannianum* STERNBERG, Rinde (auch U.-Karbon). –7. *Lepidodendron aculeatum* STERNBERG, Rinde. – 8. *Sigillaria elegans* BRONGNIART, Rinde. – **Articulate:** 9. *Calamites* sp., Steinkern, Stamm u. unteres Stammende – 10. *Asterophyllites equisetiformis* (STERNBERG) BRONGN., belaubter Zweig. – 11. *Sphenophyllum verticillatum* (SCHLOTH.) ZEILL., Blattwirtel. – 12. *Annularia radiata* BRONGNIART, Blattwirtel, Blatt. – 13, 14. *Annularia sphenophylloides* ZENKER, Blattwirbel, Blatt u. belaubter Zweig.
(Fig. 6 nach POTONIÉ 1899 u. GOTHAN & REMY 1957; Fig. 7 nach GOTHAN & REMY 1957 u. GOTHAN & WEYLAND 1964; Fig. 8 nach GOTHAN & REMY 1957; Fig. 10–14 nach REMY 1977)

Pteridophylle (Farne und Farnsamer): **Stefan:** 1. *Odontopteris minor* Brongniart. – 2. *Callipteridium pteridium* Brongniart. – 3. *Reticulopteris muensteri* (Eichw.) Gothan. – **Westfal:** 4. *Lonchopteris rugosa* Brongniart. – 5. *Neuropteris attenuata* L. & H. – 6. *Alethopteris lonchitica* (Schloth.) Sternberg. – 7. *Pecopteris volkmanni* Sauv. – 8. *Mariopteris muricata* (Schloth.) Zeill. – 9. *Alloiopteris essinghi* (Andr.) H. Potonié. – 10. *Lyginopteris hoeninghausi* (Brong.) H. Potonié. – 11. *Eusphenopteris abtusiloba* (Brong.) Novik. – 12. *Rhacopteris elegans* (Ettingsh.) Schimper. – **Namur:** 13. *Sphenopteris gracilis* Brongniart. – 14. *Neuralethopteris schlehani* Stur.

(Fig. 1, 4, 5, 7, 10, 11 nach Remy 1977; Fig. 2, 3 nach Gothan & Remy 1957 und Remy 1977; Fig. 6, 9 nach Remy 1977 und Josten 1983; Fig. 12 nach Gothan & Remy 1957; Fig. 13, 14 nach Josten 1983)

Fische. Mit dem Beginn des Karbon war die Mehrzahl der Panzerfische ausgestorben, welche die Seen und Küsten-Gewässer des Old Red-Landes bewohnt hattenn. Knorpel- und Knochenfische nahmen die freigewordenen Lebensräume ein. Haie *(Cladodus, Ctenacanthus)* und Seekatzen waren reich vertreten. Die Stammgruppe der Actinopterygier, die Palaeoniscida *(Elonichthys, Rhadinichthys)* begannen im älteren Karbon ihren eigentlichen Aufstieg.

Die **Amphibien** des Karbon erinnern noch sehr an die Crossopterygier, aus denen sie am Ende des Devon hervorgegangen waren. Das Schädeldach blieb geschlossen, der Schultergürtel war kaum vom Schädel gelöst, Becken und Wirbelsäule waren erst in lockerer Verbindung. Über 5 m lange Labyrinthodontier und die schlangenartig gestreckten Lepospondylen bewohnten die Sumpfwälder der Steinkohlenzeit.

Aus den Amphibien entwickelten sich noch im Ober-Karbon die ersten (anapsiden) **Reptilien** *(Hylonomus, Archerpeton)*; etwas später erschienen die Araeoscelidier *(Petrolacosaurus)* unbekannter genauerer Zuordnung. Von ihren Ahnen unterschieden sich die ursprünglichen Arten im wesentlichen durch den Aufbau ihrer Wirbel.

Flora. Im Karbon, vor allem im Ober-Karbon, erreichten die niederen Gefäßpflanzen nach Häufigkeit und Formenreichtum den Höhenpunkt ihrer Entwicklung („Jüngere Pteridophyten-Zeit").Die bereits im O-Devon aus den Progymnospermopsida hervorgegangenen Samenpflanzen entwickelten mit den Pteridospermen und ersten Koniferen wesentliche Florenelemente besonders der trockenen Regionen. Allein in den nassen und feuchten Bereichen überwogen noch die Sporenpflanzen.

Tabelle 10 Pflanzliche Organismen des Karbon

Abteilungen	Klassen	Ordnungen
Bryophyta	* Musci	
Lycophyta	Lycopsida	† Protolepidodendrales * Selaginellales * † Miadesmiales
Sphenophyta	Sphenopsida	* Calamitales * Equisetales
Filicophyta	† Cladoxylopsida * Eusporangiatopsida * Protoleptosporangiopsida * Leptosporangiopsida	† Cladoxylales * Marattiales * Osmundales * Filicales
Protospermatophyta	† Progymnospermopsida * Noeggerathiopsida * Ginkgopsida	† Archaeopteridales * Noeggerathiales * Ginkgoales
Spermatophyta	* Cordaitopsida * Coniferae	* Cordaitales * Walchiales

Die **Algen** hatten im Karbon als Bildner kalkiger Meeres-Sedimente eine erhebliche Bedeutung. Stromatolithische Knollen, Rasen oder kleine Riffe, die von Cyanobacterien *(Spongiostroma, Girvanella)* und Grünalgen *(Mitcheldeania)* abgeschieden wurden, sind im Kohlenkalk verbreitet.

Moose. Zu den Lebermoosen gesellten sich ab Karbon auch die Laubmoose. In feuchten und kühlen Klimaten des Karbons (Angara) entwickelten sich die Moose sehr differenziert. In der euramerikanisch-cathaysischen Flora sind sie selten.

Gefäßpflanzen. Bereits im Unter-Devon blühen die Lycophyten (Bärlappgewächse) auf, einige wuchsen bereits im Ober-Devon zu baumförmiger Größe heran. Im Karbon erreichten sie wohl bis 30 m Höhe bei 2 m Stammdurchmesser. Der Stamm trug eine sehr wenig verzweigte, gleich dem Wurzelstock *(Stigmaria)* gabelig aufgebaute Krone. Die lanzettförmigen Blätter hinterließen ausgeprägte Blattpolster auf den Rinden, die bei *Lepidodendron* in Schrägzeilen, bei *Sigellaria* in senkrechten Reihen angeordnet sind (vgl. Taf. 20). Die Bildung von Samenanlagen bei einigen Gattungen *(Lepidocarpon)* zeigt, daß die Bildung von Samenpflanzen, wenn auch auf Dauer nicht erfolgreich, nicht nur von den makrophyllen Prospermatophyta ausging. Neben den Lycophyten bilden in den hygro- und hydrophilen Biotopen zartlaubige Filicophyten (Farne) und Sphenophyten (Schachtelhalme) die Flora. Die auf oberdevonische Formen zurückgehenden Schachtelhalme des Karbon entsprachen im Habitus dem Bild heutiger Gruppen, jedoch besaßen die Calamitales *(Asterocalamites, Calamites, Asterophyllites, Annularia)* bis 1 m dicke verholzte Stämme. Die dagegen kleinwüchsigen Sphenophyllen *(Sphenophyllum)* waren vermutlich Kletterpflanzen. Alle farnartig belaubten Pflanzenreste wurden früher zu den Farnen gerechnet. Nach der Aderung, der Wedel- und der Fiedergestalt unterscheidet man fächernervige *(Cardiopteris, Adiantites, Rhacopteris, Sphenopteridium)*, sphenopteridische *(Sphenopteris, Rhodea, Mariopteris)*, neuropteridische *(Neuropteris)* und pecopteridische *(Pecopteris, Alethopteris, Lonchopteris, Odontopteris, Callipteris)* Formen (Taf. 21). Zwar vertreten die meisten dieser Laubtypen Samenpflanzen, jedoch sind Filicophyta (Farne) unter ihnen nachgewiesen. Die eusporangiaten Farne bilden die Stammgruppe, von der sich die Osmundales zu Beginn des Ober-Karbon und von diesen die leptosporangiaten Farne Ende des Ober-Karbon abspalteten. Die frühen Vertreter der Samenpflanzen werden wegen ihrer farnartigen Wedel auch als Farnsamer (früher auch Samenfarne) genannt, als Pteridospermales innerhalb der Klasse der Cycadopsida haben sie ihren Ursprung im Ober-Devon. Neben ihnen entwickelten sich im Laufe des Ober-Karbon die Cordaitales *(Cordaites)* und die Walchiales als die phylogenetisch ältesten Gruppen der Coniferen (Nadelhölzer).

Allgemeine Züge

Paläogeographie (Kontinent/Platten-Drift), Paläopol-Lagen und **Klimazonen.** Nach paläomagnetischen Messungen zu urteilen, hatte sich die Lage der Kontinente und Pole gegenüber dem Devon nicht sehr wesentlich verändert. Die Süderde blieb als Gondwana-Block recht geschlossen, der Südpol war nunmehr ins Zentrum von Antarktika gerückt. Die Norderde, als ebenfalls ziemlich einheitlicher Kontinent-Block, grenzte in ihrem Westteil in N-Amerika und dem SE' Europa dichter als bisher an Südamerika-Nordafrika an. Die Tethys blieb als breiter „Golf" erhalten; sie war im W im Bereich Spanien-Nordafrika vermutlich geschlossen. Der Nordpol lag im N-Pazifik vor Kamtschatka (Abb. 38). Der Äquator verlief etwa in der W-Verlängerung der Tethys-Achse nach W durch das S' Nordamerika.

Zu Beginn des Karbon muß, ebenso wie im Devon, auf großen Teilen der Erde ein recht gleichmäßiges, warmes Klima geherrscht haben, d. h. die tropisch-gemäßigten Gürtel dürften breit gewesen sein. Anzeichen für kühles Klima, örtlich mit glazialem Einschlag, sind für das Unter-Karbon wie schon für das Devon auf der Südhalbkugel, besonders von S-Amerika, bekannt geworden. Erst vom Ober-Karbon an kam es zu einer Verschärfung der klimatischen Gegensätze. Während im Bereich zwischen den (karbonischen) Wendekreisen im warm-feuchten Klima Tropenmoore gediehen und es am Ende des Karbon in den nun verbreiteten roten Sediment-Farben und der Ausbreitung der Nadelbäume Hinweise auf zunehmende Trockenheit gibt, bedeckten sich die Süd-Kontinente um den karbonischen Südpol herum mit Eis. Hier kam es im S' S-Amerika, S' Afrika, Antarktika, Australien und Vorder-Indien z. T. im Lauf des Ober-Karbon, z. T. erst zu Beginn des Perm (S. 164) zur Bildung von ausgedehnten Inlandeisfeldern, den größten seit der end-präkambrischen (S. 47) Eiszeit. Die Zeugen dieser „permokarbonen" Eiszeit (vgl. auch S. 176) sind in ihrer Verbreitung nur unter der Annahme von Drift-Bewegungen der Kontinente gänzlich verständlich.

Paläobiogeographie. Vom Devon bis ins Unter-Karbon war die Pflanzenwelt nahezu einheitlich über die ganze Erde verbreitet. Erst im Lauf des Ober-Karbon bahnte sich eine Sonderung in Floren-Provinzen an, die im Stephan besonders deutlich hervortrat. Sie erreichte im Perm ihren höchsten Grad und wird dort im Zusammenhang behandelt (S. 177).

Klima und **Umwelt.** Die Steinkohlenvorräte[13] der Welt werden auf rd. 9800 Mrd. t geschätzt, die technisch und wirtschaftlich gewinnbaren auf rd. 1700 Mrd. t. Der Hauptteil entfällt auf das Karbon, der nächst größere auf das Perm. Die Kohlenbildung durchlief gegen Ende des Paläozoikum gleich einer Welle, von der (heutigen) Arktis ausgehend, Europa und N-Amerika, um über Asien hinweg in den Süd-Kontinenten zu verklingen. Die ältesten bauwürdigen Flöze kennt man aus dem Ober-Devon der Bäreninsel. Dann folgen die unter-karbonischen Lagerstätten von Spitzbergen, des Moskauer Beckens und dem Ural. Mit dem Ober-Karbon begann die Kohlenbildung in den Vortiefen und Innensenken Europas und N-Amerikas. Stellenweise ist bereits das tiefere Namur produktiv. Im ganzen betrachtet ist jedoch das Westfal am reichsten. Wenig später erscheinen rote Farben in den Begleit-Gesteinen. Die Flözführung nimmt ab; nur an einigen Orten, wie im Saar-Becken, Zentral-Massiv und Asturien, geht im Stephan noch Bergbau um. Zur Hauptsache hatte sich die Kohlenbildung damals schon nach E verlagert, wo die Becken Sibiriens und Chinas riesige Vorräte bergen. Die produktive Schichtfolge reicht hier vom Stephan bis ins tiefere Perm. Noch etwas jünger sind schließlich die Kohlenvorkommen des gondwanischen Vorder-Indien, Australien, S-Afrika und Brasilien.

Die Ursachen für den Reichtum an Kohlen im Karbon waren ebensosehr biologischer und klimatischer wie tektonischer Art. Damals besiedelten die Pflanzen zum ersten Male in der Erdgeschichte das feste Land in regional weiter Verbreitung bis in die Gebirge. Dieser Vorgang fiel in eine Zeit, die durch ein allgemein mildes Klima – sei es aus global-klimatischen Gründen, sei es aus Gründen einer anderen Lage der Kontinente zu den Haupt-Klimazonen als heute – und durch ausgedehnte epirogene Senkungen besonders günstige Möglichkeiten für die Bildung und Erhaltung pflanzlicher Stoffe bot.

Die am Aufbau der Kohlenflöze teilhabenden Pflanzen bieten erstrangige Klimazeugen. Hinsichtlich der Temperatur weisen die Paläobotaniker auf die Ähnlichkeit des Steinkohlen-Waldes mit dem tropischen Regenwald hin, auf den Arten-Reichtum und die Üppigkeit, das Fehlen von Jahresringen, das Auftreten von Baumfarnen und kletternden

[13] Bis zu 2000 m Tiefe und 30 cm Flözdicke; wie für alle Brennstoffe in SKE (Steinkohleneinheiten) ausgedrückt.

Gewächsen sowie den lockeren Aufbau der Gewebe aus großen Zellen, der für ein rasches Wachstum unter hoher Feuchtigkeit spricht. Die Bildung bauxitischer Verwitterungs-Decken, wie sie aus dem Karbon bekannt sind, ist gleichfalls nur unter heißem Klima denkbar. Man darf sich die Sumpfwälder der Steinkohlen-Zeit danach wohl ähnlich den heutigen Tropenmooren vorstellen. Für die Kohlenmoore des Gondwana-Gebietes, die in der Nachbarschaft von Gletschern entstanden, muß man hingegen ein kühles-gemäßigtes Klima annehmen, worauf auch die Bildung von Jahresringen der Bäume hinweist.

Aber wenn auch die Erzeugung pflanzlicher Stoffe durch das Klima gefördert wurde, ihre Speicherung in mächtigen Schichtfolgen mit zahlreichen Flözen ist tektonisch bedingt. Kohlen entstanden in sinkenden Räumen, die im Karbon durch die epirogenen Bewegungen im Laufe der Variszischen Gebirgsbildung bereitgestellt wurden. Am günstigsten waren die Voraussetzungen für die Flözbildung dann, wenn die Senkungs-Geschwindigkeit der Kruste mit der Aufwuchs-Geschwindigkeit der Moore gleichen Schritt hielt.

Krustenbewegungen (Epirogenese/Tektogenese) und **Magmatismus.** Die Bildung der variszischen Gebirge vollzog sich zur Hauptsache während des Karbon. Die sudetischen Bewegungen, in der Appalachen-Geosynkline N-Amerikas teils ältere (acadische), teils jüngere (alleghenische, ? permische) Phasen, schlossen die jeweils vorangegangenen Geosynklinal-Stadien ab. Auf die Stammfaltungen folgten die Bildung und Auffüllung der Vortiefen, die - besonders in Europa - durch die asturischen Bewegungen den älteren Gebirgsketten angegliedert wurden. Das Werden der Gebirge ging mit ausgedehnten Verlandungen einher. Am Ende des Westfal erreichten sie vielerorts einen vorläufigen Höhepunkt. Später, im jüngsten Karbon, gewann die Transgression des Stephan dem Meere gewisse Flächen zurück.

Mittel-Perm	~	? Alleghenische Phase (Appalachen)
Unter-Perm		
Stephan		Transgression (SE-Europa, Arktis, S-Amerika, Australien)
	~	Asturische Phase (Subvariszische Vortiefe, Asturien)
Westfal		Regression (Subvariszische Vortiefe, Britische Inseln, China)
		Transgression (SE-Europa, China)
Namur	~	Erzgebirgische Phase (Teile des Saxothuringikum)
	~	Variszische Hauptbewegungen (Sudetische Phase i. w. S.), Variszisches Gebirge in Mittel- und S-Europa, N'Asien
		Regression (Variszische Geosynkline, Britische Inseln, N- und Zentral-Asien)
Visé		Höhepunkt der karbonischen Meeresausbreitung, Transgression (Britische Inseln, Tienschan)
Tournai		Transgression (Britische Inseln, Russische Tafel)
	~	Bretonische Phase (S' Rheinisches Schiefergebirge), Antler-Phase (N-amerikanische Kordillere, Alaska)
Ober-Devon	~	Acadische Phase (Appalachen)

Der geosynklinale diabasische Vulkanismus der Devon-Zeit setzte sich bis ins Unter-Karbon fort. Dann wechselte die Zusammensetzung der Magmen. Die Faltungen, vor allem die sudetische, waren vom Aufstieg granitischer Plutone begleitet, denen im höheren Ober-Karbon und im Perm ausgedehnte porphyrische Ergüsse folgten.

Rückblick. Die Variszische Faltung drückte den Geschehnissen des Karbon den Stempel auf. Sie lief offenbar in Form einer „orogenen Welle" ab, deren Höhepunkte als „Phasen" herausgehoben sind. Im Umkreis der Gebirge kam es zu ausgedehnten Hebungen. Mittel- und E-Europa traten damals in eine bis in den Jura dauernde Festlandszeit ein. Auch der Reichtum an Kohle, der dem Karbon den Namen gab, ist der Tektonik im Zusammenwirken mit dem Klima zu danken.

Die Variszischen Faltungen schufen die Saumtiefen und Innensenken, auf deren langsam sinkenden Grund Sumpfmoore gedeihen konnten. Gefördert wurde die Kohlenbildung durch ein subtropisch-feuchtes Klima von großer Gleichförmigkeit über weite Teile der Erde, das sowohl dem Wachstum der Pflanzen wie der Erhaltung ihrer Substanz günstig war. Die Lage der Kontinente zueinander war gegenüber der heutigen völlig verschieden. Auf der Südhalbkugel begannen, bei einer vermuteten Lage des Südpols im Zentrum Antarktikas, Vereisungen, welche zu Beginn des Perm ihre weiteste Verbreitung erlangten. Sie sind Ausdruck einer schärferen Klima-Differenzierung, die im Lauf des Ober-Karbon immer stärker in Erscheinung getreten war.

Ergänzende Schriften

Bless, M. J. M., Paproth, E. & Wolf, M. (1981): Interdependence of basin development and coal formation in the West European Carboniferous. - Bull. Centres Recherch. Expl.-Prod. Elf-Aquitaine, (2) 5: 534-553; Pau.

Bless, M. J. M.; Bouckaert, J. & Paproth, E. (1984): Migration of facies belts as a response to continental drift during the late Devonian and Carboniferous. - Bull. Belg. Veren. Geol., *93*: 189-195; Brüssel.

Böger, H. (1964): Palökologische Untersuchungen an Cyclothemen im Ruhrkarbon. - Paläont. Z., *38*, 142-157; Stuttgart.

Figge, K. (1964): Das Karbon am Nordwestende des Harzes. - Geol. Jb., *81*, 771-808; Hannover.

Kotlyar, G. V. [Ed.] (1977): The Carboniferous and Permian (in russ.). - 535 S., Stratigraficheskiy Slovar SSSR [Ed. V. N. Vereschagin]; Leningrad (Nedra Press).

Kukuk, P. (1938): Geologie des niederrheinisch-westfälischen Steinkohlengebietes; 706 S., Berlin.

Meischner, D. (1970): Conodonten-Chronologie des Deutschen Karbons. - C. R. 6e Congr. Intern. Strat. Géol. Carbonifère, Sheffield 1967, III - 1970, 1169-1180; Krefeld.

Oberste-Brink, K. (1930): Gliederung des produktiven Karbons und einheitliche Flözbenennung im rheinisch-westfälischen Steinkohlenbecken. - Z. deutsch. geol. Ges., *82*, 321-347; Berlin.

Paproth, E. (1980): The Devonian - Carboniferous boundary. - Lethaia, *13*: 1 S.; Oslo.

Pfeiffer, H. (1971): Die variszische Hauptbewegung (sogenannte sudetische Phase) im Umkreis der äußeren Kristallinzone des variszischen Bogens. - Geologie, *20*, 945-957; Berlin.

Řehoř, F. & M. (1972): Makrofauna Uhlonosného Karbonu Ceskoslovenské Cásti Hornoslezské Pánve. - 136 S. (mit deutscher Zusammenfassung); Ostrau (Ostrava, „Profil").

Remy, W. & R. (1977): Die Floren des Erdaltertums. - 468 S.; Essen (Glückauf).

Schmidt, H. (1925): Die carbonischen Goniatiten Deutschlands. - Jb. Preuß. Geol. L. A. 1924, *45*, 489-609; Berlin.

Schwan, W. (1974): Flysch, Olisthostrome und Gleitdecken im Harz. - Z. Deutsch. Geol. Ges., *125*, 253-267; Hannover. (Darin neuere wichtige Literatur.)

Scott, H. W. (1973): New Conodontochordata from the Bear Gulch Limestone (Namurian, Montana). - Publ. Mus. Michigan State Univ., Paleont. Ser., *1*, Nr. 2, 99 S.; East Lansing.

Stille, H. (1951): Das mitteleuropäische variszische Grundgebirge im Bild des gesamteuropäischen. - Beih. Geol. Jb., *2*; Hannover.

Wagner, R. H., Higgins, A. C. & Meyen, S. V. [Eds.] (1979). The Carboniferous of the USSR. - Yorkshire geol. Soc. occas. Publ., *4*: 22 S.;

Compte Rendu du Congrès pour l'avancement des études de stratigraphie carbonifère. - Seit 1927.
Compte Rendu 7ième Congrès int. stratigraphie et de géologie du Carbonifère, Krefeld 1971. *1* (1972, 387 S.), *2* (1973, 494 S.), *3* (1974, 422 S.), *4* (1975, 416 S.).
Das Karbon der subvariszischen Saumsenke (1960-1962). (Hrsg.: Geol. L. A. Nordrhein-Westf.). Teil 1: Der Kulm und die flözleere Fazies des Namurs (1960). Teil 2: Das Steinkohlengebirge. Petrographie und Paläontologie (1962). Teil 3: Das Steinkohlengebirge. Stratigraphie und Tektonik (1962). - Fortschr. Geol. Rheinld. u. Westf., *3*, 1-3, 1282 S., Krefeld.
Zur Geologie des nordwestdeutschen Steinkohlengebirges (1966/67) (Hrsg.: Geolog. L. A. Nordrhein-Westf.). Teil *1* und *2*, Fortschr. Geol. Rheinld. u. Westf., *13*, 1444 S.; Krefeld.
Das höhere Oberkarbon von Westfalen und das Bramscher Massiv (1971) (Hrsg.: Geol. L. A. Nordrhein-Westf.). - Fortschr. Geol. Rheinl. und Westf. *18*, 596 S.; Krefeld.
Die Karbon-Ablagerungen in der Bundesrepublik Deutschland (1971) (Hrsg.: Geol. L. A. Nordrhein-Westf.). - Fortschr. Geol. Rheinl. und Westf. *19*, 242 S.; Krefeld.
(Hrsg.) (1973): Les granitoides varisques de l'Europe occidentale. - B. S. G. F. (7), *15*, 191-305; Paris.

VII. Perm

Vorbemerkungen

Umgrenzung und **Gliederung.** An die Gesteine des Perm knüpfen sich die ältesten stratigraphischen Gliederungs-Versuche. Um die Mitte des 18. Jahrhunderts entwickelten J. G. LEHMANN und G. Chr. FÜCHSEL aus den Erfahrungen des Mansfelder Kupferschiefer-Bergbaus im Harz die Schichtfolge des mittel-deutschen Perm, die von A. G. WERNER (1786) in sein System übernommen wurde. Die alten Bergmanns-Bezeichnungen Rotliegend und Zechstein erhielten damals ihren geologischen Inhalt; sie sind noch heute als stratigraphische Abteilungen in Gebrauch:

	248 Millionen Jahre
Ober-Perm (Zechstein)	
Unter-Perm (Rotliegend)	
	286 Millionen Jahre

Die Erkenntnis freilich, daß diese Bildungen Glieder eines selbständigen, zwischen Karbon und Trias stehenden Zeitabschnitts sind, gewann erst R. I. MURCHISON (1841), als er im damaligen Gouvernement Perm am Westhang des Ural gleichaltrige Ablagerungen in großer Verbreitung auffand. Dem Namen Perm gegenüber hat sich der später von J. MARCOU und H. B. GEINITZ mit Blick auf die deutschen Verhältnisse vorgeschlagene Begriff Dyas nicht durchsetzen können.

Für die Abtrennung des Perm vom Karbon kann in Mittel-Europa das fast völlige Aufhören der Kohlenführung und das Hervortreten roter Sedimentfarben als Anhalt dienen. Im Hangenden bietet der endgültige Rückzug des Zechstein-Meeres eine brauchbare Zeitmarke. In der pelagischen Entwicklung des Perm erfolgt die Gliederung ausschließlich auf biostratigraphischer Grundlage. Die wichtigsten leitenden Fossilien werden den Foraminiferen (Fusulinida), Ammonoideen, Brachiopoden und Conodonten entnommen; in festländischen Ablagerungen sind Pflanzen, Reptilien und deren Spuren brauchbar.
Verbreitung. Die epirogenen Hebungen im Gefolge der variszischen Faltungen ließen große Landflächen trocken fallen. Kontinentale und marin-epikontinentale Bildungen sind daher im Perm verbreitet. Das klassische Gebiet für diese Entwicklung ist Deutsch-

land, wo die Kenntnis des Rotliegend vor allem durch E. WEISS, E. BEYRICH, F. BEYSCHLAG, H. POTONIÉ, H. FALKE, die des Zechstein durch J. K. FREIESLEBEN, H. B. GEINITZ, C. OCHSENIUS, J. H. VAN'T HOFF, G. RICHTER-BERNBURG gefördert wurde. Auch in Rußland, Sibirien, China, Vorderindien, Afrika, Australien und Amerika ist kontinentales Perm in größerer Ausdehnung bekannt. Die Absätze des offenen Meeres wurden zuerst in Rußland (Vorural-Gebiet) untersucht. Weitere wichtige Gebiete sind die Karnischen Alpen und Karawanken (F. KAHLER, A. RAMOVŠ), Sizilien, das russisch-iranisch-afghanische Grenzgebiet, Armenien und der N-Iran, Afghanistan und Tadschikistan (Pamir-Gebiet), die Salt Range, S-China, Timor, Australien und Neuseeland, Japan und Texas.

Hauptgebiete (Übersichten 10, 11 + 12, sowie 13; Abb. 31–33)

Rotliegend in **Mittel-Europa.** Die sudetischen Bewegungen hatten eine Epoche großzügiger Verbiegungen des mittel-europäischen Bodens eingeleitet. Mit dem Ober-Karbon beginnend, entstanden Schwellen und Becken. Sie folgten in den Mittelgebirgen mit ihrem Umriß dem Gefüge des variszischen Untergrundes („Variszische Provinz" sensu FALKE), paßten sich im N dem Südrand Fennoskandiens („Subvariszische Provinz") an und zeichneten im S die Küste der späteren alpinen Geosynkline vor („Alpine-Provinz"). Die Entwicklung begann mit der Anlage einzelner Senken. Im Lauf des höheren Ober-Karbon und im Rotliegend bauten sie sich im Streichen fort, vereinigten sich miteinander, verbreiterten und vertieften sich. Der am Ende des Rotliegend erreichte Zustand zeigt, daß die Absenkung in der Saxo-Thuringischen Zone des Variszischen Gebirges am stärksten war; vor allem die Mitteldeutsche Schwelle wurde unter mächtigen Ablagerungen begraben. In der Moldanubischen Zone blieb die Eindeckung mit Sedimenten geringer. In den äußeren, jüngsten Zonen, der Rheno-Herzynischen und der Subvariszischen, fehlte sie fast ganz. Dafür ging in N-Deutschland aus dem vorlandwärts verlagerten Rest der variszischen Saumtiefe ein ausgedehntes neues Senkungsfeld, die Anlage der Baltischen Straße (S. 135, 160) hervor. Insgesamt ergibt sich das Bild eines vom Bau und der Beweglichkeit des Untergrundes bestimmten epirogenen Wellenwurfes, der im Lauf des Rotliegenden mit zunehmender Versteifung der Kruste allmählich verflachte und erlahmte. Diesem Ablauf fügten sich die orogenen Bewegungen, die asturische Phase im höheren Oberkarbon, die saalischen Bewegungen zwischen Unter- und Ober-Rotliegend als kurzdauernde Unterbrechungen ein. Sie riefen nur noch schwache Faltungen und Bruchfaltungen hervor, ohne den Gang der Epirogenese erheblich zu beeinflussen. Mit den saalischen Bewegungen kann man den variszischen Zyklus als beendet ansehen; die folgenden Sedimentserien leiten bereits zum eigentlichen Deckgebirge über und damit den neuen Zyklus ein.

Die vulkanischen Vorgänge standen mit den tektonischen Bewegungen in engem Zusammenhang. Hauptsächlich wurden Melaphyre und Quarzporphyre gefördert, mittelsaure Gesteine sind seltener. Räumlich betrachtet, nahm der Anteil der Eruptiva i. a. mit der Größe der Becken und der Mächtigkeit der Füllung zu. Vor allem die Melaphyre sind fast ausschließlich an die tiefsten Tröge gebunden. Zeitlich gesehen fiel der Gipfel der vulkanischen Tätigkeit ins Unter-Rotliegend. Neben Decken-Ergüssen, subvulkanischen Lakkolithen und Lagergängen kam es örtlich zur Bildung kleiner Plutone. Im Erzgebirge drangen in der saalischen Phase als jüngste der variszischen Tiefengesteine saure, an leichtflüchtigen Bestandteilen reiche Granite (radiometrische Alter um 255 Millionen Jahre) auf, die als Erzbringer („Zinn-Granite") von Bedeutung waren.

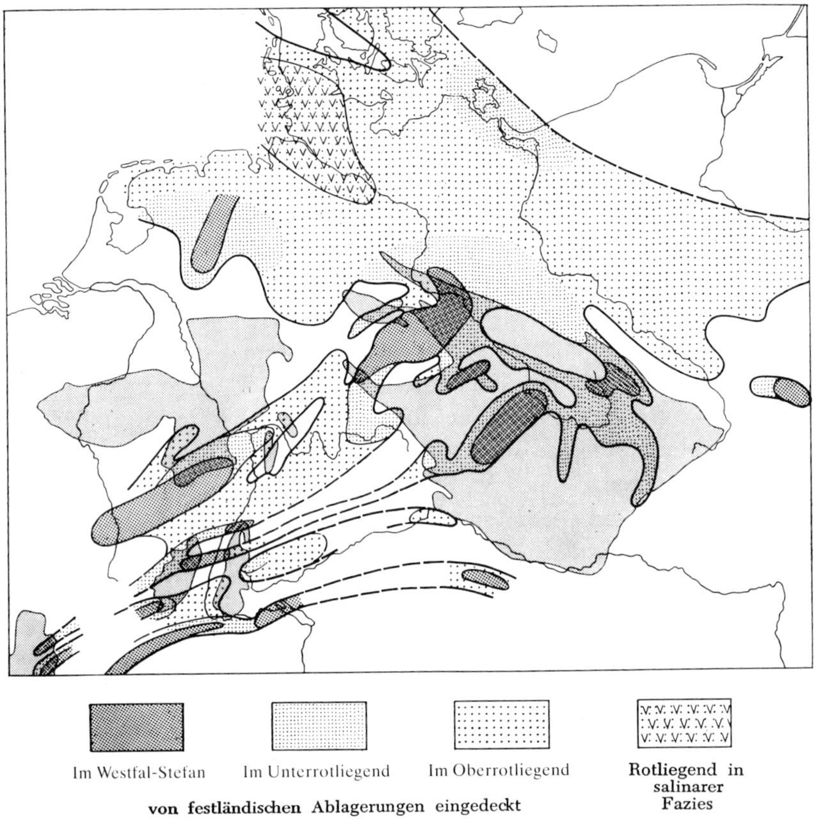

Abb. 31 Paläogeographie des Ober-Karbon und Rotliegend in Mittel-Europa

Die Tröge des Oberkarbon-Rotliegend waren festländische, intermontane Geosynklinen, nur in die Norddeutsche Senke fand das Meer zeitweilig Eingang. Die Beschaffenheit der Ablagerungen wechselte stark. Die stratigraphische Gliederung erfolgt daher bei der Seltenheit von Versteinerungen am besten auf klimatischer Grundlage. Das tiefere Unter-Rotliegend pendelte wie das Stefan zwischen feucht und halbtrocken. Dunkle Schiefertone mit Fisch- und Pflanzenresten, kohlige Sandsteine, bituminöse Kalke und gelegentlich Kohlenflözchen setzten sich in träge fließenden Wasserläufen, in Seen und Tümpeln ab, die beim Austrocknen von braunrotem Silt und Sand zugeschüttet wurden. Im jüngeren Unter-Rotliegend nahm die Aridität zu und erreichte im Ober-Rotliegend ihren höchsten Grad. Leuchtend rote Farben verdrängten die bräunlichen und grauen. Periodische Flüsse erzeugten Wadis und hinterließen gröbere, wenig gesonderte Schuttmassen mit unverwitterten Feldspäten; auch vereinzelte Spuren von Windwirkung sowie Dünen sind bekannt. Das Ober-Rotliegend besteht vielerorts aus Fanglomeraten, die oft aus der Umlagerung der kurz zuvor geförderten Eruptiva und Tuffe hervorgegangen sind, aber auch aus Sebken- und Salzseeablagerungen.

N-Deutschland. Die Norddeutsche Senke nimmt durch ihre Größe, ihre ESE-WNW-Erstreckung, ihre Lage auf vorvariszisch gefaltetem Untergrund und ihre zeitweilige Überflutung eine besondere Stellung unter den Rotliegend-Becken ein. Ihr Kerngebiet war der Unterelbe-Trog. Hier setzten sich im Ober-Rotliegend unter zeitweiligem Zutritt von Meerwasser aus dem Nordsee-Gebiet bis 1000 m rote

Tone mit Steinsalzlagen ab. Räumlich ausgedehnte Spilit-Serien kennzeichnen das Unter-Rotliegend.

W- und Mittel-Deutschland. Nach der sudetischen Gebirgsbildung hatte die Mitteldeutsche Schwelle (S. 106) ihre Rolle als Hochgebiet ausgespielt. Sie wurde von den sedimentären Zonen im NW und SE überfaltet, in die Tiefe gedrückt und durch die oberkarbon-unterpermischen Ablagerungen des Saar- und Saale-Beckens verhüllt. Im Saar-Nahe-Trog gehören die Kusel- und Lebach-Schichten dem feuchteren Abschnitt des Rotliegend an; bekannt ist die reiche Fisch- und Amphibien-Fauna der Lebacher Toneisenstein-Knollen. Unter zunehmender Trockenheit entstanden die groben roten Arkose-Sandsteine der Tholey-Gruppe. Die Eruptionen erreichten vor der Auffaltung des Pfälzer Sattels ihren Höhepunkt und schlossen mit der Grenzlager-Gruppe ab. Die Schichtfolge endet mit der Kreuznach-Gruppe, die vermutlich kontinuierlich zum tiefen Buntsandstein überleitet. Im Saale-Becken bei Halle lagerten sich randlich gröbere rote, weiter einwärts feinere graue, kohlenführende Trümmergesteine ab, während sich im Beckentiefsten mächtige Porphyr-Lager teils subvulkanischer, teils extrusiver Entstehung ausbreiteten. Die saalischen Bewegungen waren schwächer als an der Saar, doch schufen sie bemerkenswerterweise erstmals herzynisch streichenden Falten. Es scheint, daß auch die Anlage des Harzes aus dieser Zeit stammt. Im Thüringer Wald begannen die Eruptionen wie die tektonischen Bewegungen sehr früh. Schon die Gehren-Schichten enthalten Porphyre und Porphyrite. Die ersten, dem heutigen Thüringer Wald parallelen Verwerfungen rissen bereits während des Unter-Rotliegend auf. In Sachsen sind im tieferen Rotliegend Süßwasserkalke und Brandschiefer mit Lebacher Fauna verbreitet, im Döhlener Becken bei Dresden tritt sogar ein bauwürdiges Kohlenflöz auf. Darüber folgen mächtige Porphyrdecken, die vor allem in N-Sachsen große Flächen einnehmen. Das Ober-Rotliegend lagert diskordant auf einem in der saalischen Phase entstandenen Bruchfaltenland.

Schlesien. Die heute im Umkreis des Niederschlesischen Beckens aufragenden Höhen waren schon während des Rotliegend Abtragungsgebiete und sandten breite Schuttfächer in die von einzelnen vergänglichen Wasserflächen erfüllte Senken. Dabei wurde auch der Metallbestand der Erzgänge umgelagert. Das Kupfer wurde in Seen niedergeschlagen und findet sich heute in bituminösen Anthracosien-Schiefern angereichert. Im höheren Teil des Unter-Rotliegend wechseln mächtige Porphyre und Melaphyre mit Eruptivgesteins-Konglomeraten, Tuffen und Tuffiten. Die magmatische Tätigkeit kam in der saalischen Phase mit lakkolithischen Porphyr-Intrusionen zum Abschluß.

Im Französischen Zentralmassiv beschränkt sich das Rotliegend im Gegensatz zum Stefan mehr auf die randlichen Teile. Das Unter-Rotliegend (Autunien) folgt dem Stefanien konkordant oder greift diskordant über Älteres. Seine Farben sind meist grau; schwache Kohlenflöze treten auf und bituminöse Schiefer führen reichere Floren und Faunen. Das Ober-Rotliegend (Saxonien) kontrastiert durch rote Sedimentfarben und gröberes Korn. Trotz großer Mächtigkeit sind Erguß-Gesteine auffallend selten.

S-Deutschland und Böhmen. Die Tröge des NW' Zentral-Massivs kommen am Oberrhein wieder zutage und umfassen den mittleren Gneiskern von Vogesen und Schwarzwald, der seit dem Devon als Hochgebiet bekannt ist, als Burgund-, Offenburg- und Nideck-Oos(Saale)-Trog. Vom E-Abhang des Schwarzwaldes erstrecken sich die Senkungszonen, wie einzelne, von den tertiären Vulkanen der Schwäbischen Alb geförderte Gerölle andeuten, unter dem jüngeren Deckgebirge bis an den Bayerischen Wald. Ihre weitere Fortsetzung liegt in Mittel-Böhmen, wo die Absenkung bei Pilsen bereits im Westfal C begann.

Zechstein in **Mittel-Europa.** Im Perm vollzog sich eine tiefgreifende Umstellung im Untergrund-Gefüge Mittel-Europas. Neben den oberkarbon-unterpermischen, dem Streichen der variszischen Falten folgenden tektonischen Linien tauchten neue Richtungen auf, die E-W' in N-Deutschland, die herzynische am Harz, die rheinische in SW-Deutschland. Dieser Umschwung hatte schon im Stefan eingesetzt. Mit dem Beginn des Zechstein beschleunigte er sich, so daß die alten Züge nur noch verblassend durch das neue Bild hindurchschimmerten. Das dergestalt entstehende Germanische Becken erhielt sich in seinen Grundlinien bis ins Tertiär. Es war aus zwei Senkungszonen, einer E-W' baltischen und einer N-S' rheinischen zusammengefügt. Das Durchkreuzungs-Gebiet, NW-Deutschland, ist durch besonders hohe Schichtmächtigkeiten ausgezeichnet. Spuren vulkanischer Tätigkeit beschränkten sich im Zechstein auf einige spärliche Tuff-Horizonte.

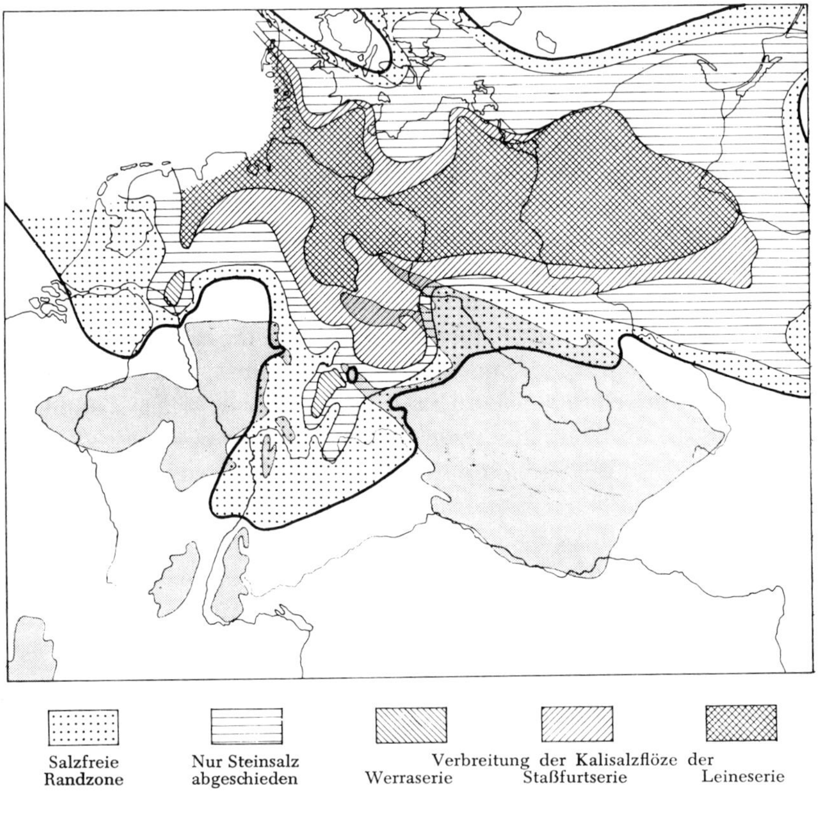

Abb. 32 Paläogeographie des Zechstein in Mittel-Europa

Die Veränderungen öffneten auch dem Meere erneuten Zugang. Wie im Rotliegend kam die Transgression von N durch die Nordsee. Darauf deutet die nahe Übereinstimmung zwischen der ost-grönländischen und der deutschen Zechstein-Fauna. Als Binnenmeer war das Zechstein-Becken in hohem Maße vom Zusammenhang mit der offenen See abhängig. Wiederholte Erweiterungen und Verengungen der Nordsee-Verbindungsstraße zwischen dem Mittel-Nordsee- und dem Ringköbing-Fünen-Hoch gliedern den Zechstein in fünf Sedimentations-Zyklen:

Der erste Zyklus begann mit dem Zechstein-Konglomerat, einer fluvialen, vom transgredierenden Zechstein-Meer aufgearbeiteten Schotterdecke. Stellenweise verknüpfte sie sich mit äolischen Sanden, dem „Weißliegenden". Als Basis des nachvariszischen Deckgebirges lagert das Konglomerat vielerorts mit scharfer Diskordanz auf dem gefalteten und eingeebneten variszischen Unterbau. Eine zeitweilige leichte Einschnürung der Nordsee-Straße verwandelte das Zechstein-Becken in ein euxinisches Meer, in welchem sich der Kupferschiefer, ein dunkler kohlig-bituminöser Mergel, absetzte. Das Kupfer dürfte aus Ablagerungen des Rotliegend herausgelöst sein und ist unweit der Küste durch den Schwefelwasserstoff des Meerwassers als feinverteiltes Sulfid ausgefällt worden. Abbauwürdige, 2% Cu erreichende Gehalte beschränken sich im wesentlichen auf die beiden alten Bergbaubezirke von Mansfeld (Ostharz) und von Richelsdorf (Hessen). Mit dem Zechsteinkalk wurde der Austausch mit dem Weltmeer wieder freier und führte eine > 100 Arten zählende, hauptsächlich aus Brachiopoden, Muscheln, Schnecken und Mikrofossilien bestehende Fauna herbei. Die bankigen Kalke verzahnten sich mit Algen-Bryozoen-Riffen, die sich auf untermeerischen Schwellen und auf Klippen des Küstensaumes, besonders in Thüringen, ansiedelten. Zu Beginn des mittleren Zechstein 1 verengte sich die Verbindung mit dem Weltmeer von neuem, nunmehr aber unter einem arid gewordenen Klima. Unter ständigem Nachstrom vom Ozean durchfloß das eindunstende Meerwasser mit steigendem Salzgehalt das N-deutsche Becken, wo bereits ein Großteil des Anhydrits ausfiel, um sich in der Niederrhein- und Werrasenke als Älteste Salzfolge oder Werra-Serie abzuscheiden.

Der zweite Zyklus begann mit einer abermaligen Öffnung des Zechstein-Beckens. Anfangs entstanden bituminös-schiefrige und dolomitische Ablagerungen in normalmariner Fazies. Über ihnen baute sich eine unter erneuter Abschnürung entstehende zweite Eindampfungs-Folge auf. Diese Ältere Salzfolge oder Staßfurt-Serie ist nach Verbreitung und Mächtigkeit das bedeutendste Glied des Zechstein, wobei der Schwerpunkt der Salzabscheidung von den randnahen Senken des ersten Zyklus in das N-deutsche Hauptbecken rückte. Im Flöz Staßfurt wurde ursprünglich ein Vorrat von rund 3 Billionen t sylvinitisch-kieseritischer und carnallitischer Kalisalze, entsprechend dem K-Inhalt von $^{1}/_{3000}$ des Weltmeeres, festgelegt. Über dem Flöz folgen wenige m Steinsalz und toniger Anhydrit, die von einer raschen Verdünnung der Lösungen zeugen.

Der Graue Salzton, der bereits wieder unter marinen Bedingungen entstand, leitet den geringmächtigen dritten Zyklus, die Leine-Serie ein. Im 3. und 4. Zyklus waren die Beckenumrisse ähnlich wie zuvor, der Eindampfungsgrad blieb aber geringer. Rote, tonige Salze wechsellagern mit sehr reinen Bänken, die wahrscheinlich deszendent aus aufgelösten älteren, am Beckenrand freigelegenen Abscheidungen entstanden waren. Die Leine-Serie gipfelte in den vorwiegend sylvinitischen Kalilagern „Ronnenberg" und „Riedel".

Im vierten Zyklus, der Aller-Serie, deutete sich die Kalisalzbildung nur noch spurenhaft an. Nach dem Hangenden nehmen die Salze mehr und mehr Ton auf und gehen schließlich in die Oberen Zechsteinletten über, die das ganze Salzgebirge mit einem undurchlässigen Mantel überdecken und den Übergang in die Trias bilden. Der fünfte Zyklus, Ohre-Serie, ist sehr geringmächtig und führt nur im zentralen Beckenbereich Salze.

Der Ostrand des Rheinischen Schiefergebirges fiel wie die Umrisse einer Reihe anderer deutscher Mittelgebirge ungefähr mit dem Ufer des Zechstein-Meeres zusammen. Im älteren Zechstein (Z 1) war die Küste durch Buchten gegliedert, in denen sich an Stelle des Kupferschiefers Cu-ärmere, graue Mergel absetzten. Der jüngere Zechstein griff beträchtlich über den älteren hinaus. Er besteht aus Dolomiten, bunten Trümmergesteinen und wiederum Cu-haltigen Mergeln, ein Zeichen, daß die Metallzufuhr lange anhielt. Außer Gips fehlen salinare Absätze.

S-Deutschland. Bis an den Main ist der Zechstein voll entwickelt. Weiter S' wird das Profil lückenhaft und schrumpft auf einige Zehner m Dolomite und bunte Siltsteine. Die südlichsten Funde mariner Fossilien liegen in der Pfalz, bei Heilbronn und Coburg. Möglicherweise ist S' dieser Linie das jüngste Glied des Ober-Rotliegend, die sogenannte Karneoldolomit-Stufe, als festländische Vertretung des Zechstein anzusehen.

In Thüringen und Sachsen fallen wie am Rand des Rheinischen Schiefergebirges die ehemaligen und die heutigen Grenzen des Zechstein beinahe zusammen. Die Ausbildung ist daher in vieler Hinsicht ähnlich. Eine Besonderheit Thüringens stellen die Riffe dar. Sie sitzen Schwellen des Untergrundes auf und veranschaulichen in ihrer Anordnung die Vergitterung herzynisch und erzgebirgisch gerichteter Hebungsachsen.

In NW-Deutschland schwillt das Salz zu fast 1000 m Mächtigkeit an. Im Lauf des Mesozoikum und Känozoikum wanderte es unter der Last der Deckschichten und unter orogenem Druck in Hebungs- und Schwächezonen, Sättel oder Spalten ein und stieg in Gestalt von Salzstöcken auf. Der tiefere Zechstein, der dem subsalinaren Untergrund angehört, tritt dagegen nur an den Rändern der paläozoischen Rahmen (Flechtinger Höhenzug, Harz, Osnabrück) zutage. Im Beckentieferen kann das Zechstein-Salz zusammen mit Rotliegend-Salz zu „Doppel-Salinaren“ verknüpft sein.

NW- und **N-Europa.** Auf den Britischen Inseln besteht das Rotliegende, das Lower New Red, aus vorwiegend roten Fanglomeraten („breccias“), Sand- und Siltsteinen, die nur ungenau vom liegenden Karbon und der hangenden Trias abgegrenzt werden können. Die vulkanische Tätigkeit war gering. Der Zechstein erfüllte die inneren Teile des britischen Rotliegend-Beckens zwischen Mittel-England und N-Irland und ist nach Ausbildung und Mächtigkeit der deutschen Randfazies vergleichbar. Bryozoen-Riffe begleiteten wie in Thüringen die alte Küste.

Die Entdeckung einer rotliegenden Fauna und Flora in den Rhombenporphyren und Basalten zwischengeschalteten Sedimenten (besonders rote Sandsteine und Konglomerate) bei Oslo hat die Erguß- und Tiefengesteine dieser Provinz ins Unter-Perm, vergleichbar den zeitgleichen Eruptionen Mitteleuropas, gerückt. Wahrscheinlich stand der Aufstieg der Magmen mit der Bildung des Oslo-Grabens in Zusammenhang, jedoch greifen die Vulkanite und Sedimente über das eigentliche Grabengebiet hinaus.

In **E-Europa** bestimmte der Rhythmus der Ural-Faltung die Ausbildung und Verbreitung der permischen Ablagerungen. Im Ober-Karbon war vor dem Westfuß des Gebirges eine Vortiefe entstanden, die sich gegen W allmählich in die Epikontinental-See der Russischen Tafel verflachte. Im Unter-Perm nahm die Senke an 5000 m Sediment, anfangs kalkiger, später klastischer Beschaffenheit auf. In diesem Wechsel kündete sich der Abschluß der Faltung des Ural-Gebirges an. Der Orogenese folgte eine weitgespannte Landwerdung, die ihren Höhepunkt in der Trias erreichte. Die voruralische Straße wurde verengt und durchgeschnürt. Es kam zu Eindampfungen, die in einzelnen Senkungszonen, am Nordrand des Donez-Beckens (Bachmut) und vor dem Ural (Solikamsk) ansehliche Steinsalzlager mit Kalisalz-Flözen hinterließen. Die Zechstein-Transgression schuf nochmals ein seichtes Meer. Nach seinem Rückzug hinterblieb eine weite, von bunten Ablagerungen erfüllte Senke mit einzelnen Brackwasserseen. Vierfüßler und Pflanzen mit verwandtschaftlichen Beziehungen zu N-Amerika und den Süd-Kontinenten besiedelten das Gebiet.

In der **Arktis** kam es nach der stefanischen Transgression zu einem vorübergehenden Rückzug des Meeres; marines Unter-Perm ist wenig verbreitet. Im Ober-Perm ging von dem arktischen Becken jene große Überflutung aus, die Rußland als das Meer der Kasan-Stufe, Mitteleuropa als Zechstein-Meer erreichte und sogar bis nach Neuschottland gelangte.

Alpen und **S-Europa.** Im W' Mittelmeer-Gebiet dauerte die durch die Variszische Gebirgsbildung eingeleitete Festlandszeit bis in die Trias an. Wie in Mittel-Europa entstand hier eine Reihe kontinentaler Becken. Im E' Mittelmeer-Gebiet gewann dagegen die im Ober-Karbon geschaffene Anlage der Alpidischen Geosynkline (S. 139) während des Perm an Ausdehnung. Gleichzeitig wurde die marine Lebewelt reicher. Fusulinen, Korallen, Brachiopoden und Kalkalgen bildeten ganze Gesteinsbänke und gliedern das mediterrane Perm durch ihre Beziehungen zu den ost-asiatischen und texanischen Faunen in den erdumspannenden Zusammenhang der Tethys ein.

Im Apennin, in den W- und S-Alpen, erweiterten sich die z. T. schon Ende Karbon geschaffenen Tröge und sammelten die roten, oftmals groben Schuttmassen des alpinen Verrucano. Ergüsse sind selten, abgesehen von den mächtigen Decken des z. T. ignimbritischen Bozener Quarzporphyrs in Süd-Tirol. Ähnliche Verhältnisse herrschten in S-Frankreich, Spanien und N-Afrika.

In den Karnischen Alpen fiel der unter-permische Meeresbereich noch nahezu mit dem stefanischen zusammen, doch treten klastische Einschaltungen in den Rattendorf-Schichten zurück und fehlen im Trogkofel-Riffkalk ganz. Leichte Krustenbewegungen leiteten einen neuen Sedimentations-Zyklus ein, der von dem übergreifend lagernden roten Gröden-Sandstein über Rauchwacken zu dem dolomitischen *Bellerophon*-Kalk führte. Im letzteren finden sich Arten des deutschen Zechstein mit solchen des indischen *Productus*-Kalks vereint.

In den N' E-Alpen bilden Rotgesteine und Evaporite das Liegende der mesozoischen Schichtfolge. Die erste, noch zögernde Anlage des späterhin wichtigen kalkalpinen Sedimentationsraumes stammt also aus ober-permischer Zeit.

Von den S-Alpen erstreckte sich die permische Meeresfläche über die inneren Teile der Dinarischen Ketten, über Ungarn, Griechenland, die Ägäis, Tunesien bis Sizilien und sandte kurzdauernde Vorstöße in die Toscana und nach Elba.

Im **N' Asien** entstand durch die Angliederung kaledonischer und variszischer Falten an die alten Kerne im Laufe des Paläozoikum ein großer Festlandsblock, das Angara-Land. Sein Wachstum gelangte mit der saalischen Phase, die außer dem Ural auch den Tianshan, Nordpamir und Kwenlun erfaßte, zu einem vorläufigen Abschluß. Die Füllung der Kohlenbecken (S. 140) ist in ihrem permischen Anteil besonders flözreich.

Das Angara-Land bildete den Nordrahmen für das permisch-mesozoische Tethys-Meer, dessen Verlauf sich über Zypern, Anatolien, Krim, Kaukasus, Armenien, Iran, Himalaya (Salt Range) bis Indonesien verfolgen läßt.

Umrandung des **Pazifiks** und **N-Amerikas.** Im Indonesischen Archipel spaltete sich die Tethys in zwei Geosynklinen, die den Pazifik umfaßten und sich in Mittel-Amerika wieder vereinigten. Der S' Arm verlief über Neukaledonien, Neuseeland, die W-Antarktis und die S-amerikanischen Anden. Der N' Arm überdeckte Japan, NE-Sibirien und die Kordilleren N-Amerikas. Der Höhepunkt der Meeresausbreitung lag in diesen Gebieten im Unter-Perm. Dann folgte eine fortschreitende Verlandung, die vielerorts kohlenführende Schichten hinterließ. In Texas verlief die fazielle Entwicklung von fossilreichen marinen Kalken und Riff-Kalken über Steinsalz- und Kalisalz-Ablagerungen bis zu den festländischen Red Beds, die eine permo-triadische Vierfüßler-Fauna einschließen.

Auf der **Südhalbkugel** bildeten die Alten Kerne von Brasilien-Argentinien, Afrika, Vorder-Indien, Australien und der E-Antarktis vom Kambrium bis in den Jura hinein einen mehr oder weniger zusammenhängenden Block. Er war randlich von Dauer-Meeren bedeckt, nur gelegentlich gelangten Meeresvorstöße entlang der Trennfugen zwischen die Teilkontinente. Nach dem vorder-indischen Volksstamm der Gond hat diese geschlossene Festlands-Masse den Namen Gondwana[14] (E. SUESS 1883) erhalten; sie ist besonders vom Permokarbon bis zur Trias durch fast ausschließlich kontinentale Sediment-Abfolgen und eine einheitliche Flora und Fauna ausgezeichnet (Übers. 13). Im jüngeren Karbon und älteren Perm („Permokarbon") trug dieser Superkontinent ausgedehnte Inlandeis-Felder. Weithin trifft man an der Sohle der festländischen Schichtfolgen, die im Jung-Paläozoikum wachsende Flächen Gondwanas eindeckten, Gletscher- und Schmelzwasser-Absätze an. Dem im älteren Perm schwindenden Eis folgte vielerorts das Meer und leitete den Zerfall zunächst des E' Gondwana in Teilkontinente ein, der sich allerdings erst in der Kreide vollendete.

Afrika kann als das Kernstück Gondwanas betrachtet werden. Oberkarbonisch-unterpermische Ablagerungen sammelten sich hauptsächlich in zwei großen Becken, dem Karru-Becken im S und SE und dem Kongo-Becken im mittleren Teil des Kontinents. Im W liegen kleinere Becken in SW-Afrika und in Gabun, im E greifen die Gondwana-Schichten bis auf Madagaskar über. Überall beginnen sie mit dem Dwyka-Tillit und seinen Äquivalenten, denen kontinentale, z. T. *Mesosaurus*-führende, darauf kohlenführende Ablagerungen in weiter Verbreitung folgen. In SW-Afrika sind glazio-marine Schichten über dem Tillit bekannt, die neben *Eurydesma* vereinzelt Goniatiten enthalten; sie entsprechen den S-amerikanischen Vorkommen in allen Einzelheiten. Das höhere Perm und die ältere Trias sind durch die kontinentalen Beaufort-Schichten vertreten, die eine berühmte Reptil-Fauna führen.

S-Amerika beherbergt zwei große Flächen mit kontinentalem Oberkarbon-Perm. Im brasilianischen Paraná-Becken verzahnen sich die Itararé-Tillite mit der kohlenführenden Tubarão/Guatá-Gruppe, in die sich das offenbar gleiche Glaziomarin einschaltet wie in SW-Afrika und damit einen alt-permischen Meeresarm zwischen dem S' S-Amerika und Afrika bezeugt.

Im argentinischen Paganzo-Becken begann die Vereisung vermutlich früher als in den sonstigen südamerikanisch-afrikanischen Gebieten. Mehrere Tillite und marine Einschaltungen kennzeichnen die i. w. ober-karbonische Abfolge, im Perm folgten mächtige bunte Tonsteine und pflanzenführende Sandsteine, in die Vulkanite eingelagert sind. Auch im SE' Bolivien treten Gondwana-Schichten karbonischen Alters (s. unter Karbon) verbreitet auf; zu Beginn des Perm wurden sie von marinen Kalken (i. w. Copacabana-Formation) transgressiv überdeckt, denen Evaporite und Rotgesteine, z. T. unsicheren permischen Alters, folgten.

---

[14] Gondwana = Land der Gond; vgl. SCHWARZBACH 1974, S. 163.

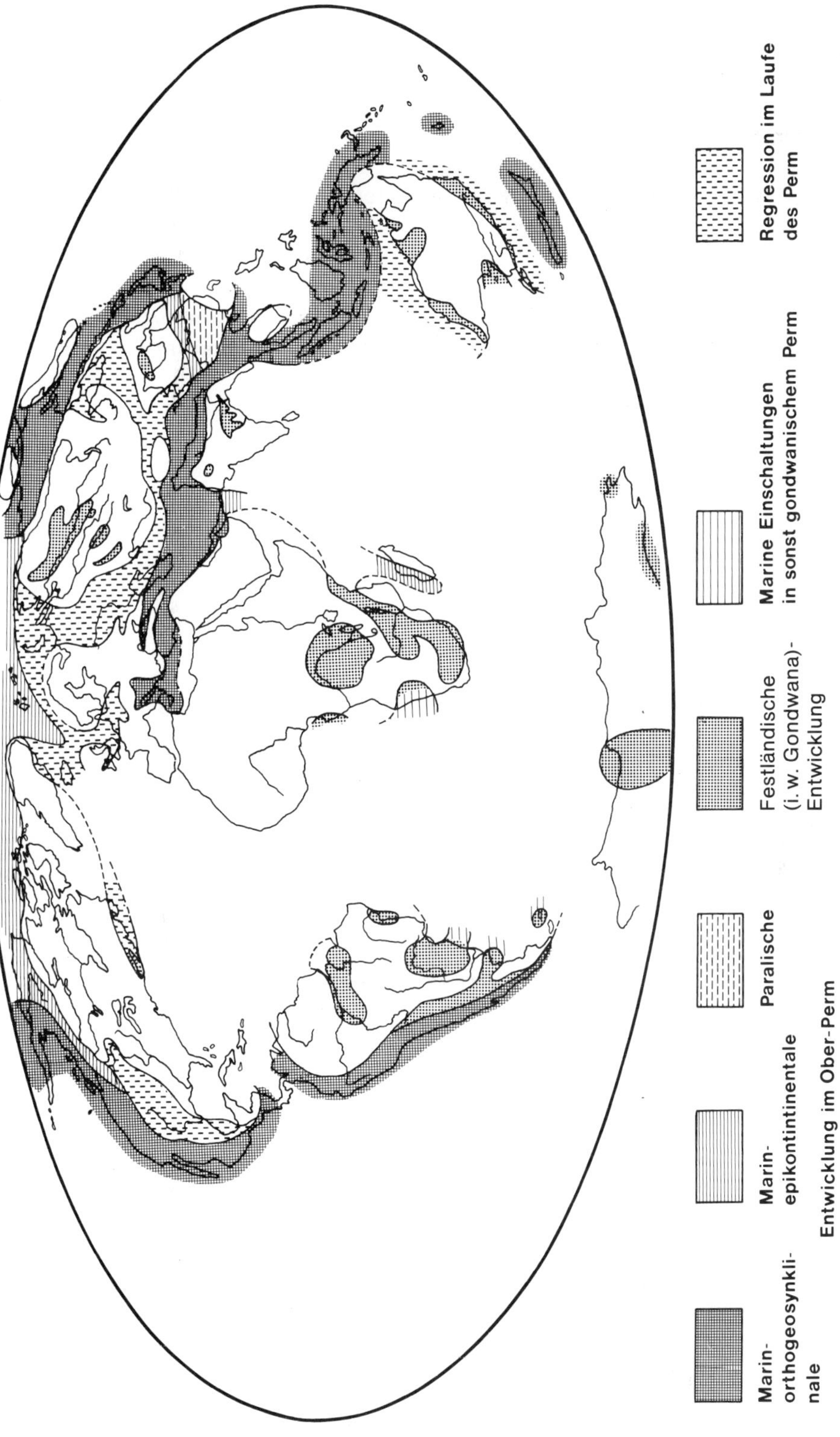

Abb. 33 Paläogeographie des Perm

Auch auf **Antarktika** begann die Vereisung schon früh. Auf die Tillite folgen kontinentale Schichten, die am Dach kohlenführende Lagen enthalten. Sie schließen die gleiche *Glossopteris*-Flora ein wie in den übrigen Süd-Kontinenten.

In **Australien** sind glaziale Ablagerungen weit verbreitet. Der Haupt-Vereisung im Ober-Karbon folgten im Perm zwei weitere, durch Glazialdrift-Ablagerungen gekennzeichnete Vereisungs-Perioden. Kohlenführende Schichten sind durch das gesamte Perm verbreitet und reichen bis in die Trias hinein.

In **Vorder-Indien** rückten die Gletscher aus dem Landesinnern nach N bis an die Küste der Tethys vor, wo sie sich am Dach mit glazio-marinen *Conularia/Eurydesma*-Schichten verzahnten. Die folgenden Unteren Gondwana-Schichten sind im Perm fast durchweg kohlenführend.

Organischer Inhalt (Tafeln 22–25 und 26)

Fauna. Die Umbildung der paläozoischen Tier- und Pflanzenwelt in die mesozoische, die etwa im Karbon begonnen hatte, nahm im Perm ihren Fortgang und war in der älteren Trias im wesentlichen abgeschlossen. Besonders bezeichnend für diese Zeitenwende ist das Aussterben vieler altertümlicher Arthropoden, Brachiopoden und Echinodermen, die Ablösung der Zoantharia-Rugosa (Tetrakorallen) durch die Zoantharia-Scleractinia (Hexakorallen) sowie das Neu-Erscheinen zahlreicher hochentwickelter Reptilien. Im einzelnen sind folgende Veränderungen zu verzeichnen (Tab. 11):

Tabelle 11 Tierische Organismen des Perm

Stamm	Klasse	Ordnung
„Protozoa“	: Rhizopoda	Foraminiferida : * Rotaliina
Porifera	: Calcispongiae : † Heteractinida : Calcarea (i. e. S.)	 : † Heteractinellida : * Pharetronida
Coelenterata (Cnidaria)	: Anthozoa : * Octocorallia (* ? Jura) : Zoantharia	 : † Rugosa : † Tabulata : † (?) Mesozoikum, (?) Eozän
Tentaculata : Bryozoa : Brachiopoda	 : Gymnolaemata : Articulata	 : † Trepostomata : † Cryptostomata : † Orthida
Articulata : Arthropoda : † Trilobitomorpha : Chelicerata Branchiata (Diantennata)	 : † Trilobita : Merostomata : † Eurypterida : Crustacea : Ostracoda : Malacostraca	 : † Ptychopariida : † Palaeocopida (? Rezent) : † Eocarida : * Peracarida

Tabelle 11

Stamm	Klasse	Ordnung
Articulata		
: Arthropoda		
: Branchiata	: Crustacea	
(Diantennata)	: Malacostraca	: * Eucarida (* ? Trias)
		: * Decapoda (* ? Trias)
		: * Penaeidea (* ? Trias)
: Tracheata	: Insecta	: * Astacidea (* ? Trias)
(Antennata)		: † Palaeodictyoptera
		: * (Mehrzahl der Ordnungen, darunter * Coleoptera, * Lepidoptera, * Diptera)
Mollusca		
: Conchifera	: † Rostroconchia	: † Conocardioida
	: Bivalvia	
	: Palaeoheterodonta	: † Modiomorphoidea
	: Cephalopoda	
	: † Bactritoidea	: † Bactritida
	: Ammonoidea	: † Goniatitida
		: * Ceratitida
	: Coleoidea	: * Phragmoteuthida
inc. sed.	: † Hyolitha	: † Hyolithida
Echinodermata		
: Crinozoa	: Crinoidea	
		: † Camerata
		: † Flexibilia
	: † Blastoidea	
: Echinozoa	: Echinoidea	
	: Perischoechinoidea	: † Echinocystitoida
		: † Palaechinoida
Chordata		
: Tunicata	: * Ascidiacea	
: Vertebrata	: Gnathostomata (Pisces)	
	: Teleostomi	
	: † Acanthodii	: † Acanthodida
	: Elasmobranchiomorphi	
	: Chondrichthyes	
	: Elasmobranchii	: † Cladodontida
	(Inc. sed.)	: † Helicoprionida
	: Holocephali	: † Edestida
	(Inc. sed.)	: † Petalodontida
	: Amphibia	
	: Labyrinthodontia	: * Plagiosauria
		: † Anthracosauria
	: † Lepospondyli	: † (sämtliche Ordnungen)
	: Lissamphibia (? Trias)	
	: Reptilia	
	: (Inc. sed.)	: † Araeoscelida
		: * † Protorosauria
	: * Proganosauria	: * † Mesosauria
	: * Lepidosauria	: * † Millerosauria
		: * † Eosuchia
	: * Archosauria	: * Thecodontia
	: Synapsida	: † Pelycosauria
		: * Therapsida

Einzeller: Die Foraminiferen erlebten im Ober-Karbon und Perm ihren ersten, durch das Auftreten der großwüchsigen Fusulinacea ausgezeichneten Höhepunkt. Rascher Formenwandel, große Häufigkeit und weite Verbreitung machen sie zu wichtigen Leitfossilien und Gesteinsbildnern.

Bei den **Coelenteraten** vollzogen sich am Ausgang des Paläozoikum tiefgreifende Veränderungen. Die Tabulaten erloschen, wie auch die zu den Poriferen gestellten Stromatoporen, im Laufe des Perm fast völlig, nur wenige seltene Gattungen reichen ins Mesozoikum, Stromatoporen-Verwandte bis heute. Die rugosen Korallen wandelten sich in die Scleractinier um, d. h., sie gingen von der paarweisen Septenstellung zur sechsstrahlig-symmetrischen über. Diese Entwicklung setzte im Karbon ein und war in der Trias vollendet. Sie bedeutete einen weiteren Schritt von der Bilateralität, die die Korallen von ihren freilebenden Ahnen ererbt hatten, zur Radialität sessiler Organismen. Die permischen Korallen, hauptsächlich Zaphrentiden *(Polycoelia, Waagenophyllum, Wentzelella)* und Plerophylliden, stellen dementsprechend Übergangsformen dar. Meist waren es Einzelkelche, seltener Stöcke und Riffbildner.

Tentaculaten. Die **Brachiopoden** stellten im Perm zum letzten Male den Hauptanteil der marinen Fauna, um im Mesozoikum endgültig vor den Muscheln in den Hintergrund zu rücken. Die meisten Gattungen, ja viele Arten, reichten vom Karbon ins Perm, so die Productaceen *(Productus)*, und Strophalosiaceen *(Strophalosia)*, Spiriferaceen *(Neospirifer)*, Davidsoniaceen *(Streptorhynchus, Derbya, Meekella)* und Terebratulaceen *(Dielasma)*. Nur einige abweichende Formen, die äußerlich korallenähnlichen Richthofeniiden *(Richthofenia)*, Scacchinelliden *(Scacchinella)* und die mit zerschlitzten Dorsalklappen versehenen Oldhaminiden *(Leptodus, Oldhamina)* waren fast ganz auf das Perm beschränkt. **Bryozoen** *(Fenestella, Acanthocladia)* traten im deutschen, englischen und russischen Zechstein neben Kalkalgen als Riffbildner auf.

Auch für die **Arthropoden** bedeutete das Perm in mancher Hinsicht eine Wende. Die Trilobiten starben mit den letzten Proetidae *(Neogriffithides, Ditomopyge, Pseudophillipsia)* aus. Die urtümlichen Insekten-Gruppen *(Palaeodictyoptera s. l.)* des Karbon erloschen. An ihre Stelle traten die meisten der heute lebenden Ordnungen mit vollkommener Metamorphose, unter ihnen die Käfer. Von höheren Krebsen sei *Uronectes*, ein häufiges Fossil der Lebach-Schichten, genannt.

Mollusken. Die Monoplacophoren und die Gastropoden bewahrten besonders durch einige ältere Gruppen noch ein paläozoisches Gepräge. Nur selten traten stärker verzierte Schalen auf. Bellerophontaceen *(Bellerophon)*, Pleurotomariaceen *(Worthenia)*, Murchisoniaceen *(Murchisonia)*, Euomphalaceen *(Straparollus)* und Neritaceen *(Naticopsis)* stellten den Hauptanteil. Die Muscheln gehören nächst den Brachiopoden zu den häufigsten permischen Versteinerungen. Anisomyarier überwiegen, unter ihnen insbesondere die Pectinaceen *(Aviculopecten, Pseudomonotis)*, nächst diesen die Pteriaceen *(Bakevellia)*, Ambonychiaceen *(Myalina, Liebea, Eurydesma)* und die palaeoheterodonten Modiomorphaceen *(Modiomorpha, Goniophora)*, Anthracosiaceen *(Palaeanodonta, Palaeomutela)* und Trigoniaceen *(Schizodus)*. Von den Heterodonta sind die Carditaceen mit *Permophorus* zu erwähnen. Bei den Ammonoideen hatte sich die Fältelung der Septen, d. h. die Zerschlitzung der Lobenlinie, fast völlig durchgesetzt. Die Gehäuse blieben dagegen noch überwiegend glattschalig, erst in einigen Fällen begann sich eine reichere Verzierung zu entwickeln. Durch diese beiden Merkmale hob sich die permische Fauna einerseits von der karbonischen, andererseits von der triadischen ab. Vor allem sind hier die Stufen-Gattungen zu nennen (Tab. 10) und die für die Grenzziehung zur Trias wichtigen Gattungen *Araxoceras, Paratirolites* und *Pseudogastrioceras.*

Die paläozischen **Echinodermen** erlebten, wie vor allem die Aufsammlungen auf Timor lehrten, im Perm nochmals eine bedeutende Blüte. Die Blastoiden-Fauna ist durch zahlreiche besondere Gestalten ausgezeichnet. Das gleiche gilt für die Crinoiden, deren allgemeine Entwicklung auf eine weitere Verminderung der Kelchplattenzahl gerichtet war. Eine gleichartige Umprägung war bei den Seeigeln im Gange dergestalt, daß im Perm die ersten aus 20 Plattenreihen aufgebauten Gehäuse erschienen *(Miocidaris).*

Bei den **Fischen** waren die Knochenfische mit den Actinopterygiern, insbesondere den Chondrosteern, endgültig zur Herrschaft gelangt. Die Palaeoniscida des Rotliegend *(Amblypterus)* wie des Kupferschiefers *(Palaeoniscus, Acrolepis, Platysomus)* sind durch eine kräftige, aus rhombischen Ganoidschuppen gefügte Körperbedeckung und eine stark asymmetrische Schwanzflosse gekennzeichnet. Die Knorpelfische waren durch einige Haie und Seekatzen *(Janassa)* vertreten.

Die **Amphibien** hatten ihre Blütezeit überschritten und waren im Rückgang begriffen. Die plumpen Schädel flachten sich ab und verloren durch die Ausbildung von zwei Hinterhaupt-Gelenken noch mehr an Wendigkeit. Fossile Reste *(Eryops, Archegosaurus, Branchiosaurus)* sind häufiger als im Karbon.

Die **Reptilien** waren im Ober-Karbon anscheinend auf mehreren parallelen Linien aus den Amphibien hervorgegangen und unterschieden sich von ihnen durch die volle Anpassung ans Landleben, beweglichen Hals und leichteren Schädel mit kräftigem Gebiß. Im Perm waren neben der Wurzelgruppe der Cotylosaurier *(Seymouria, Labidosaurus, Pareiasaurus)* zwei Gruppen von Bedeutung, einerseits die Sauromorphen, die Vorläufer der heutigen Kriechtiere und der Vögel, andererseits die Theromorphen, die Ahnen der Säuger. Bei beiden wird das ursprünglich geschlossene Schädeldach von Schläfenfenstern durchbrochen, was den Ansatz starker Kiefermuskeln erlaubte. Die Theromorphen erwarben mit dem Einschub einer Gaumenplatte zwischen Nasengang und Mundhöhle sowie mit der unterschiedlichen Gestaltung der Zähne bereits gewisse Merkmale der Mammalier. Teils Pflanzenfresser *(Tapinocephalus, Dicynodon),* teils Räuber waren sie im Perm den Sauromorphen zahlenmäßig überlegen.

Flora. Der Entwicklungsschnitt am Ausgang des Paläozoikum lag bei der Pflanzenwelt ein wenig früher als bei der Tierwelt. Das Rotliegend gehörte noch dem Paläophytikum an und bildete den Ausklang des karbonischen Pteridophyten-Zeitalters. Mit dem Zechstein setzte die Gymnospermen-Flora des Mesophytikum ein. Die taxonomischen Veränderungen zeigt Tab. 12 (S. 176).

Marine **Kalkalgen** waren im Ober-Karbon und Perm weit verbreitet und traten öfter gesteinsbildend auf *(Mizzia, Gymnocodium, Succodium, Gyroporella).*

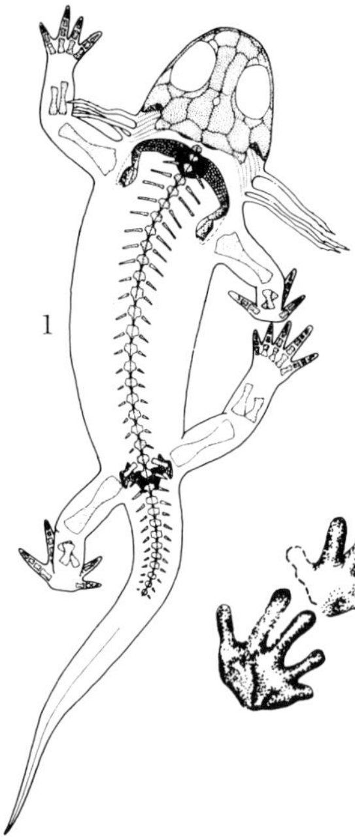

1

2

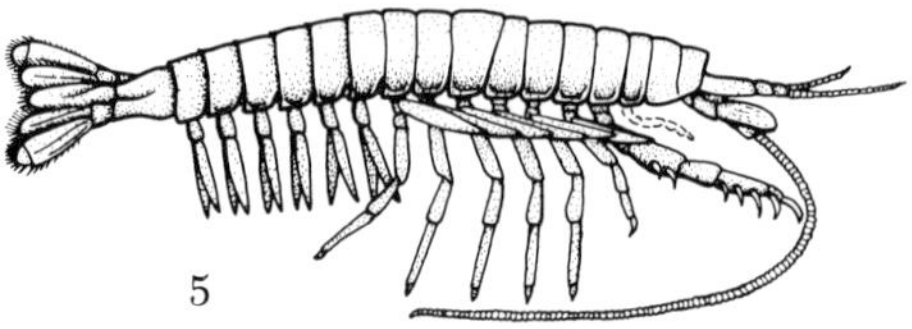

5

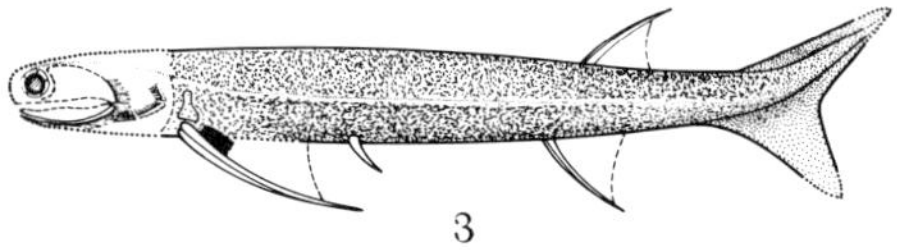

3

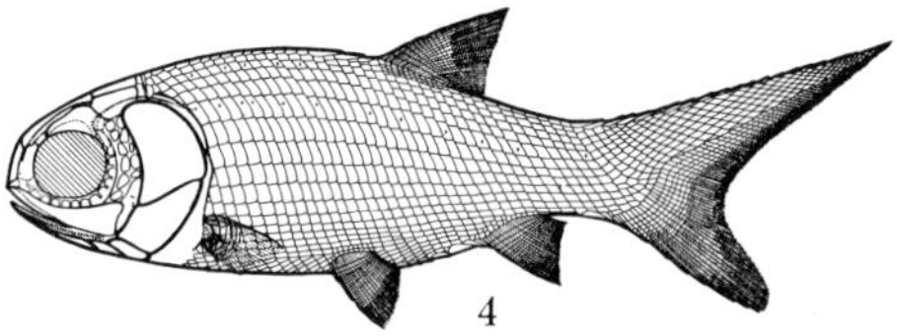

4

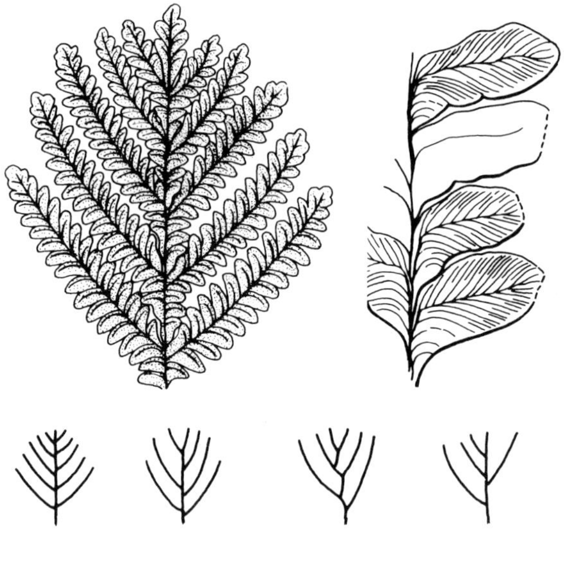

7

Amphibien: 1. *Branchiosaurus petrolei* (Gaudry.) – 2. *Amphisauropus latus* Haubold. – **Fische:** 3. *Acanthodes* sp. – 4. *Aeduella blainvillei* Heyler – **Krebse:** 5. *Uronectes fimbriatus* (Jordan) – **Farne:** 6. *Callipteris conferta* Brongniart, steriler Wedel, Fiederblätter und Wedelbautypen. – **Koniferen:** 7. *Ernestiodendron filiciforme* (Schloth.) Florin.

(Fig. 1 aus Boy 1972; Fig. 2 aus Fichter 1976; Fig. 3 nach Piveteau 1969; Fig. 4 aus Heyler 1969; Fig. 5 aus Boy 1976; Fig 6 aus Barthel & Haubold 1980; Fig. 7 aus Florin 1940)

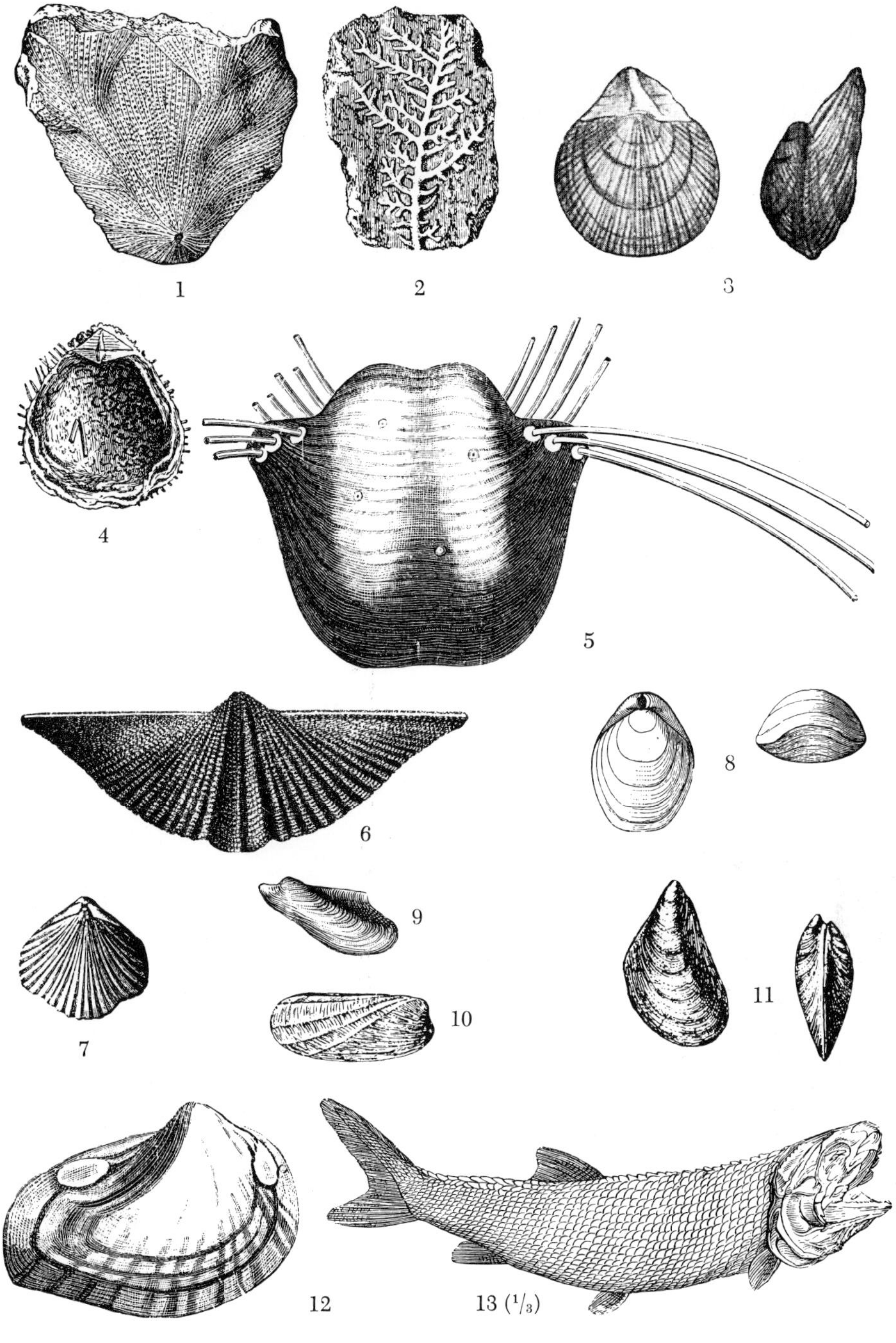

Bryozoen: 1. *Fenestella retiformis* Schloth. – 2. *Acanthocladia anceps* (Schloth.). – **Brachiopoden:** 3. *Streptorhynchus pelargonatus* (Schloth.). – 4. *Dasyalosia goldfussi* (Münst.). – 5. *Horridonia horrida* (Sow.). –6. *Pterospirifer alatus* (Schloth.). – 7. *Stenoscisma schlotheimi* (v. Buch). – 8. *Dielasma elongata* (Schloth). – **Bivalvier:** 9. *Bakevellia ceratophaga* (Schloth.). – 10. *Permophorus costatus* (Brown). – 11. *Liebea hausmanni* (Goldf.). – 12. *Schizodus obscurus* (Sow.) (Steinkern). – **Actinopterygier:** 13. *Palaeoniscus freieslebeni* Blainv.

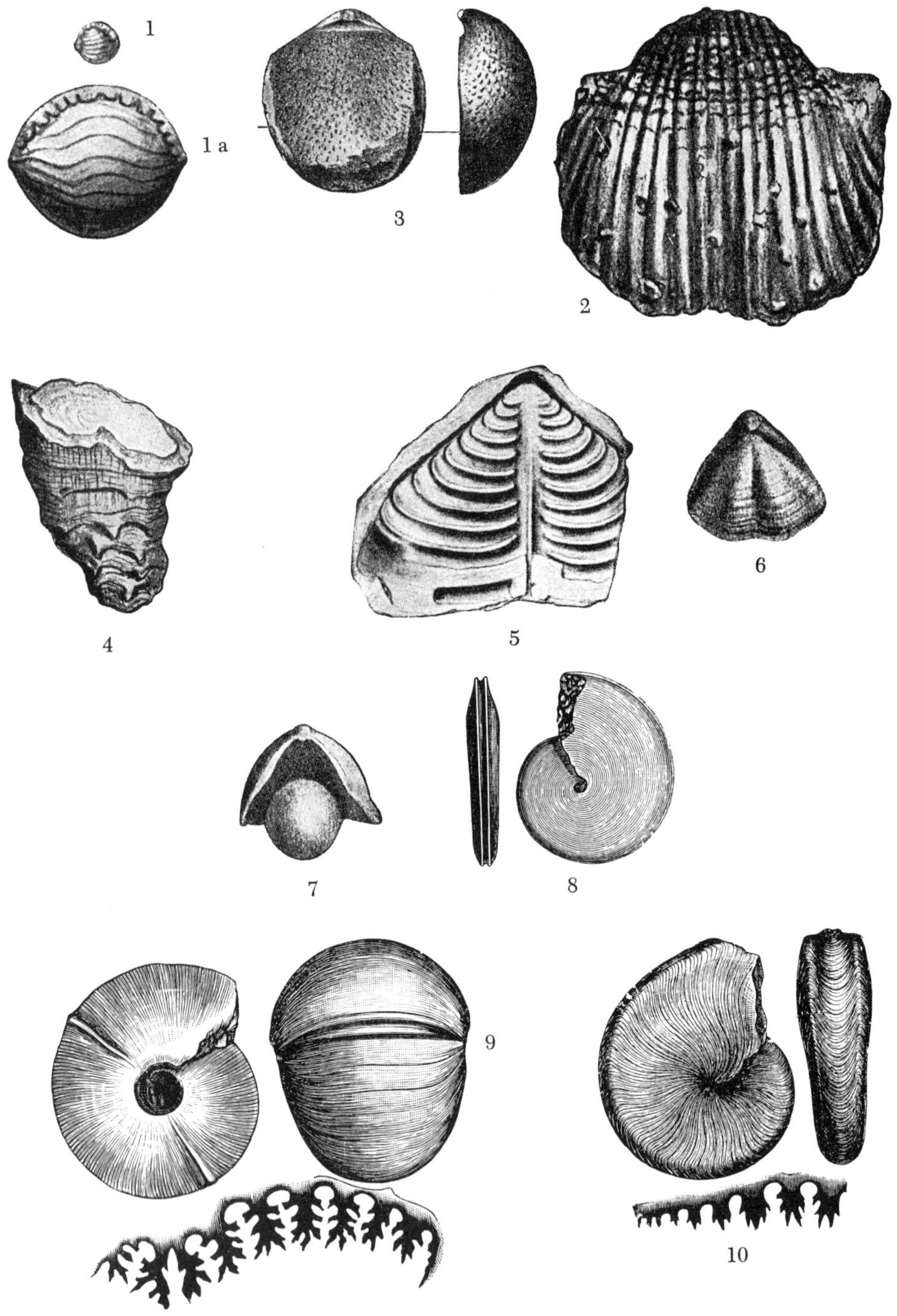

Foraminifere: 1. *Pseudoschwagerina* sp. (1 a = vergr.). – **Brachiopoden:** 2. *Costiferina indica* (Waag.). – 3. *„Strophalosia" horrescens* de Vern. – 4. *Richthofenia lawrenciana* (de Kon.). – 5. *„Lyttonia" nobilis* Waag. – 6. *Athyris janiceps* Stache. – **Monoplacophore:** 7. *Bellerophon guembeli* Stache. – **Cephalopoden:** 8. *Medlicottia orbignyana* (de Vern). – 9. *Cyclolobus stachei* Gem. (mit Lobenlinie). – 10. *Popanoceras multistriatum* Gem. (mit Lobenlinie)

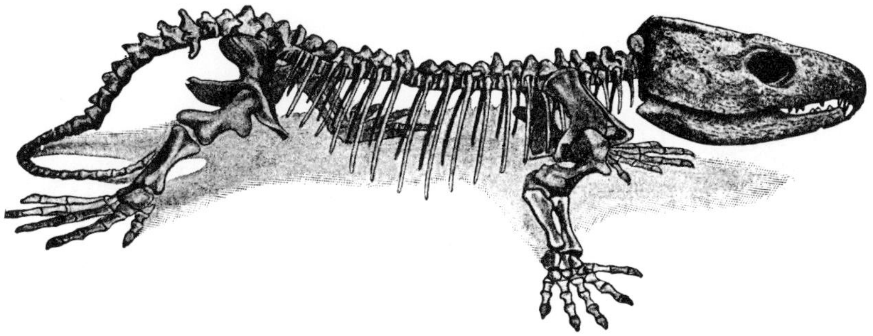

1

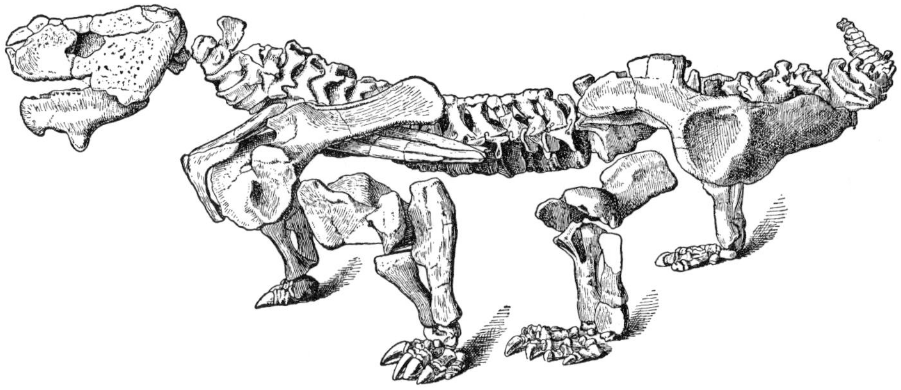

2

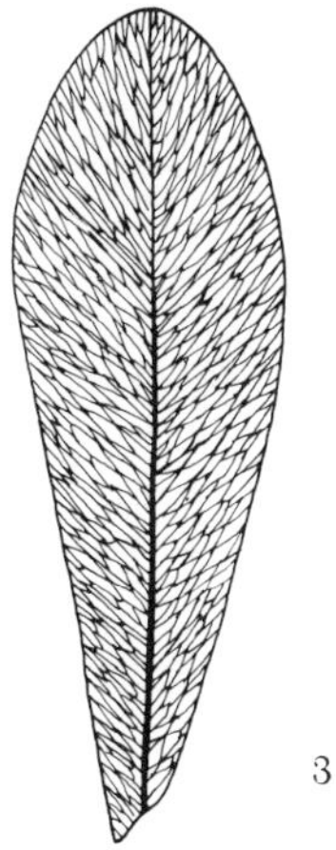

3

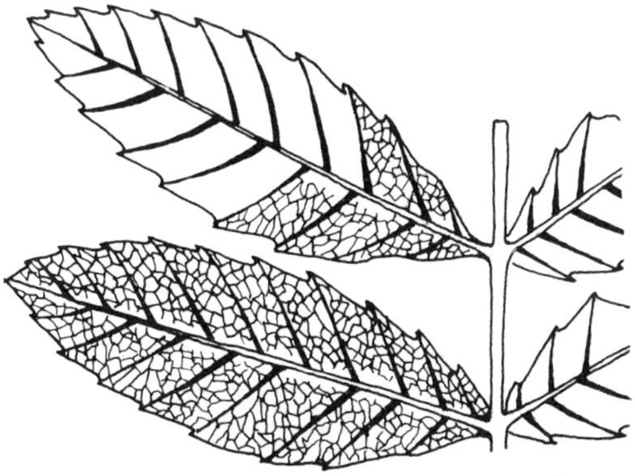

4

Reptilien: 1. *Labidosaurus hamatus* COPE. – 2. *Bradysaurus baini* SEELEY. – **Pteridosperme:** 3. *Glossopteris browniana* BRONGNIART. –4. *Gigantopteris nicotinaefolia* SCHENK.

(Fig. 3 nach GOTHAN & WEYLAND 1964 u. Slg.-Mat.; Fig. 4 nach ANDREWS 1961 und GOTHAN & WEYLAND 1964)

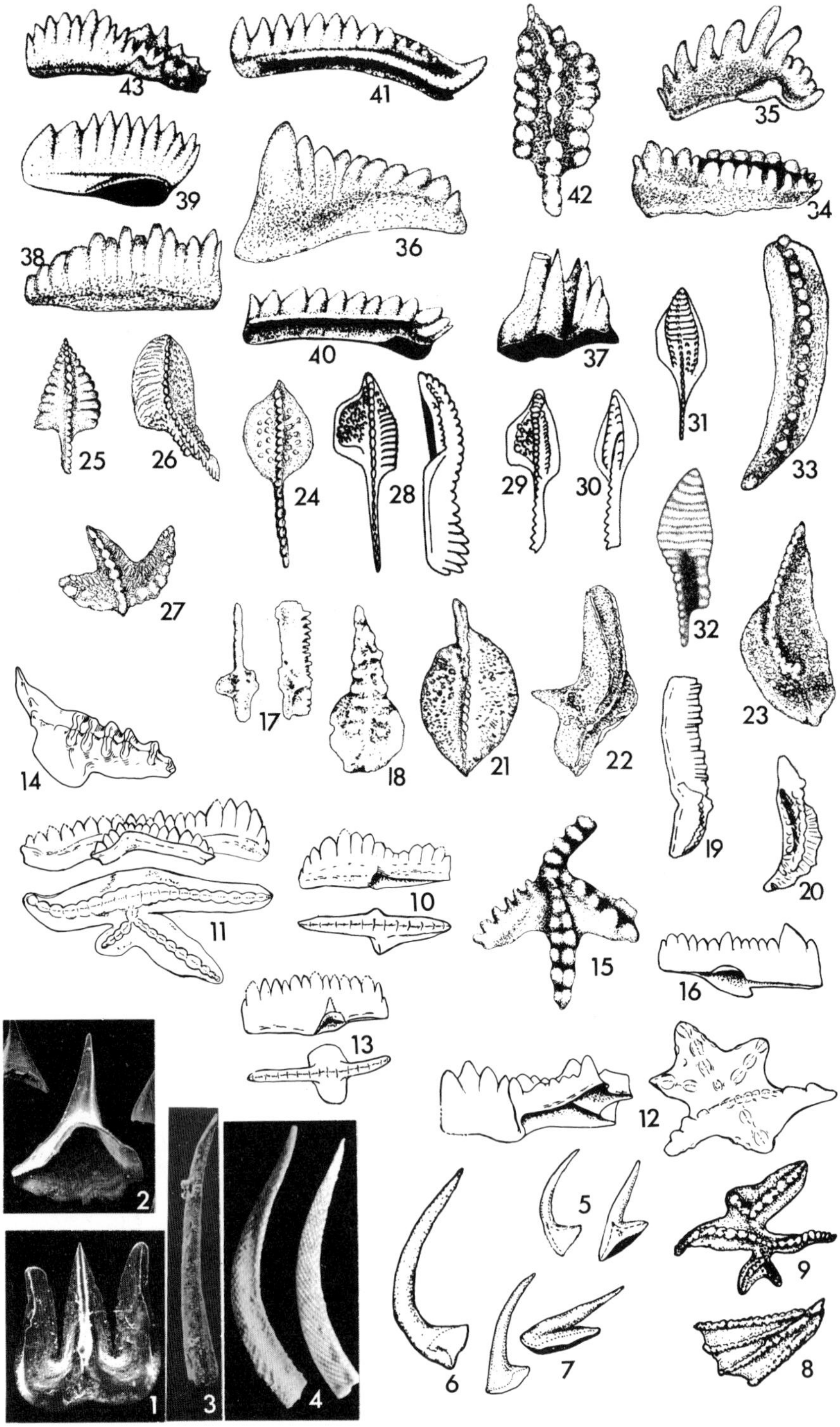

Tafel 26 Conodonten (und Paraconodonten) vom Kambrium bis zur Trias

Fig. 1–4 **Kambrium.** – 1. *Westergaardodina tricuspidata* MÜLLER 1959. Ober-Kambrium. – 2. *Furnishina asymmetrica* MÜLLER 1959. Ober-Kambrium. – 3. *Oneotodus tenuis* MÜLLER 1959. Ober-Kambrium. – 4. *Rhombocorniculum cancellatum* COBBOLD. Unter-Kambrium (Problematikum). – (Fig. 1–3: nach MÜLLER, aus Mem. *127*, Geol. Soc. America; Fig. 4: nach WALLISER, aus Paläont. Z. *32*, 1968)

Fig. 5–9 **Ordovizium.** – 5. *Paltodus deltifer* (LINDSTRÖM 1955). Tremadocium. – 6. *Drepanodus arcuatus* PANDER 1856. Unt. Ordovizium. – 7. *Drepanoistodus forceps* (LINDSTRÖM 1955 Unt. Ordovizium. –8. *Pygodus anserinus* (LAMONT & LINDSTRÖM). Mittl. Ordovizium. – 9. *Amorphognathus tvaerensis* BERGSTRÖM. Mittl./Ob. Ordovizium. – (Fig. 5–9: nach LINDSTRÖM bzw. BERGSTRÖM, aus Mem. *127*, Geol. Soc. America)

Fig. 10–13 **Silurium.** – 10. *Spathognathodus celloni* WALLISER 1964. Llandoverium. – 11. *Pterospathodus amorphognathoides* WALLISER 1964. Wenlockium. – 12. *Kockelella patula* WALLISER 1964. Wenlockium. – 13. *Spathognathodus steinhornensis eosteinhornensis* WALLISER 1964. Ob. Ludlowium-Pridolium. – (Fig. 10–13: nach WALLISER, aus Abh. hess. L.-Amt Bodenforsch., *41*, 1964)

Fig. 14–23 **Devon.** – 14. *Icriodus woschmidti* ZIEGLER 1960. Unter-Devon, tiefes Gedinnium. – 15. *Icriodus pesavis* BISCHOFF & SANNEMANN 1958. Unter-Devon, hohes Gedinnium-Siegenium. – 16. *Spathognathodus remscheidensis* ZIEGLER 1960. Gedinnium. – 17. *Spathogn. steinhornensis steinhornensis* ZIEGLER 1956. Unter-Devon, Emsium. – 18. *Icriodus corniger* WITTEKINDT 1965. Tiefes Eifelium. – 19. *Polygnathus varcus* STAUFFER 1940. Hohes Givetium. – 20. *Polygnathus linguiformis* HINDE 1879. Gesamtes Mittel-Devon. – 21. *Polygnathus asymmetricus* BISCHOFF & ZIEGLER 1957. Tieferes Ober-Devon. – 22. *Palmatolepis perlobata schindewolfi* MÜLLER 1962. Höheres Ober-Devon. – 23. *Palmatolepis crepida* SANNEMANN 1955. Höheres Ober-Devon. – (Fig. 14, 16, nach WALLISER, aus Abh. hess. L.-Amt Bodenforsch., *41*, 1964. – Fig. 15 aus Treatise Inv. Paleont. (W), S. 85. – Fig. 17 bis 21, nach ZIEGLER, aus Mem. *127*, Geol. Soc. America)

Fig. 24–32 **Karbon.** – 24. *Protognathodus kockeli* (BISCHOFF 1957). Tieferes Tournaisium (CuI). – 25. *Pseudopolygnathus triangula* VOGES 1959. Höheres Tournaisium (CuI). – 26. *Siphonodella crenulata* (COOPER 1939). Höchstes Tournaisium (CuII α). – 27. *Scaliognathus anchoralis* BRANSON & MEHL 1941. Tournaisium – Viséum. – 28. *Gnathodus bilineatus bilineatus* (ROUNDY 1926). Höheres Viséum bis tiefstes Namurium. – 29. *Gnathodus bilineatus „schmidti"* [sensu MEISCHNER 1970]. Tiefes Namurium. – 30. *Gnathodus tricarinatus „deflectens"* [sensu MEISCHNER 1970]. Höheres Namurium. – 31. *Idiognathodus „fiebigi"* [sensu MEISCHNER 1970]. Tieferes Westfalium. – 32. *Idiognathoides corrugata* (HARRIS & HOLLINGSWORTH). Pennsylvanian, N-Amerika. – (Fig. 24–31: nach MEISCHNER 1970; Fig. 32: aus Treatise Inv. Paleont. [W], S. 61 a)

Fig. 33–35 **Perm.** – 33. *Gondolella bisselli* CLARK & BEHNKEN 1970/71. Wolfcampian, N-Amerika. – 34. *Streptognathodus sulcoplicatus* YOUNGQUIST, HAWLEY & MILLER. Leonardian, N-Amerika. – 35. *Neospathodus arcucristatus* CLARK & BEHNKEN 1970/71. Guadalupian, N-Amerika (sämtlich nach CLARK & BEHNKEN, aus Mem. *127*, Geol. Soc. America, 1970/71)

Fig. 36–43 **Trias.** – 36. *Anchignathodus typicalis* SWEET. Grenzbereich oberstes Perm/unterste Trias. – 37. *Spathognathodus isarcicus* HUCKRIEDE. Grenzbereich oberstes Perm/unterste Trias. – 38. *Neospathodus kummeli* SWEET. Tieferes Skythium. – 39. *Spathognathodus homeri* BENDER. Skythium-Anisium. – 40. *Neogondolella aegaea* BENDER 1970. Anisium. – 41. *Neogondolella mombergensis* (TATGE 1956). Mittl. Trias. – 42. *Epigondolella mungoensis* (DIEBEL). Oberes Ladinium. – 43. *Epigondolella abneptis* (HUCKRIEDE). Karnium-Norium. – (Nach SWEET, MOSHER, CLARK, COLLINSON & HASENMUELLER, aus Mem. *127*, Geol. Soc. America; sowie BENDER, aus Ann. géol. pays hellén., *19*, 1970)

Tabelle 12 Pflanzliche Organismen des Perm

Abteilung	Klasse	Ordnung
Pyrrhophyta	: * Dinophyceae (* ? Silurium)	
Haptophyta	: * Coccolithophyceae	: * Coccolithales
Chlorophyta	: (Inc. cl.)	: † Receptaculitales
Sphenophyta	: Sphenopsida	: † Sphenophyllales
		: † Calamitales
Filicophyta	: † Coenopteridopsida	: † Coenopteridales
† Prospermatophyta	: † Noeggerathiopsida	: † Noeggerathiales
Spermatophyta	: † Cordaitopsida	: † Cordaitales
	: Coniferae	: † Walchiales
		: * Voltziales

Die aus **niederen Gefäßpflanzen** bestehende Flora der Steinkohlen-Moore, die bereits seit dem Stephan im Rückgang war, verarmte im Rotliegend noch mehr und erlosch im Zechstein beinahe ganz. Klimaveränderungen mögen dabei mitgewirkt haben. Die Lepidodendralen wurden selten. Die Farne und Pteridospermen büßten stark an Mannigfaltigkeit ein. Für das deutsche Rotliegend sind *Callipteris, Pecopteris, Odontopteris,* für die Gondwana- und Cathaysia-Flora *Gangamopteris, Glossopteris, Gigantopteris* bezeichnend. Die Schachtelhalm-Gewächse (Sphenophyta) hielten sich besser, *Calamites* blieb bis zum Ende des Unter-Perm häufig. Im Gondwana-Gebiet waren die krautigen Gattungen *Phyllotheca* und *Schizoneura* verbreitet.

Samenpflanzen. Die Koniferen-Gewächse gewannen im jüngeren Karbon an Bedeutung und waren vom Zechstein ab herrschend. *Lebachia („Walchia"* i. w. S.) kann als Leitfossil für das Rotliegend, *Ullmannia* für den Zechstein gelten.

Allgemeine Züge

Paläogeographie (Kontinent/Platten-Drift), Paläopol-Lagen und **Klimazonen.** Die Lage der Kontinente zueinander und die Pol-Lagen, nach paläomagnetischen Messungen ermittelt, hatten sich gegenüber dem Karbon im Perm nur unwesentlich verändert. Der Südpol lag inmitten Antarktikas, der Nordpol unmittelbar bei Kamtschatka. Der permische Äquator querte die W' Tethys, N-Afrika und die N-amerikanische Golf-Region. Gondwana, in sich geschlossen, stand entlang der W' Tethys in unmittelbarem Kontakt zur Norderde, in der N-Amerika und Europa-Asien eine ebenso geschlossene Einheit bildeten (Abb. 38).

Die im Perm reichlicher als sonst vorhandenen Zeugen kalten Klimas fügen sich den aus paläomagnetischen Daten rekonstruierbaren Klimazonen gut ein.

Die Zeugnisse einer permokarbonischen Eiszeit beschränken sich fast ganz auf die Süd-Kontinente. Die ältesten Glazial-Ablagerungen traten bereits mindestens zu Beginn des Ober-Karbon in Australien, auf Antarktika und im W' S-Amerika auf. Um die Wende Karbon/Perm – meist nicht genauer datierbar – erreichten die Tillite im mittleren und S' Teil von Afrika, im W' S-Amerika, in Vorder-Indien und Australien ihre größte Verbreitung. Manche der Vergletscherungs-Gebiete erstreckten sich über > 1000 km.

Die Wechselfolge von Tilliten und Schmelzwasser-Absätzen übersteigt stellenweise 1000 m. Öfter gehen die Moränen in glazio-marine Drift-Absätze über. Es handelt sich also meist nicht um einzelne Gebirgs-Gletscher, sondern um ausgedehnte, in geringer Meereshöhe gelegene Inlandeis-Felder. Verbreitet sind große Flächen geschrammten Untergrundes, die vielfach eine Richtungs-Konstanz des Eis-Transportes anzeigen. Mancherorts werden die Tillit/Drift-Absätze von *Conularia/Eurydesma*-Schichten, den Sedimenten einer post-glazialen Transgression überlagert. In Australien führen sie auch Ammoniten, die eine genauere Datierung des Endes der Haupt-Vereisung zulassen. Anderwärts folgen unmittelbar über ihnen kontinentale, kohlenführende Schichten mit *Glossopteris/Gangamopteris*-Flora. Diese Pflanzen-Gemeinschaft war offenbar an ein gemäßigtes, nach-eiszeitliches Klima angepaßt. Jahresringe sind hier die Regel, wogegen sie bei den Hölzern der wärmeliebenden euramerischen Karbon-Flora sehr selten auftreten.

Die permokarbonische Eiszeit war wohl ebenso bedeutend wie die pleistozäne. Sie hat insgesamt länger gedauert (Karbon – Perm), jedoch war die Gesamtregion nicht gleichzeitig vereist. Wie stark sie noch bis ins Perm hinein nachwirkte, zeigen Paläotemperatur-Bestimmungen aus NW-Australien: Sie ergaben für das Sakmara + 7,7° C, für das Artinsk etwa + 20° C, während das Meerwasser dort heute + 27° C warm ist.

Der permische Nordpol trat, wohl wegen seiner kontinentalen Randlage, weit weniger in Erscheinung. Kohlenführende Ablagerungen sind im N' E-Asien jedoch weit verbreitet und bildeten ein Gegenstück zum kühl-gemäßigten Kohlengürtel der Süd-Kontinente.

Mit dem tropischen Gürtel stimmte die Lage der Tethys überein. Fast alle Bildner schwerer Kalk-Gerüste: Fusulinen, Korallen, aberrante Brachiopoden, hielten sich in ihrer Verbreitung an diesen Raum und nahmen in den nach N und S abzweigenden Meeresstraßen rasch an Mannigfaltigkeit und Häufigkeit ab.

An die äquatoriale Zone schlossen sich nach N und S aride Klima-Zonen an, in denen Rotsedimente und Evaporite eine weite Verbreitung hatten.

Paläobiogeographie. Etwa vom Stefan ab wurde die zuvor erdweit verbreitete amerosinische Flora von neuen Pflanzen-Gemeinschaften unbekannter Herkunft durchsetzt. Jetzt kam es zur Trennung der cathaysischen (*Gigantopteris*-Flora), euramerischen und Gondwana-(*Glossopteris*-) Florenprovinz auf den beiden Kalotten. Es bildeten sich somit ± deutlich abgegrenzte Florenprovinzen heraus. Die *Gigantopteris*-Flora enthielt eine größere Anzahl euramerischer Pflanzen und war damit weniger selbständig als die Gondwana-Flora. Im Perm wanderten einzelne Gondwana-Arten über Landbrücken der Tethys ins N' Asien, wo aus der Durchdringung der euramerischen Flora mit *Glossopteris*-Elementen die Angara-Flora hervorging. Die Gondwana-Provinz erstreckte sich i. w. über die Südhalbkugel in der Umrandung des Südpols. Im Perm war ihre Eigenart am schärfsten ausgeprägt, in der Trias bereits weniger scharf, um sich im Jura ganz zu verwischen.

Die Verbreitung der Amphibien und Reptilien weist bemerkenswerte Ähnlichkeiten mit derjenigen der Pflanzen auf. Dem älteren Perm S-Amerikas und S-Afrikas war die Gattung *Mesosaurus* gemeinsam. Im jüngeren Perm waren wohl große Teile Gondwanas von einer mehr oder weniger einheitlichen Tetrapoden-Fauna besiedelt. Sie entsandte einzelne Einwanderer über die W' Tethys (vermutlich Spanien) nach N-Rußland und Asien, so z. B. Pareiasauriden und Gorgonopsiden - in die gleichen Gebiete und vermutlich auf den gleichen Wegen, die die *Glossopteris*-Flora nahm.

Krustenbewegungen (Epirogenese/Tektogenese) und **Magmatismus.** Das Perm umfaßte den Ausklang der Variszischen Faltungs-Epoche, die mit den saalischen Bewegungen als dem letzten stärkeren orogenetischen Geschehen abschloß. Die Gebirgsbildung war von einer zunehmenden Regression begleitet, die im Ober-Karbon begann und zur Wende U-Perm/O-Perm ihren Höhepunkt erreichte. Am Ende des Paläozoikum war das Meer fast völlig in die großen Geosynklinen zurückgedrängt.

Diese Schrumpfung der Meeresfläche führt den Wandel, den das Erdbild seit Mitte Karbon durchgemacht hatte, besonders deutlich vor Augen. Aus den variszischen Senkungsräumen war die Tethys, die Muttergeosynkline der alpidischen Gebirge, hervorgegangen. Beiderseits dieses Gürtelmeeres ging die paläogeographische Entwicklung verschiedene Wege. N' der Tethys fügten sich die Länder durch die Schließung des Appalachen-Troges im Ober-Karbon, der uralischen Saumtiefe im Perm, zu einem ständig an Umfang wachsenden Block zusammen. Auf der Südhalbkugel begann demgegenüber die Auflösung. Im Indischen Ozean und im S' S-Atlantik leiteten Meereseinbrüche den Zerfall von Gondwana ein.

Unter-Trias	
~	Pfälzische Phase Regression (Germanisches und russisches Zechstein-Becken)
Zechstein	Transgression (Germanisches und russisches Zechstein-Becken, Karnische Alpen, SE-Europa, N-Kaukasus)
Ober-Rotliegend	Regression (Kordilleren-Geosynkline, Texas, Oklahoma)
~	Saalische Faltungsphase (Ural, Mittel-Europa)
Unter-Rotliegend	Regression (Karnische Alpen, SE-Europa, Ural-Vortiefe, Tianschan)
Ober-Karbon	

Mit dem Erlahmen der Faltung ließen auch die vulkanischen Ausbrüche nach. Die Hauptmasse der vorwiegend porphyrischen Eruptionen fiel ins Unter-Rotliegend. Mit dem Zechstein begann für Mittel-Europa eine lange, das ganze Mesozoikum umfassende Zeit fast ohne vulkanische Ereignisse.

Rückblick. Das Perm stellte in tektonischer und paläontologischer Hinsicht die unmittelbare Fortsetzung des Karbon dar. Die Magmenförderung erlosch mit den letzten Phasen der Variszischen Faltung. Die permische Fauna bewahrte ein überwiegend paläozoisches Gepräge. Früher vollzog sich der Umschwung bei den Pflanzen. Vom Rotliegend zum Zechstein wurde die Pteridophyten-Flora des Paläophytikum durch die Gymnospermen-Flora des Mesophytikum ersetzt.

Besonders fesselnde Fragen bieten Klima und Biogeographie des Perm. An den Beginn des Zeitabschnitts fiel eine Eiszeit, deren Ablagerungen vor allem auf den heutigen Südkontinenten, den Teilstücken des gondwanischen Superkontinents, erhalten sind. Nach dem Schwinden der Gletscher erreichte die im Ober-Karbon begonnene Aufspaltung der Pflanzenwelt in Floren-Provinzen ihr höchstes Maß.

Ergänzende Schriften

Boy, J. A. (1976): Überblick über die Fauna des saarpfälzischen Rotliegenden (Unter-Perm). - Mainzer geowiss. Mitt., *5*: 13-85; Mainz.

Chao, King-Koo (1965): The Permian ammonoid-bearing formations of South China. - Sciencia (geol.) sinica, *41* (12): Peking.

Cooper, G. A. & Grant, R. E. (1977): Permian brachiopods of West Texas. VI. - Smithson. Contrib. Paleobiol., *32*: 3161-3370; Washington.

Cresswell, M. M. & Vella, P. [Eds.] (1981): Gondwana Five. - 339 S.; Rotterdam (A. A. Balkema).

Dunbar, C. O. (1960): Correlation of the Permian formations of North America. - Bull. geol. Soc. Amer., *71*: 1763-1806; Boulder, Colorado.

Falke, H. [Hrsg.] (1972): Rotliegend. Essays on European Lower Permian. - Int. sediment. petrogr. Ser. (M. E. Schürmann, Hrsg.), *40*: 299 S.; Leiden (Brill).

Falke, H. [Hrsg.] (1976): The continental Permian in Central West, and South Europe. - NATO adv. Stud. Inst. Ser., Ser. C, *22*: 352 S.; Dordrecht, Boston (Reidel).

Hambray, M. J. & Harland, W. B. [Ed.] (1981): Earth's pre-Pleistocene glacial record. - 1004 S.; Cambridge (Univ. Press).

Holub, V. & Kozur, H. (1981): Die Korrelation des Rotliegenden Europas. - Geol. paläont. Mitt. Innsbruck, *11*: 195-242; Innsbruck.

Kahler, F. (1974): Fusuliniden aus T'ien-schan und Tibet. Mit Gedanken zur Geschichte der Fusuliniden-Meere im Perm. - Rep. sci. Exped. NW Provinces China Sven Hedin, Publ. 52, V. Invertebr. Palaeont., *4*: 147 S.; Stockholm.

Kamen-Kaye, M. (1972): Permian Tethys and Indian Ocean. - Bull. amer. Assoc. Petroleum Geol., *56*: 1984-1999; Tulsa.

Katzung, G. (1972): Stratigraphie und Paläogeographie des Unterperms in Mitteleuropa. - Geologie, *21*: 570-584; Berlin.

Kotlyar, G. V. [Ed.] (1977): The Carboniferous and Permian. [in russ.]. - Stratigraficheskiy slovar' SSSR, Ser., 535 S.; Leningrad (Nedra Press).

Kozur, H. (1980): Beiträge zur Stratigraphie des Perms, Teil III (2): Zur Korrelation der überwiegend kontinentalen Ablagerungen des Obersten Karbons und Perms in Mittel- und Westeuropa. - Freiberger Forschh., C *348*: 69-172; Leipzig (dt. Verl. Grundstoffind.).

Kummel, B. & Teichert, C. (1973): The Permian-Triassic boundary beds in Central Tethys. In: Permian and Triassic systems and their mutual boundary. - Mem. canad. Soc. Petroleum Geol., *2*: 17-34; Ottawa.

Laskar, B. & Raja Rao, C. S. [Ed.] (1979): Fourth International Gondwana Symposium. Pap. I + II: 944 S.; Delhi (Hindustan Publ. Coy.).

Licharev, B. K. [Ed.] (1966): The Permian System. [in russ.]. Stratigrafiya SSSR: 536 S.; Moskau (Nedra Press).

Lys, M. (1977): Biostratigraphie du Carbonifère et du Permien d'Afghanistan (Micropaléontologie). - Mém. hist. sér. Soc. géol. France, *8*: 291-308; Paris.

Plein, E. (1978): Rotliegend-Ablagerungen im Norddeutschen Becken. - Z. dt. geol. Ges., *129*: 71-97; Hannover.

Richter-Bernburg, G. (1972): Saline deposits in Germany: a review and general introduction to the excursions. - Proceed. Hannover UNESCO Symp. geol. saline Depos. 1968, Earth Sci., *7*: 275-287; Hannover.

Stepanov, D. L., Golshani, F. & Stöcklin, J. (1969): Upper Permian and Permian-Triassic boundary in North Iran. - Rep. geol. Surv. Iran, *12*: 68 S.; Teheran.

Stevens, C. H.; Wagner, D. B. & Sumsion, R. S. (1979): Permian fusulinid biostratigraphy, Central Cordilleran miogeosyncline. - J. Paleont., *53*: 29-36; Tulsa.

Taraz, Hushang (1973): Correlation of uppermost Permian in Iran, Central Asia, and South China. - Bull amer. Assoc. Petroleum Geol., *57*: 1117-1133; Tulsa.

Waterhouse, J. B. (1976): World correlations for Permian marine faunas. - Dept. Geol., Univ. Queensland, Pap., *7* (2): 1-232; Brisbane.

Zhang, Zu-Qi (1984): The Permian system in South China. - Newsl. Stratigr., *13*: 156-174; Berlin (Borntraeger).

VIII. Trias

Vorbemerkungen

Umgrenzung und **Gliederung.** Die ersten Erkenntnisse über die Trias sind I. G. LEHMANN und G. CHR. FÜCHSEL zu verdanken, die um 1780 Buntsandstein und Muschelkalk als „Formationen“ des mittel-deutschen Flözgebirges (S. 11) ausschieden, sowie E. F. v. SCHLOTHEIM, der 1823 ihren Versteinerungs-Inhalt beschrieb. Die Untersuchungen von J. F. L. HAUSMANN, C. v. OEYNHAUSEN, H. v. DECHEN und E. DE BEAUMONT im ersten Viertel des vorigen Jahrhunderts lehrten, daß diese stratigraphischen Abteilungen, denen L. v. BUCH den Keuper als jüngste hinzufügte, auch in S-Deutschland verbreitet waren. Hier faßte F. v. ALBERTI 1834 die drei Einheiten als Trias-Formation zusammen. Der Begriff fand rasch Eingang, doch währte es noch geraume Zeit, bis die Äquivalente der Trias im „Alpenkalk“ erkannt waren. L. v. BUCH, G. ZU MÜNSTER, F. v. HAUER und H. EMMRICH brachten zwischen 1830 und 1850 das erste Licht in diese Frage, die bis heute noch nicht ganz befriedigend beantwortet ist. Die abweichende Ausbildung der marinen, alpin-mediterranen Gesteinsfolgen führte zu einer Gliederung in sechs Serien, die als stratigraphischer Standard dienen, dem die stark kontinental beeinflußten Einheiten der „Germanischen Trias“ zuzuordnen waren. Die ungefähren Entsprechungen sind:

		213 Millionen Jahre
Norium Karnium	Keuper	
		231 Millionen Jahre
Ladinium Anisium	Muschelkalk	
		243 Millionen Jahre
Skythium	Buntsandstein	
		248 Millionen Jahre

Die wichtigsten Leitfossilien der Trias stellen die Mesoammonoidea (Ceratiten); neben ihnen werden in den marinen Schichten Foraminiferen, Conodonten, Brachiopoden, Muscheln und Kalkalgen, in den brackischen und kontinentalen Ostracoden, Tetrapoden sowie höhere Pflanzen und Sporen benutzt.

Verbreitung. Die Trias war eine Zeit der Vorherrschaft des festen Landes („Geokratie“). Weite Flächen der Kratone wurden von kontinentalen Ablagerungen mit nur gelegentlichen Einschaltungen von Flachmeer-Sedimenten eingedeckt. Das offene Meer war wie im Perm auf die großen Geosynklinen eingeengt, wo sich mächtige marine, vorwiegend karbonatische Gesteinsfolgen absetzten. Die mittel-europäische Trias und der „Alpenkalk“ sind Beispiele für diese jeweiligen Ausbildungen, die man als germanische (überwiegend kontinentale) und pelagische (alpine oder mediterrane) Trias-Fazies einander gegenüberstellt.

Die Trias nimmt beträchtliche Flächen des mittel- und S-deutschen Bodens ein. Von den zahlreichen Geologen, die sich nach den ersten Erforschern mit ihr beschäftigten, seien hervorgehoben F. A. QUENSTEDT, K. v. SEEBACH, A. v. STROMBECK, E. W. BENECKE, E. SCHMIDT, E. FRAAS, F. THÜRACH, H. ECK, E. PHILIPPI, M. SCHMIDT, G. WAGNER, P. WURSTER, W. HOPPE und H. KOZUR. Weitere europäische Bezirke germanischer

Fazies sind Schonen, Polen, England, der Schweizer Jura und die W-Alpen, die Iberische Halbinsel und das W' Mittelmeer-Gebiet, in Anklängen auch das Tote Meer-Gebiet, schließlich die Russische (und Sibirische) Tafel. Außerhalb Europas finden sich ausgedehnte Flächen meist rein kontinentaler Ablagerungen auf den Süd-Kontinenten (einschließlich Indien) sowie N-Amerika.

Die pelagische Ausbildung herrscht in den E- und S-Alpen, wo E. SUESS, F. V. RICHTHOFEN, C. W. GÜMBEL, E. W. BENECKE, E. V. MOJSISOVICS, A. BITTNER, C. DIENER, J. PIA ihre grundlegenden Untersuchungen ausführten; neuere Zusammenfassung: H. ZAPFE (Hrsg., 1974). Von hier lassen sich die Faunen und Gesteine im Zug der Tethys um den ganzen Erdkreis verfolgen. Sie wurden vor allem im indischen Himalaya-Gebiet (W. WAAGEN, C. DIENER, F. NOETLING) und N-Amerika (P. SMITH, S. MULLER) untersucht; beiden Regionen kommt erneute Bedeutung als Standard-Gebieten zu (N. J. SILBERLING, E. T. TOZER, V. J. GUPTA). Ein besonderer Meeresbereich erstreckte sich über NE-Sibirien in die Arktis (A. TSCHEKANOWSKI, C. DIENER, L. F. SPATH, E. T. TOZER).

Hauptgebiete (Übersichten 14 + 15, sowie 13; Abb. 34–37)

Germanische Trias

Mittel- und **NW-Europa** (Abb. 34). In Deutschland und auf den Britischen Inseln stehen Ober-Perm und Trias in engem erdgeschichtlichem Zusammenhang. Das Germanische Becken blieb in der Form, wie es im Zechstein entstanden war, bis fast an das Ende der Trias erhalten. Im ganzen betrachtet, setzte sich während dieser Epoche die Festlandszeit des deutschen Bodens fort, die Ende Karbon mit der Variszischen Faltung begonnen hatte. Erst in der jüngsten Trias vollzogen sich epirogene Wandlungen, welche die transgressive Periode des Jura einleiteten.

Die Hauptlinien der Gestaltung waren wie zuvor durch die rheinische und die baltische Tiefenfurche (S. 160) bestimmt, während das variszische Untergrundgefüge noch schwächer als bisher hindurchschimmerte. Im Laufe der Trias erweiterte sich der Ablagerungsraum fast ständig. Der Buntsandstein griff vor allem in der rheinischen Tiefenfurche nach S vor, überdeckte aber auch beträchtliche Teile der angrenzenden Hochgebiete, besonders der Gallischen Schwelle im W, im geringeren Maße der Vindelizischen Schwelle im SE. Die Erweiterung nach S stand mit einer Kippung des gesamten Beckens im Zusammenhang. Eine Hebung im N verschloß gegen Ende des Buntsandstein die Nordseestraße, die wie den permischen Meeren flachen Ingressionen und damit lagunären limnisch-brackischen Seen im Buntsandstein Einlaß gewährt hatte. Statt dessen öffneten sich im S Verbindungswege zur alpinen Geosynkline. Um die Wende Buntsandstein/Muschelkalk bis in den Mittleren Muschelkalk bestand eine wechselnde Verbindung im Bereich der Oberschlesischen Pforte – S-Rand Polnisches Mittelgebirge – E-Rand Karpaten. Mit ihrer Schließung öffnete sich noch vor dem Oberen Muschelkalk die Burgundische Pforte. Durch diese Verbindungswege drang das Meer ein mit pelagischer Fauna, füllte jedoch nur den inneren Teil der Senke. So rückte das Germanische Becken, einst ein Ausläufer des Arktischen Ozeans, durch eine Schollen-Kippung von N nach S in den Einflußbereich der Tethys. Im Keuper dehnte sich der Ablagerungsraum nach fast allen Seiten weiter aus.

Mit dem O-Keuper begann ein neuer Abschnitt. Von den Britischen Inseln her stieß eine weitgreifende Überflutung über N-Deutschland hinweg bis S-Deutschland vor, während

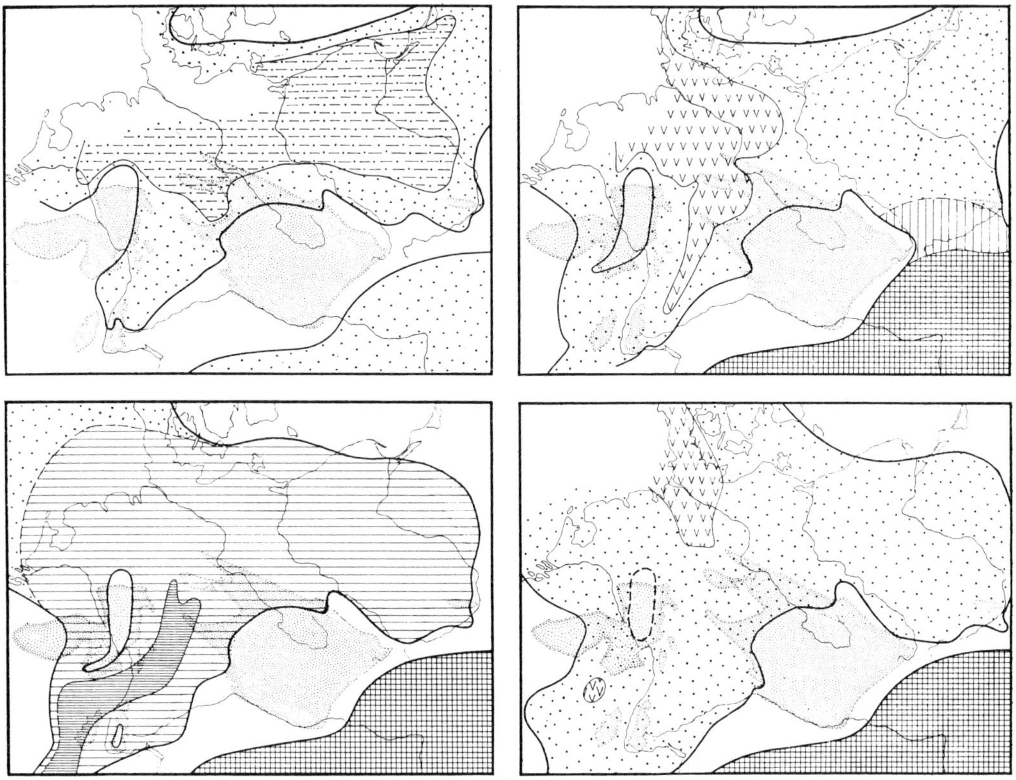

Abb. 34 Paläogeographie der Trias in Mittel-Europa. Oben links: Unterer Buntsandstein, Verbreitung des Rogensteins: strichpunktiert. Oben rechts: Oberer Buntsandstein, Verbreitung des Rötsalzes: Häkchen. Unten links: Oberer Muschelkalk, Meeresverbreitung am Ende der Ceratitenschichten: engschraffiert. Unten rechts: Mittlerer Keuper. Verbreitung des Keupersalzes: Häkchen.

E-Deutschland bis in den Jura hinein landfest blieb. Die im großen rheinisch verlaufende Küste des deutschen Rhät-Meeres war durch Halbinseln und Buchten gegliedert, die den Horsten und Senkungsfeldern der heutigen Mittelgebirge entsprechen. In dem Heraustreten dieser herzynisch streichenden Schwellen und Becken wurde ein bezeichnender Zug der jurassischen Paläogeographie vorweggenommen. Orogene und vulkanische Ereignisse fehlen in der deutschen Trias.

Die Ablagerungen des Buntsandstein lassen sich wie die des Zechstein in eine Reihe von Zyklen gliedern. Jeder von ihnen setzte mit gröberklastischen Bildungen ein und endete mit feinkörnigen, meist tonigen Gesteinen. Die räumliche Ordnung der Fazies entspricht der zeitlichen. Fluviale Konglomerate und Sandsteine sind für die Randgebiete, marine, brackische oder salinare Siltsteine mit Karbonat-, Anhydrit- und Steinsalz-Abscheidungen für das Innere des Beckens bezeichnend. Der Untere Buntsandstein bildete den Ausklang der Eindampfungs-Epoche des Zechstein. Seichte, zeitweise übersalzene Wasserflächen waren verbreitet (Abb. 34). Im Mittleren Buntsandstein schoben sich Schotter und gröbere Sande in breiten Fächern von den umliegenden Abtragungs-Gebieten in das Becken vor. Gelegentlich finden sich Windkanter, doch blieb die äolische Verfrachtung gegenüber derjenigen des fließenden Wassers von geringer Bedeutung. Pflanzliche und tierische Reste erscheinen etwas häufiger in den

Sedimenten. N-Deutschland war im Unteren Buntsandstein von einem flachen Schelf- oder Lagunenmeer bedeckt, das einzelne, kurzdauernde Vorstöße bis in den Odenwald sandte. Im höheren Mittleren und Oberen Buntsandstein weisen Bodenbildungen („Violette Horizonte") auf Unterbrechungen der Sedimentation hin; Karneol-Lagen (Dolomit-Kiesel-Krusten), die sich vermutlich auf ausgedehnten Landoberflächen bildeten, zeigen im Grenzbereich zum Röt den Abschluß der Sedimentation des Mittleren Buntsandstein an. Der Obere Buntsandstein oder Röt ist bereits ein Übergangsglied zum Muschelkalk. Während in Oberschlesien marine Kalke und Dolomite, z. T. mit Crinoiden, abgelagert wurden, bildete sich in den tiefsten Teilen des Beckens ein bis 100 m mächtiges Steinsalz-Lager. Dann aber bedeckten sich wachsende Flächen erneut mit seichtem Meerwasser, das aus SE einströmte (S. 181). Die sandigen Ablagerungen wurden zunehmend durch bunte (rote) Tone, dann durch graue Mergelkalke ersetzt. Das Muschelkalk-Meer, das schließlich fast unmerklich ein ausgeglichenes Relief überflutete, war ein Binnenmeer in arider Umgebung. Die starke Verdunstung und die geringe Zufuhr klastischer Stoffe während der Stillstands-Lage der Schollenkippung (S. 181), ließen zur Hauptsache karbonatische Sedimente entstehen, Kalk im Beckeninnern, Dolomit in den Küstengebieten. Die dünnschichtigen „Wellen"-, Mergel-, Oolith- und Schillkalke des Unteren Muschelkalk zeugen von häufiger Umlagerung im bewegten Flachwasser. Der Eindampfungs-Zyklus des Mittleren Muschelkalk führte zu einer vor allem im S-deutschen Abschnitt der Rheinischen Furche verbreiteten Steinsalz-Abscheidung. Zu Beginn des Oberen Muschelkalk siedelten sich am Grunde der Meere ganze Wälder von Crinoiden an, deren Reste, untermischt mit Schalentrümmern, den Trochitenkalk aufbauten. Später vertiefte sich das Meer. Die Crinoiden verschwanden, und in den plattigen Kalken und Mergeln der Ceratiten-Schichten sind Ammonoideen häufiger. Im tieferen Teil dieser Abteilung erreichte die Muschelkalk-Transgression ihren höchsten Stand. Dann aber begannen sich Deltas in das schrumpfende und verflachende Becken vorzuschieben, die ältesten Ablagerungen des Keuper. Marine Dolomitkalkbänke wechseln mit dunklen Mergeln und pflanzenführenden Sandsteinen, gelegentlich auch unreinen Kohlen, die dem Unteren Keuper den Namen Lettenkohle eingetragen haben. Lebhaftere Sedimentfarben leiten zum Mittleren Keuper, der zweiten stärker kontinental beeinflußten Periode der deutschen Trias, über. Verglichen mit dem Buntsandstein war der Sedimentationsraum weiter und flacher geworden. Seichte Gewässer in Gestalt kurzdauernder Meeresüberflutungen oder vergänglicher Seen nahmen größere Flächen als früher ein; bunte Siltsteine bilden die Hauptmasse der Ablagerungen. In ihrem tieferen Teile enthalten sie Gips, örtlich auch Steinsalz. Später stellten sich bei nachlassender Trockenheit fluviale Sandsteine ein. Die brackischen bis marinen Schichten des Oberen Keuper überlagern den Mittel-Keuper mit scharfer Grenze. Der basale Teil ist noch grünlich gefärbt. Die darin eingeschalteten Bonebeds bestehen aus Knochen und Zähnen von Land- und Meerestieren, sie bildeten sich als Lesedecken im bewegten Flachwasser. Dann aber setzten dunkle Tone und lichte Sandsteine den bunten Farben ein Ende. Der Übergang in die Fazies des Lias ist damit vollzogen.

Die Bewohner des deutschen Trias-Beckens waren in den Festlandszeiten Amphibien und Reptilien, von denen uns oft nur die Fährten überliefert sind, sowie eine Flora, die z. T. an das Leben auf trockenem, strichweise versalzenem Grunde angepaßt war. Die Besiedlung des Muschelkalk-Meeres ging von der Tethys aus, doch wurde nur ein Bruchteil der pelagischen Fauna im germanischen Binnenmeer heimisch. Am größten war die Artenzahl im höheren Wellen-Kalk. Der Obere Muschelkalk enthält nur wenige alpine Arten, wahrscheinlich ging seine Fauna ohne wesentliche Neueinwanderungen aus der des Unteren hervor. Das O-Keuper-Meer brachte aus der Tethys eine neue Tierwelt mit. Es waren die Vorläufer der jurassischen Fauna, nur die Cephalopoden fehlten noch weitgehend.

S-Deutschland stand während der Trias deutlich unter dem Einfluß angrenzender Hochgebiete. Den Hauptteil der Buntsandstein-Sedimente lieferte die Gallische Schwelle, während die Arkosen und Sande des Keuper vorwiegend von der Vindelizischen Schwelle herrührten. Im Unteren Muschelkalk waren die Küsten beider festländischer Schwellen vom dolomitischen „Muschelsandstein" gesäumt. Die O-Keuper-Transgression erreichte das Gebiet spät; Schwaben sank gegen Ende des O-Keuper, Franken erst im Lias unter Wasser.

In Richtung Mittel- und N-Deutschland wurde der Trog breiter und tiefer. Je weiter gegen N, desto mächtiger und faziell eintöniger werden daher die Trias-Ablagerungen. Im Buntsandstein verwischen sich die Gruppen-Unterschiede (vgl. S. 182); Konglomerate fehlen, das Korn wird feiner, marine Einflüsse werden deutlicher und gehen fast durch die ganze Folge. Dennoch läßt sich die zyklische Gliederung (S. 182) in „Folgen" durch das ganze Becken mit mehr oder weniger Sicherheit der Parallelisierung erkennen. Im Oberen Muschelkalk wird die Trochitenkalk-Fazies undeutlich. Vom Röt bis zum Keuper verlagerte sich die Salinar-Fazies zunehmend ins Unterelbe-Gebiet. Das O-Keuper-Meer drang von NW her bis etwa an die Oder vor; ostwärts davon dehnte sich eine breite fluviale Niederung aus.

In Polen (Oberschlesien und Heiligkreuz-Gebirge) transgrediert Mittlerer Buntsandstein über Paläozoikum. Schon im Röt kam es hier zur Ablagerung von marinen Kalken und Dolomiten, die Tethys-Faunen enthalten. Bis in den Mittleren Muschelkalk hinein führten wechselnde Verbindungswege (S. 181) zur Einwanderung von rund 250 mediterranen Arten, die je nach ihren Ansprüchen mehr oder weniger weit in das Germanische Becken hineingelangten. Einzelne Bänke des Wellen-Kalkes sind bei einer späteren epithermalen Pb-Zn-Vererzung, die wichtige Lagerstätten hinterließ, in erzführenden Dolomit metasomatisch umgewandelt worden.

Die Britischen Inseln gehörten während der Trias ebenso wie im Zechstein dem höhergelegenen Randgebiet des Beckens an. Ein Sedimentations-Trog, der sich von den „Midlands" über NE-Irland bis W-Schottland erstreckte, nahm eine in „Bunter" und „Keuper" zweigeteilte, kontinentale Abfolge auf; das Muschelkalk-Meer hat die Britischen Inseln nicht erreicht. Der O-Keuper ist marin und nimmt größere Flächen ein, vor allem wurde nunmehr eine marine Verbindung über die Nordsee und den Kanal hinweg nach W- und Mittel-Europa hergestellt.

Zumindest das S' Nordsee-Becken, durch Tiefbohrungen nunmehr recht gut bekannt, enthält eine mächtige Trias-Abfolge. Die Sandsteine des Buntsandstein wie auch des Rotliegend enthalten hier (und auf dem holländischen Festland) bedeutende Erdgas-Lagerstätten, deren Kohlenwasserstoffe aus den Kohleflözen des liegenden Ober-Karbon stammen.

Die Germanische Trias in **SW-Europa** und **N-Afrika** erstreckt sich von SW-Deutschland über die W-Alpen und die Rhône-Senke nach S, um in den Randländern des W' Mittelmeeres beträchtliche Flächen einzunehmen. Die Helvetische Trias der W-Alpen ist durch ihre Lage hart am Beckenrand gegenüber dem Normalprofil verkümmert, doch begann die vindelizische Barre vom Muschelkalk ab allmählich zu versinken. Die eigentliche Pforte des germanischen Binnenmeeres lag aber zwischen Sardinien und

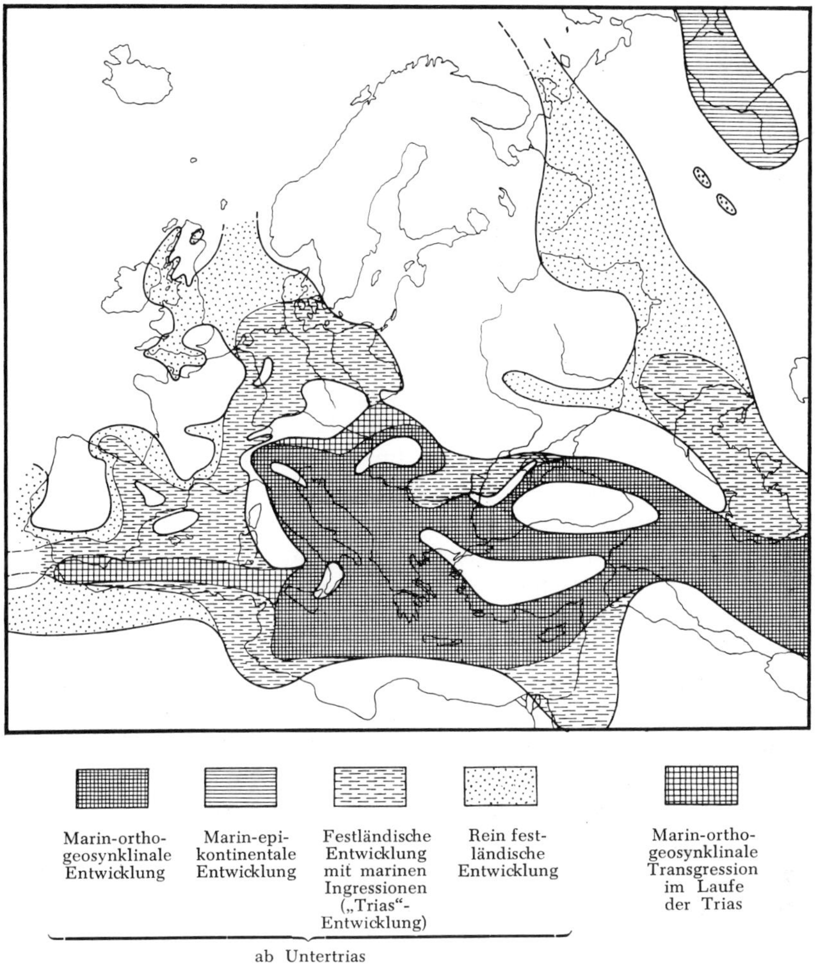

Abb. 35 Paläogeographie der Trias in Europa

N-Afrika. Durch sie baute sich die alpine Geosynkline gegen W fort. In der Betischen Kordillere und im Marokkanischen Rif lagert über dem germanisch entwickelten Buntsandstein und Muschelkalk die höhere Trias in pelagischer Fazies. Auch am Rand des E' Mittelmeeres sind zumindest einzelne Abteilungen der Germanischen Trias erkennbar, so „Buntsandstein" im S' Tunesien und Muschelkalk im Gebiet des Toten Meeres.

Pelagische Trias

E- und **S-Alpen.** Auf S. 139 wurde dargelegt, wie sich das epirogene Gefüge des E' Mittelmeer-Gebietes im jüngeren Karbon umstellte und wie aus den variszischen Gebirgszonen die Geosynklinen des mesozoischen Zeitalters hervorgingen. Die Keimzelle der alpinen Geosynkline war das stefanisch-permische Meer der SE-Alpen. Aus ihm entwickelte sich durch die Einbeziehung der N-Alpen der triadische Ablagerungsraum, der durch Becken und Schwellen gegliedert war. Die Mächtigkeitsziffern, an 3000 m in den Becken, kaum

1000 m auf den Schwellen, veranschaulichen die Unterschiede der Senkungsgeschwindigkeit. Die triadische Transgression begann im Unter-Skyth, gelangte im Anis ins nordalpine Becken und erreichte im Ladin einen ersten Höhepunkt. An der Wende zum Karn fielen weite Flächen trocken, doch wurden sie bis zum Nor, dem zweiten Transgressions-Höhepunkt, zurückerobert. Das Ober-Nor[15] brachte erneute Verflachungen, die mit schwachen Schollenbewegungen zusammenhingen. Eigentliche Diskordanzen fehlen jedoch.

Die vulkanische Tätigkeit stand in enger Beziehung zur tektonischen Gliederung der alpinen Geosynkline. Die S-Alpen waren in der Mittel-Trias der Schauplatz ausgedehnter Ausbrüche, die vorwiegend Tuffe von andesitischer, seltener basaltischer Beschaffenheit lieferten. Aus der nordalpinen Furche sind nur einige unbedeutende Eruptionen bekannt, in den Zentral-Alpen fehlen sie fast ganz.

Die triadische Schichtfolge der E- und S-Alpen ist gegenüber dem Germanischen Becken mit seinen überwiegend kontinentalen Ablagerungen fast durchweg marin. Die Wassertiefe und das Verhältnis von klastischen zu chemischen Sedimenten wechselten gleichlaufend mit den Meeresbewegungen. Im Skyth und Karn traten festländische Einflüsse stärker hervor, während die pelagische Ausbildung in der ladinischen und norischen Stufe gipfelte. Der tektonische Werdegang der alpinen Geosynkline spiegelt sich darin wider, daß die südalpine Fazies der zentral- und nord-alpinen vorauseilte. In den S-Alpen ist bereits das Skyth marin ausgebildet, im N dagegen besteht es aus bunten festländischen und salinaren Ablagerungen, den Werfen-Schichten, die bis ins Ober-Perm zurückreichen (S. 163). Bildungen der offenen See, wie die grauen plattigen Kalke des Alpinen Muschelkalks, der Reifling- oder der Gutenstein-Kalke, stellten sich hier erst im Anis ein, d. h. zu einer Zeit, wo in den S-Alpen bereits die ersten Riffe zu wachsen begannen. Im Ladin glichen sich die Unterschiede aus. Auf weite Strecken wurde der Meeresgrund auch in den N-Alpen von Kalkalgen, daneben auch Stockkorallen besiedelt. Die viele hundert Meter mächtigen hellen Karbonat-Gesteine des Wetterstein-Kalk, Ramsau-Dolomit und Schlern-Dolomit bauten sich aus einer Wechselfolge von bucklig wachsenden Riffrasen, Trümmerlagen und feingeschichtetem Schlamm auf. Durch die karnische Regression wurden beträchtliche Teile der Alpen landfest und verfielen der Verkarstung, jedoch nicht für lange Dauer. Bei der erneuten Ausbreitung des Meeres versanken die aufgetauchten Flächen und wurden von Raibl-Schichten überdeckt. An der Basis lagern Konglomerate, Sandsteine und Schiefer, die von dem vindelizisch-böhmischen, dem zentral-alpinen und einem norditalienischen Abtragungsgebiet stammen. Darüber folgen Rauchwacken mit Gips. Mit dem Beginn der norischen Stufe kehrten dickbankige Kalke und Dolomite wieder. Der Haupt-Dolomit ist ein Foraminiferen-reicher Schlickstein; bezeichnend ist sein Bitumengehalt, der sich zu Asphaltschieferlagen anreichern kann. Am Aufbau des Dachstein-Kalk waren Korallen und dickschalige Muscheln beteiligt; die früher so verbreiteten Kalkalgen fehlen jedoch auch hier. In dem flacheren Meere des oberen Nor lagerten sich die Kössen-Schichten, eine Wechselfolge dunkler schillreicher Bankkalke und Mergel ab. Nur auf einzelnen Schwellenzügen setzten helle Riffkalke, Dachsteinkalk oder Rhätolias-Kalk auf.

---

[15] Über die Eigenständigkeit einer rhätischen Stufe im biostratigraphischen und chronologischen Sinn gehen derzeit die Meinungen weit auseinander; man vergleiche die strat. Übers. 14, wo das Rhät als jüngste Teilstufe des Norium betrachtet wird. Der Trend geht dahin, Rhät als Stufe aufzugeben (vgl. dagegen A. Tollmann in: Beitr. Biostratigr. Tethys Trias 1978).

In den S-Alpen, insbesondere den Dolomiten, ging aus dem ober-permischen *Bellerophon*-Kalk eine Folge feinsandiger Mergel und dünnschichtiger Kalke hervor, die Seis- und Campil-Schichten. Gegen das Hangende verstärkt sich der marine Einfluß. Bereits im Anis entwickelte sich das erste Riffgestein aus dem geschichteten unteren Muschelkalk. Im Ladin erreichte die Fazies-Aufspaltung durch das Hinzutreten vulkanischer Fördermassen ihren höchsten Grad. Die Buchenstein-Schichten sind noch einigermaßen gleichmäßig als Knollenkalke mit Aschenlagen (Pietra verde) entwickelt. Dann aber wechselten mehrfach Zeiten der Riffbildung, während deren auf untermeerischen Schwellen große, etwa 10°–30° geböschte Rifflinsen emporwuchsen, mit Eruptions-Epochen, in denen sich die Senken mit Laven und Tuffen füllten (Abb. 36). Den größten vulkanischen Anteil enthalten die tieferen Wengen-Schichten. In den Cassian-Schichten gewannen Mergelkalke die Oberhand. Große Teile der Dolomiten machten eine kurzdauernde Festlandszeit durch, deren rote Verwitterungsbildungen die Raiber-Schichten färben.

Abb. 36 Riff-Fazies und vulkanische Fazies in den Südtiroler Dolomiten. Sella und Grödener Joch. Über dem Joch Verzahnung von Tuffen der Wengen-Schichten mit Schlern-Dolomit. Obere schneebedeckte Ebenheit: Raiber-Schichten, darüber Dachstein-Kalk.

Wo die Meeresbedeckung anhielt, reicht der Dachstein-Dolomit vom Karn bis in das Ober-Nor. In die Lombardischen Alpen gelangte die unter-triadische Überflutung erst mit den Campil-Schichten, der tiefere Teil des Servino besteht aus roten Sandsteinen. Der Aufbau der Mittel-Trias ist ähnlich wie in den Dolomiten, doch bleibt der Anteil vulkanischer Stoffe geringer und verliert sich gegen W ganz.

In den **Zentral-Alpen** besteht die geringmächtige Schichtfolge im Skyth aus Quarziten, in den höheren Stufen aus Dolomiten, Rauchwacken und schwarzen „Pyritschiefern". Die gleichfalls wenig mächtigen Folgen Graubündens, des Rhätikon und Engadin vermitteln ihrer Lage gemäß zwischen der helvetischen, S-alpinen und N-alpinen Fazies, wobei die Zusammenhänge allerdings durch den späteren Deckenschub zerrissen wurden. Während die tieferen penninischen Decken noch germanische Trias aufweisen, gehörte das Wurzelgebiet der höheren penninischen und der unterostalpinen Decken bereits der Tethys an.

Die N' E-Alpen sind im Gegensatz zu den meist nur schwach gefalteten S-Alpen aus einer Reihe übereinandergeschobener Decken aufgebaut. Glättet man sie gedanklich wieder aus, dann ergibt sich aus der Fazies-Verteilung, daß der tiefste Teil des N-alpinen Beckens etwa den heutigen Kalkalpen-Südrand begleitet hat. Deckschollen, die ursprünglich in diesem Hallstätter oder juvavischen Bereich beheimatet waren, sind vor allem in den Salzburger Alpen erhalten. Die erste, schon im oberen Zechstein beginnende Füllung dieser Furche (S. 163) besteht aus Evaporiten, den bunten Anhydrit-Salztonen des „Haselgebirges". In der Unter-Trias erweiterte sich der Ablagerungsraum; rote Trümmergesteine, deren Korn sich gegen oben verfeinert, breiteten sich über die ganzen N-Alpen aus. Über den dunklen, plattigen oder knolligen Kalken des Anis bauten sich im Ladin bei freierem Wasseraustausch die hellen Algenriffkalke des Wetterstein-Kalk auf. Zu Beginn der karnischen Stufe ging von dem Vindelizisch-böhmischen Land im Zusammenhang mit der allgemeinen Heraushebung der alpinen Geosynkline eine ausgedehnte klastische Schüttung aus. Am Alpen-Nordrand führt sie in den Lunz-Schichten Kohlenflöze. Gebirgseinwärts gehen sie in marine Ablagerungen: Raibl-Dolomite, Reingraben-Schiefer und schließlich in die Kalke des *Cardita*-Ooliths über. In der norischen Stufe war die Faziesverteilung ähnlich. Der Haupt-Dolomit herrscht in den N' (Bayerisch-Nordtiroler Fazies), der Dachstein-Kalk in den inneren Teilen der Kalkalpen (Berchtesgaden-Dachstein-Fazies). Der Bereich der Hallstatt-Fazies wurde von den mittel- und ober-triadischen Meeresbewegungen weniger berührt. Mit dem Anis begann hier die Herrschaft der offenen See. Kennzeichnend sind die bis ins hohe Nor reichenden, lichtbunten, durch ihre Cephalopoden-Führung bekannten Hallstatt-Kalke, die durch die fossilreichen, grauen Zlambach-Mergel abgelöst werden, die ihrerseits in die liassischen Flecken-Mergel übergehen.

S-Europa und **S-Asien.** Die E- und S-Alpen gehörten dem „Gürtelmeer" der Tethys an, das die Erde während des Mesozoikum in W-E-Richtung umgab. In der Trias war der Gürtel anfangs im W geschlossen, die Öffnung baute sich erst von E her vor. Die älteren Cephalopoden-Zonen des Skyth kennt man daher nur aus Indien und Armenien, erst *Tirolites* wanderte in die S-Alpen ein. Von der Ober-Trias ab faßte die alpine Fazies auch im W' Mediterran-Gebiet Fuß, wo bis dahin die germanische Fazies geherrscht hatte (S. 184 f.).

Der Trog der N' Kalkalpen stand über die Karpaten mit dem Balkan in Verbindung. Auch die Dobrudscha, heute ein Teil des Vorlandes, war damals in die Geosynkline einbezogen. Der S-alpine Trog setzte sich fort nach NE in den Untergrund der Ungarischen Ebene, nach SE in die großadriatische Geosynkline, die in der Trias Apennin und Dinariden umfaßte. Wie im Perm lag hier die Eingangspforte für die aus Asien kommenden Transgressionen und Faunen. Die dinarische Fazies eilte daher der alpinen voraus. Die Unter-Trias ist durchgehend marin, Kalke von Hallstätter Fazies traten bereits im Skyth auf und sind im Anis verbreitet. In der Mittel-Trias füllte sich das Trog-Tiefste mit einer mächtigen Schiefer-Hornstein-Folge, in die sich grüne geosynklinale Eruptiva, basische Decken und Tuffe einschalteten. Die SE-europäische Trias erstreckt sich über Klein-Asien, den Kaukasus, Iran und Afghanistan nach Indien, wo die Salt Range und besonders der Himalaya zwar ähnliche, jedoch zonenreichere und durch einfachere Lagerung und geringere Fazies-Gegensätze leichter deutbare Profile als die Alpen aufweisen.

Umrandung des **Stillen Ozeans** und der **Arktis.** Im Indonesischen Archipel, wo namentlich auf Timor eine reichgegliederte Trias-Folge von alpin-himalayischem Gepräge ansteht, verbindet sich die Tethys mit der den Stillen Ozean umgebenden zirkumpazifischen Geosynkline. Ihre Ablagerungen sind vor allem aus Neuseeland und Neukaledonien, aus Japan und NE-Sibirien, aus Alaska, den Kordilleren und den Anden bekannt. Ein gemeinsamer Zug ist die Seltenheit kalkiger Gesteine, vor allem von Riffbildungen, die für die Tethys sonst so bezeichnend sind. Die pazifische Trias ist vorwiegend klastisch. Dunkle Schiefer und grauwackenartige Sandsteine bilden mit beträchtlichen Mengen vulkanischer Tuffe die herrschenden Sedimente. Gemeinsam ist ferner der Ablauf der Bodenbewegungen. Im Ladin erfolgte eine Heraushebung, die mit kräftigen Faltungen, insbesondere in Japan, in Zusammenhang stand. Eine erneute, in karnischer Zeit einsetzende Senkung brachte norische Schichten mit dem Leitfossil *Monotis ochotica* zu weiter Verbreitung. Das Rhät ist wiederum regressiv und in der Regel als Sandstein mit Kohlenflözen ausgebildet. In den S-amerikanischen Anden gewann nur das norische Meer eine größere Ausdehnung; im übrigen entstanden meist festländische Ablagerungen mit porphyrischen und porphyritischen Ergüssen. Die Trias der Arktis ist der pazifischen in ihrer klastischen Ausbildung ähnlich. Die ruhige Lagerung und der Reichtum an Ammoniten in der N-amerikanischen Kordillere und der kanadischen Arktis haben eine reichhaltige, enge Zonierung ermöglicht. Sie gab Anlaß zur Überprüfung der klassischen Zonenfolge der Alpinen Trias und darf als stratigraphischer Standard der Trias gelten.

Kontinentale Trias in Außer-Europa

N-Amerika. Zwei Gebiete mit bunten, festländischen Gesteinen sind zu unterscheiden. Im E ist es der schmale, dem Streichen der Appalachen folgende Trog des Connecticut Valley, dessen bis 4000 m anschwellende Füllung, die Newark group, von den Decken des Palisaden-Diabas gekrönt wird. Anlage und Füllung der Grabenzone werden mit dem Rifting in Zusammenhang gebracht, die der Trennung von N-Amerika und Europa vorausging. Im W ist es ein großes, flaches, an die Kordilleren-Geosynkline grenzendes Becken, in welchem der im Perm begonnene Absatz von Red Beds örtlich weiterging. Stratigraphisch gehört die Appalachen-Trias ausschließlich, die Red Bed-Trias überwiegend dem Keuper an; tiefere Stufen sind nur beschränkt entwickelt.

Süd-Kontinente. Der von S-Amerika über Afrika, Indien, Australien bis Antarktika reichende große Süd-Kontinent, Gondwana, dessen Werdegang auf S. 164, 166 verfolgt wurde, überdauerte die Trias mit ähnlichen Umrissen wie im Perm. In allen seinen Teilen erweiterten sich die bestehenden Becken, neue legten sich an. Vielfach lassen sich die überwiegend kontinentalen Gesteine mangels Fossilien nur ungenügend datieren; Sporen werden zunehmend mit Erfolg angewandt. Die Sedimente färbten sich gegen das Hangende lebhafter; die im Perm vorwiegend grauen Töne wurden in der Trias durch bunte, oft leuchtend rote Töne ersetzt, ein Hinweis auf zunehmende Aridität. Örtlich hielt die Kohlenbildung jedoch an (Argentinien, Australien). Saure und intermediäre Vulkanite sind regional von wechselnder Bedeutung während der Trias; in Argentinien wurden große Mengen „porphyritischer" Magmen gefördert. Im jüngsten Abschnitt der Trias mehrten sich die Zeichen

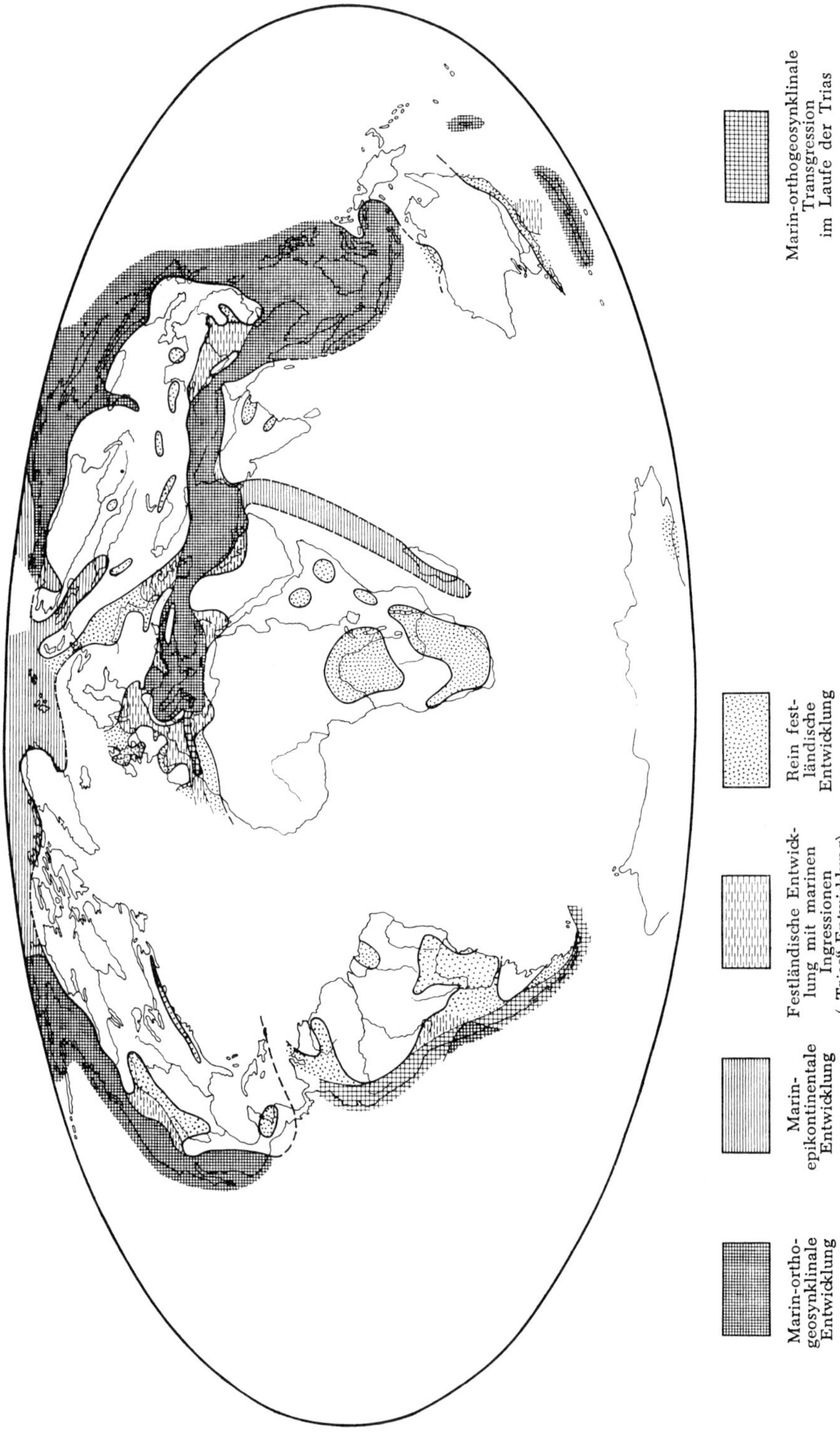

Abb. 37 Paläogeographie der Trias

basischer Magmen-Tätigkeit in vereinzelten Lagergängen und Gängen, aber erst im Unter-Jura und in der Unter-Kreide kommt es zu umfangreichen, flächenhaften Ergüssen (S. 218 f.).

Organischer Inhalt (Tafeln 26, 27–34)

Fauna. Der mit der Perm/Trias-Grenze zusammenfallende Schnitt zwischen Paläozoikum und Mesozoikum ist nicht ganz so tiefgehend, wie es die lückenhafte Überlieferung in Mittel-Europa und in vielen anderen Regionen der Erde vortäuscht. Die vollständigeren, marinen Schichtfolgen im Übergang von Perm zur Trias z. B. in Indonesien (Timor), Armenien-Nordiran, Salt Range und S-China, aber auch anscheinend lückenlose kontinentale Abfolgen, z. B. in S-Afrika, zeigen einen allmählichen Übergang von Perm- zu Trias-Faunen. Immerhin war der Umschwung deutlich. Zahlreiche mesozoische Gruppen, wie die Zoantharia-Scleractinia, die jüngeren Ammonoidea, wichtige Gruppen der Brachiopoden (z. B. Terebratulidae), mehrere Familien der Actinopterygii unter den Fischen, der Reptilien und der primitiven Mammalier traten erstmalig auf oder breiteten sich kräftig aus (Tab. 13).

Tabelle 13 Tierische Organismen der Trias

Stamm	Klasse	Ordnung	
„Protozoa"	: Rhizopoda	: Foraminiferida	: † Fusulinina
Coelenterata (Cnidaria)	: Hydrozoa : Scyphozoa : Anthozoa : Zoantharia	: * Spongiomorphida : † Conulariida (? Rezent) : * Scleractinia (= Hexacorallia)	
Tentaculata : Brachiopoda	 : Articulata	 : (Inc. ord.)	 : * Thecideidina
Articulata : Arthropoda : Branchiata (Diantennata) : Tracheata (Antennata)	 : Crustacea : * † Euthycarcinoidea : Malacostraca : Insecta	 : * Eucarida (* ? Perm) : * Decapoda (* ? Perm) : * Penaeidea (* ? Perm) : * Astacidea (* ? Perm) : * Palinura : * Archaeognatha : * Hymenoptera	
Mollusca : Conchifera 	 : Monoplacophora : Gastropoda : Prosobranchia : Cephalopoda : Nautiloidea : Ammonoidea	 : Archaeogastropoda : Caenogastropoda : † Orthocerida : † Prolecanitida	 : † Bellerophontina : † Macluritina : * Patellina : † Murchisoniina : * Littorinacea : * Naticacea

Tabelle 13 (Fortsetzung)

Stamm	Klasse	Ordnung
Mollusca		
: Conchifera	: Cephalopoda	
	: Ammonoidea	: † Ceratitida
		: * Phylloceratida
		: * Lytoceratida
	: Coleoidea	: * Teuthida
Echinodermata		
: Crinozoa	: Crinoidea	
		: † Inadunata
		: * Articulata
: Echinozoa	: Echinoidea	
	: Euechinoidea	: * Diadematoida
		: * Pedinoida
		: * Hemicidaroida
		: * † Plesiocidaroida (Tiarechinidae)
(Inc. sed.)	: † Conodontophoridea	
Chordata		
: Vertebrata	: Amphibia	
	: † Labyrinthodontia	: † Plagiosauria
	: Lissamphibia	: * Salientia
	Reptilia	
	: Anapsida	: Cotylosauria
		: * Chelonia
	: * Ichthyopterygia	: * Ichthyosauria
	: * Sauropterygia	: * Nangchangosauria
		: * † Nothosauria
		: * Plesiosauria
	: * † Placodontia	
	: (Inc. subcl.)	: * Trilophosauria
	: Lepidosauria	: * † Prolacertilia
		: * Rhynchocephalia
		: * Squamata
		: * † Thalattosauria
	: Archosauria	: † Thecodontia
		: * Crocodilia
		: * Ornithischia
* Mammalia		
	: * Eotheria	: * Morganucodonta
	: * Allotheria	: * Multituberculata
	: * Trituberculata	: * Kuehneotheria

Über **Foraminiferen** der Trias bestand bisher eine erhebliche Kenntnislücke, wie die Neufunde der letzten Jahre erkennen ließen. Eine überraschend große Formenfülle besonders der Archaediscidae, Trocholinidae und Cornuspirinae in der Trias der Alpen ermöglicht nunmehr Einstufungen auch harter Kalkgesteine mit Hilfe von Dünnschliff-Methoden; als besonders reich erweist sich die Ober-Trias.

Bei den **Poriferen** und **Coelenteraten** vollzogen sich vom Perm zur Trias wichtige Veränderungen. Die Stromatoporen wurden ausgesprochen selten. Die Conularien verschwanden ausgangs der Trias aus der fossilen Überlieferung; in der Gattung *Stephanoscyphus* wird ein rezenter Vertreter dieser Gruppe als „lebendes Fossil" gesehen. Die Septen-Korallen gingen von der zweiseitig-symmetrischen Septenstellung der Rugosa zur sechsstrahligen Anordnung der Scleractinia über (S. 168). Zugleich wurde offensichtlich das Baumaterial Calcit durch Aragonit ersetzt. Am häufigsten sind Gattungen wie *Montlivaltia, Isastrea, Thecosmilia* und *Thamnasteria.*

Als Baue von **„Würmern"** ist ein großer Teil jener Grabgänge anzusehen, die in fast allen Stufen der Germanischen Trias gesellig auftreten und einzelne Gesteinsbänke ganz durchsetzen können. Dabei sind die einfachen oder verzweigten Röhren der vagilen Sedimentfresser *(Arenicolites)* von den taschenförmigen Baue der sessilen Planktonfänger *(Corophioides, Rhizocorallium)* zu unterscheiden.

Die **Brachiopoden** stellen nächst den Muscheln die häufigsten marinen Fossilien der Trias. Die Inarticulata spielten bis auf *Lingula* keine Rolle mehr. Unter den Articulata waren die Ordnungen mit einfachsten Brachidien („Brachiophoren" oder Crura) bis zum Ende des Paläozoikum ausgestorben oder in der Formenfülle stark zurückgegangen. Die mit spiraligem Brachidium versehenen Spiriferida erloschen zwar im Jura, sind aber gleichwohl in der Trias noch häufig *(Tetractinella).* Die Rhynchonellida behaupteten ihren Platz, wogegen die mit schleifenförmigen Brachidien ausgestatteten Terebratulida *(Coenothyris, Rhaetina, Juvavella)* an Boden gewannen. Die eigentümlichen Thecideidina *(Thecidella)* begannen ihre Entwicklung, die erst später zum Höhepunkt führte (S. 251).

Die **Arthropoden**-Fauna der Trias ist verhältnismäßig arm. Trilobiten und Eurypteriden waren ausgestorben, die im obersten Perm erschienenen Decapoda gerade erst in der Entfaltung begriffen. Die wichtigste Gattung ist *Pemphix*; sie steht der gemeinsamen Wurzel der Decapoden im Perm nahe. In brackischen und limnischen Ablagerungen bedecken die Klappen von Ostracoden und conchostraken Branchiopoda („Estherien") ganze Schichtflächen; die formenreichen Ostracoden haben eine gewisse stratigraphische Bedeutung erlangt. Neben ihnen kommen gelegentlich das „lebende Fossil" *Triops* und der Xiphosuride *Psammolimulus* in heutigen Gattungen und Arten ganz nahestehenden Formen vor. Die kleine, eigentümliche Gruppe der Euthycarcinoidea *(Euthycarcinus, Synaustrus)* war auf die Trias beschränkt und ließ sich in so entfernten Regionen wie dem Elsaß und Australien nachweisen.

Die **Mollusken** erlebten nach einem leichten Rückgang im Perm zu Beginn der Trias einen neuen Aufschwung. Die Gastropoden gewannen an Mannigfaltigkeit und Verzierung. Verbreitet sind Pleurotomariina *(Worthenia)*, Loxonematacea *(Polygyrina, Zygopleura = „Loxonema")* und Neritopsina *(Naticopsis, Neritopsis, Neritaria).* Die Patellina *(Scurriopsis)*, Trochina (mit den wesentlichen Trochacea: *Pseudoclanculus, Solarioconulus, Asperilla)* und Naticacea *(Natica)* erschienen mit neuen wichtigen Familien, wogegen die Bellerophontina, Macluritina und Murchisoniina, die im Paläozoikum eine so große Bedeutung hatten, in der Trias erloschen. Bei den Muscheln bildete sich ebenso wie bei den Schnecken die bezeichnende mesozoische Faunen-Gesellschaft heraus. Wie im Jung-Paläozoikum hatten die Anisomyarier gegenüber den Heterodonta die Vormacht; dieses Verhältnis kehrte sich erst im Tertiär um. Bei mehreren Gruppen verringerte

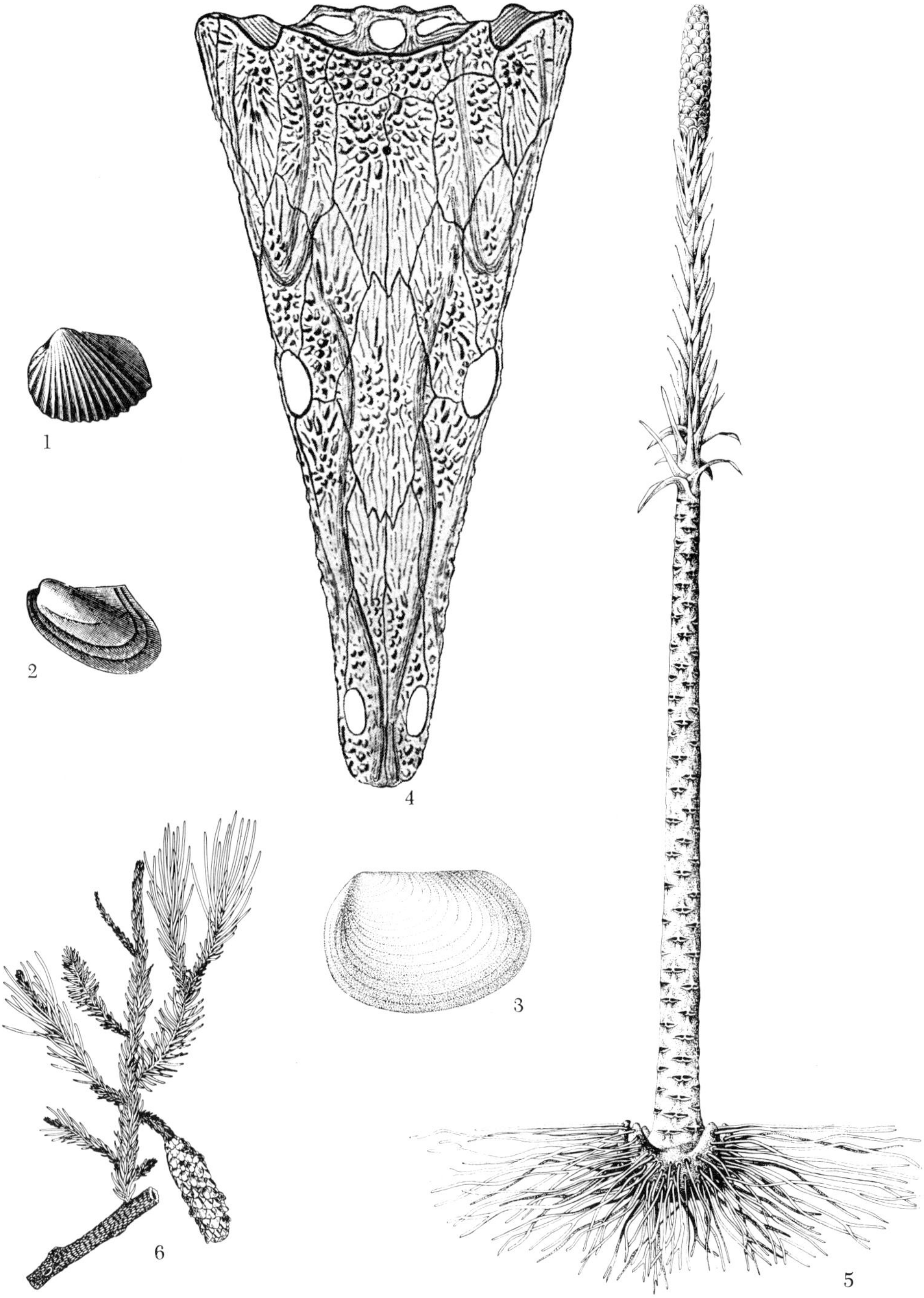

Bivalvier: 1. *Costatoria costata* (ZENK.). – 2. *Gervillia murchisoni* GEINITZ. – **Branchiopode (Conchostrake):** 3. *Cyzicus* sp. („*Estheria*"). – **Amphib:** 4. *Trematosaurus brauni* BURM., Schädel – **Lycophyte:** 5. *Pleuromeia sternbergi* (MÜNSTER) (aus MÄGDEFRAU 1962). – **Konifere:** 6. *Voltzia heterophylla* BRONG. – (aus GALL 1983).

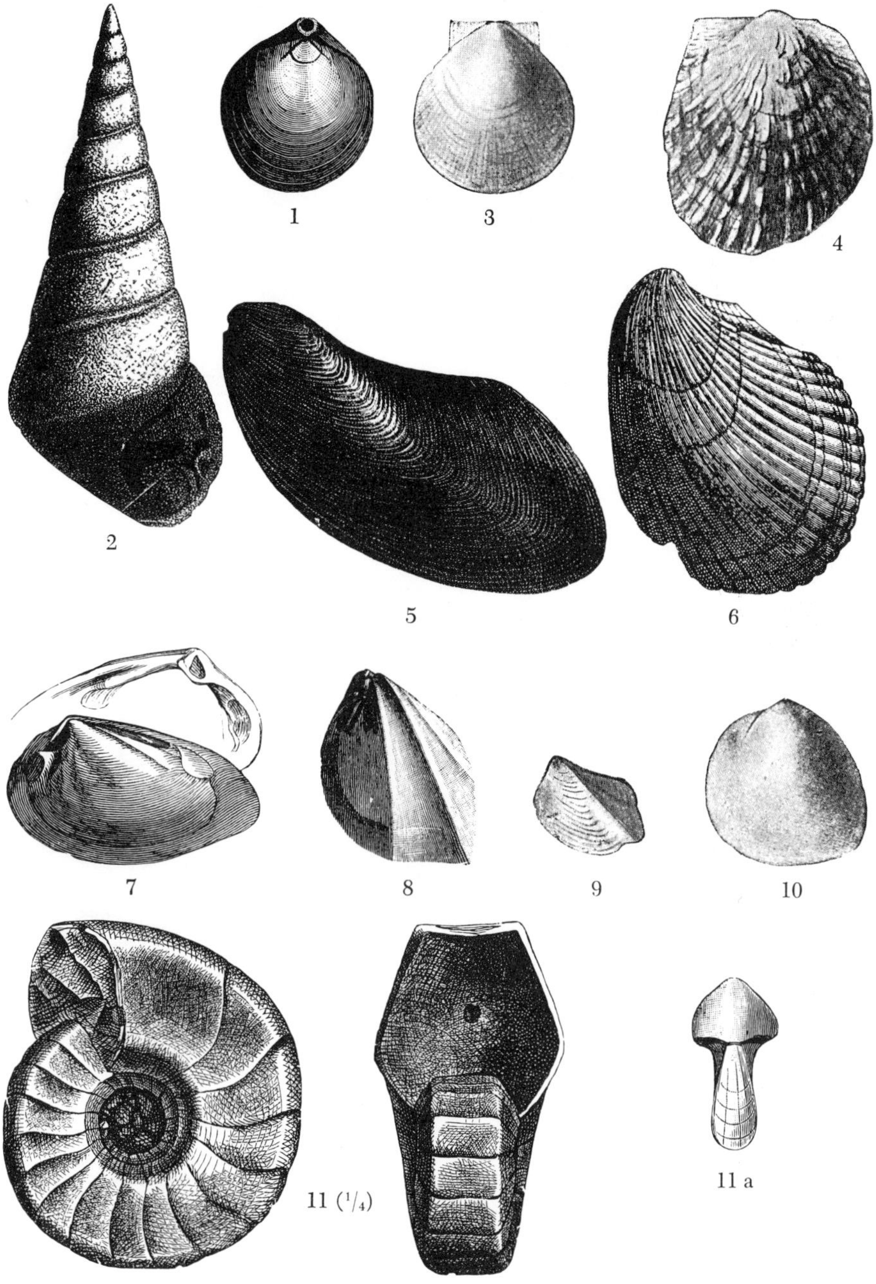

Brachiopode: 1. *Coenothyris vulgaris* (SCHLOTH.). – **Gastropode:** 2. *Undularia scalata* SCHLOTH. – **Bivalvier:** 3. *Entolium discites* (SCHLOTH.). – 4. *Newaagia? comta* (GIEB.). – 5. *Hoernesia socialis* (SCHLOTH.). – 6. *Plagiostoma striata* SCHLOTH. – 7. *Trigonodus sandbergeri* V. ALB. – 8. *Myophoria vulgaris* SCHLOTH. – 9. *Lyriomyophoria elegans* (DUNK.). – 10. *Neoschizodus orbicularis* (BR.). – **Cephalopode:** 11. *Germanonautilus bidorsatus* (SCHLOTH.) (11 a = Oberkiefer)

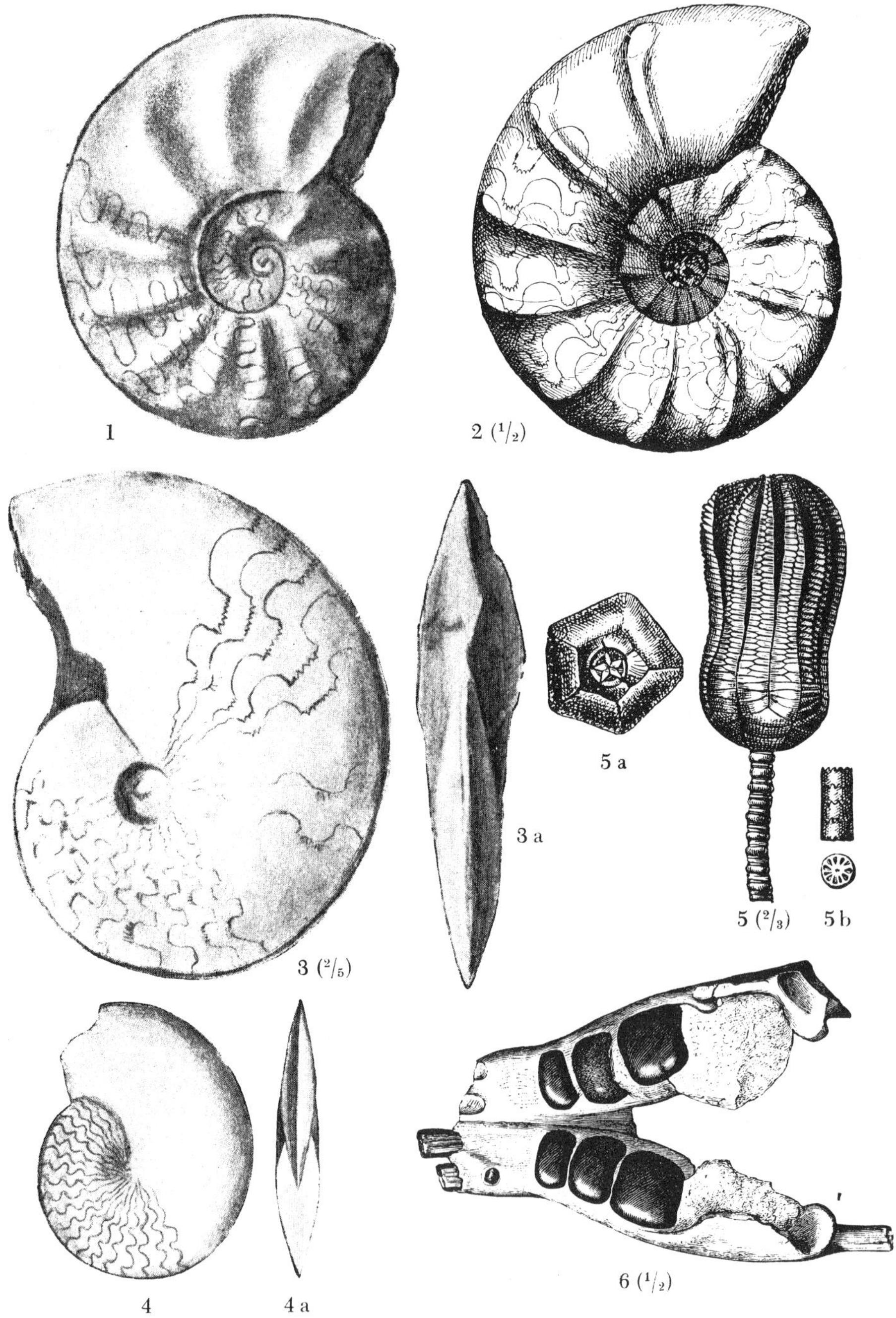

Cephalopoden: 1. *Ceratites compressus* (Sandb.). – 2. *Ceratites nodosus* (Brug.). – 3. 3a. *Discoceratites semipartitus* (Montf.). – 4. 4a. *Beneckeia buchi* (v. Alb). – **Crinoide:** 5. *Encrinus liliiformis* Schloth. (5a = Kelch von unten, 5b = Säulenstück). – **Reptil:** 6. *Placodus gigas* Ag.

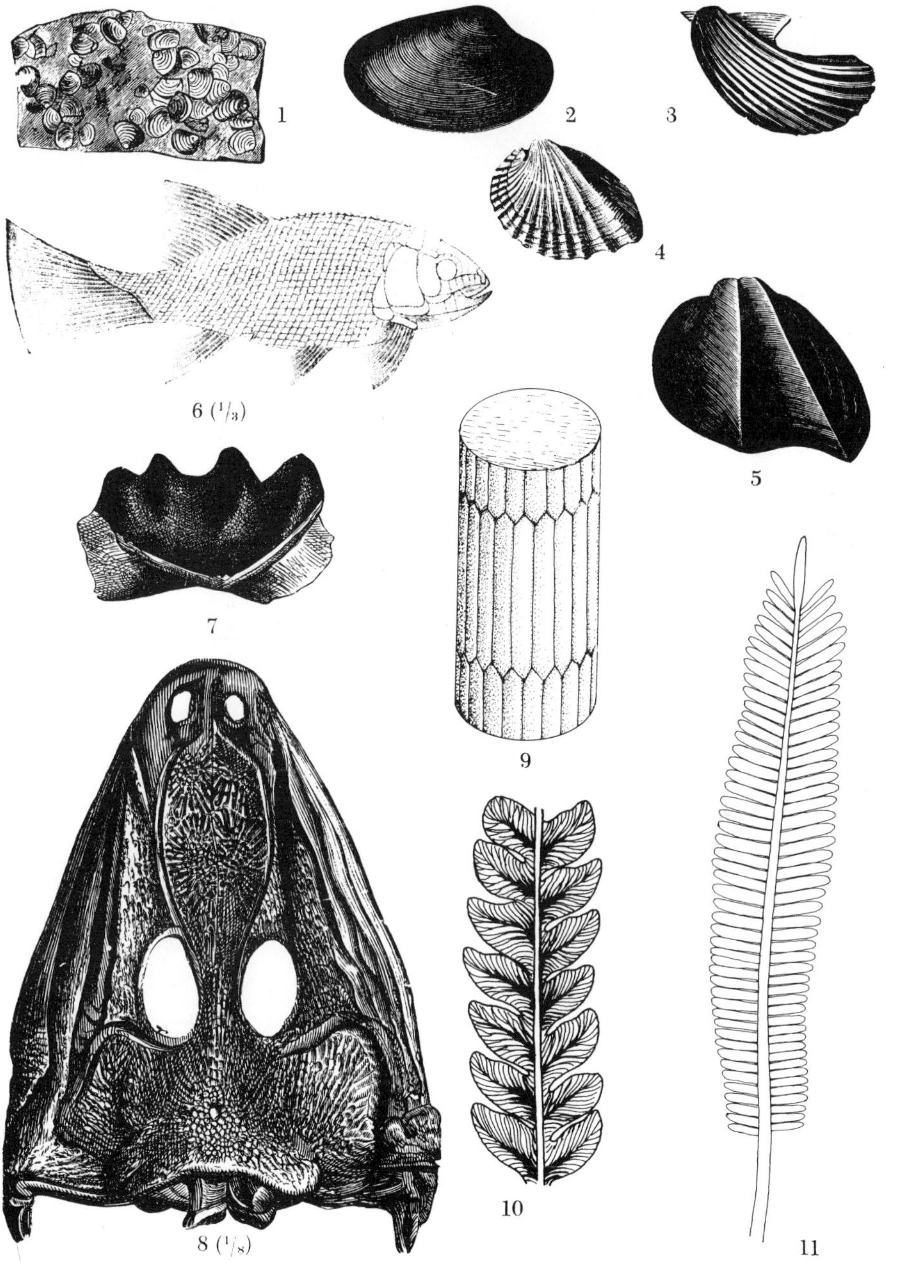

Branchiopode (Conchostrake): 1. *Cyzicus (Euestheria) minuta* (v. ZIETEN). – **Bivalvier:** 2. *Unionites letticus* (Q.). – 3. *Rhaetavicula contorta (*PORTL.*)*. – 4. *Costatoria goldfussi* (v. ALB.). – 5. *Myophoria transversa* BORNEM. – **Actinopterygier:** 6. *Semionotus bergeri* AG. – 7. Zahn von *Ceratodus kaupi* AG. – **Amphib:** 8. Schädeldach von *Mastodonsaurus giganteus* JÄG. – **Articulate:** 9. *Equisetites arenarius* JÄG. – **Farn:** 10. *Todites remota* PRESL. – **Gymnosperme:** 11. *Pterophyllum jaegeri* BRONGN.

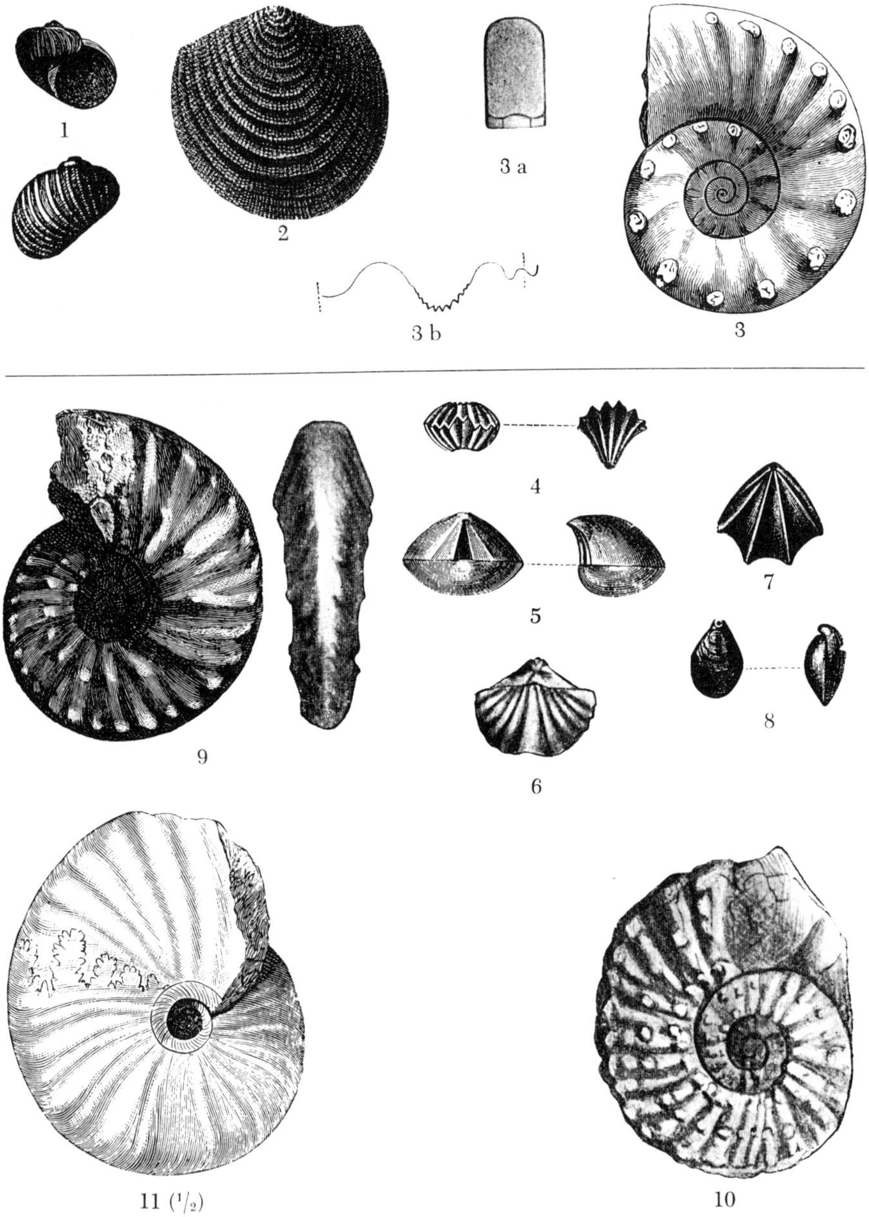

Skyth. Gastropode: 1. *Neritopsis costata* (MÜNST.). – **Bivalvier:** 2. *Claraia clarae* (HAUER). – **Cephalopode:** 3. *Tirolites cassianus* (QUENST.) (3a = Querschnitt, 3b = Lobenlinie). – **Anis. Brachiopoden:** 4. *Decurtella decurtata* (GIRARD). – 5. *Spiriferina mentzeli* DUNK. – 6. Spiriferina *fragilis* (SCHLOTH.). – 7. *Tetractinella trigonella* (SCHLOTH.). – 8. *Aulacothyris angusta* DUNK. – **Cephalopoden:** 9. *Paraceratites trinodosus* (MOJS.). – 10. *Balatonites balatonicus* MOJS. – 11. *Ptychites studeri* HAUER.

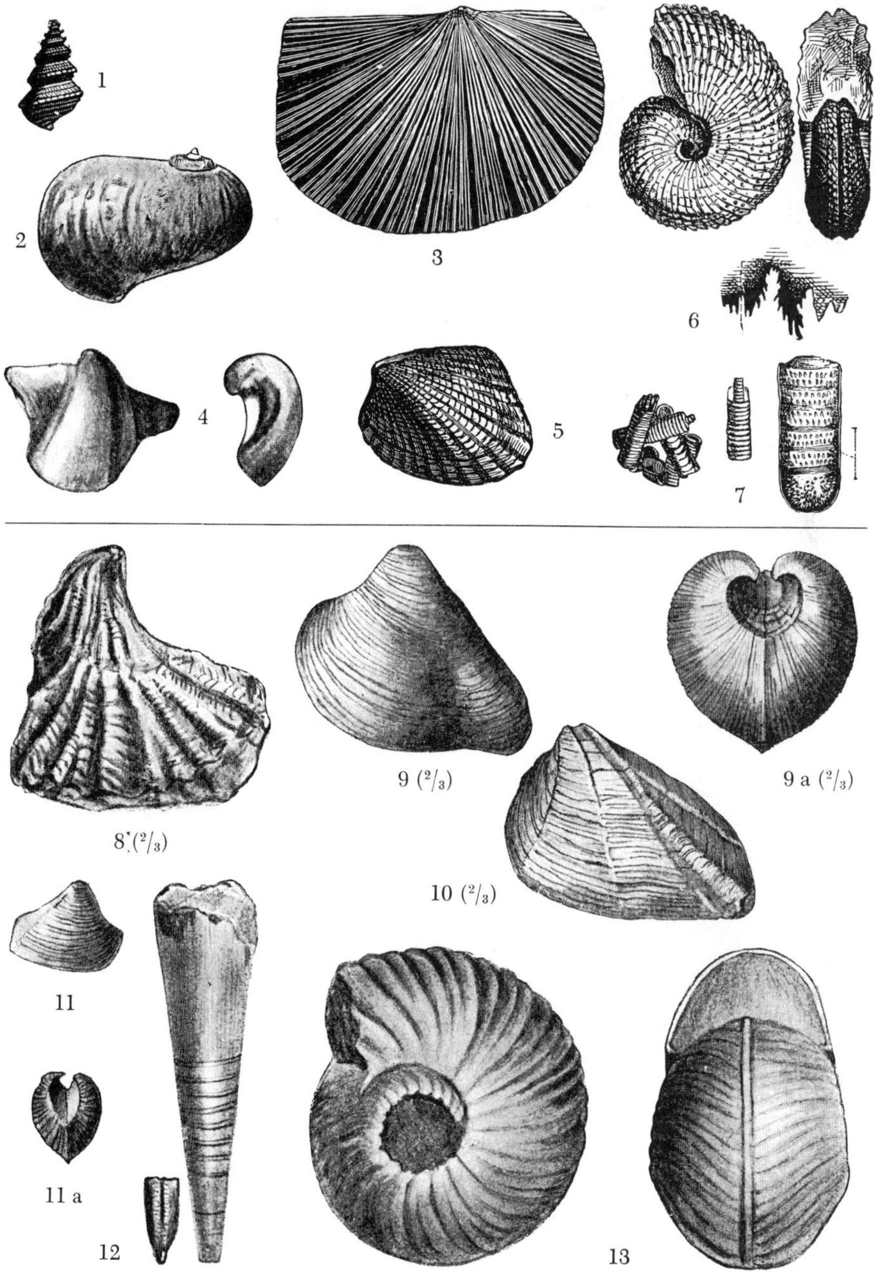

Ladin. Gastropoden: 1. *Cheilotomona blumi* (MÜNST.). – 2. *Naticopsis meriani* HÖRN. – **Bivalvier:** 3. *Daonella lommeli* (WISSM.). – 4. *Cassianella gryphaeata* (MÜNST.). – 5. *„Cardita" crenata* MÜNST. – **Cephalopode:** 6. *Trachyceras aon* MÜNST. (mit Lobenlinie). – **Chlorophycee.** 7. *Diplopora annulata* SCHAFH. – **Karn. Bivalvier:** 8. *Lopha montiscaprilis* (KLIPST.). –9. 9a. *Pachycardia rugosa* HAUER. – 10. *Myophoria kefersteini* MÜNST. – 11. 11a. *„Corbula" rosthorni* BOUE. – **Cephalopoden:** 12. *Dictyoconites inducens* (BRAUN). – 13. *Tropites subbullatus* HAUER

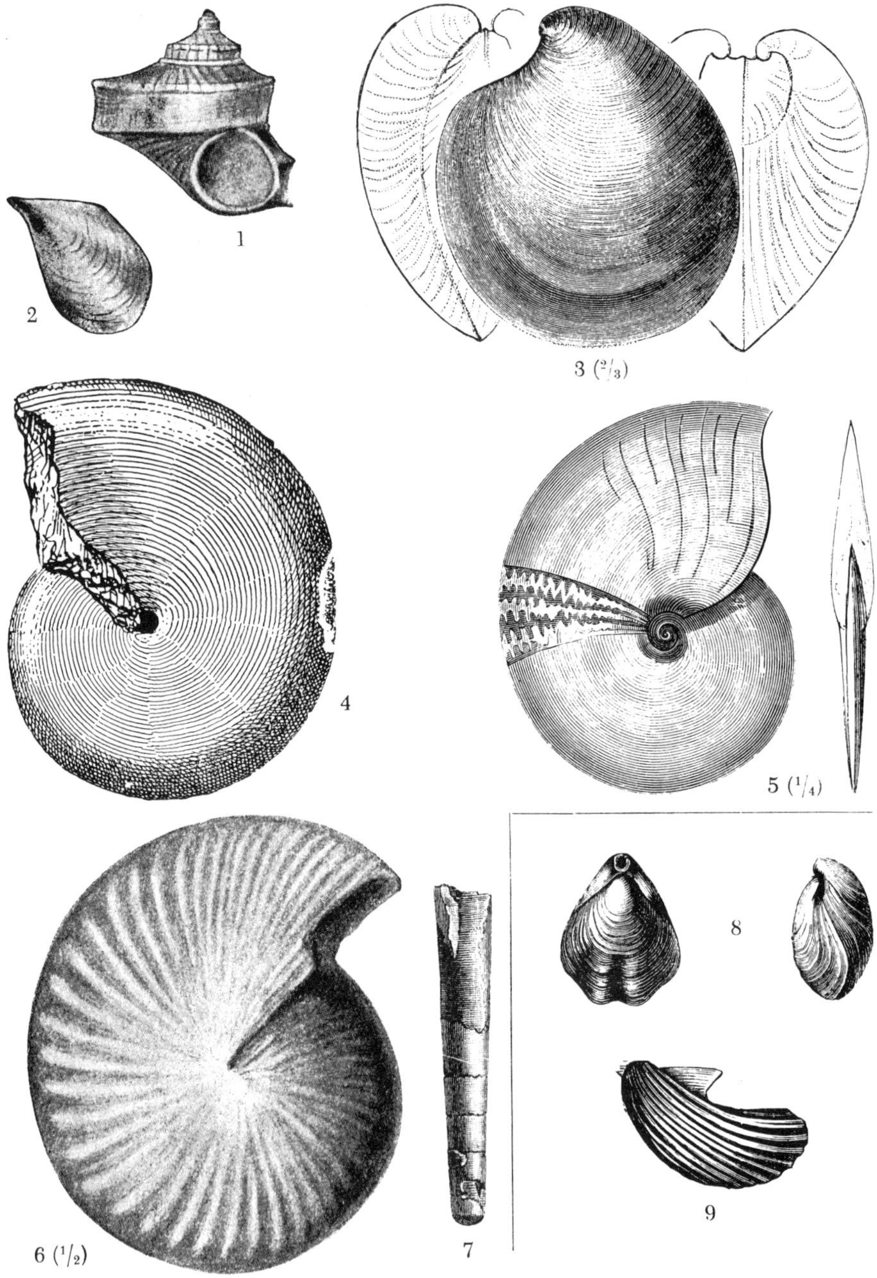

Nor. Gastropode: 1. *„Worthenia" solitaria* BEN. – **Bivalvier:** 2. *Gervillia exilis* STOPP. – 3. *Megalodon scutatus* SCHAFH. (rechts Vorderseite, links von hinten). – **Cephalopoden:** 4. *Cladiscites tornatus* (BRONN). – 5. *Pinacoceras metternichi* HAUER. – 6. *Halorites ramsaueri* (HAUER). – 7. *Orthoceras lateseptatum* HAUER. – **Rät. Brachiopode:** 8. *Rhaetina gregaria* (SUESS). – **Bivalvier:** 9. *Rhaetavicula contorta* (PORTL.)

1 (1/60)

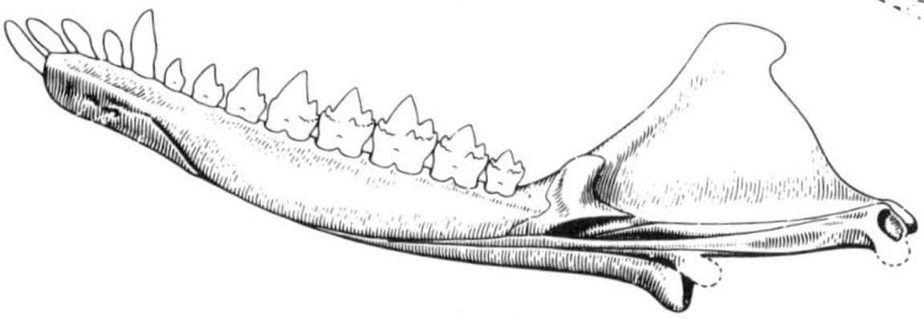

5

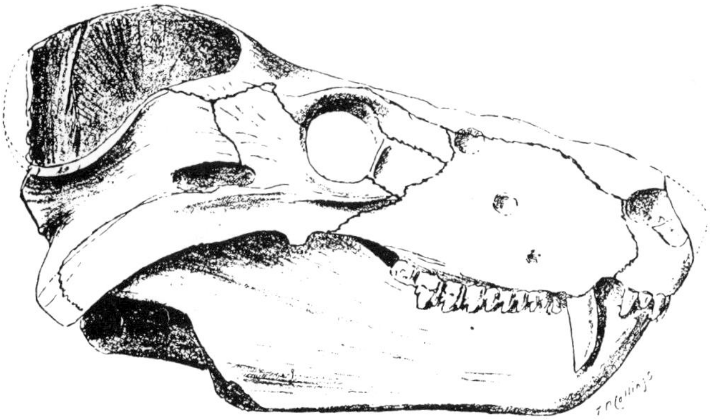

2 (1/3)

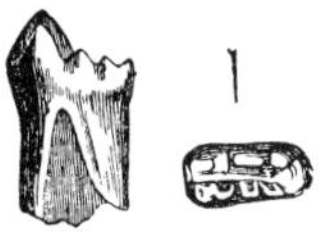

3 (4/1)

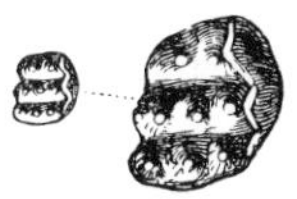

4

Reptilien: 1. *Plateosaurus* sp. – 2. *Cynognathus platyceps* Seeley. – 3. *Tritylodon fraasi* Lyd. (Zähnchen). – **Säugetiere:** 4. *„Microlestes" antiquus* Plieninger. – 5. *Morganucodon* sp. – (Unterkiefer, Innenansicht; Länge = 20 mm) (nach K. A. Kermack 1973; Vorlage frdl. zur Verfügung gestellt durch Prof. W. G. Kühne)

sich die Formenfülle gegen Ende des Paläozoikum zwar deutlich, doch wurde die Perm/Trias-Grenze vielfach überschritten; erst in der Trias starben die letzten Vertreter aus (einige Cryptodonta, Arten von *Conocardium, Myalina,* sowie die Aviculopectinidae). Die Pectinacea *(Halobia, Daonella, Monotis)*, Pteriacea *(Pteria, Rhaetavicula, Hoernesia, Gervillia, Cassianella)*, Limacea *(Lima)*, Mytilacea *(Modiolus)* und die beginnenden Ostreina *(Liostrea)* stellten wesentliche Faunen-Elemente; bei den palaeoheterodonten und heterodonten Gruppen sind es die Unionacea (die erstmals erschienen, dazu *Pachycardia* und *Trigonodus)*, Trigoniacea *(Myophoria, Costatoria)*, Carditacea *(Palaeocardita)*, Megalodontacea *(Megalodon, Conchodon)* und die neu auftretenden Cardiacea *(Protocardia)*. Die Anomalodesmata *(Pholadomya, Homomya)* wiesen mehr Individuen- als Formenreichtum auf. Am weitesten unter den Mollusken schritten die Cephalopoden über den im Perm erreichten Stand hinaus. Die orthokonen Nautiloidea (Orthocerida) starben in der Trias aus; die eingerollten Nautiloidea (Nautilida) erlebten mit reicher skulptierten Gehäusen nach dem älteren Paläozoikum eine zweite, schwächere Blütezeit. Sie endete allerdings am Ende der Trias, um zu Beginn des Jura nochmals einzusetzen *(Germanonautilus, Gryponautilus, Indonautilus)*. Aus den am Ende des Perm ausgestorbenen Bactritoidea, die sich aus den Nautiloidea ableiten lassen, hatten sich bereits im Karbon Arten entwickelt, die zu den Coleoidea führten. Mit *Aulacoceras* und *Dictyoconites* wiesen sie in der Trias zwei ihrer wichtigen altertümlichen Vertreter auf; mit *Loligosepia* erschien der älteste Vertreter der Teuthida. Die triadische Ammonoideen-Fauna wurde durch die bereits im Perm erschienenen, mit der Trias aufblühenden Ceratitida beherrscht. *Otoceras* und *Ophiceras* kennzeichnen das ältere Skyth, *Paraceratites* und *Protrachyceras* die Mittel-Trias, *Trachyceras, Tropites, Arcestes, Rhabdoceras* die Ober-Trias, die mit dem zur Entrollung neigenden *Choristoceras* endet. *Beneckeia* und die Arten der „Ceratiten-Reihe“ bilden die Zonierungs-Grundlage des Muschelkalks der Germanischen Trias. Gegen Ende der Trias engte sich die Formenfülle sowohl der Nautiloidea als auch der Ammonoidea auf wenige Entwicklungs-Linien ein; zu Beginn des Jura kam es zu einer neuen Entfaltung („Faunenwende Trias-Jura“).

Von den im Paläozoikum verbreiteten sessilen **Echinodermen**-Klassen („Pelmatozoa“) reichten einzig die Crinozoa in jüngere Zeiten, auch sie in stark gewandelter Tracht. Die vielplattigen, starren (Camerata, Inadunata) oder auch beweglichen Kelche (Flexibilia) sind gleichzeitig mit dem Abwandern der Seelilien aus dem Riff-Bereich vereinfacht. Vom Mesozoikum an beherrschten die Articulata allein das Feld. In der Trias, vor allem im germanischen Muschelkalk, bauten sich aus den zerfallenen Stielgliedern besonders von *Encrinus* ganze Bänke auf („Trochiten-Kalk“). Die Echinoidea müssen sich während der Trias in die im Jura erscheinenden Ordnungen der Gnathostomata aufgespalten haben, doch geben die spärlichen Reste hierüber nur wenig Auskunft. Asteroidea und Ophiuroidea *(Aspidura, Acroura)* sind im Muschelkalk nicht selten.

Die in ihrer systematischen Stellung immer noch unsicheren **Conodontophoridea** (vgl. S. 68 f.), die durch das gesamte Paläozoikum hindurch so bedeutend als Leitfossilien waren, erloschen in der Trias. Vermutete kretazische Vorkommen sind wahrscheinlich durch Umlagerung aus triadischen Sedimenten entstanden.

Die **Fisch**-Fauna bestand vom Beginn des Mesozoikum ab im wesentlichen aus Actinopterygiern. Die triadischen Knochenfische leiteten sich zumeist von den im Perm verbreiteten Palaeonisciden ab. Sie unterschieden sich von ihren Vorfahren durch den Zerfall der ursprünglich einheitlichen Knochenkapsel des Gehirnschädels in

Einzelplatten und die fortschreitende Rückbildung des Hautpanzers zugunsten eines knöchernen Innenskelettes. Das Schuppenkleid wurde leichter, die Umhüllung und Verdrängung der Chorda durch Wirbel nahm zu. Die Chondrosteer *(Saurichthys, Gyrolepis)* standen am Anfang, die Holosteer *(Semionotus, Colobodus)* etwa in der Mitte dieses zu den Teleosteern führenden Entwicklungsweges. Reste von Elasmobranchiern *(Hybodus, Acrodus)*, von Crossopterygiern und Dipnoern *(Ceratodus)*, kommen gleichfalls öfter vor, vor allem Zähne. Zahlenmäßig spielen diese bis zur Gegenwart reichenden Gruppen aber seit der Trias keine Rolle mehr.

Bei den **Amphibien** verringerte sich ähnlich wie bei den Fischen die Verknöcherung der Gehirnkapsel, während die Verstärkung von Schädel und Schultergürtel durch Hautknochen zunahm. Die triadische Fauna besteht im wesentlichen aus Nachzüglern der permischen Blütezeit, und zwar vorzugsweise Labyrinthodonten *(Mastodonsaurus, Trematosaurus, Capitosaurus)*. Aus ihnen dürften sich die Salientier entwickelt haben, die erstmals im Ober-Karbon und dann wieder in der madegassischen Trias auftreten *(Protobatrachus)*, deren Stammlinien aber erst in Jura-Kreide etwas deutlicher werden.

In der Trias gelangten die **Reptilien** zu reicher Entfaltung. Sehr konservativ verhielten sich die Schildkröten *(Triassochelys)*; sie bewahrten bis heute das urtümliche geschlossene Schädeldach. Die Archosaurier breiteten sich gegenüber dem Perm beträchtlich aus. Die als Dinosaurier zusammengefaßten Saurischier und Ornithischier *(Plateosaurus, Zanclodon)* brachten es in der Ober-Trias bereits auf 10 m Körperlänge. Andere blieben kleiner und beweglicher (Thecodontier); aus ihnen dürften die großen Saurier abzuleiten sein.

Manche der Reptil-Gruppen kehrten ins Meer zurück. Ichthyopterygier *(Mixosaurus)* und Sauropterygier *(Nothosaurus)* jagten als gute Schwimmer nach Beute, während die Placodontier *(Placodus)* mit ihren großen Pflasterzähnen von Zweischalern bewachsene Gründe abweideten. Die Therapsiden setzten ihre Entwicklung in Richtung auf die Säugetiere fort. Das Gebiß gliederte sich in Greif- und Reißzähne, die Zähne wurden mehrwurzelig, der Rumpf hob sich vom Boden *(Diarthrognathus, Tritylodon)*. Von großer Bedeutung erwiesen sich die Funde von Cynodontiern in der S-amerikanischen Mittel-Trias, weil sie Lücken schließen zwischen der älteren Trias S-Afrikas und den reicheren Funden im Rhäto-Lias.

Die Stammlinien der **Säuger,** die insgesamt in alt-triadischen Therapsiden wurzeln dürften, wurden in den letzten Jahren klarer erkennbar. Bei den Morganucodonten *(Morganucodon)* und Kuehneotheriiden, aber vermutlich auch bei den Haramiyidae *(Thomasia)* aus dem Rhät-Lias von Europa, China und S-Afrika, waren nebeneinander das primäre und das sekundäre Kiefergelenk entwickelt; das primäre Gelenk war noch nicht vom Funktionswandel zum Gehör-Apparat erfaßt, der erst in der Unter-Kreide fossil belegt ist.

Flora. Während der Trias-Zeit fand eine ruhige Fortentwicklung der Pflanzenwelt statt. In den Meeren breiteten sich die Kalkalgen aus. Auf den Festländern traten Ginkgoaceen und Cycadeen hervor, die Bennettiteen gewannen ab Ende der Trias an Bedeutung und kennzeichneten so das Florenbild des jüngeren Abschnitts des Mesophytikum (S. 169) vom Rhät bis in die Unter-Kreide (Tab. 14).

Tabelle 14 Pflanzliche Organismen des Trias

Abteilung	Klasse	Ordnung
Lycophyta	Lycopsida	† Lepidodendrales * Isoëtales
Spermatophyta Cycadophytina	* Cycadopsida	* Cycadales * Nilssoniales * Caytoniales
	* Bennettitopsida	* Bennettitales
Coniferophytina	Coniferae	* Pinales * Taxales

Die kalk-abscheidenden **Algen** traten häufig gesteinsbildend auf. Vor allem die zu den Grünalgen gehörenden Dasycladaceen oder Wirtelalgen *(Diplopora)* gediehen rasenförmig am Meeresgrund und hinterließen durch Abscheidung von $CaCO_3$ in den Zellwänden Kalkröhrchen, die am Aufbau der alpinen Riffe wesentlichen Anteil hatten.

Gefäßpflanzen. Die Buntsandstein-Flora weist in ihrer Artenarmut und dem Mangel an reich-beblätterten Gewächsen die Züge einer Trocken-Vegetation auf. Die sukkulentenartige *Pleuromeia* verknüpft wahrscheinlich die baumförmigen Sigillarien des Paläozoikum mit ihrem heutigen kleinwüchsigen Nachfahren *Isoëtes.* Eine ähnliche, mit dem Verlust des Holzgewebes verbundene Größenabnahme vollzog sich bei den Schachtelhalm-Gewächsen. Die triadischen Equiseten *(Equisetites, Schizoneura)* waren krautige Pflanzen, die sich von den heute lebenden nur durch ihre bis 6 m erreichende Höhe unterschieden. Neben den Schachtelhalmen gehören Zweige der Konifere *Voltzia* zu den häufigen Fossilien.

In der Lettenkohle kündete sich der Wandel an, der im Rhät, möglicherweise begünstigt durch ein feuchteres Klima, eine neue Flora zur Herrschaft führte. Die Farne breiteten sich aus, vor allem die Marattiales, Osmundales *(Todites)*, Matoniaceen *(Phlebopteris)* und die netzadrigen Dipteridaceen *(Dictyophyllum).* Unter den *Cycas*-Gewächsen trugen die Cycadales *(Taeniopteris)*, Nilssoniales *(Nilssonia)* und Bennettitales *(Pterophyllum, Anomozamites)* gleichfalls farnähnlich gefiederte Wedel, unterschieden sich aber durch den Blütenbau, der die meist zwitterblütigen Bennettitales in die Nachbarschaft der Angiospermen rückt. Weitere bemerkenswerte Bestandteile der Trias-Flora sind Ginkgoales *(Ginkgoites, Baiera)* und die bis in den Jura reichenden Pteridospermen *(Thinnfeldia, Lepidopteris).* In der Gondwana-Flora persistierte *Glossopteris,* hinzu trat im Lauf der Trias das farnblättrige *Dicroidium.*

Allgemeine Züge

Paläogeographie (Kontinent/Platten-Drift), Paläopol-Lagen und **Klimazonen** (Abb. 38). Das paläogeographische Gesamtbild der Kontinente und Ozeane, wie es sich etwa im Devon-Karbon herausgebildet hatte, blieb – nach den paläomagnetischen Daten zu urteilen – über das Perm bis in die Trias erhalten. Die in sich geschlossene Süderde blieb in breitem Kontakt mit der Norderde entlang dem SE' N-Amerika und SW' Europa. Der Südpol war vermutlich von seiner bisherigen zentral-antarktischen Lage an den Rand des Kontinents gerückt, der Nordpol etwa in seiner Kamtschatka-Lage geblieben. Der

Äquator querte das S' N-Amerika, das N' Afrika und verlief nach E längs des breiten Tethys-„Golfs". Die Pole waren vermutlich eisfrei, der Tropen-Gürtel breit; Anzeichen für warmes Klima reichen bis weit in die höheren Breiten.

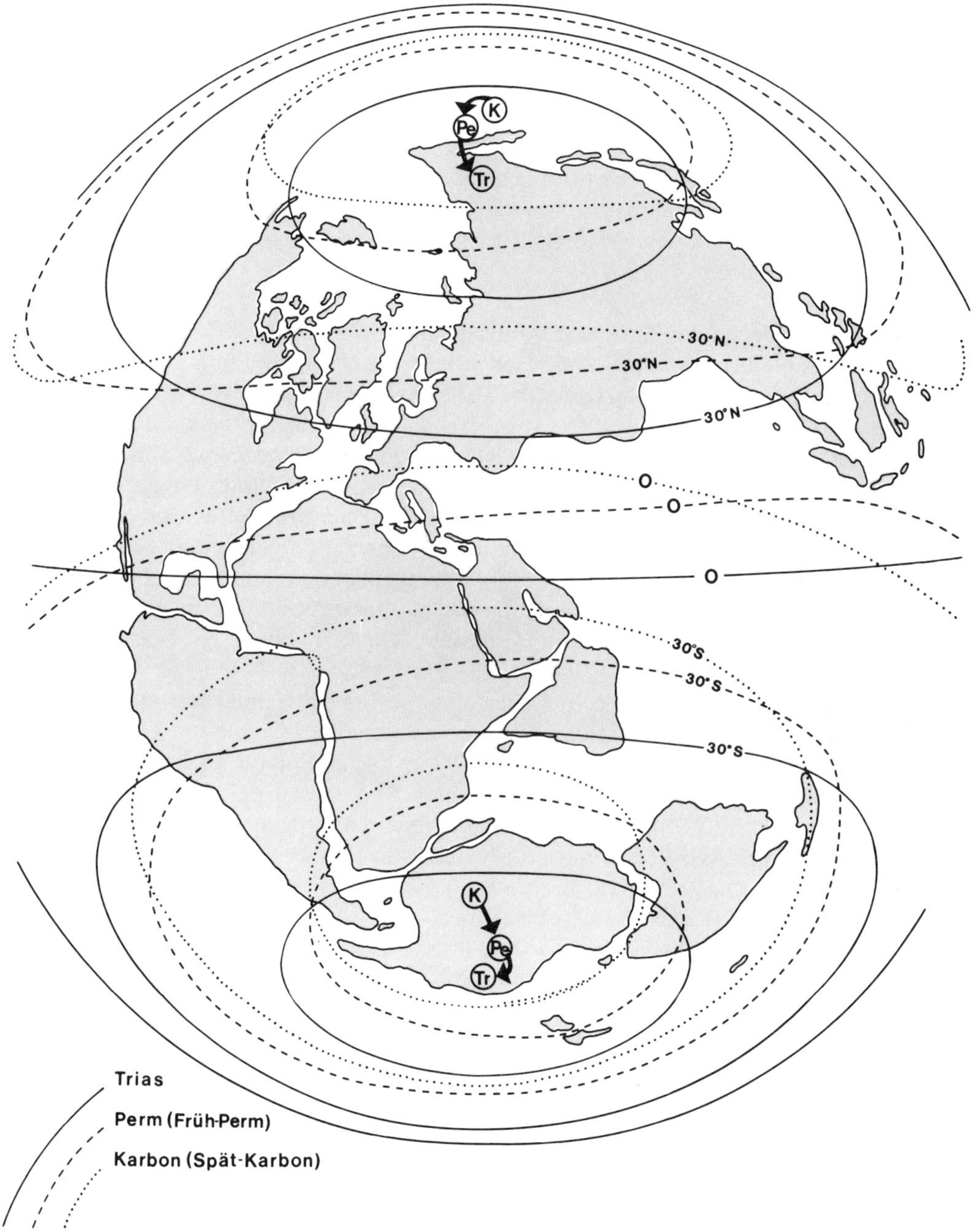

Abb. 38 Vermutete Lage der Kontinente in der Trias. Pol- und Äquator-Lagen eingezeichnet für das Spät-Karbon (K, ······), das Perm (Pe, -----) und die Trias (T, ----); → Polwanderweg. (Nach SEYFERT & SIRKIN 1973, mit frdl. Genehmigung durch Harper & Row, Publ. Inc., New York, USA)

Die durch die permokarbonische Vereisung (S. 164) entstandenen starken klimatischen Gegensätze hatten sich somit bereits im Laufe des Perm gemildert. Mit der Trias begann eine Epoche ausgeglichener Klimate, die bis über das Ende des Mesozoikum andauerte. Immerhin fehlten jahreszeitliche und zonare Unterschiede nicht ganz. Hölzer mit Jahresringen finden sich häufiger. Das arktisch-nordpazifische Meer scheint, nach der Seltenheit von Kalk-Ablagerungen zu urteilen, ein Bezirk kühlen Wassers gewesen zu sein. Die stärkste Erwärmung der Ozeane fiel offenbar in die Mittel-Trias. Das läßt sich aus der Verbreitung der heute vorzugsweise in tropischen Gewässern heimischen Diploporen ablesen. Sie fehlten im Skyth, waren im Anis-Ladin verbreitet und gingen in der Ober-Trias wieder zurück. Die meisten kontinentalen Ablagerungen tragen die Merkmale eines semiariden Klimas mit gelegentlichen Ausschlägen nach der humiden oder ariden Seite. Erst am Ende der Trias wurde es anscheinend feuchter und kühler, wie die kohlenführenden Ablagerungen des O-Nor und Lias, vor allem in Asien und im Umkreis des Stillen Ozeans, erweisen.

Paläobiogeographie. In der Trias war die Besiedlung weithin ziemlich gleichmäßig. Die skythische Fischfauna der Arktis und Madagaskars, die rhätische Flora E-Grönlands und S-Deutschlands sind kaum unterschieden. Viele Mollusken-Gattungen und selbst Arten wie *Claraia* im Skyth, *Daonella* im Anis, *Halobia* und *Tropites subbullatus* im Karn, *Monotis* im Nor, *Rhaetavicula contorta* im Rhät waren erdweit verbreitet. Das Ursprungs-Gebiet eines großen Teiles der marinen Fauna lag wohl im Stillen Ozean und seinen Randmeeren. So erschienen die beiden jung-mesozoischen Muschel-Gattungen *Trigonia* und *Gryphaea* zuerst in der pazifischen Ober-Trias. Die Fauna des Germanischen Muschelkalk führte ein durch räumliche Abtrennung bedingtes Sonderdasein, nur ab und zu wurde sie vom alpinen Meer her aufgefrischt. Bemerkenswerterweise kehrt sie in ganz ähnlicher Vergesellschaftung in Tunesien, Transjordanien, ja sogar in Nevada wieder.

Die Verbreitung der festländischen Vierfüßler stimmte wie im Perm mit derjenigen der Pflanzen in vielen Zügen überein. Noch immer stand der Gondwana-Superkontinent den Nord-Kontinenten als faunistische und floristische Einheit gegenüber, aber die Gegensätze lockerten sich. Zwar waren die der Ahnenreihe der Säuger angehörigen Reptilien fast ganz auf Afrika und S-Amerika beschränkt, doch bei den übrigen Landwirbeltieren bahnten sich Beziehungen über die Tethys hinweg an.

Krustenbewegungen (Epirogenese/Tektogenese) und **Magmatismus** (Abb. 37). Zwei Züge treten in der Paläogeographie der Trias besonders hervor. Der eine ist die bereits für das Perm geltende Beschränkung der Meeresräume auf die großen alpidischen Geosynklinen. Pelagische Trias findet sich daher heute fast ausschließlich im Zuge der jungen Kettengebirge. Nur an wenigen Stellen, wie in der Dobrudscha, greift sie auf das Vorland über. Der andere bezeichnende Zug ist die weite Verbreitung dreigliedriger „Trias"-Schichtfolgen, wie etwa in Mittel-Europa, im Mittelmeer-Raum, Rußland oder China. Epikontinentale Ingressionen fanden offenbar leichteren Zutritt in die festländischen Becken als früher.

Die Trias wird durch zwei Überflutungen, die skythische und die karnisch-norische, sowie zwei Regressionen am Ende des Ladin und zu Beginn des O-Nor gegliedert. Marines Rhät ist vorzugsweise aus Europa, dem indisch-indonesisch-australischen Gebiet und aus der kanadischen Arktis bekannt.

Lias	Transgression (Germanisches Becken, Westmediterran-Gebiet)
	altkimmerische Phase
Norium	Regression (Zirkumpazifische Geosynkline, Arktis) Höhepunkt der triadischen Meeresausbreitung
	Transgression (Westmediterran-Gebiet, zirkumpazifische Geosynkline, Arktis)
Karnium	Transgression (Germanisches Becken, Alpen, Kleinasien, zirkumpazifische Geosynkline, Arktis)
	Faltungsphase (Japanische Inseln: Akiyoshi Phase; Krim: ? Labinische Phase)
Ladinium	Regression (Germanisches Becken, Alpen, zirkumpazifische Geosynkline, Arktis)
	Transgression (Kleinasien)
Anisium	Transgression (Germanisches Becken, Alpen)
Skythium	Transgression (Alpen, Karpaten, Kordilleren, Arktis)
Ober-Perm	

Mit Ausnahme von Krustenbewegungen vor allem in E-Asien und Australien war die Trias eine orogenetisch ruhige Zeit. In den marinen Geosynklinen wurden, vor allem in den S-Alpen, den Dinariden und der Umrandung des Pazifik, basaltische und andesitische Erguß-Gesteine und Tuffe gefördert. In den Geosynklinen mit überwiegend kontinentaler Füllung ist der andesitisch-rhyolithische Vulkanismus in Argentinien zu erwähnen, in graben-artigen Senken der Basalt-Vulkanismus der Newark-Gruppe in N-Amerika. Die bisher für jung-triadisch gehaltenen Flächen-Ergüsse basaltischer Laven der Süd-Kontinente erwiesen sich als i. w. jurassisch-kretazischen Alters (S. 219).

Rückblick. Die Trias fällt in die Zeitspanne zwischen dem Abschluß der Variszischen und dem Beginn der Alpidischen Faltungs-Ära. Die paläogeographische „Prä-Drift"-Lage der Kontinente und Ozeane blieb etwa auf dem Stand der aus dem Jung-Paläozoikum überkommenen Verteilung. Zwar gibt es Anzeichen für die beginnende Trennung N-Amerikas von Europa, doch erst am Ende des Jura zeichneten sich deutlichere Lageänderungen ab. Gebirgsbildende Bewegungen traten zurück. In einigen der großen Geosynklinen setzte der initiale Vulkanismus mit basischen Ergüssen ein. Im ganzen herrschte ein gleichmäßiges Klima, unter dessem Einfluß die Folgewirkungen der permischen Eiszeit auf die Verteilung der Fauna und Flora verschwanden. Das Rhät war eine feuchte und kühle Epoche mit verbreiteter Kohlenbildung. Die triadische Organismenwelt trägt trotz mancher Beziehungen zum Perm ein entschieden mesozoisches Gesicht.

Ergänzende Schriften

Backhaus, E. (1986): Fazies, Stratigraphie und Paläogeographie der Solling-Folge (Oberer Buntsandstein) zwischen Odenwald-Rhön und Thüringer Wald. - Oberrhein. Geol. Abh., *17*, 1-164; Karlsruhe.

Banks, M. R. (1978): Correlation chart for the Triassic system of Australia. - Ber. Mining Res., geol. geophys. Bull., *156 C*: 39 S.; Canberra.

Diederich, G. & Laemmlen, M. (1968): Kritische Betrachtungen zur Arbeitsweise im Buntsandstein und zu den Grundlagen einer einheitlichen Buntsandsteinstratigraphie. - Notizbl. hess. L.-Amt Bodenforsch., *96*, 85-110; Wiesbaden.

Demathieu, G. & Haubold, H. (1972): Stratigraphische Aussagen der Tetrapodenfährten aus der terrestrischen Trias Europas. - Geologie, *21*, 802-836; Berlin.

Farsan, N. M. (1979): Neuere Erkenntnisse über die Verbreitung der germanischen Trias-Faunen im Mittleren Osten. - N. Jb. Geol. Paläont. Mh., *1979*: 120-128; Stuttgart.

Gall, J.-C. (1971): Faunes et paysages du Grès à *Voltzia* du Nord des Voges. - Mém. Surv. Carte géol. Alsace Lorraine, *34*: 318 S.; Straßburg.

KIPARISOVA, L. D., RADSCHENKO, G. P. & GORSKIY, V. P. [Eds.] (1973): Triasovaya sistema. [Das triassische System.] - Stratigrafiya SSSR, 537 S.; Moskau (Nedra Press).

KONRAD, H. J. (1973): Zur Gliederung des höheren Buntsandsteins der Pfalz. - Mainzer Geowiss. Mitt., *2*, 35-44; Mainz.

KOZUR, H, (1974): Biostratigraphie der germanischen Mitteltrias. - Freib. Forsch.-H., C 280, 2 Teile, 1 Anl.; Leipzig.

KOZUR, H. (1975): Probleme der Triasgliederung und Parallelisierung der germanischen und tethyalen Gliederung. Teil II: Anschluß der germanischen Trias an die internationale Triasgliederung. - Freib. Forsch. H., C 304, 51-77, 1 Korrel.-Tab.; Leipzig.

KRISTAN-TOLLMANN, E. (1964): Zur Charakteristik triadischer Mikrofaunen. - Paläont. Z., *38*, 66-73; Stuttgart.

KRYSTYN, L. (1973): Zur Ammoniten- und Conodonten-Stratigraphie der Hallstätter Obertrias (Salzkammergut, Österreich). - Verh. Geol. B.-A., 1973, H. 1, 113-153; Wien.

KRYSTYN, L. (1980): Triassic Conodont Localities of the Salzkammergut Region. - Abh. geol. Bundesanst., *35*: 61-100; Wien.

KUHN-SCHNYDER, E. (1974): Die Triasfauna der Tessiner Kalkalpen. - Neujahrsblatt naturforsch. Ges. Zürich, 176. Stück, 119 S.; Zürich.

KUHN-SCHNYDER, E. (1974): Saurier aus der Triaszeit Württembergs. - Stuttgart. Beitr. Naturk., C, Nr. 1; Stuttgart.

KUMMEL, B. & FUCHS, R. L. (1953): The Triassic of South America. - Bol. Soc. Geol. Peru, *26*, 95-119; Lima.

RICHTER-BERNBURG, G. (1974): Stratigraphische Synopsis des deutschen Buntsandsteins. - Geol. Jb., *A 25*, 127-132; Hannover.

SCHMIDT, M. (1928, 1938): Die Lebewelt unserer Trias. - 461 S., Nachtrag 143 S.; Öhringen.

SCHWARZ, H.-U. (1975): Sedimentary structures and facies analysis of shallow marine carbonates (Lower Muschelkalk, Middle Triassic, Southeastern Germany). - Contrib. Sedimentol., *3*, 100 S.; Stuttgart.

SILBERLING, N. J. & TOZER, E. T. (1968): Biostratigraphic classification of the marine Triassic in North America. - Spec. paper 110, Geol. Soc. America, 63 S.; Boulder.

TOLLMANN A. (1973, 1976): Monographie der nördlichen Kalkalpen. - 3 Bd., 404, 580, 449 S.; Wien (Deuticke).

WURSTER, P. (1965): Krustenbewegungen, Meeresspiegelschwankungen und Klimaänderungen der Deutschen Trias. - Geol. Rundschau, *54*, 224-240; Stuttgart.

WURSTER, P. (1968): Paläogeographie der deutschen Trias und die paläogeographische Orientierung der Lettenkohle in Südwestdeutschland. - Eclogae geol. Helv., *61*, 157-166; Basel.

ZAPFE, H. (Hrsg.) (1974): Die Stratigraphie der alpin-mediterranen Trias. Symp. Wien 1973. - Österr. Akad. Wiss., Schriftenreihe Erdwiss. Komm., *2*, 251 S., zahlr. Abb. und Tabellen; Wien.

ZAPFE, H. [Ed.] (1983): Triassic of the Tethys Realm. - (Abschlußber. IGCP Proj. 4), Österr. Akad. Wiss., Reihe erdwiss. Komm., *5*: S.; Wien.

COLLOQUE SUR LE TRIAS de la France et des régions limitrophes (1963): Mém. Bur. Rech. Géol. et Min., *15*, 742 S., Paris.

RICHTLINIEN zur Gliederung des westdeutschen Buntsandstein. - Geol. Jb., *A 25*, 123-125 (Arbeitsausschuß Buntsandstein geol. L. A.); Hannover.

IX. Jura

Vorbemerkungen

Umgrenzung und **Gliederung.** Der Name Jura wurde von A. v. HUMBOLDT (1795) als „Jurakalk" geprägt für einen Teil des „Flözgebirges" in S-Deutschland und im Schweizer Jura, der in A. G. WERNERS stratigraphischem System noch nicht enthalten war. England (W. SMITH, W. D. CONYBEARE, J. PHILLIPS, W. BUCKLAND), Frankreich (H. DE LA BECHE, A. D'ORBIGNY, E. DE BEAUMONT), die Schweiz (J. THURMANN, A. GRESSLY) und Deutschland (L. v. BUCH, F. A. QUENSTEDT, A. OPPEL) sind die klassischen Regionen der

Erforschung, in denen die Grundzüge der Abteilungs-, Stufen- und Zonen-Gliederung entstanden. Die deutsche und die englische Gliederung werden seitdem nebeneinander verwendet:

		144 Millionen Jahre
Oberer Jura	(Weißer Jura, Malm)	163 Millionen Jahre
Mittlerer Jura	(Brauner Jura, Dogger)	188 Millionen Jahre
Unterer Jura	(Schwarzer Jura, Lias)	213 Millionen Jahre

Die Abteilungen sind im süddeutschen Becken durch ihre Ablagerungen gekennzeichnet: Zuunterst dunkle Tone, darüber eisenschüssige Gesteine und schließlich helle Kalke. Das Liegende des Jura besteht vielfach aus den bunten Gesteinen der Trias, im Hangenden dienen weitverbreitete brackisch-limnische Schichten zur allerdings umstrittenen Abgrenzung gegen die Kreide. Als Leitfossilien kommt die größte Bedeutung den Ammonoideen zu, neben ihnen sind Belemnoideen, Brachiopoden und Mikrofossilien (Foraminiferen und Ostracoden) wichtig.

Verbreitung. Die Vorkommen des deutschen Jura verteilen sich auf zwei Areale, ein NW-deutsches (F. Hoffmann, F. Koch, W. Dunker, F. A. Roemer, W. Brauns, K. v. Seebach, Th. Brandes, H. Salfeld) und ein S-deutsches, schwäbisch-fränkisches Becken (F. v. Alberti, F. A. Quenstedt, A. Oppel, W. Waagen, O. und E. Fraas, Th. Engel, J. F. Pompeckj, F. v. Huene, B. Hauff, F. Berckhemer, A. Roll, H. Hölder), das sich in den Schweizer Tafel- und Falten-Jura (J. Thurmann, A. Gressly, P. de Loriol, L. Rollier) fortsetzt. Verstreute Vorkommen in mittel-deutschen Zwischengebieten, im N-deutschen Flachland und in Polen (J. Lewinski) zeugen von einer ehemaligen größeren Ausdehnung des Jura-Meeres. In W-Europa gehören die Jura-Vorkommen Frankreichs und Englands einem ursprünglich einheitlichen Becken an das sich - durch neue Bohrungen nachgewiesen - bis in die N' Nordsee erstreckt. Auf die ersten Erforscher folgten hier weitere, von denen W. J. Arkell (1956: „Jurassic Geology of the World“) und F. Roman (1938: „Les Ammonites Jurassiques et Crétacées“) bedeutende regionale und paläontologische Zusammenfassungen gegeben haben. Ein ähnlich großes, flach-schüsselförmiges Senkungsfeld auf konsolidiertem Untergrund ist das Moskauer Becken, dessen Inhalt von S. Nikitin, A. Pavlov, A. Borissjak untersucht wurde (neuere Zusammenfassung, einschließlich der sibirischen Vorkommen, durch G. Y. Krymgolz 1972). In den E- und W-Alpen ist Jura verbreitet, nimmt aber geringere Flächen ein als die vorhergehende Trias und die nachfolgende Kreide. Hier bauten in jüngerer Zeit V. Uhlig, F. Wähner, G. Geyer, F. Trauth (neuere Zusammenfassung: H. Zapfe: 1972, „Mesozoikum in Österreich“) auf den durch F. v. Hauer, E. Suess, K. v. Gümbel, E. W. Benecke, C. F. Parona, K. v. Zittel, M. Neumayr geschaffenen Grundlagen weiter auf. Wichtige Gebiete für die Kenntnis des Jura sind ferner Sibirien, der Himalaya, E-Afrika, die S-amerikanischen Anden, Mexiko und die Arktis (Zusammenfassungen in W. J. Arkell 1956; H. Hölder 1964).

Auf den Ozean-Böden gehören die ältesten bisher nachgewiesenen Sedimente dem jüngeren Jura an; wesentliche Areale liegen im E' Indik, im W' N-Pazifik und im S' N-Atlantik vor der E-Küste N-Amerikas und vor NW-Afrika (Abb. 70), wo auf der Capverden-Insel Maio ober-jurassische Aptychen-Kalke durch vulkanische Vorgänge bis über den Meeresspiegel herausgehoben wurden (Stahlecker 1934; Krejci-Graf 1961).

Hauptgebiete (Übersicht 16, sowie 13; Abb. 39–41)

Mittel-Europa. Das jurassische Meer war durch die O-Nor-Transgression geschaffen worden, die eine unmittelbare Verbindung von der Tethys durch E-Frankreich nach Deutschland und England hergestellt hatte. Die Epoche des Germanischen Beckens war damit abgeschlossen und durch das Zeitalter der jung-mesozoischen Schelfmeere abgelöst, das bis ans Ende der Kreide währte. Im Lias schritt die Überflutung fort und setzte weitere Flächen Deutschlands sowie fast das ganze Gallische Land unter Wasser, einzig die Ardennisch-Rheinische Insel blieb übrig. Im Ober-Dogger baute sich die Baltische Straße, die im Lias noch an der Oder blind geendet hatte, nach E bis zum Anschluß an das inner-russische Meer fort. Zu Beginn des Malm vereinigte sich die Ardennisch-Rheinische Insel über die Mitteldeutsche Landbrücke mit der Böhmischen Masse und schied so das NW-deutsche vom S-deutschen Jurameer. Nur noch einmal im Laufe der Erdgeschichte, im Oligozän, griff eine Transgression über die Schwelle hinweg. NE- und N-Deutschland bildeten bis Ende des Kimmeridge einen Teil der Baltischen Straße, in der NW- und S-europäische Faunen einander begegneten. S-Deutschland schloß sich durch die Abtrennung näher an den schweizerisch-südeuropäischen Meeresbereich an und wurde im höheren Malm nach dem Versinken der Vindelizischen Schwelle vollends zu einem Randmeer der Tethys. Am Ausgang des Jura vollzog sich in Mittel-Europa eine umfangreiche Regression. S-Deutschland wurde trockengelegt, beträchtliche Teile sind seitdem Festland geblieben. Die Baltische Straße wurde geschlossen. Das NW-deutsche Becken wurde verengt, doch hielt die Sedimentation hier in brackisch-salinarer Fazies ohne Unterbrechung über die Jura/Kreide-Grenze hinaus an.

Diese Hebungsvorgänge standen mit den jung-kimmerischen Krusten-Bewegungen in Zusammenhang, die sich um die Wende Jura/Kreide abspielten. In NW-Deutschland entstanden damals die Grundlinien des heutigen Bruchfaltengebirges. Vulkanische Vorgänge fehlten in Mittel-Europa während des gesamten Jura.

Die Fauna des mittel-europäischen Jura-Meeres entstammte letztlich der Tethys und erhielt von dort ständig Nachschub. In zahlreichen Wellen wanderten immer neue Organismen-Gruppen ein, um nach rascher Ausbreitung und kurzdauernder Weiterentwicklung zu erlöschen. Oft war der Übergang aus dem pelagischen Bereich in die Flachsee-Gebiete mit gewissen Formänderungen verknüpft, bei den Ammonoideen z. B. mit Vereinfachungen der Lobenlinie und Verstärkungen der Schalenverzierung. Die Fauna der mittel- und W-europäischen Epikontinental-Meere hatte daher mit der alpinen wohl manche Gattungen, aber nur wenige Arten gemeinsam.

In NW-Deutschland geht der Lias kontinuierlich oder nach kurzer Unterbrechung der Sedimentation aus dem O-Keuper hervor. Dicht über der Grenze erscheint mit *Psiloceras planorbis* der erste jurassische Ammonit, dem wenig später die Belemniten folgten. Von der Beckentiefe, die im Nordsee-Küstenbereich > 1000 m Tone mit Einschaltungen von bituminösen Schiefern aufnahm, verflachte sich das Meer gegen S und E in einen Seichtwasser-Gürtel. Die E' Küste war durch drei herzynisch gestreckte Halbinseln gegliedert, deren Stellen heute die Horste des Flechtinger Höhenzuges NW von Magdeburg, des Harzes und des Thüringer Waldes einnehmen. Das jenseits der Hessischen Straße gelegene Gegenufer, die Rheinische Masse, erstreckte sich nach N bis unter die Münstersche Ebene und stand möglicherweise mit einer im Untergrunde der Niederlande gelegenen Landmasse in Verbindung.

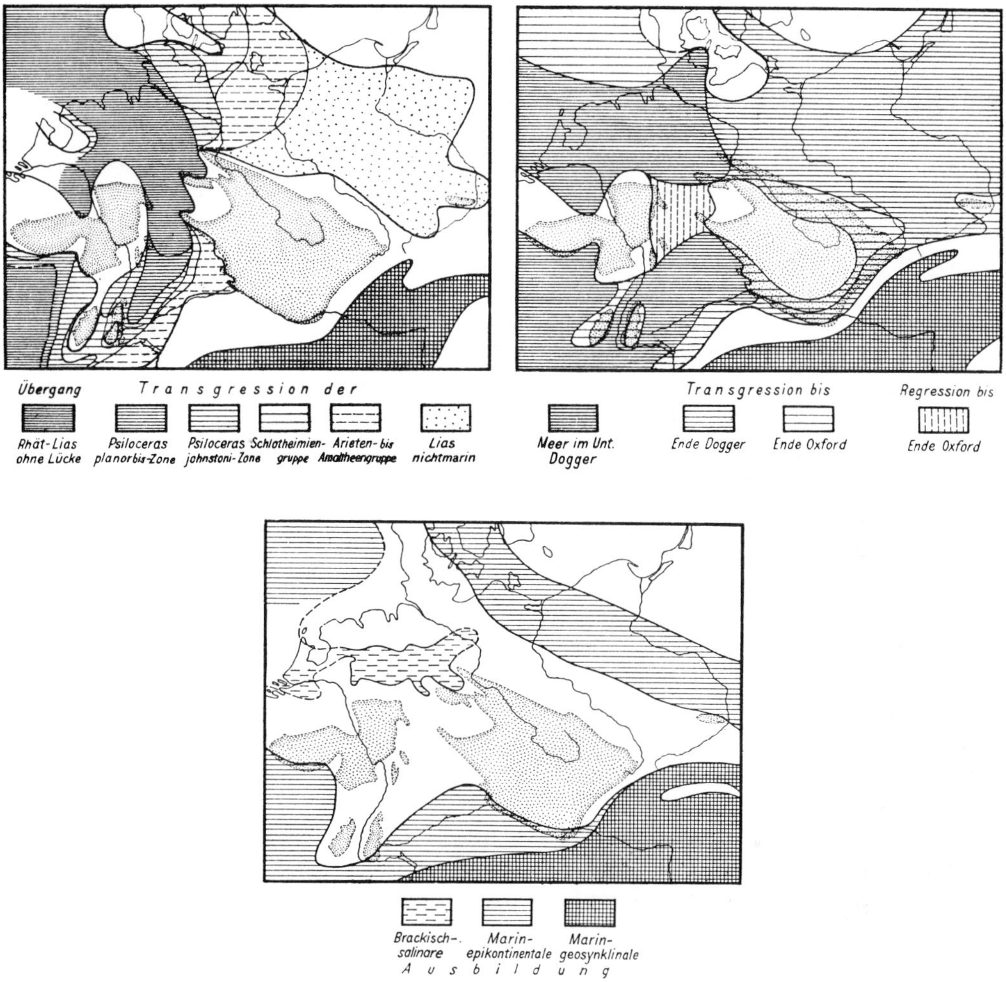

Abb. 39 Paläogeographie des Jura in Mittel-Europa. Oben links: Lias. Oben rechts: Dogger und Unt. Malm. Unten: Ober-Tithon.

Der tiefere Dogger schließt sich an den Lias an, erst im höheren Dogger kam es zu einer großen Wende. Hebungen im N, im Gebiet der Nordsee, der Dänischen Inseln und der S' Ostsee, ließen ein Kimbrisches Festland auftauchen, das in Verbindung mit dem Fennoskandischen Hochgebiet stand. Vor dessen S-Küste breiteten sich die mit Eisen-Oolithen verknüpften Sandschüttungen des „Cornbrash" und des Porta-Sandsteins aus. Gleichzeitig schritt das Meer in N-Deutschland mit dem Durchbruch der Baltischen Straße nach E über seine frühere Uferlinie hinweg.

Mit dem Beginn des Malm vollzog sich ein allgemeiner Umschwung von dunklen Schiefertonen und braunen Sandsteinen zu hellen Karbonat-Sedimenten. Korallen-Oolith und *gigas*-Schichten bauen sich aus Oolith- und Bruchschillkalken, der Kimmeridge aus knolligen Mergelkalken auf. Gleichzeitig kam eine Reihe bereits im Lias angelegter, rheinisch streichender Schwellen und Tröge in lebhaftere epirogene Bewegung. Die Fazies- und Mächtigkeits-Unterschiede sind daher größer als in den Schichten des tieferen Jura. Vom Ausgang des Kimmeridge ab engte sich der Sedimentations-Bereich auf eine schmale und tiefe, der Rheinischen Masse nördlich vorgelagerte Senke ein, das Niedersächsische Becken. Es verfiel einer allmählichen Eindampfung. Der Münder-Mergel schließt einige 100 m Steinsalz ein.

Diese Vorgänge waren Begleiterscheinungen der Jung-kimmerischen Orogenese. Sie schuf um die Jura/Kreide-Wende die erste Anlage des gegenwärtigen tektonischen Bildes: Die Umgrenzung der Rheinischen Masse und des Harzes, die rheinisch und herzynisch streichenden Grabenzonen Mittel-Deutschlands, die Salzstöcke NW-Deutschlands. Das unter der Last von rund 2500 m jüngeren Schichten begrabene Zechstein-Salz kam etwa vom Ende der Trias an ins Fließen. Anfangs sammelte es sich in flachen Salzkissen und in Salzsätteln. Schließlich durchstieß es, durch die Jungkimmerische Gebirgsbildung kräftig gefördert, in Gestalt von Diapiren das Hangende.

E-Deutschlands, das S' Ostsee-Gebiet und Polen bildeten im Lias, wie schon im O-Keuper, eine weite fluviale Aufschüttungs-Ebene. Sie wurde im Lias durch einzelne Meeresvorstöße vorübergehend bis Schonen, Bornholm und die Oder-Mündung unter Wasser gesetzt. Erst die große Dogger-Transgression verwandelte die Baltische Senke in eine Meeresstraße, die mit dem Moskauer Becken in Verbindung trat. Vom Kimmeridge an gewann der E-europäische Faunenanteil im pommerschen und mittel-polnischen Malm die Oberhand. Vermutlich wurde die Baltische Straße damals auf die Dänisch-Polnische Furche eingeengt, die schon aus dem Jung-Paläozoikum bekannt ist (Abb. 27). Im Tithon schloß sich auch diese letzte Verbindung zwischen E und W.

In Schwaben und Franken ist der Jura, vor allem der Lias und Dogger, erheblich geringmächtiger als in NW-Deutschland. Das epirogene Sinken des Bodens erfolgte langsamer, das Wasser blieb flacher, Sedimentations-Unterbrechungen und Aufarbeitungs-Lagen sind häufiger. Das Schichtprofil ist stärker gegliedert und der Fossil-Reichtum oftmals größer. Vom Beginn des Jura bis in den höheren Dogger hinein erweiterte sich die Meeresfläche. In Franken folgt örtlich mariner Arieten-Sandstein über Rhät-Lias-Sandsteinen mit einer reichen Flora. Die oberrheinischen Massive verschwanden unter dem Wasserspiegel, blieben aber als Untiefen bestehen. Im Bathon schließlich löste der Durchbruch der Regensburger Straße die Vindelizische Schwelle von der Böhmischen Masse. Damit leitete sich eine Kippung der S-deutschen Scholle ein. Das Mitteldeutsche Festland tauchte auf und gewann im Laufe des Malm gegen S an Breite, während im Alpen-Vorland die Barre gegen die Tethys unter Wasser sank.

Der Lias besteht zur Hauptsache aus blaugrauen Kalken und Mergeln, die gegen die vindelizische Küste in Eisenoolith-führende Sandsteine übergehen. Das ältere Toarc ist ebenso wie in NW-Deutschland durch den Posidonien-Schiefer vertreten, den Absatz eines in seinen tieferen Teilen mangelhaft durchlüfteten Meeres. Bei Holzmaden sind aus ihm eine Fülle prächtig erhaltener Crinoiden, Fische und Meeres-Reptilien geborgen worden.

Der Dogger verdankt seine braunen Gesteinsfarben der damals weitverbreiteten Abscheidung von Eisen-Verbindungen aus dem Meere. Mit Ausnahme der *opalinum*-Schichten, die sich faziell noch an den Lias anschließen, besteht er größtenteils aus eisenschüssigen Sandsteinen, Mergeln und Kalken. Abbauwürdige Eisenoolith-Flöze treten am vindelizisch-böhmischen Ufer im Aalen und Bathon-Callov auf.

Der Malm brachte in S-Deutschland, wie überall, die Herrschaft der hellen Kalke, die hier mit der Steilstufe des Albtraufes über der flachgetreppten Landschaft des Lias und Dogger eindrucksvoll einsetzen. Lichte, plattige oder bankige, feinkörnige Kalke bauen im Wechsel mit hellgrauen Mergeln einen Großteil der Albtafel auf. In ihnen stecken Stotzen ungeschichteter, „ruppiger“ Kalke und Dolomite. Es sind diagenetisch umgewandelte rasen- bis polsterförmige Riffe, die von Kiesel-Schwämmen, wohl unter Beteiligung von Kalkalgen, aufgebaut wurden. Die Verschwammung begann im älteren Weißjura und ging nach ihrem Höhepunkt im Oxford im jüngeren Kimmeridge rasch zurück. Schichtige Kalke kehrten wieder und füllten die Senken zwischen den Riffen. Eine dieser Ausfüllungen ist berühmt, die von Solnhofen im Altmühltal. In den Lithographischen Plattenkalken haben sich die Skelette, teilweise sogar die Weichteile zahlreicher Tiere des Meeres wie des Festlandes: Quallen, Krebse, Insekten, Echinodermen, Fische, Reptilien und schließlich des Urvogels *Archaeopteryx* prächtig erhalten. Die paläogeographischen Veränderungen lassen sich an dem Wandern des Faziesgürtels und dem zunehmend alpinen Einschlag der Malm-Fauna ablesen. Die Küste wich nach S zurück, das Vindelizische Land versank. Die Solnhofener Kalke entstanden in einer Bucht am N-Ufer der Tethys. Wenig später fiel ganz S-Deutschland trocken.

Der Schweizer Tafel- und Faltenjura waren wie in der Trias auf der NW-Flanke des Vindelizischen Rückens gelegen. Daraus wird verständlich, daß der ganze Bereich im Jura durch Schwellen-Fazies ausgezeichnet ist. Im Unter-Lias kam dies in der

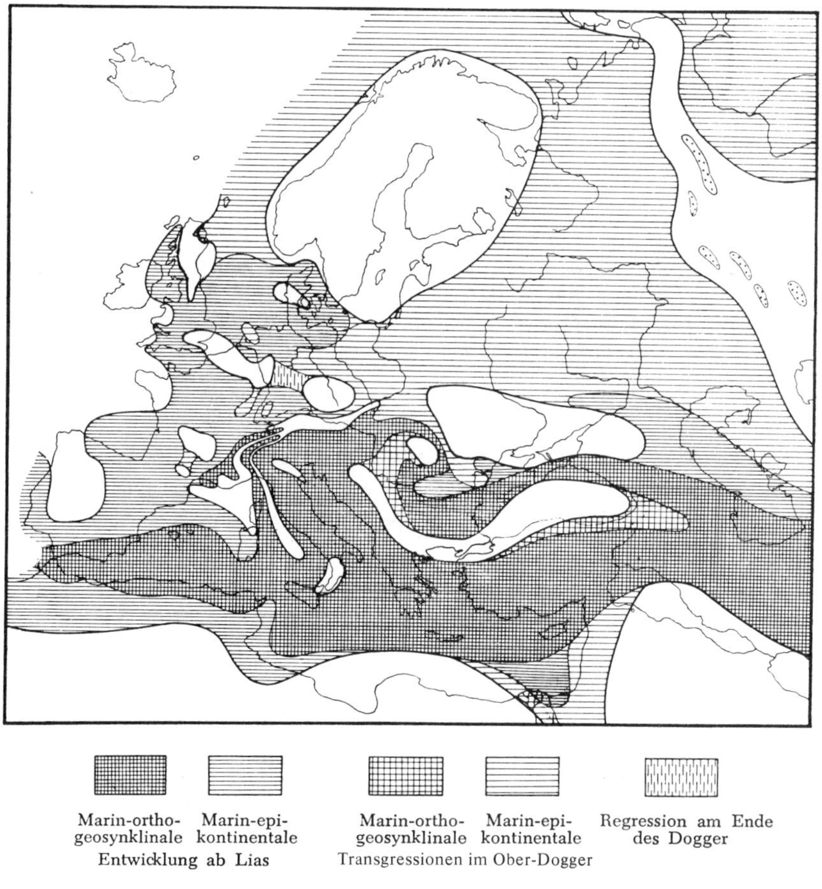

Abb. 40 Paläogeographie des Jura in Europa (stark verallgemeinert)

verspäteten Überflutung zum Ausdruck, die den S-Rand des Kettenjura erst mit den Arieten-Schichten erreichte. Im Dogger sind lichte Oolithkalke, wie der bis in den Breisgau und ins untere Elsaß reichende Haupt-Rogenstein, verbreitet. Der Malm setzte ähnlich wie in Schwaben mit hellen verschwammten Mergeln und Kalken ein. Mit dem Versinken des Vindelizischen Rückens wanderte diese argovisch-schwäbische Fazies gegen S und wurde von NW her durch die Korallen- und Oolithkalke der raurakischen Fazies verdrängt. Am Ausgang des Malm zog sich das Meer, von einem brackischen Küstensaum begleitet („Purbeckien"), in die alpine Geosynkline zurück.

W- und **NW-Europa** waren bis an den Ausgang der Trias Festland geblieben, nur SE-Frankreich wurde vorübergehend in das germanische Muschelkalk-Becken einbezogen. Die von der mediterranen Geosynkline ausgehende O-Nor-Transgression benutzte diese Senke, überschritt den Ärmelkanal und erreichte von da aus England, das Nordsee-Gebiet, NW- und schließlich S-Deutschland. Damit war ein neues selbständiges Senkungsfeld, das Anglo-Gallische Becken, entstanden. Es war im E durch die Ardennisch-Rheinische Insel und die Oberrhein-Schwelle begrenzt. Das W' Ufer wurde von einer großen Festlandsmasse gebildet, die durch die Linie: Iberische Meseta, Bretagne, Cornwall, Wales, W-Irland und N-Schottland gekennzeichnet ist. Der Gang der erdgeschichtlichen Ereignisse war ähnlich wie in Mittel-Europa. Meeresvorstöße, vor allem im tiefsten Lias und Ober-Dogger, führten zu einem Höchststand der Überflutung im tieferen Malm. Die örtlich schon im Bathon beginnende, im höchsten Jura verbreitete Regression reichte vielfach bis weit in die Unter-Kreide hinein und hinterließ große Areale brackisch-limnischer Bildungen. Auch im W' Europa kam es zu jung-kimmerischen Krusten-Bewegungen, sie blieben allerdings weit schwächer als in NW-Deutschland.

Während des Jura lassen sich in Frankreich drei große Senkungs-Gebiete erkennen: Durch die Rhône-Senke i. w. S., die schon in der Trias-Zeit als Verbindungsweg eine Rolle spielte, drang das O-Nor-Meer nach N und erreichte über das Pariser Becken bereits im Unteren Lias die Bretagne. Im Mittel-Lias stellte sich durch die Straße von Poitou eine Verbindung her zum Aquitanischen Becken (dessen Jura eigentlich der Pyrenäen-Nordflanke angehört). Dadurch wurde das Zentral-Massiv zur Insel. Um die Wende Lias/Dogger lagerten sich vor der Ardennen-Küste die eisen-oolithischen Minette-Erze ab. Die auf mehrere Flöze verteilten Vorräte betragen etwa 10 Milliarden t Erz mit rd. 35% Fe. Bereits im Bathon kam es im Pariser Becken zu einer ersten Regression. Ausgangs des Jura fiel der Boden Frankreichs gänzlich trocken, zuerst im W, dann im E. Nur in der Rhône-Senke, im Vorfeld der W-alpinen Geosynkline, hielt die Meeres-Bedeckung über die Kreide-Grenze an.

Die Britischen Inseln standen im O-Keuper und Jura mit Frankreich und NW-Deutschland in unmittelbarer Meeres-Verbindung. Die Haupt-Vorkommen bilden einen breiten Streifen zwischen der Dorset- und der Yorkshire-Küste. Kleinere Vorkommen liegen in NE-Irland und Schottland. Erdöl-führende Sandsteine des Jura sind in großer Verbreitung in der N' Nordsee erbohrt worden; sie dürften mit den schottischen Vorkommen in Verbindung stehen. Der Lias ist i. a. als dunkler Ton oder blauer Kalk entwickelt. An Becken- oder Schwellen-Rändern wurden im „Middle Lias" (vgl. Übers. 16) Kalksandsteine abgelagert, die wirtschaftlich wichtige Eisenoolith-Flöze enthalten. Im Dogger drängten Hebungen in Schottland und im Nordsee-Bereich die Küste nach S zurück. Pflanzen-führende Sandsteine („Estuarine Series") schoben sich bis Mittel-England vor, wo sie sich mit den lichten oder braunen, eisen-schüssigen Sandsteinen, Bruchschill- und Oolith-Kalken der „Oolite Series" verzahnen. Mit dem Callov eroberte das Meer sein früheres Gebiet zurück. Über den Transgressions-Bildungen folgen schnell die Oxford-Tone, aus denen die Kosmoceraten zu R. BRINKMANNs klassischer variations-statistischer Bearbeitung stammen (1929). Nach einem Zwischenspiel von Kalksandsteinen und Korallen-Kalken („Coral Rag") folgen erneut Tone (Kimmeridge Clay). Mit dem Portland endete die voll-marine Überlieferung. Im Purbeck rangen, wie die Wechselfolge von Wurzelböden, Süßwasser-Kalken, Gips-Lagen und Austern-Bänken zeigt, Land und Meer um die Herrschaft. Im folgenden Wealden setzte sich in S-England die im Purbeck erkennbare Entwicklung in die Unter-Kreide verstärkt kontinental fort; nur in E-England (Spilsby-Provinz) und großen Teilen der Nordsee vermochte sich das Meer über die Jura/Kreide-Grenze hinweg zu halten. Die dortige Ammoniten-Fauna läßt enge Beziehungen zu den E-europäischen Sedimentations-Becken erkennen; die Wanderwege führten wohl N' und S' um den Baltischen Schild herum (Abb. 40, 41).

N- und E-Europa. Abseits von den mittel- und W-europäischen Flachsee-Gebieten bestand während des höheren Jura auf dem Boden E-Europas eine zweite, die Tethys mit dem arktischen Ozean verbindende Meeresstraße. Im Lias endete sie noch blind; der Vorstoß, der im Ober-Lias aus der Kaukasus-Geosynkline kam, gelangte nur wenig über die unter-triadische Küstenlinie hinaus. Die Russische Plattform blieb daher zunächst frei von marinen Sedimenten, örtlich wurden im Lias und im Bathon-Callov pflanzen- und kohlenführende Sandsteine abgelagert. Erst die Callov-Transgression schuf mit der Baltischen und der Voruralischen Straße, welch letztere wie im Perm (S. 162) wiederkehrte, weitreichende Verbindungen zwischen der Tethys und den arktischen, W- und NW-europäischen Gebieten. Nach dem Höchststand des Meeres im Oxford begann der Rückzug. Im Wolga und Ryasan wurde die unmittelbare Verbindung mit Mittel-Europa wieder unterbrochen, wogegen der N' und vermutlich auch S' um Fennoskandien führende Wasserweg zur Nordsee erhalten blieb. Der russische Jura besteht fast ganz aus Tonen und Glaukonit-Sanden mit Lagen von Phosphorit-Knollen; die Sedimentation ist lückenhaft. Er führt die bezeichnenden Fossilien der borealen Provinz (*Buchia*, virgatite und craspedite Ammoniten, die Belemniten *Pachyteuthis* und *Microbelus*). Riffkalke treten nur im Donez-Gebiet auf, an der Pforte zum Westen.

Alpen. Die Tethys war den mittel-europäischen Schelfmeeren gegenüber ein Dauermeer, fast ununterbrochen in seinem Bestand von der Trias bis in das Alt-Tertiär. Absätze in pelagischer Fazies, wie Knollenkalke, Aptychen- und Calpionellen-Kalke sind verbreitet; die Radiolarite dürften sogar echte Tiefseebildungen darstellen. Wie die Variszische Geosynkline im Unter-Karbon, so durchlief die alpine im Ober-Jura eine Phase besonders großer Meerestiefen. Die epirogene Beweglichkeit der Kruste war lebhafter, die Gliederung in Schwellen und Tröge reicher als in der Trias. Steile Böschungen führten von den aufsteigenden Rücken und Inselketten in die Senken und machen das schroffe Nebeneinander verschiedener Fazies verständlich. Brekzien finden sich in bathyalen Sedimenten eingeschaltet. Dünne, lückenhafte oder kondensierte Schichtfolgen stehen mächtigen klastischen und Riff-Ablagerungen gegenüber. Es scheint, daß Strömungen den Meeresboden zeitweise nahezu frei von Sediment hielten. Gleich der Trias verstrich auch der Jura fast ohne orogene Ereignisse. Vulkanische Ergüsse waren wenig verbreitet und beschränkten sich auf die tiefsten geosynklinalen Furchen.

W-Alpen. Der Fortbau der Alpidischen Geosynkline aus dem (heutigen) E' ins W' Mittelmeer-Gebiet, der seit dem Perm verfolgt werden kann, gelangte im Jura durch die Einbeziehung der W-Alpen, die bislang dem germanischen Bereich angehört hatten, zum

Abschluß. Fazielle Unterschiede gegen die übrigen Alpen blieben allerdings bestehen, zumal mehrere Schwellenzüge, die aus der fingerförmigen Aufspaltung des Vindelizischen Rückens hervorgegangen waren, eine gewisse Absonderung der Teiltröge aufrecht erhielten. Die äußere Zone der W-Alpen wurde vom Subalpin-Helvetischen Trog eingenommen. Er war vom Epikontinental-Meer des Jura-Gebirges und der Rhône-Senke nur durch eine Kette versinkender Inseln und untermeerischer Schwellen im Zuge der heutigen Zentralmassive geschieden. Fazies und Fauna beider Bereiche sind daher einander sehr ähnlich. Lias und Dogger bestehen großenteils aus dunklen sandigen Schiefertonen und Spatkalken, der Malm aus mächtigen lichten, gegen oben vermergelnden Kalken. Weiter gebirgseinwärts gelangt man jenseits einer allmählich überfluteten Geantikline, der von Brekzien begleiteten Achse des Briançonnais, in den Penninischen Trog. In diesem Raume, der früher einmal dem Küstensaum des Muschelkalk-Meeres angehört hatte (S. 184), sammelten sich bei starker Absenkung die mächtigen, einförmigen dunklen Bündner Schiefer, die von Lagergängen basischer Grünsteine durchschwärmt sind.

Die E-Alpen weisen im Jura, ähnlich wie in der Trias, eine vom böhmisch-vindelizischen Strandsaum bis in die offene See reichende Gliederung in Fazies-Zonen auf. Am Alpen-Nordrand, vor allem S' der Böhmischen Masse, finden wir im Lias die Gresten-Schichten, deren grobe Arkosen und sandige Schiefertone mit einzelnen Kohlenflözen von der unmittelbaren Nähe einer granitischen Küste zeugen. Beckeneinwärts folgen feinklastische und kalkige Bildungen, wobei die Verteilung der Fazies in enger Beziehung zu der aus o-norischer Zeit fortwirkenden Epirogenese stand. Auf untermeerischen Schwellen ist der Lias geringmächtig und besteht aus lichten Crinoiden-Brachiopoden-Kalken (Hierlatz-Kalk), welche die karrig zerklüftete Oberfläche des Dachstein-Kalkes (S. 186) überkleiden; andernorts legen sich auf Lias-Basiskalke bunte Cephalopoden-Kalke (Adnet-Kalk). In den Senken folgen über Kössen-Schichten graue hornsteinführende Kieselkalke oder dunkle Fleckenmergel und Mergelkalke. Die Ablagerungen des Dogger halten sich etwa im gleichen faziellen Rahmen, doch sind sie, wohl infolge verlangsamter Sedimentation, geringmächtig und lückenhaft nur an einzelnen Punkten anzutreffen. Die tiefste Absenkung des alpinen Troges fiel in den Unteren Malm. Damals entstanden bunte, meist rote Radiolarite mit einer pelagischen Radiolarien-Fauna. Etwas flacher war das Meer des Tithon; längs seines N-Randes wurde es von Korallenriffen gesäumt.

Die Zentral-Alpen machten sich im tieferen Jura durch das Auftreten von Brekzien als Schwelle bemerkbar. Im Malm war sie wohl gänzlich überflutet.

S-Alpen. Die Trias der Dolomiten ist von einer nur wenige 100 m dicken und stratigraphisch lückenhaften Jura-Folge bedeckt, die sich in ihrer Ausbildung der N-alpinen anschließt. Vollständigere Profile und größere Mächtigkeiten stellen sich in den Lombardischen und Vicentinischen Alpen ein, nunmehr aber in S-europäischer Entwicklung, wie sie dem Apennin und dem übrigen Mittelmeer-Gebiet eigentümlich ist. Für den höheren Lias und für den Malm sind rote Knollenkalke („Ammonitico Rosso") bezeichnend. Die größte Meeresvertiefung wurde auch in den S-Alpen im Unteren Malm erreicht. Nach dem Hangenden zu verknüpfen sich die braunroten Radiolarite mit der Maiolica, einem hellen, dichten pelagischen Kalk, der in seinem Hauptteil schon der Unter-Kreide angehört.

S-Europa und **Mittelmeer-Gebiet.** Am W' wie am E' Ende der Alpen strebten die im Gebirge eng verbundenen Teiltröge auseinander. Der Helvetische Trog schwenkte unter zunehmender Verflachung in die Provence ein und endete an der Rhône-Mündung. Der Penninische Trog setzte sich, dem Scheitel der ehemaligen Vindelizischen Schwelle folgend, ins Tyrrhenische Meer fort. Den Bündner Schiefern entsprechen die „Schistes lustrés" E-Korsikas und die „Argilloscisti" des Ligurikums, hier deuten ophiolithische Gesteine auf ozeanische Kruste im Bereich des Penninikum. Der S-alpine Trog schließlich stand mit dem toskanidischen Faziesbereich des Apuaner, Toskanischen und Umbrischen Apennin in Verbindung. Dem ober-triadischen Vorgriff der Tethys gegen Gibraltar folgte im Jura die Verlängerung der Geosynkline in den Atlantischen Ozean hinein und ihre Ausbreitung über das heute von den Ketten des Atlas durchzogene alpidische N-Afrika. Auf den Kapverdischen Inseln steht pelagischer Ober-Jura an. Den Schelfsaum des S'Marokko, Algerien und Tunesien begleiten bunte Sandsteine mit Gips, in die sich marine Kalke einschalten.

SE-Europa war, wie bereits aus der Trias bekannt (S. 188), von der Karpaten-Geosynkline als der Fortsetzung des N-alpinen und der Dinariden-Geosynkline als der Fortsetzung des S-alpinen Troges durchzogen. Während die Geosynklinen alle Jura-Stufen in pelagischer Ausbildung, z. T. mit grünen Eruptiv-Gesteinen, enthalten, ragten während des tieferen Jura größere Teile des pannonisch-balkanisch-pontischen Zwischengebietes über den Meeresspiegel. Lias in der Fazies der Gresten-Schichten, mancherorts mit bauwürdigen Kohlenflözen, ist daher in Ungarn, Siebenbürgen, dem Banat usw. verbreitet. Die Dogger-Transgression überflutete beträchtliche Flächen dieses Festlandes und erweiterte zugleich die Geosynklinen.

Der Jura der **Arktis** hat viele Züge mit dem russisch-sibirischen gemeinsam. Auch hier überspülte das Meer vom Lias bis zum Ober-Dogger ständig wachsende Flächen. Im Laufe des Kimmeridge begann es zu schrumpfen; marine Jura/Kreide-Übergangsschichten sind nur von wenigen Punkten bekannt. Die Faunen und Gesteine sind ebenfalls den E-europäischen ähnlich. Sandsteine und Schiefertone mit borealen Muscheln und Ammoniten herrschen vor; chemische und organogene Sedimente fehlen.

Asien. Auf dem Angara-Land lagerte sich der jurassische Anteil der vom Jung-Paläozoikum bis in die Kreide reichenden „Angara-Schichten" in zahlreichen festländischen Becken ab, besonders im S der Sibirischen Plattform. Er ist durch Kohlenführung ausgezeichnet (Irkutsk, Kansk). Die kontinentalen Schichten der Plattform verzahnen sich mit den überwiegend marinen Schichten des Vilui-Beckens, wo eine vollständige, in die Kreide reichende Abfolge entwickelt ist. Auch am N-Rand der Plattform ist Jura verbreitet; fossilreiche, marine Übergangs-Schichten vom Oberjura zur Kreide haben neuerdings eine große Bedeutung für die Grenzziehung Jura/Kreide erlangt. S' des Taimyr und im Golf des Ob entstand eine Bucht, mit der sich die Bildung der für jüngere Perioden wichtigen Westsibirischen Meeresstraße vorbereitete. Im S schob die Tethys ihre Küste vor; im Pamir folgen über bunten, festländischen Angara-Schichten marine Kalke des Ober-Dogger und Malm. Weiter S', im Himalaya, wie auch in Anatolien, dem Kaukasus und der Krim, im Iran und in Afghanistan, in Indochina und Indonesien ist der gesamte Jura in geosynklinaler Fazies entwickelt. Im E schließt sich an die Sibirische Plattform das weite Gebiet der „Ostsibirischen Pazifik-Geosynkline" an. Jura ist hier verbreitet in kontinentalen, kohlenführenden und in mächtigen, Erguß-Gesteine führenden marinen Abfolgen.

Umrandung des **Pazifiks.** Beträchtliche Teile der Zirkum-pazifischen Geosynkline erlebten am Ausgang des Jura ihre erste große Faltung. Hierzu gehört das soeben besprochene

Gebiet der Ost-sibirischen Pazifik-Geosynkline, deren innere Zone durch schwache, kimmerische Bewegungen gekennzeichnet ist. Der Jura war somit gleich der Trias eine Zeit lebhafter Boden-Unruhe und Magmen-Förderung.

Die japanische Inselkette ist seit der Trias als herausgehobener Rücken erkennbar, der im Jura klastische Sedimente sowohl nach W („asiatischer Bereich") als auch nach E („pazifischer Bereich") schüttete.

In **N-Amerika** sammelte sich im Kordilleren-Trog während des Jura eine mächtige Folge von Sandsteinen, Schiefern, Radiolariten und basischen Eruptiva. Im jüngsten Jura wurden die Ablagerungen von der „Nevadan Revolution" erfaßt und von großen Granodiorit-Plutonen (radiometrisches Alter 133–143 Millionen Jahre) intrudiert. Gegen E, im Gebiet der heutigen Rocky Mountains, verflachte die Eugeosynkline in eine Miogeosynkline. Sie nahm kontinentale Sedimente auf, lediglich durch die Oberdogger-Transgression wurde sie vorübergehend in ein Schelfmeer verwandelt. Aus dem Golf von Mexiko griff das Oberjura-Meer randlich auf den Kontinent über. Das atlantische N-Amerika ist i. w. frei von marinem Jura. Die Vorkommen der N-amerikanischen Arktis weisen eine ziemlich vollständige Abfolge auf, welche bezeichnende boreale Faunen führt.

In **Zentral-Amerika** sind im Lias und Dogger bunte, kontinentale Abfolgen weit verbreitet. Sie lassen ein Landgebiet vermuten, das N- und S-Amerika weitgehend verband. In nach-nevadidischer Zeit bog die zirkumpazifische Geosynkline im Bereich des Golfs und der Großen Antillen nach E um. Hier ist die Verbindung nach SW-Europa zu suchen, welche durch die engen Beziehungen der marinen Tierwelt nahegelegt wird.

In **S-Amerika** lassen sich in den Anden zwei mehr oder weniger deutlich getrennte Tröge erkennen, die sich von Kolumbien bis Südchile-Argentinien erstrecken und sich durch ihre Fazies und Mächtigkeit voneinander unterscheiden. Im W wurden in einer Geosynkline, die bereits in der Trias bestand, Flysch-artige Sedimente oder Vulkanit-Serien in großer Mächtigkeit abgelagert. Der Jura der E' Anden zeichnet sich durch eine geringer mächtige Sedimentation aus, wobei die Mächtigkeiten von W nach E sehr schnell abnehmen können. In Kolumbien kam es in diesem E-Trog zur Ablagerung von vorwiegend kontinentalen Sedimenten, in Peru herrschen Flachwasser-Kalke vor und in Chile-Argentinien sind fossilreiche Schelf-Sedimente häufig. Der tiefste Jura kann fehlen. Andernorts läßt sich eine allmähliche Transgression von W nach E erkennen. Innerhalb des Jura treten gebietsweise Schichtlücken auf; so wurde das Bathon bisher nur in N-Chile nachgewiesen. Am Ende des Oxford erfolgte in den Anden eine weitgehende Regression, es kam verbreitet zur Ablagerung mächtiger Gips-Serien und kontinentaler Sedimente. Das Meer kehrte im Tithon, in vielen Gebieten erst in der Kreide zurück und fand eine durch tektonische Bewegungen veränderte paläogeographische Lage vor.

In den großen inner-kontinentalen Becken, die ein gemeinsames Merkmal der Gondwana-Kontinente darstellen, ging die Sedimentation von der Trias in den Jura und meist auch in die Kreide, wenn auch z.T. mit Unterbrechungen, weiter. Äolische Sedimente und Basalt-Ergüsse, beide von großer Dicke und weiter regionaler Verbreitung, kennzeichnen den jüngeren Abschnitt der Gondwana-Abfolgen. Sie spielen eine besondere Rolle in Fragen ehemals zusammenhängender Kontinente („Gondwana") und deren Auseinanderbrechen („Kontinent-Drift". „Sea-floor spreading", „Platten-Tektonik").

In der argentinischen Präkordillere setzte sich die triadische Schichtenfolge kontinuierlich in den Jura fort. In den großen Becken, die den Plattformen eingesenkt sind, kam es, wie z. B. im Paraná-Becken im Oberjura/Unterkreide zur Ablagerung von äolischen Sedimenten. Der dortige Botucatú-Sandstein gilt als die größte fossile Sandwüste. Basalt-Decken von insgesamt bis 2000 m Dicke sind in ihm sowohl als Einschaltungen wie auch als Überlagerung verbreitet; sie nehmen eine Fläche von rd. 1 Million qkm ein. Ihr radiometrisches Alter liegt gemittelt um 125 Mill. J., sie sind also größtenteils bereits kretazisch. Sie sind damit ähnlich alt wie die großen Basalt-Massen des Amazonas-Beckens, des Parnaíba-Beckens und des Kaokovelds in SW-Afrika.

In **Afrika** ging die Sedimentation im Großen Karru-Becken mit der Ablagerung der Wüstenbildungen der Oberen Elliot Fm. (Red Beds) und der äolischen Clarens Fm. (Cave Sdst.) zu Ende. Es folgten auch hier große Massen von basaltischen (Drakensberg) Laven, deren radiometrisches Alter um 200 Millionen Jahre Unter/Mittel-Jura anzeigt. Im Zentralen Kongo-Becken ging die kontinentale Sedimentation dagegen über den Jura hinaus, offenbar mit langen Pausen, in die Kreide weiter. Im E' Afrika setzte die Oberdogger-Transgression von der Tethys aus über die Madegassische Straße beträchtliche Landflächen unter Wasser. Im Bathon, U-Callov und Kimmeridge erweiterte sich der Golf flach nach Westen, so daß die lagunären marinen bis brackischen Wechselfolgen der Tendaguru-Schichten E-Afrikas zur Ablagerung kamen, die durch ihre Großdinosaurierfunde (z. B. *Brachiosaurus brancai*) bekannt wurden.

Auch in **Vorder-Indien** setzte sich die Gondwana-Sedimentation von der Trias über den Jura in den „Post-Mahadeva-Schichten" bis in die Kreide fort. Die unter-jurassischen Kota-Schichten enthalten berühmte Fisch-Faunen, z. T. europäischen Gepräges, dazu Krokodile, sauropode Dinosaurier, und besonders auch Insekten. Am W-Rand des Kontinents verzahnen sich Gondwana-Schichten mit Ammoniten-reichen Jura/Kreide-Schichten (Cutch) am Südsaum der Tethys. Der E-Rand des Kontinents hingegen wurde i. w. erst durch die Kreide-Transgression erfaßt.

Der Jura **Australiens** ist überwiegend kontinental, lediglich entlang der W-Küste griffen Transgressionen im Mittel- und Ober-Jura geringfügig auf den Kontinent über. Im E füllten sich große Becken, wie das Great Artesian Basin, mit etwa 2000 m klastischen Sedimenten, welche im mittleren Abschnitt kohlenführend sind. Basaltischer Vulkanismus von etwa Lias-Alter ist verbreitet; die Basalt-Decken erreichten mit gegen 180 m nicht die Mächtigkeiten jener Basalte der übrigen Süd-Kontinente. Die erst wenig erforschten „Gondwana-Schichten" Australiens ließen sich bisher noch nicht in das allgemeine Gondwana-Schema einfügen; vermutlich spielte der australische Kontinent bereits im Jura eine Sonderrolle. Neuseeland dagegen fügt sich mit seinen vollständigen, marinen Abfolgen in das von Europa gewohnte Bild ein.

Im E' **Antarktika** legten sich mächtige (insgesamt bis 1500 m) Basalt- und Dolerit-Decken auf kontinentale Sandsteine der Ferrar-Gruppe, die im wesentlichen dem Unter-Jura entspricht. Das W' Antarktika (Antarktische Halbinsel) schließt sich dagegen eng an die Abfolge des S' andinen Trogs S-Amerikas an: Im älteren Jura herrschen saure Intrusiva vor (radiometrische Alter um 170 Millionen Jahre), im mittleren Konglomerate und pflanzenführende Schichten, die im jüngsten Jura (bis in die tiefste Kreide?) von andesitisch-rhyolithischen Vulkaniten abgelöst wurden.

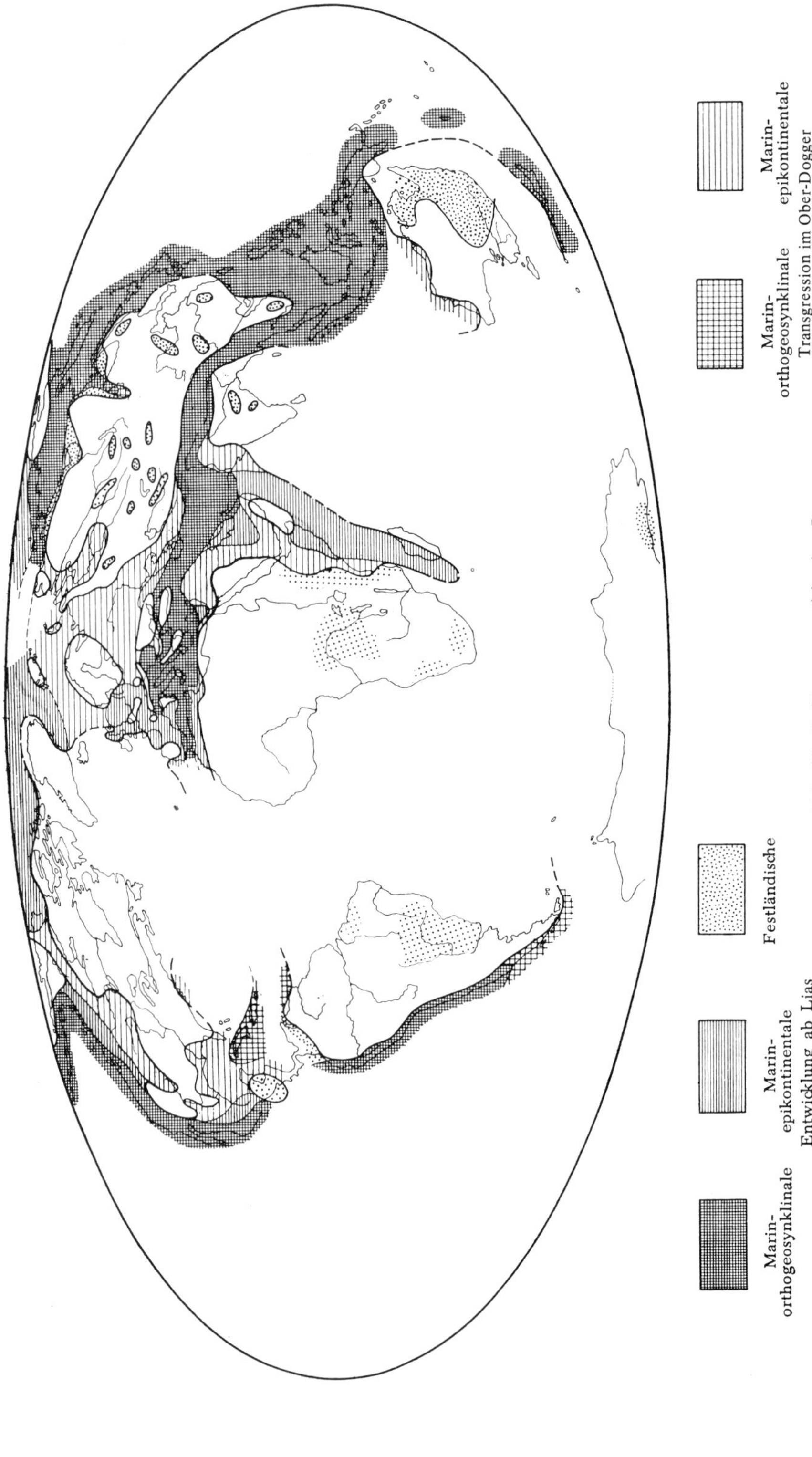

Abb. 41 Paläogeographie des Jura

Organischer Inhalt (Tafeln 35–43)

Die **Fauna** des Jura ist dank der Fülle von Fossilien eine der reichsten und bestbekannten der Erdgeschichte. Der Wechsel in den höheren systematischen Einheiten der Invertebraten wie der Vertebraten war erheblich (Tab. 15):

Tabelle 15 Tierische Organismen des Jura

Stamm	Klasse	Ordnung	
„Protozoa“	: Ciliata		: * Tintinnina
Porifera	: Silicispongiae		
	: Hexactinellida	: * Lychniskida	
Coelenterata	: Hydrozoa	: * Trachylinida	
(Cnidaria)	: Scyphozoa	: * „Meduside Ordnungen“	
Scolecida			
(„Niedere Würmer“)			
: * Nemertini			
Tentaculata			
: Brachiopoda	: Articulata	: † Strophomenida	
		: † Spiriferida	
Articulata			
: Arthropoda			
: Chelicerata	: Arachnida	: * Palpigradida	
: Branchiata	: Crustacea		
(Diantennata)	: Branchiopoda	: * † Kazacharthra	
	: Malacostraca	: Eucarida	
		Decapoda	: * Caridea
			: * † Uncinidea
			: * Anomura
			: * Brachyura
		: * Stomatopoda	
: Tracheata	: Insecta	: * Dermaptera	
(Antennata)		: * Megaloptera	
		: * Rhaphidioptera	
Mollusca			
: Conchifera	: Gastropoda		
	: Prosobranchia	: Caenogastropoda	: * Valvatacea
			: * Rissoacea
			: * Strombacea
			: * Nerineacea
			: † Loxonematacea
	: Pulmonata	: * Basommatophora (* ? Karbon)	
	: Cephalopoda		
	: Ammonoidea	: * Ammonitida	
	: Coleoidea	: † Aulacocerida	
		: † Phragmoteuthida	
		: * Belemnitida (* ? Karbon)	
Echinodermata			
: Echinozoa	: Echinoidea		
	: Euechinoidea	: * Echinothurioida	
		: * Pygasteroida	
		: * Salenioida	
		: * Phymosomatoida	
		: * Arbacioida	

Tabelle 15 (Fortsetzung)

Stamm	Klasse	Ordnung	
Echinodermata			
: Echinozoa	: Echinoidea		
	: Euechinoidea	: * Temnopleuroida	
		: * Orthopsida	
		: * Holectypoida	
		: * Cassiduloida	
		: * Holasteroida	
Chordata			
: Vertebrata	: Gnathostomata (Pisces)		
	: Teleostomi		
	: Osteichthyes		
	: Actinopterygii		
	: * Teleostei		
	: Reptilia		
	: Lepidosauria	: Squamata	: * Lacertilia
		: * † Pleurosauria	
	: Archosauria	: * Pterosauria	
	: † Synapsida	: † Therapsida	: † Tritylodonta
	: * Aves		
	: * Sauriurae	: * Archaeopterygiformes	
	: Mammalia		
	: Eotheria	: * † Docodonta	
	: * Panthotheria	: * Eupanthotheria	

Das Hauptgewicht der jurassischen Faunen liegt auf den Cephalopoden, den Ammonoideen wie den Coleoideen (Belemnitida). Neben ihnen sind die übrigen Mollusken-Gruppen, die Kieselschwämme, Korallen, die Flugsaurier und Dinosaurier bezeichnend.

Einzeller (Protista). Die Foraminiferen, die in früheren Perioden nur gelegentlich Bedeutung erlangt hatten, sind vom Jura an in allen Meeres-Ablagerungen häufig. Die Kalkschaler, vor allem Nodosariacea *(Nodosaria, Dentalina, Lenticulina, Frondicularia)* rückten an den ersten Platz und drängten die bisher herrschenden Sandschaler zurück. Zahlreiche Familien wie die Miliolidae erschienen neu. In den pelagischen Kalken begannen die Globigerinacea, zu ihnen kamen in Oberjura-Unterkreide andere kalkschalige Einzeller wie die Calpionellen hinzu. Die Radiolarien traten nach langer Pause wiederum als Gesteinsbildner hervor. Die Radiolarite der Alpen und der anderen großen Geosynklinen enthalten eine echte Tiefsee-Fauna. Gegenüber dem Paläozoikum sind die helmförmigen Nasselarien nunmehr häufiger als die kugeligen Spumellarien.

Die **Schwämme,** insbesondere die Kieselschwämme, entfalteten in den S-deutschen Malm-Riffen unvermittelt einen großen Formenreichtum, der die Blütezeit in der Ober-

Kreide vorbereitete. Kalkschwämme kamen mit ihnen gemeinsam vor, aber in weit geringerer Anzahl.

Coelenteraten. Der Bauplan der Zoantharia-Scleractinia blieb, nachdem in der Trias die bilaterale Anlage zugunsten einer zyklischen endgültig verlassen war, vom Jura bis zur Gegenwart grundsätzlich unverändert. Die seitherigen Wandlungen betreffen den verstärkten Zug zur Kolonie-Bildung bei gleichzeitiger Auflockerung des inneren Gefüges (besonders der Wände) und Veränderungen im Septen-Feinbau. Gleicher Stoffaufwand ließ bei unverminderter Festigkeit eine erhöhte Wachstums-Geschwindigkeit zu, was zu besserer Anpassung an das Riffleben führte. Ihre Hauptentwicklung erreichten die Korallen im Malm des Tethys-Randes, wo die Hauptgruppen der Astrocoeniina *(Actinastrea, Thamnasteria, Stylina)*, Fungiina *(Calamophyllia, Isastrea, Acrosmilia)*, Faviina *(Amphiastrea, Montlivaltia)* und Caryophyllina *(Caryophyllia, Rhipidogyra)* mächtig aufblühten. In der Medusen-Fauna geben die gut erhaltenen Reste im Solnhofener Plattenkalk Einblick in die Stammesgeschichte einer Gruppe, die fossile Vertreter nur bei besonderen Erhaltungs-Bedingungen aufzuweisen vermag.

Bei den **Brachiopoden** waren die Veränderungen im ganzen gering. Wenn auch mit den Strophomenida *(Cadomella)* und den Spiriferida *(Spiriferina)* zwei der für das Paläozoikum wichtigen Gruppen, nach der drastischen Verringerung der Anzahl der Taxa am Ende des Perm bzw. der Trias, nunmehr ganz ausstarben, so wurde der Rückgang doch durch die Formenfülle der Rhynchonellida *(Rhynchonella, Nannirhynchia, Lacunosella)* und der Terebratulida *(Orthotoma, Goniothyris, Lobothyris, Pygope, Terebratella, Waldheimia, Zeilleria, Aulacothyris, Megerlea)* wettgemacht.

In der Entwicklung der **Mollusken** bedeutete die Trias/Jura-Wende einen merklichen Einschnitt, der die alt-mesozoische Fauna von der jung-mesozoischen schied. Verhältnismäßig gering war der Wechsel bei den Gastropoden, die ihre in der Trias begonnene Entwicklung fortsetzten. Bei den Prosobranchiern waren es vor allem die reich verzierten Pleurotomariina *(Pleurotomaria)*, die Trochina *(Proconulus, Angaria)*, die Neritopsina *(Naticopsis, Neritopsis)*, ferner die Loxonematacea *(Zygopleura)*, Cerithiacea *(Procerithium, Promathilda)*, Cyclophoracea *(Viviparus)*, Rissoacea *(Hydrobia)*, Nerineacea *(Nerinea, Itieria)* und die Strombacea *(Harpagodes)*, bei den Opisthobranchiern vor allem die Actaeonacea *(Actaeonina)*. Deutlicher war der Unterschied bei den Bivalviern. Bei den meisten Ordnungen traten neue Gattungen in den Vordergrund: Bei den Nuculoida *(Palaeonucula, Nuculana)*, den Arcoida *(Arca, Barbatia, Grammatodon, Cucullaea, Limopsis)*, den Mytiloida *(Mytilus, Brachidontes)*, den formenreichen Pterioida *(Pteria, Inoceramus, Isognomon, Steinmannia, Oxytoma, Entolium, Propeamusium, Camptonectes, Chlamys, Buchia, Plicatula, Spondylus, Lima, Plagiostoma, Gryphaea, Nanogyra, Lopha)* sowie den heterodonten Veneroida *(Cardinia, Astarte, Anisocardia, Neomiodon, Ceratomyopsis)*. Eine besondere Beachtung verdienen die Hippuritoida, deren Höhepunkt in der Kreide (S. 251) vorbereitet wurde durch jurassische Gattungen wie *Pachyrisma, Pterocardia* und *Diceras*. Ein wichtiges Faunenelement stellen die Anomalodesmata: Pholadomyoida mit den häufigen Gattungen *Pholadomya, Goniomya, Homomya, Ceratomya, Gresslya* und *Pleuromya*. Am schärfsten machte sich die Trias/Jura-Wende bei den Cephalopoden bemerkbar. Bei allen drei Gruppen, den Nautiloideen, Ammonoideen und Coleoideen, erloschen zahlreiche Stammeslinien bis Ende der Trias, nur wenige überschritten die Grenze und entfalteten sich im Zug der Lias-Transgression. Bei den Nautiloideen erloschen alle Gruppen mit Ausnahme der Nautilida, die sich im Jura in mehrere Linien aufspalteten *(Cenoceras, Paracymatoceras)*. Bei den Ammonoideen verringerte sich die Formenfülle durch das Aussterben der triassischen Ceratitina.

Bereits in der Trias wurde die neue Blüte durch noch seltene Gattungen vorbereitet. In mehreren Linien überschritten die Phylloceratina und Lytoceratina die Trias/Jura-Grenze und entfalteten sich im Lauf der Jura-Transgressionen zu ihrem letzten Entwicklungs-Höhepunkt in den jurassisch-kretazischen Neoammonoidea. Die wichtigsten Gattungen sind in der Übers. 16 genannt, oder auf den Fossil-Tafeln 35–43 abgebildet. Auch die eigentlichen Belemniten (Belemnitidae) erschienen Anfangs Lias mit *Nannobelus, Belemnites [„Passaloteuthis"]* und *Megateuthis;* sie begannen mit kleinen Rostren und starben bereits im Lias oder Dogger (hier mit Riesenformen) wieder aus. Sie wurden durch *Hastites, Hibolites, Belemnopsis* und *Acroteuthis* abgelöst, welche z. T. in die Kreide hineinreichen.

Arthropoden. Unter den höheren Crustaceen befanden sich im Jura nur noch die Decapoda in lebhafter Entfaltung. Aus triassischen Stammformen gingen im Lias die ersten Brachyuren sowie zahlreiche, teils an die schwimmende *(Aeger, Uncina, Udorella)*, teils an die benthische Lebensweise angepaßten *(Eryma, Mecochirus, Eryon)* Macruren hervor. Unter den entomostraken Crustaceen sind conchostrake Branchiopoden („Estherien") und Ostracoden *(Darwinula;* im höheren Jura die ersten *Cypridea*) in nicht-marinen Ablagerungen örtlich häufig. Bei den marinen Ostracoden vollzog sich im höheren Lias der Wandel von den durch paläozoische zu durch mesozoisch-rezente Gruppen geprägten Faunen mit den dominierenden Cytheridae. Mit dem Erscheinen mehrerer Insekten-Gruppen setzte sich das in der Trias erreichte moderne Gepräge weiter durch; wesentliche Fundpunkte bieten der Malm von Sibirien und vor allem von Solnhofen-Eichstätt (Bayern).

Echinodermen. Bei den Crinoiden bevorzugten die festgebauten, stark bewurzelten Apiocriniden *(Apiocrinites, Millericrinus)* ebenso wie der kurz-gestielte Riffbewohner *Eugeniacrinites* geringe Tiefe und bewegtes Wasser. Daneben hielt der Zug zu ruhigeren Habitaten an. Die zarten Pentacriniden *(Pentacrinus)* trifteten an Treibholz angeheftet oder siedelten auf tonigem Grund. Die frei-beweglichen Gattungen *Antedon* und *Saccocoma* waren in Zwischenriff-Bereichen heimisch. Die Fortschritte, welche die Echinoiden während Perm und Trias gemacht hatten, wurden im Jura durch häufigere Fossilien deutlich. Von der oberen Trias an durch den Jura hindurch erschienen zahlreiche Gattungen der Cidaroida *(Polycidaris, Rhabdocidaris, Paracidaris, Plegiocidaris, Diplocidaris)* und Vertreter der meisten Ordnungen der Euechinoidea *(Eodiadema, Pedina, Diademopsis, Pygaster, Plesiechinus, Heterocidaris, Acrosalenia, Hemicidaris, Plesiocidaris, Phymosoma, Goniopygus, Glyptodiadema, Holectypus, Clypeus, Nucleolites, Galeropygus, Collyrites)*.

Besondere Bedeutung hatte das Auftreten der „irregulären" Seeigel, die als Schlammbewohner und Sediment- und Detritusfresser den ursprünglich an Riffe und harten Grund angepaßten Seeigeln neue Lebensräume erschlossen; neben den schon genannten Gattungen erschien in der Berrias-Stufe (unterste Kreide) der erste Vertreter (Toxaster) der später so wichtigen Spatangoida. Die Asteroiden *(Astropecten)* und Ophiuroiden *(Ophioderma, Amphiura)* wurden gleichfalls häufiger, ebenso die winzigen, vielgestalteten (Kalkkörperchen der Holothurien, die aus tonigen Sedimenten ausgeschlämmt werden können.

Brachiopoden: 1. *Spiriferina walcotti* (J. Sow.), ca. 4 cm. – 2. *Cincta numismalis* (Lam.), ca. 3 cm. – **Bivalvier:** 3. *Plicatula spinosa* J. Sow., ca. 2 cm. – 4. *Oxytoma inaequivalvis* (J. Sow.), ca. 4 cm. – 5. *Cardinia hybrida* (J. Sow.), ca. 4,5 cm. – 6. *Steinmannia bronni* (Voltz), ca. 4 cm. – 7. *Plagiostoma giganteum* J. Sow., ca. 8 cm. – 8. *Gryphaea arcuata* Lam., ca. 8 cm. – **Cephalopoden:** 9. *Psiloceras planorbis* (J. de C. Sow.), ca. 8 cm. – 10. *Schlotheimia angulata* (Schloth.), ca. 6 cm. – 11. *Alsatites laqueus* (Quen.), ca. 16 cm. – (Fig. 4–7 nach Brit. Mes. Foss. 1962; Fig. 9 aus Geyer & Gwinner 1979)

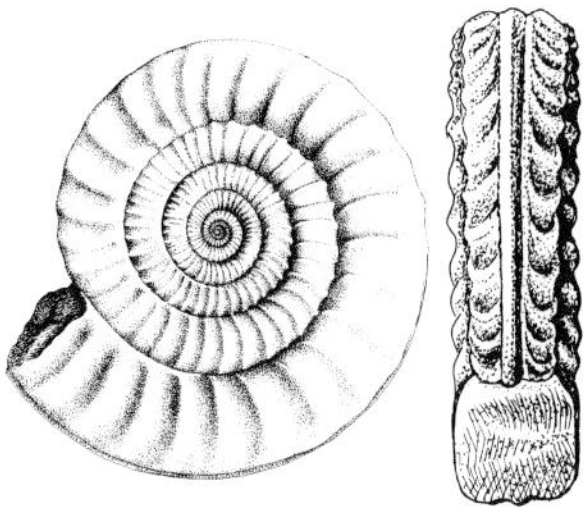

1

2

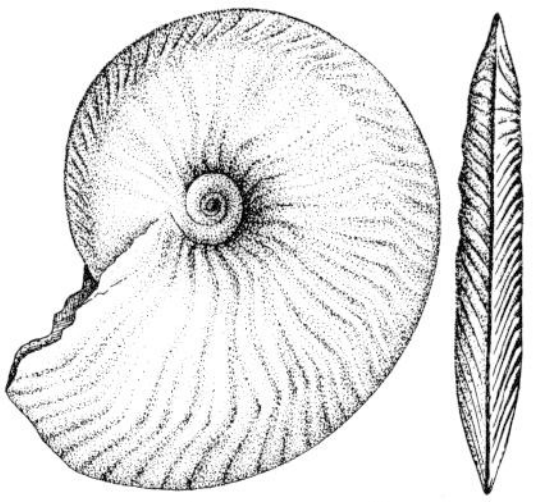

3

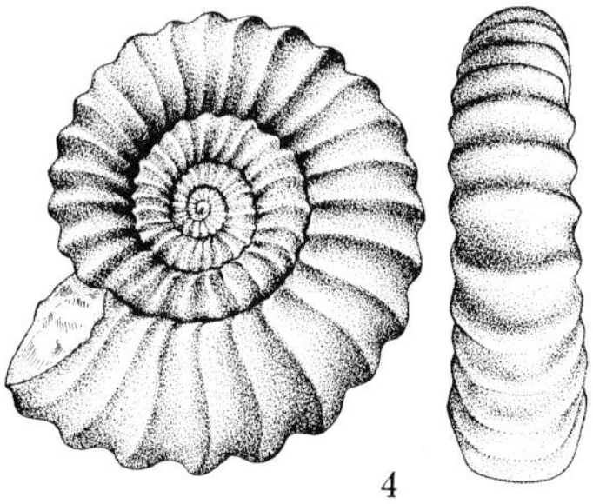

4

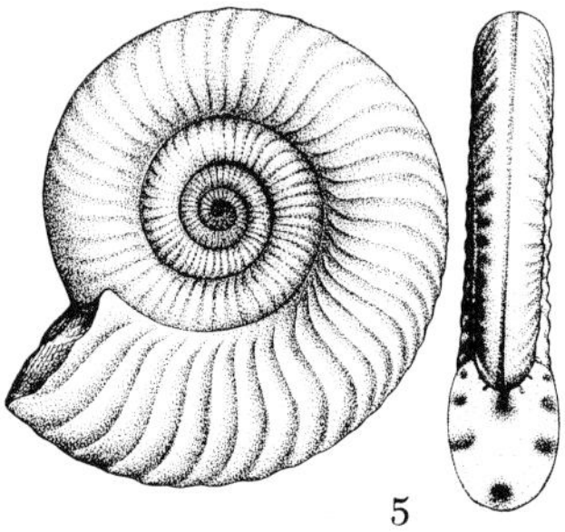

5

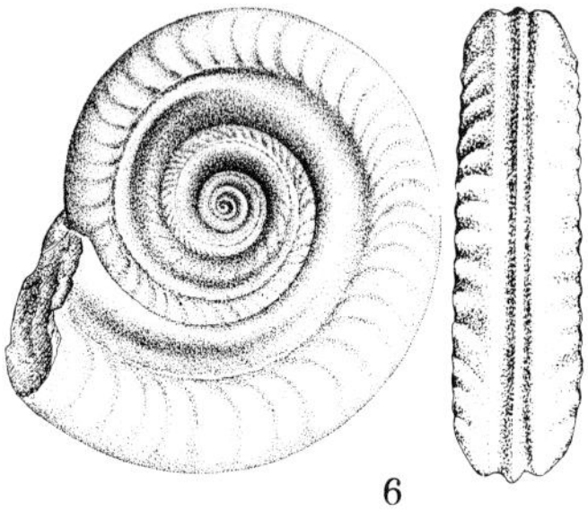

6

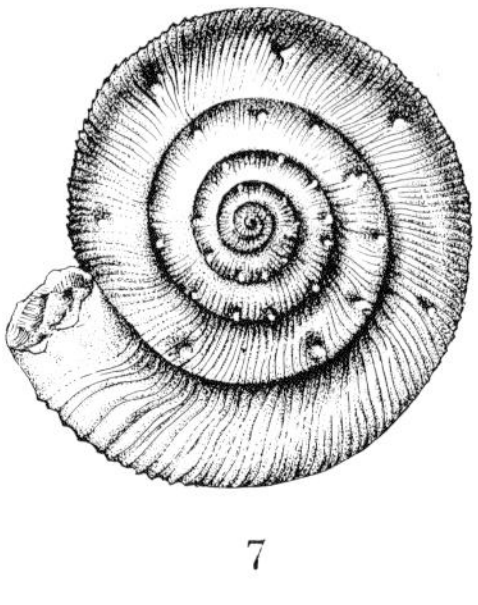

7

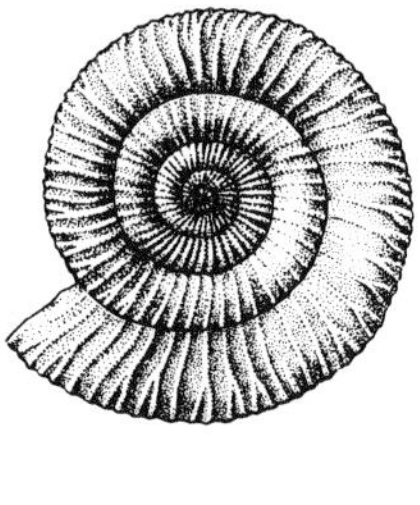

8

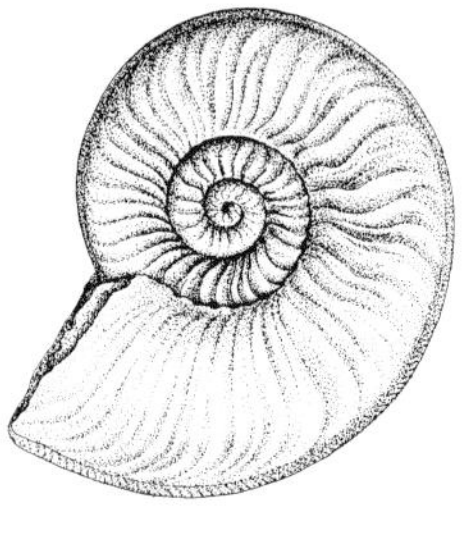

9

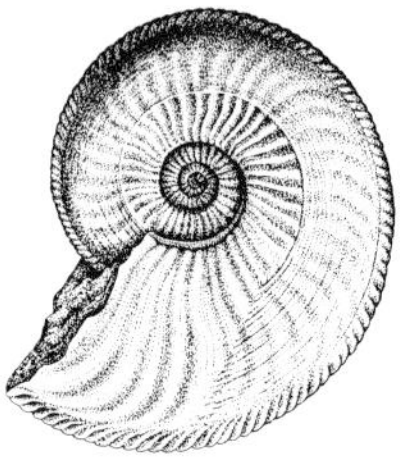

10

Cephalopoden: 1. *Arietites bucklandi* (J. Sow.), ca. 250 mm. – 2. *Echioceras raricostatum* (Zieten), ca. 60 mm. – 3. *Oxynoticeras oxynotum* (Quen.), ca. 55 mm. – 4. *Androgynoceras capricornu* (Schloth.), ca. 45 mm. – 5. *Dumortieria radians* (Rein.), ca. 80 mm. – 6. *Hildoceras bifrons* (Brug.), ca. 70 mm. – 7. *Prodactylioceras davoei* (J. Sow.), ca. 130 mm – 8. *Dactylioceras commune* (J. Sow.), ca. 70 mm – 9. *Pleydellia aalensis* (Zieten), ca 30 mm. – 10. *Amaltheus margaritatus* Montf., ca. 60 mm. – (Fig. 1–7 und 9 nach Brit. Mes. Foss. u. Slg.-Mat.; Fig. 8 aus Geyer & Gwinner 1979)

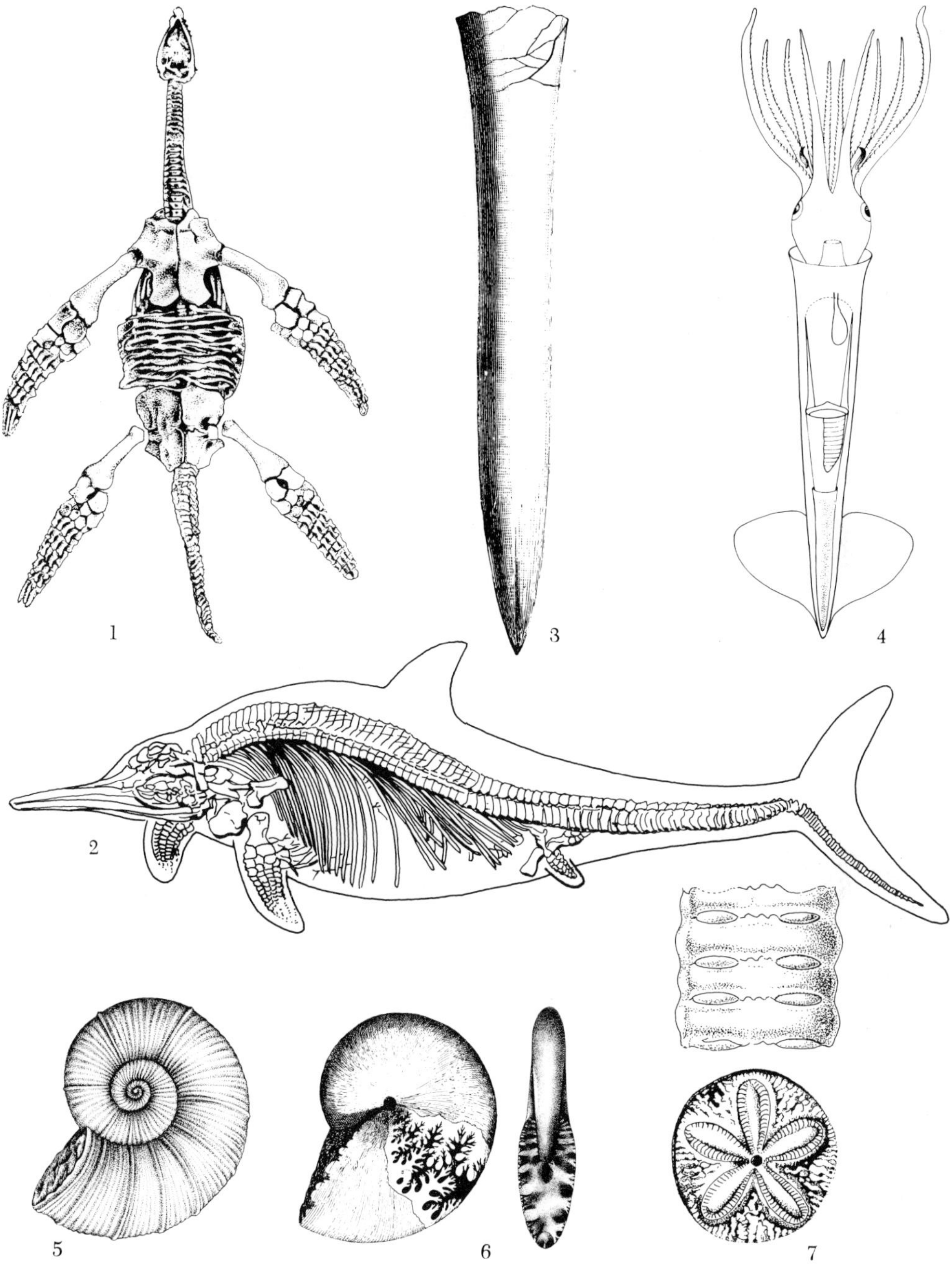

Reptilien: 1. *Thaumatosaurus victor* E. FRAAS, $>$ 2 m. – 2. *Stenopterygius quadriscissus* (QUEN.), $<$ 2 m. – **Cephalopoden:** 3. *Belemnites paxillosus* LAM., ca. 10 cm. – 4. Mögliches Rekonstruktionsbild des Belemniten-Tieres (von ventral und z. T. halb transparent gesehen). – 5. *Lytoceras fimbriatum* (J. SOW.), ca. 10 cm. – 6. *Phylloceras heterophyllum* (J. SOW.), ca. 12 cm. – **Echinodermen:** 7. *Seirocrinus subangularis* (MILLER), ca. 8 mm. – (Fig. 1 nach GEYER & GWINNER 1979; Fig. 2 nach G. WAGNER 1931; Fig. 5 nach Brit. Mes. Foss. 1968; Fig. 6 nach QUENSTEDT 1849.)

Brachiopoden: 1. *Ornithella lagenalis* (Schloth.), ca. 40 mm. – 2. *Rhynchonella alemannica* (Schloth.), ca. 15 mm. – **Bivalvier:** 3. *Catinula knorri* (Voltz), ca. 14 mm. – 4. *Pholadomya lirata* (J. Sow.), ca. 60 mm. – 5. *Scaphitrigonia navis* (Lam.), ca. 70 mm. – 6. *Trigonia costata* Park., ca. 70 mm. – 7. *Meleagrinella echinata* (J. Sow.), ca. 15 mm. – 8. *Ctenostreon proboscideum* (J. Sow.), ca. 80 mm. – 9. *Parvamussium personatum* (Zieten), ca. 20 mm. – 10. *Lopha marshi* (J. Sow.), ca. 100 mm. – **Echinodermen:** 11. *Acrosalenia hemicidaroides* Wright, ca. 25 mm. – 12. *Holectypus depressus* (Leske), ca. 45 mm. – Fig. 3 nach Stenzel 1971; Fig. 4 nach Fraas 1910; Fig. 10 nach Geyer & Gwinner 1964; Fig. 5 u. 8 aus Geyer & Gwinner 1979; Fig. 11 aus Fraas 1910; Fig. 12 aus Brit. Mes. Foss. 1969.)

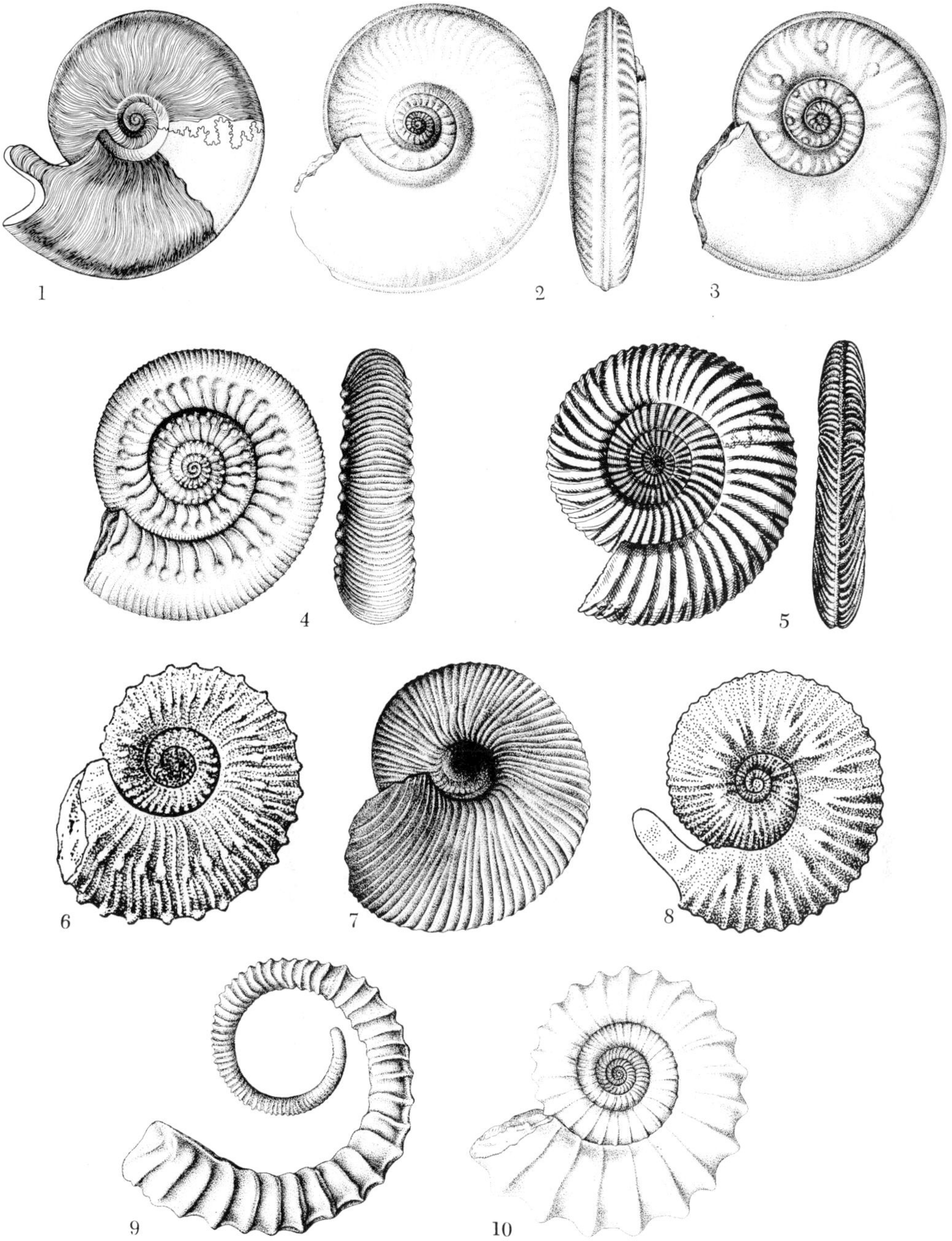

Cephalopoden: 1. *Leioceras opalinum* (Rein.), ca. 80 mm. – 2. *Ludwigia murchisonae* (J. de C. Sow.), ca. 130 mm. – 3. *Sonninia* sp., ca. 65 mm. – 4. *Stephanoceras humphriesianum* (J. de C. Sow.), ca. 110 mm. – 5. *Parkinsonia parkinsoni* (J. Sow.), ca. 110 mm. – 6. *Kosmoceras spinosum* (J. Sow.), ca. 50 mm. – 7. *Macrocephalites macrocephalus* (Schloth.), ca. 75 mm. – 8. *Otoites pauper* (Westermann), ca. 60 mm. – 9. *Spiroceras bifurcati* (Quen.), ca. 45 mm. – 10. *Peltoceras athleta* (Phillips), ca. 80 mm. – (Fig. 2, 4, 5 (Externseite) aus Brit. Mes. Foss., Fig. 6, 8 aus Geyer & Gwinner 1979)

1

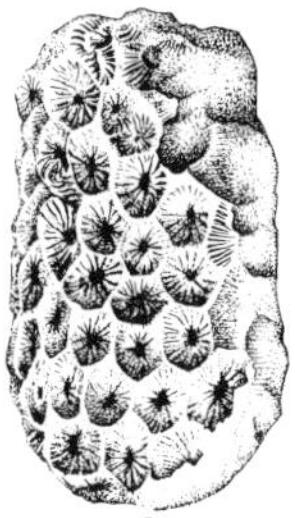
2

3

4

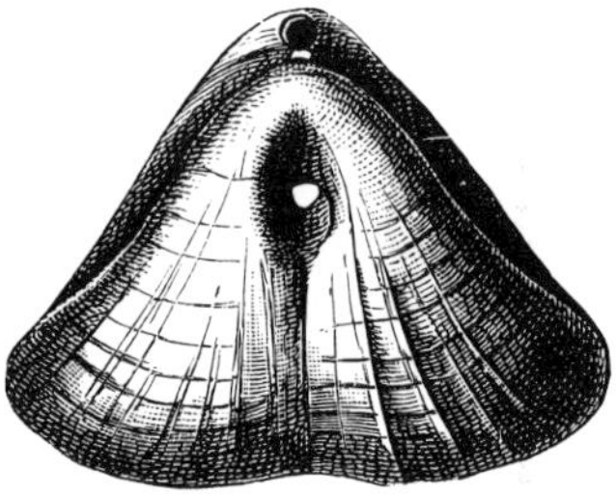
5

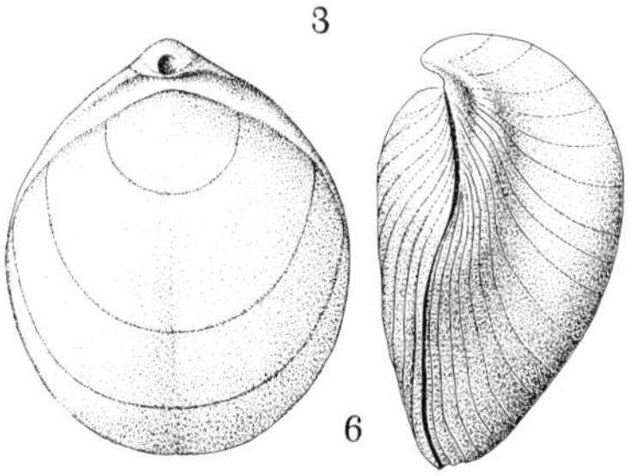
6

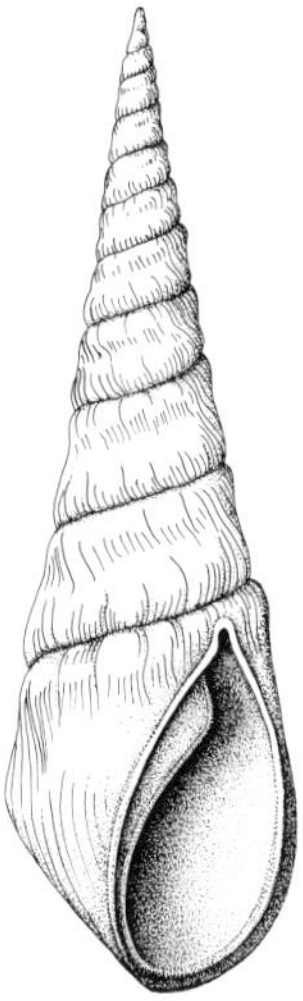
7

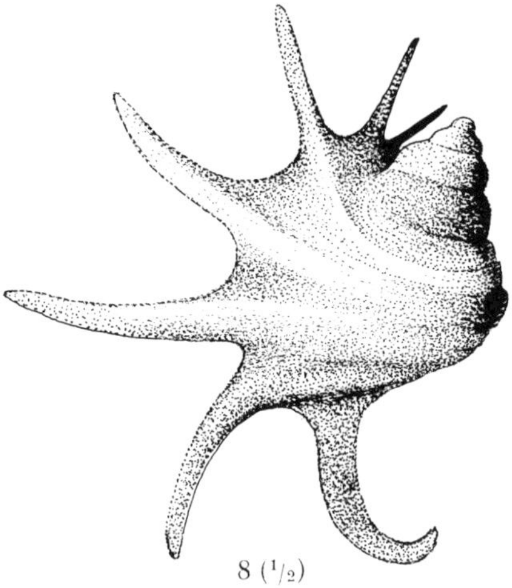
8 (1/2)

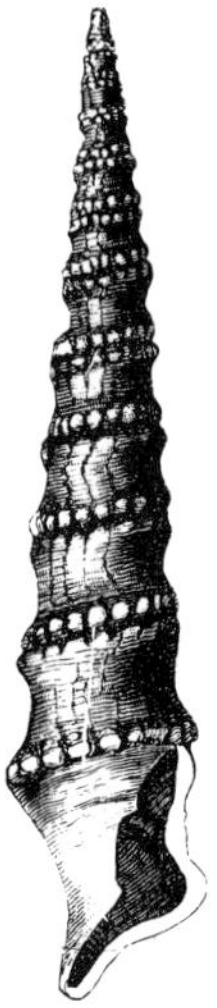
9 (1/2)

9 a (1/2)

Porifere: 1. *Cnemidiastrum rimulosum* (Goldf.), ca. 80 mm. – **Anthozoen:** 2. *Isastraea helianthoides* (Goldf.), ca. 45 mm. – 3. *Thecosmilia trichotoma* (Goldf.), ca. 45 mm. – **Brachiopoden:** 4. *Lacunosella lacunosa* (Schloth.), ca. 35 mm. – 5. *Pygope diphya* Colonna, ca. 40 mm. – 6. *Aulacothyris impressa* (Quen.), ca. 18 mm. – **Gastropoden:** 7. *Pseudomelania heddingtonensis* (J. Sow.), ca. 150 mm. – 8. *Pterocera oceani* (Brongn.), ca. 150 mm. – 9. *Nerinea tuberculosa* Desh., ca. 140 mm. – (Fig. 6 – Seitenansicht – nach Brit. Mes. Foss. 1962; Fig. 7 nach Hölder 1964)

Cephalopoden: 1. *Cardioceras cordatum* (J. Sow.), ca. 45 mm. – 2. *Sutneria platynota* (Rein.), ca. 25 mm. – 3. *Aspidoceras acanthicum* (Oppel), ca. 120 mm. – 4. *Epipeltoceras bimammatum* (Quen.), ca. 55 mm. – 5. *Taramelliceras costatum* (v. Busch), ca. 75 mm. – 6. *Ochetoceras canaliculatum* (v. Buch), ca. 30 mm. – 7. *Ataxioceras polyplocum* (Rein:), ca. 90 mm. – 8. *Gravesia gigas* (Zieten), ca. 140 mm. – 9. *Aulacostephanus pseudomutabilis* (de Loriol), ca. 50 mm. – 10. *Idoceras planula* (Hehl), ca. 60 mm. – (Fig. 2, 3, 4, 8 und 10 aus Geyer & Gwinner 1979; Fig. 6 nach Fraas 1910; Fig. 9 nach Arkell et al. 1957)

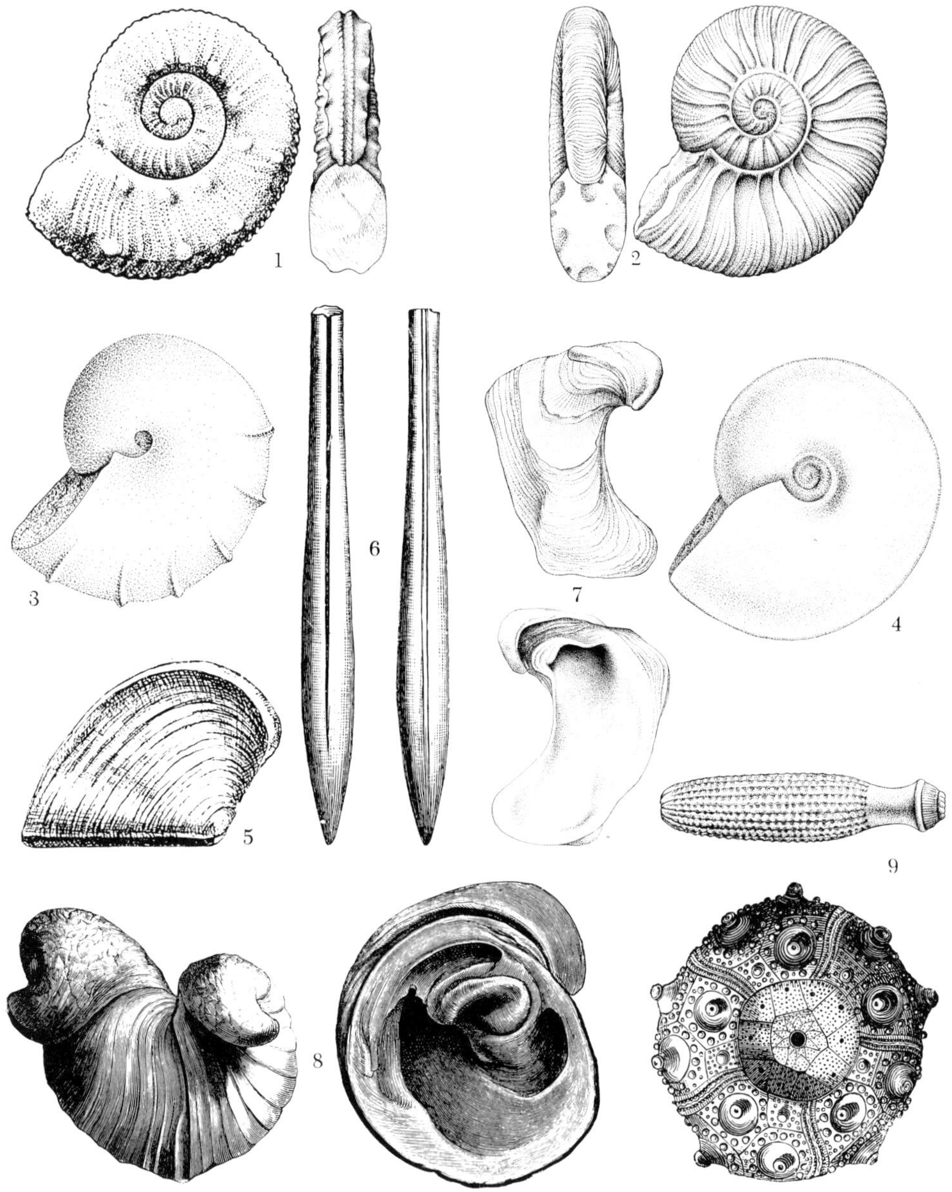

Cephalopoden: 1. *Hybonoticeras beckeri* (NEUM.), ca. 90 mm. – 2. *Virgatites virgatus* (v. BUCH), ca. 70 mm. – 3. *Calliphylloceras ptychoicum* (QUEN.), ca. 100 mm. – 4. *Garniericeras catenulatum* (FISCHER v. WALDH.), ca. 68 mm. – 5. *Laevaptychus laevis* PARK., Hälfte eines Ammoniten-Unterkiefers von außen, ca. 40 mm. – 6. *Hibolites hastatus* (BLAINV.), dorsal und ventral, ca. 70 mm. – **Bivalvier:** 7. *Nanogyra striata* (SMITH), ca. 30 mm. – 8. *Diceras arietinum* LAM., (a) Gehäuse und (b) Innenseite linke Klappe, ca. 100 mm. – **Echinodermen:** 9. *Plegiocidaris coronata* (SCHLOTH.), Corona, n. Gr. 40 mm, und Stachel. (Fig. 1 (Seitenansicht) aus GEYER & GWINNER 1979; Fig. 2, 4 nach ARKELL 1957; Fig. 8b aus NEUMAYR 1895.)

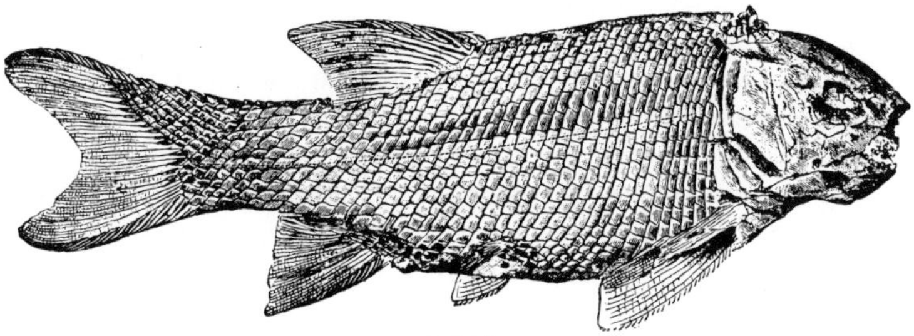

1 (1/6)

2 (1/3)

Actinopterygier (Holosteer): 1. *Lepidotus notopterus* AG. – **Urvogel:** 2. *Archaeopteryx lithographica* (H. v. MEYER)

Die **Fische** hatten im Jura das paläozoische Gepräge, das sie noch in der Trias aufwiesen, nahezu verloren. Aus den hybodontoiden Selachiern entwickelten sich moderne Haie *(Heterodontus, Hexanchus).* Im Lias erschienen bei den Holocephalen die sich von Mollusken ernährenden Chimaeren *(Squaloraja).* Die Chondrosteer waren bis auf wenige Familien und Gattungen *(Coccolepis, Ptycholepis)* verschwunden. An ihre Stelle traten die vielgestaltigen Holosteer *(Aspidorhynchus, Dapedius, Lepidotus, Gyrodus, Microdon, Caturus, Pholidophorus).* Als erste Gattung primitiver Teleosteer erschien im Lias *Leptolepis*; mit ihr begann der Aufschwung der modernsten Gruppe der Actinopterygier in der jüngeren Erdgeschichte.

Die **Amphibien** beschränkten sich, nachdem in der Trias die Nachfahren aus der spätpaläozoischen Blütezeit ausgestorben waren, seither auf die Anuren und Urodelen. Fossile Reste sind selten.

Bei den **Reptilien** starb der Zweig der Therapsida, nachdem ihm die Säuger entsprossen waren, im Jura mit den Tritylodontiern aus. Dafür erreichten die Ichthyopterygier und Sauropterygier während des jüngeren Mesozoikum in vielseitiger Anpassung ihre stärkste Entfaltung. Die jurassischen Meere waren von den breit- und langflossigen Ichthyopterygiern *(Ichthyosaurus, Stenopterygius)* und Sauropterygiern *(Plesiosaurus)* bevölkert; zu ihnen traten unter den Anapsiden die Schildkröten mit rückgebildetem Panzer und unter den Archosauriern als deren einzige meeresbewohnende Gruppe die Krokodile *(Metriorhynchus, Steneosaurus, Geosaurus).* Die berühmte Fundstelle im Posidonien-Schiefer von Holzmaden in Württemberg hat zahlreiche vollständige, sogar mit Abdruck der Flossensäume erhaltene Skelette vieler dieser Meeresbewohner geliefert. Auf dem festen Land, im Süßwasser und in der Luft lebte die Mehrzahl der übrigen Archosaurier. Bei den Saurischiern und Ornithischiern waren es teils flinke, bipede, in ihrer Gestalt Känguruh-ähnliche mittelgroße Raubtiere *(Compsognathus, Megalosaurus)*, teils plumpe, Pflanzen-fressende Zweifüßler oder Vierfüßler *(Stegosaurus, Brachiosaurus)*, die riesige Körpermaße erreichten. Unter den übrigen Landbewohnern seien die ältesten Sauria (Lacertilia) unter den Schuppenechsen (Squamata) erwähnt, die mit mehreren Stammlinien im höchsten Jura ihre Entwicklung begannen. Die Pterosaurier *(Dorygnathus, Rhamphorhynchus, Pterodactylus)* gingen von einer kletternd-flatternden oder -gleitenden Lebensweise der vermuteten Ahnen mit Hilfe der zwischen den Beinen und den stark verlängerten vierten Fingern ausgespannten Haut zum Fliegen über.

Wenig später als die Flugsaurier erschienen die heutigen Beherrscher des Luftraumes, die ersten Vögel. *Archaeopteryx* aus dem Solnhofener Plattenkalk des höchsten Jura weist in der Bezahnung, dem Besitz eines durch Wirbel gegliederten Schwanzskeletts und freier Finger noch deutliche Zeichen seiner Abstammung von den Reptilien, wahrscheinlich von Thecodontiern oder von theropoden Dinosauriern auf.

Von der Trias an (und bis in die obere Kreide) wurden die Stammlinien, die von therapsiden Vorfahren zu den Mammalia führten, nur von Kleinstformen (bis 100 g Körpergewicht) gebildet. Die im Kimmeridge sich entwickelnden Multituberculata *(Ctenacodon)* lassen sich mit einiger Wahrscheinlichkeit an die Haramiyiden des Rhät-Lias *(Microlestes)* anschließen; Vertreter aus dem mittleren Jura sind bisher noch nicht gefunden worden. Im übrigen stehen die Multituberculata den anderen mesozoischen Säugern am fernsten; sie sind Pflanzenfresser und ihre Kiefer zeigen keine Spur von akzessorischen Kieferknochen, die bei allen übrigen mesozoischen Säugern dieser Zeit noch vorhanden sind.

Die Docodonta *(Borealestes, Docodon)*, die Triconodonta *(Amphilestes, Triconodon)* und die Symmetrodonta *(Spalacotherium)* kennt man durch noch immer seltene Reste aus dem mittleren oder erst jüngsten Jura. Aus den Panthotheria des mittleren *(Amphitherium)* und oberen Jura *(Dryolestes, Paurodon, Peramus)* und ihren unterkretazischen Abkömmlingen dürften die höheren Säuger (Metatheria und Eutheria = Placentalia) hervorgegengen sein. Ihre gemeinsame Wurzel ist erst durch wenige Gattungen aus der höheren Unter-Kreide *(Pappotherium)* und aus Jura/Kreide-Grenzschichten der Mandschurei *(Endotherium)* dokumentiert.

Die **Flora** des Jura stimmt in wesentlichen Zügen mit der spättriassischen überein. Die damals vordringenden und neuerschienenen Farn- und Gymnospermen-Gruppen bestimmten das Bild der Pflanzenwelt bis in die Unter-Kreide (Tab. 16).

Tabelle 16 Pflanzliche Organismen des Jura

Abteilung	Klasse	Ordnung
* Bacillariophyta Haptophyta	* „Diatomeae" Coccolithophyceae	 * Discoasterales (* ? Trias) * Podorhabdales (* ? Perm)
Filicophyta	Eusporangiatopsida * Hydropteropsida	* Ophioglossales
Cycadophyta	Cycadopsida	* † Pentoxylales
Spermatophyta	Coniferae	† Voltziales

Die **Kalkalgen** gingen im O-Nor und Lias stark zurück und wurden erst vom Dogger an wieder häufiger. Hauptsächlich waren es nunmehr die zu den Rotalgen gestellten Solenoporiden *(Solenopora, Pseudochaetetes)*. Die in der Trias so verbreiteten Wirtelalgen waren weniger auffällig *(Goniolina)*.

Gefäßpflanzen. Unter den Farn-Gewächsen (Filicophyta) traten die leptosporangiaten Farne nunmehr in den Vordergrund. Die Matoniaceen *(Phlebopteris, Matonidium)* und die Dipteridaceen *(Clathroplteris, Dictyophyllum)* hatten im Jura den Höhepunkt ihrer Entwicklung. Einen wichtigen Anteil an den jurassischen Floren stellten die Cycas-Gewächse. Die zu ihnen gehörenden Pteridospermae starben in der Kreide aus, mit den Caytoniales *(Caytonia)* und den Pentoxylales stellen sie wichtige verwandte jurassische Elemente. Weitere formenreiche Gruppen entwickeln sie mit den Nilssoniales *(Nilssonia)* und den Bennettitales *(Williamsoniella)*. Stammesgeschichtlich ähnlich wichtig waren die *Ginkgo-Gewächse,* deren häufigste jurassische Gattung *Ginkgoites* lediglich stärker geteilte Blätter als die heutige Gattung *Ginkgo* besaß. Alle diese Gymnospermen waren, wenigstens teilweise, neben den Nadelhölzern als Kohlenbildner wichtig. Häufigere Coniferae waren *Cheirolepis* und *Podozamites.* Manche Gruppen hatten bereits „Angiospermen-Merkmale" entwickelt, wie die Caytoniales und Bennettitales; der Ursprung der Angiospermen dürfte wohl auch im älteren Jura zu suchen sein, wirklich beweisende Fossilien fehlen jedoch.

Allgemeine Züge

Paläogeographie (Kontinent/Platten-Drift), Paläopol-Lagen und **Klimazonen.** Das paläogeographische Bild des Jura unterschied sich im großen und ganzen nur wenig von der aus dem jüngeren Paläozoikum bis in die Trias überkommenen Verteilung von Kontinenten und Ozeanen. Die gondwanischen Kontinent-Verbindungen waren geblieben; insgesamt schob sich der Gesamtbereich jedoch nach N, wodurch Antarktika aus dem engeren Südpolar-Bezirk herausrückte. Am Nordrand Gondwanas erweiterte sich der Tethys-„Golf" nach W, der S' N-Atlantik wurde zu einem breiteren Ozean als vorher in der Trias. Der Nordpol rückte aus seiner Lage im asiatischen Kamtschatka-Bereich in eine der heutigen ähnliche Position im arktischen Meeresgebiet. Die Pole waren vermutlich eisfrei, der Tropengürtel daher breit, das Klima ziemlich gleichmäßig warm, mit Anzeichen für nur wenig kühlere Polar-Regionen („nördliche" = „Boreale Provinz").

Paläobiogeographie. Faunen- und Florenreiche. Wie die Trias begann auch der Jura mit einer erdweit recht einheitlichen Besiedlung, die ihren Ausdruck in der fast übereinstimmenden Zonenfolge des europäischen, indonesischen und S-amerikanischen Lias und Dogger findet. Immerhin bestanden gewisse Unterschiede. Im obersten Dogger bahnte sich eine Aufspaltung in zwei faunistische Regionen an, die Tethys-Provinz mit *Phylloceras, Lytoceras, Perisphinctes, Berriasella*, und die „nördliche" Provinz mit *Cadoceras, Virgatites, Buchia* als bezeichnenden Gattungen. Durch zahlreiche andere Organismen-Gruppen wird der Gegensatz beider Regionen unterstrichen.

Die jurassischen Pflanzen waren recht gleichförmig über die ganze Erde verteilt. Aus der Arktis wie der Antarktis sind arten-reiche Floren bekannt. Allerdings wuchsen hier überwiegend Nadelhölzer, während sich Farn- und Cycas-Gewächse auf niedere Breiten beschränkten.

Klima und **Umwelt.** In der geographischen Verteilung der Organismen spiegeln sich augenscheinlich klimatische Unterschiede wider. Das Tethys-Reich deckte sich etwa mit der damaligen tropischen Zone. Die klastische, kalk-arme, von Riffbauten freie Gesteinsfolge des borealen Jura entstand in etwas kühleren Gewässern. Insgesamt herrschte im Jura auf der ganzen Erde ein wärmeres Klima als heute; die Paläo-Temperatur der mittel-europäischen Meere betrug, nach Messungen vorzugsweise an Belemniten-Rostren, im Malm 20–27° C. Diese Beobachtungen decken sich mit der Vorstellung einer breiten äquatorialen Zone, wie sie sich auch aus den paläomagnetischen Daten ableiten läßt.

Im Lauf des Jura scheinen sich die Klima-Gegensätze verschärft zu haben. O-Nor und älterer Jura stellten wohl eine mehr ausgeglichen-humide Zeitspanne dar. Kohlen und Eisen-Oolithe waren verbreitet, Salze und Riffkalke selten. Vom Ende Dogger ab steigerte sich – etwa gleichzeitig mit der Absonderung einer borealen Provinz – die Karbonat-Sedimentation im Tethys-Bereich. Der Malm war, wie Silurium, Mittel-Devon, Unter-Karbon und Mittel-Trias, eine der großen Epochen der Riff- und Karbonat-Bildung. Im Zuge dieser Entwicklung wurde das Festland trockener. Die kontinentalen Sedimente gewannen lebhaftere Farben, Gips- und Salz-Lager sind häufiger.

Krusten-Bewegungen (Epirogenese/Tektogenese) und **Magmatismus.** Gegenüber der regressiven, „geokraten" Trias-Zeit, vor allem nach der besonders starken Zurückdrängung des Meeres in den Geosynklinen im O-Nor, war der Jura wiederum eine transgressive, „thalattokrate" Epoche. Weite Kontinent-Flächen wurden von den

Geosynklinen aus unter Wasser gesetzt, wobei die erste Überflutungs-Welle in den tiefen Lias, die zweite in den Oberdogger-Oxford fiel:

Unter-Kreide (Valangin) (Berrias)	Regression	(NW-Deutschland, S-Deutschland, NW-, W- und SW-Europa)
Tithon	Regression	(NW-Deutschland: am Ende des Tithon; S-Deutschland, Schweizer Jura)
	Transgression	(NW-Deutschland: zu Beginn des Tithon; E-Europa, Arktis)
	Jung-kimmerische (nevadidische) Faltungs-Phasen (NW-Deutschland, Sierra Nevada)	
Kimmeridge/Oxford	Höchststand der jurassischen Meere	
Callov	Transgression	(Böhmische Masse, Ardennen, E-Deutschland, E-Europa, Sibirien, Arktis, Syrien, Arabien, E-Afrika, Felsen-Gebirge)
Mittel-Dogger	Transgression	(Böhmische Masse, Zentral-Massiv, E-Deutschland, Moskauer Becken, E-Afrika)
Unter-Dogger	Regression	(N-Deutschland, NW-Europa)
Ober-Lias	Transgression	(Sibirische Tafel)
	Regression	(S-Baltikum)
Mittel-Lias	Transgression	(Franken, Pariser Becken, S-Baltikum, Arktis)
Unter-Lias	Transgression	(Mittel-, W- und NW-Europa, S-Baltikum, W-Alpen, Balkan, Zirkum-pazifisches Gebiet, Lena-Wilui-Gebiet)

Die großen alpidischen Geosynklinen durchschritten im höheren Jura ihr Tiefsee-Stadium, vergleichbar dem Unter-Karbon in der Variszischen Ära. Radiolarite und Aptychen-Schiefer sind von den Alpen bis in den Umkreis des Stillen Ozeans verbreitet. Häufig sind mittel-saure bis basische unter-meerische Ergüsse mit ihnen verknüpft, vor allem in Indonesien und rund um den Pazifik. Ein Teil des Kordilleren-Trogs wurde im Malm zu den von Alaska bis Mexiko reichenden Nevadiden aufgefaltet. Riesige granodioritische Plutone nahmen den Kern dieses Gebirgsstranges ein. Die übrigen Geosynklinen, im besonderen die alpinen, blieben von orogenen Vorgängen nahezu unberührt. Dagegen waren jung-kimmerische Bewegungen in Form der Bruchfaltung auf den Vorlandstafeln Mittel- und W-Europas recht verbreitet.

Rückblick. Die Fülle der Versteinerungen, besonders von marinen Wirbellosen, hat die Erforschung des Jura früh angeregt. Die Methoden der stratigraphisch-paläontologischen Beschreibung, der Zonen-Gliederung, Leitfossil-Kunde und der marinen Tier-Geographie der Vorzeit sind großenteils an den Ablagerungen dieses Zeitabschnittes entwickelt worden. Die Lage der Kontinente und Ozeane war nur wenig von derjenigen der Trias-Zeit verschieden („Prädrift-Lage"); erst im Lauf des Jura und dann deutlich ab der Kreide begannen grundlegende Verschiebungen (eigentliche „Drift der Kontinente" bzw. der Lithosphäre-Platten). Das Klima war ausgeglichen und warm, vor allem in den jüngeren Stufen, in denen helle Kalke überwiegen. Die alpidischen Geosynklinen erlangten im Zusammenhang mit der allgemeinen, im Malm gipfelnden Transgression ihre größte Tiefe. Kurz vor dem Beginn der Kreide setzten in ihnen die ersten Faltungen ein.

Ergänzende Schriften

ALDINGER, H. (1968): Die Paläogeographie des Schwäbischen Jurabeckens. - Eclogae geol. Helv., *61*/1, S. 167-182; Basel.

ARKELL, W. J. (1967): Jurassic of the World. - 806 S., Edinburgh.

BARTHEL, K. W. (1978): Solnhofen. Ein Blick in die Erdgeschichte. - 393 S.; Thun (Ott).

BRINKMANN, R. (1929): Statistisch-Biostratigraphische Untersuchungen an mitteljurassischen Ammoniten über Artbegriff und Stammesentwicklung. - Abh. Ges. Wiss. Göttingen, Math.-Phys. Klasse, N. F., *13*/3, 249 S.; Berlin.

COPE, J. C. W. et al. (1980): A correlation of Jurassic rocks in the British Isles. Part I and II. - Geol. Soc. London, spec. Pap., *14*: 73 S.; *15*: 109 S.; London.

HALLAM, A. (1975): Jurassic environments. - 269 S.; Cambridge (University Press).

HÖLDER, H. (1964): Jura. - Handb. stratigr. Geol. *4*, 603 S.; Stuttgart.

KAUFFMAN, E. G. (1978): Benthic environments and Paleoecology of the Posidonienschiefer (Toarcian). - N. Jb. Geol. Paläont, Abh., *157*: 18-36; Stuttgart.

KREBS, B. (1975): Zur frühen Geschichte der Säugetiere. - Natur und Museum, *105* (5), S. 147-155; Frankfurt a. M.

KRYMGOLZ, G. Y. (1972): Jurskaja Sistema. - In: Stratigrafija SSSR (D. V. NALIVKIN, Hrsg.), 524 S.; Moskau.

NORLING, E. (1972): Jurassic stratigraphy and foraminifera of Western Scania, Southern Sweden. - Sver. Geol. Undersökn., Ser. C a, Nr. 47, 120 S.; Stockholm.

OPPEL, A. (1856-1858): Die Juraformation Englands, Frankreichs und des südwestlichen Deutschlands. - 857 S.; Stuttgart.

OSTROM, J. H. (1975): The origin of birds. - Ann. rev. Earth and Planet. sci., *3*, 55-77.

QUENSTEDT, F. A. (1858): Der Jura. - 842 S., dazu Atlas; Tübingen.

RIEGRAF, W., WERNER, G. & LÖRCHER, F. (1984): Der Posidonienschiefer. - 196 S.; Stuttgart (Enke)

SCHMIDT-KALER, H. & ZEISS, A. (1973): Die Juragliederung in Süddeutschland. - Geol. Bavarica, *67*, S. 155-161; München.

URLICHS, M., WILD, R. & ZIEGLER, B. (1979): Fossilien aus Holzmaden. - Stuttgarter Beitr. Naturkde., Ser. C, *11*: 1-34; Stuttgart.

WIEDMANN J. (1968): Das Problem stratigraphischer Grenzziehung und die Jura/Kreide-Grenze. - Eclogae geol. Helv. *61*/2, 321-386; Basel.

COLLOQUE du Jurassique à Luxembourg 1962: C. R. et Mém. Inst. G.-D. Luxembourg 1962.

COLLOQUE du Jurassique à Luxembourg 1967: Mém. B. R. G. M., *75*, 757 S.; Paris 1971.

X. Kreide

Vorbemerkungen

Umgrenzung und **Gliederung.** Die Bezeichnung Kreide erinnert an die Zeiten A. G. WERNERS, in denen man die „Formationen“ noch gänzlich nach ihren Gesteinen zu kennzeichnen suchte. Die ersten Erforscher des von J. B. OMALIUS D'HALLOY 1822 so benannten „Terrain crétacé“: W. D. CONYBEARE, J. PHILLIPS, G. MANTELL und W. H. FITTON in Groß-Britannien, A. BRONGNIART und G. CUVIER in Frankreich, J. F. L. HAUSMANN, FR. HOFFMANN und F. A. ROEMER in Deutschland, J. THURMANN in der Schweiz sahen jedoch bald, daß nur bei gebührender Beachtung der organischen Reste gesicherte Fortschritte zu erzielen seien. Der Versteinerungsreichtum der südfranzösisch-westschweizerischen Kreide gab den dort zwischen 1840 und 1870 tätigen Geologen E. D'ARCHIAC, A. LEYMERIE, A. D'ORBIGNY, H. COQUAND und E. HÉBERT einen Vorsprung, der sich in der Benennung der Stufen widerspiegelt:

		65 Millionen Jahre
Ober-Kreide	Maastrichtium Campanium Santonium Coniacium Turonium Cenomanium	
		97,5 Millionen Jahre
Unter-Kreide	Albium Aptium Barrêmium Hauterivium Valanginium Berriasium	
		144 Millionen Jahre

Unter- und Ober-Kreide sind im N' Europa häufig petrographisch unterschieden, indem die tiefere Abteilung überwiegend aus Tonen und Sanden, die höhere aus hellen Kalken besteht. Die Unterabteilungen und Stufen sind paläontologisch begründet. Hauptleitfossilien stellen die Ammoniten, Belemniten, Inoceramen und Foraminiferen; Seeigel, sowie die Muschelgruppe der Rudisten und Coccolithen treten ergänzend hinzu. Mit der Maastricht/Dan-Wende starben viele dieser Gruppen aus; das früher zur Kreide gestellte Dan wird deswegen jetzt dem Tertiär zugeordnet.

Die **Verbreitung** des Systems schließt sich in großen Teilen Europas der des Jura an. Im N-deutschen, S-deutschen, im Anglo-Gallischen und Moskauer Becken bildet der Jura den Rand und Boden der Schüssel, während die Kreide das Innere einnimmt. Außer diesen Senkungsfeldern wurden auch manche Hochgebiete, wie die Böhmische Masse und der Nordteil des Ardennisch-Rheinischen Gebirges, von Kreide-Ablagerungen überdeckt. Auch in den Alpen und in S-Europa schließt sich die Kreide dem älteren Mesozoikum an und nimmt vor allem in den Französischen und Schweizer Alpen größere Flächen ein. Von wichtigen außer-europäischen Kreide-Gebieten seien N-Amerika, die S-amerikanischen Anden und Australien genannt. Auf den Gondwana-Kontinenten ist kontinentale Kreide weit verbreitet, an ihren Rändern greift i. w. die marine Ober-Kreide randlich über.

Große Flächen nimmt die Kreide auf dem Boden des W'-Pazifik, des Atlantiks beiderseits zwischen dem Mittelatlantischen Rücken und den jeweils benachbarten Kontinenten, im Indik und um Antarktika ein (Fischer & Heezen 1971; Vine 1970). Hier sind besonders von der „Mittel"-Kreide an breite Streifen neuer Kruste durch den Vorgang der Ozeanboden-Ausweitung („sea-floor spreading") entstanden (Abb. 65).

Hauptgebiete (Übersicht 17, sowie 13; Abb. 42–46)

In **Mittel-Europa** entstammen die Grundlinien der kretazischen Paläogeographie dem Oberen Jura. Der Aufstieg der Mitteldeutschen Landbrücke hatte das zuvor einheitliche Jura-Meer in zwei Becken, ein S-deutsches und ein N-deutsches, zerlegt. Das S-deutsche Becken war im Laufe des Malm zu einer Bucht am Nordufer der Tethys geworden und lebte in der Kreide nur vorübergehend wieder auf. Der N-deutsche Senkungsraum gehört zum weiteren Nordsee-Bereich, wo sich mehrere stärker sinkende

Räume herausbildeten (Nordsee-Becken i. e. S., Niedersächsisches und Südmecklenburg-Brandenburgisches Becken, Dänisch-Mittelpolnisches Becken), die einen nur zögernd eintauchenden Block („Pompeckjsche Schwelle“ i. w. S., Ringköbing-Fünen-Schwelle) zwischen sich ließen (Abb. 42). Schon am Ende der Unter-Kreide verwischten sich diese Unterschiede und das Nordsee-Becken gewann mit einem gegenüber heute erweiterten Umriß Gestalt.

Die Meeres-Bewegungen der Kreide bestanden in einer weit ausholenden, zeitweilig durch Rückschläge unterbrochenen Überflutung, der gegen Ende der Kreide ein plötzliches Abebben folgte. Zu Beginn der Unter-Kreide füllten sich die limnisch-brackischen Wealden-Senken NW-Deutschlands und des S-Baltikums mit Salzwasser, das ihnen von der N' Nordsee zuströmte. Danach begann das Meer die alten Uferränder zu überschreiten. Ein erster Vorstoß im Valangin-Hauterive wurde durch einen Rückschlag im Barrême abgeschlossen. Mit dem Apt setzte ein zweiter Vorstoß ein, der im Alb zunehmende Flächen ergriff und im Cenoman-Turon seine größte Ausdehnung erreichte. Die Baltische Straße, die Verbindung zwischen W- und E-Europa, öffnete sich im Oberapt-Alb von neuem. Ein Meeresarm drang sogar, der jurassischen Senkungszone der Regensburger Straße S' der Böhmischen Masse folgend, bis nach S-Deutschland vor. Nach einer rückläufigen Periode folgte im Campan-Maastricht die dritte Transgressions-Welle, die nochmals zur Ausbreitung des Kreide-Meeres führte. Sie wurde durch eine rasche Schrumpfung abgelöst. Die Baltische Straße wurde geschlossen. Lückenlose Profile vom Maastricht zum Paläozän finden sich kaum.

Wiederholt wurde diese Entwicklung durch gebirgsbildende Bewegungen unterbrochen, vor allem die austrische im Alb, die subherzynische im Coniac-Santon und die laramische am Beginn des Tertiär. Sie spielten sich wie im jüngeren Jura vorzugsweise in Mittel- und NW-Deutschland ab und gestalteten das damals angelegte tektonische Gefüge deutlicher. Die Hochschollen der Mittelgebirge grenzten sich als „Rahmen“ schärfer gegen die sinkenden Felder ab; die Salzstöcke setzten ihren Aufstieg fort. Spuren vulkanischer Ereignisse fehlen wie im übrigen deutschen Mesozoikum bis auf einige dünne Tuff-Lagen in der NW-deutschen Ober-Kreide.

Gleich dem Jura sind die Sedimente der Kreide ganz überwiegend marin entwickelt. In der Unter-Kreide herrschen Sandsteine und dunkle Schiefertone. Vom Alb ab stellten sich daneben Kieselmergel ein, die vorzugsweise aus den Resten zerfallener Kieselschwämme aufgebaut sind. Mit dem Cenoman vollzog sich ebenso wie zu Beginn des Malm eine Wendung zu hellen, kalkigen Ablagerungen. Großenteils waren es feine Foraminiferen-, Bryozoen- und Coccolithen-Schlicke, die heute, je nach dem Grade der Diagenese, als Schreibkreide oder Pläner vorliegen. Eingeschaltete, schicht-parallele Lagen von Feuerstein-Konkretionen sind weit verbreitet und wohl frühdiagenetisch angelegt worden. An ihrer Bildung hat der aufgelöste Skelett-Opal von Kieselschwämmen vermutlich den größten Anteil; über die Ursachen der Kieselsäure-Ausfällung gibt es dagegen verschiedene Ansichten. Im Umkreis stark schuttliefernder Festländer herrschte statt der kalkigen Fazies die Quadersandstein-Entwicklung. Die hellen dickbankigen, oft grobkörnigen Sandsteine entstanden im Flachmeer, gelegentlich auch als Fluß- und Dünen-Ablagerungen.

Das stetige Ausgreifen des Kreide-Meeres erleichterte den Austausch der marinen Tierwelt. Schon die Valangin-Fauna NW-Deutschlands hatte kein rein boreales Gepräge mehr; südfranzösisch-alpine Arten hielten den inner-russischen die Waage. Im Apt und Alb machte der Ausgleich Fortschritte, in der Ober-Kreide wurde er vollständig. Bemerkenswert ist eine Einwanderungswelle südlicher Arten, die im Maastricht entweder infolge einer allgemeinen Temperatur-Steigerung oder durch Verlagerung warmer Meeresströmungen bis nach Holland vordrangen.

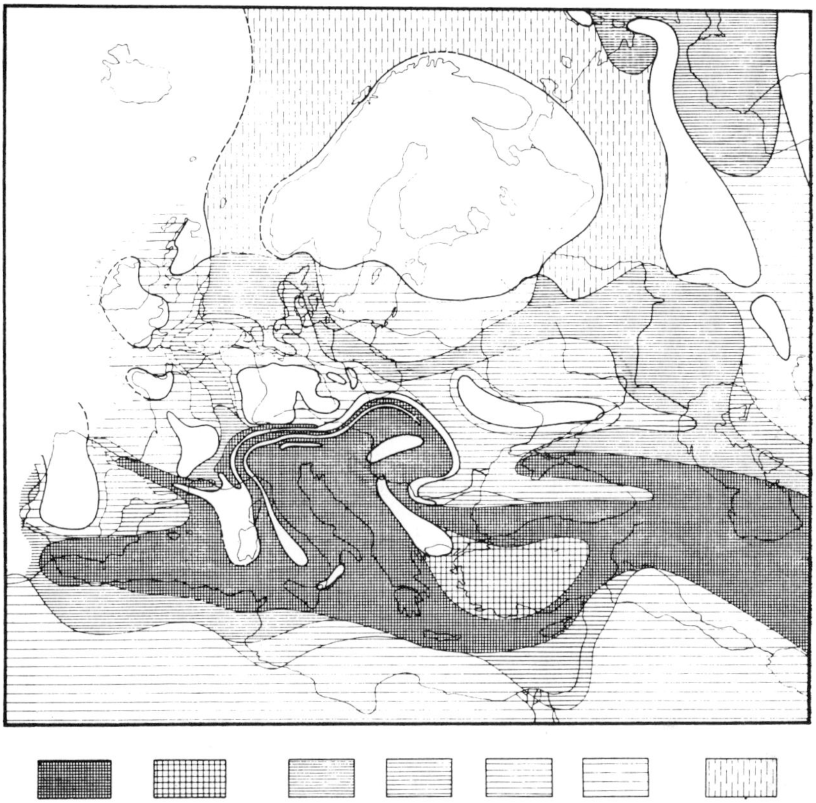

Abb. 42 Paläogeographie der Kreide in Europa

Am N-Rand der Ardennen und des Sauerlandes beginnt die kretazische Überlieferung mit sandig-tonigen, nicht-marinen Wealden-Ablagerungen, die in Talrinnen und Lösungstaschen in karbonischen und devonischen Kalken erhalten geblieben sind. Ein derartiges Vorkommen barg bei Bernissart 24 vollständige Skelette des Dinosauriers *Iguanodon*. Neuere Funde sind bei Brilon gemacht worden. Dann rückte das Meer schrittweise von W nach E vor. Das Alb transgrediert im Hennegau, das Campan-Maastricht bei Limburg-Aachen. Mit dem Dan erfolgte eine rasche Regression.

Westfalen. Im Oberalb-Cenoman sank die Nordflanke der Rheinischen Masse, die vom Perm bis in den Jura beständig Hochgebiet geblieben war, unter den Meeresspiegel und wurde mit > 1500 m Oberkreide-Schichten eingedeckt. Anfangs hatten Faziesverteilung und Paläogeographie wenig mit der jetzigen Gestalt des Westfälischen (Münsterländischen) Beckens gemeinsam (Abb. 43). Erst im Santon stellten sich mit dem Auftauchen der Nordwestfälisch-Lippischen Schwelle im NE und des Holländischen Festlandes im NW nähere Beziehungen zu den heutigen Umrissen des Kreidebeckens ein.

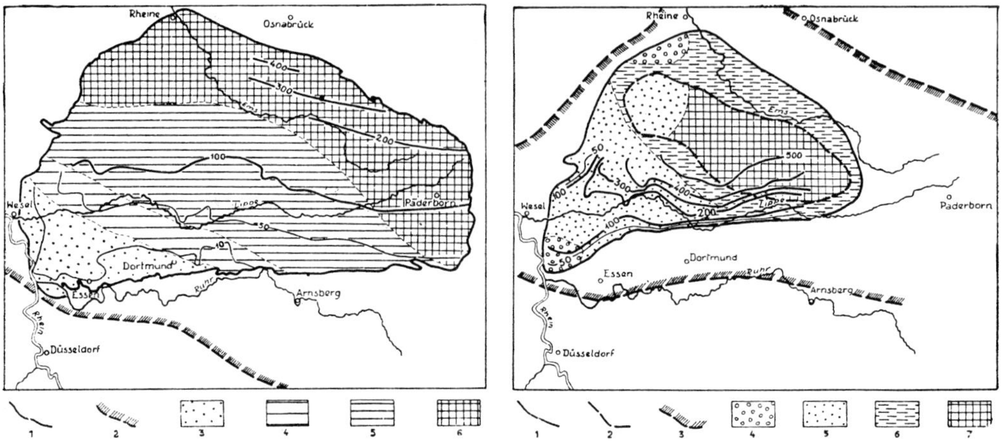

Abb. 43 Fazies- und Mächtigkeits-Verteilung im Westfälischen Kreidebecken (Nach R. Bärtling und D. Wolansky). Links: Cenoman. 1 = heutige Verbreitungsgrenze. 2 = ehemalige Küstenlinie. 3 = gesamtes Cenoman als Grünsand. 4 = Unter- und Mittel-Cenoman als Grünsand. Ober-Cenoman als Mergel und Kalk. 5 = Unter-Cenoman als Grünsand, Mittel- und Ober-Cenoman als Mergel und Kalk. 6 = gesamtes Cenoman als Mergel und Kalk. Rechts: 1 = heutige Verbreitungsgrenze des Santon. 2 = desgleichen des Campan. 3 = ehemalige Küstenlinie. 4 = Sand mit Bruchschill und Geröllen. 5 = Sand und Kalksandstein. 6 = Mergel. 7 = Mergel und Kalk.

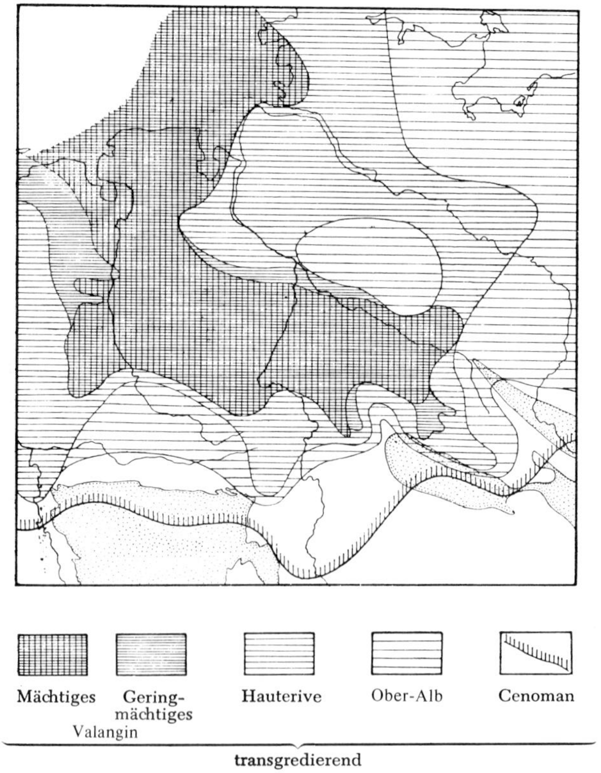

Abb. 44 Paläogeographie der Kreide in NW-Deutschland

Niedersachsen und Harzvorland. Das Hauptsenkungsfeld NW-Deutschlands blieb durch die Unter-Kreide das Niedersächsische Becken. Die Sedimente wurden großenteils vom mittel-deutschen Festland her zugeführt. Zu Beginn der Kreide schoben sich sandige, mit Sumpfwäldern bestockte Deltakegel allseitig in das Brackwasser-Becken des Wealden vor. (Abb. 8, S. 22). Später waren es die marinen Küstensaum-Bildungen des Osning-Sandsteins und des Hils-Sandstein, die sich beckenwärts mit einförmigen dunklen, bis > 1000 m anschwellenden Tonen verknüpften. Der Harz stieg während der Unter-Kreide auf, dabei wurden seine jurassischen Deckschichten abgetragen. Die ausgespülten Toneisenstein-Konkretionen häuften sich am Harzvorland, insbesondere bei Salzgitter, zu Eisenerz-Konglomeraten an, die seewärts in Eisen-Oolithe übergehen (Abb. 45).

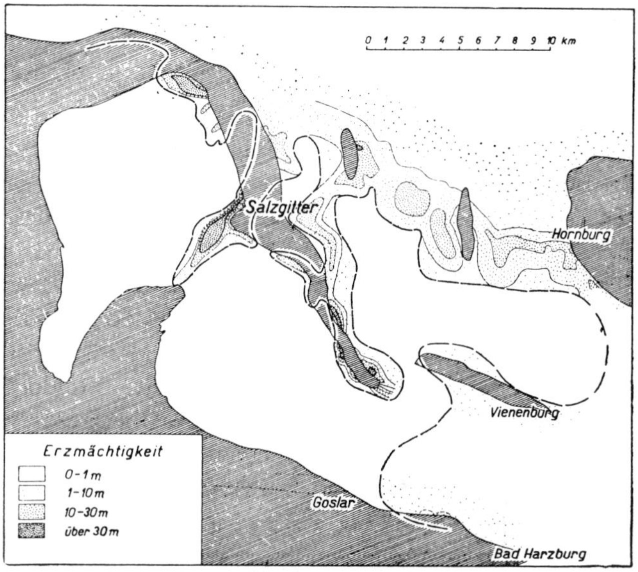

Abb. 45 Küstenverlauf und Trümmererz-Mächtigkeiten in der Unter-Kreide des Harzvorlandes (nach E. Kölbel). Aufragungen vorkretazischer Gesteine schraffiert

Im Cenoman schob sich die Küstenlinie über den Harz hinweg bis nach Niederhessen vor und hielt sich bis Ende Turon auf diesem Stande. Dann setzte im Zusammenhang mit Krustenbewegungen ein Rückzug ein. Im N' Harzvorland breiteten sich Quadersandsteine auf Kosten der Plänerkalke aus. Nochmals kam es zur Bildung von Trümmereisenerzen (Ilsede bei Peine), deren Stoff nunmehr aus Unterkreide-Konkretionen stammt. Die in mehrere Phasen gegliederten subherzynen Bewegungen waren nächst der jung-jurassischen die zweite bedeutsame Bruchfaltung NW-Deutschlands. Neben erneuten Bewegungen an den hannoverschen Salzstöcken bewirkte sie vor allem den weiteren Aufstieg des Harzes und die Schichtaufrichtung an seinem Nordrande. Die ersten Gerölle aus dem paläozoischen Kerngebirge treten im Santon des Harzvorlandes auf.

N-Deutschland und das S' Ostsee-Gebiet. Aus der Dänisch-Polnischen Furche, die den Südwestrand Fennoskandiens begleitete, war das Meer im Jura erst spät gewichen. Hier drang es im Valangin zuerst wieder ein und trat erneut, wenn auch nur vorübergehend, mit dem inner-russischen Meere in Verbindung. Erst die große Mittelkreide-Transgression schuf einen breiten Meeresarm, dessen N' Ufer die mittlere Ostsee querte.

Böhmen, Sachsen und Schlesien. Gleich der Ardennisch-Rheinischen Masse, dem W' Eckpfeiler der Mitteldeutschen Festlandsschwelle, wurde auch der E', die Böhmische Masse, von der Oberkreide-Transgression in beträchtlicher Ausdehnung überspült. Im tieferen Cenoman bildeten sich bei beginnender Senkung sandige Flußablagerungen, im höheren breitete sich eine Meeresfläche aus, über die das Riesengebirge, Eulengebirge und der Lausitzer Granit als Inseln aufragten. Kennzeichnendes Sediment ist der landschaftlich hervortretende Quadersandstein.

W- und **NW-Europa.** Die portlandische Hebung hatte Frankreich und die Britischen Inseln fast gänzlich trockengelegt und das Meer einerseits in die N' Nordsee, andererseits in die Alpine Geosynkline und deren unmittelbares Vorland zurückgedrängt. Von diesen beiden Gebieten nahm die Kreide-Transgression ihren Ausgang. Von N-England und SE-Frankreich kamen zwei Meeresbuchten einander entgegen und vereinigten sich im Apt zu einer das Nordmeer mit der Tethys verbindenden Straße. Die Überflutungen des Alb, Cenoman und Maastricht schritten vielerorts über die jurassische Küstenlinie hinaus. Dann folgte wie in Mittel-Europa eine starke Einengung. Auch die Gesteins-Entwicklung ist ähnlich der mittel-europäischen. Die Unter-Kreide ist aus Tonen, Sanden, Grünsanden und Spongien-Kieseltonen („Gaize") aufgebaut, die Ober-Kreide aus etwa 500 m Kreidemergeln und Schreibkreide.

In Frankreich schob sich vom Ober-Valangin ab das Meer wiederum aus der Rhône-Senke in das Anglo-Gallische Becken vor, wobei es etwa der Bahn der O-Nor-Transgression folgte (S. 214). Im Alb erweiterte sich der Meeresarm. Das Cenoman-Meer öffnete von neuem die Straße von Poitou zwischen der Bretagne und dem Zentral-Massiv. Im Ober-Campan begann der Rückzug des Meeres, Ende des Maastricht war er vollendet.

Die Britischen Inseln waren in der tieferen Unter-Kreide fast gänzlich landfest. Nur E-England wurde von einem Ausläufer des borealen Meeres berührt, während in S-England das verbrackte Becken des Purbeck-Wealden bestand. Im Apt wurde dieses Becken Teil einer durchgehenden Meeresverbindung. Die Cenoman-Transgression wandte sich wie in Frankreich vor allem gegen W und teilte die atlantische Festlandsmasse in eine Reihe von Inseln auf.

Alpen und **S-Europa.** Während die mediterrane Tethys an ihrem Außensaum weiterhin an Raum gewann, begannen Faltungen und Hebungen in ihrem Inneren die Meeresfläche einzuengen. In der mittleren und höheren Kreide schuf die erste große alpidische Gebirgsbildung in der penninischen Zone der W-Alpen, in den E-Alpen und in den Dinariden die Grundzüge des heutigen tektonischen Baus. Mit der Orogenese belebten sich die epirogenen Wellungen innerhalb der Geosynkline. Die Schwellen nahmen an Zahl und Amplitude zu. So kam es zur Bildung mächtiger und einförmiger, vorwiegend klastischer Folgen, die in die Tiefseetröge als sogenannter Flysch geschüttet wurden. Der Höhepunkt der Kreide-Transgression wurde in den alpinen Gebieten mit der höheren Ober-Kreide erreicht, wo helle Foraminiferen-Mergel in weiter Verbreitung zum Absatz kamen.

Im Gebiet der Französischen und Schweizer Alpen bestand seit dem Jura der Subalpin-Helvetische Trog. Er bewahrte seine besondere Stellung als jüngere Angliederung an die Alpen-Geosynkline auch in der Kreide und blieb von orogenen Bewegungen wie von der Flysch-Fazies frei. Das Beckentiefste lag in den Französischen Voralpen, dem klassischen Land der Unterkreide-Stratigraphie. Hier setzten sich durch den ganzen Zeitraum hindurch graue Cephalopoden-Mergel in einer Mächtigkeit bis

1500 m ab. Auf den W' vorgelagerten Schelfflächen entstanden gleichzeitig Seichtwasser-Bildungen, in der Unter-Kreide vor allem die hellen Rudisten-Riffkalke und organogenen Trümmerkalke des Urgon. Im helvetischen Anteil des W-alpinen Troges, der die N' Schweizer Alpen umfaßte, war die Wassertiefe geringer als in der subalpinen Senke, Kalke in Urgon-Fazies sind daher häufiger. Vom Cenoman ab nahm die Wassertiefe zu und erreichte mit den Foraminiferen-Kalken der Seewen-Schichten ihren höchsten Stand.

Die Kernzone der W-Alpen wurde vermutlich in der höheren Ober-Kreide durch den Zusammenschub des Inhalts des Penninischen Troges geschaffen. Vor dem Nordhang dieses Gebirges entstand eine Senke, welche mächtige Saumtiefen-Ablagerungen in Flysch-Fazies aufnahm, einförmige Wechselfolgen von Sandstein und Schieferton mit eingestreuten Blockbreccien, die sich von rasch aufsteigenden Schwellen oder von vorwandernden Deckenstirnen gelöst haben dürften.

In den N' Ost-Alpen (N' Kalkalpen) setzten sich die ober-jurassischen Schichten in ähnlicher Fazies in die Unter-Kreide fort (Aptychen-Schichten), vielfach sind sie kieseliger oder mergeliger ausgebildet. Schon früh begannen, wie grobe Schutt-Einstreuungen im Hauterive, Fazieswechsel und lückenhafte Sedimentation bezeugen, gebirgsbildende Bewegungen. Im Alb steigerten sie sich zur Austrischen Phase, Ende Turon erreichten sie mit der Vorgosauischen Phase ihren Höhepunkt. Das Mesozoikum der E-alpinen Geosynkline wurde in Schubdecken übereinandergestapelt. Gleichzeitig dürften in den tieferen Krustenstockwerken, wie sie heute in den Hohen Tauern offenliegen, metamorphosierende und magmatische Vorgänge begonnen haben, die ihren Höhepunkt allerdings erst im Tertiär erfuhren (Tauern-Kristallisation, Intrusion der periadriatischen Plutone). Längs des Kalkalpen-Nordrandes blieb ein Meeresarm offen, von dem im Coniac eine erneute Transgression ausging. Sie hinterließ im Gosau-Becken die bis ins Campan reichenden Konglomerate, fossilreichen Mergel, Hippuriten-Kalke, örtlich auch kohlenführende Süßwasser-Absätze der Gosau-Schichten. Über die Nierental- und Zwieselalm-Schichten des Maastricht setzte sich die Sedimentation kontinuierlich ins Dan (Paläozän) fort.

Die Bayerisch-Österreichischen Voralpen bestehen aus der Füllung zweier Becken, die durch die alpinen Decken-Bewegungen entwurzelt und zusammengeschoben worden sind. Der Flysch-Trog legte sich, etwa gleichzeitig mit den ersten orogenen Bewegungen, N' der Kalkalpen-Geosynkline an. Der ostalpine Flysch besteht aus Sandsteinen mit Breccienlagen, Kieselkalken, grauen und roten Mergeln, die sich sämtlich in beträchtlicher Wassertiefe abgesetzt haben. Fossilien sind außer Lebensspuren selten, doch dürften die Schichten ohne Lücke etwa vom Barrême bis ins Alt-Tertiär reichen. Noch weiter N' lag der Helvetische Trog. Er erstreckte sich von den Schweizer Alpen bis nach Wien und griff mit seinem Nordufer zeitweise beträchtlich auf das Vorland über. Ein erster Vorstoß im Hauterive kam nicht über die Donau hinaus. Der zweite, cenoman-turone, ließ die Regensburger Straße (S. 212) in verbreiterter Form noch einmal aufleben und überflutete die Fränkische Alb. In Franken gehen die Sandsteine und Glaukonit-Mergel bis ins Coniac hinauf, in den Bohrungen des Innviertels bis ins Campan.

Im **W' Mittelmeer-Gebiet** blieben die Tröge und Schwellen seit dem Jura nahezu unverändert. Die mediterrane Kreide besteht in den Flachwasser-Bereichen vorwiegend aus biostromalen Kalken, die sich in den älteren Stufen aus Requienien, in den jüngeren aus Hippuriten und Korallen aufbauen. Absätze des tieferen Wassers und des offenen Meeres sind die porzellanartig dichten Kalke der Maiolica und des Biancone, die sich aus dem obersten Jura in die Unter-Kreide fortsetzen, und in der Ober-Kreide die rötlichen Mergelkalke der Scaglia; sie sind reich an Foraminiferen und anderen Einzellern. Wie in den Alpen begannen gegen Ausgang der Kreide die ersten orogenen Bewegungen. In den Dinariden war die Vorgosauische Gebirgsbildung wirksam. Der Inhalt des Ligurischen Troges (S. 217) wurde von der Laramischen Faltung ergriffen.

In **E-Europa** gehören die Wolga- und Ryasan-Stufe, in ihrer genaueren Einordnung im Grenzbereich Oberjura/Unterkreide umstritten, mit der Unter-Kreide nach Ausbildung und Verbreitung eng zusammen. Nach vorübergehender Regression um die Wende Jura/Kreide nahm ein wechselnd breiter Meeresarm von neuem Teile der Voruralischen Senke ein und bekam Verbindung zur Arktis und von da zum Nordmeer. Vom Ober-Alb an waren die Russische Tafel und die Norddeutsche Senke über Polen hinweg wie schon im Ober-Dogger unmittelbar verbunden. Die Oberkreide-Abfolge E-Europas entspricht in Fazies und Mächtigkeit in großen Zügen der NW-europäischen.

Die Unter-Kreide der **Arktis** schließt sich wie diejenige E-Europas in vielem dem Ober-Jura an. Die Ober-Kreide weicht dagegen vom gewohnten Bild ab; sie ist regressiv und tritt nur an wenigen Orten auf. Auf Grönland besteht sie aus brackisch-limnischen Sandsteinen und Schiefertonen mit marinen Einschaltungen. Bemerkenswert sind die vermutlich in der Unter-Kreide mit nicht-marinen Ablagerungen einsetzenden Vorkommen der grönländischen W-Küste, weil sie eine beginnende Abtrennung Grönlands vom Kanadischen Schild bezeugen.

Asien. In den alpidischen Geosynklinen Zentral-Asiens schob sich die Meeresküste seit dem Ober-Perm allmählich nach N vor. Während der Himalaya, der im Sinne der Plattentektonik zur „südlichen Tethys-Geosynkline" gehört (Abb. 47), ein durchweg marines Mesozoikum aufweist, sind Trias, Jura und Unter-Kreide im Pamir, Karakorum und in Tibet zum erheblichen Teil als kontinentale Angara-Schichten entwickelt. Erst die Oberkreide-Transgression setzte diese Gebiete unter Wasser. Zur selben Zeit wurde die W-sibirische Senke samt Ferghana und S-Tienschan überflutet und damit parallel zur Voruralischen Straße eine weitere Verbindung zwischen der Arktis und der Tethys geschaffen. Auf dem Angara-Festland entstanden während der Kreide in einzelnen Becken bunte, z. T. gipsführende kontinentale Ablagerungen. Sie spiegeln die beginnende, im Känozoikum zunehmende Austrocknung Asiens wider. Man faßt diese jüngsten Glieder der Angara-Abfolge wohl mit dem Tertiär als Gobi- oder Hanhai-Schichten zusammen.

Amerika. Die Zirkum-Pazifische Geosynkline, die vor allem in der Trias als geotektonische und faunistische Einheit hervorgetreten war, wurde im jüngeren Mesozoikum schrittweise eingeengt. In N-Amerika hatte die spätjurassische Gebirgsbildung das Rückgrat der heutigen Kordilleren geschaffen. Entlang der W-Küste sank die Coast Range-Geosynkline ein. In der mittleren und höheren Kreide folgten weitere Faltungsphasen, deren Zeiten nach den radiometrischen Werten der dazugehörigen Granitplutone um 100 Millionen Jahre und um 95–77 Millionen Jahre lagen. Als Vortiefe dieses werdenden Gebirges diente der E' anschließende Felsengebirgs-Trog. Er nahm eine mächtige Abfolge von Konglomeraten, Sandsteinen und Schiefertonen auf, die sich nach E ausdünnten. Im Gefolge der Orogenesen, insbesondere der Laramischen

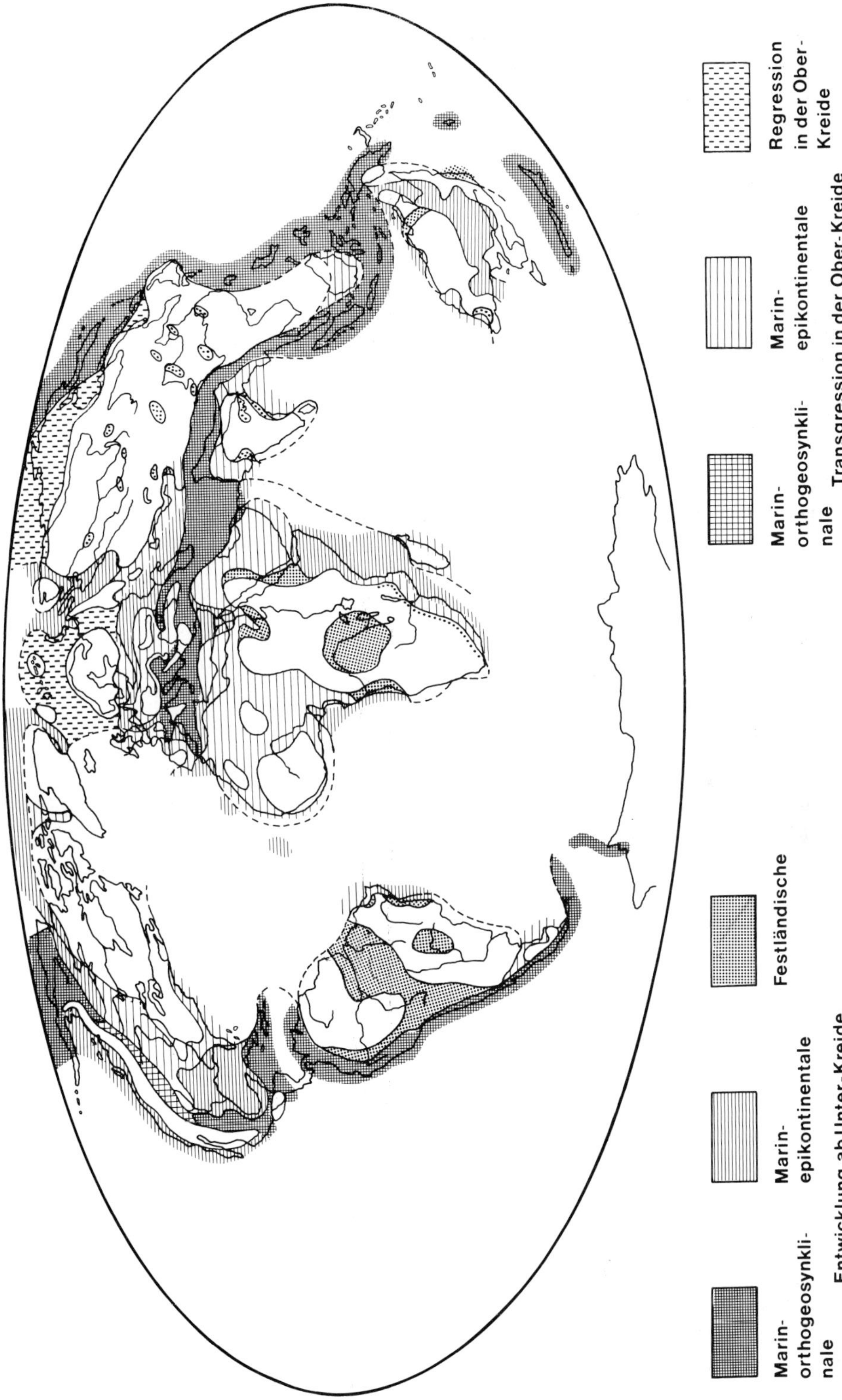

Abb. 46 Paläogeographie der Kreide

Orogenese, der letzten großen, von der jüngsten Kreide bis ins Paläozän reichenden Gebirgsbildung N-Amerikas, zog sich das Meer aus der Vortiefe zurück. Kohlenreiche Ablagerungen breiteten sich aus, die von Alberta im N bis Utah im S durch ihre Führung von Dinosauriern und fossilen Hölzern bekannt sind. Die atlantische Ostküste wurde seit der Appalachen-Faltung erstmals wieder im Ober-Jura (?) bis Unter-Kreide Sedimentations-Gebiet, doch erst im Cenoman griff das Meer auf den Kontinent über. In der Golfküsten-Geosynkline begann die Sedimentation schon früher, wohl in der obersten Trias, mit Steinsalz-Ablagerungen, die zu den verbreiteten Salz-Domen Anlaß gaben. Auf jurassischem Salz, Kalken und Mergeln folgen mächtige, meist karbonatische Sedimente der gesamten Kreide.

Verglichen mit N-Amerika ist das sedimentäre Mesozoikum der **Anden** geringmächtig und lückenhaft; Erguß-Gesteine können die Sedimente fast völlig ersetzen. In der Mittel-Kreide wurde das Meer aus dem Hauptteil des Anden-Troges durch die von Granit-Intrusionen begleitete Hauptfaltung des Gebirges (radiometrisches Alter 95–100 Millionen Jahre) verdrängt. Nur in Venezuela-Kolumbien und in Chile-Argentinien ging die Sedimentation bis ans Ende der Kreide weiter. Eine jung-kretazische Überflutungswelle, welche die Küsten von Peru, Chile, Patagonien und E-Brasilien berührte, fand den Kontinent bereits nahezu in seinen heutigen Umrissen vor.

Afrika gewann ebenso wie Amerika in der Kreide seine gegenwärtige Gestalt. Während die jurassischen Meeres-Ablagerungen nur die Nordküste und den N' Teil der Ostküste begleitet hatten, zeichnete sich die Südspitze des Kontinents in der tieferen, die Westküste in der höheren Unter-Kreide deutlicher ab. Der Südatlantische Ozean, im Perm erstmals angedeutet (S. 164), erreichte damit ungefähr seine heutige Küstenlinie. In der Mittel-O-Kreide überschritt er sie sogar beträchtlich. Damals erlebte Afrika, vor allem die N' Wüstentafel, die größte Überflutung seit dem Alt-Paläozoikum. Der Transgression ging dort eine Senkung voraus, von der die Süßwasser-Absätze des „Continental intercalaire", d. h. des unter-kretazischen Anteils des Nubischen Sandsteins (S. 140) zeugen. In ähnlicher Weise war an der W-Küste der Transgression der marinen Kreide, meist im Ober-Apt/Alb und vielfach mit Salz-Abscheidungen beginnend, eine kontinentale Phase („W-Afrikanischer Wealden") vorausgegangen.

Organischer Inhalt (Tafeln 44–54 und 55)

Fauna. Die Kreide-Periode gehört nach ihrer Fauna entschieden noch dem Mesozoikum an. Die Ammoniten, Belemniten und Muscheln sowie die großen Reptilien, die der Kreide das Gepräge gaben, stehen der jurassischen Tierwelt sehr nahe. Im Erscheinen gewisser fortgeschrittener Gastropoden-Gruppen, im Aufblühen planktischer Mikroorganismen und der beginnenden Entfaltung der Säuger machte sich das Nahen eines neuen Zeit-Abschnittes geltend (Tab. 17).

„Protozoa". Die Kreide war eine Blütezeit der Foraminiferen, bei denen viele neue Familien erschienen oder an Vielfalt der Gattungen zunahmen. Kleinforaminiferen, vor allem Textulariacea *(Verneuilina, Gaudryina)*, Lituolacea *(Spiroplectinata, Marssonella)*, Nodosariacea *(Dentalina, Frondicularia, Lenticulina, Neoflabellina, Vaginulina)*, Buliminacea *(Bolivinoides)*, Cassidulinacea *(Stensioeina)*, Robertinacea

Tabelle 17 Tierische Organismen der Kreide

Stamm	Klasse	Ordnung	
„Protozoa"	: * Phaeodarina	: Radiolaria	
Porifera	: Calcispongiae (i. w. S.)		
	: † Stromatoporoidea		
Tentaculata			
: Bryozoa	: Gymnolaemata	: * Cheilostomata	(* (?) Dogger)
	: * Phylactolaemata		
Articulata			
: Arthropoda			
: Tracheata	: Insecta	: * Siphonaptera	
Mollusca			
: Amphineura	: Polyplacophora	: † Palaeoloricata	
: Conchifera	: Gastropoda		
	: Prosobranchia	: Caenogastropoda	: * Calyptraeacea
			: * Atlantacea
			: * Cypraeacea
			: * Tonnacea
			: * Volutacea
			: * Conacea
			: * Muricacea
			: * Buccinacea
			: † Nerineacea
	: Opisthobranchia	: * Pteropoda	
	: Pulmonata	: * (?) Stylommatophora	(* (?) Karbon)
	: Scaphopoda	: † Hippuritoida	
	: Bivalvia		: * Siphodentaliidae
	: Heterodonta	: † Phylloceratida	
	: Cephalopoda	: † Lytoceratida	
	: † Ammonoidea	: † Ammonitida	
		: † Ancyloceratida	
	: Coleoidea	: * Octopodida	
		: * Sepiida	
Echinodermata			
: Echinozoa	: Echinoidea		
	: Euechinoidea	: † Pygasteroida	
		: † Hemicidaroida	
		: * Echinoida	
		: † Orthopsida	
		: * Clypeasteroida	
Chordata			
: Vertebrata	: Gnathostomata (Pisces)		
	: Teleostomi		
	: Osteichthyes		
	: Actinopterygii	: † Palaeoniscida	
	: Reptilia		
	: † Ichthyopterygia	: † Ichthyosauria	
	: † Sauropterygia	: † Plesiosauria	
	: (Inc. sed.)	: † Trilophosauria	

Tabelle 17 (Fortsetzung)

Stamm	Klasse	Ordnung	
Chordata			
: Vertebrata	: Reptilia		
	: Lepidosauria	: Squamata	: * Serpentes
		: * Choristodera	
	: Archosauria	: † Saurischia	
		: † Ornithischia	
		: † Pterosauria	
	: Aves		
	: * Neornithes	: * † Hesperornithiformes	
		: * † Ichthyornithiformes	
	: * (?) Palaeognathae		
	: * (?) Neognathae		
	: Mammalia		
	: Prototheria s. l.		
	: † Eotheria	: † Triconodonta	
	: Theria		
	: † Trituberculata	: † Symmetrodonta	
	: † Pantotheria	: † Eupantotheria	
	: * Metatheria (Didelphia)	: * Marsupialia (Beuteltiere) U. Ord. Didelphoidea ab U-Kr. (5 weitere U.-Ord. erst im Tertiär)	
	: Klasse inc. sedis	: * Deltatheridiida	
	: * Eutheria (Placentalia)	: * Insectivora	
		: * Primates	
		: * Hyaenodonta	
		: * Condylarthra (26 weitere Ordnungen erst im Tertiär)	

(Epistomina) waren verbreitet. Neben diesen überwiegend benthischen Gruppen nahmen die planktischen Foraminiferen einen entscheidenden Aufschwung; Globigerinacea *(Heterohelix, Planomalina, Schackoina, Rotalipora, Globotruncana)* stellen häufige, erdweit verbreitete, vorzügliche Leitfossilien. Auch die Großforaminiferen strebten ihrem zweiten, im Alt-Tertiär gipfelnden erdgeschichtlichen Höhepunkt zu *(Orbitolina, Dictyoconus, Praealveolina, Orbitoides).* Radiolarien können örtlich häufig sein, sie erreichen jedoch nicht die Bedeutung, die sie im Jura hatten (S. 222). Die gegenüber den anderen Gruppen weniger bedeutsamen Phaeodarina erschienen erstmals in der Kreide. Von großer Bedeutung sind hingegen die möglicherweise zu den Ciliaten gehörenden Tintinnina, die vom Ober-Jura bis in die Unter-Kreide in sonst fossilarmen pelagischen Kalken massenhaft auftreten und Zonierungs-Möglichkeiten bieten *(Calpionellopsis, Calpionellites).*

Die **Poriferen** waren, wenn sie auch seltener als im Jura Riffe aufbauten, doch als wesentliche Gesteinsbildner weit verbreitet. Dies gilt vor allem von den Kieselschwämmen (i. w. S.). Ihr Formenreichtum nahm in allen wichtigen Ordnungen gegenüber dem Jura nochmals zu und war teilweise größer als heute *(Verruculina, Siphonia, Aulaxinia, Ventriculites, Coeloptychium, Coscinopora).* Die gleichfalls häufigen Kalkschwämme *(Peronella, Corynella, Elasmostoma, Petrostoma)* bevorzugten flacheres Wasser als die meisten Kieselschwämme.

Coelenteraten. Auch bei den Korallen traten in der Kreide die Riffbildner zurück. Echte Korallen-Riffkalke kommen in Europa nur in der S-französischen Urgon-Fazies vor. Wohl aber waren die festeren Kalkschlick- und Mergelgründe von Stöcken *(Heterocoenia, Montastraea, Latomeandra, Thamnasteria)*, halbkugeligen Kleinkolonien und Einzelkelchen *(Leptoria, Aspidiscus, Cyclolites, Trochosmilia, Parasmilia)* besiedelt. Neben diesen Scleractinia waren es die Octocorallia, bei denen die Stolonifera, Coenothecalia und Gorgonacea erstmals erschienen, während die Alcyonacea etwas häufiger wurden. Die Hydrozoen gelangten Ende der Kreide an einen Wendepunkt ihrer stammesgeschichtlichen Entwicklungen. Die bisher wichtigen, z. T. in ihrer systematischen Stellung zweifelhaften Gruppen erloschen, an ihrer Stelle begannen lediglich die Trachylinida aufzublühen, die Milleporina und Stylasterina erst zu Beginn des Paläozän (Dan; S. 272; Übers. 18).

Tentaculaten. Die **Brachiopoden** nahmen im Vergleich zum Jura weiter an Häufigkeit ab, im Tertiär verloren sie ihre Bedeutung vollends. In Annäherung an die gegenwärtigen Verhältnisse traten die Terebratulida in den Vordergrund; während die Zeilleriacea in der Unter-Kreide erloschen *(Rugitela)*, wurden die Terebratellacea *(Kingena, Magas, Trigonosemus)* häufiger. Auch die Rhynchonellida waren noch einigermaßen formenreich *(Cyclothyris, Cretirhynchia, Lamellaerhynchia)*. Die schloßlosen Craniacea *(Crania, Isocrania)* erlebten wie die in ihrer systematischen Stellung unsicheren Thecideidina *(Thecidea, Eolacazella, Parathecidea)* eine Nachblüte. **Bryozoen** gediehen vielerorts üppig am Grunde besonders der Oberkreide-Meere; hauptsächlich waren es die Cyclostomata *(Spiropora)* und die vielgestaltigen Cheilostomata *(Lunulites, Onychocella, Coscinopleura)*.

Die Mehrzahl der **Mollusken** entwickelte sich bis ans Ende der Kreide auf den in Trias und Jura eingeschlagenen Bahnen weiter. Um so tiefergreifend war der Wandel um die Wende zum Känozoikum. Vom Maastricht zum Paläozän starben die für das Mesozoikum bezeichnenden Ammoniten, Rudisten, Inoceramen aus, die Belemnitida gelangten mit nur einer seltenen und abgewandelten Gattung ins ältere Tertiär (vgl. S. 287). Die tertiäre Mollusken-Fauna erschien daher beinahe unvermittelt. Nur bei den Gastropoden lag der Entwicklungs-Schnitt bereits etwas früher, innerhalb der Ober-Kreide. Viele der phylogenetisch älteren Caenogastropoda (= Meso- + Neogastropoda) waren am Ende des Jura ausgestorben; in der Kreide vollzog sich ein Wechsel innerhalb der Superfamilien, bei dem sich die Gehäuseformen mit längerer Siphonal-Röhre gegenüber solchen mit kürzerem Ausguß oder solchen mit ganzrandiger Mündung zunehmend durchsetzten. Wichtige Gattungen sind *Potamides, Glauconia, Calyptraea, Aporrhais, Harpagodes, Strombus, Natica, Ampullina, Nerinea, Athleta, Actaeonina* und *Actaeonella*. Die Muschel-Fauna erhielt durch die Hippuritoida („Rudisten“) und die Inoceramen das Gepräge. Die Entwicklung bei den Hippuritoida führte in fortschreitender Anpassung zu Korallen-ähnlichen Gehäuseformen. Die unter-kretazischen Gattungen *Requienia, Toucasia* und *Monopleura* standen ihren jurassischen Vorfahren, den Diceraten, noch recht nahe. In der mittleren Kreide nahm die rechte Klappe unter Verlust der Wirbel-Einrollung eine horn- bis kegelförmige Gestalt an *(Caprina, Caprotina)*, wobei durch zellige Auflockerung der Schale zugleich an Baustoff gespart wurde. Im Barrême erschienen die Radiolitidae *(Radiolites, Sphaerulites, Biradiolites)* und vom Turon an die eigentlichen Hippuritidae *(Hippurites, Pironaea, Vaccinites)*. Bei ihnen wurde die linke Klappe unter Verlust des Ligaments zu einem Deckel rückgebildet, der an zapfenförmigen Zähnen nur noch vertikal beweglich war. Während die Hippuritoida in warmen Meeren lebten und in entsprechenden Ablagerungen als Leitfossilien Bedeutung haben, bevorzugten die Inoceramen (*Inoceramus* in zahlreichen Arten) kühlere Meere und stellen für deren Ablagerungen vorzügliche Leitformen besonders in der

Ober-Kreide. Die übrigen Bivalvier-Ordnungen und Familien waren hingegen schon im Jura von größerer Bedeutung; zu ihren auch in der Kreide wichtigen Gattungen gehören *Nucula* und *Cucullaea, Modiolus, Pinna, Chlamys, Aequipecten* und *Neithea, Aucellina, Buchia, Lima, Gryphaea, Exogyra* und *Ostrea, Trigonia, Cardium, Thracia* und *Pholadomya.*

Die als Leitfossilien wichtigsten Gruppen der Cephalopoden sind die Ammoniten (Ammonoidea) und Belemniten (Belemnitida). Entgegen früherer Ansicht stellte die Jura/Kreide-Grenze keinen tiefgreifenden Einschnitt in ihrer Entwicklung dar. Die Ammoniten überschritten den Grenzbereich in mehreren Entwicklungs-Linien: Die Ancyloceratacea und die Lytoceratacea, von denen sich im Laufe der Unter-Kreide weitere Überfamilien abspalteten, und die Haploceratacea und Perisphinctacea. Die Hoplitacea traten zu Beginn des Valangin auf, im Alb spalteten sich von ihnen die Acanthoceratacea ab (WIEDMANN 1973). Die Phylloceratacea setzten sich als konservative Linie bis ans Ende der Kreide fort. Als typische Ammoniten der mit dem Valangin beginnenden Unter-Kreide können die Desmoceratacea, die Polyptychitinae *(Polyptychites)*, Olcostephaninae *(Olcostephanus)* und die aus dem Ober-Jura heraufreichenden Neocomitinae *(Neocomites)* und Garniericeratinae *(Platylenticeras)* gelten. In der jüngeren Ober-Kreide nahm die Formenfülle deutlich ab, Gattungen mit stark vereinfachter Lobenlinie traten auf („Kreide-Ceratiten“: *Tissotia)*, riesenwüchsige *(Pachydiscus, Parapuzosia)* sowie nunmehr häufiger die von der Ammoniten-Spirale abweichenden, in den Ancyloceratacea zusammengefaßten Gehäuseformen *(Scaphites, Baculites, Neancyloceras).*

Der Entwicklungsgang der Belemnitida war ähnlich dem der Ammonoideen, mit dem Unterschied, daß sie in der borealen höheren Ober-Kreide, zur Zeit des stammesgeschichtlichen Abschwunges der Ammonoideen, zu erstrangigen Leitfossilien aufstiegen. Aus dem Ober-Jura reichte die Gattung *Acroteuthis* bis ins Hauterive und ist mit Arten im Valangin wichtig. Im Hauterive wurde die schon im Jura erschienene Gattung *Hibolites* noch einmal artenreich, im Barrême erschienen *Oxyteuthis* und im Apt-Alb (bis tiefstes Cenoman) *Neohibolites* mit zahlreichen Arten von Leitwert. *Actinocamax* im Cenoman, besonders aber *Gonioteuthis, Belemnitella* und *Belemnella* mit messend zu verfolgenden Entwicklungs-Reihen gaben der höheren Ober-Kreide das Gepräge („Granulaten- bis Lanceolaten-Senon“). Im Tethys-Bereich waren die abweichend gebauten Rostren der Duvalien *(Duvalia)* von Bedeutung. Gleichzeitig mit den letzten Ammoniten verschwand die Formenfülle der Belemniten; ein letzter, sehr seltener Vertreter ist *Bayanoteuthis* im Eozän (vgl. S. 287).

Die **Arthropoden** hatten mit der Kreide im wesentlichen ihre heutige Entwicklungshöhe erreicht; nur noch wenige höhere Taxa befanden sich in schnellerer Umbildung. Bei den nunmehr häufigen Cirripediern finden sich neben gestielten Formen *(Loricula, Scalpellum)* auch aufsitzende mit rückgebildetem Stiel. Die Ostracoden sind mit den Cytheracea und Cytherellidae in formenreicher Entwicklung. Lebhaft entfalteten sich die Decapoden. Bei den Macruren wurden wesentliche jurassische Gruppen schrittweise durch fortgeschrittene kretazische nicht nur in größerer Vielfalt ersetzt, sondern meist zugleich auch aus dem Flachwasser ins tiefere Wasser verdrängt *(Paraclythia, Palinurus, Astacodes, Callianassa, Galathea).* Besonders deutlich nahm die Zahl der Gattungen brachyurer Decapoden zu *(Prosopon, Dromiopsis)*, ein Aufstieg, der sich über das Tertiär bis heute fortsetzt. Um die Wende Jura/Kreide erschienen in kontinentalen Sedimenten E-Asiens die ältesten Flußkrebse (Astacidae: *Astacus*).

Bei den **Echinodermen** waren die sessilen Gruppen den freibeweglichen gegenüber seit langem im Rückgang begriffen. Der einzige aus dem Paläozoikum überlebende „Pelmatozoen"-Zweig, die Crinoidea, nahm während des Mesozoikum an Umfang und Häufigkeit weiter ab; nur die in der Trias beginnenden Articulata haben kretazische und heute lebende Vertreter. Manche Arten sowohl des flacheren als auch des tieferen, ruhigeren Wassers waren in hohem Maße fazies-abhängig und erscheinen daher stark spezialisiert *(Bourgueticrinus, Isocrinus, Austinocrinus*; letztere mit stratigraphisch auswertbaren Stielgliedern). Stiellose, frei-schwimmende Gattungen waren regional häufig und haben auch durch ihre isoliert gefundenen, leicht kenntlichen Thekal-Plättchen Leitwert in der Ober-Kreide *(Uintacrinus, Marsupites)*. Bei den Seeigeln entfalteten sich die zweiseitig-symmetrischen Irregulären mächtig. Die Holasteroida *(Holaster, Echinocorys)*, Holectypoida *(Holectypus, Discoides, Conulus, Galerites)* und Spatangoida *(Toxaster, Micraster)* besiedelten als Sediment-Fresser schlickige und sandige Meeresböden. Neben ihnen behaupteten sich die vorzugsweise auf festem Grund lebenden Regulären (Cidaroida: *Stereocidaris, Tylocidaris*; Salenioida: *Salenia*; Phymosomatoida: *Phymosoma)*.

Unter den **Fischen** traten die Actinopterygier insgesamt im Mesozoikum stärker in den Vordergrund; innerhalb der Super-Ordnungen kam es jedoch zu wesentlichen Verschiebungen: die Chondrostei waren im Jura schon stark zurückgegangen, die Holostei in der Unter-Kreide noch häufig *(Gyrodus, Lepidotus)*, in der Ober-Kreide wurden sie zunehmend durch die Teleostei *(Clupea, Beryx)* verdrängt. Die Selachii zeigten eine bemerkenswerte Zunahme während der Kreide.

Die **Amphibien** sind durch nur wenige Reste vertreten; bei den Lepospondyli erschienen die ältesten Urodela *(Hemitrypus, Hylaeobatrachus?)*.

Die **Reptilien** setzten ihre Entwicklung gleich vielen anderen mesozoischen Tiergruppen in fast unverminderter Vielfalt bis ans Ende der Kreide fort. Wie im Jura bewohnten sie das Meer und die mannigfachen Lebensräume des Festlandes, wobei manche Arten nur wenig hinter den Riesenformen des Ober-Jura zurückblieben, ja sie zuweilen übertrafen. Mit der Wende zum Tertiär starben sie bis auf ihre heute noch lebenden kleinwüchsigeren Nachfahren, die Schildkröten, Eidechsen, Schlangen und Krokodile, aus. In den Kreide-Meeren lebten Meeres-Schildkröten mit rückgebildetem Panzer *(Archelon)* große, Schlangen-ähnliche Eidechsen *(Mosasaurus)*, Ichthyosaurier *(Myopterygius)* und Plesiosaurier *(Elasmosaurus)*. Krokodile lebten sowohl im Meerwasser *(Geosaurus, Enaliosuchus)* als auch im Süßwasser *(Dyrosaurus)*. Als Pflanzenfresser fanden die Ornithischier in Sümpfen, Flüssen und auf dem trockenen Land ihre Nahrung. Hierher gehören der bipede *Iguanodon*, der entenschnabelige *Trachodon* und der mit knöchernen Hörnern und Nackenkragen bewehrte *Triceratops*. Die Feinde dieser meist schwerfälligen Tiere waren fleischfressende, mit starken Raubtier-Gebissen ausgestattete Saurischier *(Megalosaurus, Ceratosaurus, Tyrannosaurus)*. Die Pterosaurier erreichten in der Ober-Kreide mit dem Leichterwerden des Skeletts die höchste Stufe ihrer Anpassung an das Flugleben; mit Spannweiten von 8 m *(Pteranodon)* und, nach neuesten, allerdings nur bruchstückhaften Funden aus der nicht-marinen obersten Kreide N-Amerikas bis 15 m, waren sie die größten Flugtiere, die je gelebt haben. Sie waren offensichtlich warmblütig und zum Teil behaart.

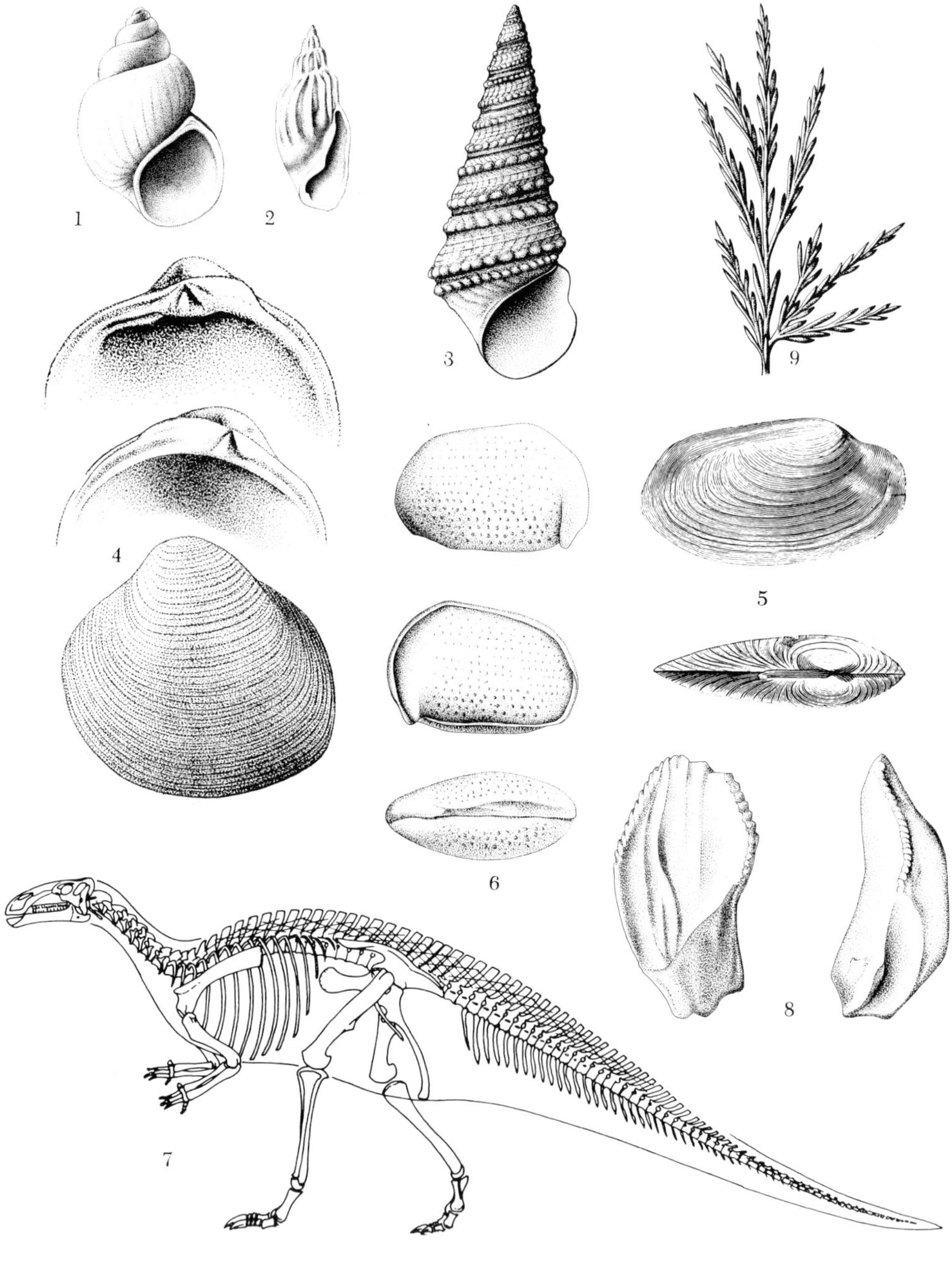

Gastropoden: 1. *Viviparus cariniferus* (J. de C. SOWERBY), ca. 24 mm. – 2. *Ptychostylus harpaeformis* (KOCH & DUNKER), ca. 24 mm. – 3. *Paraglauconia strombiformis* (SCHLOTH.), ca. 25 mm. – **Bivalvier:** 4. *Neomiodon brongniarti* (KOCH & DUNKER), linke Klappe, Schloß rechte und linke Klappe, ca. 25 mm. – 5. *Pseudunio planus* (F. A. ROEMER), ca. 38 mm. – **Ostracoden:** 6. *Cypridea valdensis* (J. SOW. in: FITTON), ca. 1 mm. – **Reptilien:** 7. *Iguanodon bernissartensis* BOULGR., ca. 5 m. – 8. *Iguandon mantelli* OWEN, Unterkieferzahn von innen und hinten, ca. 80 mm. – **Filicophyten:** 9. *Onychiopsis mantelli* (BRONGN.), Zweiglänge ca. 60 mm. – (Fig. 4 nach HUCKRIEDE 1967; Fig. 5 aus WOLBURG 1959; Fig. 7 aus CASIER 1978.)

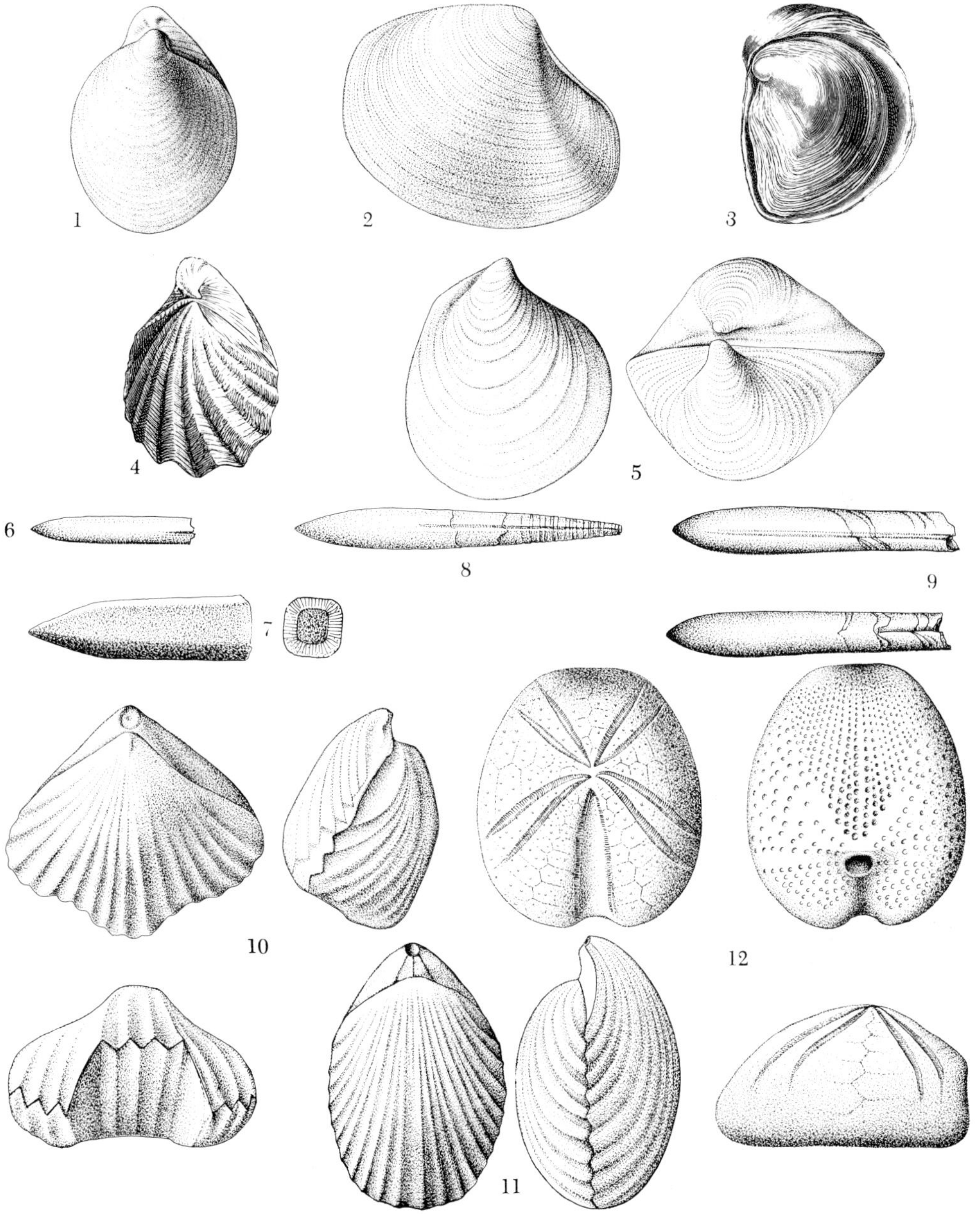

Bivalvier: 1. *Buchia keyserlingi* (LAHUSEN), ca. 35 mm. – 2. *Thracia phillipsii* F. A. ROEMER, ca. 60 mm. – 3. *Exogyra couloni* D'ORB:, ca. 105 mm. – 4. *Inoceramus sulcatus* PARKINSON, ca. 80 mm. – 5. *Inoceramus concentricus* (J. SOW.), ca. 50 mm. – **Cephalopoden:** 6. *Oxyteuthis brunsvicensis* (V. STROMBECK), ca. 70 mm. – 7. *Acroteuthis subquadratus* (F. A. ROEMER), ca. 85 mm. – 8. *Hibolites jaculoides* SWINNERTON, ca. 100 mm. – 9. *Neohibolites minimus* (MILLER), ca. 30 mm. – **Brachiopoden:** 10. *Lamellaerhynchia rostriformis* (F. A. ROEMER), ca. 25 mm. – 11. *Oblongarcula oblonga* (J. de C. SOW.), ca. 20 mm. – **Echinoide:** *Toxaster retusus* (LAM.), ca. 30 mm. (Fig. 1, 2 nach WOLLMANN 1900; Fig. 5 nach KAEVER et al. 1974 und Brit. Mes. Foss. 1962; Fig. 11 nach MUIR-WOOD et al. in: MOORE 1965; Fig. 12 nach KAEVER et al. 1974)

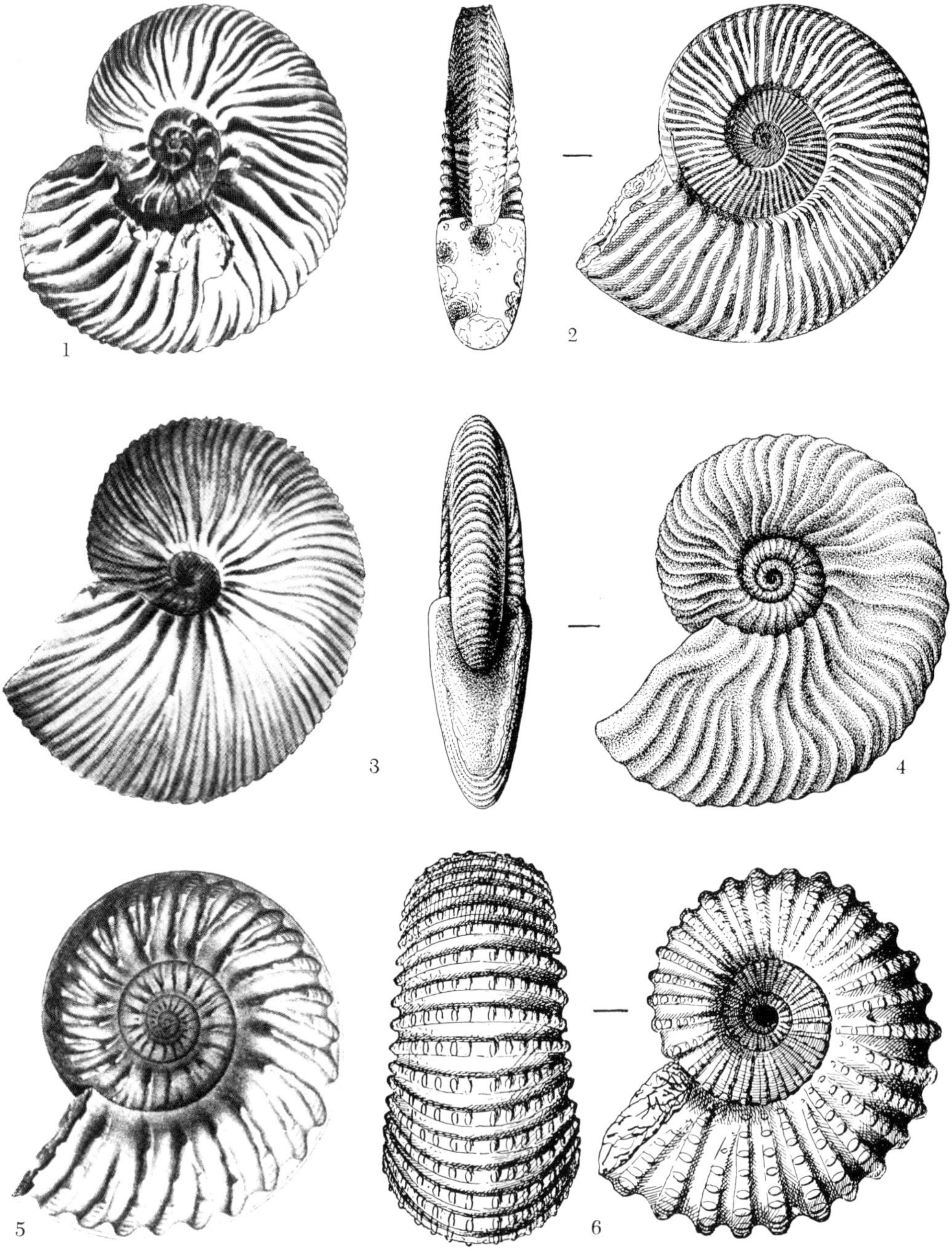

Cephalopoden: 1. *Polyptychites keyserlingi* Neum. & Uhl., ca. 70 mm. –2. *Endemoceras noricum* (Schloth.), ca. 70 mm. – 3. *Simbirskites phillipsi* (F. A. Roemer), ca. 50 mm. – 4. *Deshayesites deshayesi* (Leymerie), ca. 47 mm. – 5. *Mortoniceras inflatum* (J. Sow.), ca. 120 mm. – 6. *Douvilleiceras mamillatum* (Schloth.), ca. 55 mm. (Fig. 4 nach Kemper 1976)

Tethys. Cephalopoden: 1. *Crioceratites emerici* (Lev.), ca. 165 mm. – 2. *Anahamulina subcylindrica* (d'Orb.), ca. 100 mm. – 3. *Macroscaphites yvani* (Puzos), ca. 70 mm. – **Bivalvier:** 4. *Requienia ammonia* (Goldf.), ca. 100 mm. – 5. *Monopleura trilobata* (d'Orb.), Blick auf Wirbelregion, ca. 40 mm. **Nordseebecken. Cephalopoden:** 6. *Platylenticeras heteropleura* (Neumayr & Uhlig), ca. 125 mm. 7. *Hoplites dentatus* (J. Sow.), ca. 110 mm. – 8. *Olcostephanus astierianus* (d'Orb.), ca. 115 mm. – 9. *Tropaeum bowerbanki* (J. Sow.), ca. 350 mm. (Fig. 6 nach Kemper 1976; Fig. 7 nach Arkell 1957)

Bivalvier, *Inoceramus:* 1. *I. labiatus* (SCHLOTH.), ca. 115 mm (Turon). – 2. *I. schloenbachi* BÖHM (= deformis), 85 mm (Turon-Coniac). – 3. *I. lamarcki* J. SOW. (Seitenansicht), ca. 80 mm (Coniac). – 4. *I. undulatoplicatus* F. A. ROEMER, ca. 150 mm (Santon). – 5. *I. crippsi* MANTELL, ca. 90 mm (Cenoman). – 6. *I. balticus* BÖHM, ca. 100 mm (O. Santon – U. Campan). – 7. *I. involutus* (J. SOW.), Seitenansicht, ca. 80 mm (Coniac).
(vgl. auch Taf. 45)

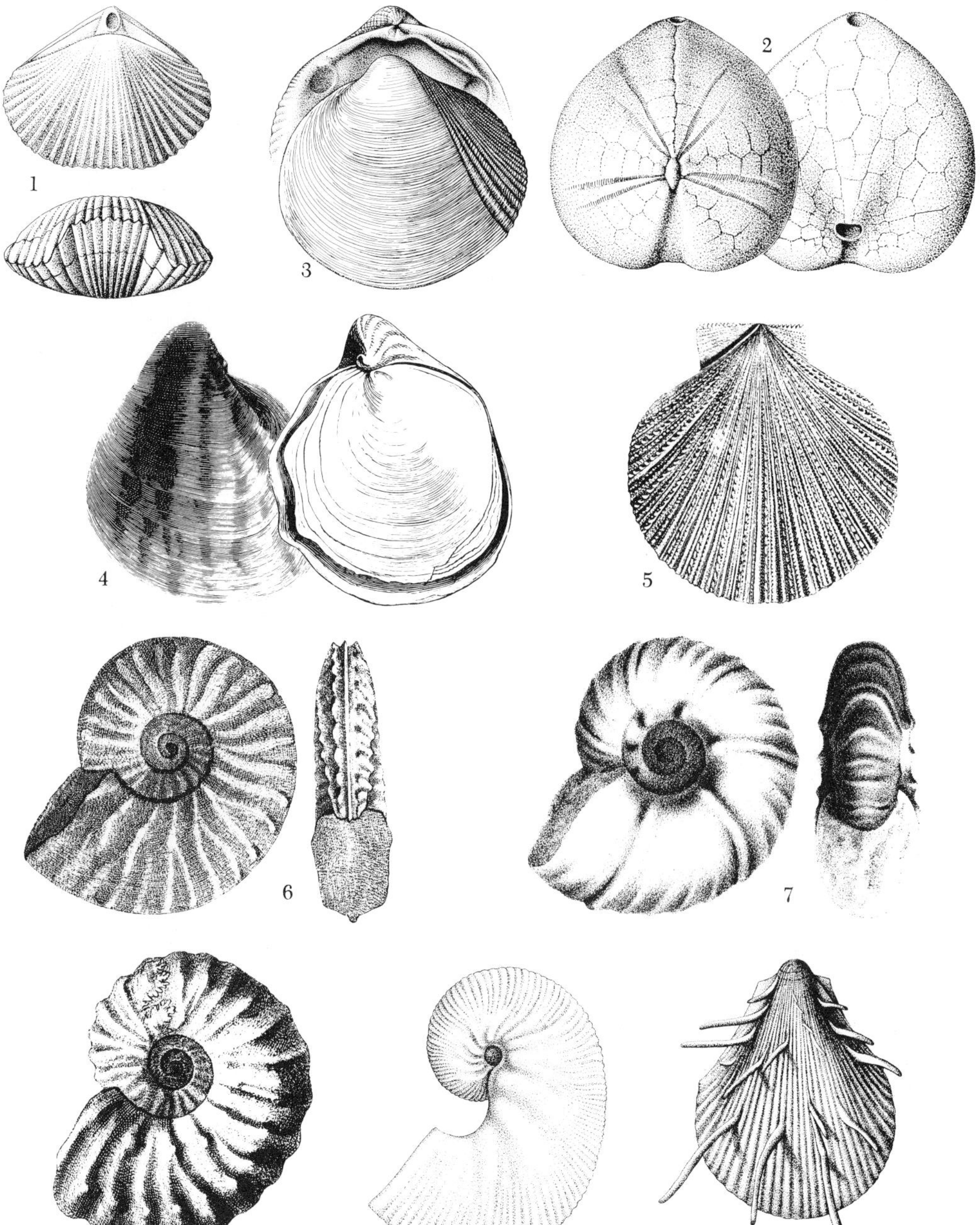

Brachiopode: 1. *Cyclothyris latissima* (J. de C. Sow.) ca. 26 mm. – **Echinoide:** 2. *Holaster subglobosus* (Leske), ca. 42 mm. – **Bivalven:** 3. *Protocardia hillana* (J. Sow.), ca. 40 mm. – 4. *Exogyra columba* (Lam.), ca. 55 mm. – 5. *Aequipecten asper* (Lam.), ca. 56 mm. – **Cephalopoden:** 6. *Schloenbachia varians* (J. Sow.), ca 60 mm. – 7. *Lewesiceras peramplus* (Mant.), ca. 200 mm. – 8. *Acanthoceras rhotomagense* (Defr.), ca. 200 mm. – 9. *Scaphites geinitzi* d'Orb., ca. 50 mm. – **Bivalve:** 10. *Spondylus spinosus* (J. Sow.), ca. 75 mm. (Fig. 1, 3 nach Brit. Mes. Foss. 1962; Fig. 2 nach Wright 1882 und Ernst 1972)

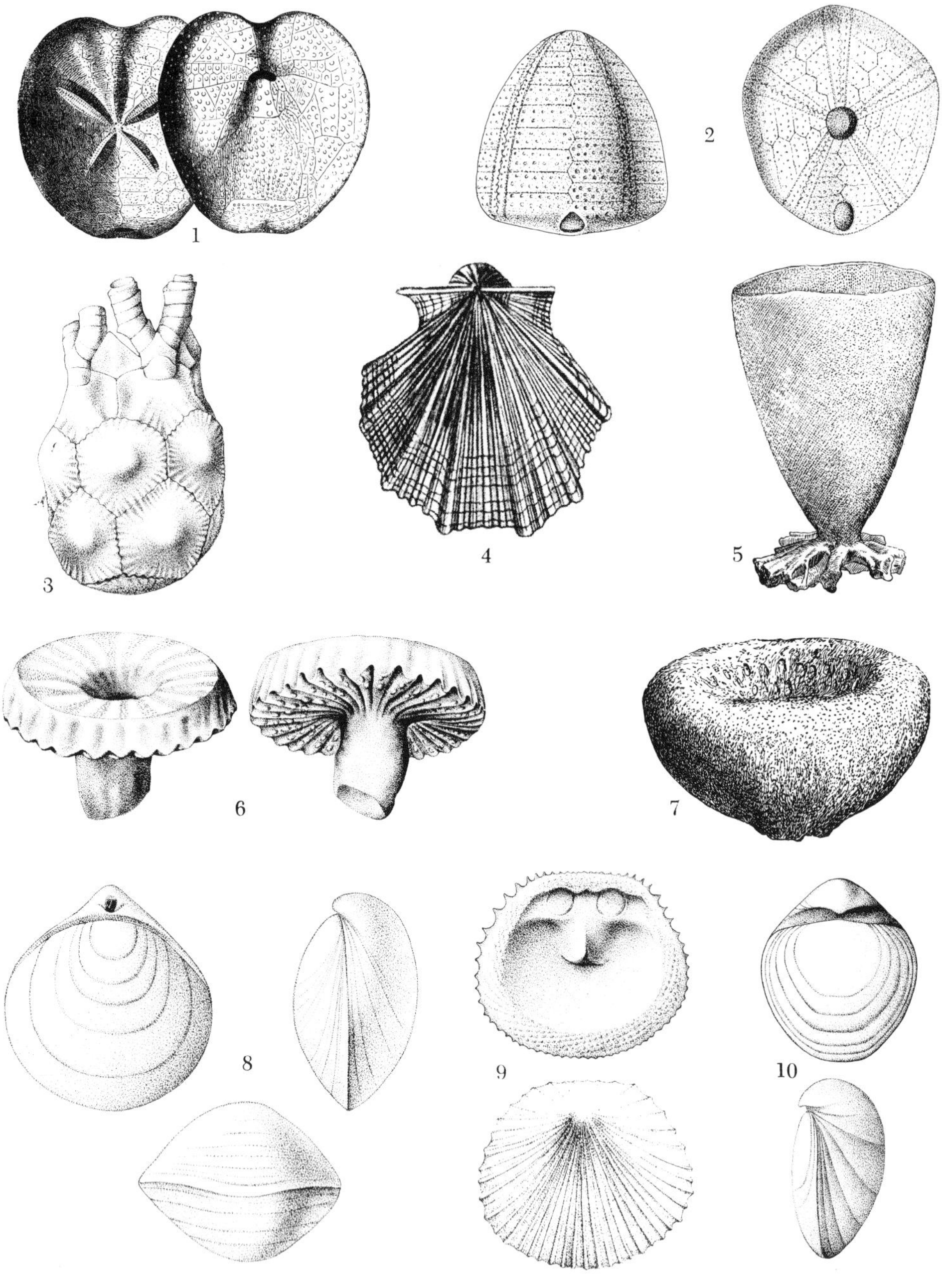

Echinoiden: 1. *Micraster cortestudinarium* GOLDF., ca. 50 mm. – 2. *Conulus subconicus* D'ORB., ca. 28 mm. – **Crinoide:** 3. *Marsupites testudinarius* (SCHLOTH.), ca. 40 mm. – **Bivalvier.** 4. *Neithea quinquecostata* J. SOW., ca. 80 mm. – **Poriferen:** 5. *Coscinopora infundibiliformis* (GOLDF.), ca. 80 mm. – 6. *Coeloptychium agaricoides* (GOLDF.), ca. 80 mm. – 7. *Callopegma acaula* ZITTEL, ca. 45 mm. – **Brachiopoden:** 8. *Carneithyris carnea* (J. SOW.), ca. 35 mm. – 9. *Isocrania ignabergensis* (RETZIUS), ca. 8 mm. – 10. *Magas pumilus* (J. SOW.), ca. 10 mm. (Fig. 10 aus Brit. Mes. Foss. 1962)

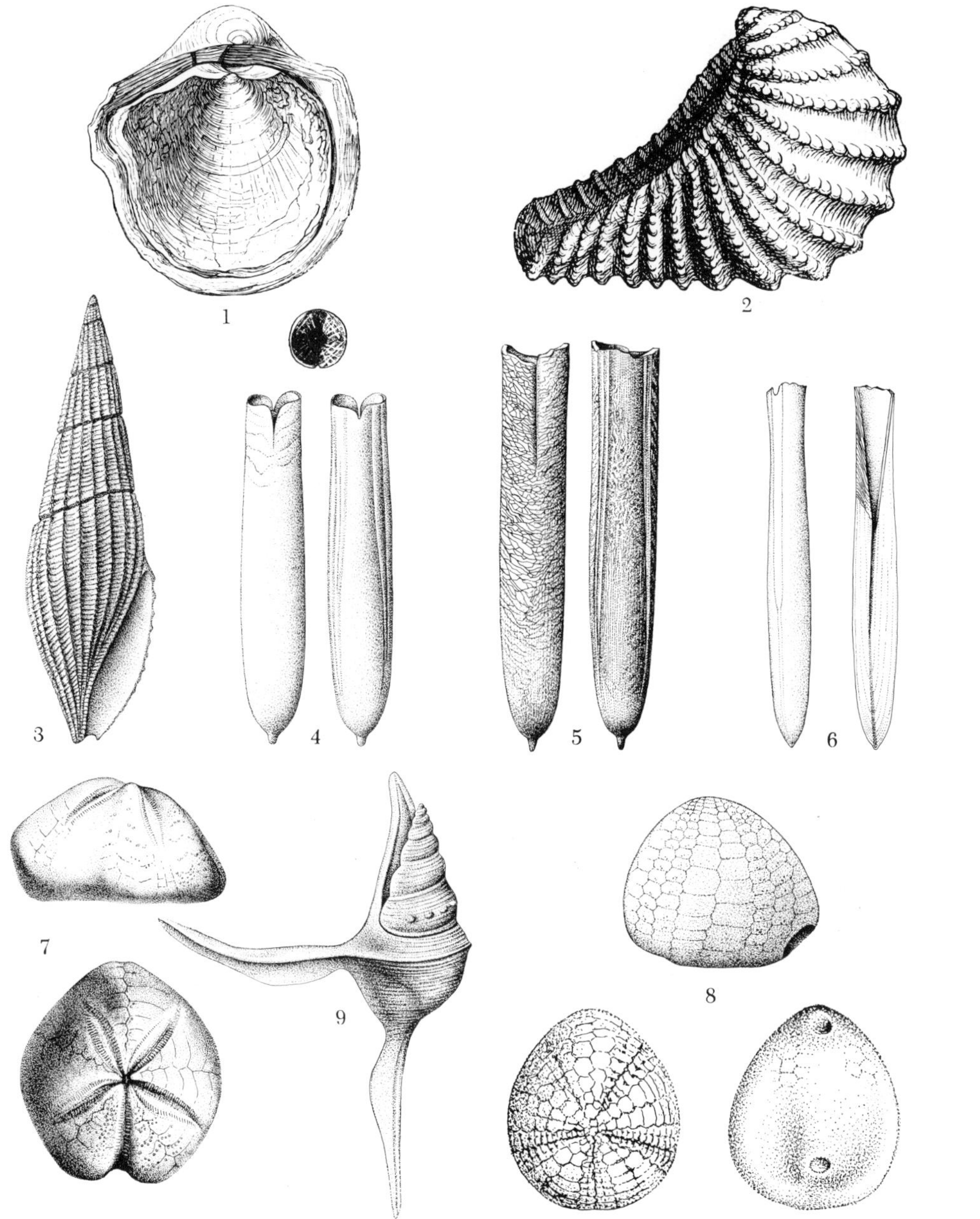

Bivalvier: 1. *Pycnondonte vesicularis* (LAM.), ca. 100 mm. – 2. *Pterotrigonia vaalsensis* (BÖHM), ca. 45 mm. – **Gastropode:** 3. *Volutilithes latevittata* (GRIEPENK.), ca. 45 mm. – **Cephalopoden:** 4. *Gonioteuthis quadrata* (DEFR.), dorsal und ventral, ca. 80 mm. – 5. *Belemnitella mucronata* (SCHOTH.), dorsal und ventral, ca. 130 mm. – 6. *Belemnella lanceolata* (SCHLOTH.), lateral und Längsschnitt, ca. 120 mm. – **Echinoiden:** 7. *Micraster glyphus* SCHLÜTER, ca. 80 mm. –8. *Galeola papillosa* KLEIN, ca. 36 mm. – **Gastropode:** 9. *Aporrhais (Helicantax) buchi* (MÜNSTER), ca. 80 mm. (Fig. 4 nach Brit. Mes. Foss. 1962; Fig. 5 aus Brit. Mes. Foss. 1962: Fig. 6. nach JELETZKY 1948; Fig. 8 nach ERNST 1971)

Cephalopoden: 1. *Pachydiscus wittekindi* (SCHLÜTER), ca. 700 mm. – 2. *Baculites anceps* D'ORB., ca. 30 mm. – 3. *Cirroceras polyplocum* D'ORB., ca. 250 mm. – 4. *Scaphites binodosus* F. A. ROEMER, ca. 65 mm. – 5. *Hoploscaphites constrictus* (J. SOW.), ca. 50 mm. – **Brachiopoden:** 6. *Ancistrocrania parisiensis* (DEFR.) (Innenansicht der Armklappe), ca. 18 mm. – 7. *Trigonosemus pulchellus* (NILSS.), ca.14 mm. – **Echinoide:** 8. *Tylocidaris baltica* (SCHLÜTER), ca. 120 mm. (Fig. 5 nach ARKELL 1957; Fig. 7 nach WOLLMANN 1902)

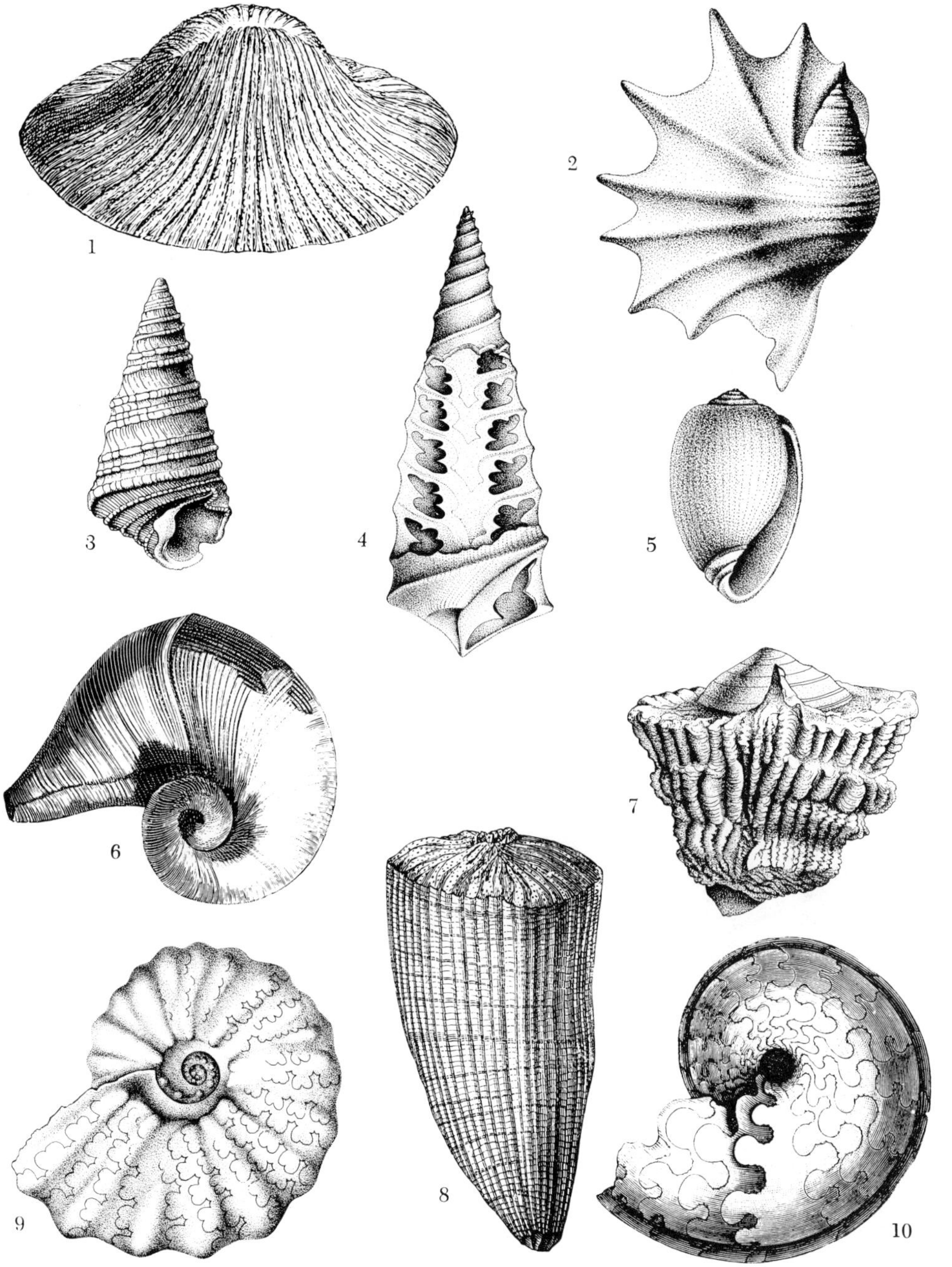

Anthozoa: 1. *Cyclolites undulatus* Lam., ca. 45 mm. – **Gastropoden:** 2. *Aporrhais haueri* (Zek.), ca. 90 mm. – 3. *Glauconia kefersteini* (Goldf.), ca. 45 mm. – 4. *Nerinea pailletteana* d'Orb., ca. 110 mm. – 5. *Trochactaeon giganteus* (J. Sow.), ca. 100 mm. – **Bivalvier:** 6. *Caprina adversa* d'Orb., ca. 50 mm. – 7. **Radiolites angeoides** (Lapeir.), ca. 90 mm. – 8. *Vaccinites gosaviensis* (Doùv.), ca. 200 mm. – **Caphalopoden:** 9. *Knemiceras syriacum* (v. Buch), ca. 550 mm. – 10. *Tissotia ewaldi* (v. Buch), ca. 100 mm. (Fig. 2 nach Bachmayer 1969)

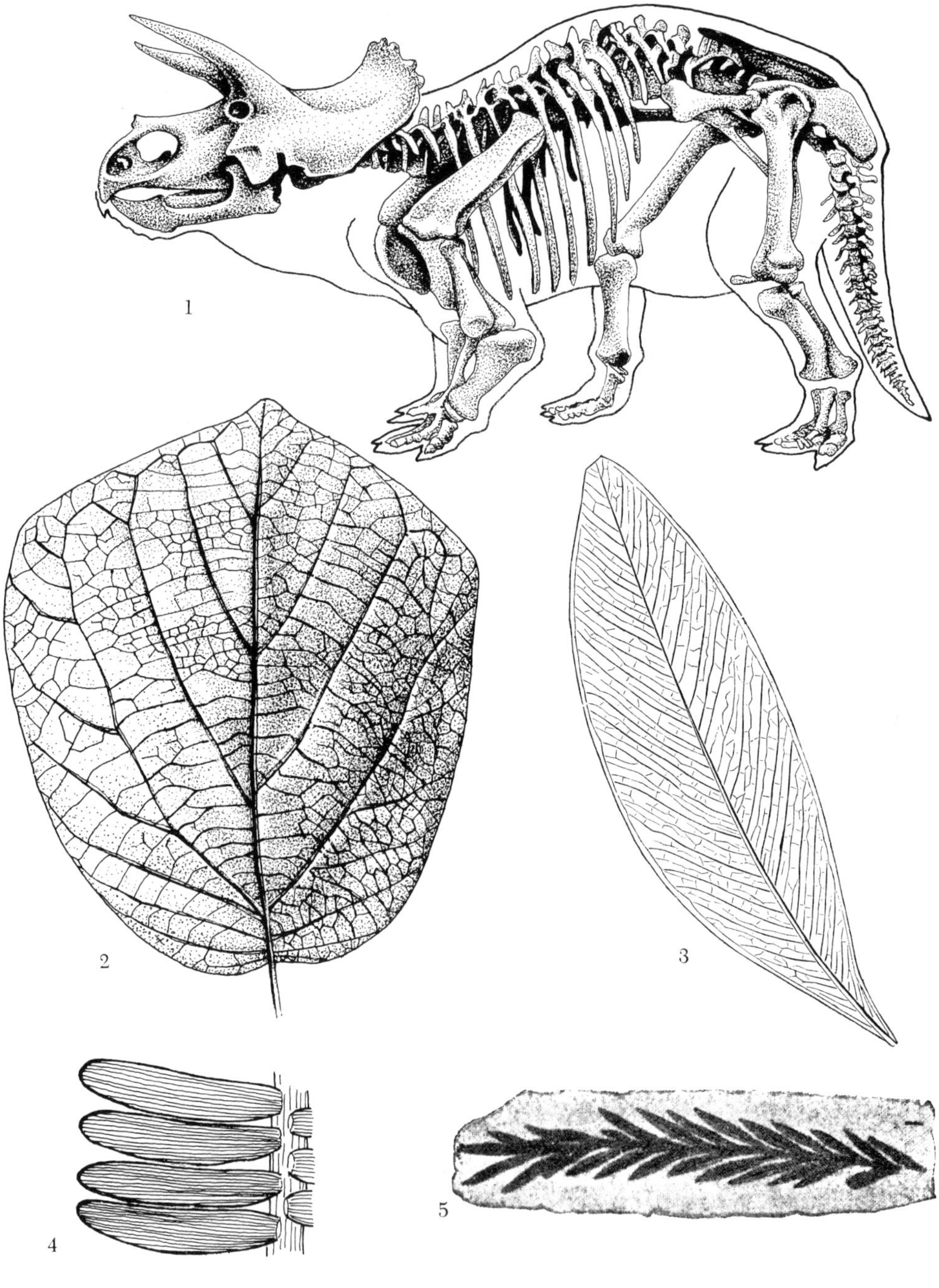

Reptil: 1. *Triceratops elatus* Marsh, Rekonstruktion, ca. 6 m. –
Angiospermen: 2. *Credneria triaenninata* Hampe, ca. 10 cm. – 3. *„Eucalyptus" geinitzi* Heer, ca. 10 cm. – 4. *Glossozamites* sp., ca. 4 cm. – **Gymnospermen:** 5. *Sequoia heterophylla* Velen, ca. 7 cm. – (Fig. 1 ergänzt nach Seyfert & Sirkin 1973)

Neben ihnen traten die **Vögel** nunmehr stärker in Erscheinung. Von dem jurassischen *Archaeopteryx* (Unterklasse Archaeornithes = Sauriurae) unterschieden sich die kretazischen Vögel (Unterklasse Neornithes) durch den Bau der Flügel, durch das meist kräftig gekielte Brustbein und die verkürzte Schwanzwirbelsäule, die bereits ähnlich wie bei den modernen Vögeln gestaltet waren. Nur die Kiefer waren noch bezahnt, erst in der jüngsten Kreide erschienen die seit dem Tertiär herrschenden Vögel mit zahnlosem Schnabel. *Ichthyornis* (Odontognathae) war dem jurassischen *Archaeopteryx* in manchen Eigenschaften nahe, jedoch sicherlich ein guter Flieger, wogegen *Hesperornis* durch Anpassung an das tauchende Wasserleben stark spezialisiert erscheint; beide stammen aus der (marinen) oberen Kreide von Kansas und waren damit Zeitgenossen von *Pteranodon*.

Die **Säuger** schritten anfangs nur wenig über ihren im Jura erreichten Entwicklungsstand hinaus. Erst in der höheren Unter-Kreide begannen sie sich stärker zu entfalten; die ältesten Reste von Beutelsäugern (Marsupialia: *Holoclemensia*) und plazentalen Säugern (Eutheria: *Pappotherium*) stammen aus dem Alb. In N-Amerika begann in der Ober-Kreide die erste Radiation der Marsupialia *(Eodelphis)* ebenso wie die Aufspaltung der Eutheria (Insectivora: *Gypsonictops*; Deltatheriida: *Deltatheridium*; Oxyaenoidea: *Cimolestes*; Condylarthra: *Protungulatum*; Primates: *Purgatorius*).

Die **Flora** machte in der Kreide eine tiefgreifende Umformung durch, welche die Algen und Gefäßpflanzen in gleicher Weise ergriff und die Herrschaft der tertiär-rezenten Flora vorbereitete. Ebenso wie die Wende vom Paläophytikum zum Mesophytikum vor den Abschluß des Paläozoikum fiel, ging auch der Beginn des Känophytikum dem des Känozoikum voraus (Tab. 18):

Tabelle 18 Pflanzliche Organismen des Jura

Abteilung	Klasse	Ordnung
Haptophyta	Coccolithophyceae	* Isochrysidales * Zygosphaerales * Eiffelithales
Chrysophyta	* Silicoflagellates	
Cycadophyta	Cycadopsida	außer Cycadales alle †
	† Bennettitopsida	† Bennettitales
* Angiospermatophyta (auch Magnoliophyta)	*Dicotyledonae (= Magnoliatae) (* Jura?) * Monocotyledonae (= Liliatae)	

Algen. Etwa gleichzeitig mit dem Erscheinen der planktischen Foraminiferen, z. T. schon im Jura, z. T. in der Kreide, wurden auch die skelett-tragenden planktischen Algen häufiger. Während die Silicoflagellaten (Chrysophyta) und Dinoflagellaten gewöhnlich selten blieben, konnten die „Coccolithen", die winzigen Kalkscheibchen, welche die Zelle der Coccolithophorida (Haptophyta) panzern, geradezu gesteinsbildend auftreten („Schreibkreide"). Der schon in der Kreide recht schnelle Wechsel von Gattungen und Arten ermöglicht gute Zonierungen (Übers. 17). Bei den kalk-abscheidenden Rot- und Grünalgen (Rhodophyta und Chlorophyta) treffen wir besonders von der

Quartär (einschl. Pliozän)

Foraminiferen

1. *Globigerina bulloides* (?) d'Orb. – Etwa 45 ×. – Holozän. „Challenger"-Exp. 1873–76. (Nach H. B. Brady, aus Rep. Sci. Res. „Challenger" 1884.)
2. *Globigerina calida* Parker. – Etwa 60 ×. –Alt-Pleistozän bis Holozän. (Nach F. Rögl & H. M. Bolli, aus I. R. Deep Sea Drill. Proj. *15*, 1973.)
3. *Globorotalia truncatulinoides* (d'Orb). – Etwa 30 ×. – Ältest-Pleistozän. Timor-Trog. (Nach F. Rögl, aus I. R. Deep Sea Drill. Proj. *27*, 1974.)

Radiolarien (Sämtlich nach J. D. Hays, aus Mem. Geol. Soc. America, *126*, 1970.)

4. *Pterocanium trilobum* (Haeckel). – Etwa 70 ×. – Holozän. N-Pazifik.
5. *Eucrytidium matuyamai* Hays. – Etwa 180 ×. – Jüngst-Pliozän bis Ältest-Pleistozän. N-Pazifik.
6. *Eucyrtidium calvertense* Martin. – Etwa 180 ×. – Pliozän bis Holozän. N-Pazifik.

Diatomeen (Sämtlich nach H.-J. Schrader, aus I. R. Deep Sea Drill. Proj. *18*, 1973.)

7. *Actinocyclus ingens* Rattray. – Etwa 680 ×. – Pliozän-Ältest-Pleistozän. NE-Pazifik.
8. *Rhizosolenia curvirostris* Jouse. – Etwa. 680 ×. – Pliozän bis Mittel-Pleistozän. NE-Pazifik.
9. *Nitzschia reinholdii* Kanaya. – Etwa 680 ×. – Pliozän bis Alt-Pleistozän. NE-Pazifik.
10. *Pseudoeunotia doliolus* Grün. – Etwa 680 ×. – Pliozän bis Holozän. NE-Pazifik.

Coccolithen

11. *Emiliania huxleyi* (Lohmann). – Coccosphäre. – (Maßstab 1 µ). – Holozän, Atlantik. (TEM-Aufnahme, nach McIntyre & Bé, aus Deep Sea Res., *14*, 1967.)
12. *Gephyrocapsa oceanica* Kamptner. – Etwa 4500 ×. – Pleistozän, Atlantik vor W-Afrika. (REM-Aufnahme, nach Ch. Samtleben, Kiel.)

Tertiär

Foraminiferen

13. *Orbulina universa* d'Orbigny. – Etwa 40 ×. – Miozän bis Holozän, Indischer Ozean. (Nach Bé, Harrison & Lott, aus Micropaleont., *19*, 1973.)
14. *„Globigerina"* [= Globoconusa] *daubjergensis* (Brönnimann). – Etwa 100 ×. – Danium. (Aus Treatise on Inv. Paleont., C 670, 1964.)

Coccolithen

15. *Discoaster brouweri* Tan. – Etwa 3400 ×. – Jüngstes Pliozän. Pazifik. (TEM-Aufnahme nach Burky, aus I. R. Deep Sea Drill. Proj., *6*, 1971.)
16. *Discoaster gemmeus* (Stradner). – Etwa 2900 ×. – Paläozän, Atlantik vor W-Afrika. (REM-Aufnahme, nach Ch. Samtleben, Kiel.)
17. *Discoaster variabilis* Martini & Bramlette. – Etwa 1000 ×. – Miozän, Atlantik vor W-Afrika. (REM-Aufnahme, nach Ch. Samtleben, Kiel.)
18. *Chiasmolithus danicus* (Brotzen). – Etwa 2100 ×. – Danium. Dänemark. (TEM-Aufnahme, nach Perch-Nielsen.)
19. *Cruciplacolithus tenuis* (Stradner). – Etwa 2200 ×. – Danium. Dänemark. (TEM-Aufnahme, nach Perch-Nielsen.)

Kreide

Foraminiferen

20. *„Globotruncana" [= Abathomphalus] mayaroensis* (Bolli). – Etwa 45 ×. – Oberes Maastrichtium, Galicia-Bank, W' Spanien. – (Nach Funnel, Friend & Ramsay, aus Paleontology, *12*, 1969.)
21. *Globotruncana stuarti* (de Lapparent). – Etwa 60 ×. – Maastrichtium, Galicia-Bank, W' Spanien (wie Fig. 20).
22. *Globotruncana marginata* (Reuss). – *Etwa 45* ×. – Mittel-Turon, N-Deutschland. (Aus „Leitfoss. Mikropaläont.", 1962; Bornträger.)
23. *Rotalipora apenninica* (Renz). – Etwa 45 ×. – Albium, NW-Atlantik, (Nach H. Luterbacher, aus I. R. Deep Sea Drill. Proj. *11*, 1972.)
24. *Ticinella roberti* (Gandolfi). – Etwa 60 ×. – Unt. Kreide, N' Pazifik. (Nach R. G. Douglas, aus I. R. Deep Sea Drill. Proj., *6*, 1972.)
25. *Neoflabellina reticulata* (Reuss). – Etwa 20 ×. – Maastrichtium. N-Deutschland. (Aus „Leitfoss. Mikropaläont.", 1962, Bornträger.)
26. *Bolivinoides draco miliaris* Hiltermann & Koch. – Etwa 60 ×. – Ober-Campanium bis Unter Maastrichtium, N-Deutschland. (Aus „Leitfoss. Mikropaläont.", 1960, Bornträger.)

Coccolithen

27. *Markalius inversus* (Defl.). – Etwa 2700 ×. – Maastrichtium-Danium. Dänemark. (REM-Aufnahme, nach Perch-Nielsen.)
28. *Eiffellithus turriseiffeli* (Defl.). – Pol. Licht, x Nicols. – Etwa 2300 ×. – Albium. Tiefsee-Boden NW' Australien. (Nach Proto Decima, aus I. R. Deep Sea Drill. Proj., *27*, 1974.)
29. *Prediscosphaera cretacea* (Archangelsky). – Etwa 6000 ×. – Albium. Tiefsee-Boden NW' Australien. (REM-Aufnahme, nach Proto Decima, aus I. R. Deep Sea Drill. Proj. *27*, 1974.)

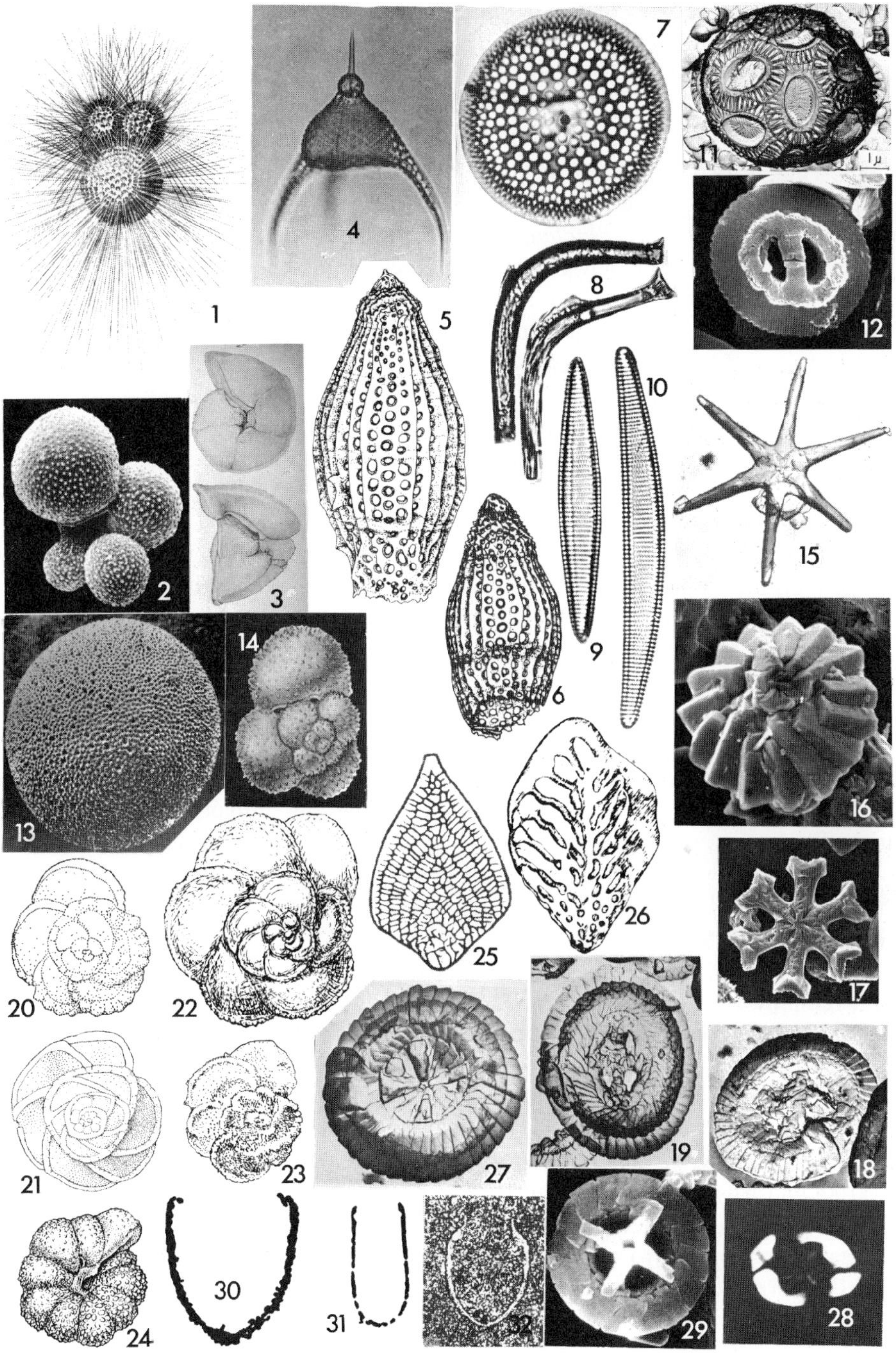

Gruppe inc. sed.

30. *Calpionellites darderi* COLOM. - Längsschnitt. Etwa 450×. - Neokom. Balearische Inseln. (Aus Treatise Inv. Paleont., D 173, 1954.)
31. *Calpionellopsis simplex* COLOM. - Längsschnitt. Etwa 225×. - Neokom. Mallorca. (Aus Treatise Inv. Paleont., D 173, 1954.)
32. *Calpionella alpina* LORENZ. - Längsschnitt im Gestein. Etwa 90 μ Länge. Ober-Tithon bis Berrias. (Nach J. REMANE.)

höheren Unter-Kreide an zahlreiche Gattungen der Corallinaceen *(Corallina, Lithothamnium)* und Codiaceen an *(Halimeda)*, die ihre Hauptentwicklung im Tertiär hatten und in den heutigen Meeren verbreitet sind.

Die **Gefäßpflanzen-Flora** trat in der höheren Unter-Kreide in einen neuen, durch das Erscheinen der Angiospermen gekennzeichneten Entwicklungs-Abschnitt ein, der bis zur Gegenwart reicht. Die Wealden-Flora enthält viele leptosporangiate Farne *(Todites, Klukia, Weichselia, Phlebopteris, Matonidium, Dictyophyllum, Onychiopsis)*, die sich z. T. nur artlich von den Rhätolias-Farnen unterscheiden und die meist schon rezenten Familien angehören. Vor allem aber sind es Gymnospermen, welche die unter-kretazische Flora kennzeichnen und die - neben den Farnen - auch als Kohlenbildner wichtig sind (Ginkgoatae: *Baiera, Gingkoites;* Coniferae: *Sphenolepis, Abietites*), zu ihnen treten Cycadophyta i. w. S., einschließlich der Bennettitales, z. B.: *Cycadesidea.*

Von hoher stammesgeschichtlicher Bedeutung ist *Nathorstiana*, ein Bärlapp-Gewächs, das zwischen den Sigillarien des Rotliegend, *Pleuromeia* des Buntsandstein (S. 204) und den rezenten Isoëten vermittelt. Zu diesem Bestande gesellten sich im Verlauf der „Mittel-Kreide" (Alb-Cenoman) die ersten, in der Ober-Kreide zunehmend häufiger werdenden Laubblätter, die in ihrer Gestalt bereits stark an heutige Familien und Gattungen erinnern und z. T. auch schon zu solchen gehören dürften *(Credneria, Dewalquea, Magnolia, Populus)*. Neben diesen Dicotyledonen waren auch die Monocotyledonen durch Palmen und Gräser vertreten. Heimat und Abstammung der Angiospermen sind noch ungewiß und Gegenstand lebhafter Erörterung; jurassische Vorläufer sind nicht mit Sicherheit bekannt („Angiospermen-Problem"). Die Wende zwischen dem Mesophytikum und Känophytikum innerhalb der Kreide bildet den schärfsten Schnitt in der Entwicklung der Pflanzen; während die alt-kretazische Flora ein noch ganz jurassisches Gepräge hat, ist diejenige der jüngeren Kreide bereits eine moderne Flora.

Allgemeine Züge

Paläogeographie (Kontinent/Platten-Drift), Paläopol-Lagen und **Klimazonen** (Abb. 47). Während der Kreide kam es zu tiefgreifender Umgestaltung der Paläogeographie. Paläomagnetische, aber auch paläobiogeographische Daten sowie das Übergreifen erst der kretazischen Meere auf die Ränder einiger Südkontinente geben deutliche Hinweise, das Aufreißen des Süd-Atlantiks und die beginnende Auseinander-Bewegung von Afrika und S-Amerika in die ältere Kreide-Zeit zu legen. Deutlicher trennten sich nun ebenfalls Antarktika und Australien vom bisherigen gemeinsamen Gondwana-Verband, ebenso wie sich der Nord-Atlantik zunehmend verbreiterte. Dagegen verengte sich der Tethys-„Golf". Der kretazische Nordpol wird im Bereich der N-amerikanischen Arktis, der Südpol unter Antarktika vermutet. Der Äquator querte das N' S-Amerika, Afrika-Arabien und die Osthälfte der Tethys; entsprechend ordneten sich die Klima-Zonen an (Abb. 47).

Klima. Die Pol-Regionen waren offenbar eisfrei; d. h., in der Kreide setzte sich die lange Warmzeit der Erde fort, die gegen Ende des Perm begonnen hatte. Innerhalb der Kreide nimmt, wie in der jurassischen Schichtfolge, der Anteil des Kalks gegen oben zu. Dies war vermutlich durch ein Ansteigen der Temperatur bedingt; allerdings erwärmte sich

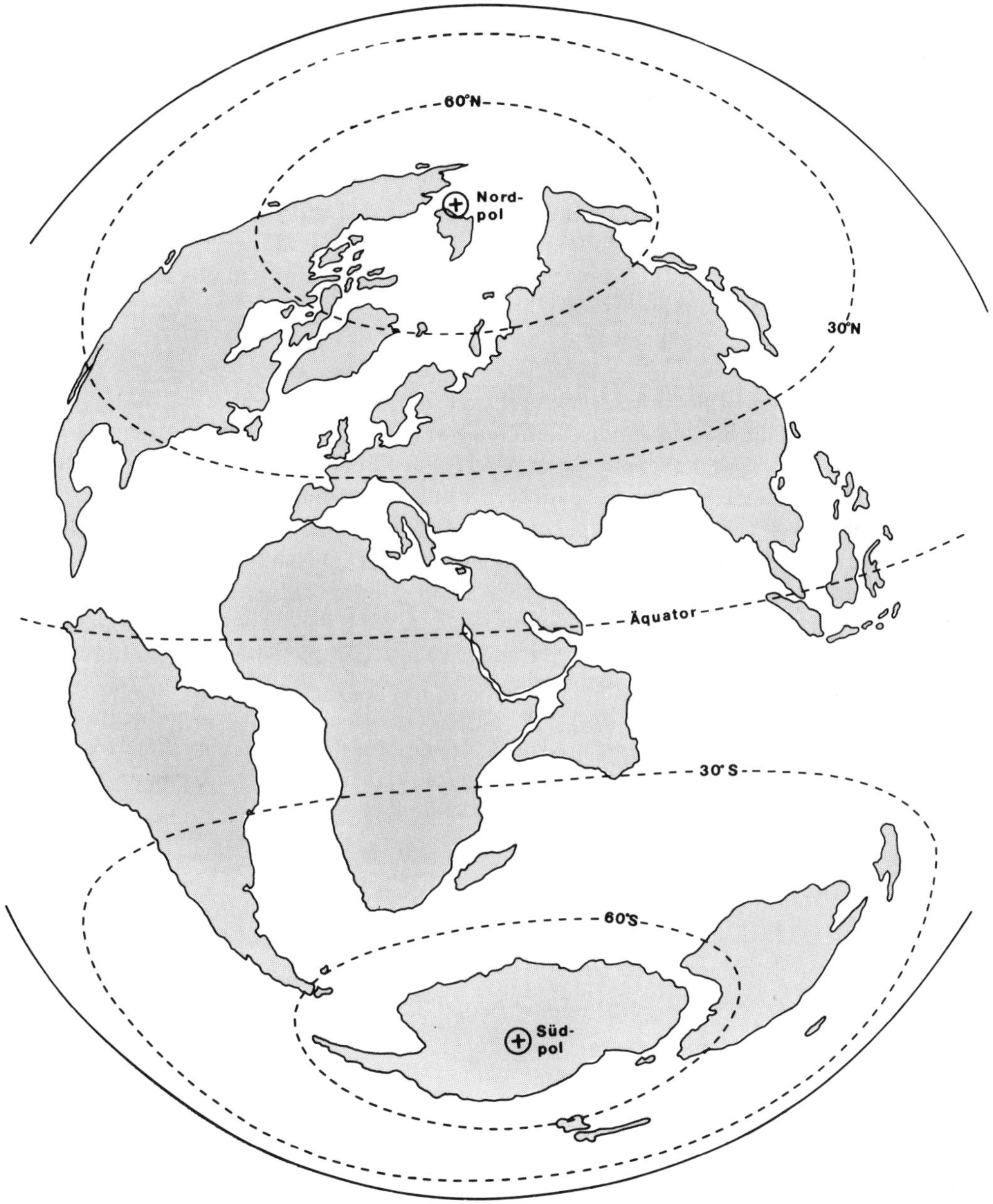

Abb. 47 Vermutete Lage der Kontinente und Pole in der Kreide (etwa „mittlere" Kreide). - (Nach SEYFERT & SIRKIN 1973, mit frdl. Genehmigung durch Harper & Row, Publ. Inc., New York, USA)

das Meer nicht so stark wie im Ober-Jura. Korallen-Riffe und Kalkalgen blieben selten. Die ober-kretazischen Paläo-Temperaturen lagen in Mittel-Europa mit 15–23° C deutlich niedriger als im Jura. Das Klima blieb durchweg humid; kohlenführende Ablagerungen gehen durch fast alle Stufen, sind allerdings in der älteren Kreide weiter verbreitet, Salzlagerstätten sind selten.

Paläobiogeographie, Faunen- und **Florenreiche.** Die marinen Lebensbezirke des Jura bestanden während der Unter-Kreide in ähnlichen Umrissen weiter. Nur die Leitformen wechselten; so waren nunmehr für das boreale Reich die Polyptychitiden und Pachyteuthiden, für das tropische die Desmoceratiden, Hoplitiden, Crioceratiden und Duvaliiden bezeichnend. Vom Alb an, dem Beginn der großen Kreide-Transgression, verwischten sich die Grenzen, bis in der höheren Ober-Kreide eine sehr gleichmäßige Besiedlung erreicht war. Gewisse Unterschiede blieben jedoch bestehen. So beschränkten sich die Rudisten und Nerineen fast ganz auf den damaligen Tethys-Gürtel, während in den N' und S' anschließenden Zonen Belemniten besonders häufig waren. Die Verbreitung der festländischen Pflanzenwelt bot ein ähnliches Bild. Wie im Jura war die Flora von ausgeglichener Verbreitung, nur in den arktischen Fundstellen deutet das Vorwalten der Koniferen auf kühlere Temperaturen.

Krustenbewegungen (Epirogenese/Tektogenese) und **Magmatismus** (Abb. 46). Im Laufe der Kreide begannen in den alpidischen Geosynklinen Europas und S-Asiens die ersten starken Faltungen. Die Kernzonen der Alpen und Dinariden tauchten im Gefolge der Vorgosauischen Gebirgsbildung aus dem Meere auf. Krustenbewegungen ähnlichen Alters waren auch in anderen Erdteilen, insbesondere im Anden-Kordilleren-Gebirge wirksam. Im Gefolge der Faltungen wurde die Epirogenese in den Geosynklinalzonen engspanniger und steiler. Rasch sinkende, schmale Tröge sammelten mächtige und einförmige, überwiegend klastische Ablagerungen, die man als Flysch bezeichnet. Diese Sedimente umsäumten fortan die werdenden alpidischen Gebirge, ähnlich wie vordem die karbonischen Grauwacken die variszischen.

Mit dem Alb setzte eine der größten Transgressionen der Erdgeschichte ein und gewann im Cenoman-Turon einen ersten, im Campan-Maastricht einen zweiten Höhepunkt. Alte, seit langem aufragende Hochgebiete wurden dabei überflutet. Ganz am Ende des Maastricht erfolgte eine rasche und einschneidende Regression.

Alt-Tertiär (Dan)	Laramische Faltungsphasen (Felsengebirge, Antillen) Erdweite Regression
Maastricht	Regression (W-, Mittel- und E-Europa, N-Amerika, Asien) Hochstand des Kretazischen Meeres
Campan Santon	Transgression (NW-Deutschland, N- und E-Europa, W-Grönland, S-Amerika)
Coniac	Subherzynische Faltungsphasen (NW-Deutschland) Regression (NW- und N-Deutschland, Böhmen, S-Deutschland) Transgression (Ostalpen)
	Vorgosauische Faltungsphase = Mediterrane F. (Alpen, Dinariden)
Turon	Transgression (W-Sibirische Straße, N-Amerika, S-Amerika, W-Afrika)
Cenoman	Große Transgression (W-, Mittel- und E-Europa, Zentral-Asien, N-Afrika, N-Amerika)
	Austrische Faltungsphase (NW-Deutschland, Alpen, Cordilleren, Anden, NE-Sibirien)
Alb	Regression (Arktis) Transgression (W-, Mittel- und E-Europa, E' S-Amerika, W' W-Afrika)
Tiefere Unter-Kreide / Malm	Transgression (W-, Mittel- und E-Europa, Arktis) Regression (W-, Mittel- und E-Europa)

Die große Kreide-Transgression enthüllt den Stand, den die Herausbildung der heutigen Kontinente und Meere am Ausgang des Mesozoikum erreicht hatte. Der Stille Ozean wurde in seinem Umriß grundlegend verändert; in der Kreide erweiterte sich sein Boden durch „sea floor spreading" bedeutend, wie es besonders für den N-Pazifik nachgewiesen werden konnte (Abb. 65). Hinzu kam eine gewisse Einengung durch den zirkum-pazifischen Faltengürtel. Größer noch waren die Umwälzungen im Bereich des Atlantischen und Indischen Ozeans. Während des Paläozoikum hatte der Groß-Kontinent Gondwana einen erheblichen Teil der Südhalbkugel eingenommen. Im Perm begann der Zerfall dieses Landblocks, im Jura und in der Kreide vollendete er sich. Afrika und S-Amerika, Madagaskar und Vorder-Indien erschienen nunmehr nahezu in ihren gegenwärtigen Umrissen. Auch im N' Atlantik begannen sich die heutigen Küstenlinien, insbesondere die von N-Amerika und Grönland, erstmals abzuzeichnen.

Rückblick. Die Fauna der Kreidezeit bildete im ganzen eine Fortsetzung der jurassischen. Bei einigen Gruppen machten sich Abweichungen vom bisherigen Bauplan geltend, die ihr Aussterben an der Kreide/Tertiär-Grenze ankündigten. Die Pflanzen eilten ähnlich wie am Ausgang des Paläozoikum der tierischen Entwicklung voraus. Mit dem Erscheinen der Angiospermen im Alb begann das Känophytikum, das bis heute andauert. In die Kreide-Zeit fielen wesentliche paläogeographische Veränderungen. Mit der Öffnung des S-atlantischen Ozeans und seiner stetigen Verbreiterung, besonders in der Ober-Kreide, wurde eine durchgehende atlantische Nordsüd-Verbindung geschaffen, welche die Trennung der Alten von der Neuen Welt vollendete. Während der Kreide wurde die Mehrzahl der alpidischen Geosynklinen von den ersten kräftigen Faltungen ergriffen. Mit den Gebirgsbildungen gingen weit ausholende Verschiebungen von Land und Meer einher. Die Oberkreide-Transgression war die größte der nachkambrischen Zeit. An der Wende zum Känozoikum folgte ihr eine schnelle Schrumpfung der Meeresflächen.

Ergänzende Schriften

ALLEN, P. (1960): The Wealden environment: Anglo-Paris Basin. - Phil. Trans. Roy. Soc., Ser. B., *242*, S. 283-346; London.

BERGGREN, W. A. & COUVERING, J. A. v. [Eds.] (1984): Catastrophes and Earth History. - 464 S.; Princeton (Univ. Press) [Moderne Zusammenstellungen zur Kreide-Tertiär-Grenze.]

BERRY, W. B. N. (1984): The Cretaceous-Tertiary boundary - the ideal geological time scale boundary? - Newsl. Stratigr., *13*: 143-155; Berlin.

CASEY, R. & RAWSON, P. F. (Hrsg.) (1973): The Boreal Lower Cretaceous. - 448 S., Liverpool.

CHRISTENSEN, W. K. (1975): Upper Cretaceous belemnites from the Kristianstadt area in Scania. - Fossils and Strata, *7*, 69 S.; Oslo.

DIENER, J. (Hrsg.) (1966): Stratigraphisches Korrelationsschema für die Kreide der Deutschen Demokratischen Republik und angrenzender Gebiete. - Abh. zentr. geol. Inst., H. 5, 137 S.; Berlin.

ERNST, G. (1972): Grundfragen der Stammesgeschichte bei irregulären Echiniden der nordwesteuropäischen Oberkreide. - Geol. Jb., A *4*, S. 63-175; Hannover.

HAGN, H., HERM, D. et al. [Autoren-Kollektiv] (1981): Zur Geologie der Bayerischen Alpen und ihres Vorlandes. - Geologica bavar., *82*: 11-314; München.

VAN HINTE, J. E. (1972): The Cretaceous time scale and planctonic-foraminiferal zones. - Proceed. Koninkl. Nederl. Akad. Wet., Ser. B, *75*, Nr. 1, 61-68; Amsterdam.

KAEVER, M.; OEKENTORP, K. & SIEGFRIED, P. (1974): Fossilien Westfalens. I: Invertebraten der Kreide. - Münster. Forsch. Geol. Paläont., *33/34*, 364 S.; Münster.

NESTLER, H. (1965): Die Rekonstruktion des Lebensraumes der Rügener Schreibkreide-Fauna (Unter-Maastricht) mit Hilfe der Paläoökologie und Paläobiologie. - Geologie, *14*, Beih. 49, 147 S.; Berlin.

REYMENT, R. A. & BENGTSON, P. [Ed.] (1981): Aspects of Mid-Cretaceous Regional Geology. - 327 S.; London (Aced. Press).

SCHOTT, W. (Hrsg.) (1969): Paläogeographischer Atlas der Unterkreide von Nordwestdeutschland mit einer Übersichtsdarstellung des nördlichen Mitteleuropa. - Erl. Paläogeogr. Atlas Unterkreide NW-Deutschland (mit Atlas 1 und 2), 315 S.; Hannover.

SILVER, L. T. & SCHULTZ, P. H. [Eds.] (1982): Geological Implications of Impacts of Large Asteroids and Comets on the Earth. The Cretaceous/Tertiary Boundary Event. - Geol. Soc. America, Spec. Pap. 190: 305-528, Boulder, Co.

VOIGT, E. (1964): Zur Temperatur-Kurve der oberen Kreide in Europa. - Geol. Rundsch., *54*, 270-317; Stuttgart.

COLLOQUE sur le Crétacé inférieur (Lyon, Sept. 1963) (1965). - Mém. B. R. G. M., Nr. 34; Paris.

El Cretacico de España (1982): Grupo Espanol de Trabajo. Proyecto no. 58. Mid-Cretaceous Events. Programa internacional de correlación geológica. - 680 S.; Madrid (Univ. Complutense).

Die Kreide Westfalens (1964): Fortschr. Geol. Rheinld. u. Westf., *7*, 748 S.; Krefeld.

XI. Tertiär

Vorbemerkungen

Umgrenzung und **Gliederung.** Der Name Tertiär führt an die Anfänge der geologischen Wissenschaft zurück. Unter den „montes tertiarii" (S. 11) verstand G. ARDUINO (1759) die lockeren oder wenig verfestigten Ablagerungen am Fuße der ober-italienischen Alpen, deren reicher Versteinerungs-Inhalt der heutigen Lebewelt bereits nahe verwandt war. In den ersten Jahrzehnten des 19. Jahrhunderts wurden diese Bildungen in Italien durch J. B. OMALIUS D'HALLOY genauer beschrieben. Auf diesen Arbeiten fußend, legten P. DESHAYES und CH. LYELL 1830 nach dem Anteil heute lebender Arten an der Gesamtfauna den Grund zu der heutigen Einteilung:

			≈ 1,8 Millionen Jahre
Tertiär	Jung-Tertiär (Neogen)	Pliozän	5,1
		Miozän	24,6
	Alt-Tertiär (Paläogen)	Oligozän	38,0
		Eozän	54,9
		Paläozän	
			65 Millionen Jahre

Gegen das Kreide-System im Liegenden mit seinen andersartigen Gesteinen und Fossilien (Ammoniten, großen Reptilien) ist das Tertiär weithin durch unvermittelten Fazieswechsel, Schichtlücke oder Transgression abgegrenzt; die Versetzung des Dan aus der Kreide ins Tertiär hat jedoch den Gesteinswechsel unschärfer gemacht. Das Hangende wird vielerorts von den glazialen Ablagerungen des Quartär gebildet. Der starke Fazieswechsel und der steigende Bestand an rezenten Arten erschweren die biostratigraphische Gliederung des Tertiär. Die besten Leitfossilien stellen in den marinen Ablagerungen das kalkige Nannoplankton, die Foraminiferen (im Alt-Tertiär besonders Großforaminiferen), sonst die häufigen Mollusken. Für die kontinentalen Ablagerungen sind die Säugetiere wichtig, vor allem die Entwicklungs-Reihen der Rüsseltiere, Nashörner, Pferde und Nager, von Pflanzenresten insbesondere die Pollen.

Verbreitung. Im Laufe des Tertiär wich das Meer schrittweise in seine jetzigen Grenzen zurück. Die marinen Tertiär-Ablagerungen beschränken sich daher überwiegend auf die Nähe der heutigen Küsten. Nur noch im Zuge der aus der Tethys-Geosynkline hervorgehenden alpidischen Gebirge dringen sie tiefer in die Kontinente ein.

Eine Reihe wichtiger Tertiär-Gebiete umgibt die Nordsee und den E' Atlantik. Im N-deutschen Flachland bauten A. v. KOENEN, C. GAGEL, K. GRIPP auf den Grundlagen weiter, die E. BEYRICH um 1850 gelegt hatte. Daran schlossen sich die Tertiär-Bildungen Hollands, Belgiens (A. DUMONT, H. NYST, L. DE KONINCK, E. VAN DEN BROECK, M. LERICHE), des Pariser und des Aquitanischen Beckens (C. PRÉVOST, E. HÉBERT, G. F. DOLLFUS, M. COSSMANN, H. DOUVILLÉ, R. ABRARD), S-Englands (J. PRESTWICH, S. V. WOOD, CL. REID) und Dänemarks (A. v. KOENEN, J. P. J. RAVN) an. Das N-deutsche Meer sandte einen Ausläufer durch Hessen zum Oberrheintal, wo es vor allem im Mainzer Becken (F. SANDBERGER, F. KINKELIN, W. WAGNER, W. WENZ) fossilreiche Sedimente hinterließ. Die festländischen Ablagerungen Mittel-Deutschlands wurden durch E. WÜST, O. v. LINSTOW, W. GOTHAN, P. THOMSON, J. WEIGELT und E. VOIGT untersucht.

Das Tertiär der jungen alpidischen Gebirge und ihrer Randgebiete ist in neuerer Zeit vielerorts studiert worden, vor allem in S-Frankreich (CH. DEPÉRET, L. DONCIEUX, M. COSSMANN, J. BOUSSAC), der Schweiz (O. HEER, K. MAYER-EYMAR, H. G. STEHLIN, E. BAUMBERGER, W. LEUPOLD, R. RUTSCH), in Schwaben und Bayern (M. SCHLOSSER, R. DEHM), im Wiener Becken (P. PARTSCH, R. HOERNES, E. SUESS, TH. FUCHS, F. SCHAFFER, A. PAPP), im Pannonischen Becken Ungarns und in seinen Randgebirgen (A. KOCH, M. NEUMAYR, A. WINKLER-HERMADEN), in Italien (L. BELLARDI, F. SACCO, C. DE STEFANI, M. GIGNOUX), N-Afrika (K. v. ZITTEL, C. ARAMBOURG), S-Rußland (N. SOKOLOW, N. ANDRUSSOW, A. PAVLOW), Indien (E. VREDENBURG, F. NOETLING, R. LYDEKKER, G. E. PILGRIM) und Indonesien (R. D. VERBEEK, K. MARTIN). In N-Amerika hat neben dem marinen Tertiär (W. H. DALL, W. B. CLARK) die Füllung der Binnenbecken mit ihren reichen Säuger-Faunen (E. D. COPE, H. F. OSBORN, W. D. MATTHEW, G. G. SIMPSON, R. W. CHANEY) besondere Bedeutung.

Seit dem Beginn des Tertiär sind – wie schon in der Kreide – große streifenartige Flächen neuen Ozeanbodens im E' Pazifik, im Indik, um Antarktika und im gesamten Atlantik hinzugekommen, die von marinem Tertiär bedeckt sind. Unmittelbar entlang der mittelozeanischen Rücken haben tertiäre Basalte, oft noch unbedeckt von jüngeren Sedimenten, eine große Verbreitung (FISCHER & HEEZEN 1971; VINE 1970).

Hauptgebiete (Übersichten 18 + 19; Abb. 48–50)

Die Gliederung von **Mittel-Europa** durch zwei Senkungszonen, eine EW' Baltische und eine NS' Rheinische Furche war im Zechstein mit dem Germanischen Becken in Erscheinung getreten. Seitdem hatte sie sich wohl gewandelt, blieb aber in ihren Grundzügen auch fürs Tertiär gültig. Die Achse der Baltischen Furche war im Laufe des Mesozoikum gegen N verlagert worden. Im Tertiär wurden die Nordsee und die angrenzenden Teile des N-deutschen Flachlandes noch ausgesprochener als bisher zum Hauptsenkungsfeld. Die höchsten Tertiär-Mächtigkeiten, bis 3000 m, treffen wir außer in der Nordsee, nahe der Nordseeküste im Niederelbe-und Niederrhein-Gebiet an. An der Oder betragen sie 300 m, an der Weichsel nur noch 200 m. Die Rheinische Furche war seit dem Jura durch die Mitteldeutsche Landbrücke unterbrochen. Im Tertiär erstand sie, allerdings erheblich verschmälert, wieder. Statt der gesamten Fläche zwischen der Rheinischen und Böhmischen Masse kam im Tertiär nur ein etwa 50 km breiter Streifen stärker ins Sinken. Dafür wuchsen aber die Beträge; das Oberrheintal ist mit > 2000 m jungen Ablagerungen erfüllt.

Zu Beginn des Tertiär zog sich das Meer in seine noch heute von ihm gekennzeichneten Senkungsräume zurück. Der mitteleuropäische Raum wurde im weiteren Verlauf durch die wechselnde Ausdehnung der **Nordsee** geprägt, die über das gesamte Tertiär hinweg durch eine relative Isolation und durch Provinzialität ihrer Biota ausgezeichnet war. Nach Süden vermittelten nur meist kurzzeitig überflutete epikontinentale Meeresstraßen im Bereich des Kanals (Lutet, Hemmoor), der hessischen Senke (M-Oligozän) und Osteuropas: Baltische oder Dänisch-Polnische Furche und Mährische Straße (Paläozän, Obereozän, Oligozän). Nach dem Dano-Mont weitete sich die Nordsee über die Dänischen Inseln und das W' N-Deutschland aus. Die für die übrige Erde bedeutsame Eozän-Transgression wirkte sich im isolierten Nordseebecken kaum aus. Allein in ausgedehnten Senkungsfeldern (z. B. Mitteldeutschland) entwickelten sich limnische und moorige Bildungen. Die zweite oligozäne Überflutungswelle folgte älteren Bahnen. Im U-Oligozän weitete sich das Meer weit nach Osten aus, mittel-oligozän war es kurzfristig über das Oberrhein-Gebiet mit dem alpinen Meer verbunden. Seit dem Ober-Oligozän erfolgte ein wechselnd rascher Rückzug, so daß im Laufe des Pliozän nur noch geringe Randzonen des heutigen Festlandes überflutet waren (E-Anglia, Holland, Sylt).

Im Gegensatz zu den Alpen, wo sich die in der Kreide begonnene Auffaltung des Gebirges vollendete, sind in Mittel-Europa während des Tertiär nur unbedeutende orogene Ereignisse zu verzeichnen. In Mittel- und N-Deutschland ging die Bruch-

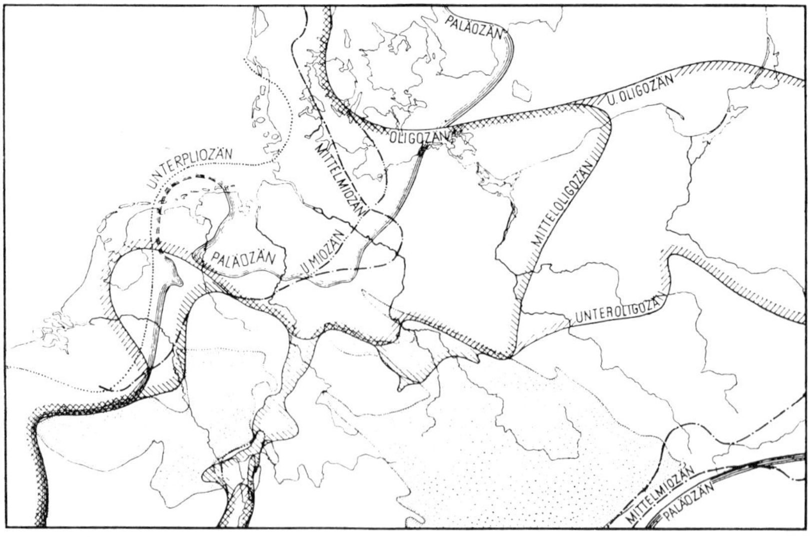

Abb. 48 Strandlinien verschiedener Tertiär-Stufen in Mittel-Europa

faltung im wesentlichen auf den bisherigen Bahnen weiter. Die Horstschollen der deutschen Mittelgebirge erhoben sich höher über die Senkungsfelder. Die Salzstöcke setzten ihren Aufstieg fort. Erheblich anders gestaltete sich die tektonische Entwicklung von W- und SW-Deutschland. In diesem seit alters von rheinischen Linien beherrschten Bereich formten sich während des Tertiär die epirogenen Anlagen in orogene Gebilde um. Aus den Senken, die das Oligozän-Meer eingenommen hatte, wurden große Gräben. Das Kernstück bildet der Oberrheintal-Graben zwischen den randlich aufgekippten kristallinen Halbhorsten von Schwarzwald-Odenwald und Vogesen. Im S bei Basel verliert sich der Graben bei der Berührung mit den alpinen Falten. Im N bei Frankfurt gabelt er sich in zwei seichtere Bruchzonen, die hessisch-südhannoversche und die mittel-niederrheinische. Beide verklingen beim Eindringen in die mächtige junge Sedimentfüllung des N-deutschen Beckens.

Je jugendlicher die Schollenbewegungen, desto deutlicher prägen sie sich in der Gestaltung der heutigen Erdoberfläche aus. Mit dem Känozoikum gewinnt daher die Geomorphologie Bedeutung und vermag durch die Verfolgung der Landschafts- und Tal-Geschichte die mit stratigraphisch-tektonischen Methoden gewonnenen Erkenntnisse zu vertiefen. Im Alt-Pliozän entstand während einer längeren tektonischen Ruhepause eine ausgedehnte Verebnung, die noch heute das Bild der Mittelgebirge bestimmt. Da sie die paläozoischen Massive und das mesozoische Schollenland einst gleichmäßig überspannte, liefert ihre Verstellung ein Maß für die jüngeren Verschiebungen. Im allgemeinen stiegen die alten Horste seitdem um einige 100 m über ihre Umgebung auf. Zehnfach höher werden die Beträge im rheinischen W- und SW-Deutschland, wo die Grabenbildung zur Hauptsache ins jüngere Tertiär und ältere Quartär fiel. Demgemäß ist auch das Flußnetz des Rheins recht jugendlich. Bis Ende Miozän gab es nur einen aus der Vereinigung von Ur-Maas und Ur-Mosel gebildeten Niederrhein. Im Pliozän kam der Mittelrhein hinzu, dem ein vom Mainzer Becken zur Niederrheinischen Bucht laufendes Bruchbündel den Weg durch das Schiefergebirge bahnte. Sein Ursprung lag an den Nordflanken von Vogesen und Schwarzwald. Die S' Oberrheintal-Senke entwässerte damals noch zur alpinen Vortiefe, in der sich, dem nach E und W zurückweichenden Miozän-Meer folgend, Donau und Rhône entwickelt hatten. Erst bei einem erneuten Nachbruch des Grabens im älteren Quartär eroberte der Rhein seine alpinen Quellflüsse.

Der Vulkanismus, der sich nach einer langen, seit dem Rotliegend (S. 178) dauernden Pause im Tertiär zum erstenmal wieder auf mittel-europäischem Boden regte, stand in nahen Beziehungen zur rheinischen Tektonik. Das rheinische Bruchfeld W- und SW-Deutschlands wurde zum Hauptschauplatz der Ausbrüche: Schlote und Gänge sitzen vorzugsweise NNE-streichenden Spalten auf. Der Höhepunkt der vulkanischen Tätigkeit lag im Miozän; Nachläufer reichen bis an die Schwelle der geologischen Gegenwart. Verbreitet sind einerseits schildförmige Bauten, die aus einer Wechselfolge von Ergüssen und Lockermassen bestehen, andererseits subvulkanische Stöcke und Gänge. Stofflich gehören die Eruptionen Mittel- und S-Deutschlands einer atlantischen Provinz an, die im Tertiär große Flächen des außeralpinen Mittel- und W-Europa einnahm. Nach dem Erlöschen der Vulkane klang die magmatische Tätigkeit in Thermen und Gas-Exhalationen aus. Ein Großteil unserer heutigen heißen Quellen und Kohlensäure-Austritte ist daher an die Vulkan-Landschaften und an die Schollenfelder der Tertiär-Zeit gebunden.

Die Tertiär-Sedimente sind in Mittel-Europa zum Unterschied von den mesozoischen vorwiegend klastisch und zumeist locker geblieben. In den Meeren des Nordsee-Beckens setzten sich zunächst die Kalke des Dan, dann aber Glaukonitsande und feinsandig-glimmerige Tone ab, die großenteils dem Abtrag des fennoskandischen Festlandes entstammten. Organogene und chemische Ablagerungen treten somit stark zurück und stellen sich erst in S-Deutschland häufiger ein. So treffen wir im Oberrheintal Schillkalke, Gips- und Salz-Ausscheidungen an. Auf dem Lande entstanden vom Alt-Tertiär bis Ende Miozän lateritische Verwitterungsdecken, die als bauxitische und limonitische Anreicherungs-Krusten oder als flächenhafte Kaolinisierung überliefert sind. In den Taschen verkarsteter Kalke sammelten sich Roterden, mit denen Eisen- (besonders Bohnerz-) und Manganerz-Lagerstätten verknüpft sein können. Man verdankt so der tertiären Verwitterung eine Reihe wertvoller Bodenschätze. Aus der Umlagerung dieser Verwitterungsdecken entstanden die kontinentalen Sedimente des Tertiär, buntgeflammte feuerfeste Tone und helle kalkfreie Quarzsande, die zu Quarzit-Konkretionen, den Knollensteinen oder Braunkohlen-Quarziten verkittet sein können.

Als Einlagerungen in diesen Fluß- und See-Absätzen treten die Braunkohlen auf, die das Tertiär nach dem Karbon zur zweiten großen Kohlenbildungszeit der Erdgeschichte gemacht haben. Gemäß der Entstehung auf einem konsolidierten, epirogen ruhigen Boden sind die Flöze wenig zahlreich, dafür aber häufig 10–20 m, gelegentlich 100 m mächtig. Neben der tektonisch bedingten Abwärtsbewegung des Bodens war auch die Wannenbildung längs der Flanken von Salzstöcken infolge der Salz-Abwanderung sowie die Senkung durch Salz-Auslaugung für die Entstehung von Braunkohlen-Mooren von Bedeutung. Die Untersuchung der Kohle ergab, daß eine Vielzahl von Pflanzen-Gemeinschaften an ihrem Aufbau beteiligt war. Sumpfmoore mit offenen Wasserflächen, Grasmoore, Bruchwaldmoore und Wälder lösten einander unter dem Widerspiel von Senkung und Aufwuchs viele Male ab. Der Bestand der Braunkohlen-Wälder änderte sich im Laufe des Tertiär beträchtlich. Im Alt-Tertiär überwogen tropisch-subtropische, immergrüne Laubbäume, neben denen Koniferen und Palmen gediehen. Im Jung-Tertiär waren Nadelhölzer herrschend, doch traten neben ihnen Laubhölzer, anfangs solche nordamerikanisch-ostasiatischer, später vorwiegend heimischer Herkunft mehr und mehr in den Vordergrund. Die Vorräte Deutschlands betragen 13 Milliarden t eozäner und 45 Milliarden t oberoligozän-miozäner Braunkohle.

Der Wandel des Pflanzenkleides und der Verwitterung veranschaulicht uns den Wechsel der Klimate im Laufe des Tertiär. Nach der kühleren Epoche des Paläozän erreichte das Eozän nahezu tropische Temperaturen. Dann folgte unter Schwankungen ein allmählicher Wärmeabfall, der bis ins Quartär anhielt. Allerdings zeigen die miozänen Braunkohlenvorkommen noch Pflanzengesellschaften, die subtropisches Klima erfordern (Palmen, Pandanaceen).

Unter den tertiären Säugern herrschten bis ins Miozän die Wald- und Savannentiere vor. Die offene Steppe bildete sich im Rahmen der vor allem von den Landschnecken angezeigten Aridisierung, sie wurde durch die *Hipparion*-Fauna geprägt.

Im marinen Bereich weisen die Mollusken des Nordseebeckens auf lang andauerndes warm-gemäßigtes und noch Ende Pliozän wärmeres Klima als heute. Noch zu diesem Zeitpunkt wandern nach ersten Verbindungen zwischen Nordsee und Atlantik Molluskenarten nach Norden. Aufgrund der Tetrapoden (Lederschildkröten und Sirenen) müssen für die südliche oligozäne Nordsee subtropische Verhältnisse vorausgesetzt werden, im Miozän sei zur Zeit des Hemmoor sogar ein noch darüber gelegenes Klimaoptimum aufgrund der marinen Wirbeltierfaunen zu folgern. Erst das Obermiozän zeigt stärker fallende Tendenzen.

Dänische Inseln und N-Deutschland. Hier gehörten Jütland, das W' Schleswig-Holstein und das Niederelbe-Gebiet besonders lange und stetig dem Nordsee-Becken an. Davon zeugt die mächtige, vom Paläozän bis ins Pliozän durchweg marine Folge. In den Moler-Schichten wechseln helle Diatomeen-Ablagerungen mit basaltischen Aschenlagen. Aus der Verbreitung der Tuffe ist zu schließen, daß die Ausbruchstellen im Skagerrak („Skagerrak-Vulkan“) lagen. An der Wende zum Oligozän griff das Meer nach E über die Oder hinweg und lagerte Koniferenharz-Klumpen aus ältern Bildungen in die Glaukonitsande der „Blauen Erde“ um. Die im Bernstein eingeschlossenen und ausgezeichnet erhaltenen Reste, vor allem von Insekten, liefern uns ein anschauliches Bild der Kleinlebewelt in einem subtropischen Urwald damaliger Zeit. Im Jung-Tertiär beschränkten sich marine Ablagerungen auf den engeren Umkreis der Nordsee. Mit ihnen verzahnt setzten sich auf dem trockengefallenen Meeresgrunde des E' Flachlandes braunkohlenführende Sande und Tone ab. Sie füllten ähnlich wie im Rhät-Lias ein nach E bis über die Weichsel reichendes, streckenweise versumpftes Schwemmlandbecken, das seine Zufuhr vom fennoskandischen Hochgebiet und den sächsisch-schlesischen Gebirgen erhielt.

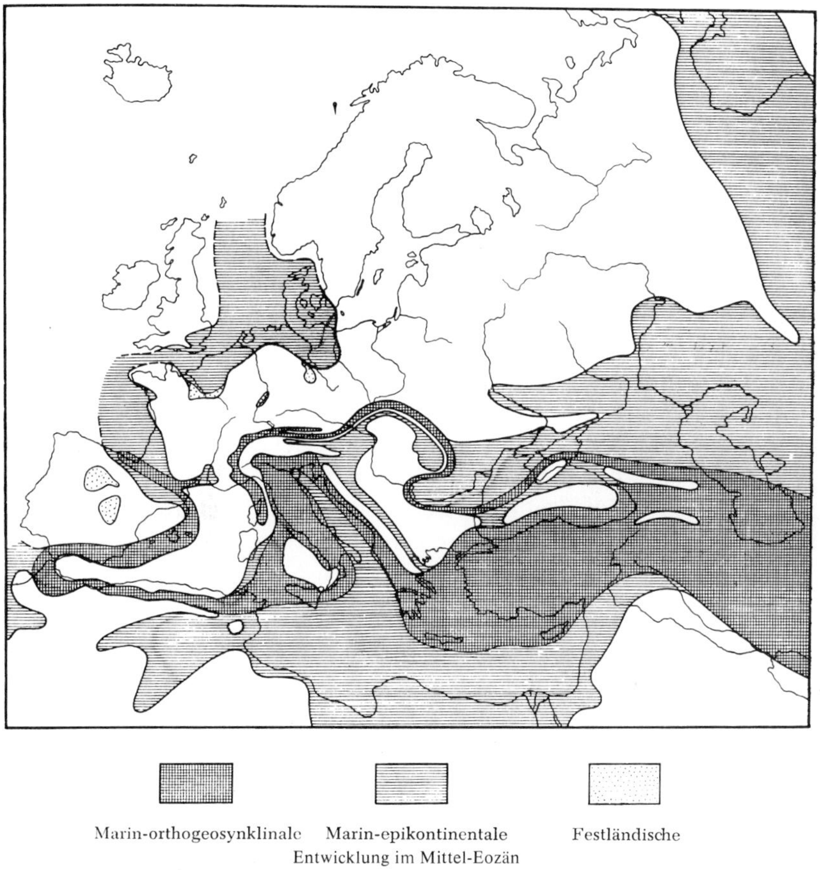

Abb. 49 Paläogeographie des Alt-Tertiär in Europa (Mittel-Eozän)

Mittel-Deutschland. Vor dem Fuß der aufsteigenden Mittelgebirge entstand ein sich langsam verlagerndes Senkungsfeld. Im Eozän setzten sich darin die Älteren oder Subherzynen Braunkohlen-Schichten ab. Planmäßige Grabungen haben aus der Kohle des Geiseltales bei Halle eine Fülle bis in die Einzelheiten der Weichteil-Zellgewebe erhaltener Tierreste zutage gebracht. Im Oligozän lag der Schwerpunkt der Kohlenbildung in N-Sachsen, im Miozän verschob er sich nach E-Deutschland und Polen.

Die Niederrheinische Bucht ist ein altes, seit dem Zechstein nachweisbares Senkungsfeld, in das die Meere des Tertiär wechselnd tief eindrangen. Gegen das Innere der Bucht verfingern sich die sandig-tonigen Flachsee-Absätze mit limnischen Braunkohlen-Sedimenten, die das bis 100 m anschwellende Hauptflöz einschließen. Den Abschluß des Jung-Tertiär bilden Kiese und Sande des Ur-Rheins, die sich ins Pleistozän fortsetzen.

Rheinisches Schiefergebirge und Hessen. Das Schiefergebirge war im älteren Tertiär von einer tief verwitterten Verebnungsfläche überspannt. Die paläozoischen Gesteine sind bis 50 m hinab vertont; auf den Siegerländer Erzgängen greift die Hutbildung mehr als 200 m unter den heutigen Grundwasserspiegel. Diese Verwitterungsrinde wurde vom Oligozän an abgetragen und großenteils in die Hessische Senke verfrachtet. Abgesehen von dem marinen Mittel- und Ober-Oligozän setzten sich hier Fluß-, See- und Sumpf-Ablagerungen: Sande, Kieselgur und die jüngeren Braunkohlen ab. Dann deckten Laven und Tuffe die Landschaft ein, im Westerwald schon vom Ober-Oligozän ab, im Vogelsberg, Habichtswald und der Rhön vor allem im höheren Miozän. Zu Beginn waren es mancherorts trachytische und phonolithische Gesteine, später ausschließlich Basalte. Die jüngsten Ergüsse des Westerwaldes sind pliozänen Alters.

Mainzer Becken und Oberrheintal. Die Oberrheintal-Senke baute sich – im Alt-Tertiär als Geosynkline, im Jung-Tertiär als Graben – jeweils von S nach N fort. Im gleichen Sinne verlagerte sich die Zone mächtigster Sedimentation; sie lag im Alt-Tertiär im S', im Jung-Tertiär im N' Oberrhein-Gebiet. Im Eozän deuteten einige Vorkommen von Süßwasserkalk erstmals eine schwache Eindellung der SW-deutschen mesozoischen Schichtplatte an. Im Ober-Eozän und Unter-Oligozän wurde daraus eine tiefe, nach N etwa bis Darmstadt reichende Furche, in die das Meer wahrscheinlich von der Rhône-Senke her durch die Burgundische Pforte eindrang. Die Füllung besteht aus mächtigen bunten und grauen bituminösen Mergeln, die Bänke von Anhydrit und Steinsalz, im S' Rheintal auch von sylvinitischem Kalisalz einschließen. Der Beckenrand war von Küsten-Konglomeraten begleitet, aus deren Geröllbestand sich die schrittweise Entmantelung der Randschwellen bis auf das Kristallin ablesen läßt. Auf der Überkreuzung der Rheinischen Furche mit der Saar/Saale-Zone erweiterte sich die Meeresstraße zum Mainzer Becken. Den Meeres-Einbrüchen war in örtlich begrenzten Senken die Ablagerung von nichtmarinen Bildungen vorausgegangen, wie den „eozänen Basistonen“ (Unter-Eozän?) und den Sapropel-Schiefern von Messel (Mittel-Eozän), welch letztere durch ihren Reichtum an ungewöhnlich gut erhaltenen Wirbeltieren, aber auch Insekten und Pflanzen, von erstrangiger wissenschaftlicher Bedeutung sind. Die altberühmten fossilreichen Strand-Ablagerungen des Mainzer Beckens gehen beckenwärts in Tone und bituminöse Mergel über. Nach der ober-oligozänen Regression kehrte das Meer im Aquitan, vermutlich auf dem gleichen Wege wie im Alt-Tertiär, nochmals auf eine kurze Weile zurück. Dann folgte eine allmähliche Verlandung, bei der es nahe Worms zur Abscheidung von Steinsalz kam. Im Miozän begannen die ersten kräftigeren Verschiebungen an den Randverwerfungen des Grabens, an die sich der Kaiserstuhl-Vulkan mit seinen mannigfaltigen atlantischen Gesteinen knüpfte. Im Pliozän und Quartär gingen die Schollenbewegungen weiter. Meist wurden klastische Gesteine abgelagert, in die sich im Pliozän die jüngsten Braunkohlen der Wetterau einschalteten.

Auf der Schwäbisch-Fränkischen Alb hat sich eine sehr alte Rumpfebene erhalten. Im Mittel-Eozän wurde sie gehoben und war seitdem der Verkarstung ausgesetzt. Die mit roten Erden und Bohnerz-Konkretionen gefüllten Schlotten führen Säugerknochen aus allen Stufen des Tertiär. Im Jung-Miozän wurde auch S-Deutschland zum Schauplatz vulkanischer Ereignisse. Die Uracher Alb ist von rund 300 Tuffschloten durchschlagen worden. Im Hegau entstanden eine Reihe von Vulkanen und Subvulkanen. Intensiver Vulkanismus im O-Oligozän und U-Miozän, der in Randgebiete ausstrahlt, prägt auch die Nordböhmische Senke. Das früher vulkanisch gedeutete Ries und Steinheimer Becken stellen Meteor-Impakt-Krater dar.

In **W-** und **NW-Europa** bestand seit dem Jura das Anglo-Gallische Becken als eine vom Germanischen Becken geschiedene Senkungszone. Am Ende des Mesozoikum zerfiel dieser Raum in mehrere Felder. Das Londoner und das Belgische Becken waren vom Hampshire-Becken und Pariser Becken durch eine flache Schwelle getrennt, die Artois/Weald-Achse, mit der sich ein altes karbonisches Hochgebiet neu belebte (Abb. 54). Im Alt-Tertiär wurden diese Becken ähnlich wie N-Deutschland wiederholt vom Atlantischen Ozean und von der Nordsee aus überflutet. Im Unter- bis Mittel-Eozän erreichte die Transgression einen ersten, im Unter- bis Mittel-Oligozän einen zweiten Hochstand. Dann schloß eine allgemeine Regression die Geschichte der Becken ab. Das jung-tertiäre Meer, das im Mittel-Miozän wiederkehrte, überdeckte nur noch die Küstensäume Belgiens und der Bretagne; am Ende des Pliozän wich es endgültig zurück. Die Füllung der Becken besteht überwiegend aus lockeren Sanden, Grünsanden und Tonen. Verfestigte Gesteine, organogene und chemische Absätze oder Eindampfungs-Bildungen sind seltener und beschränken sich fast ganz auf das südlichste, das Pariser Becken.

In Belgien und N-Frankreich gemahnt das Montien durch seine kalkige Fazies noch an die Kreide und ist nur örtlich entwickelt. Erst das Landenien erreichte weitere Verbreitung. Mit dem Eozän begann eine neue Überflutungswelle. Im Ypresien (Cuisien) gelangten die ersten Nummuliten ins Pariser Becken. Das Lutet-Meer führte großwüchsige Muscheln und Schnecken als weitere südliche Einwanderer herbei, die gemeinsam mit der übrigen reichen Fauna die Bänke des Pariser Grobkalks aufbauen. Das Ober-Eozän war eine aride Zeit, und der Strandsaum zerfiel in Lagunen. Der Gips des Montmartre in Paris ist seit den Zeiten G. CUVIERS durch seine Säugerreste berühmt. Nach der mittel-oligozänen Transgression fiel das Pariser Becken im Verlauf des Miozän endgültig trocken; die Meeressande von Fontainebleau wurden zu Dünen aufgeweht.

In S-England bezeichnet der dunkle, eintönige London-Ton gleich dem Ypern-Ton in Flandern die stärkste Vertiefung des Meeres. Das höhere Eozän und das Oligozän bestehen größtenteils aus Delta-Bildungen, deren seewärtiger Rand mit den Spiegelschwankungen des Meeres pendelte. Es sind Sande und Tone, die in der marinen Fazies grau, in der limnisch-fluvialen oft lebhaft gefärbt sind. Die Muschel- und Bryozoen-Sande des Crag, die dem Alt-Tertiär nach einer langen Lücke an der SE-englischen Küste auflagern, veranschaulichen in ihrer Fauna die rasche Klimaverschlechterung um die Wende Tertiär/Quartär (Abb. 51).

In der Geschichte der **Alpen** lassen sich vier Abschnitte unterscheiden: Der erste Abschnitt begann mit der Entstehung der Tethys im Jung-Paläozoikum und endete mit der Vorgosauischen Gebirgsbildung. Die 3000–5000 m mächtige Gesteinsfolge, die sich während dieser Zeitspanne in der Alpinen Geosynkline gesammelt hatte, besteht – abweichend von der Füllung der variszischen – vorzugsweise aus karbonatischen und tonigen Sedimenten mit einem nur geringen Anteil von vulkanischem Material. Die Tektogenese schuf die Kernzone des alpinen Deckengebirges, die seitdem im wesentlichen Hochgebiet geblieben ist.

Der zweite Abschnitt reicht von der mittleren Kreide bis zum Ausgang des Eozän. Die Stammfaltung hatte die Tethys in zwei Teilgeosynklinen gespalten, von denen sich allerdings nur die nördliche voll entfaltete. Sie verlagerte sich allmählich nach

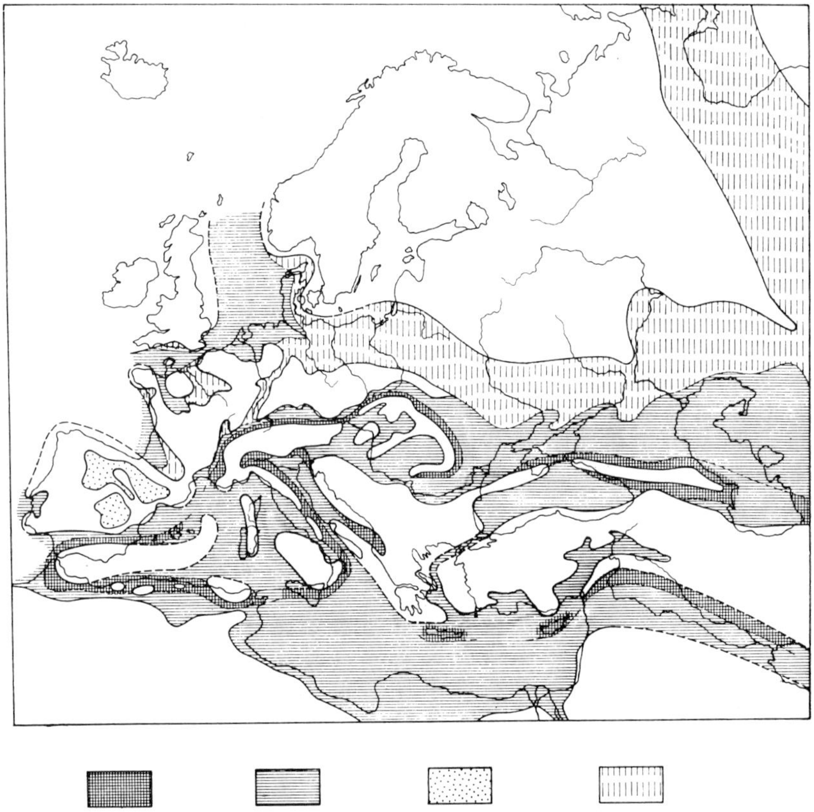

Abb. 50 Paläogeographie des Jung-Tertiär in Europa (Mittel-Miozän)

außen. Gleichzeitig legten sich auf dem vindelizischen Vorlande neue Senkungszonen an, der Flyschtrog und der Helvetische Trog. Sie füllten sich nacheinander mit Flysch-Ablagerungen, während der Kalkalpine Trog allmählich trockenfiel. Gegen Ende des Eozän erreichte der Zusammenschub einen neuen Höhepunkt. Der Inhalt der Randsenken wurde entwurzelt, gefaltet und vom Alpenkörper überfahren.

Der dritte Abschnitt umfaßt die Bildung, Füllung und Faltung der Molasse-Vortiefe. Sie ging aus der ungefaltet gebliebenen Außenzone des Helvetischen Troges hervor und setzte dessen Wanderung gegen das Vorland fort. Die Molasse ist im Gegensatz zu dem gleichfalls klastischen, aber voll-marinen Flysch z. T. im Brack- und Süßwasser entstanden. Ende Miozän schob die dritte und letzte der großen alpinen Faltungsphasen den Inhalt des Molassebeckens in gegen N verklingende Falten zusammen. Die Vortiefen- und Gebirgs-Bildung war damit abgeschlossen. Aber während die Alpen an ihren Außenrändern noch durch Angliederung neuer Ketten wuchsen, setzte, ähnlich wie beim variszischen Gebirge, in den inneren, früher aufgefalteten Teilen bereits der Zerfall ein. Diese Abbauvorgänge gewannen vor allem am Alpen-Ostrand Bedeutung.

Im vierten Abschnitt, im Pliozän und Quartär, ist das Meer im Gefolge der fortschreitenden Hebung des Gebirgskörpers völlig aus dem Umkreis der Alpen gewichen.

Aus dem Formenschatz und der Verbiegung junger Schotterfluren läßt sich eine durch Ruhepausen unterbrochene, fortschreitende Aufwölbung des Gebirges ablesen.

Verglichen mit anderen Orogenen ist der Anteil junger Magmatite in den Alpen gering. Der geosynklinale Vulkanismus wurde nur in den Dolomiten etwas lebhafter (S. 187). Die einzigen zutage tretenden Plutone alpidischen Alters stellen die periadriatischen Granit-Massive (Adamello, Bergell, Rieserferner u. a.) dar, die längs der Grenze von N- und S-Alpen aufgereiht sind. Sie besitzen radiometrische Werte von 30–35 Millionen Jahren. In der Tiefe mögen allerdings noch manche Intrusionen stecken, denn junge, nach dem Deckenschub entstandene hydrothermale Erzlagerstätten sind in den Alpen verbreitet. Mit der Tektogenese und dem Magmen-Aufstieg ging eine Aufheizung des Gebirges einher, die den Gesteinen des kristallinen Sockels das Gedächtnis ihrer Vorgeschichte nahm. Die alten Gneise weisen daher heute in den zentralen E-Alpen radiometrische Ziffern von 70–120 Millionen Jahren, im Schweizer Penninikum sogar nur von 15–20 Millionen Jahren auf.

In den W-Alpen nahm das Flysch-Meer bis ins Oligozän die breite Senke ein, die damals noch das Penninikum, die am Ausgang des Mesozoikum aufgefaltete westalpine Kernzone, von der Kette der Zentral-Massive trennte. Vor der steilen inneren Küste ging die Ablagerung des Wildflysch und verwandter, > 1000 m messender, eintöniger Wechselfolgen von Schiefern mit Sandsteinlinsen aus der Kreide ins Tertiär weiter. Auf dem flachen äußeren, N' Strandsaum setzten sich geringmächtige Nummuliten-Kalke und Grünsande ab, bis mit der Verlagerung der Trogachse die Flyschfazies auch von diesem Gebiet Besitz ergriff. Die gegen Ende des Alt-Tertiär einsetzende Tektogenese verfrachtete den Flysch samt seiner mesozoischen Unterlage über die Zentral-Massive hinweg nach außen und stapelte die Schichten zum Helvetischen Deckfaltengebirge auf.

Die E-Alpen waren als tektonisches Gebilde, wie auch die Alterszahlen (s. o.) zeigen, früher als die W-Alpen vollendet. Die Zentral-Alpen sind seit der Kreide Festland geblieben, die N' Kalk-Alpen tauchten zu Beginn des Tertiär aus dem Meere auf. Größere Überschiebungsvorgänge beschränkten sich seitdem auf den Außensaum des Gebirges. Die E-Alpen gelangten im Laufe des Tertiär anscheinend nicht über ein Mittelgebirgs-Relief hinaus, erst mit dem Beginn des Pleistozän wölbten sie sich zum Hochgebirge auf. Das zeigt sich anschaulich an den Flachformen der alt-pliozänen „Rax-Landschaft“, die heute vom Alpenrand gegen das Innere von 1600 m auf > 2500 m ansteigen.

Schweizerisch-Bayerisch-Österreichisches Alpen-Vorland. Im Oligozän ging aus dem nordwärts verlagerten Helvetischen Trog die Molasse-Vortiefe hervor. Die Hauptmasse der rund 4000 m mächtigen Füllung entstammt den Alpen und besteht aus locker verkitteten Konglomeraten, der Nagelfluh, mürben Feldspat-haltigen Sandsteinen und sandigen Mergeln. Gelegentlich treten Kohlenflöze als erdgeschichtliche Analoga zu den paralischen Kohlen des Oberkarbon auf. Entsprechend dem Wandern der Vortiefe treffen wir die ältesten Sedimente, die größten Mächtigkeiten und die gröbste Korngröße unmittelbar am Rand der Kalkalpen an, während im N junge Schichten auf die Weißjuraplatte der Alb transgredierten. An dem Geröll-Bestand und dem Schwermineral-Inhalt läßt sich der ständige, durch einzelne orogene Rucke beschleunigte Aufstieg der Alpen und ihre fortschreitende Abtragung verfolgen. Die Schotter lagerten sich vor dem Gebirge in großen Delta-Kegeln ab. Die feineren Bestandteile kamen weiter draußen zur Ruhe, in den Regressions-Phasen auf einer von Seen durchsetzten Aufschüttungs-Ebene, in den Überflutungs-Zeiten in einem brackischen Flachmeer. Angesichts der Herkunft der Transgressionen von E ist der marine Einschlag in der österreichischen Molasse am stärksten, in der schweizerischen am geringsten.

Am Alpen-Ostrand sind die alpidischen Ketten durch eine quere Einwalmung, der heute die Donau folgt, in die Tiefe gedrückt. Man nennt das seit alters für seinen Fossilreichtum bekannte Hügelland um Wien das Wiener Becken und unterscheidet das Außeralpine Wiener Becken, das ein Teil der Molasse-Vortiefe ist, vom Inneralpinen, in welchem die tertiären Schichten dem versunkenen, nur noch in einzelnen Aufragungen zutage tretenden alpin-karpatischen Gebirgssockel aufruhen.

In der Molasse-Vortiefe begann die Sedimentation bereits im jüngeren Eozän; das Wiener Becken (i. w. S.) ist dagegen eine oberoligozän-miozäne Senkungszone. Schon am Ende des Miozän (Pont) war das Becken verlandet. Die beckeninneren marinen Ablagerungen bestehen aus Mergeln, wie dem Tegel und dem Schlier. In Ufernähe entstanden Brandungs-Konglomerate, Muschelsande und Lithothamnien-Kalke (Leitha-Kalk), ja sogar kleine Korallen-Riffe, die nördlichsten jener Zeit.

S-Alpen und **N-Apennin** haben die Po-Ebene als Vortiefe gemeinsam. Schon im Paläozän trat das Meer von E her in diese Senke ein und gelangte im Unter-Oligozän bis in ihren westlichsten Zipfel. Erst im jüngsten Pliozän wurde das Meer durch die Aufschüttungen der Gebirgsflüsse wieder zurückgedrängt. Die vielerorts fossilreiche Schichtfolge ist im Vicentin und im Piemont durch eine Reihe klassischer Profile erschlossen, von denen Stufen-Namen abgeleitet wurden (Übersicht 18).

SW-Europa. Während das marine Alt-Tertiär im Aquitanischen Becken ohne Lücke aus der Kreide hervorgeht, war die Pyrenäen-Straße um die Kreide/Tertiär-Wende unterbrochen. Im Eozän stellte sich die Meeresverbindung wieder her, aber nur auf kurze Dauer, denn durch die Auffaltung des Gebirges wurde sie vom Oligozän ab endgültig versperrt. Auch das Ebro-Becken verlandete um die gleiche Zeit, wobei Steinsalz- und Kalisalzlager von ähnlichem Alter und Aufbau wie am Oberrhein hinterblieben. Die übrige Iberische Halbinsel war im Känozoikum nur noch randlich überflutet. In mehreren inneren Senken sammelten sich mächtige Schuttfüllungen.

SE- und **E-Europa.** Während das Meer im Laufe des Jung-Tertiär rasch aus dem Umkreis der Alpen wich, blieben im E' Europa vor und zwischen den alpidischen Faltensträngen weite Wasserflächen noch längere Zeit bestehen, bis sie schließlich durch die fortschreitende Hebung zurückgedrängt wurden. Von W nach E reihten sich das Pannonische, das Euxinische und das Aralo-Kaspische Becken aneinander, die heute als Restseen den Balaton, Pontus, Kaspi und Aral enthalten. Das Eiserne Tor stellte die Verbindung zwischen dem pannonischen und euxinischen, die Manytsch-Straße N' des Kaukasus die zum aralo-kaspischen Becken her. Diese Kette von Senkungsfeldern, die man als Paratethys bezeichnet, besaß wechselweise mehrere Verbindungswege zum offenen Meer: das untere Rhônetal, die Drau/Save-Senke und den Bosporus. Die schrittweise Sperrung dieser Straßen und die Schrumpfung der Becken führte Ende Miozän zur Verbrackung, im Pliozän zur Aussüßung der Gewässer. Ihre z. T. endemische Fauna ist ein Erbe ihrer tertiären Vergangenheit.

Im Bereich des **Mittelmeeres** war es ähnlich wie in den Alpen gegen Ende der Kreide zu den ersten Decken-Bewegungen in den mesozoischen Geosynklinen gekommen, denen die Bildung von Flysch-Vortiefen folgte. Weitere Faltungen im Laufe des Tertiär schufen die heutigen Gebirgszüge. Das mediterrane Tertiär ist daher im ganzen regressiv. Am Ende des Miozän (Messin) kam es zur vollständigen Abschnürung von den

Weltmeeren und Austrocknung des Mittelmeeres (Messinische Krise). Große Mächtigkeiten von Steinsalz wurden im Beckentiefsten, Gips an den Rändern abgelagert.

Der **Atlantische Ozean** hatte vor diesem Ereignis Verbindung zum Mittelmeer über Randsenken des Rif und der Betischen Kordillere. Die Straße von Gibraltar brach erst im Pliozän ein, so daß das mediterrane Becken wieder Meer wurde. Der sich aufweitende Atlantik verlegte im Tertiär seine Rift-Zone E' von Grönland. Dennoch blieb dieses skandische Teilbecken vom eigentlichen Atlantik getrennt. Da die überaus starke Produktion von Effusiva im Bereich eines „Hot-Spot" Islands die ozeanische Narbe bis in den subaerischen Bereich füllte und so eine NW-SE-Basalt-Brücke (Thule-Landbrücke, STRAUCH 1970) die Kontinentalränder verband. Der Zerfall wird mit Mittelmiozän bis Endpliozän datiert, die biogeographischen Daten sprechen für eine sehr späte Überflutung.

Asien und Europa waren bis ins Oligozän durch die Westsibirische Straße getrennt, erst dann vereinigten sich die beiden Erdteile. Abgesehen von diesem Meeresarm und einer im Alt-Tertiär vom Ferghana- ins Tarim-Becken übergreifenden Überflutung, war das außeralpine Asien Festland. Versiegende Flüsse hinterließen in den innerkontinentalen Senkungsräumen, z. B. der Gobi, ihre Ablagerungen, mit denen sich Dünensande und rote Gipsmergel verknüpften. Kohlen entstanden bei der zunehmenden Austrocknung nur noch selten. Die den Kontinent im S und E umrahmenden Geosynklinen wurden durch die tertiären Gebirgsbildungen zunehmend eingeengt. Im jüngeren Miozän wurde der Meereszusammenhang zwischen dem Indischen und dem Atlantischen Ozean über Vorder-Asien hinweg endgültig unterbrochen.

N-Amerika. Im gebirgigen Westen des Landes wirkten die mesozoischen Faltungen während des Tertiär in einer gesteigerten Magmen-Förderung und Krusten-Beweglichkeit nach. Die Gebirgsschwellen krönten sich mit Vulkanen, deren Asche zusammen mit anderen Abtragsmassen in festländischen Becken am Ostfuß des Felsengebirges zusammengeschwemmt wurden. Ihre heute oft zu „badlands" zerschnittene Füllung besteht aus Fluß- und See-Ablagerungen. Wirbeltierreste sind häufig und bieten in der Gesamtheit der Becken den vollständigsten Aufriß der Entwicklung der Säuger, welcher bis jetzt auf der Erde bekannt ist.

S-Amerika bewahrte auch im Tertiär seine bereits aus früheren Perioden bekannte Hochlage. Die Saumtiefe, die sich im Anschluß an die kretazische Anden-Faltung vor dem Ostfuß des Gebirges gebildet hatte, wurde nur im äußersten N und S, in Venezuela und in Patagonien, zeitweilig überflutet. Auf ihrer übrigen Erstreckung füllte sie sich mit bunten festländischen Schutt-Gesteinen. Die Fluß-Ablagerungen und verschwemmten Tuffe Patagoniens enthalten eine eigenartige, bodenständige Säugerwelt von Beutlern und Huftieren, daneben Faultieren und Nagern, die der N-amerikanischen fremd gegenübersteht. S-Amerika muß vom Paläozän ab aus dem Zusammenhang mit den übrigen Festländern gelöst gewesen sein. Erst Ende des Tertiär überbrückte Mittelamerika die beiden großen Teilkontinente, so daß der Faunenaustausch ab Ober-Miozän zögernd, im Laufe des Pliozän voll in Gang kam, wodurch die Endemismen S-Amerikas verdrängt wurden. Die Wassersperre zwischen Atlantik und Pazifik hatte klimatische Folgen (Golf-Strom bzw. Nordatlantik-Strom).

Afrika. Nach dem Lutet tauchte die seit dem Cenoman überflutete N' Wüstentafel aus dem Meere auf. In Unter-Ägypten besteht das Mittel-Eozän aus Nummuliten-Kalken, die den Baustein für die Pyramiden lieferten, das Ober-Eozän aus Gipsmergeln, das Oligozän aus Delta-Ablagerungen des Ur-Nils. Die ältesten Wale und Elefanten sowie mit die ersten Menschenaffen verleihen der Säugerfauna dieser Schichten besondere Bedeutung. Im Miozän griff das Meer nur noch am Mittelmeer über die heutigen Küsten in nennenswertem Maße hinweg. Inner-Afrika stand unter dem Zeichen zunehmender Hebung und Austrocknung. Um die Mitte des Tertiär begann der Einbruch der Großen Gräben, die sich vom Jordan-Land über das Rote Meer bis E-Afrika erstreckten. Die tiefreichende Zerspaltung der Kruste machte dem Magma den Weg nach oben frei. Atlantische Laven bauten von Aden bis zum Nyassa-See Vulkane von beträchtlicher Größe auf.

Organischer Inhalt (Tafeln 55, 56-61)

Fauna. An der Grenze Mesozoikum/Känozoikum vollzog sich ein tiefgreifender Umbruch. Die Gattungen der Plankton- und Groß-Foraminiferen wechselten beinahe sämtlich. Die Rudisten, Ammoniten und Belemniten (diese mit Ausnahme einer seltenen Gattung) endeten mit der Kreide. Die mesozoische Reptilwelt starb aus; an ihrer Statt entfalteten sich die Säuger in zahlreichen Stammlinien (Tab. 19).

Tabelle 19

Stamm	Klasse	Ordnungen	
„Protozoa“	: Radiolaria		: * Acantharina
Coelenterata (Cnidaria)	: Hydrozoa	: Milleporida : Stylasterida	
Scolecida („Niedere Würmer“) : * Nemathelminthes			
Articulata Arthropoda : Chelicerata	: Arachnida	: * Pseudoscorpionida : * Schizomida	
: Branchiata (Diantennata)	: Crustacea : Branchiopoda : * Copepoda	: * Cladocera	
: Tracheata (Antennata)	: Insecta	: * Mantodea : * Phthiraptera : * Strepsiptera	
Mollusca : Conchifera	: Gastropoda : Prosobranchia : Opisthobranchia	: Caenogastropoda : * Acoela	: * Lamellariacea
	: Cephalopoda : Coleoidea	: † Belemnitida	
Echinodermata : Echinozoa	: Echinoidea : Euechinoidea	: * Neolampadoida	
Chordata : Vertebrata	: Reptilia : Lepidosauria	: † Choristodera	
	: Aves	: * (Mehrzahl der Ordnungen)	

Tabelle 19 (Fortsetzung)

Stamm	Klasse	Ordnungen
Chordata		
: Vertebrata	: Mammalia	
	: Prototheria	: * Monotremata
	: Allotheria	: † Multituberculata
	: Klasse inc. sedis	: † Deltatheridiida
	: Eutheria (Placentalia):	
	Macroscelidea (ab Olig.)	Cetacea (ab Eoz.)
	Dermoptera (ab Paläoz.)	† Desmostylia (Olig.-Mioz.)
	Scandentia (? – heute)	† Embrithopoda (Olig.)
	Chiroptera (ab Eozän)	† Notungulata (Paläoz.-Pleist.)
	Rodentia (ab Paläoz.)	† Pyrotheria (Eoz.-Olig.)
	† Hyaenodonta (Kr.-Mioz.)	† Astrapotheria (Eoz.-Mioz.)
	Carnivora (ab Paläoz.)	† Tillodontia (Paläoz.-Eoz.)
	Lagomorpha (ab Paläoz.)	† Litopterna (Olig.-Pleist.)
	† Condylarthra (Kr.-Mioz.)	† Pantodonta (Paläoz.-Eoz.)
	Perissodactyla (ab Eoz.)	† Dinocerata (Paläoz.-Eoz.)
	Artiodactyla (ab Eoz.)	Pholidota (ab Paläoz.)
	Hyracoidea (ab Eoz.)	Tubulidentata (ab Mioz.)
	Proboscidea (ab Eoz.)	† Taeniodonta (Paläoz.-Eoz.)
	Sirenia (ab Eoz.)	Xenarthra (ab Paläoz.)

„Protozoen". Die Foraminiferen sind in marinen Sedimenten häufige Fossilien. Die Klein-Foraminiferen setzen sich im wesentlichen aus den gleichen Gruppen wie im jüngeren Mesozoikum und in der Gegenwart zusammen. Nur die Miliolacea *(Miliola, Quinqueloculina)*, Rotaliacea *(Rotalia, Ammonia)*, Discorbacea *(Asterigerina)* und Globigerinacea *(Globigerina, Globorotalia, Hantkenina, Orbulina)* seien besonders genannt. Die Groß-Foraminiferen waren bezeichnende Bewohner des Tethys-Gürtels; nur wenige Arten breiteten sich in höhere nördliche oder südliche Breiten aus. Die spindelförmige *Alveolina*, die linsen- bis scheibenförmigen Nummulitiden *(Nummulites, Assilina)* und der ähnlich gestaltete, jedoch nicht spiral, sondern zyklisch gebaute *Orbitolites* (Soritidae) sind für das Alt-Tertiär leitend. Sie hatten ihren Ursprung in den Meeren der Alten Welt und erreichten hier alle drei etwa gleichzeitig im Lutet ihre stärkste Größen-Entwicklung (Abb. 52). Ebenso lieferten die bis in die Ober-Kreide zurückgehenden Orbitoididae *(Actinosiphon)* sowie die Discocyclinidae *(Discocyclina)* wichtige alt-tertiäre Arten. Die Haupt-Entfaltungszeit der anscheinend in Westindien heimischen Lepidocyclinidae *(Lepidocyclina, Eulepidina)* und die Miogypsinidae *(Miogypsina)* lag dagegen im Oligozän bis älteren Miozän. Ihre gleichfalls linsenförmigen Gehäuse besitzen mehrere Kammerstockwerke.

Radiolarien sind im allgemeinen selten, da aus dem Tertiär wenig Absätze tieferen Wassers überliefert sind. Bedeutende Vorkommen jedoch bieten das Alt-Tertiär von Barbados und Kalifornien und das Jung-Tertiär des Mittelmeer-Gebiets (Sizilien, N-Afrika) sowie die tertiären Ablagerungen der Tiefsee.

Poriferen sind ebenfalls seltene Fossilien; die Kieselschwämme hatten sich mit dem Ausgang des Mesozoikum in größere Meerestiefen zurückgezogen.

Unter den **Coelenteraten** setzten die Hydrozoen ihren Aufstieg fort *(Millepora)*. Bei den Korallen machte die Auflockerung des Skeletts rasche Fortschritte, sowohl bei den Riff-Korallen, wo die Astrocoeniiden *(Acropora)*, Fungiiden *(Porites)* und Faviiden *(Helia-*

straea) die übrigen Familien überflügelten, wie bei den Einzel-Korallen, die im Tertiär in verstärktem Maße neben Schlammgründen *(Stephanophyllia, Flabellum, Ceratotrochus)* auch sandige Böden *(Eupsammia, Balanophyllia, Turbinolia)* besiedelten.

Tentaculaten. Die **Brachiopoden** gingen Ende der Kreide unvermittelt zurück und fanden sich im Tertiär nur noch selten außerhalb der pazifischen Meere, in denen sie noch heute vorzugsweise heimisch sind. **Bryozoen** waren hingegen verbreitet und traten wie im Silurium und Zechstein als Riffbildner auf *(Membranipora).*

Arthropoden. In den meisten Linien der Crustaceen stockte der Fortschritt seit langem, einzig die Decapoden waren noch in Umbildung begriffen. Nach der Blüte der Macruren im Jura gelangten die Brachyuren in Tertiär und Gegenwart zu besonderer Entfaltung. Als schnelle Läufer eroberten die Krabben *(Xanthopsis, Ranina, Coeloma)* fast alle Lebensgebiete des Meeres. Die Cirripedier *(Balanus)* gehörten im Känozoikum wie heute zu den häufigen Besiedlern felsiger Küsten. Insekten sind auf deutschem Boden vor allem in der Braunkohle des Geiseltals bei Halle, dem Brandschiefer von Messel, dem baltischen Bernstein, der Blätterkohle von Rott im Siebengebirge und dem Molassemergel von Öhningen am Bodensee überliefert. Neben einem starken Anteil tropischer Arten treffen wir bereits den Grundstock unserer heimischen Fauna an.

Unter den Klassen der **Mollusken** gewannen mit dem Tertiär die Schnecken die Oberhand, vor allem dank dem Aufblühen der Känogastropoden. Die in der Ober-Kreide erschienenen Gruppen der Muricaceen *(Typhis, Murex)*, Buccinaceen *(Buccinum, Nassarius = „Nassa“, Fusinus = „Fusus“, Aquilofusus)*, Volutaceen *(Ancilla, Oliva, Mitra, Voluta)* und Conaceen *(Turricula, Turris = „Pleurotoma“, Conus)* brachten mit den genannten Gattungen eine Fülle von Formen hervor, ebenso wie die Cerithiaceen *(Turritella, Melanopsis, Potamides, Tympanotonos, Campanile, Cerithium)*, Strombaceen, Cypraeaceen, Naticaceen und Tonnaceen *(Cassis, Ficus)*; die Archaeogastropoden hatten innerhalb der Trochaceen und Neritaceen reichen Zuwachs. Die seit dem Ordovizium bekannten Scaphopoden *(Dentalium)* wurden im Tertiär etwas häufiger als vorher.

Im Lauf des Tertiär bildeten sich bei den marinen Muscheln biogeographische Provinzen in größerer Deutlichkeit heraus als in vorangegangenen Epochen. Ganz allgemein treten die seit langem vordringenden, mit rückziehbaren Siphonen ausgestatteten sinupalliaten Heterodonten in den Vordergrund. Eine nur geringe Rolle spielten die Palaeotaxodonta *(Portlandia)* und Cryptodonta *(Solemya)*, eine weit größere hingegen die Pteriomorphia *(Arca, Glycymeris; Mytilus; Isognomon, Chlamys, Amussiopecten, Pecten, Ostrea).* Von den marinen Palaeoheterodonta zogen sich die im Mesozoikum bedeutsamen Trigoniidae zunehmend in das austral-asiatische Meeresgebiet zurück, wo sie heute nur noch mit einer Gattung leben. Unter den Heterodonta waren die Veneroida wohl die formenreichste Gruppe: Lucinacea *(Lucina, Divaricella, Thyasira)*, Carditacea *(Cardita, Cardiocardita, Venericardia)*, Crassatellacea *(Astarte, Crassatella)*, Cardiacea *(Cardium, Laevicardium)*, Mactracea *(Mactra, Lutraria)*, Tellinacea *(Tellina, Macoma, Donax, Scrobicularia)*, Dreissenacea *(Dreissena)*, Corbiculacea *(Corbicula, Polymesoda)* und vor allem die Veneracea *(Venus, Tivela, Pitar, Dosinia, Tapes, Paphia, Venerupis).* Die überwiegend zahnlosen („Desmodonta“) Myoida waren hingegen von geringerer Bedeutung *(Mya, Corbula, Panopea, Pholas).* In den brackischen und süßen Gewässern waren besonders Unioniden *(Unio)*, Abkömmlinge der Cardiacea *(Lymnocardium)* und der Dreissenacea *(Congeria)* neben Mesogastropoden *(Viviparus, Hydrobia)* und Pulmonata *(Lymnaea, Planorbis)* vertreten. Auf dem Lande lebten vor allem Heliciden *(Plebecula, Cepaea).*

Unter den Cephalopoden gewannen nach dem Aussterben der Ammoniten die Gruppen mit nach innen verlagerter und zugleich reduzierter Schale an Bedeutung. Besonders waren es die Sepiida *(Belemnosis, Beloptera, Spirulirostra, Sepia)*, die sich vermutlich aus den Phragmoteuthida ableiten lassen. *Bayanoteuthis* war der letzte, seltene Vertreter der Belemnitida im Eozän.

Echinodermen. Crinoiden fehlen in Tertiär-Ablagerungen so gut wie ganz. Sie waren gleich anderen Gliedern der mesozoischen Flachmeer-Fauna (Kieselschwämmen, manchen Krebsen) ins Tiefwasser abgewandert. Bei den Echinoiden traten die Irregulären noch mehr als früher in den Vordergrund. Die herzförmigen Spatangiden *(Linthia, Schizaster, Spatangus)* lebten eingegraben im Schlick. Die übrigen Formen besiedelten sandige Gründe bis nahe an die Brandungszone, wobei sich niedrige, breit auflagernde, innen versteifte Gehäuse als vorteilhaft erwiesen *(Clypeaster, Scutella, Echinolampas)*.

Fische. Von den Haien *(Notidanus, Lamna, Carcharodon)* sind fast nur die Zähne fossil erhalten. Die Welt der tertiären Knochenfische weist alle wichtigen lebenden Gruppen auf; besonders verbreitet waren die Karpfen *(Leuciscus)*, Heringe *(Clupea, Meletta)*, Stichlinge *(Amphisyle = Centriscus)*, Barsche *(Smerdis)*, Makrelen und Schellfische.

Reste von **Amphibien,** Fröschen wie Salamandern *(Andrias)*, sind selten. Ein gleiches gilt für die Vögel, deren heute herrschende Gruppen sich im älteren Tertiär herausbildeten. Etwas häufiger finden sich **Reptilien,** vor allem Schildkröten *(Trionyx, Clemmys)* und Krokodile.

Die **Mammalier** hatten sich seit dem Jura von einer unbekannten Ur-Heimat über die Erde ausgebreitet. Schon am Ende der Trias, wo sie sich aus unbekannten therapsiden Reptilien entwickelt hatten, waren sie in mehrere Stammlinien gespalten.

Die Multituberculata setzten sich aus dem Mesozoikum mit einigen Gattungen bis ins ältere Tertiär fort. Aus unbekannter Wurzel stammen die eierlegenden Säugetiere (Monotremata). Sie konnten sich nur in Australien bis heute halten, das seit der Kreide von den übrigen Kontinenten getrennt war.

Im wesentlichen überschritten nur die gemeinsam in kretazischen Pantotheria wurzelnden Beutelsäuger (Marsupialia) und die höheren Säuger (Placentalia = Eutheria) die Grenze zum Tertiär. Schon am Ende der Kreide waren sie in jeweils mehrere Hauptstämme getrennt, im älteren Tertiär entwickelte sich die Mehrzahl der Ordnungen.

In der Gegenwart sind die Beutelsäuger auf S- und Mittel-Amerika und die australische Region beschränkt; ihre tertiären Vorfahren sind im wesentlichen aus S-Amerika bekannt geworden. Die bemerkenswertesten Gestalten unter ihnen boten die Borhyaeniden, große, mit dolchartigen Oberkiefer-Eckzähnen versehene Raubbeutler *(Borhyaena, Thylacosmilus)*; sie erinnern auffällig an die Säbelzahnkatzen der Eutheria.

Das Hauptgewicht der tertiären Fauna lag jedoch bei den Ordnungen der höheren Eutheria. Sie lassen sich gemeinsam auf kleinwüchsige Insectivora zurückführen, die bis in die Kreide zurückreichen. Die Entwicklung der Carnivoren war auf die Erwerbung eines schneidenden Gebisses gerichtet. Von den vorwiegend alt-tertiären Creodontiern *(Arctocyon, Hyaenodon)* zu den oligozän-neogenen Fissipediern *(Amphicyon, Hemicyon, Machairodus, Felis)* wurden die Zähne stetig schmäler und schärfer. Ein Paar der Backenzähne wurde zu Reißzähnen umgebildet. Die pflanzenfressenden Ungulaten, die älteste Abspaltung von den Insectivoren, nahmen den umgekehrten Weg zu einer vielhöckrigen, breit- und oft auch hochkronigen Bezahnung sowie zur Ausbildung von Klauen

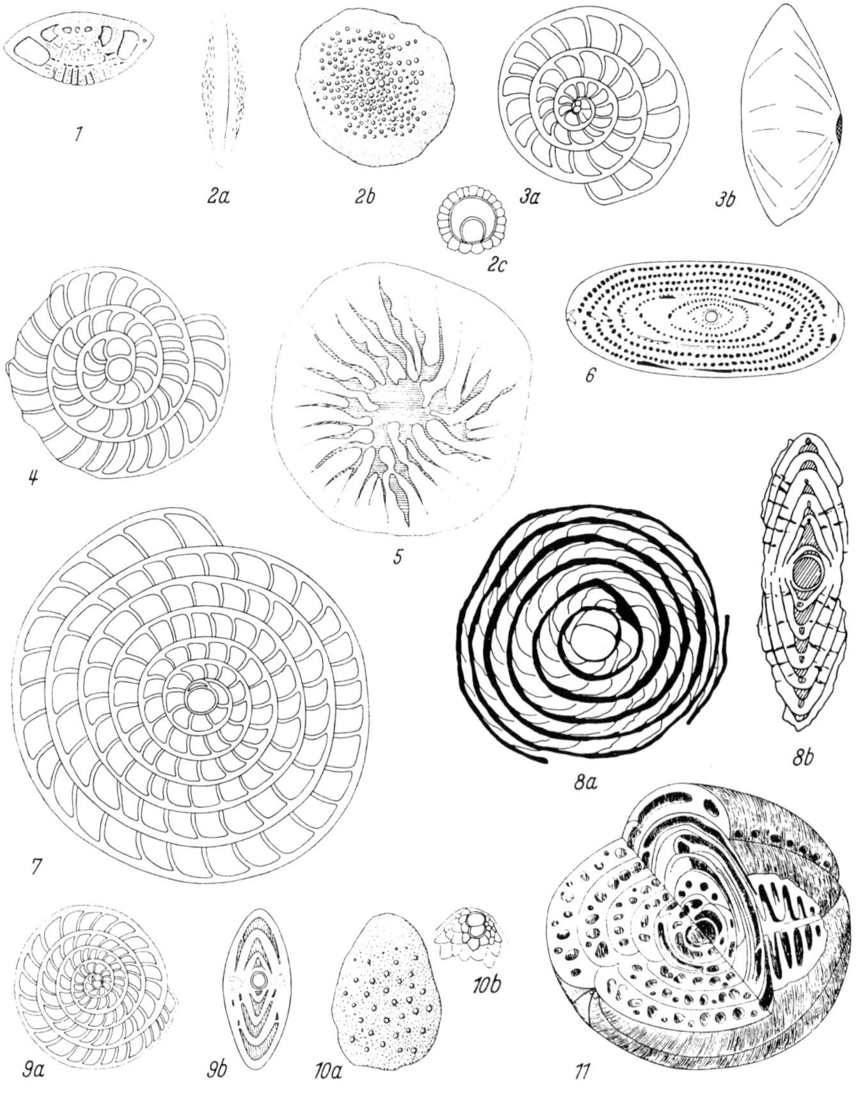

1. *Smoutina cruysi* Drooger (Paläozon; senkrechter Schnitt). – 2. *Discocyclina seunesi* Douville (Paläozän; 2 a = Seitenansicht, 2 b = Oberseite, 2 c = Embryonalkammer). – 3. *Nummulites solitarius* de la Harpe (Jüngeres Paläozän; 3 a = Medianschnitt, 3 b = Seitenansicht). –4. *Nummulites planulatus* Lamarck (Unter-Eozän; Medianschnitt). – 5. *Nummulites burdigalensis* de la Harpe (Unter-Eozän; Oberseite). – 6. *Alveolina oblonga* d'Orbigny (Unter-Eozän; Medianschnitt). – 7. *Assilina spira* de Roissy (Mittel-Eozän; Medianschnitt). – 8. *Nummulites tchihatcheffi* d'Archiac (Mittel-Eozän; 8 a = Medianschnitt, 8 b = senkrechter Schnitt). – 9. *Nummulites variolarius* Lamarck (Mittel-Eozän; 9 a = Medianschnitt; 9 b = senkrechter Schnitt). – 10. *Miogypsina irregularis* Drooger (Ober-Burdigal; 10 a = Oberseite, 10 b = Embryonalkammern). – 11. *Borelis melo d'Orbigny (Mittel-Miozän)*

Gastropoden: 1. *Physa gigantea* MICHAUD. – 2. *Volutilithes muricinus* (LAM.) – 3. *Serratocerithium serratum* (BRONGN.). – 4. *Pteropurpura tricarinata* (LAM.). – 5. *Velates schmiedeli* CHEMN. – **Bivalvier:** 6. *Venericardia pectuncularis* LAM. – 7. *Cucullaea crassatina* LAM. – 8. *Venericardia planicosta* LAM. – 9. *Corbis lamellosa* LAM. – 10. *Arctica rotundata* A. BRAUN

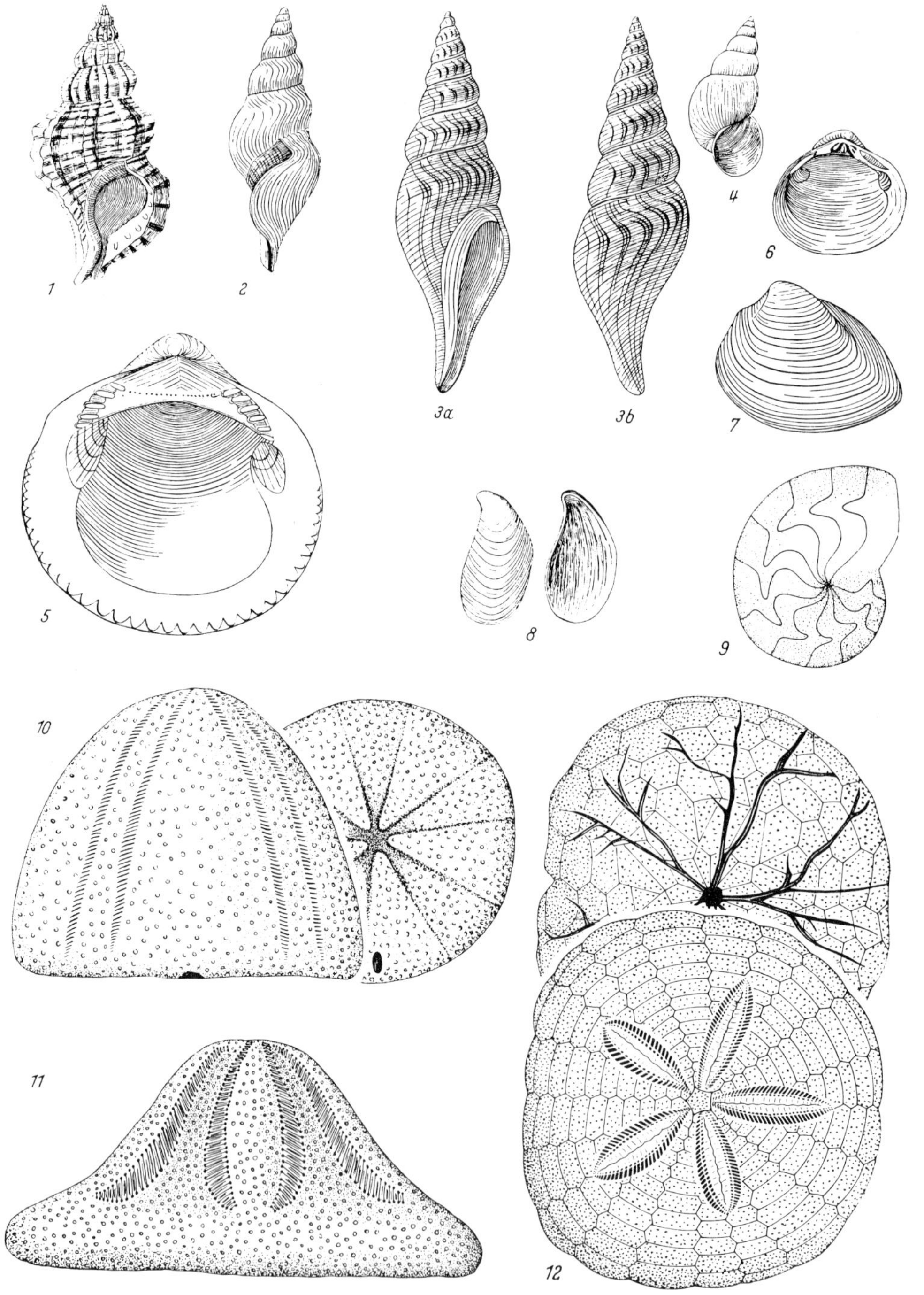

Gastropoden: 1. *Charonia (Sassia) flandrica* (DE KON.). – 2. *Turricula belgica* (MÜNSTER). – 3. *Turricula selysi* DE KON. – 4. *Hydrobia elongata* FAUJAS. – **Bivalvier:** 5. *Glycymeris obovata* LAM. – 6. *Corbicula faujasi* BRONGN. – 7. *Polymesodoa convexa* (BRONGN.). – 8. *Congeria brardi* BRONGN. – **Cephalopode:** 9. *Aturia aturi* (BAST.). – **Echinoiden:** 10. *Conoclypus conoideus* LESKE. – 11. *Clypeaster altecostatus* MICH. – 12. *Scutella subrotundata* LESKE

Miozän. Gastropoden: 1. *Conus ponderosus* Brocchi. – 2. *Ancilla glandiformis* Lam. – 3. *Clavatula granulatocincta* Münst. – 4. *Cassis scabrum* Lam. – 5. *Turritella turris badensis* Sacco. – 6. *Ficus reticulatus* Lam. – 7. *Fusus longirostris* Brocchi. – **Bivalvier:** 8. *Chlamys elegans* Andr. – 9. *„Venus" plicata rotundior* Kauts. – **Pliozän. Bivalvier:** 10. *Congeria subglobosa* Partsch. – 11. *Dreissena rostriformis* Desh. – **Gastropoden:** 12. *Melanopsis fossilis* Fer. – 13. *Viviparus hoernesi* Neum.

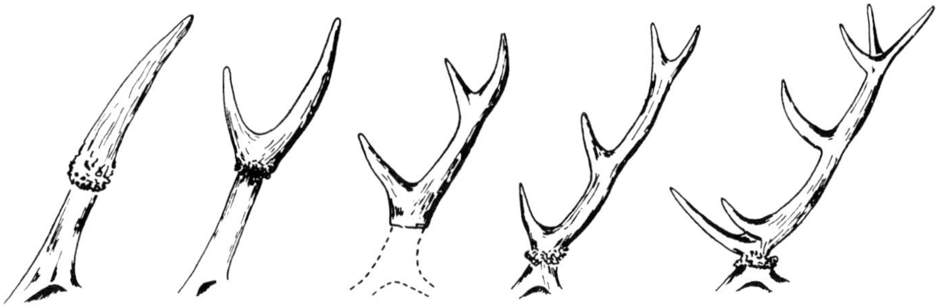

a b c d e

1

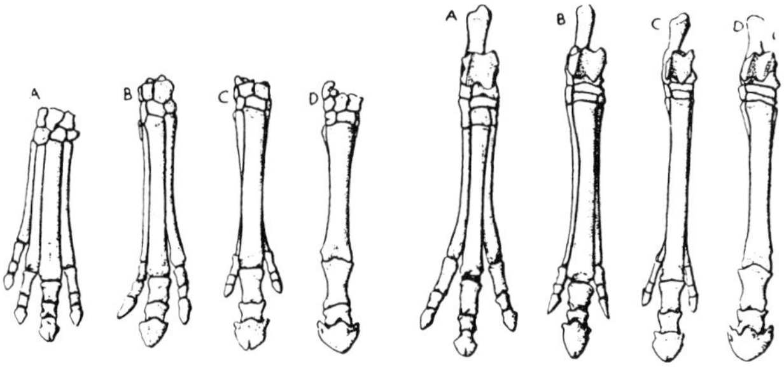

2

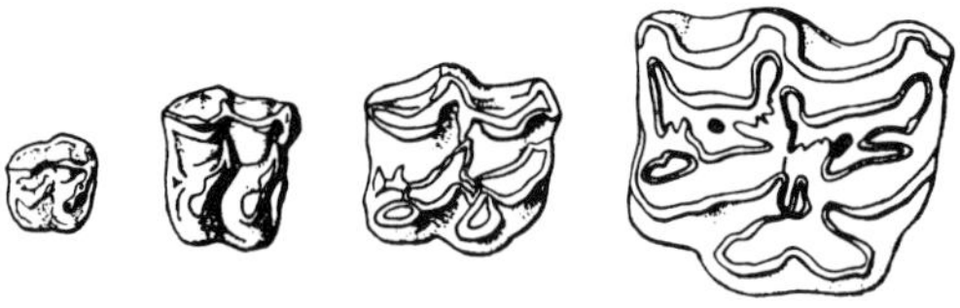

A B C D

3

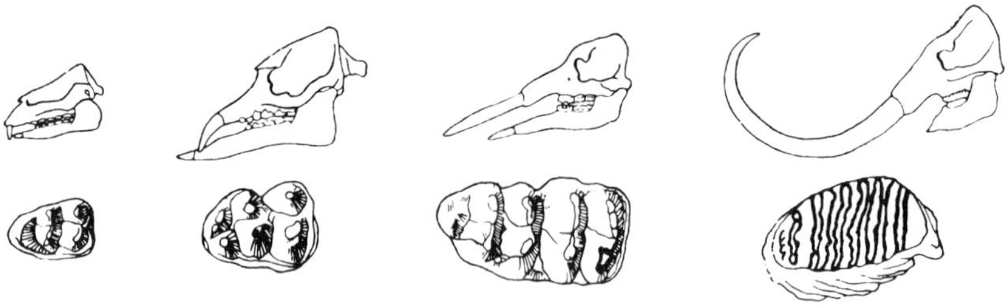

a b c d

4

1. Evolution des Geweihs der Hirsche im Miozän und Pliozän: a *Euprox minimus* Toula, Mittel-Miozän; b *Euprox furcatus* Hensel, Ober-Miozän; c *Euprox dicranocerus* Kaup, Unter-Pliozän; d *Cervus (Cataglochis) pardinensis* Cr. & Job., Ober-Pliozän; e *Cervus elaphus* Linné, Rezent. – 2. Hand- und Fußskelette der Pferdereihe: A *Hyracotherium*, B *Miohippus*, C *Merychippus*, D *Equus*. – 3. Backenzähne der gleichen Gattungen. – 4. Schädelskelette und Backenzähne der Elefantenreihe: a *Moeritherium*, b *Palaeomastodon*, c *Mastodon*, d *Elephas*

1. *Magnolia* sp. – 2. *Cinnamomum scheuchzeri* (Heer) – 3. *Cinnamomophyllum* sp. – 4. *Laurophyllum* sp. – 5. *Mastixia* sp. – 6. *Ficus tiliaefolia* (A. Braun) Heer – 7. *Catalpa crassifolia* Newb. – 8. *Laurus* sp. – 9. *Liquidambar europaeum* A. Braun – 10. *Zelkowa ungeri* Kov. – 11. *Pterocarya castaneifolia* (Goepp.) –12. *Nyssa* sp. – 13. *Sassafras* sp. – 14. *Sabal maior* Unger (Fig. 4, 6 nach Mägdefrau 1962; Fig. 5 nach Kirchheimer 1942; Fig. 7, 9, 10 nach Gothan & Weyland 1964; Fig. 8, 11 nach Orlov 1963; Fig. 12 nach Frasset 1940; Fig. 13 nach Friedrich 1966; Fig. 14 nach v. d. Burgh 1984)

und Hufen an Stelle von Krallen, womit häufig eine Verminderung der Zehenzahl einherging. An der Wurzel der Huftiere standen die noch recht Creodontier-ähnlichen Condylarthren *(Phenacodus)*. Die ältesten Sprosse aus diesem Stamme, die ausschließlich S-amerikanischen Notoungulaten und Verwandte, sind im Pleistozän ausgestorben. Erst die im Eozän erscheinenden Gruppen gehen bis zur Gegenwart durch. Die unpaarhufigen Perissodactylen mit den Linien der Equiden (insbesondere der Pferdereihe *Hyracotherium, Orohippus, Epihippus, Miohippus, Parahippus, Merychippus, Pliohippus, Equus* und den Seitenästen *Palaeotherium, Anchitherium, Hipparion*), der Tapiriden *(Lophiodon)* und Rhinocerotiden *(Aceratherium)* waren vor allem im älteren Tertiär verbreitet. Im Laufe der Zeit wurden sie von den heute herrschenden paarhufigen Artiodactylen, den wiederkäuenden Ruminantiern *(Anoplotherium, Amphimeryx, Dicrocerus)*, den Suiden *(Anthracotherium, Sus)* und den Hippopotamiden überholt. Zur dritten Gruppe der Huftiere, den Subungulaten, gehören die dickhäutigen Proboscidier, vor allem die Elefanten-Reihe *Moeritherium, Palaeomastodon, „Mastodon", Elephas*, mit dem Seitenast *Dinotherium*. Mehrmals paßten sich im Laufe des Tertiär einzelne Säuger-Gruppen dem Wasserleben an. Im Alt-Tertiär waren es die Seekühe *(Halitherium)* und die Wale *(Zeuglodon, Squalodon)*, im Miozän die Robben. Die Primaten bilden einen langlebigen, sehr formenreichen Zweig der höheren Eutheria. Dank dem Waldleben vermochten sie eine Reihe urtümlicher Eigenschaften an Rumpf, Gliedmaßen und Gebiß zu bewahren, gleichzeitig aber jene erhöhten geistigen Fähigkeiten zu erwerben, die ihren besonderen Aufstieg ermöglichten. Prosimier *(Adapis, Necrolemur)* kennt man schon seit dem Paläozän. Aus ihnen gingen, offenbar auf dem Boden der Alten Welt, im Oligozän die Hominoidea *(Dryopithecus, Proconsul, Oreopithecus)* hervor. Sie unterscheiden sich von den Halbaffen durch die nach vorn gerichteten, geschlossenen Augenhöhlen und das größere Gehirn. Die Ahnenlinie des Menschen scheint sich erst im Jung-Tertiär (Miozän) von Vorläufern der heutigen Menschenaffen (Pongidae) abgezweigt zu haben. Voraussetzung war der Übergang zur aufrechten Bipedie in einer steppenartigen Landschaft. Dabei setzten offensichtlich die zwischen den Pongiden und den Homininen vermittelnden Australopithecinen (Ostafrika, Siwaliks, Java, S-China) bereits im Pliozän ein. Sollte *Ramapithecus* aus den Siwaliks Indiens ebenfalls pliozänen Alters sein, wären damit die ältesten Homininen ebenfalls im Tertiär anzusiedeln.

Flora. Im Tertiär kam die am Ende der Unter-Kreide erschienene känophytische Flora zur vollen Entfaltung. Die Angiospermen besetzten alle Lebensräume und drängten die aus der mesophytischen Ära überlebenden Gymnospermen stetig zurück. Die Veränderungen bei den höheren Taxa waren nur gering und betrafen kleinere Einheiten.

Algen. Kalk-abscheidende Algen waren im Mesozoikum die dem Meeres-Plankton angehörenden, einzelligen Coccolithophyceen (Haptophyta) und die Dasycladaceen (Chlorophyta). Letztere kamen auch noch im Tertiär vor *(Neomeris, Acicularia)*, traten aber gegenüber den mit der Ober-Kreide aufblühenden Corallinaceen (Rhodophyceae; *Lithothamnium, Melobesia)* in den Hintergrund. Die Coccolithophyceen hingegen, die schon in der Ober-Kreide einen Höhepunkt ihrer Entwicklung hatten, erreichten um die Wende Eozän/Oligozän ihre wohl größte Formen-Vielfalt und Verbreitung. Ihre leichte Gewinnung auch aus kleinsten Probemengen ließ sie neben den planktischen Foraminiferen zu erstrangigen Leitfossilien aufsteigen. Zunehmend erlangen sie Bedeutung besonders in der Erforschung der Stratigraphie der Ozeanboden-Sedimente.

Diatomeen (Bacillariophyta) treten in marinen Tripeln und limnischen Polier-Schiefern, z. T. mit anderen Kiesel-Organismen wie Silicoflagellaten, Radiolarien, Kieselschwämmen, gesteinsbildend auf. In Süßwasser-Ablagerungen sind die auffälligen Oogonien der Charaphyta häufig.

Gefäßpflanzen. Die Gymnospermen hatten den Höhepunkt ihrer Formen-Mannigfaltigkeit längst hinter sich, doch waren sie immer noch recht häufig. Vor allem im Jung-Tertiär waren sie als Waldbäume von Bedeutung, im Miozän vorzugsweise die Taxodiaceen *(Sequoia, Taxodium, Glyptostrobus)*, im Pliozän die Pinaceen *(Pinus, Tsuga)*. Die Angiospermen stellten nach Artenzahl und Menge den Hauptanteil der tertiären Pflanzenwelt. Vor allem Stämme, Blätter und Früchte der Holzgewächse sind reichlich überliefert, viel seltener die leicht vergänglichen Gräser und Kräuter. In neuerer Zeit haben die Pollen und Blattepidermen steigende paläobotanische und stratigraphische Bedeutung erlangt. Bis ins Miozän, ja z. T. bis ins Pliozän finden wir in Mittel-Europa Maulbeergewächse *(Ficus)*, Magnolien, Lorbeergewächse *(Cinnamomum, Sassafras, Laurus)*, Hartriegelgewächse *(Nyssa, Mastixia)* sowie die monokotylen Palmen *(Sabal, Chamaerops)* und Pandanaceen. Neben diesen ausschließlich tropischen bis subtropischen Pflanzen gediehen die heute unter gemäßigtem Klima lebenden Weidengewächse *(Salix, Populus)*, Birkengewächse *(Betula, Carpinus, Corylus, Alnus)*, Buchengewächse *(Fagus, Castanea, Castanopsis, Quercus)*, Nußbäume *(Juglans, Pterocarya, Engelhardtia)*, Ulmen *(Ulmus, Zelkova)* und Ahorngewächse *(Acer)*. Unter der fortschreitenden Temperatur-Erniedrigung spaltete sich vom Miozän ab diese Vergesellschaftung auf. Die wärmeliebenden Pflanzen zogen sich in südlichere Breiten zurück, die anpassungsfähigen blieben und bildeten den Grundstock unserer heutigen Flora.

Allgemeine Züge

Paläogeographie (Kontinent/Platten-Drift), Paläopol-Lagen und **Klimazonen.** Im Lauf des Tertiär näherten sich die Pol- und Kontinent-Lagen ihren heutigen Positionen. Im älteren Tertiär waren sowohl der S-Atlantik als auch der N-Atlantik bereits breite Meeresräume, Afrika (einschließlich Arabien und Vorder-Indien) war durch die noch ziemlich breite Tethys von Europa-Asien getrennt. Mit dem ausgehenden Tertiär erfolgte durch die jüngeren alpinen Faltungs-Bewegungen die Anschweißung des E' Teils von Gondwana an den asiatischen Kontinent. Zugleich verlagerte sich Australien weiter äquatorwärts.

Die sich verschiebende Lage der Klimagürtel macht einen Teil der Klima-Entwicklung bestimmter Kontinente und Meeresräume verständlich, ein anderer Teil ist jedoch wohl nur unter der Annahme globaler klimatischer Veränderungen erklärbar. Die mesozoische Warmzeit der Erde dauerte bis zum Alt-Tertiär an. Im Mittel-Eozän erreichten die Temperaturen nochmals einen Höhepunkt. Damals wuchsen im Pariser Becken Pflanzen, deren nächste Verwandten heute in Zentral-Amerika, Indien und S-China leben. Nach dem Eozän setzte eine nahezu stete Abkühlung ein. Der Gürtel der kalkreichen pelagischen Ablagerungen verschmälerte sich. Am Boden der Tiefsee sank die Wasserwärme nach Paläotemperatur-Messungen von 10° C im Oligozän auf 7° C im Miozän bis 1,5° C gegenwärtig. Im Alt-Tertiär gediehen Palmen bei London; um die Wende Miozän/Pliozän verschwanden sie aus Mittel- und S-Deutschland. Gleichzeitig wich die Nordgrenze der Riff-Korallen gegen den Äquator zurück. Im Eozän barg das Londoner, im Miozän das Wiener Becken die nördlichsten Vorkommen. Im Pliozän begannen nord-pazifische Mollusken über die Arktis in den N-Atlantik und das Nordsee-Becken einzuwandern. Die lateritische Verwitterung hörte auf; in W-Deutschland tragen die unter-pliozänen Basalte die jüngsten Bauxit-Rinden. Etwa gleichzeitig erschienen auf Island und Sachalin die ersten Moränen-Absätze als Vorboten des quartären Eiszeitalters. Im Gegensatz zu dem nahezu einsinnigen Temperaturfall schwankten die Niederschlags-Mengen. Zeiten der Salz-Ausscheidung wechselten mit Höhepunkten der Kohlenbildung. Jahreszeiten waren im Tertiär deutlich ausgeprägt. Sie lassen sich an der Feinschichtung limnischer Sedimente, an den Zuwachsringen der Holz-Gewächse sowie der Schuppen und Gehörsteinen der Fische nachweisen.

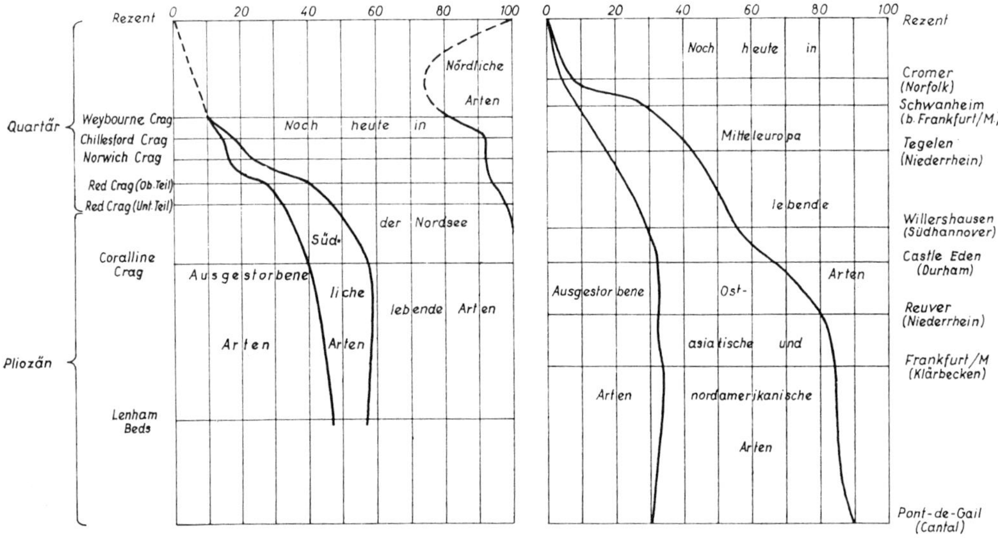

Abb. 51 Die Veränderungen in der Mollusken-Fauna der Nordsee und in der Gefäßpflanzen-Flora Mittel-Europas am Ausgang des Tertiär. (Nach A. M. Davis und K. Mädler)

Paläobiogeographie (Abb. 52–53). Wie schon in der jüngeren Kreide, bei ähnlicher Paläogeographie im großen, waren im älteren Tertiär manche der marinen Organismen-Gruppen ähnlich verbreitet, so z. B. die Nummuliten übereinstimmend mit den kretazischen Rudisten.

Manche Mollusken, wie die Gruppe der *Venericardia planicosta*, lassen sich in der Tethys und ihren Randmeeren rings um die Erde verfolgen. Erst durch die Schließung dieses Gürtelmeeres im Jung-Tertiär gliederten sich aus dem Gesamt-Faunenreich drei getrennte Provinzen ab, die mediterrane, indo-pazifische und die karibische Provinz.

Die Entwicklung der tertiären Säuger ging vorwiegend vom eurasiatisch-nordamerikanischen Großkontinent, der Holoarktis (Abb. 52) aus. Die Pferde hatten ihren Schwerpunkt in N-Amerika und breiteten sich von da fast über die ganze Erde aus, vor allem, als ihnen im Jung-Tertiär die zunehmende Versteppung freie Bahn schuf. Nur das abgesonderte Australien blieb ihnen wie allen übrigen höheren Säugern verschlossen. Hirsche und Primaten nahmen den umgekehrten Weg von der Alten zur Neuen Welt. Die Süd-Kontinente waren als Stammländer weniger wichtig, doch dürften die Elefanten aus Afrika herrühren (Abb. 53), während sich die Edentaten und Notoungulaten in S-Amerika, die Beuteltiere vor allem in dem seit der Kreide abgetrennten Australien bodenständig entwickelten.

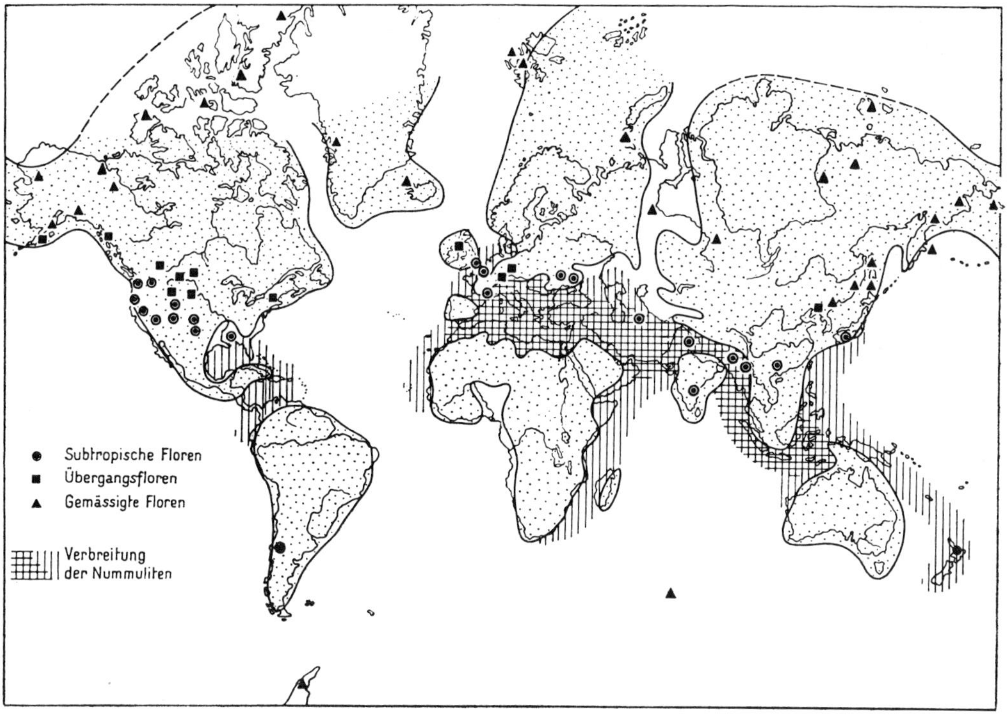

Abb. 52 Nummuliten- und Floren-Verbreitung im Alt-Tertiär (Punktiert = Festland)

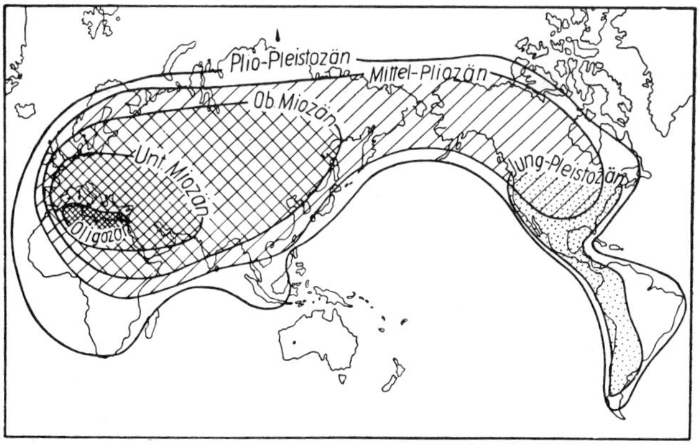

Abb. 53 Die Ausbreitung der Mastodonten über die Erde. Eng-schraffiert: Alt-tertiäre Urheimat. Punktiert: Jung-quartäres Aussterbe-Areal.
(Nach G. G. SIMPSON)

Auch in der Pflanzen-Geographie spielt die Holarktis eine wichtige Rolle. Hier lag vermutlich der Ursprung der tertiär-rezenten Angiospermen, die im Laufe des Känozoikum vom weiteren Umkreis des Nordpols aus äquatorwärts wanderten. So gelangte die eozäne Flora Alaskas und E-Grönlands im Miozän bis in die mittleren Breiten von N-Amerika und Eurasien. Bei der weiteren Südwärts-Verlagerung der Floren-gürtel starb in der Alten Welt mit ihren queren Gebirgsschranken ein Großteil der tertiären Pflanzen aus oder kehrte doch nach der pleistozänen Eiszeit nicht zurück, während die meridionalen Ketten Amerikas und SE-Asiens die Wanderungen nicht behinderten. Die Beziehungen der europäischen Tertiär-Flora zur heutigen Vegetation von Mexiko, Kalifornien, Indien und S-China werden damit verständlich.

Krustenbewegungen (Epirogenese/Tektogenese) und **Magmatismus.** Während der höheren Kreide waren die Kernzonen der jungen Kettengebirge Europas und Asiens aufgefaltet worden. Das Tertiär umfaßte die letzten Akte des Zusammenschubs und die ersten Stufen des Zerfalls der alpidischen Orogene. Die Pyrenäische Phase, nach der vorgosauischen die zweite große Orogenese der Alpen, brachte den in der Kreide begonnenen Deckenbau zur Vollendung. Die Attisch-Rhodanischen Phasen falteten die Molasse und schlossen das Zeitalter der Gebirgsbildung in Europa ab (junge Faltungen in Asien z. T. bis in die Jetztzeit). Das Mittelmeer blieb als Rest-Geosynkline der Tethys übrig.

Die Strandverschiebungen fügten sich dem Rhythmus der Faltungen ein. Auf die weitgehende Regression an der Wende von der Kreide zum Tertiär folgten im Mittel-Eozän und Mittel-Oligozän zwei Überflutungs-Höhepunkte. Im Neogen begannen die von den jungen Gebirgen ausgehenden Wölbungsbewegungen stärker auf das Vorland überzugreifen. Das Meer wich schrittweise zurück; der Gipfel der Regression wurde im Quartär erreicht.

Pleistozän	Regression (Nordsee-Becken, Mittelmeer)
Pliozän	Transgression (W' Nordsee-Becken, Mittelmeer)
	Attische und Rhodanische Faltungsphasen (Französische Voralpen, Schweizer Kettenjura, nordalpine Molasse-Vortiefe)
	Regression (Nordsee-Becken, Molasse-Vortiefe)
Miozän	Transgression (Molasse-Vortiefe, N-Afrika)
	Regression (Mittel- und NW-Europa, Molasse-Vortiefe, S-Rußland, W-Sibirische Straße, Ferghana, Tarim)
Oligozän	Zweiter Höhepunkt der tertiären Meeresausbreitung Transgression (Mittel-, W- und NW-Europa, Alpen, Mittelmeer-Gebiet, N-Afrika)
	Pyrenäische Faltungsphase (Schweizer Alpen, Ost-Alpen, Pyrenäen)
	Regression (NW-Europa, Alpen, N-Afrika) Erster Höhepunkt der tertiären Meeresausbreitung
Eozän	Letzte Phase der Cordilleren-Orogenese (N-Amerika) Transgression (W- und NW-Europa, Alpen, Mittelmeer-Gebiet, N-Afrika)
	Regression (Belgisches und Pariser Becken)
Paläozän	Transgression (Dänemark, N-Deutschland, W- und NW-Europa, Schweizer Alpen, S-Rußland, W-Sibirische Straße, Ferghana, Tarim)
	Laramische Faltungsphase (Felsengebirge, Antillen)
Paläozän (Dan)	

Im Zusammenhang mit den Krusten-Bewegungen nahm die eruptive Tätigkeit auf der ganzen Erde lebhaft zu. Eozän und Miozän waren wohl die Zeiten der stärksten Magmentförderung. In den jungen Faltengebirgen intrudierten die pazifische Granite, die heute erst zum kleinsten Teil von der Erosion angeschnitten sein dürften. Auf den konsolidierten Schollen breiteten sich riesige Basalt-Ergüsse aus. Die britisch-arktischen Basalte, die Ströme des Columbia-Plateaus (i. w. Miozän) in N-Amerika und die vorderindischen Dekkan-Trappe (60–65 Mill. J.) überdecken jeweils Flächen von $> 100000\ km^2$ in Mächtigkeiten von oft mehreren 1000 m Mächtigkeit.

Abb. 54 Paläogeographie des Alt-Tertiär

Rückblick. Das Tertiär erinnert in tektonischer Hinsicht an das Jung-Paläozoikum. Gleich den variszischen Gebirgen wuchsen die jungen alpidischen Ketten durch die Angliederung ihrer Randsenken-Ablagerungen in die Breite. Lebhafte plutonische und vulkanische Magmen-Bewegungen begleiteten die Faltung. Im jüngeren Tertiär drängte eine allgemeine Hebung das Meer zurück und ließ die Festländer in ihren heutigen Umrissen über dem Wasserspiegel auftauchen. Auf dem Lande gelangten die Säugetiere und die Angiospermen zur Herrschaft. In den Meeren breiteten sich die neuzeitlichen Schnecken und Muscheln sowie eine Reihe von Groß-Foraminiferen aus. Bemerkenswert ist der Reichtum an Kohlen, aber auch an Steinsalz und Kalisalz.

Ergänzende Schriften

ANDERSON, H. J., F. GRAMANN, S. RITZKOWSKI, V. SONNE & H. TOBIEN (1969): Führer zur Oligocän-Exkursion 1969. - Marburg (Geolog. Institut).

BENDA, L. & J. E. MEULENKAMP (1972): Discussion on biostratigraphic correlations in the eastern Mediterranean Neogene. - Z. Deutsch. Geol. Ges., 123, 559-564; Hannover.

BERGGREN, W. A. (1972): A Cenozoic time-scale - some implications for regional geology and paleobiogeography. - Lethaia, *5*, 195-215; Oslo.

BERGGREN, W. A. (1978): Recent advances in Cenozoic planktonic foraminiferal biostratigraphy, biochronology, and biogeography: Atlantic Ocean. - Micropaleontology, *24*: 337-370; New York.

BERGGREN, W. A. & J. A. VAN COUVERING (1974): The Late Neogene. Biostratigraphy, Geochronology and Paleoclimatology of the last 15 million years in marine and continental sequences. - 216 S., Amsterdam - Oxford - New York.

BLONDEAU, A. (1972): Les Nummulites. - 255 S.; Paris (Liter, Unibert).

DAVIES, A. M. (1972) [2. Aufl.: EAMES, F. E.]: Tertiary Faunas. - *1*: 751 S.; *2*: 447 S.; London (Allen & Unwin).

DROOGER, C. W. (Hrsg.) (1973): Messinian events in the Mediterranean. - Geodyn. Sci. Rep. No. 7, 272 S.; Amsterdam - London (North-Holland Publ. Comp.).

EVERNDEN, J. F. & R. K. S. EVERNDEN (1973): The cenozoic time scale. - In: C. T. HARPER (ed.): Geochronology and radiometric dating of rocks and minerals. - Geol. Soc. America, Special Paper 124, S. 71-90.

FUNNELL, B. M. & W. R. RIEDEL (Hrsg.) (1971): The Micropalaeontology of Oceans. - 828 S. Cambridge.

HINSCH, W. & D. ORTLAM (1974): Stand und Probleme der Gliederung des Tertiärs in Nordwestdeutschland (Das Nordwest-deutsche Tertiärbecken). - Geol. Jb., A 16, S. 3-35; Hannover.

HSÜ, K. J. & WEISSERT, H. J. (1985): South Atlantic Paleooceanography. - 300 S.; Cambridge (Univ. Press).

MARTINI, E. (1971): Standard Tertiary and Quarternary calcareous nannoplankton zonation. - Proc. II. Planktonic Conf., Roma 1970, *2*: 739-785; Rom.

PAPP, A. & E. THENIUS (1959): Tertiär. - Handb. strat. Geol., 2 Bde., 411 und 328 S.; Stuttgart.

PAPP, A., F. STEININGER & F. RÖGL (1971): Bericht über die Ergebnisse der 3. Sitzung der Arbeitsgruppe Paratethys des Committee Mediterranean Neogene Stratigraphy 1970 in Wien. - Verh. Geol. B.-A., Jg. 1971, H. 1, 59-62; Wien.

PAPP, A. & F. STEININGER (1973): Die stratigraphischen Grundlagen des Miozäns der zentralen Paratethys und die Korrelationsmöglichkeiten mit dem Neogen Europas. - Verh. Geol. B.-A., Jg. 1973, H. 1, 59-65; Wien.

POMEROL, C. (1982): The Cenozoic Era. Tertiary and Quarternary. - 272 S.; Chichester (E. Horwood).

ROTHAUSEN, K. & SONNE, V. (1964): Mainzer Becken. - 203 S., 47 Taf., Slg. geol. Führer; Berlin, Stuttgart (Borntraeger).

SPJELDNAES, N. (1975): Palaeogeography and facies distribution in the Tertiary of Denmark and surrounding areas. - NGU Norges geol. unders., *316*, 289-311; Oslo.

STEININGER, F., RÖGL, F. & MARTINI, E. (1976): Current Oligocene/Miocene biostratigraphic concept of the central Paratethys (Middle Europe). - Newsl. Stratigr., *4*: 174-202; Berlin.

STRAUCH, F. (1970): Die Thule-Landbrücke als Wanderweg und Faunenscheide zwischen Atlantik und Skandik im Tertiär. - Geol. Rdsch., *60*, 1, 381-417; Stuttgart.

STRUVE, W. (1973): Geologie des Mainzer Beckens. - Cour. Forsch.-Inst. Senckenberg, Nr. *5*, 50 S.; Frankfurt am Main.

XII. Quartär

Vorbemerkungen

Umgrenzung und **Gliederung.** Im Jahr 1829 trennte J. DESNOYERS das Quartär als jüngstes bis in die Gegenwart reichendes System vom Tertiär ab. Zur Gliederung dienen Bezeichnungen, die sich an LYELLs Namen der Tertiär-Stufen folgerichtig anschließen:

Quartär	Holozän („Alluvium")	10000 Jahre v. h.
	Pleistozän („Diluvium")	etwa 1,8 Millionen Jahre

Schon zu Anfang des vorigen Jahrhunderts schlossen einzelne Forscher aus der Verbreitung von Rundhöckern und „erratischen" Blöcken, daß die heutigen Gletscher ehemals ausgedehnter waren. L. v. BUCH und CH. LYELL behaupteten dagegen, daß die jungen Lockerbildungen in den nördlichen Flachländern Europas durch treibende Eisberge herbeigeführt seien. Erst als A. TORELL 1875 auf den Rüdersdorfer Kalkbergen bei Berlin Gletscherschrammen auffand, setzte sich die „Inlandeis-Theorie" in Deutschland endgültig gegen die „Drift-Theorie" durch. Um 1880 wiesen A. PENCK und K. KEILHACK auf das Vorkommen von fossilführenden, zwischen Moränen eingebetteten Ablagerungen hin. Damit war ein wiederholtes Vorrücken und Abschmelzen der Gletscher, d. h. ein mehrfacher Wechsel von Eiszeiten (Glazial-Zeiten) und Zwischen-Eiszeiten (Interglazial-Zeiten) oder, allgemeiner ausgedrückt, von Kaltzeiten und Warmzeiten erwiesen. Man nennt das Quartär daher auch das „Eiszeit-Alter". Zu seiner Abgrenzung gegen das Tertiär sollten nach Beschluß des Internationalen Geologen-Kongresses (London 1948) von glazialem Klima geprägte Ablagerungen und Faunen/Floren dienen. Es zeigte sich jedoch, daß erste stärkere Klima-Verschlechterungen schon im älteren Pliozän oder jüngeren Miozän, örtlich (z. B. Antarktis) auch schon früher, nachweisbar sind (vgl. Übersicht 20); damit ist einer solchen Grenzziehung die Grundlage entzogen.

Die quartäre Fauna und Flora sind der heutigen sehr ähnlich, was die biostratigraphische Gliederung der Periode naturgemäß erschwert. Nur einige in rascher Entwicklung befindliche Säuger-Gruppen, in erster Linie die Elephantiden, die Nager und der vorzeitliche Mensch mit seinen Kulturstufen, aber auch Mikrofossilien (Foraminiferen, Radiolarien, Nannoplankton) liefern gute Leitfossilien. Bei Anwendung von statistischen Methoden lassen sich jedoch auch langlebige Arten für eine Gliederung benutzen. Neben Foraminiferen-Untersuchungen hat insbesondere die Pollen-Analyse (Abb. 58) wichtige Ergebnisse zur Gliederung, Floren- und Klima-Geschichte des Quartär erbracht.

Verbreitung. Das Quartär ist mit ca. 1,8 Millionen Jahren zwar der kürzeste erdgeschichtliche Zeitabschnitt, seine Ablagerungen aber haben die weiteste Verbreitung auf der Erde. Fast lückenlos sind die niederen Teile der Festländer von pleistozänen oder holozänen Ablagerungen überkleidet. Die den Meeresboden bedeckenden quartären Sedimente sind uns angesichts des geringen Ausmaßes junger Strand-Verschiebungen nur an wenigen Orten unmittelbar zugänglich. Durch Tiefsee-Bohrungen werden sie jedoch zunehmend besser bekannt und ergänzen damit die Kenntnis der kontinentalen Bildungen, auf die man sich ursprünglich hauptsächlich stützen mußte, in entscheidender Weise.

Besonders wichtig sind die ehemals vergletscherten Flächen. Das N-europäische Vereisungs-Gebiet, das Skandinavien, die Ostsee-Länder, Rußland, N- und Mittel-Deutschland samt den N-Niederlanden und den Britischen Inseln umfaßte, ist von deutschen (K. Keilhack, C. A. Weber, F. Wahnschaffe, W. Soergel, R. Grahmann, K. Gripp, P. Woldstedt, F. Firbas), dänischen (V. Madsen, V. Milthers, K. Jessen), schwedischen (A. G. Nathorst, R. Sernander, H. Munthe, G. de Geer, L. v. Post), finnischen (M. Sauramo), englischen (J. Geikie, Cl. Reid) und russischen Geologen (G. Mirtschink, W. Krokos, W. Dokturowski, S. A. Yakowlew) schon frühzeitig untersucht worden. Gleich N-Europa trug auch N-Amerika eine Eiskappe; hier arbeiteten u. a. Fr. Leverett, E. Antevs, R. F. Flint. Neben diesen Inlandeis-Feldern gab es eine große Zahl von vergletscherten Gebirgen. Das wichtigste sind die Alpen, in deren Durchforschung sich zur Hauptsache Deutsche (E. Brückner, A. Penck), Österreicher (O. Ampferer, R. v. Klebelsberg) und Schweizer (Alb. Heim) teilten.

Doch auch abseits der Vereisungs-Gebiete hat die Quartär-Forschung gerade neuerdings wichtige Ergebnisse erzielt, vor allem im Umkreis des Mittelmeeres (M. Gignoux, A. C. Blanc, M. Pfannenstiel), in den wärmeren Zonen (L. S. B. Leakey, R. v. Koenigswald, F. E. Zeuner) und in der Tiefsee (W. Schott, C. Emiliani).

Hauptgebiete (Übersichten 20 + 21; Abb. 55, 57–62)

N-Europa und **N-Deutschland** stehen seit dem jüngeren Paläozoikum als fennoskandisches Hochgebiet und baltische Senke in engen geologischen Beziehungen. Im Quartär traten sie als Nähr- und Abschmelzgebiet des N-europäischen Inlandeises in einen neuen Zusammenhang. Mehrmals entstanden im Verlauf des Pleistozän auf den Gebirgshöhen Skandinaviens Gletscher, die in Gestalt eines geschlossenen Eispanzers bis an den Fuß der europäischen Mittelgebirge vorstießen. Das Inlandeis schliff das Felsgerüst N-Europas nieder und verfrachtete den Schutt nach S, wo er im S' Ostsee-Gebiet und im N-deutschen Flachlande beim Abtauen als durchschnittlich 50–100 m mächtige Decke zurückblieb. Die Eiszeiten wechselten mit Warmzeiten, in denen die Gletscher bis etwa auf den heutigen Stand zurückschmolzen. In der jüngsten Warmzeit, dem Holozän, leben wir gegenwärtig.

Die eiszeitlichen Ablagerungen sind etwa je zur Hälfte aus Gletscher- und Schmelzwasser-Bildungen aufgebaut. Der Geschiebemergel besteht aus einer Mischung sämtlicher Gesteinsarten des Nordens in allen Korngrößen vom feinsten Mehl bis zu Findlings-Blöcken von mehreren Metern Durchmesser. Aus dem Gefüge des Geschiebemergels, etwa der Einregelung der Geschiebe-Längsachsen, lassen sich Schlüsse auf die Bewegungs-Richtung des Eises ziehen, was bei der Seltenheit von Gletscherschrammen in N-Deutschland wichtig ist. Auch Geschiebe, die einem eng begrenzten Heimatgebiet entstammen, wie der finnische Rapakivi-Granit (S. 31) oder die Alkali-Gesteine des Oslo-Grabens (S. 162), sind als sogenannte Leitgeschiebe für Richtungs-Bestimmungen brauchbar. Da jede Vereisung ihr eigenes Strömungsbild aufwies, sind Leitgeschiebe-Auszählungen zugleich zu einem stratigraphischen Hilfsmittel geworden. Die Schmelzwässer zerlegten die ungesonderte Moräne in ihre Korngrößen-Anteile: Blöcke, Kies, Sand, Silt und Ton. Die Bändertone, die am Ausgang des Eiszeit-Alters in der Ostsee zur Ruhe kamen, sind durch ihre Jahresschichtung (Warwung, S. 8) eine der Grundlagen für die Jahres-Chronometrie der jüngsten geologischen Vergangenheit geworden. Weitere wichtige Grundlagen liefert die ^{14}C-Methode.

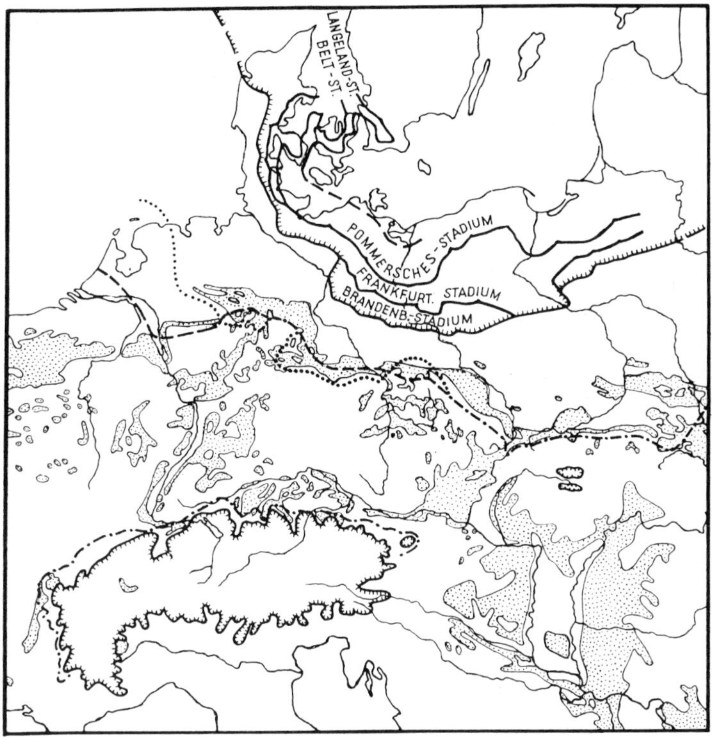

Mindel- (=Elster-) Eiszeit — Riß- (= Saale-) Eiszeit — Würm- (= Weichsel-) Eiszeit und Rückzugsstadien

Abb. 55 Vereisungs-Grenzen und Löß-Verbreitung (punktiert) in Mittel-Europa. (Nach R. GRAHMANN und P. WOLDSTEDT)

Im Gegensatz zu den älteren erdgeschichtlichen Perioden, deren Bildungen meist nur im Profil erschlossen sind, liegt die Oberfläche der quartären Ablagerungen vor unseren Augen offen. Die Glazial-Morphologie erklärt, wie das Inlandeis den eiszeitlichen Formenschatz geschaffen hat und liefert überdies stratigraphische Anhaltspunkte. Die Staffelung der Endmoränen-Wälle (Abb. 55) gliedert die Abschmelzperiode des Eises durch eine Reihe von Haltezeiten. Naturgemäß sind die Oberflächenformen um so frischer erhalten, je später sie vom abschmelzenden Gletscher freigegeben wurden. Besonders augenfällig unterscheidet sich im N-deutschen Flachland das unruhige-kuppige, von Seen durchsetzte Jungmoränen-Gebiet der letzten Eiszeit von der eingeebneten und verwaschenen, seenarmen Altmoränen-Landschaft der vorangegangenen Vereisungen.

Die interglazialen und holozänen Ablagerungen gleichen den heutigen. Fluß-, See- und Moor-Bildungen, wie Schotter und Sand, Gyttja und Torf, sind verbreitet; in der Nordsee und Ostsee setzten sich Schlicke und Muschelsande ab.

Die quartären Krustenbewegungen folgten ererbten Bahnen und bestanden demgemäß, im ganzen gesehen, in einem weiteren Aufsteigen Fennoskandiens und einem langsamen Einsinken der Baltischen Straße. Zu Beginn des Quartär war N-Deutschland landfest; heute liegt die Pleistozän-Basis bis >100 m unter dem Meeresspiegel, und zwar dort am tiefsten, wo schon im Tertiär bevorzugt Senkungsfelder bestanden. Die weitspannigen Verbiegungen vollzogen sich anscheinend im wesentlichen bruchlos. Die

N-deutschen Quartär-Schichten sind zwar öfter gefaltet und geschuppt, aber dies ist auf Gletscher-Stauchungen, nicht auf tektonische Störungen zurückzuführen. Vulkanische Vorgänge fehlen fast ganz; in Mittel-Europa tritt im wesentlichen die Eifel als Zentrum hervor.

Die Stratigraphie des Quartär geht von der Beobachtung aus, daß im N-deutschen Boden glaziale und nicht-glaziale Ablagerungen mehrmals miteinander wechsellagern. Gletschervorstöße und eisfreie Intervalle lösten einander also wiederholt ab. Viele der Rückschmelz-Zeiten waren nur kurze Episoden; man nennt sie Interstadiale. Einige aber dauerten länger und gingen, wie Fossilfunde lehren, mit einer durchgreifenden Klimabesserung einher. Es sind die Interglaziale, die das Eiszeitalter in einzelne Eis(Glazial)-Zeiten gliedern. Auf dieser Grundlage hat man im N-europäischen Pleistozän drei Haupt-Eisvorstöße unterschieden. An mehreren Stellen ließen sich jedoch noch ältere Kalt- und Warmzeiten nachweisen, die zu einer Gesamt-Gliederung des Pleistozän führten, wie sie in der stratigraphischen Übersicht 20 zum Ausdruck kommt.

Die Unterscheidung von kürzeren Wärme-Schwankungen (wie etwa den Interstadialen) von den längeren Warmzeiten (den Interglazialen) ist oft nicht einfach; von ihr hängt jedoch weitgehend die zyklische Grundgliederung des Quartär und die richtige Parallelisierung der jeweiligen Abschnitte ab. Bei der Erkennung eines vollständigen Zyklus Kaltzeit-Warmzeit-Kaltzeit spielen vegetations-geschichtliche Untersuchungen eine große Rolle (Abb. 56).

Zu Beginn des Ältest-Pleistozän war die durch das ganze Jung-Tertiär anhaltende Landwerdung auf dem Höhepunkt angelangt. Das Ostsee-Becken lag trocken, auch in der Nordsee war das Meer weit von der deutschen Küste zurückgewichen. Ablagerungen aus dieser Festlandszeit sind nur in einzelnen Senkungsfeldern, z. B. im Rhein/Maas-Delta, erhalten geblieben. Hier verzahnen sich Flußsande und -schlicke mit brackischen und

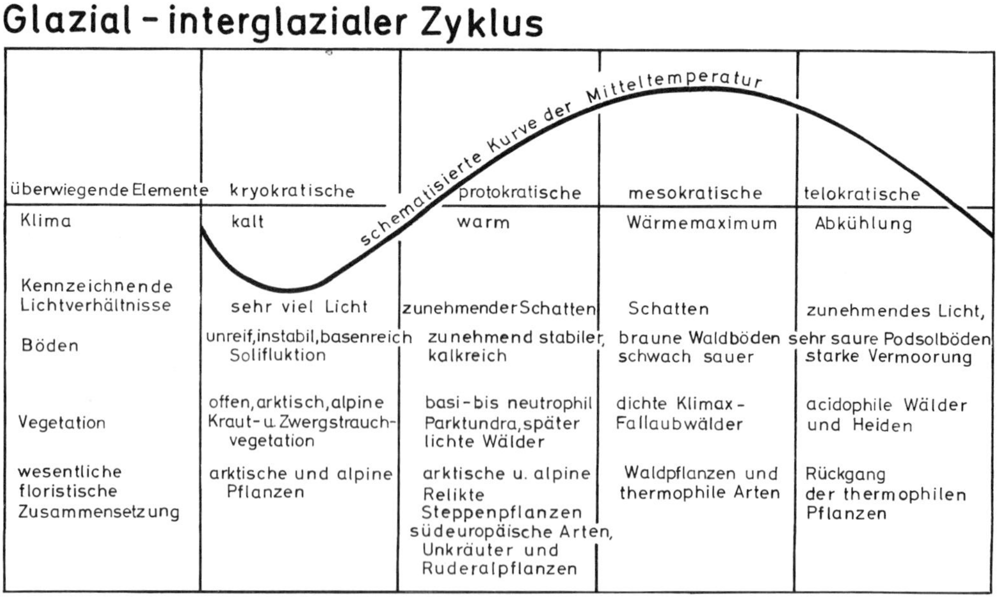

Abb. 56 Schema eines vegetations-geschichtlichen Entwicklungs-Zyklus Kaltzeit-Warmzeit-Kaltzeit. (Nach Walter & Straka 1970, aus Woldstedt-Duphorn 1974, leicht verändert)

marinen Absätzen. Ihr Fossilinhalt läßt erkennen, wie mehrere Einbrüche kalten Klimas die Nachzügler der tertiären Fauna und Flora schrittweise zum Aussterben brachten. Moränen aus diesen ersten Kaltzeiten sind in N-Deutschland nicht bekannt, offenbar gelangten die skandinavischen Gletscher damals noch nicht über N-Europa hinaus.

Am Beginn des Alt-Pleistozän (in der hier gegebenen Gliederung, Übers. 20) folgten weitverbreitete Ablagerungen eines wärmeren, lang andauernden Intervalls, der in ihrer Altersstellung und stratigraphischen Gliederung umstrittenen Cromer-Warmzeit. Erst danach stieß in der Elster-Kaltzeit das Inlandeis bis an die europäischen Mittelgebirge vor und erklomm hier Höhen bis 700 m. In dem Maß, wie das Elster-Eis schwand, füllte sich das Nordsee-Becken mit Wasser. Im Mittel-Pleistozän erfolgte während des Elster/Saale-Interglazial die Transgression des Holstein-Meeres weit in die Elbe-Mündung, das S' Schleswig-Holstein, nach W-Mecklenburg sowie in die W' Ostsee hinein. Die Küstenlinie folgte z. T. salztektonischen Vorzeichnungen. Die Transgression brachte zunächst eine arktisch-boreale Mollusken- und Foraminiferen-Fauna ins Gebiet, ihr folgte eine wärmeliebende Fauna mit *Ostrea*. Etwa gleichaltrige Bildungen stellen die Fluß- und Altwasser-Absätze der weitverbreiteten „Paludinen"-Schichten dar. Nach der Flora zu urteilen, war das Klima zu Beginn der Interglazial-Zeit kontinental, während des Klima-Optimums mild und stark ozeanisch geprägt. Die anschließende Saale-Vereisung erreichte im ganzen etwa die gleiche Ausdehnung wie die vorhergehende Vergletscherung. Zwischen zwei bis drei Eis-Vorstößen lagen kurze Rückschmelz-Perioden.

Jung-Pleistozän. Im Saale/Weichsel-Interglazial (Eem-Warmzeit) führte die Florenfolge von der baumlosen arktischen Steppe über Birken/Nadelholz-Bestände zum Eichenmischwald und von da über Hainbuche, Fichte, Kiefer und Birke zurück zur Tundra. Während des Optimums war das Klima ozeanischer und die Sommer etwa 2° C wärmer als heute. Das Eem-Meer überflutete nicht nur das Nordsee-Becken, sondern füllte auch die Ostsee bis mindestens nach Ostpreußen mit normal gesalzenem Wasser. Wahrscheinlich bestand vorübergehend eine über E-Karelien zum Weißen Meer reichende Straße, die Fennoskandien vom europäischen Kontinent trennte. Die Eem-Fauna enthält eine Anzahl SW-europäischer Mollusken, die eine höhere Wasserwärme als die gegenwärtige beanspruchten und wohl durch den Ärmelkanal eingedrungen waren.

In der Weichsel-Eiszeit war die vergletscherte Fläche erheblich kleiner als zuvor (Abb. 62). Die Eiszeit setzte sich aus mehreren Interstadialen und Stadien zusammen. Im Frühglazial, das mindestens 50000 Jahre dauerte, blieb N-Deutschland zunächst eisfrei; periglaziale Vorgänge beherrschten das Geschehen. Im Hochglazial stieß das nordische Inlandeis bis nach Brandenburg und ins Gebiet der unteren Elbe vor. Dann folgte die Abschmelzzeit, deren einzelne Stadien durch Endmoränenkränze in den Ländern um die S' Ostsee bezeichnet sind (Abb. 55). Schließlich zerfiel das Eis in Skandinavien in zwei Teile („Bipartition") und schmolz bis auf die heutigen Hochlandgletscher des skandinavischen Gebirges ab.

Am Ausgang der letzten Eiszeit setzte wie in den Interglazial-Zeiten eine Transgression ein und wurde in dem Maße offenbar, wie das schwindende Eis das S' Schweden und das Ostsee-Gebiet freigab. Das Kattegat wurde zu einer Meeresbucht, in der sich Grönlandwal und Walroß zwischen Eisbergen tummelten. In der S' Ostsee entstand das Schmelzwasserbecken des Baltischen Eissees (Abb. 58).

Mit dem Weichen des Eisrandes von den mittel-schwedischen Moränen – dem übereinkunftsgemäßen Beginn des Holozän – öffnete sich vor rund 10000 Jahren

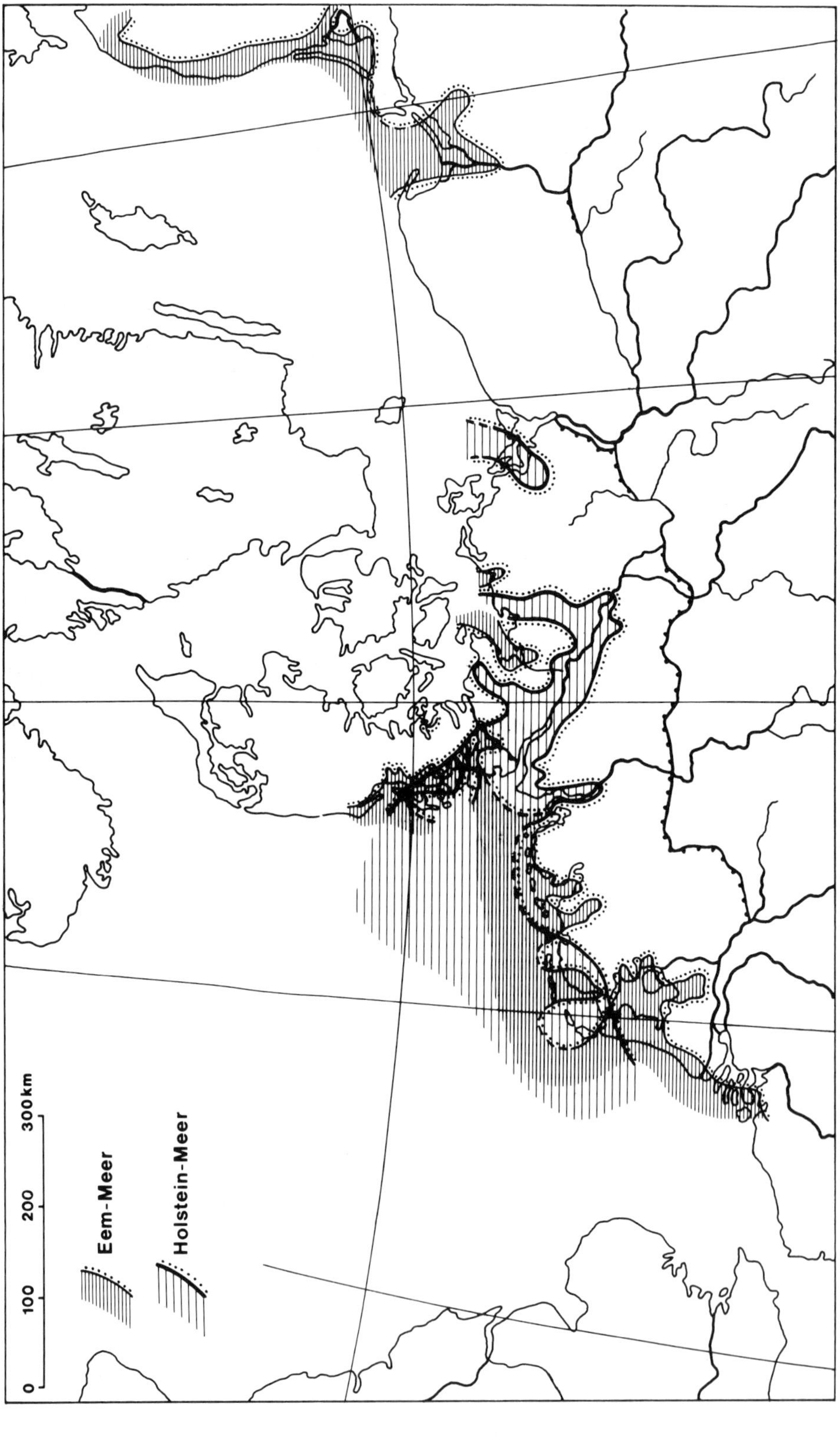

Abb. 57 Warmzeitliche Meere (Holstein und Eem) im S' Nordsee/Ostsee-Bereich. (Nach Woldstedt & Duphorn 1974; etwas vereinfacht und ergänzt)

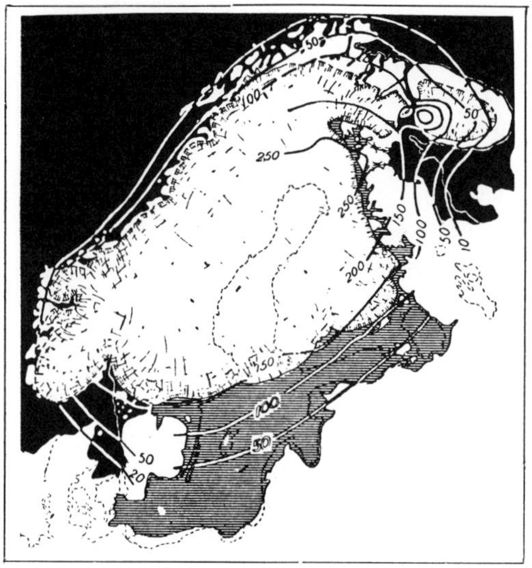

Baltischer Eissee um 8200 v. Chr. Der Eisrand liegt an den fennoskandischen Endmoränen.

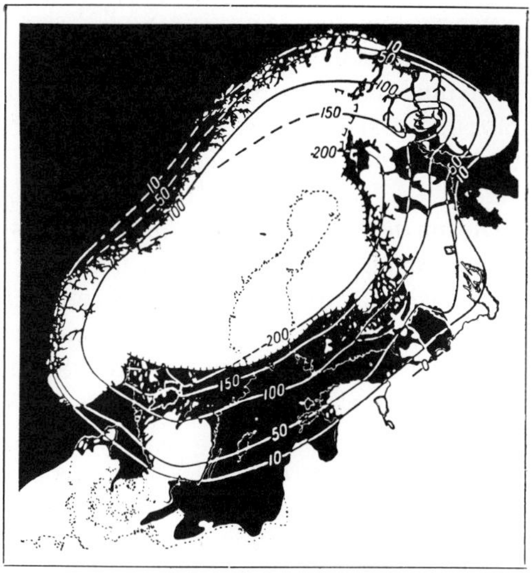

Yoldiameer um 7700 v. Chr.

Ancylussee um 6000 v. Chr.

Littorinameer um 5000 v. Chr.

Abb. 58 N-Europa im Spätglazial und Holozän. (Nach M. SAURAMO, sowie WOLDSTEDT & DUPHORN 1974.) Die Linien veranschaulichen die seit den einzelnen Stadien jeweils eingetretene Hebung Fennoskandiens

v. h.[16] über Mittel-Schweden hinweg eine breite Straße, durch die Meerwasser und mit ihm die arktische Fauna des *Yoldia*-Meeres in das Ostsee-Becken eindrang. Gleichzeitig jedoch begann der Kern Fennoskandiens aufzusteigen und sich schildförmig zu wölben, ein Vorgang, der mit nachlassender Geschwindigkeit bis heute im Gang ist. Die Hebung verdrängte das Meer aus Mittel-Schweden. Die Ostsee wurde vom Ozean

[16] J. v. h. = Jahre vor heute (= 1950).

abgesperrt und zum *Ancylus*-See ausgesüßt, dessen Wässer durch den Belt abflossen. Zwei Jahrtausende später fand das Meer erneuten Zutritt durch die dänischen Sunde und leitete damit die *Littorina*-Zeit ein. In dieser Epoche stieg der Salzgehalt der holozänen Ostsee auf seinen höchsten Wert, um in der *Lymnaea*- und *Mya*-Zeit durch eine leichte Verengung der Verbindungswege auf seinen heutigen Stand zu sinken.

Die um die Wende Pleistozän/Holozän bis über die Doggerbank hinaus trockenliegende Nordsee unterlag demgegenüber i. w. nur einer einzigen großen Überflutungswelle. Sie setzte als Flandrische Transgression ein und erreichte ausklingend als Dünkirchener Transgression die heutigen Ufer der Deutschen Bucht. Im S' Ostsee-Gebiet dürfte die Verschiebung der Strandlinie i. w. zum Stillstand gekommen sein, an der Nordsee aber dauert die Küstensenkung, wenn auch abgeschwächt, bis in unsere Tage an.

Die Veränderungen des Klimas seit dem Ende der letzten Vereisung lassen sich mittels der Pollen-Analyse aus der Geschichte der Wälder ablesen (Abb. 59). Zu Beginn des Spätglazial waren die freigeschmolzenen Flächen N-Deutschlands von einer baumlosen Tundra mit Moosen, Kräutern, Zwergbirken- und Polarweiden-Sträuchern besiedelt. Dann wanderten die Waldbäume ein und schlossen sich in den kurzdauernden Wärmephasen des Bölling- und Alleröd-Interstadial erstmals zu lichten Birken-Kiefern-Beständen zusammen. Durch den Klima-Rückschlag, der mit dem Stillstand des Eisrandes an den mittel-schwedischen Endmoränen zusammenfiel, wurden sie stark zurückgedrängt. Mit dem plötzlichen, raschen Temperatur-Anstieg zu Beginn des Präboreal breiteten sie sich von neuem aus, um bald von anspruchsvolleren Laubhölzern: Hasel, Eiche, Ulme, Linde, verdrängt zu werden. Das holozäne Klima-Optimum

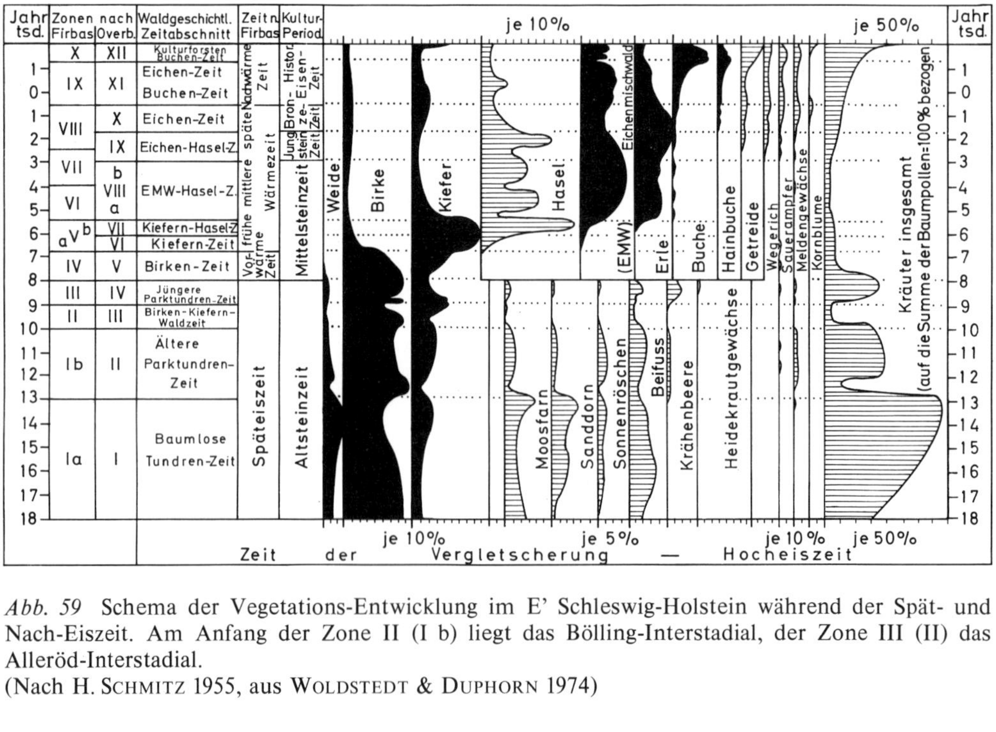

Abb. 59 Schema der Vegetations-Entwicklung im E' Schleswig-Holstein während der Spät- und Nach-Eiszeit. Am Anfang der Zone II (I b) liegt das Bölling-Interstadial, der Zone III (II) das Alleröd-Interstadial.
(Nach H. SCHMITZ 1955, aus WOLDSTEDT & DUPHORN 1974)

fiel mit dem Höchststand der *Littorina*-Transgression zusammen und hatte 2–3° C höhere Sommer-Temperaturen als heute. Dann wurde das Klima wieder etwas feuchter, späterhin auch kühler; Buche, Tanne und Fichte breiteten sich aus (Subboreal-Subatlantikum).

Die Sedimente sind ein Abbild der Klima-Schwankungen. Während der Abschmelzzeit wurde der kaum bewachsene Sand auf den Sohlen der Urstromtäler zu Binnendünen aufgeweht. In den bestehenden Gewässern setzte sich anfangs fast rein mineralische Mudde ab, erst im Alleröd und endgültig im Holozän trat mit zunehmender Besiedlung organogene Gyttja an ihre Stelle. In der Wärmezeit machte die Verlandung der Seen durch Flachmoore rasche Fortschritte, so daß gegen ihr Ende, begünstigt durch die höhere Feuchtigkeit, vielerorts Hochmoore zu wachsen begannen.

Der Mensch folgte dem schwindenden Eise. Die ersten Jäger und Fischer trafen in N-Deutschland noch Mammut und Ren an. Im Alleröd gelangten sie nach Skandinavien. In der Jungsteinzeit wanderten Ackerbauern ins Land; mit ihren Rodungen begannen die Eingriffe des Menschen in die natürliche Pflanzendecke.

Mittel- und **S-Deutschland** gehörten im Pleistozän dem eisfreien Raum zwischen der N-europäischen und der alpinen Vergletscherung an. Glazigene Absätze treten hier zurück, nur einzelne der Mittelgebirge: Vogesen, Schwarzwald, Böhmerwald, Harz, Riesengebirge und Altvater trugen kleine Gletscher und Firnflecken. Um so bedeutendere Flächen werden von periglazialen Bildungen eingenommen, die unter dem Einfluß des eiszeitlichen Klimas entstanden. Dank der größeren Mannigfaltigkeit und dem reicheren Fossilinhalt der Ablagerungen bietet das unvergletscherte Mittel- und S-Deutschland in mancher Hinsicht günstigere Voraussetzungen für die Erforschung der Stratigraphie und der Umweltbedingungen des Quartär als die Vereisungsgebiete selbst.

Nach der Säuger-Fauna gliedert sich das deutsche Quartär in drei Abschnitte. Im jüngsten Tertiär und ältesten Quartär unterlag die Tierwelt einer fortschreitenden Verarmung. Viele der wärmeliebenden Wald- und Savannentiere, wie Tapir, Antilope, *Hipparion, Mastodon,* Säbelzahntiger und Affe, wanderten ab oder starben aus. Am Ende dieses Ältest-Pleistozän (Ende des Villafranchium = *Eucladoceros*-Fauna) waren aber auch die meisten der tertiären Nachzügler verschwunden, welche den ältesten pleistozänen Floren-Abschnitt kennzeichneten. Überhaupt liegt hier der bedeutendste biostratigraphische Einschnitt des Quartär.

Mit dem Alt-Pleistozän (Biharium) erschienen neue Faunen-Elemente, die als *Praemegaceros*-Fauna zusammengefaßt werden können und die mehr oder weniger weit ins Mittel- oder Jung-Pleistozän hinaufreichen. Die glaziale Tiergemeinschaft setzte sich aus Bewohnern der Steppe und Tundra zusammen: die Mammute *(Mammonteus trogontherii*, und etwas später auch *primigenius)*, Pferd, Bison, Ren, wollhaariges Nashorn und eine Schar kleiner Nager. Die interglaziale Gemeinschaft bestand aus Tieren vorzugsweise des Waldes: dem Wald-Elefanten *(Palaeoloxodon antiquus)*, glatthaarigen Nashorn, Hirsch und Wildschwein. Die Raubtiere wie Bären, Löwen und Hyänen waren weniger stark klimatisch gebunden.

Das Mittel-Pleistozän läßt gegenüber dem älteren Abschnitt zwar manche Veränderung erkennen (Übergang von *Ursus deningeri* zu *spelaeus*, Aussterben der Pferdegruppe des *Allohippus stenonis*); der letzte Wendepunkt lag jedoch am Ausgang des Pleistozän. Mammut und Höhlenbär starben aus; das Ren wich vor der heutigen Waldfauna nach N zurück. Die „reine“ pleistozäne Flora wurde durch die post-glaziale ersetzt.

Der Mensch betrat schon früh den mittel-europäischen Boden; der älteste bislang gefundene Rest ist der Unterkiefer von Mauer bei Heidelberg. Aus späterer Zeit sind Skelette und Werkzeuge von vielen Freiland- und Höhlen-Siedlungen bekannt geworden.

Frost und Wind fanden in den Kaltzeiten ein weites Feld und erzeugten ausgedehnte Decken periglazialer Ablagerungen. Bis in beträchtliche Tiefe (mehrere 100 m) war der Grund zu Frostboden erstarrt, in dessen oberster Schicht unter dem Wechsel von Gefrieren und Tauen Fließerden, kryoturbate Verknetungen, Strukturböden und Eiskeilspalten entstanden. Im Sommer glitten die Schuttmassen in die Täler und führten dort zur Überlastung der Flüsse. In Zeiten höherer Wasserführung schnitten sich diese tief in den Gesteinsschutt ein; die Eintiefung setzte sich in den Warmzeiten verstärkt fort. Durch diese Zusammenhänge wird es möglich, die Stufenfolge der Flußterrassen zu gliedern und mit den Eiszeiten in Beziehungen zu setzen. Auf den in steter Umlagerung befindlichen, einer schützenden Pflanzendecke baren eiszeitlichen Schuttfeldern, den Sandern, Schotterterrassen und Fließerdeflächen, hatte der Wind freies Spiel. Er hob die feineren Bodenteilchen ab und lagerte sie als Löß wieder ab. Der Löß bedeckte in Mittel- und S-Deutschland erhebliche Flächen mit Mächtigkeiten von durchschnittlich 1–3 m. Gleich den Schotterterrassen ist er hochglazialer Entstehung. Im Interglazial und in den Interstadialen stockte die Verwehung und die Verwitterung schuf Verlehmungszonen, die uns die Gliederung von Lößprofilen ermöglichen.

Die tektonischen Bewegungen lassen sich aus den Verstellungen der vorwiegend tertiären Rumpf- und Fußflächen, der Eintiefung der Täler und den Verbiegungen der Flußterrassen ablesen. Besonders kräftige tektonische Ereignisse spielten sich wie im Tertiär in den rheinischen Bruchzonen W- und SW-Deutschlands ab. In das aufsteigende Schiefergebirge hat sich der Rhein während des Pleistozän 200 m tief eingeschnitten; demgegenüber ist die Quartär-Basis in Holland bis 600 m unter dem Meeresspiegel abgesunken. Am Niederrhein sind die älteren Flußterrassen an Verwerfungen meist um 10–30, gelegentlich bis 175 m versetzt. Noch heute gehen, wie Erdbeben erweisen, die Schollenbewegungen weiter. Der Oberrheintal-Graben ist seit dem Ende des Pliozän um 500–1000 m nachgebrochen. Die Senkung zog den Alpenrhein und die Aare an sich, die vordem der Donau bzw. der Rhône zugeflossen waren (S. 275). Heute ist die quartäre Schotterfüllung 100–350 m mächtig und reicht 250 m unter den Meeresspiegel.

Die vulkanische Tätigkeit spielte sich zur Hauptsache gleichfalls im Westen ab, wo die Eruptionen längs des mittelrheinischen Bruchbündels mit Unterbrechungen vom Oligozän bis nahe an die Gegenwart andauerten. Die jüngsten Eifelmaare und der Ausbruch des Laacher Sees rühren aus den Jahren 10000–8000 v. Chr. her. Auch bei Eger und in den E-Sudeten gibt es einige pleistozäne Basaltvulkane.

Alpen und **Alpen-Vorland.** Die pleistozäne Vereisung der Alpen stellte im Gegensatz zum N-europäischen Inlandeis eine Gebirgs-Vergletscherung dar. Die Talgletscher waren in den Alpen über Pässe und niedrige Rücken hinweg zu einem nahezu einheitlichen Eisstromnetz verschmolzen und schoben ihre Zungen weit ins Vorland, wo sie sich zu einer Vorland-Vergletscherung vereinigten. Nur die höchsten Gebirgskämme ragten über die Firnfläche auf.

Fast allerorts trägt das Antlitz der Alpen daher die Züge glazigener Formung, welche die ältere, im Laufe des Tertiär entstandene Oberflächengestalt (S. 281) überprägt haben. Der Anteil des Eises an der Schaffung des gegenwärtigen Formenschatzes ist daher zuweilen schwer abschätzbar. Aber unbestritten ist, daß die Exaration übertiefter Felsbecken, die Ausschleifung der Täler zu dem bezeichnend trogförmigen Querschnitt und die Versteilung der Karwände auf Rechnung des Gletscherschurfs gehen.

Im N' Alpen-Vorland erreichten die pleistozänen Aufschüttungen nur die geringe Mächtigkeit von durchschnittlich 20 m. Überall schimmerte der ältere Untergrund durch und lenkte die Bewegung der Gletscher. Der Schuttinhalt des Eises wurde beim Ausschmelzen fast völlig durchgewaschen; Schmelzwasser-Ablagerungen sind daher viel häufiger als Grundmoränen. Im bayerisch-schweizerischen Alpenvorland vereinigten sich die aus dem Gebirge austretenden Talgletscher jeweils mit ihren Nachbarn zu großen Eisflächen, die als Salzach-, Inn-, Isar-, Rhein- und Rhône-Gletscher über 100 km weit vorstießen. Gegen das E' und W' Ende der Alpen wurde das Eisstromnetz weitmaschiger und zerfiel schließlich in Einzelgletscher, deren Zungen bereits im Gebirge endeten.

Am Alpen-Südrand traten die Eisströme zwar ins Vorland aus, blieben aber voneinander getrennt. Dafür vereinigten sich die Schotterfluren im Senkungsfeld der Po-Ebene zu einer ausgebreiteten, bis 3000 m mächtigen Aufschüttung. Der regional verschiedene Vereisungsgrad der Alpen erklärt sich daraus, daß die niederschlag-bringenden Winde im Pleistozän ebenso wie heute hauptsächlich vom Atlantik kamen, sowie aus Unterschieden der Exposition.

Die tektonischen Bewegungen bestanden während des jüngeren Pliozän und ältesten Pleistozän, wie aus der Eintiefung der Täler in die tertiären Verebnungsflächen hervorgeht, in einer kräftigen Heraushebung. Damals sind die Alpen zum Hochgebirge geworden (S. 281). In jüngerer Zeit scheint Ruhe zu herrschen, die letzt-eiszeitlichen Terrassen sind nirgends mehr merklich gestört. Die vulkanische Tätigkeit ist seit dem Tertiär erloschen.

Die Stratigraphie des alpinen Quartär beruht zur Hauptsache auf den Schotter-Terrassen und ihrer Verzahnung mit Endmoränen-Kränzen. Vier große, durch Erosions-Intervalle getrennte Schotterflur-Systeme lassen sich im Alpen-Vorland unterscheiden. Die höchsten und ältesten lagern als verkittete Nagelfluhdecken auf den Wasserscheiden. Die jüngeren begleiten als Terrassen die heutigen Flußeinschnitte. Demgemäß unterscheidet man vier Eiszeiten, doch hat sich herausgestellt, daß ihnen, ähnlich wie in N-Europa, Gletschervorstöße geringerer Reichweite vorausgingen.

Die ältesten, als Donau-Eiszeiten bezeichneten Kaltzeiten haben nur spärliche und schwer deutbare Zeugnisse hinterlassen. Auch die Günz-Eiszeit kennt man im wesentlichen aus ihren Schmelzwasser-Absätzen, Moränen sind nur von einigen Stellen bekannt; ihre genauere zeitliche Einordnung ist umstritten.

In der Mindel- und Riß-Eiszeit erlebten die Alpen ihre stärkste Vergletscherung. Beide Vereisungen hatten, wie die Altmoränen-Bögen zeigen, ungefähr die gleiche Ausdehnung. Während des dazwischenliegenden Mindel/Riß- oder „Großen Interglazials" verwitterten die S-alpinen Deckenschotter tiefgründig zu rotbraunem Lehm, dem Ferretto. Das Pflanzenkleid ähnelte dem heutigen, doch sprechen die Pontische Alpenrose und die Wilde Rebe für ein milderes und feuchteres Klima als gegenwärtig.

Das Riß/Würm-Interglazial war vermutlich von kürzerer Dauer. Doch scheint es, nach der Pflanzenwelt der schweizer Schieferkohlen zu urteilen, ebenso warm wie das vorhergehende gewesen zu sein. Auf alle Fälle waren die Gletscher so weit zurückgeschmolzen, daß der paläolithische Mensch, der in dieser Zeit die Alpen erstmals betrat, Höhlen in 2400 m Meereshöhe besiedeln konnte. Während der Würm-Eiszeit war die Gletscher-Ausbreitung ebenso wie in N-Europa geringer als zuvor. Die einzelnen Eisströme hielten sich mehr gesondert. Die Jungmoränen-Kränze mit ihren Schotterterrassen sind wohlerhalten und den norddeutsch-baltischen Hauptstillstandslagen entsprechend gestaffelt. Die nacheiszeitliche Klima- und Besiedlungsgeschichte verlief wie in N-Europa, doch gewann in den höheren Lagen die Fichte gegenüber der Buche die Vorherrschaft. In der holozänen Wärmezeit hob sich die Schneegrenze um 300–400 m über ihre heutige Lage, und die Gebirgshöhen waren nahezu eisfrei.

Auch seit der Zeitenwende lassen sich bis heute deutliche Schwankungen im Klima-Ablauf erkennen (nach SCHWARZBACH 1974, vereinfacht), nicht nur in den Alpen, sondern in vielen anderen Gebieten.

500–700 n. Chr.	Besonders trockenes Klima
800–1200 n. Chr.	Niederschlagsreicher als heute, milde Winter (Normannen-Züge im N-Atlantik)
16. Jh. bis Ende 19. Jh.	„Kleine Eiszeit"
Seit Ende 19. Jh.	Gletscher-Rückgang, milde Winter
Seit Mitte 20. Jh.	Aufhören des Gletscher-Rückgangs, örtlich erneut Vorstöße

Das Quartär der **Britischen Inseln** ist geringer mächtig, im übrigen ähnlich dem N-deutschen Quartär. Das Ältest-Pleistozän wird wie in Holland durch mehrere Kaltzeiten gegliedert, ohne daß deren genauere Parallelisierung möglich wäre. In den marinen Muschelsanden des Red Crag (Waltonian) finden sich Driftblöcke eingestreut, die von kalbenden Gletschern Norwegens stammen dürften. Nach einem überwiegend marinen Intervall begann die Nordsee am Ende des Baventian zurückzuweichen vor den Schlicken und Torfen des vereinigten Rhein/Maas/Themse-Deltas („Cromer Forest Bed Series" = etwa Pastonian bis Anglian; vgl. Übers. 20). Das Inlandeis ging in den glazialen Zeiten zur Hauptsache vom Schottischen Hochland aus und schob sich von da gegen S vor. Dabei wurde es zeitweilig von einem skandinavischen Strom beiseite gedrängt, der die Nordsee erfüllte. Die quartären Strandverschiebungen finden am Ärmelkanal besonders deutlichen Ausdruck. Die seit dem Miozän geschlossene Meeresstraße war in der Eem-Warmzeit und erneut von der *Littorina*-Zeit ab geöffnet.

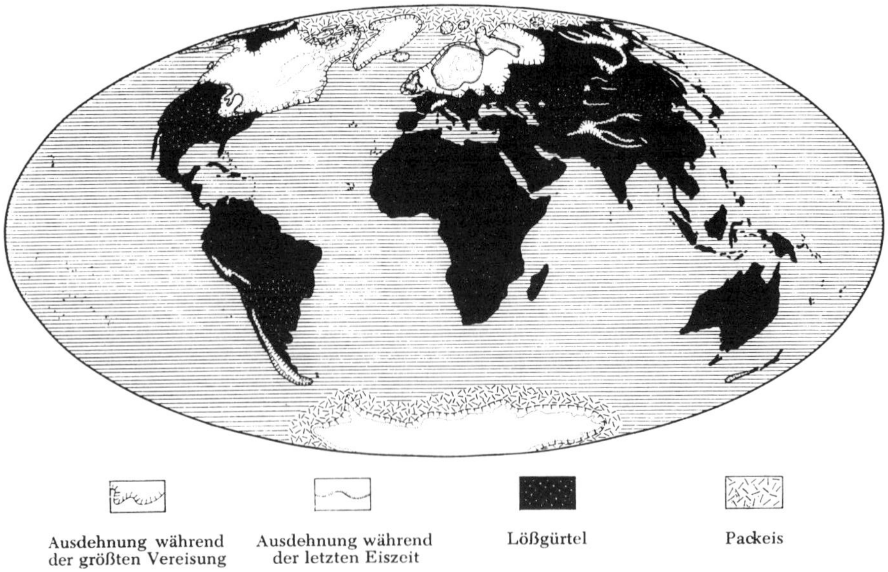

Abb. 60 Die Ausdehnung der pleistozänen Vergletscherung

In **N-Europa** und **Asien** nahm die Vergletscherung mit der wachsenden Kontinentalität des Klimas von W nach E ab. Rußland war noch zu einem beträchtlichen Teil vom skandinavischen Inlandeis bedeckt. In Sibirien trugen nur die Gebirge Gletscher. Die Gefrornis konnte daher auf weiten Flächen tief (300–1500 m) in den Boden eindringen. Sie dauert, wie die mit Haut und Haarkleid erhaltenen Mammut-Kadaver zeigen, bis heute an.

N-Amerika. Die nordeuropäisch-nordsibirische Vereisung fand ihr Gegenstück in dem Inlandeis, das Kanada und die N' Vereinigten Staaten überdeckte. Es war hervorgegangen aus der Vereinigung des „Laurentischen Eises" mit dem „Kordilleren-Eis". Auch hier war die Vergletscherung nahe der atlantischen Küste, im Gebiet höherer Niederschläge, am stärksten; Teile von Alaska blieben, wegen zu geringer Niederschläge, eisfrei; lediglich einige Gebirgszüge trugen Gletscher. Ähnlich wie in Europa rückte das Eis mehrmals nach S vor, ebenso waren die Vorstöße durch Zwischen-Eiszeiten unterbrochen, in denen sich mächtige Verwitterungs-Lehme bildeten. Ob sich jedoch die Eis- und Zwischeneiszeiten genau mit den europäischen deckten, ist noch Gegenstand der Erörterung (vgl. Übers. 20). Im Vergleich zu Europa, und besonders im Vergleich zur alpinen Vereisung betrachtet, war die vereiste Fläche wesentlich größer und zusammenhängend. In der Abschmelzzeit der jüngsten Vereisung bildete sich vor dem S' Eisrand eine Anzahl riesiger Eisstauseen, die sich mit der fortschreitenden Landhebung bis auf die heutigen Großen Seen entleerten. Vom Beginn bis ans Ende des Pleistozän hingen N-Amerika und Asien über die Beringstraße zusammen. Über die Landbrücke wanderten quartäre Säuger, während der letzten Eiszeit auch der Mensch ein.

In den **Mittelmeer-Ländern** tragen die Küsten ringsum eine Treppe von Terrassen, deren höchste heute 200 m über, deren tiefste bis 100 m unter dem heutigen Meeresspiegel liegen. Die Strandverschiebungen und Klima-Änderungen waren derart miteinander verknüpft, daß Transgressionen in die Warmzeiten, Regressionen in die Kaltzeiten fielen (Abb. 61). Die Fauna des Calabrium verrät durch das erstmalige Erscheinen nordischer Mollusken eine merkliche Abkühlung des Wassers gegenüber dem Pliozän, die nach Paläotemperatur-Messungen etwa 5° C ausmachte. Etwa gleichen Alters sind die festländischen Ablagerungen des oberen Villafranchium. Ihr Fossilinhalt erweist, daß die subtropischen Wälder des Tertiär durch gemäßigte Nadel- und Laubholz-Bestände verdrängt waren, in denen eine durch Elefant, Pferd, Hirsch und Rind gekennzeichnete quartäre Säugerwelt gemeinsam mit den letzten Mastodonten und Hipparionen lebte.

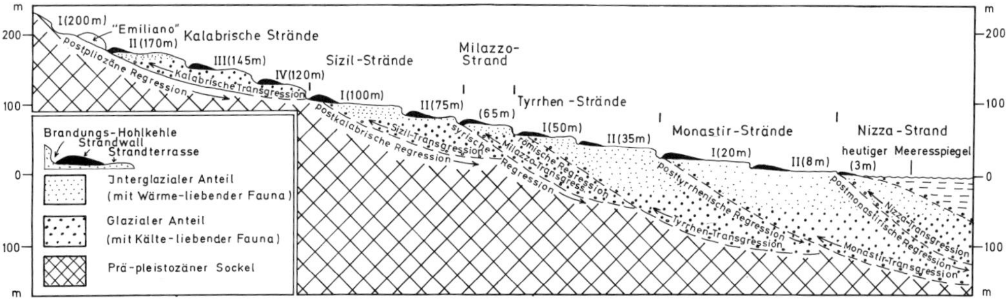

Abb. 61 Schematisches Profil der Mittelmeer-Terrassen. (Aus K. H. Kaiser 1967)

Die für die jüngeren Warmzeiten (Tyrrhen und Monastir) bezeichnende *Strombus*-Fauna enthält Gäste von der W-afrikanischen Küste, die höhere Wassertemperaturen als die gegenwärtigen verlangten. Damals waren Mittelländisches und Rotes Meer zum letzten Male über die Suez-Enge verbunden. Auch in das seit dem Jung-Tertiär verbrackte Pontus-Becken strömte Meerwasser. Während der letzten Eiszeit lag der Meeresspiegel mehr als 100 m unter dem gegenwärtigen Stand, wie ertrunkene Täler und Karstlandschaften, Flußschotter und Torflager erweisen. Das Schwarze Meer wurde wieder ausgesüßt und entleerte seinen Wasserüberschuß durch einen Bosporus/Dardanellen-Fluß ins Mittelmeer. Erst die nacheiszeitliche Transgression schuf die heutigen Verhältnisse.

Nach früherer Ansicht entsprach dem Eiszeit-Alter der höheren Breiten ein „Pluvial-Zeitalter" in den niederen Breiten, mit geringeren Temperaturen als heute und gesteigerten Niederschlägen, das sich in „Pluviale" und „Interpluviale" gliedert. Die neuere Forschung zeigt, daß der Gesamtablauf anders und stärker unter regionalen Gesichtspunkten gesehen werden muß („Pluvial-Problem"; vgl. SCHWARZBACH 1974). In den Kaltzeiten gerieten weite Gebiete der Subtropen in den Bereich der Westwind-Drift und damit in einen Gürtel höherer Niederschläge („polares Pluvial" nach FLOHN). Zugleich herrschten in den Tropen stärker aride Verhältnisse. In den Warmzeiten hingegen traten im (heutigen) Wüstengürtel tropische Sommerregen auf („tropisches Pluvial" nach FLOHN). Dadurch kam es dort zu verstärkter fluvialer Erosion und Akkumulation, zeitweilig auch zur Besiedlung durch den (neolithischen) Menschen. Die jungen vorzeitlichen Geländeformen und Sedimente in den Wüsten und Steppen, z. B. Afrikas, die durch reichlicher fließendes Wasser geschaffen sein müssen, sind wohl im Holozän und in der ausgehenden letzten Kaltzeit entstanden. Dies erweisen heute trockene Täler, versiegte, von fossilen Kalktuff-Decken umgebene Quellaustritte und Salzpfannen als geschrumpfte Reste ehemals ausgedehnter Süßwasser-Seen.

Die **Ablagerungen** der **Tiefsee** gewinnen steigende Bedeutung für die Stratigraphie und Klima-Geschichte des Quartär. Sie überliefern dank ihrer langsamen Sedimentation unter sehr gleichförmigen Verhältnissen eine gedrängte, oft lückenlose Aufzeichnung der jüngsten Vergangenheit vom Tertiär bis heute. Die Lotproben lassen sich radiometrisch nach Jahren beziffern (^{14}C, ^{234}U, ^{238}U-Methoden, s. S. 10; neuerdings treten Datierungen nach paläomagnetischen Polaritäts-Wechseln hinzu; vgl. strat. Übersicht 21); die ehemaligen Wassertemperaturen sind aus Paläotemperatur-Messungen und aus den Wärmeansprüchen von Foraminiferen und Radiolarien-Arten ableitbar. Auf diese Weise ließ sich aus den pelagischen Sedimenten eine Klimakurve des Quartär (Abb. 64) entwickeln, die sich mit der MILANKOVITCHschen Strahlungskurve verknüpfen läßt. Vom Tertiär zum Pleistozän wuchs die Sedimentations-Geschwindigkeit in der Tiefsee infolge der vermehrten Anlieferung klastischer Stoffe glazialer, fluvialer oder äolischer Herkunft. Die zirkumpolaren Gürten der glazial-marinen Absätze und des Diatomeen-Schlamms schoben sich, vor allem während der Eiszeiten, gegen niedere Breiten vor und engten die äquatoriale Zone des Globigerinen-Schlamms ein.

Organischer Inhalt (Tafeln 55, 62–63)

Der seit dem Ausgang des Tertiär verstrichene Zeitraum war zu kurz, um wesentliche Umbildungen der Lebewesen herbeizuführen. Viele Organismen-Gruppen blieben seitdem beinahe unverändert. Nur verhältnismäßig wenige Arten von Invertebraten oder Pflanzen sind seit dem Beginn des Quartär ausgestorben. Einzig die Säuger befanden sich in rascher Weiterentwicklung. Angesichts der geringen Unterschiede zwischen der pleistozänen und der heutigen Fauna und Flora sind im folgenden nur die stratigraphisch wichtigsten Gruppen behandelt.

Fauna. Einzeller. Nur wenige neue Arten von Foraminiferen, Radiolarien, Silicoflagellaten und Diatomeen traten auf und lassen eine Gliederung des Zeitabschnitts zu. Bei den Coccolithophoriden war zur Wende Plio-/Pleistozän die bisher so wichtige Gattung *Discoaster* ausgestorben; immerhin lassen sich doch eine Reihe von Nannoplankton-Zonen unterscheiden.

Die pleistozänen **Mollusken**-Arten der Nord- und Ostsee leben mit wenigen Ausnahmen noch heute an den atlantischen Küsten Europas. Sie verteilen sich hier auf drei tiergeographische Provinzen, die arktische jenseits des Nordkaps mit den Muscheln *Portlandia arctica, Mya pseudoarenaria* u. a., die boreale in der Nordsee und im Nordmeer mit den Schnecken *Buccinum undatum, Nassarius reticulatus, Littorina littorea* und den Muscheln *Arctica [„Cyprina"] islandica, Cardium edule, Mytilus edulis, Ostrea edulis,* und die lusitanische Provinz mit *Venerupis senescens* und *Divaricella divaricata* südwärts des Ärmelkanals. Die Lebensbezirke dieser Tiergesellschaften verschoben sich mit den quartären Klimaschwankungen. Die lusitanische Eem-Fauna erschien nur einmal, im letzten Interglazial, in der Nord- und Ostsee. Die arktische *Portlandia*-Fauna kehrte dagegen mehrmals wieder. Unter den Süßwasser-Schnecken ist *Viviparus [„Paludina"] diluvianus* ein Leitfossil für die Holstein-Warmzeit. Die Napfschnecke *Ancylus fluviatilis* hat einer Epoche der holozänen Ostsee ihren Namen geliehen. Von festländischen Mollusken seien die Löß-Schnecken *Trichia [„Helix"] hispida, Pupilla muscorum, Succinea oblonga* genannt, die sämtlich durch kleine, gedrungene Gehäuse an ein trockenes Klima angepaßt waren.

Die wichtigsten **Säuger** des Quartär waren die Nager, die Raubtiere, die Huftiere mit den Gruppen der Unpaarhufer, Paarhufer und Dickhäuter, schließlich der vorzeitliche Mensch.

Die eiszeitlichen Steppen und Höhlen waren von einer Schar kleiner, aber stratigraphisch wertvoller Rodentier besiedelt, wie Lemming *(Lemmus)*, Murmeltier *(Marmota)* und Wühlmäusen (Microtinae). die wichtigsten Carnivoren waren *Felis spelaea*, eine dem Löwen nahestehende Großkatze, der Wolf *(Canis lupus)*, die Höhlenhyäne *(Hyaena spelaea)* und der sehr häufige Höhlenbär *(Ursus spelaeus)*; sie alle starben am Ende der Würm-Eiszeit aus. Bei den Perissodactylen unterlagen die Pferde seit dem Erscheinen der Gattung *Equus* zu Beginn des Pleistozän nur noch geringer Umbildung. Der Formenkreis des *Equus (Allohippus) stenonis* ist für das ältere, der des *Equus caballus* für das jüngere Quartär bezeichnend. Die Nashörner schieden sich in zwei klimatische Gruppen: *Dicerorhinus etruscus* und *kirchbergensis* lebten in offenen Wäldern, das wollhaarige Nashorn *[Rhin. (Tichorhinus) antiquitatis]* auf der Steppe. Viele Artiodactylen, wie der Elch *(Alces latifrons)*, der Edelhirsch *(Cervus elaphus)*, der Ur *(Bos primigenius)*, der Bison *(Bison priscus)*, waren weniger temperatur-empfindlich. Ausgesprochene Kältetiere sind dagegen der Moschusochse *(Ovibos moschatus)* und das Ren, das vorwiegend der heute in Grönland und N-Amerika lebenden Art *Rangifer arcticus* angehörte. Besondere stratigraphische Bedeutung kommt den Proboscidiern zu, deren Zähne zu den häufigsten Säugerresten gehören. Aus den früh-pleistozänen *Archidiskodon planifrons*

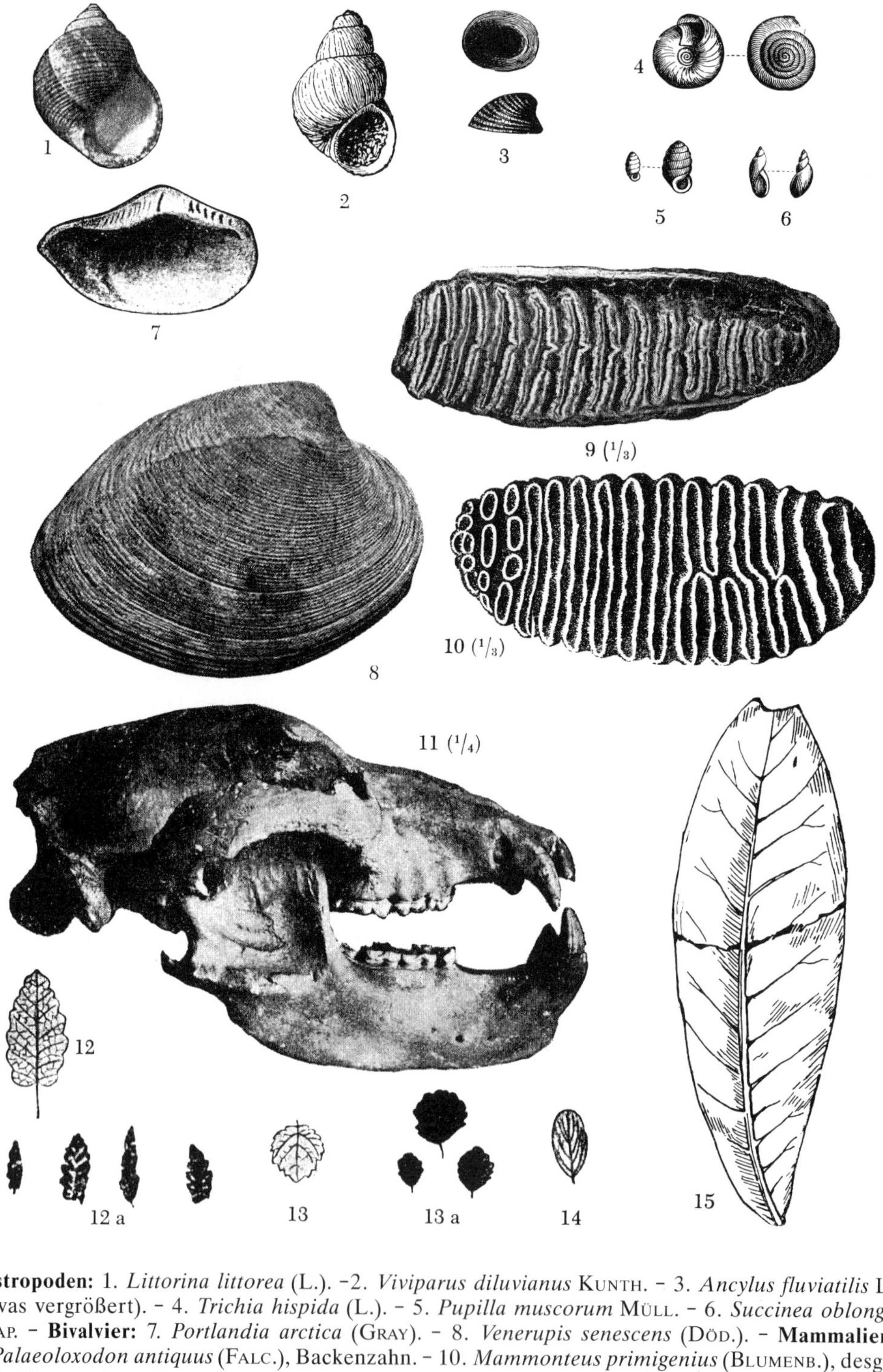

Gastropoden: 1. *Littorina littorea* (L.). –2. *Viviparus diluvianus* KUNTH. – 3. *Ancylus fluviatilis* L. (etwas vergrößert). – 4. *Trichia hispida* (L.). – 5. *Pupilla muscorum* MÜLL. – 6. *Succinea oblonga* DRAP. – **Bivalvier:** 7. *Portlandia arctica* (GRAY). – 8. *Venerupis senescens* (DÖD.). – **Mammalier:** 9. *Palaeoloxodon antiquus* (FALC.), Backenzahn. – 10. *Mammonteus primigenius* (BLUMENB.), desgl. – 11. *Ursus spelaeus* ROSENM. – **Angiospermen:** 12. *Dryas octopetala* L. (Großblättrige alpine Form), 12 a = kleinblättrige arktische Form). – 13. *Betula nana* L. (13 a = desgl.). 14. *Salix polaris* WG. – 15. *Rhododendron ponticum* L.

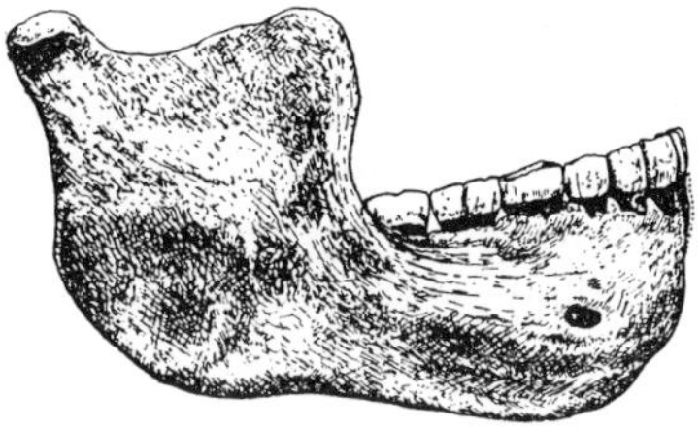

1

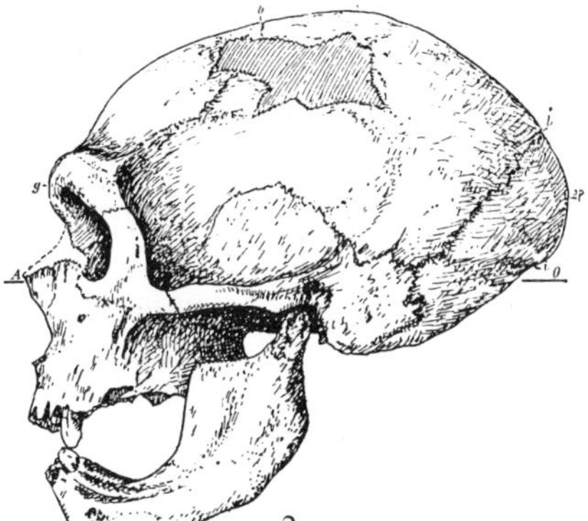

2

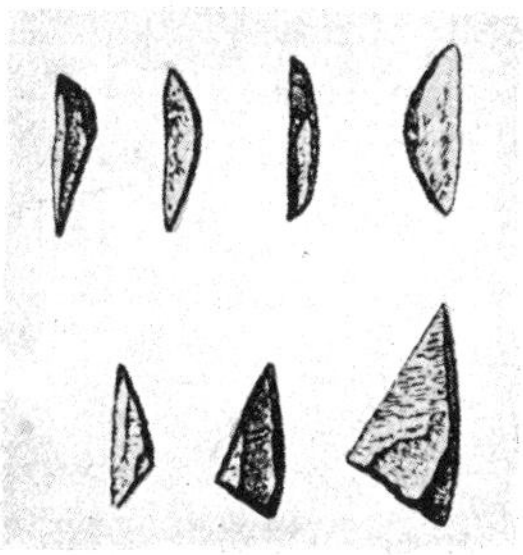

6

3

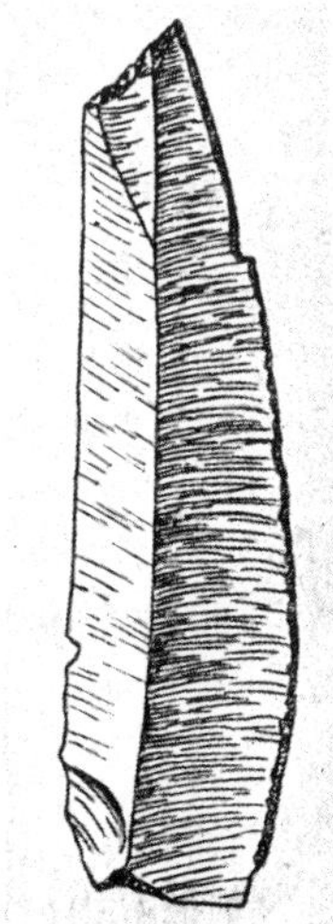

4

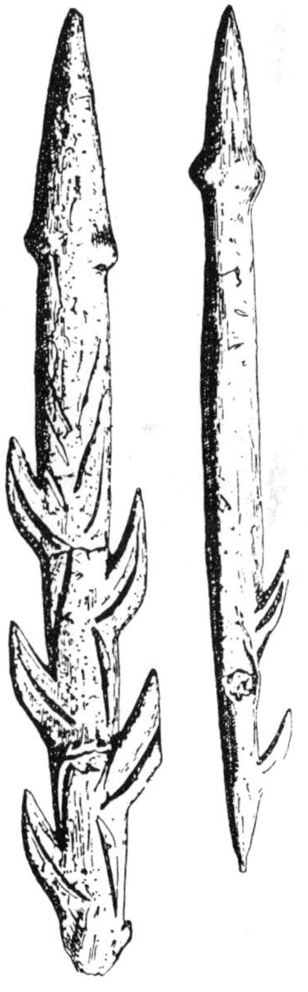

5

1. *Homo erectus heidelbergensis* SCHOET. – 2. *Homo sapiens neanderthalensis* KING. – 3. Faustkeil des Acheul. – 4. Stichel des Ob. Moustier. – 5. Rentiergeweih-Harpunen des Oberen Magdalen. – 6. Kleingeräte (Mikrolithe) des Tardenois

und *meridionalis* gingen zwei Entwicklungslinien hervor, denen die Vermehrung der Backenzahn-Schmelzlamellen gemeinsam war. Die Reihe der Wald-Elefanten wird durch *Palaeoloxodon antiquus* verkörpert. Die Reihe der Steppen-Elefanten besteht aus dem älteren *Mammonteus trogontherii* und dem jüngeren *primigenius*, dem Mammut, das mit dem Ende des Pleistozän ausstarb. Der dichte Pelz, das starke Fettpolster und die weitausladenden Stoßzähne standen mit dem Leben des Mammuts in kalter offener Landschaft im Einklang. Abkömmlinge der obengenannten Arten waren die Zwerg-Elefanten Zyperns, Kretas, Siziliens und Maltas. Ihr Vorkommen weist auf alte, während des Pleistozän versunkene Landbrücken im Mittelmeer-Gebiet hin. Riesige Edentaten *(Mylodon, Megatherium, Glyptodon)* kennzeichneten die pliozäne und quartäre Fauna S-Amerikas; im Pleistozän wanderten sie von dort nach N-Amerika ein.

Mit dem Beginn des Quartär erschien der Mensch *(Homo)*; seine Wurzel reicht jedoch über *Ramapithecus* im Pliozän-Miozän bis in die Hominoidea des Oligozän zurück. Aufrechter Gang und etwa die heutige Körpergröße waren der Gattung *Homo* seit je eigen. Stark verändert aber hat sich der Schädel. Der vorspringende Kiefer und die fliehende Stirn wandelten sich zu einem steileren Gesichtsprofil. Die Überaugenwülste schwanden, die Bezahnung wurde leichter. Das Hirnvolumen stieg von 600 cm^3 auf über den doppelten Wert. Gesicherte Reste des etwa buschmanngroßen Frühmenschen *(Australopithecus)* kennt man bisher nur aus dem S' und E' Afrika. Die nächste Entwicklungsstufe *(Homo erectus; „Pithecanthropus")* war von SE-Asien über Afrika bis Europa verbreitet.

Im Mittel-Pleistozän, etwa am Ende der Holstein-Warmzeit, erschien die Gruppe des *Homo sapiens* (s. l.). Über *sapiens steinheimensis, sapiens neanderthalensis* dürfte sich der heutige *Homo sapiens sapiens* seit dem Ausgang der Weichsel-Kaltzeit entwickelt haben. Er wanderte in das bis dahin unbesiedelte Amerika und Australien ein.

Ungleich häufiger als körperliche Reste sind Werkzeuge und andere Lebensspuren des vorgeschichtlichen Menschen überliefert. Die Entwicklung begann mit den nur roh zubehauenen Geräten der Geröll-Kulturen. Ihnen folgten die Faustkeil-Kulturen des Alt- bis Mittel-Paläolithikum, die das aus dem Stein gewonnene Kernstück zum Werkzeuge formten. Der nächste Schritt bestand in der Verwendung und Zurichtung der Absplisse. Er führte zu Schabern, Kratzern und Klingen. Diese Geräte kennzeichnen die Abschlag-Kulturen des Mittel-Paläolithikum, die vom Neandertaler getragen waren, und die Klingen-Kulturen des Jung-Paläolithikum, deren Schöpfer i. w. *Homo sapiens* war. Das Mesolithikum brachte das Beil, die Töpferei und Webkunst als neue Errungenschaften. Im Neolithikum, der Zeit des geschliffenen Steins, gab der Mensch sein Wanderleben als Jäger und Fischer auf. Er wurde seßhaft; Haustierzucht und Feldbau hielten ihren Einzug und breiteten sich in der Metallzeit weiter aus.

Bei der **Flora** führten die sinkenden Temperaturen zur Herausbildung der Vegetationsgürtel in ihrer gegenwärtigen Anordnung. Heute gehören die arktischen Breiten der baumlosen, von Moosen *(Hypnum)*, Silberwurz *(Dryas octopetala)* sowie von Büschen der Zwergbirke *(Betula nana)* und Polarweide *(Salix polaris)* besiedelten Tundra an. Eine ähnliche Pflanzengesellschaft war als *Dryas*-Flora im eiszeitlichen Mittel-Europa verbreitet. S' der polaren Baumgrenze folgte die heute fast bis ans Mittelmeer reichende Region der Wälder, wobei im N immergrüne Nadelhölzer, in Mittel-Europa Laubhölzer herrschten. Kennzeichnende Bäume des subarktischen Klimas waren die Kiefer *(Pinus silvestris)* und die Birke *(Betula pubescens)*, des kühl-kontinentalen die Fichte *(Picea excelsa)*. Im kühleren Anteil der gemäßigten Laubwaldzone gediehen Rotbuche *(Fagus* *silvatica)* und Hainbuche *(Carpinus betulus)*, im wärmeren der Eichenmischwald mit Eiche *(Quercus robur* und *sessiliflora)*, Linde *(Tilia platyphyllos)*, Ulme *(Ulmus)*, Haselnuß *(Corylus avellana)* und Erle *(Alnus glutinosa)*. Mit den quartären Klimaschwankungen wanderten diese Floren-Gemeinschaften mehrmals über Europa hinweg, wobei sich die Folge der Wälder in den Warmzeiten und im Holozän fast übereinstimmend wiederholte. Nur wenige Arten machten nicht alle Wanderungen mit und sind dadurch stratigraphisch wichtig. So gingen die Alpenrose *Rhododendron ponticum* nicht über das vorletzte, die Seerose *Brasenia purpurea* und das Riedgras *Dulichium spathaceum* nicht über das letzte Interglazial hinaus. Die Rotbuche, vor und nach dem Pleistozän verbreitet, fehlte in den Interglazial-Zeiten Mittel-Europas fast gänzlich.

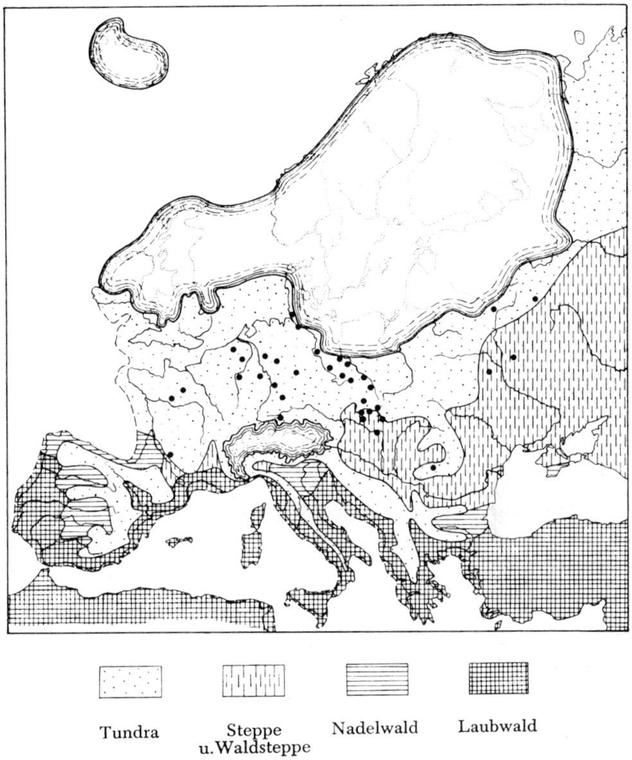

Abb. 62 Europa im Höhepunkt der letzten Eiszeit. - Punkte: Fundstellen von Resten des pleistozänen Moschusochsen. (Nach J. BÜDEL, W. SOERGEL und M. GROMOWA.)

Faunen- und **Florenreiche** (Abb. 62). Der Hereinbruch des Eiszeitalters zwang die pliozäne Lebewelt zur Anpassung, Abwanderung oder zum Aussterben. Während des älteren Pleistozän verarmte die Fauna und Flora jedoch nur langsam, erst die Menap-Kaltzeit setzte einen deutlicheren Schnitt. Manche der tertiären Nachzügler, wie das Flußpferd, der Säbelzahntiger, gewisse Gattungen von Cypressen und Seerosen wichen sogar noch später aus unserem Erdteil. Der verbleibende Rest gliederte sich mit zunehmender Schärfe in klimatische Gruppen auf, die ihre Siedlungsgebiete mit den Temperaturschwankungen wiederholt über weite Flächen verschoben. Während der letzten Eiszeit gelangten Mammut und Ren bis auf den Balkan, nach S-Italien und N-Spanien. Im Interglazial drang umgekehrt *Palaeoloxodon antiquus* bis Mittel-England, Dänemark und Polen nach N vor. Im Holozän verlor die eiszeitliche Tier- und Pflanzenwelt

Mittel-Europas ihr ehedem geschlossenes Wohngebiet. Vor der zunehmenden Erwärmung wich sie teils in die Alpen, teils in die skandinavischen Gebirge, teils in die Steppen des Ostens zurück.

Klima und **Umwelt.** Die wichtigste Erscheinung des Quartär ist die Vereisung. Sie war eine der bedeutendsten der Erdgeschichte und markiert den Tiefpunkt der seit etwa dem Oligozän stetig sinkenden Temperaturkurve (S. 295). Vor allem auf der Nordhalbkugel, wo große, um den Pol gelagerte Landmassen günstige Voraussetzungen boten, breiteten sich Inlandeisfelder aus. Aber auch die Gebirge der Tropen und der Südkontinente trugen vergrößerte Gletscher, ganz abgesehen von der Antarktis, wo die Kontinent-Lage unter dem Pol zur Anhäufung großer Eismassen führte und von wo bedeutende Anstöße zur glazialen Klima-Entwicklung ausgingen. Insgesamt waren damals 32% gegen heute 10% der Festlandsfläche vergletschert. In den niederen Breiten waren während des Pleistozän Zonen teils höherer, teils geringerer Niederschläge als heute entwickelt. Klastische Ablagerungen periglazialer und fluvialer Entstehung breiteten sich unter diesen Verhältnissen über weite Flächen des Festlandes aus. Auch der klastische Anteil der marinen Sedimente stieg infolge der stärkeren Schuttzufuhr und der Erniedrigung der Wassertemperatur.

Die Erscheinungen lassen sich durch eine mehrmalige, augenscheinlich erdweit gleichzeitige Depression der Schneegrenze um etwa 1000 m beschreiben, bei der viele der heutigen regionalen und örtlichen Züge gewahrt blieben (Abb. 63). Die Frage, welchen Anteil tiefere Temperaturen, welchen erhöhte Niederschläge am Wachsen des Eises hatten, wird heute dahin beantwortet, daß die Abkühlung das Primäre war. Während der Eiszeiten war das Jahresmittel auf dem Festlande um 4–12° C (teils bis 15° C), die Oberflächen-Temperatur des Weltmeeres um 4–7° C herabgesetzt.

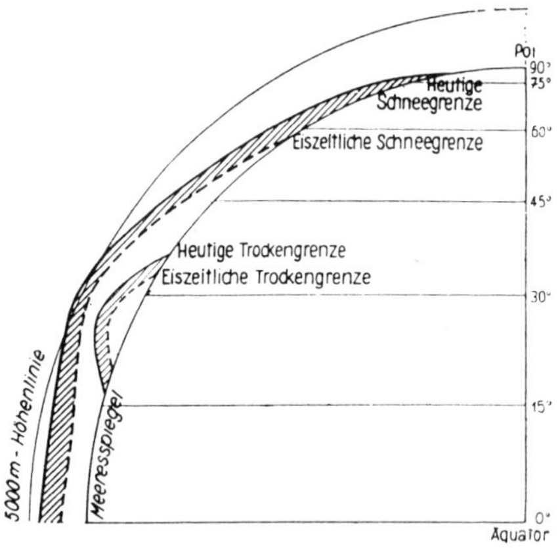

Abb. 63 Die Verschiebung der eiszeitlichen Schneegrenze und Trockengrenze (der Grenzlinie zwischen dem humiden und ariden Klimabereich) gegenüber der heutigen Lage. Etwas vereinfacht. (Nach C. TROLL)

Die **Ursache der Eiszeit** kann angesichts der Allgemeinheit der Erscheinungen und ihrer weit ins Tertiär zurückreichenden Vorgeschichte nur eine umfassende gewesen sein. Einzelerscheinungen wie Pol-Verlagerungen, Kontinent-Verschiebungen, Hebungen einzelner Gebirgsmassive oder Verlagerung von Meeresströmungen u. dgl. scheiden als alleinige Ursache für erdweit gültige Erklärungen aus. Im Zusammenwirken mehrerer Faktoren („Multilaterale Eiszeit-Entstehung", SCHWARZBACH 1968) ist wohl die Ursache zu suchen. Eine grundlegende Rolle mögen Schwankungen der Einstrahlung

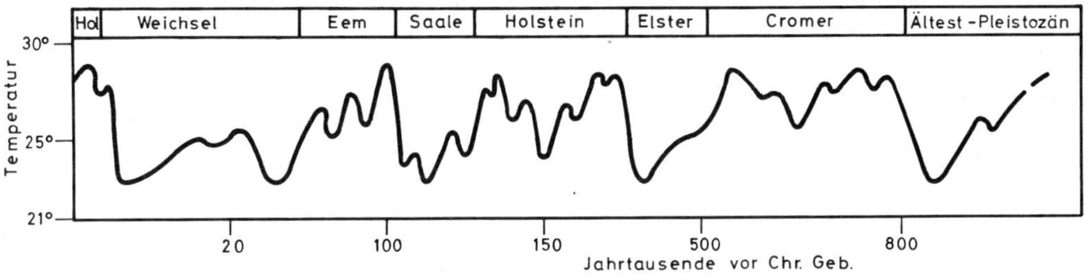

Abb. 64 Verallgemeinerte Temperatur-Kurve des Weltmeeres im älteren bis mittleren Quartär. (Nach C. EMILIANI)

spielen, die zu Klimaschwankungen mit einer allgemeinen „Eiszeitbereitschaft“ führen können. Auf einer solchen Grundlage konnten irdische Faktoren verschärfend oder auslösend hinzutreten: Paläogeographische Veränderungen durch Platten- oder Kontinentdrift führten zu wesentlichen Breitenänderungen, Relief-Änderungen boten im Jungtertiär-Quartär als einer Epoche ausgedehnter Hebung und Landwerdung günstige Bedingungen für die Entfaltung von Gletschern, und letztlich kommen Selbstverstärkungs- und Beharrungs-Effekte hinzu. Inlandeisfelder und ausgekühlte arktische Meeresbecken vermögen kürzere, wärmere Intervalle zu überdauern. Ein Beispiel sind die heutigen polaren Eiskappen, die, obwohl Überbleibsel der Eiszeit, Luftkreislauf und Klima immer noch tiefgreifend beeinflussen.

Krustenbewegungen (Epirogenese/Tektogenese) und **Magmatismus.** Das Quartär war trotz kurzer Dauer eine Epoche beträchtlicher paläogeographischer Veränderungen:

Holozän	Regression (N’ Ostsee, Britische Inseln, S’ Kanadischer Schild)
	Transgression (Ostsee, Nordsee, Britische Inseln, S’ Kanadischer Schild)
Weichsel-Kaltzeit	Regression (Ostsee, Nordsee, Ärmelkanal, Arktisches Rußland und Sibirien, Mittelmeer)
Eem-Warmzeit	Transgression (Ostsee, Nordsee, Ärmelkanal, Arktisches Rußland und Sibirien, Mittelmeer)
Saale-Kaltzeit	Regression (Nordsee, Mittelmeer)
Holstein-Warmzeit	Transgression (Nordsee, Mittelmeer)
Elster-Kaltzeit	
Cromer-Warmzeit und Ältest-Pleistozän	Mehrere Transgressionen und Regressionen
Pliozän	Regression (Nordsee, Mittelmeer)

Eine zyklische Wiederkehr der Ereignisse ist auffällig. Ihre Deutung hat im Quartär, abweichend von den älteren Perioden, mehrere Möglichkeiten zu berücksichtigen. Erstens war die zu allen Zeiten wirkende Epirogenese auch während des Eiszeitalters im Gange. Zweitens ist mit isostatischen Vorgängen, dem Nachgeben der Erdkruste unter wechselnder Eislast zu rechnen. Inlandeisfelder drücken beim Wachsen die Kruste ein und lassen sie beim Schwinden wieder aufsteigen, wobei sich das Gleichgewicht bei der zähplastischen Beschaffenheit der Ausgleichsschicht verzögert einstellt. Drittens muß das Anschwellen und Abschmelzen der Gletscher, das abwechselnd beträchtliche Wassermengen auf dem Lande band und freigab, eustatische Spiegelschwankungen des Weltmeeres verursacht haben. Das zeigt schon ein Blick auf die Gegenwart. Der seit dem vorigen Jahrhundert anhaltende Gletscherrückgang läßt das Meer um 1 mm/Jahr steigen und würde seinen Spiegel bei völligem Schwund um 70–80 m erhöhen.

Von den drei genannten Faktoren dürfte die Eustasie als erdweite Erscheinung mit an erster Stelle stehen. Sie erklärt die vielerorts beobachtete Regel, daß die pleistozänen Strandlinien im Eiszeitalter im Gleichlauf mit den Klimaschwankungen derart pendelten, daß Transgressionen in die Warmzeiten, Regressionen in die Eiszeiten fielen. Man schätzt die Weichsel-eiszeitliche Spiegelsenkung auf 90–130 m, in guter Übereinstimmung mit dem geologischen Befund. Manche Forscher glauben, ein System eustatischer Küstenterrassen um alle Ozeane verfolgen zu können und bringen das Wachsen der heutigen Korallenriffe mit dem nacheiszeitlichen Ansteigen des Meeres in Verbindung („glacial control theory"). Doch lassen solche Gedankengänge die Möglichkeit epirogener Verstellungen wohl allzu sehr außer acht.

Die Bedeutung der Isostasie läßt sich daran ermessen, daß alle größeren ehemaligen Vereisungs-Gebiete sich seit dem Rückweichen der Gletscher um mehrere 100 m schildförmig hochgewölbt haben. Der Aufstieg ist, wenn auch mit abnehmender Geschwindigkeit, noch heute im Gang und dürfte bis zum völligen Ausgleich des Schweredefizits geraume Zeit andauern. Aber auch hier darf man nicht übersehen, daß der Fennoskandische ebenso wie der Kanadische Schild schon lange vor dem Eiszeitalter als Geantiklinen bestanden haben. Ihre epirogene Hebung mag zumindest den Anlaß für die späteren isostatischen Vorgänge gegeben haben.

Die Tektogenese beschränkte sich in Mittel-Europa auf verhältnismäßig schwache Bewegungen. Zu kräftigeren Äußerungen kam es im Umkreis des Mittelmeeres und des Stillen Ozeans. Auch gegenwärtig sind hier von Erdbeben begleitete Schollenverschiebungen noch vielerorts im Gange. Der quartäre Vulkanismus war von geringer Stärke und spielte sich im wesentlichen in den noch heute tätigen Vulkan-Gebieten ab.

Rückblick. Die seit dem Tertiär anhaltende Temperatur-Senkung führte im Quartär zu einem gewaltigen Anwachsen vereister Flächen in den höheren Breiten. In den niederen Breiten kam es zu teils mehr humiden, teils mehr ariden Verhältnissen. Das Pleistozän gliedert sich in eine Reihe von erdweit mehr oder weniger gleichzeitigen Kaltzeiten und Warmzeiten. Im Gefolge der Vereisungen breiteten sich klastische Ablagerungen glazialer und periglazialer Entstehung in Gestalt von Moränen, Schottern und Löß über große Teile des Festlandes aus. Die schärfere Herausbildung der Klimagürtel spaltete die aus dem Tertiär überlebende Tier- und Pflanzenwelt in eine an die Kälte angepaßte glaziale und eine wärmeliebende interglaziale Fauna und Flora auf.

Die Ursache der quartären Klimaschwankungen ist noch ungeklärt. Ihre Folgeerscheinungen in Gestalt polarer Eiskappen und niederer Meerestemperaturen sind bis heute nicht gewichen. Es ist daher denkbar, daß das Eiszeitalter noch nicht zu Ende ist und wir in einer Interglazial-Zeit leben.

Ergänzende Schriften

Berggren, W. A. et al. (1980): Towards a Quarternary Time Scale. - Quart. Res., *13*: 277-302; Washington.

Bowen, D. Q. (1978): Quarternary Geology. - 221 S.; Oxford (Pergamon Press).

Chaline, J. (1974): Esquisse de l'évolution morphologique, biométrique et chromosomique du genre *Microtus* (Arvicolidae, Rodentia) dans le Pleistocène de l'hémisphere nord. - Bull. Soc. géol. France, *16* (4): 440-450; Paris.

Charlesworth, J. K. (1957): The Quarternary Era, 2 Vols., *1*: 591 S., 101 Abb.; *2*: 1799 S., 325 Abb.; London.

Cooke, H. B. S. (1973): Pleistocene Chronology; Long or short? - Quart. Res., *3*: 206-220; Washington.

Denton, G. W. & Hughes, T. J. [Eds.] (1981): The Last great ice sheets. - 484 S.; New York (Wiley).

Flint, R. F. (1971): Glacial and Quarternary Geology. - 892 S.; New York.

Flohn, H. (1969): Ein geophysikalisches Eiszeit-Modell. - Eiszeitalter und Gegenwart, *20*: 204-231; Öhringen.

Frenzel, B. (1967): Die Klimaschwankungen des Eiszeitalters. - „Die Wissenschaft“, *129*: 291 S.; Braunschweig.

Geyh, M. A. (1983): Physikalische und chemische Datierungsmethoden in der Quartär-Forschung. - Clausth. tekt. H., *19*: 1-163; Clausthal-Zellerfeld (Pilger).

Gieseler, W. (1974): Die Fossilgeschichte des Menschen. In: Heberer, G.: Die Evolution der Organismen (3. Aufl.), *III*: 171-517; Stuttgart.

Gripp, K., Schütrumpf, R. & Schwabedissen, H. [Hrsg.] (1967): Frühe Menschheit und Umwelt, *II*: - Fundamenta, B, *2*: 329 S.; Köln, Graz.

Hantke, R. (1978): Eiszeitalter. Die jüngste Erdgeschichte der Schweiz und ihrer Nachbargebiete. - 468 S.; Thun (Ott).

Heuvel, E. P. J. van den & Buurman, P. (1974): Possible causes of glaciations. In: Hermann, Y. [Eds.]: Marine Geology and oceanography of the arctic seas. - 359-378; New York.

Hopkins, D. M. [Ed.] (1967): The Bering Land Bridge. - 495 S.; Stanford (Stanford Univ. Press).

Kukla, G. J. (1977): Pleistocene land - sea correlations. 1. Europe. - Earth-Sci. Rev., *13*: 307-374; Amsterdam.

Lamb, H. H. (1977): Climate: present, past and future. 2. Climatic history of the future. - 835 S.; London (Methuen).

Lowe, J. J., Gray, J. M. & Robinson, J. E. [Eds.] (1980): Studies in the Lateglacial of northwest Europe. - 205 S.; Oxford (Pergamon Press).

Mitchell, G. F., Penny, C. F., Shotton, F. W. & West, R. G. (1973): A Correlation of Quarternary deposits in the British Isles. - Spec. Rep., geol. Soc. London, *4*: 99 S.; London.

Nilsson, T., (1983): The Pleistocene. Geology and Life in the Quarternary Ice Age. - 651 S.; Stuttgart (Enke).

Rankama, K. (1965): The Quarternary, *1*: 300 S.; New York.

Sibraux, V. & Shotton, F. W. [Eds.] (1979, 1981): Quarternary glaciations in the Northern hemisphere. - IUGS, Rep. No. 5, Sess. in Novosibirsk, USSR, 272 S.; Prag 1979, Rep. No. 6, Sess. in Ostrava, CSSR, 296 S.; Prag 1981.

Strauch, F. (1983): Geological History of the Iceland-Faeroe Ridge and its influence on Pleistocene Glaciations. - NATO Conf. Ser. IV, *8*: 601-606; New York (Plenum Press).

Turekian, K. K. [Ed.] (1971): The Late Cenozoic glacial ages. - Mem. Lect. Yale Univ., Silliman, *43*: New Haven (Yale Univ. Press).

Vogel, Ch. (1974): Humanbiologie: Menschliche Stammesgeschichte - Populationsdifferenzierung. - Biologie in Stichworten, *V*: 192 S.; Kiel.

Woldstedt, P. (1958, 1965): Das Eiszeitalter. Grundlinien einer Geologie des Quartärs.- *2*: Europa, Vorderasien und Nordafrika: 438 S.; 1958. - *3*: Afrika, Asien, Australien und Amerika: 328 S.; 1965. Stuttgart.

Woldstedt, P. & Duphorn, K. (1974): Norddeutschland und angrenzende Gebiete im Eiszeitalter. - 3. Aufl.: 500 S.; Stuttgart.

Dritter Abschnitt: **Rückblick**

In den vorangehenden Kapiteln haben wir die Folge der erdgeschichtlichen Perioden und Formationen durchschritten und ihren Fossilinhalt kennengelernt. Die Fülle der Ereignisse und Gestalten ruft die Frage nach dem Ziel des geologischen Geschehens und der organischen Entwicklung wach. Woher kommt und wohin führt der Weg? In welche übergeordneten Zusammenhänge und Gesetzlichkeiten fügt sich die Geschichte der Erde und des Lebens ein? Wir wollen versuchen, auf diese Fragen, ausgehend von den Erfahrungen der Historischen Geologie und der Paläontologie, eine Antwort zu finden.

Der Gang der Erdgeschichte (Abb. 65-67)

Zeit und Raum bilden die Grundlage aller Forschung auf dem Feld der Historischen Geologie. Sind unsere Maßstäbe und Bezugspunkte durch die Jahrmillionen der Erdgeschichte unverändert geblieben?

Geologische Zeitskala. Die Folge der Erdzeitalter und Formationen ist aus den Lagerungs-Verhältnissen der Schichtgesteine und den darin enthaltenen Fossilien abgeleitet. Die radiometrische Zeitrechnung beruht auf dem Zerfall der Atome, der, soweit übersehbar, unbeeinflußt von äußeren Einwirkungen verläuft. Unsere Zeitmaßstäbe fußen auf einer immer wieder bestätigten Erfahrung und dürfen als gesichert gelten.

Die höchsten bis jetzt an irdischen Gesteinen ermittelten Alterszahlen gehen kaum über 3,8 Milliarden Jahre hinaus. Wesentlich höhere Alter sind allerdings kaum zu erwarten. Astronomische, atomphysikalische und geochemische Betrachtungen machen es wahrscheinlich, daß die Erde ein Alter von ≈ 4,55 Milliarden Jahren hat. Die Geologie überblickt damit einen ansehnlichen Abschnitt der seit der Entstehung des Erdballs verflossenen Zeit.

Was die **räumlichen Beziehungen** in früheren Perioden angeht, so neigen wir als Aktualisten dazu, sie auf der Grundlage des heutigen Kartenbildes zu beurteilen. Aber dieser Standpunkt bedarf der Überprüfung. Bereits der Zusammenschub in den orogenen Zonen setzt eine gewisse horizontale Beweglichkeit innerhalb der Erdkruste voraus. Unsere paläogeographischen Karten zeigen daher die alten Geosynklinal-Meere schon aus diesem Grund um das Mehrfache zu schmal. Aber die Kontinental-Schollen bzw. Großplatten, in welche sich die heutige Lithosphäre einteilen läßt, sind offenbar über noch viel weitere Strecken gedriftet. Paläomagnetische Daten, geophysikalische, meeresgeologische, stratigraphische und paläontologische Beobachtungen lassen vermuten, daß z. B. im ältesten Paläozoikum alle Teil-Kontinente der Norderde voneinander getrennt waren (Abb. 17, 22) und sich erst im Silurium – z. T. im Zusammenhang mit der Kaledonischen Orogenese – zum Superkontinent „Laurasia" zusammenfügten. Durch einen breiten Ozeanstreifen blieb Laurasia zunächst weiterhin getrennt vom überwiegend einheitlichen Superkontinent der Süderde, von Gondwana. Am Ende des Paläozoikum, im Karbon-Perm bis zur Trias, erscheinen beide Superkontinente zu einer „Pangäa" (Abb. 38) vereinigt, vermutlich im ursächlichen Zusammenhang mit der Variszischen Orogenese. Über die weitere Geschichte der „Pangäa" vermitteln die im

Lauf von mehr als 20 Jahren erarbeiteten Vorstellungen der „Neuen Globaltektonik" („New global tectonics") mit ihren Teilbereichen Ozeanboden-Ausweitung („Sea-floor spreading", Abb. 65), Kontinent-Drift und Platten-Drift („Plate tectonics") und Polwanderung nunmehr fast Gewißheit: Von der Trias an, aber besonders deutlich seit der Kreide läßt sich der Vorgang der Zerlegung der Pangäa in ihre Teil-Kontinente („eigentliche Drift der Kontinente") rekonstruieren (Abb. 65). Im Zusammenhang mit der Drift von Teil-Kontinenten Gondwanas kann die Einengung des „Tethys-Golfs" im Lauf der Kreide gesehen werden, bis er sich im Tertiär im Verfolg der Alpidischen Orogenese auf das heutige mediterrane Restgebiet verringert.

Messungen des Gesteins-Magnetismus führten zu dem Schluß, daß z. B. der magnetische Nordpol zu Beginn des Paläozoikum nahe dem heutigen Äquator im Pazifik lag und von da im Lauf der erdgeschichtlichen Zeit über NE-Sibirien hinweg an seinen jetzigen Ort gewandert ist (Pol-Wanderung; Abb. 66).

Wir gelangen zusammenfassend zu dem Ergebnis, daß das Gradnetz, das den Erdball umspannt, im Laufe der geologischen Perioden sowohl örtlich verzerrt wie auch als

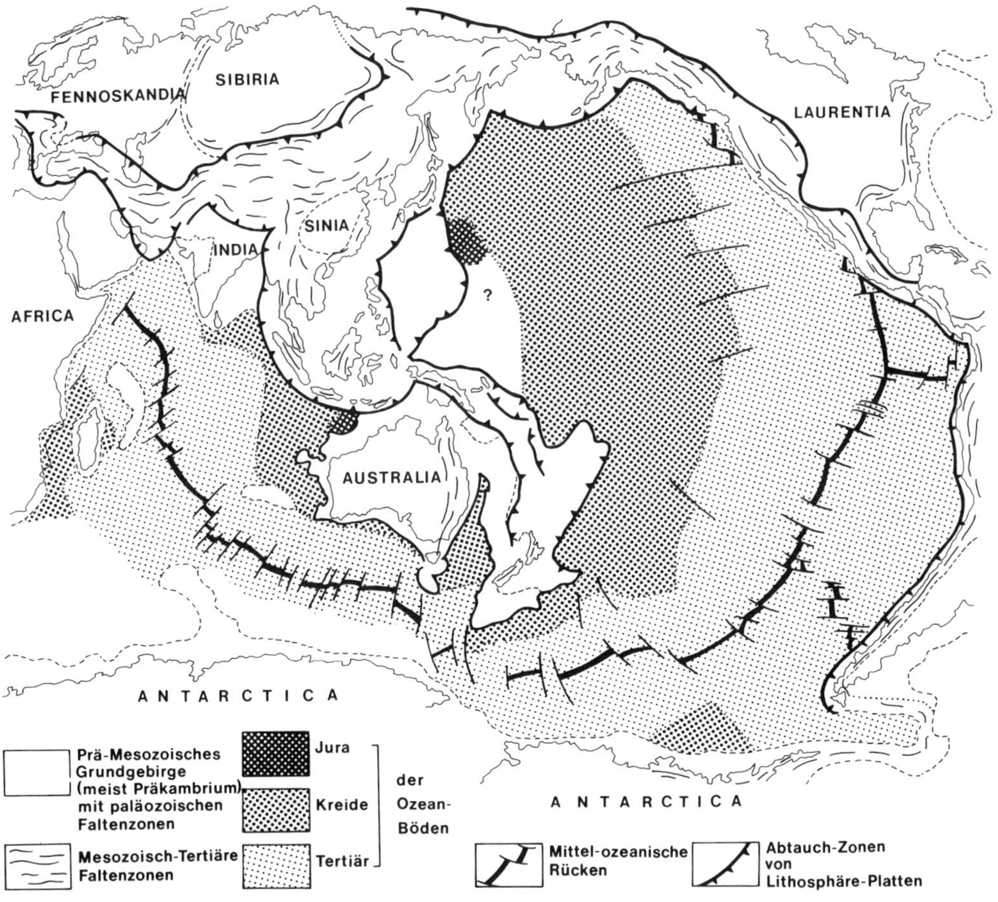

Abb. 65a Anwachs-Zonen junger ozeanischer Kruste und auflagernde Tiefozean-Sedimente vom Jura bis zum Tertiär. Oben: Pazifik und Indik; Abb. S. 326: Atlantik (umgezeichnet und vereinfacht nach Beck, Lehner, Diebold, Bakker & Doust 1975; mit frdl. Genehmigung durch Applied Science Publ., Ltd., Barking, England).

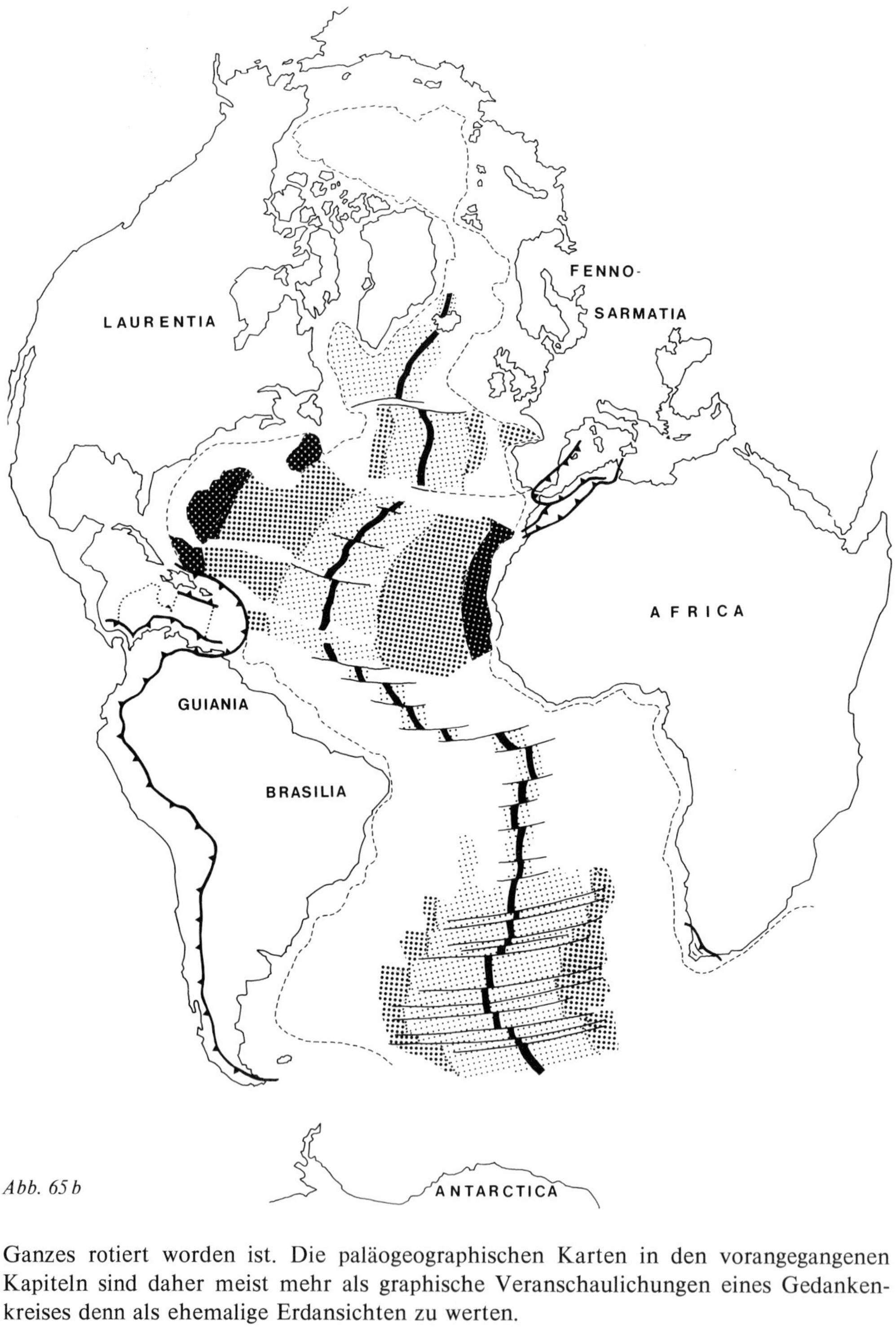

Abb. 65 b

Ganzes rotiert worden ist. Die paläogeographischen Karten in den vorangegangenen Kapiteln sind daher meist mehr als graphische Veranschaulichungen eines Gedankenkreises denn als ehemalige Erdansichten zu werten.

Die „Neue Globaltektonik" erscheint – bei noch zahlreichen unerklärbaren und widersprüchlichen Tatsachen im einzelnen – als eine Hypothese, die wesentliche

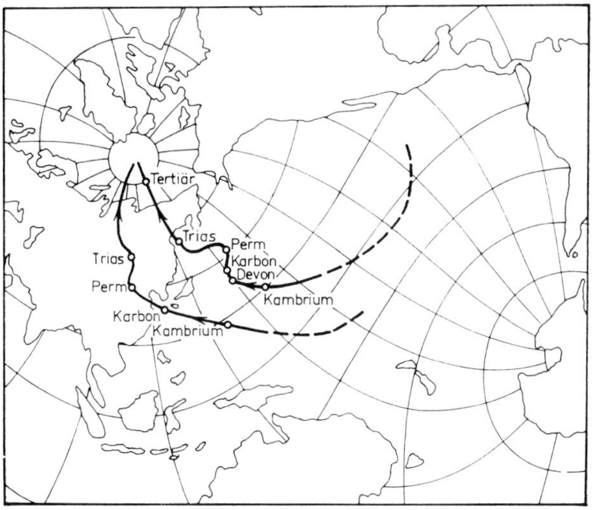

Abb. 66 Die Wanderung des magnetischen Nordpols seit dem Kambrium (nach S. K. RUNCORN). Linke Kurve nach paläomagnetischen Messungen an nordamerikanischen, rechte an britischen Gesteinen.

Teilbereiche der Erdwissenschaften, sowohl in ihren anorganischen als auch organischen Aspekten, zusammenzufassen und einheitlich zu erklären vermag. Von manchen Autoren wird sie bereits als eine Theorie gewertet, die für die Erdwissenschaften eine ähnlich zentrale Bedeutung einnimmt wie die Evolutions-Theorie in der Biologie.

Der Ablauf der Erdgeschichte läßt sich - in seinem älteren Anteil noch unzureichend, in seinem jüngeren Anteil bereits mit einem hohen Grad an Gewißheit - auf plattentektonischer Grundlage betrachten. Die **Entwicklung der Erde** und die Zurückführung ihres einmal durchlaufenen Werdegangs auf die allgemein gültigen Naturgesetze bleibt aber weiterhin das Grundproblem der Historischen Geologie. Gegenwärtig sind wir von seiner Lösung noch weit entfernt. Doch wollen wir die Frage zu beantworten versuchen, ob einsinnige Entwicklung oder zyklische Wiederholung den Gang der Erdgeschichte beherrschten (Abb. 67).

Der **Stoffbestand der Erdkruste** hat sich in seiner Beschaffenheit insgesamt nicht wesentlich verändert. Schon in den frühesten Zeiten treffen wir ähnliche, oft sogar die gleichen Magmatite und Sediment-Gesteine wie in der Gegenwart an. Ausnahmen von dieser Regel sind selten. Für das Präkambrium könnte man die Bändereisenerze (S. 46) nennen, während sich in den jüngeren Perioden mit der Entwicklung der Lebewesen eine Reihe neuer organogener Ablagerungen, wie Kohle usw., einstellte. Beträchtlich verschoben aber hat sich der Anteil der Gesteinsarten. Das tiefste Grundgebirge baut sich großenteils aus Eruptiven und Tuffen auf. Mit dem jüngeren Präkambrium traten die Sedimente mehr in den Vordergrund. Anfangs waren es fast ausschließlich Trümmergesteine. Späterhin stellten sich auch chemische Sedimente in wachsender Menge ein, vom jüngsten Präkambrium ab Präzipitate, vom Kambrium an auch Evaporate. Die Hauptmasse des Stoffes befindet sich also in einem ständigen Kreislauf. Nur einzelne Bestandteile folgen besonderen, gerichteten Bahnen. Das gilt z. B. für die löslichen Alkali- und Erdalkali-Salze; sie haben sich mit der Zeit im Meerwasser angereichert. Auch die Atmosphäre hat eine Entwicklung durchlaufen. Freier Sauerstoff hat ihr ursprünglich gefehlt. Er ist erst später, sei es (in geringem Umfang) durch photochemische Dissoziation von H_2O-Dampf (Urey-P.), sei es (im wesentlichen) durch biologische

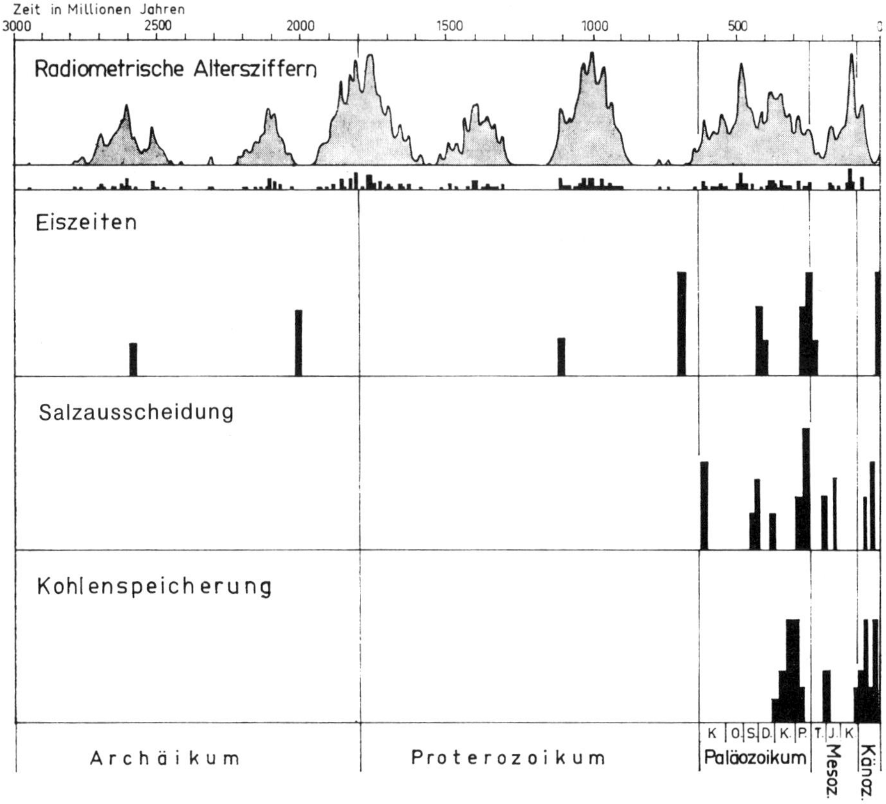

Abb. 67 Vergleichende Übersicht über einige wichtige Ereignisse der Erdgeschichte (nach G. Gastil, L. Cahen, F. Lotze, P. I. Stepanov). Nur gesicherte radiometrische Altersziffern von kristallinen Gesteinen sind verwendet worden. Untere Zeile : Einzelwerte, obere Zeile: daraus abgeleitete Mittelkurve der magmatisch-orogenen Aktivität

Spaltung von CO_2 entstanden. In der Tat sprechen gewichtige Anzeichen für ein Fehlen von freiem O_2 in der Atmosphäre im älteren Präkambrium. Erst kurz vor der Wende Präkambrium/Kambrium wurde durch Photosynthese ein Hundertstel (Pasteur-Punkt), und etwa zur Wende Silurium/Devon ein Zehntel des heutigen Sauerstoff-Partialdruckes erreicht (Berkner-Marshall-Punkt). Im Karbon wurde der gegenwärtige Stand wahrscheinlich durchschritten.

Die **Orogenesen (Tektogenesen)** werden im Rahmen mancher geotektonischer Theorien als periodische Erscheinungen aufgefaßt. Die großen Gebirgsbildungen halten in der Tat Abstände von 300–400 Millionen Jahren ein und spielen sich nach radiometrischen Messungen auf der ganzen Erde annähernd gleichzeitig ab. Im Aufbau der meisten Kontinente herrscht insofern ein gewisser Plan, als die ältesten Gesteine in ihrem Kern anstehen und gegen außen von zunehmend jüngeren Faltenzonen umgürtet sind. Die Kontinentalschollen sind also mit jeder großen Gebirgsbildung gewachsen. Gleichzeitig nahm, wie es scheint, die Intensität der Faltung zu. Wenn sich auch alte und junge Orogene wegen ihrer unterschiedlichen Aufschlußtiefe schlecht vergleichen lassen, so gewinnt man doch den Eindruck, daß sich der Zusammenschub vom Kuppelbau des Altkristallins bis zum Deckenbau der Alpiden ständig gesteigert hat. Allerdings ist vorerst nicht abzusehen, ob die Zunahme der versteiften Flächen auf Kosten der mobilen, der Kratone gegenüber den Geosynklinen, zu einer endgültigen Erstarrung der Kruste führen wird. Verjüngungsvorgänge wirken dem Altern entgegen. Auf abgetragenen Faltenrümpfen legen sich neue Geosynklinen an. Auch bei der Platten-Drift werden erneut mobile Räume geschaffen.

Das **irdische Klima** pendelte im Lauf der Erdgeschichte. Langdauernde Warmzeiten mit ausgeglichenen thermischen Verhältnissen und eisfreien Polkappen wurden wiederholt von kürzeren Intervallen abgelöst, in denen unter kühleren Temperaturen und stärkeren Gegensätzen zwischen Pol und Äquator polare Gletscherkappen bestanden, wie es etwa heute der Fall ist. Im Kambrium und Silurium, Mitteldevon-Unterkarbon, Oberperm-Alttertiär durchlief die Erde Epochen besonderer klimatischer Gunst. Demgegenüber waren die Tiefpunkte der Kaltzeiten durch Vereisungen betont, wie im Jung-Präkambrium, Ende Ordovizium, Permokarbon und Pleistozän. Eine gewisse Periodizität ist insofern zu erkennen, daß Eiszeiten etwa alle 300 Millionen Jahre wiederkehrten und bevorzugt dem Abschluß von Faltungs-Ären bzw. im Perm und Pleistozän auch Phasen intensiver Kohlebildung (und damit CO_2-Erniedrigung?) folgten. Diese geringen Anhaltspunkte reichen aber nicht aus, um zu entscheiden, ob die Klima-Schwankungen auf geologische Umgestaltungen der Erdoberfläche oder aber auf außerhalb der Erde liegende Ursachen zurückzuführen sind. Gegenwärtig meint man, daß terrestre und solare Faktoren in der Gestaltung des irdischen Klimas zusammengewirkt haben.

Eine **zusammenfassende Rückschau** auf die Geschichte der Erde läßt zwei Hauptabschnitte hervortreten. Im frühen Präkambrium erreichte der Anteil magmatischer Gesteine am Aufbau des Grundgebirges Ausmaße wie später nie wieder. Seitdem verlangsamte die wachsende Dicke des Gesteinsmantels den Wärme-Umsatz und die tektonisch-magmatischen Massenverlagerungen. In der letzten Milliarde Jahre war der irdische Energiehaushalt nahezu ausgeglichen, indem die verzögerte Abkühlung und die sinkende radioaktive Wärmeerzeugung einander fast die Waage hielten. Nur einzelne Anzeichen wie der schärfere Zusammenschub in den Orogenen und die zunehmend basische Lavenförderung mahnen daran, daß die Versteifung der Kruste ständig fortschreitet.

Die Erde altert. Langsam schmilzt der schon stark geminderte Vorrat an radioaktiven Elementen weiter zusammen, und der von ihnen ausgehende Wärmestrom versiegt. Ohne Temperaturgefälle aber muß das tektonische und magmatische Geschehen des Erdballs erlöschen und damit auch der exogene Kreislauf zum Stillstand kommen.

Während die Erde dergestalt ihrer Erstarrung entgegenzugehen scheint, entfaltete sich die Welt der Organismen. Man hat oft versucht, den Gang der organischen Entwicklung auf die Umwälzungen in der unbelebten Natur unmittelbar zurückzuführen. Das Leben entwickelte sich wohl nach den ihm innewohnenden Gesetzen im engen Zusammenhang mit den im Lauf der Erdgeschichte angebotenen Lebensräumen.

Die Entwicklung des Lebens (Abb. 68–70)

Die Überlieferung. Die Beobachtung lehrt, daß nur ein ganz geringer Bruchteil der Lebewesen versteinert erhalten bleibt. Im Kreislauf der Stoffe werden die Weich- und Hartteile nach dem Tode in aller Regel in ihre Elementar-Bestandteile zerlegt und von neuem zum Aufbau belebter Substanz verwendet. Die Fossilisation ist eine Ausnahme und in nicht wenigen Fällen an besondere Umstände gebunden, wie katastrophales Massensterben, Einbettung unter Luftabschluß, Ersatz ursprünglicher Substanz durch andere, z. B. Einkieselung, oder rasche Überschüttung. Ein weiterer Grund für die

Unvollständigkeit der paläontologischen Urkunden ist die Lückenhaftigkeit der Sedimentation. Der Stapel der Schichtgesteine müßte um ein Vielfaches mächtiger sein, wenn er durch ununterbrochene Ablagerung zustande gekommen wäre. In Wirklichkeit füllt die Sedimentation nur kurze Zeitspannen zwischen langen Pausen und überliefert uns demgemäß nur Ausschnitte aus der Folge der Faunen und Floren.

Wie groß die Überlieferungs-Lücken sind, dafür nur einige Beispiele. Vom Dasein mancher triadischen Reptilgruppe wissen wir nur durch ihre Trittsiegel; Skelette sind bislang nie gefunden worden. Die Monoplacophoren und die Crossopterygier, die man seit dem Paläozoikum bzw. seit der Kreide ausgestorben wähnte, sind noch heute am Leben, ohne daß aus der Zwischenzeit fossile Reste bekannt geworden wären. Je älter die Gesteine, desto geringer ist im allgemeinen die Gunst der Erhaltung. Zur Aufhellung der tief ins Präkambrium zurückreichenden Anfänge des Lebens auf der Erde kann die Paläontologie nur dann Wesentliches beitragen, wenn besondere Erhaltungs-Bedingungen vorliegen (z. B. Einkieselung von sonst nicht erhaltungsfähigen einzelligen Algen) bzw. gesucht werden.

System und **Stammbaum.** Die Aufgabe der Taxonomie ist es, die Organismen nach dem Grade der Übereinstimmung in ihren homologen Merkmalen zu ordnen. Die Art umfaßt als natürlicher Erbverband alle Individuen, die sich in ihren typischen Eigenschaften gleichen und fruchtbar miteinander paaren. Darüber bauen sich stufenförmig die höheren Kategorien auf: Gattung, Familie, Ordnung, Klasse, Stamm, Reich, und umschließen in immer weiter gezogenen Kreisen alle kraft gleichen Bauplans zusammengehörigen Organismen. Die Gestalt des Systems unterlag seit K. v. LINNÉ (1735) beträchtlichem Wandel. Die Vergleichs-Grundlagen wurden verbreitert und die Umgrenzung der Gruppen den morphologischen und physiologischen Ähnlichkeits-Beziehungen zwischen den Lebewesen immer besser angepaßt. Die taxonomische Ordnung der Organismen nähert sich damit schrittweise einem natürlichen System.

Woher rührt nun diese abgestufte Mannigfaltigkeit der Baupläne im Bereich des Lebendigen? Diese von J. B. DE LAMARCK (1809) begründete, von CH. DARWIN (1859) zur allgemeinen Geltung geführte Abstammungs-Lehre oder Deszendenz-Theorie beantwortet die Frage dahin, daß sie das natürliche System als Stammbaum und die Organisations-Stufen als phylogenetische Entwicklungs-Stadien deutet. Die Glieder einer taxonomischen Gruppe verdanken nach DARWIN ihre Formverwandtschaft der Stammesverwandtschaft, d. h. der Herkunft von einem gemeinsamen Vorfahren. Durch ihren historischen Charakter ist die Abstammungs-Lehre einer Nachprüfung durch das Experiment entzogen. Um so mehr darf man erwarten, daß ihr aus den paläontologischen Tatsachen Stützen erwachsen.

Zwar sind uns nur Ausschnitte aus der Entwicklungsbahn erhalten, aber schon diese zeigen, daß die großen Gruppen des Tier- und Pflanzenreiches im Lauf der Erdgeschichte nach der Reihenfolge ihrer Organisations-Höhe erschienen sind. Im Kambrium waren Echinodermen und Meeres-Tange die höchstentwickelten Lebewesen. Im Ordovizium traten die ersten Wirbeltiere, im Silurium die Gefäßpflanzen, im Laufe der Trias die Säuger, in der Kreide die Angiospermen auf. Morphologische Bindeglieder zwischen den höheren taxonomischen Gruppen nahmen zugleich eine zeitliche Zwischenstellung ein. Die Therapsiden, die in ihrem Skelett Merkmale der Reptilien und Säuger vereinen, reichten vom Perm bis in den Dogger. Der ober-jurassische *Archaeopteryx* leitete von den Reptilien zu den in der Kreide erscheinenden eigentlichen Vögel über. Heute ruht die Abstammungs-Lehre auf so zahlreichen Beobachtungen, daß sie als eine der bestbegründeten Theorien der Biologie gelten darf. Der Stammbaum des Tier- und

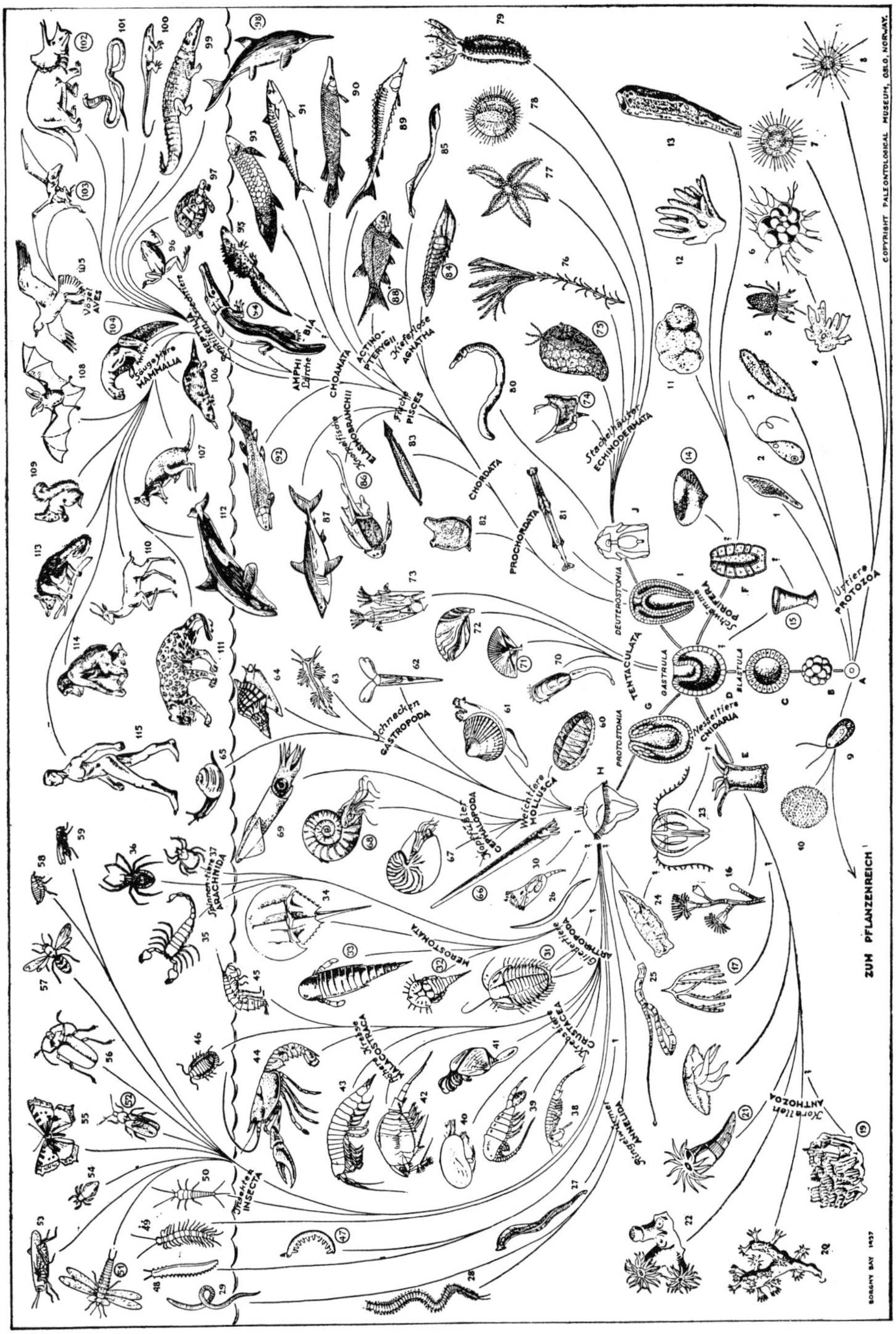

Abb. 68 Der Stammbaum des Tierreichs (nach A. HEINTZ). Ausgestorbene Gruppen tragen eine Zahl in ○. Unterhalb der Wellenlinie Wasserbewohner, darüber Land- und Luftbewohner

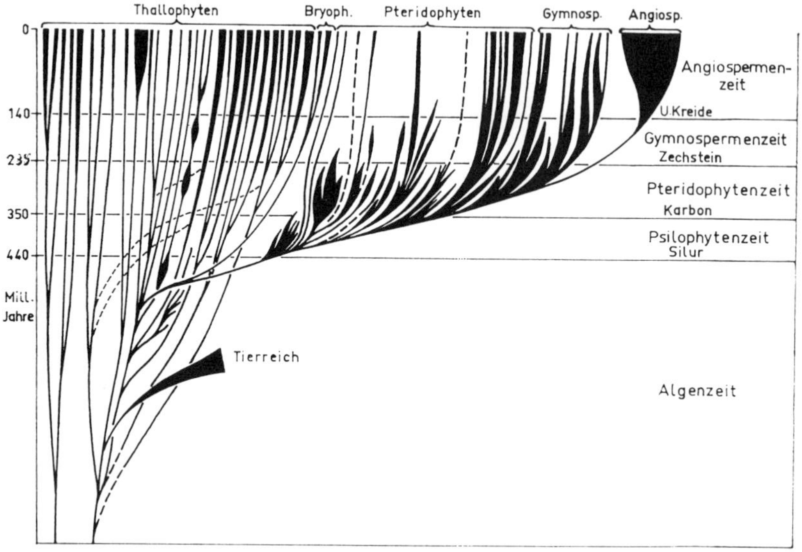

Abb. 69 Die Entwicklung des Pflanzenreichs (nach W. ZIMMERMANN)

Pflanzenreiches (Abb. 68, 69) ist in seinen Hauptzügen als gesichert anzusehen. Wo noch strittige Fragen bestehen, betreffen sie Einzelheiten, z. B. die Verknüpfung einzelner Linien, nicht dagegen den Gesamtablauf der Entwicklung.

Vererbung und **Mutabilität.** Die Eigenschaften der Lebewesen werden durch Vererbung von den Eltern an die Nachkommen weitergegeben. Der bei der Fortpflanzung übertragene Anlagenbestand setzt sich aus einer größeren Zahl von Erbfaktoren oder Genen zusammen. Wenn auch die Gene recht beständig sind und damit die Art in ihren wesentlichen Eigenschaften durch zahlreiche Geschlechterfolgen gewährleisten, so sind sie doch nicht unveränderlich. In allen bislang untersuchten Organismen-Gruppen treten unter natürlichen Verhältnissen sprunghaft bei etwa 1% der Individuen jeder Generation erbliche Merkmals-Abweichungen, Mutationen auf. Sie betreffen alle möglichen morphologischen und physiologischen Eigenschaften und sind durch spontane Änderungen z. B. im Gen-Muster verursacht.

Triebkräfte der **Stammes-Entwicklung.** Die Organismen erfahren also ständig kleinere oder größere zufällige Mutationen. Einige erhöhen die Lebenseignung, die meisten setzen sie herab. Die von DARWIN aufgestellte Selektions-Theorie behauptet, daß die natürliche Auslese die untüchtigen Mutanten im „Kampf ums Dasein" ausmerzt. Die vorteilhaft ausgerüsteten hingegen setzen sich gegen ihre minder angepaßten Wettbewerber durch und vermögen sich stärker zu vermehren. Kritische Untersuchungen in jüngster Zeit scheinen aufzuzeigen, daß aber auch die Prinzipien des Neo-Darwinismus nicht voll zur Klärung der Stammesgeschichte ausreichen.

Die paläontologischen Tatsachen stehen, soweit sie die Mikro-Evolution, die Entwicklung von einer Art aus einer anderen Art, betreffen, mit dieser Lehre in gutem Einklang. In allen fossilen Beispielen zeigt sich, daß sich die Umbildung in allmählichem Formwandel vollzogen hat. Sie bietet damit ein Bild, wie es bei einer Folge zahlreicher kleiner Mutationsschritte zu erwarten ist (Abb. 3, S. 8). Die Frage ist jedoch, ob dieser Entwicklungsablauf auch für die Makro-Evolution, d. h. für die Herausbildung neuer Baupläne und damit die Entstehung neuer taxonomischer Kategorien höheren Ranges gilt. Rezente Beispiele für diesen Vorgang fehlen. Aber auch die paläontologische Überlieferung führt in dieser Frage anscheinend nicht weiter. Mangeln doch fossile Belege für die wesentlichen Verzweigungen des Stammbaums fast völlig. Die wenigen bekannten Übergangsformen vermögen die Lücken an den entscheidenden Punkten nicht auszufüllen. Dieser Tatbestand hat verschiedene Auslegungen erfahren.

Einige Paläontologen (K. BEURLEN, O. H. SCHINDEWOLF) erklären das Fehlen der Bindeglieder durch die Typostrophen-Hypothese, die einen phasenhaften Ablauf der Stammesgeschichte annimmt. In dem ersten, kurzdauernden Stadium der Typogenese bildet sich die neue Organisationsform explosiv in wenigen Sprungmutationen heraus. Dann folgt die lange Periode der Typostase, gekennzeichnet durch den allmählichen Ausbau des erreichten Entwicklungs-Fortschrittes auf dem Wege der Mikro-Evolution. Am Ende steht die Typolyse, die den Stammestod mit dem Zerfall des Merkmalsgefüges, dem Auftreten z. T. abnormer Gestalten, einleitet.

Andere (H. F. OSBORN, G. G. SIMPSON, W. GROSS, E. MAYR, B. RENSCH, W. ZIMMERMANN) vertreten die Ansicht, daß Entwicklungssprünge nur dadurch vorgetäuscht sind, daß uns infolge lückenhafter Überlieferung oder ungenügender Kenntnisse einstweilen die Belege für gewisse Abschnitte des Stammbaums fehlen. Sie sehen keinen wesentlichen Unterschied zwischen Mikro- und Makro-Evolution und betonen, daß neue Typen nicht durch einen plötzlichen grundlegenden Wandel des gesamten Bauplans, sondern unter stufenweisem Ersatz der alten durch die neuen Merkmale entstehen (Mosaik-Modus der Entwicklung).

Die Ergebnisse der experimentellen Genetik weisen in eine ähnliche Richtung. Die phylogenetische Entwicklung sollte in kleinen Populationen, die in räumlich abgesonderten Bereichen ihre Lebensbedingungen vorfinden, besonders rasch verlaufen. Unter derartigen Umständen ist allerdings die Aussicht auf fossile Erhaltung gering; die seltenen Funde stammesgeschichtlicher Übergangsformen würden damit verständlich.

Zahlreiche Beobachtungen sprechen dafür, daß die Entwicklung der Organismen durch den Wandel der geologischen Umwelt im Laufe der Erdgeschichte beeinflußt worden ist. Die ersten netzadrigen Pteridospermen-Blätter erschienen im höheren Westfal, zur selben Zeit, in der Einschaltungen roter Sandsteine auf ein trockenes Klima deuten und eine bessere Wasserversorgung der Gewebe damit einen Auslese-Vorteil bedeutet. Die Reptilien dürften im Oberkarbon-Perm auf dem großen geschlossenen Südkontinent Gondwana einen besonders geeigneten Boden für ihre Entfaltung gefunden haben. Ihre Hauptentwicklung fiel ins Mesozoikum, eine Epoche, deren klimatische Gunst gerade wechselwarmen Tieren besonders förderlich war. Andererseits mag die Ausbreitung der Angiospermen und Säuger im Tertiär durch die ausgedehnte Landwerdung auf der Nordhalbkugel angeregt worden sein. Auf alle Fälle verschafften die vom Eozän zum Pleistozän sinkenden Temperaturen den Warmblütern einen steigenden Anpassungs-Vorsprung gegenüber den übrigen Vierfüßlern. Die Pflanzenwelt ist seit dem Jung-Paläozoikum in zwei große Floren-Provinzen, die holoarktische auf der nördlichen, die australe (gondwanische) auf Teilen der südlichen Halbkugel aufgespalten – wahrscheinlich als Folge der permokarbonischen Eiszeit. Das Pleistozän blieb demgegenüber ohne tiefere Wirkung auf Fauna und Flora. Zwar kam es infolge der Abkühlung und Vergletscherung zu beträchtlichen Wanderungen, aber nur in den neuen Kalt-Biotopen (sowohl terrestrisch wie marin) entstanden neue Arten. Auch viele andere geologische Ereignisse, wie Strand-Verschiebungen und Gebirgsbildungen, haben den Formenwandel der Lebewesen anscheinend nicht merklich berührt. Es scheint danach, daß nur tiefgreifende und langdauernd einwirkende Umwelt-Veränderungen Einfluß auf die Richtung der Stammesentwicklung zu gewinnen vermochten.

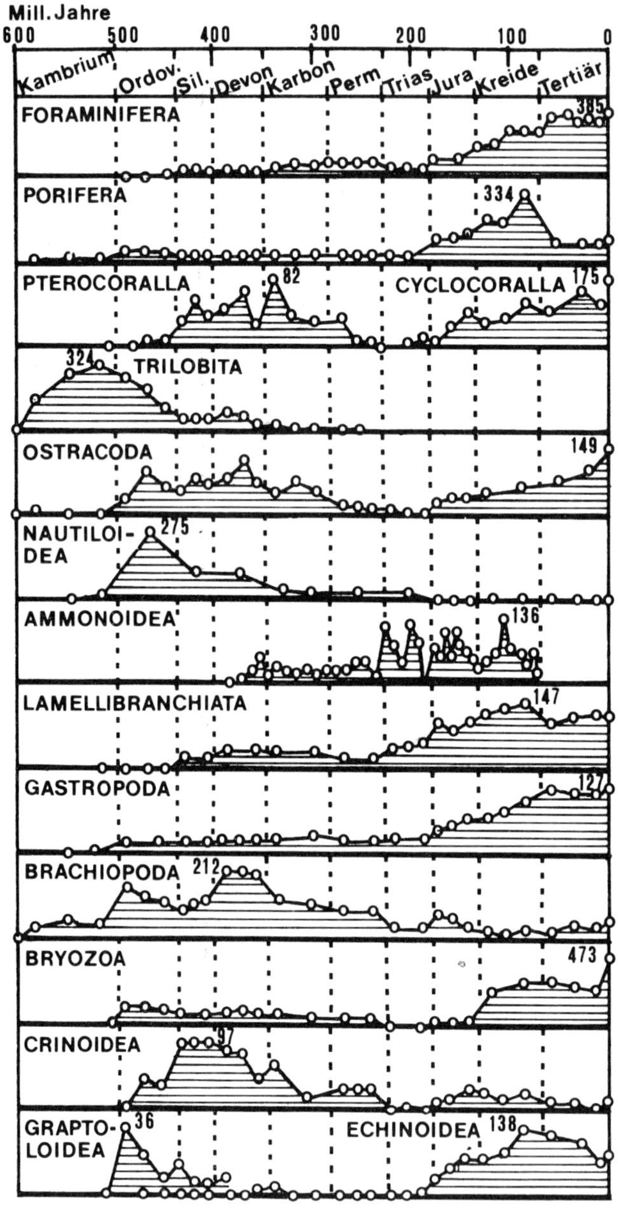

Abb. 70 Stammesgeschichtliche Entfaltung einiger Gruppen von marinen Invertebraten (nach M. HOUSE). Dargestellt ist die Zahl der Gattungen, jeweils bezogen auf die Gesamtzahl der Taxa.

Doch fragt es sich, ob es noch andere Faktoren gibt. Die marinen Wirbellosen erschienen in ihrer Mehrzahl ziemlich unvermittelt mit dem Beginn des Kambrium (vgl. S. 62, 64). Gemeinsam durchliefen sie Perioden gesteigerter Formen-Mannigfaltigkeit im Kambro-Ordovizium, Karbon und Jura-Kreide, denen Zeiten des Niedergangs am Ausgang des Devon, der Trias und der Kreide, vor allem aber an der Wende Perm/Trias gegenüberstanden (Abb. 70). Manche dieser Blütezeiten und Faunenwenden machten sich auch bei den Bewohnern des Festlandes geltend, aber nicht in einheitlicher Weise. Die Grenze Perm/Trias wurde von den Reptilien und Gefäßpflanzen ohne stärkere Veränderungen überschritten. Von der Kreide zum Tertiär dagegen wurden die Reptilien durch die

Säuger abgelöst. Änderungen in den irdischen Lebens-Bedingungen lassen sich für die fraglichen Krisenzeiten meist nicht schlüssig nachweisen. Manche Forscher ziehen daher kosmische Einflüsse oder der belebten Welt innewohnende Triebkräfte zur Erklärung heran.

Wenn auch insbesondere kosmische Einwirkungen nicht auszuschließen sind, so bleiben sie doch meist spekulativ. So wird ein kosmisches Ereignis („Iridium-Ereignis"), z. B. das Auftreffen eines größeren meteoritenartigen Körpers, als Ursache für die vor allem faunistische Zäsur an der Kreide/Tertiär-Grenze gesehen. Tatsächlich ist dieser Faunenschnitt nicht so scharf, daß man ihn durch ein solches Ereignis erklären könnte. So gingen gegen Ende der Kreide kontinuierlich u. a. die Zahlen der Ammoniten- und Sauriergenera zurück. Erste Aufgabe für die Erd- und Lebensgeschichte bleibt es, die Zeiten schneller oder langsamer Entwicklung der Organismen, die Faunen- und Florenwende mit paläogeographischen (Lage-Veränderungen der Kontinente z. B.), klimatischen (Kalt- und Warmzeiten der Erde z. B.), tektonischen (Epirogenese: Transgressionen und Regressionen z. B.), vor allem aber auch mit ökologischen (autökologischen und synökologischen) Faktoren in Zusammenhang zu bringen und hieraus Erklärungen zu versuchen.

Register

1. Sachregister (geographische, geologische, paläogeographische und stratigraphische Bezeichnungen)

2. Paläontologische Namen (Gattungs- und Art-Namen kursiv, höhere taxonomische Einheiten in Normalschrift)
Alle taxonomischen Bezeichnungen sind in der lateinischen Fassung gegeben, also Bivalvier = Bivalvia, Vögel = Aves.

3. Autoren-Register
T = in einer Tafel-Abbildung dargestellt
Ü = in einer stratigraphischen Übersicht genannt

1. Sachregister

2. Register paläontologischer Namen

a) Höhere taxonomische Einheiten

b) Gattungen und Arten

3. Autorenregister

Quellennachweis für Tafelabbildungen

Andrews, H. N. (1961): Studies in Paleobotany. - 487 S.; New York (J. Wiley & Sons).

Barthel, M. & Haubold, H. (1980): Zur Gattung *Callipteris* Brongniart, Teil I: Die Ausbildung von *Callipteris conferta* (Sternberg) Brongniart im mitteleuropäischen Rotliegenden. - Schriftenr. geol. Wiss., **16:** 29-106; Berlin (Akad. Verl. Berlin).

Boy, J. (1972): Die Brachiosaurier (Amphibia) des saarpfälzischen Rotliegenden (Perm, SW-Deutschland). - Abh. hess. L.-Amt Bodenforsch., **65:** 137 S.; Wiesbaden.

Boy, J. (1976): Überblick über die Fauna des saarpfälzischen Rotliegenden (Unter-Perm). - Mainz. geowiss. Mitt., **5:** 13-85: Mainz.

British Mesozic Fossils (1962): (1. Aufl. ab 1962). - 205 S.; Brit. Mus. (nat. Hist.); London.

Burgh, J. v. d. (1983/84): Some Palms in the Miocene of the Lower Rhenish Plain. - Rev. Palaeobot. Palynol., **40:** 359-374; Amsterdam.

Ernst, G. (1971): Biometrische Untersuchungen über die Ontogenie und Phylogenie der *Offaster/Galeola*-Stammesreihe (Echin.) aus der nordwesteuropäischen Oberkreide. - N. Jb. Geol. Paläont. Abh., **139:** 169-225, 23 Abb.; Stuttgart.

Ernst, G. (1972): Grundfragen der Stammesgeschichte bei irregulären Echiniden der nordwesteuropäischen Oberkreide. - Geol. Jb., **A 4:** 63-175, 26 Abb., 7 Taf.; Hannover.

Fichter, J. (1976): Tetrapodenfährten aus dem Unterrotliegenden Autun, (Unter-Perm) von Odernheim/Glan. - Mainz. geowiss. Mitt., **5:** 87-109; Mainz.

Florin, R. (1940): Die Koniferen des Oberkarbons und des Unteren Perms. - Palaeontographica, B, **85:** 1-729; Stuttgart.

Fraas, E. (1910; 1973 Neudruck m. Revision der Fossilnamen n. Rieber, H.): Der Petrefaktensammler. - 312 S.; Stuttgart (Kosmos).

Friedrich, W. (1966): Zur Geologie von Brjanslaeker (Nordwest-Island) unter besonderer Berücksichtigung der fossilien Flora. - Sonderveröffentl. geol. Inst. Köln, **10:** 108 S., 7 Taf.; Köln.

Geyer, O. F. & Gwinner, M. P. (1964): Einführung in die Geologie von Baden-Württemberg. - (1. Aufl. 1964) 2. Aufl.: 223 S., 14 Taf.; Stuttgart (Schweizerbart).

Geyer, O. F. & Gwinner, M. P. (1979): Die Schwäbische Alb und ihr Vorland. - 271 S., 14 Taf.; Stuttgart (Borntraeger).

Gothan, W. & Remy, W. (1957): Steinkohlenpflanzen. - 248 S.; Essen (Glückauf-Verl.).

Gothan, W. & Weyland, H. (1972): Lehrbuch der Paläobotanik. - 677 S., 3. Aufl.; München (BLV).

Heyler, D. (1969): Vertébrés de l'Autunien de France. - Col. Paleont., **1969:** 1-259, 52 Taf.; Paris.

Hölder, H. (1964): Jura - Handb. Stratigr. Geol., **4:** 603 S.; Stuttgart (Enke).

Huckriede, R. (1967): Molluskenfauna aus limnischen und brackischen Elementen aus Jura, Serpulit und Wealden NW-Deutschlands und ihre paläogeographische Bedeutung. - Beih. geol. Jb., **67:** 263 S.; Hannover.

Ivannikov, A. V. (1979): The Upper Cretaceous Inocerams of the South-West of the Eastern European Platform. - 102 S.; Kiew (in russ.).

Josten, K. H. (1983): Die fossilen Floren im Namur des Ruhrkarbons. - Fortschr. Geol. Rheinl.-Westf., **31:** 327 S.; Krefeld.

Kaever, M., Oekentorp, K. & Siegfried, P. (1976): Fossilien Westfalens. (Invertebraten des Jura. - Münster. Forsch. Geol. Paläont., **40/41:** 360 S.; Münster.

Kemper, E. (1976): Geologischer Führer durch die Grafschaft Bentheim und die angrenzenden Gebiete mit einem Abriß der emsländischen Unterkreide. - 206 S.; Nordhorn-Bentheim (Heimatver.).

Kuhn-Schnyder, E. & Rieber, H. (1984): Paläozoologie. - 390 S.; Stuttgart (Thieme).

Mädgefrau, K. (1984): Paläobiologie der Pflanzen. - 549 S.; Stuttgart (Fischer).

Moore, R. C. (Ed.) (1957): Cephalopoda, Ammonoidea. In: Treatise on Invertebrate Paleontology, Part L (Mollusca). - 490 S.; Lawrence (Kansas Univ. Press).

Moore, R. C. (Ed.) (1965): Brachiopoda. In: Treatise on Invertebrate Paleontology, Part H (2 vols.). - 927 S.; Lawrence (Kansas Univ. Press).

Moore, R. C. (Ed.) (1966): Echinodermata 3. In: Treatise on Invertebrate Paleontology, Part U (2 vols.). - 695 S.; Lawrence (Kansas Univ. Press).

Norman, D. B. (1980): On the ornithischian Dinosaurs *Iguanodon bernissartensis* from the Lower Cretaceous of Bernissart (Belgium). - Mem. Inst. r. nat. Belg., **78:** 104 S.; Brüssel.

Orlov, Jy. A. (1963): Grundlagen der Paläontologie. - Bd. **15:** Kieselalgen, Moose, Psilophyta, Lycopsida, Equisetophyta, Farne, Gymnospermae, Angiospermae. - 698 S., 198 Abb., 34 Taf.; Moskau (in russ.).

Piveteau, J. (1969): Traité de paleontologie. - Vol. **IV** (2): Gnathostomes, Acanthodiens, Placodermes, Elasmobranches., 790 S.; Paris.

Remy, W. & Remy, R. (1977): Die Floren des Erdaltertums. - 468 S.; Essen (Glückauf-Verl.).

SCHWEITZER, H.-J. (1967): Die Oberdevonfloren der Bäreninsel. I. *Pseudobornia ursina* NATHORST. - Palaeontographica, B, **120:** 116-137, 28 Abb., 2 Tab.; Stuttgart.

SCHWEITZER, H.-J. (1969): Die Oberdevonflora der Bäreninsel. 2. Lycopodiinae. - Palaeontographica, B, **126:** 101-137, 23 Abb., 11 Taf., Stuttgart.

SCHWEITZER, H.-J. (1972): Die Mitteldevon-Flora von Lindlar (Rheinland). 3. Filicinae - *Hyenia elegans* KRÄUSEL & WEYLAND. - Palaeontographica, B, **137:** 154-175; Stuttgart.

SCHWEITZER, H.-J. (1973): Die Mitteldevon-Flora von Lindlar (Rheinland). 4. Filicinae - *Calamophyton primaevum* KRÄUSEL & WEYLAND. - Palaeontographica, B. **140:** 117-150, 18 Abb., 1 Tab., 13 Taf.; Stuttgart.

SCHWEITZER, H.-J. (1979): Die Zosterophyllaceae des rheinischen Unterdevons. - Bonner paläobot. Mitt., **3:** 32 S.; Bonn.

SCHWEITZER, H.-J. (1980a): Die Gattungen *Taeniocrada* WHITE und *Sciadophyton steinmanni* im Unterdevon des Rheinlandes. - Bonner paläobot. Mitt., **3:** 38 S., Bonn.

SCHWEITZER, H.-J. (1980b): Über *Drepanophycus spinaeformis* GOEPPERT. - Bonner paläobot. Mitt., **7:** 29 S.; Bonn.

SCHWEITZER, H.-J. & MATTEN, L. C. (1982): *Aneurophyton germanicum* und *Protopteridium thomsonii* from the Middle Devonian of Germany. - Palaeontographica, B. **184:** 65-106; Stuttgart.

STENZEL, H. B. (1971): Oysters. In: MOORE, R. C. (Ed.): Treatise on Invertebrate Paleontology, Vol. N**6,** Part 3: 953-1224; Lawrence (Kansas Univ. Press).

WAGNER, G. (1960): Einführung in die Erd- und Landschaftsgeschichte, 3. Aufl. - 694 S., 208 Taf.; Öhringen (Hohenlohe).

WRIGHT, T. (1864-82): Monograph of the Britsh fossil Echinodermata from the Cretaceous Formations. - Palaeont. Soc., London: 371 S., 88 Taf.; London.

WOLBURG, W. (1959): Die Cyprideen des nordwestdeutschen Wealden. - Senckenb. Lethaea, **40** (3/4): 223-315; Frankfurt.